U0750570

编委会

主　编：杨　奇　张德权　刘维华

副主编：陈海燕　李永琴　卜宁霞　杨俊华　马春芳

编　写：陈海燕　李永琴　卜宁霞　杨俊华　马春芳

郑晓春　陈　娟　陈秀红　崔生玲　赵　娟

邓亚婷　张　雯　吴春燕　陈建蓉　孔祥明

李　昕　谢荣国　白庚辛　张慧宁　邵　倩

王　洁　马　静　马　岩　张　虎　武永生

兽药饲料畜产品检测技术研究成果汇编

宁夏回族自治区兽药饲料监察所　编

黄河出版传媒集团
阳　光　出　版　社

图书在版编目(CIP)数据

兽药饲料畜产品检测技术研究成果汇编 / 宁夏回族自治区兽药饲料监察所编. -- 银川:阳光出版社, 2024.1

ISBN 978-7-5525-7231-5

Ⅰ.①兽… Ⅱ.①宁… Ⅲ.①兽用药－质量检验－研究成果－汇编②饲料－质量检验－研究成果－汇编③畜产品－质量检验－研究成果－汇编 Ⅳ.①S859.79 ②S816.1③S872

中国国家版本馆 CIP 数据核字(2024)第 012854 号

兽药饲料畜产品检测技术研究成果汇编　宁夏回族自治区兽药饲料监察所　编

责任编辑　郑晨阳　申　佳
封面设计　赵　倩
责任印制　岳建宁

出 版 人　薛文斌
地　　址　宁夏银川市北京东路 139 号出版大厦（750001）
网　　址　http://www.ygchbs.com
网上书店　http://shop129132959.taobao.com
电子信箱　yangguangchubanshe@163.com
邮购电话　0951-5047283
经　　销　全国新华书店
印刷装订　宁夏凤鸣彩印广告有限公司
印刷委托书号　（宁)0028460

开　　本　787 mm × 1092 mm　1/16
印　　张　38
字　　数　650 千字
版　　次　2024 年 1 月第 1 版
印　　次　2024 年 1 月第 1 次印刷
书　　号　ISBN 978-7-5525-7231-5
定　　价　138.00 元

目　录

CONTENTS

第 1 篇　兽药质量安全检测技术研究

第 4 篇　生鲜乳质量安全监测技术研究

第 5 篇　宁夏兽药饲料畜产品质量安全追溯监管信息平台

兽药质量安全检测技术研究

围绕国家“质量兴农、绿色发展”和“四个最严”要求，宁夏回族自治区正在建设国家黄河流域生态保护和高质量发展先行区，打造国家农业绿色发展先行区，大力发展滩羊、肉牛和奶产业。畜牧业是宁夏特色优势产业，兽药是畜牧业中重要的养殖投入品。随着宁夏畜禽养殖业规模化、集约化进程的不断加快，兽药需求量日益增大，对兽药质量安全检测也提出了更高的要求。但是，当前兽药质量安全检测出现技术储备不足，检测覆盖面不广，兽药质量标准制定不科学、体系不完善，兽药质量安全评价风险因子不确定，隐患排查和风险预警能力不足，养殖环节存在不合理使用兽药引发畜产品药物残留和耐药性增加，检测结果应用不及时等一些新问题，制约着兽药产业和畜牧业高质量发展。

基于以上问题，近年来，宁夏兽药饲料监察所依托自治区重点研发项目“畜禽产品质量安全评价与监控技术应用研究”“畜禽养殖场兽用抗菌药使用减量化关键技术应用研究”和农业农村厅科教处推广项目“规模化禽场生物安全体系与疫病净化支撑技术的研究”“规模养殖场减抗养殖关键技术开发与示范”等，开展兽药质量标准制修订、兽药违禁添加物检测、宁夏动物源细菌耐药性监测等检测方法的创建及研究，制修订国家兽药质量标准 5 个，复核国家兽药质量标准 2 个，研究应用兽药质量检验方法和兽药非法添加检测方法共 9 个；创建宁夏牛羊猪鸡动物源细菌耐药性数据库 4 个，构建宁夏兽药质量安全监测技术体系，在自治区推广应用，为规范兽用抗菌药科学化使用、净化兽药市场、保障兽药及畜产品质量安全提供了有力的技术支持和数据支撑。发表论文 9 篇，培养研究生 10 人、拔尖人才 1 人。

第 1 章　兽药质量检测技术研究

针对宁夏兽药质量检测技术发展存在的问题，在原有检测参数和方法的基础上，开展气相色谱技术在中兽药检测方面的应用研究，解决了中兽药中含挥发性成分检测的难题；建立了现代薄层自动点样鉴别技术，提高了定性鉴别准确度和重现性；研究了高效液相色谱法测定恩诺沙星可溶性粉中恩诺沙星含量的方法，替代了原紫外分光光度计法；优化甘草颗粒含量测定液相色谱的流动相，解决了原方法所用流动相比例超过 100%，配制复杂，可操作性较差，峰形不好、非单一峰等现象；优化《兽药质量标准》（2017 年版）中益母生化合剂甘草鉴别项前处理方法，减少了有毒有害三氯甲烷的使用；对磷酸替米考星及磷酸替米考星可溶性粉质量检测方法进行了重新考察及建立，制定了质量标准；确证了米尔贝肟片质量标准草案中有关物质、组分、含量均匀度、溶出度及含量测定项目检验方法。目前，建立兽药检验方法 12 类，包括液相色谱法、气相色谱法、薄层色谱法、紫外分光光度法、容量分析法、中药显微镜鉴别法及抗生素微生物测定法等，承检能力达到《中华人民共和国兽药典》收录的 90%以上兽药产品。

第 1 节　磷酸替米考星中替米考星含量测定方法研究

磷酸替米考星属大环内酯类，畜禽专用广谱抗生素，对革兰氏阳性菌和一些革兰氏阴性菌及支原体等有很强的抑菌作用，主要用于治疗敏感性细菌引起的消化道、呼吸道疾病。《中华人民共和国兽药典》（2015 年版）对替米考星、替米考星注射液、替米考星预混剂、替米考星溶液等剂型作了详细规定，将高效液相色谱法规定为替米考星含量测定的标准方法，但不同剂型在样品制备和流动相配制上存在一定的差异。《兽药质量标准》（2017 年版）收录的替米考星可溶性粉质量标准与《中华人民共和国兽药典》（2015 年版）收录的替米考星原料质量标准一致。但是，磷酸替米考星原料药的质量标准仅在农业部 2172 号、2270 号、2440 号、2455 号公告作了规定，4 个公告对性状、溶解性、酸度等指标描述不统一，含量、有关物质检测方法不一致，限度值规定不同。为了方便检验机构及生产企业更好地控制质量，研发团队承担了农业部将 4 个公告修订合并任务，对 4 个公告收载的性状、鉴别、检查、水分、重金属等项目进行了全面考察，并对有关物质及含量测定方法进行了方法学验证，制定统一质量标准，并通过中华人民共和国兽药典委员会审核。本节主要针对磷酸替米考星含量测定方法的研究进行详细介绍。

1 材料与方法

1.1 试剂

替米考星标准品，中国兽医药品监察所，含量 95.3%，批号 K0311805。磷酸替米考星，规格 10%，厂家 1，批号 1803001、1803002、1803003；厂家 2，批号 20180101、20180102、20180103；厂家 3，批号 F83190503；厂家 4，批号 18012301、18012302、1802303。

乙腈，购自 Fishowchemical，批号 172290，色谱级；磷酸，购自天津市科密欧化学试剂有限公司，批号 20170216，优级纯；四氢呋喃，购自天津市科密欧化学试剂有限公司，批号 20180206，色谱级；正二丁胺，购自国药集团化学试剂有限公司，批号为 20180303，化学纯；超纯水，用德国默克密理博仪器现制。

1.2 仪器

Agilent1100、Agilent1260 Ⅱ 高效液相色谱仪，购于美国 Agilent 公司；电子天平（十万分之一）和 FE28−pH 计，购于德国梅特勒·托利多公司；KQ−250B 型超声波清洗仪，购于昆山市超声仪器有限公司；ZB8/AKF−3 水分测定仪，购于瑞士万通公司；DZF−6090 减压干燥箱，购于上海旌派科技有限公司。

1.3　含量测定试验方法

1.3.1　色谱条件

用十八烷基硅烷键合硅胶色谱柱（250 mm×4.6 mm，5 μm），以水–乙腈–磷酸二丁胺溶液（取二丁胺 16.8 mL，加磷酸溶液 70 mL，边加边搅拌，冷却后，用磷酸调节至 pH 2.5±0.1，加水至 100 mL）–四氢呋喃（805∶115∶25∶55）为流动相；检测波长为 280 nm；替米考星含量测定流速为 1.0 mL/min；理论塔板数按替米考星顺式异构体峰计算应≥3 000，替米考星的顺式和反式异构体峰的分离度应符合要求。

1.3.2　溶液的制备

1.3.2.1　磷酸二丁胺缓冲液

用移液管量取磷酸 1 mL，用超纯水稀释至 10 mL 制成磷酸溶液；取二丁胺 16.8 mL，加磷酸溶液 70 mL，边加边搅拌，冷却后，用磷酸调节至 pH 2.5±0.1，加超纯水至 100 mL，摇匀，即得。

1.3.2.2　12.5 mol/L 氢氧化钠溶液

称取氢氧化钠 50 g，加少量超纯水快速搅拌使溶解，放置冷却后用超纯水稀释定容至 100 mL，摇匀，即得。

1.3.2.3　稀释液的配制

量取超纯水 900 mL，加入磷酸 5.71 g，用 12.5 mol/L 氢氧化钠溶液调节至 pH 2.5±0.1，加超纯水至 1 000 mL，摇匀，即得。

1.3.2.4　流动相的制备

以水–乙腈–磷酸二丁胺溶液–四氢呋喃（805∶115∶25∶55）为流动相，调节至 pH 2.5±0.1。

1.3.2.5　储备溶液的制备

称取替米考星标准品 25 mg 置于 25 mL 容量瓶中，加流动相配制成 1 mg/mL 的储备液，备用。

1.3.2.6　标准品溶液的制备

取替米考星标准品 25 mg，精密称定，置于 50 mL 量瓶中，加乙腈 10 mL 超声使溶解，用磷酸溶液稀释至刻度，摇匀，作为标准品溶液。

1.3.2.7　供试品溶液的制备

精密称取磷酸替米考星 0.25 g，精密称定，置于 50 mL 量瓶中，加乙腈 10 mL 超声溶解，用磷酸溶液稀释至刻度，摇匀，制成 50 μg/mL 的供试品溶液。

1.3.3　系统适用性试验

精密称取替米考星标准品 25 mg，置于 50 mL 容量瓶中，加乙腈 10 mL，超声使溶解，再用磷酸溶液稀释至刻度，摇匀，作为对照品溶液。精密量取溶液 10 μL 注入高效液相色谱仪，连续进样 5 次，记录色谱图。

1.3.4　专属性考察

将配置好的替米考星标准品溶液、供试品溶液、溶剂空白、辅料空白（磷酸溶液、无水葡萄糖、乳糖），按含量测定项下方法精密量取 10 μL 注入液相色谱仪进行测定，记录色谱图；按外标法以替米考星峰面积计算。

1.3.5　线性考察

分别吸取储备液 1 mL、2 mL、4 mL、6 mL、8 mL、10 mL 置于 10 mL 的容量瓶中，分别用磷酸溶液稀释至刻度，摇匀，配制成浓度分别为 0.1 mg/mL、0.2 mg/mL、0.4 mg/mL、0.6 mg/mL、0.8 mg/mL、1 mg/mL 的溶液。取以上每个浓度的溶液各 10 μL，分别注入高效液相色谱仪，记录色谱图，以替米考星（顺式+反式）峰面积与对照品浓度做线性回归曲线。

1.3.6　定量限和检测限

将替米考星储备液逐步稀释，配制成不同浓度标准品溶液，测定相应信噪比，以信噪比 3：1 时的浓度为检测限，信噪比 10：1 时的浓度为定量限，测定最低限度。

1.3.7　精密度试验

1.3.7.1　方法精密度

精密称取磷酸替米考星 0.25 g，置于 50 mL 容量瓶中，超声使其溶解，制成供试品溶液，称取 6 份依次编号，分别精密量取 10 μL 注入高效液相色谱仪，记录色谱图，计算 6 次检测的磷酸替米考星中替米考星的含量和相对标准偏差，按《中华人民共和国兽药典》（2015 年版）中规定，待测成分含量 10%时，精密度 RSD 应≤1.5%。

1.3.7.2　仪器精密度

为了确定所用仪器在相同色谱条件下多次测定结果的重现程度，试验选用 Agilent1100 和 Agilent1260 Ⅱ 高效液相色谱仪对供试品溶液进行考察，取 10 μL 标准品溶液分别注入 2 台高效液相色谱仪，连续进样 5 次，记录色谱图至替米考星色谱保留时间的 2 倍，计算磷酸替米考星中替米考星含量的相对标准偏差。

1.3.8　准确度试验

取磷酸替米考星空白辅料，称取 9 份，分别加入精密称定的替米考星标准品 10 mg、12.5 mg、15 mg 各 3 份，置于 50 mL 容量瓶中，加磷酸溶液适量，加乙腈 10 mL，超声溶解，加磷酸溶液稀释至刻度，制备出浓度分别为 80%、100%、120% 的低、中、高 3 个浓度水平的溶液，精密量取各溶液 10 μL 注入高效液相色谱仪，照含量测定法进行测定，记录色谱图，分别计算回收率与标准偏差。

1.3.9　稳定性试验

将磷酸替米考星制成 50 μg/mL 供试品溶液，在室温下分别放置 0 h、2 h、4 h、6 h、8 h、12 h、16 h、20 h、24 h、36 h、48h，采集不同时间段的色谱图，考察供试品溶液变化情况。

1.3.10　耐用性试验

通过改变柱温、流速以及不同品牌的色谱柱对色谱条件进行微调，检测磷酸替米考星在不同色谱条件下含量变化，考察其方法的可行性。

2　结果与分析

2.1　含量检测试验结果

2.1.1　不同公告检测供试品含量结果

取 4 家执行不同公告企业生产的样品 4 批，将选择的样品分别采用 2270 号、2455 号、2440 号、2172 号公告及拟定方法进行含量测定，见表 1-1-1。结果显示应用 2440 号、2172 号、2455 号、2270 号公告中的检测方法时，替米考星色谱峰保留时间不一致，但在本研究拟定方法下色谱峰保留时间一致，含量测定结果一致，相对标准偏差均<1%。应用本研究拟定方法，4 批样品的检测结果均符合 4 个公告中标示量的 90.0%~110.0%要求。

表 1-1-1　不同公告样品测定结果

厂家	批号	2172 公告含量/%	2440 公告含量/%	2455 公告含量/%	2270 公告含量/%	拟定方法含量/%	平均值/%	RSD/%
厂家 1	1803001	100.6	100.9	**100.4**	101.6	101.9	101.1	0.64
厂家 2	20180101	101.6	**101.9**	102.8	103.3	102.3	102.3	0.67
厂家 3	F83190503	**102.2**	102.0	103.9	102.2	102.8	102.6	0.76
厂家 4	20180402	90.9	90.4	90.0	**90.3**	90.1	90.3	0.39

注：加粗字体为各企业执行相应公告结果。

2.1.2　系统适用性试验结果

试验结果见表 1-1-2。5 次测定的理论塔板数平均为 5 793，>3 000 范围要求；替米考星的顺式和反式异构体色谱峰之间的分离度为 2.31，>1.5 范围要求；替米考星（顺式+反式）峰面积相对偏差为 0.03%，替米考星顺式异构体保留时间相对标准偏差为 0.00%，均<1.0%，方法的系统性较好。

表 1-1-2　方法系统适用性结果

样品序号	1	2	3	4	5	平均值	RSD/%
理论塔板数（顺式峰）	5 792	5 793	5 797	5 792	5 790	5 793	0.04
分离度	2.31	2.31	2.30	2.31	2.30	2.31	0.24
替米考星峰面积（顺式+反式）	5 472	5 473	5 469	5 472	5 473	5 472	0.03
替米考星保留时间（顺式/min）	9.3	9.3	9.3	9.3	9.3	9.3	0.00

2.2　方法学验证

2.2.3　专属性试验结果

专属性结果见图 1-1-1 至图 1-1-6。结果表明将溶剂空白、辅料空白（磷酸溶液、无水葡萄糖、乳糖）供试品和替米考星对照品，按含量测定项下方法进行测定，溶剂空白、辅料空白对磷酸替米考星色谱峰均无干扰，供试品与标准品色谱峰保留时间一致，专属性好。

2.2.4　线性

标准曲线如图 1-1-7 所示。以浓度为横坐标 x，峰面积为纵坐标 y，用最小二乘法做线性回归，替米考星（顺式+反式）峰面积与对照品浓度呈线性关系的回归方程为 $y=11\ 780x-8.347\ 7$，其相关系数为 $R^2=0.999\ 9$，表明磷酸替米考星在

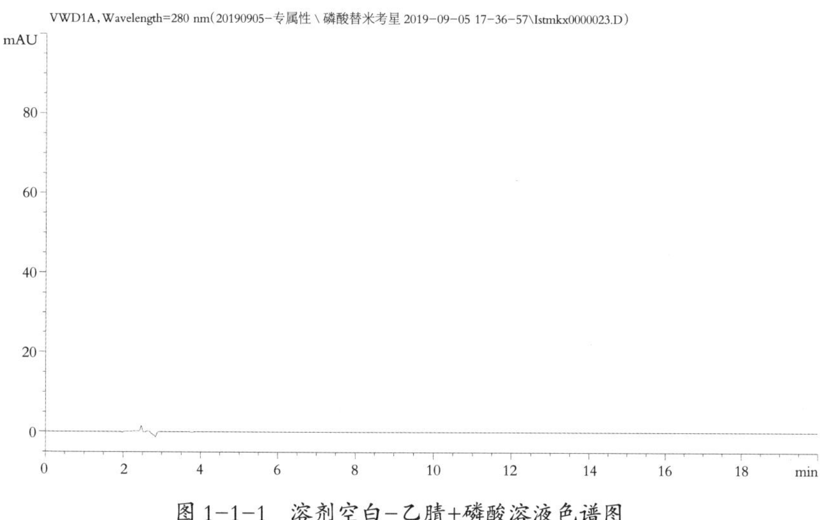

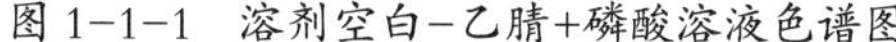
图 1-1-1　溶剂空白-乙腈+磷酸溶液色谱图

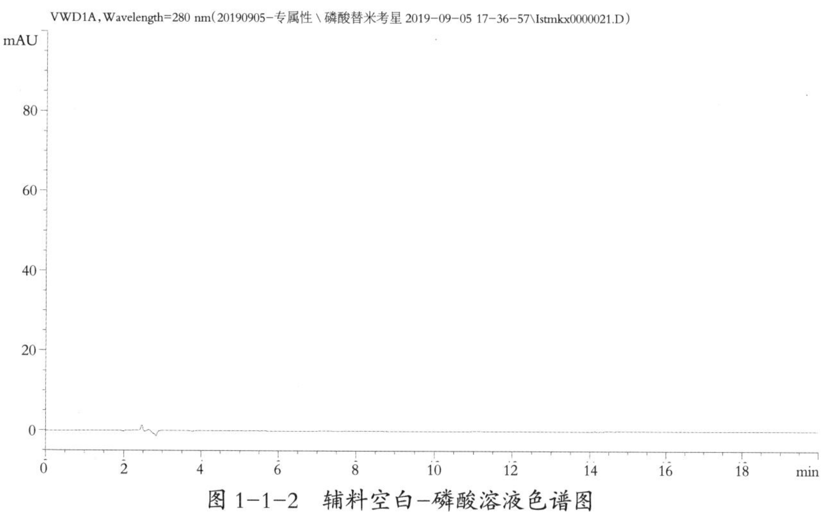

图 1-1-2　辅料空白-磷酸溶液色谱图

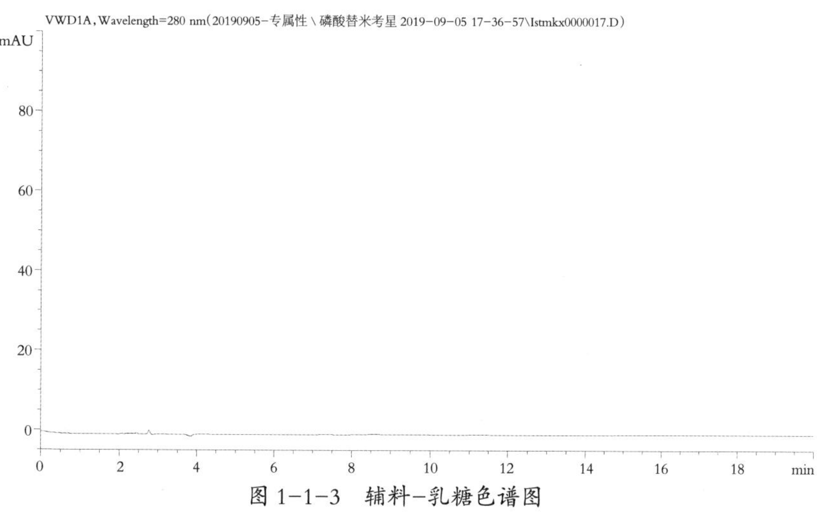

图 1-1-3　辅料-乳糖色谱图

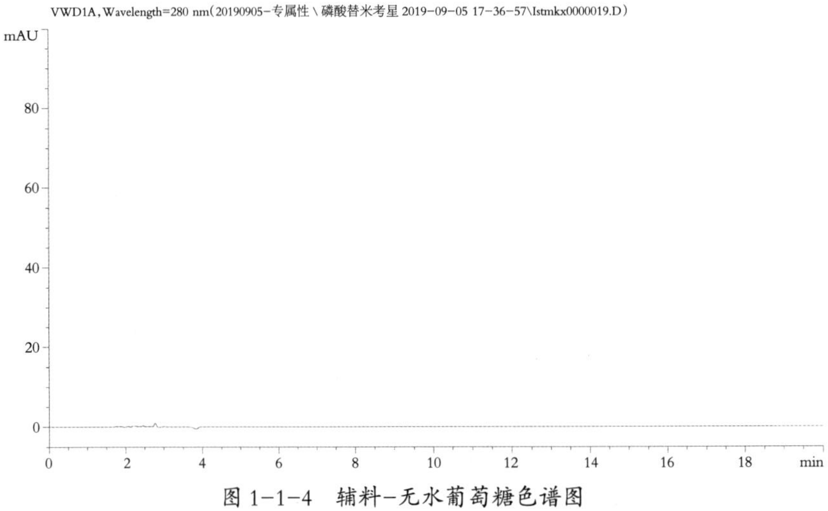

图 1-1-4 辅料-无水葡萄糖色谱图

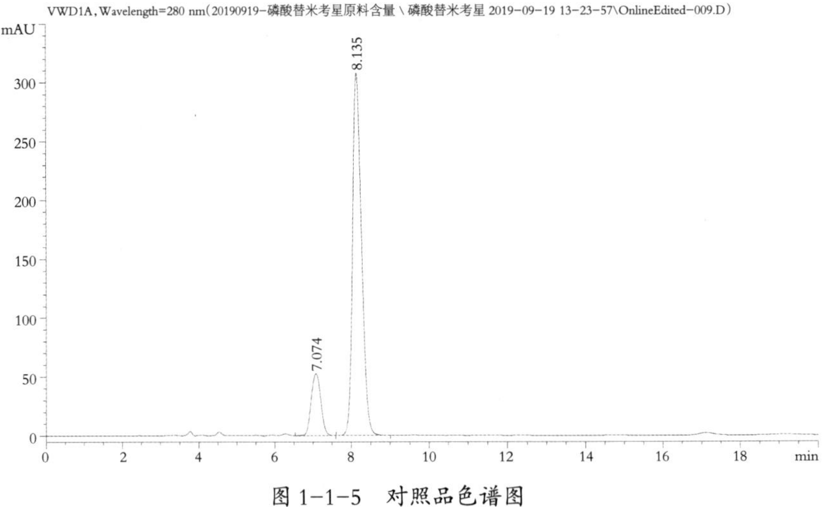

图 1-1-5 对照品色谱图

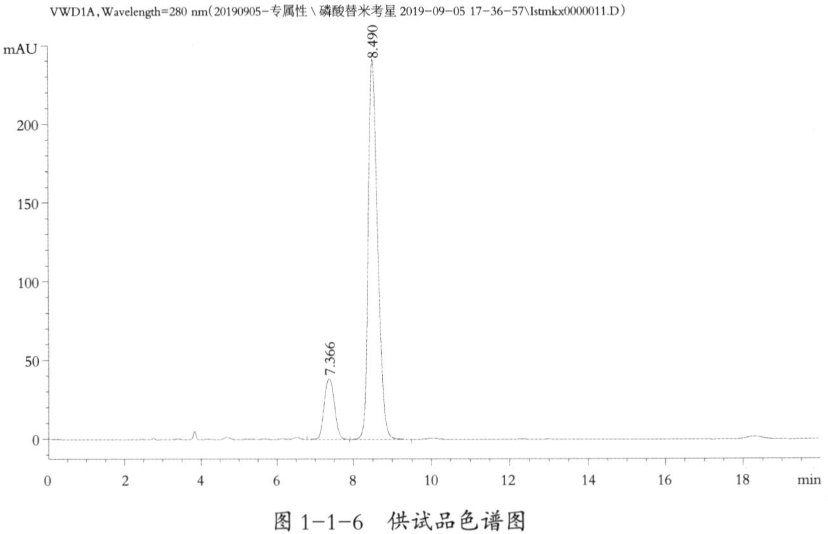

图 1-1-6 供试品色谱图

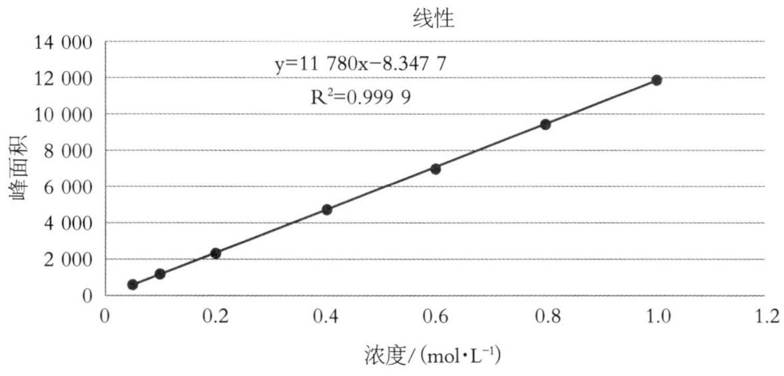

图 1-1-7　替米考星标准品线性关系图

0.05 mg/mL 浓度范围内线性关系良好。

2.2.5　精密度试验结果

计算 6 次检测的磷酸替米考星中替米考星含量、反式异构体及顺式异构体峰的保留时间相对标准偏差分别为 1.1%、0.06%及 0.15%，均在可接受范围内。替米考星反式异构体峰和顺式异构体峰的相对保留时间为 0.9 min 和 1.0 min，方法精密度良好，符合兽药典中规定的样品待测成分含量 10%时，RSD 为 1.5%的范围要求（见表1-1-3）。

表 1-1-3　方法精密度计算结果

序号	1	2	3	4	5	6	平均值/%	RSD/%
替米考星含量/%	102.3	103.4	104.2	102.1	102.1	104.7	103.1	1.1
反式异构体峰保留时间/min	7.141	7.144	7.138	7.144	7.139	7.148	7.142	0.06
顺式异构体峰保留时间/min	8.232	8.240	8.236	8.222	8.232	8.235	8.233	0.15

2.2.6　定量限和检测限

按上述色谱条件，将标准品溶液稀释，以信噪比 3∶1 时测得磷酸替米考星检测限为 0.08 μg/mL（0.08%），信噪比 10∶1 时的浓度定量限为 0.3 μg/mL（0.3%）。

2.2.7　准确度试验结果

准确度试验结果如表 1-1-4 所示。拟定方法下测定的磷酸替米考星的回收率在 97.27%~98.91%，3个不同浓度水平溶液的平均回收率为 97.96%，相对标准偏差为 0.96%，替米考星的回收量与添加量一致，偏差为 0.03%；符合《中华人民共和国兽

表 1-1-4　加标回收率结果

浓度	序号	替米考星添加量/g	替米考星回收量/g	替米考星回收率/%
80%	1	0.010 05	0.010 00	98.91
	2	0.010 03	0.010 00	97.81
	3	0.010 17	0.010 10	98.61
100%	1	0.012 50	0.012 07	97.56
	2	0.012 53	0.012 28	99.00
	3	0.012 53	0.012 06	97.65
120%	1	0.015 00	0.014 59	97.27
	2	0.015 25	0.014 90	97.73
	3	0.015 24	0.014 89	97.76
平均回收率/%		97.96		
RSD/%		0.96		

药典》（2015 年版）中规定的当样品中待测成分含量 10%时，回收率限度应为 95.0%~102.0%的要求。

2.2.8　溶液的稳定性

试验结果，磷酸替米考星供试品溶液放置 24 h 内峰面积未发生明显变化，溶液较稳定，RSD<1.5%；放置 36~48 h 时，峰面积增宽增大，计算峰面积的含量不在标示量范围，相对偏差>1.5%，溶液不稳定，流动相中四氢呋喃与二丁胺溶液易挥发，挥发后有机相浓度缩小供试品浓度增加，可能造成峰面积增大峰形增宽。

2.2.9　耐用性试验结果

耐用性试验结果见表 1-1-5。使用 AiglentZORB150*4.6 mm 5 μm 色谱柱时，色谱峰分离度最低，含量为 105.30%；使用 AiglentZORBASBC18250*4.6 mm 5 μm 色谱柱时，分离度高，含量为 105.40%，使用 2 种色谱柱测定的结果均符合《中华人民共和国兽药典》（2015 年版）中 90.0%~110.0%标示量范围的要求。在不同柱温下进行测定，结果显示色谱峰保留时间有差异，23 ℃时顺式峰保留时间为 7.921 min，27 ℃时顺式峰保留时间为 8.416 min，但测定的含量均在药典规定范围内。不同流速下测定结果显示，3 个不同流速条件下的含量相对标准偏差为 1.2%，pH 测定含量

表 1-1-5　方法耐用性结果

	变动因素	理论塔板数	分离度	含量/%
色谱柱	WaterssymmetryC18 250*4.6 mm 5 μm	6 601	2.56	104.5
	岛津 IntertsustainC18 250*4.6 mm 5 μm	5 582	2.39	104.4
	AiglentZORBASBC18 150*4.6 mm 5 μm	4 003	1.94	105.3
	AiglentZORBASBC18 250*4.6mm 5 μm	6 021	2.38	105.4
RSD/%				0.50
柱温	30℃	6138	2.28	104.5
	25℃	6021	2.38	105.0
	20℃	5504	2.14	104.3
RSD/%				0.34
流速	1.2/（mL·min^{-1}）	6 168	2.19	104.1
	1.0/（mL·min^{-1}）	6 034	2.38	102.8
	0.8/（mL·min^{-1}）	6 495	2.24	105.3
RSD/%				1.20
pH	2.3	6 097	2.21	104.7
	2.5	6 028	2.38	105.0
	2.7	6 059	2.29	106.5
RSD/%				0.92

平均为 105.06%，检测结果在可接受范围内，方法耐用性好，替米考星顺式与反式异构体分离度均>1.5%。

2.3　样品测定

采用拟定方法对 5 家企业的 11 批样品进行了含量测定，并与各企业原公告方法的结果进行了对比，结果一致（见表 1-1-6）。11 批样品含磷酸替米考星按替米考星计，含量均在标示量的 90.0%~110%。

表 1-1-6　样品含量测定结果

供试品生产厂家	批号	执行方法	替米考星含量/%
厂家 2	20180101	2440 号公告	101.9
		拟定方法	102.3
	20180102	拟定方法	107.5
	20180103	拟定方法	106.1
厂家 3	F83190503	2172 号公告	102.2
		拟定方法	102.8
厂家 4	18012301	拟定方法	107.2
	18012302	拟定方法	106.6
	18012303	拟定方法	106.2
厂家 5	201803001	拟定方法	101.9
厂家 1	1803001	2455 号公告	100.4
		拟定方法	101.9
	1803002	拟定方法	104.5
	1803003	拟定方法	105.1

3　小结

（1）通过专属性、线性，准确度、精密度、耐用性的验证，该方法结果可靠、耐用性强，可用于磷酸替米考星原料药中替米考星含量的测定。

（2）本方法对 4 个公告进行合并，统一了磷酸替米考星原料药质量标准，方便检验机构及生产企业更好地控制质量。

第 2 节　磷酸替米考星可溶性粉有关物质检测方法研究

磷酸替米考星可溶性粉是替米考星原料药与磷酸溶液发生成盐反应与无水葡萄糖或乳糖等混合后制成可溶性粉制剂，为国家三类新兽药，属大环内酯类畜禽专用广谱抗生素，对革兰氏阳性菌、一些革兰氏阴性菌及支原体等有很强的抑菌作用，主要用于治疗由敏感性细菌引起的消化道、呼吸道疾病。其克服了替米考星不溶于水、生物利用度低、不方便临床用药等问题，是安全有效治疗家畜呼吸系统疾病的一类兽药。

目前，关于磷酸替米考星可溶性粉药动学与药效学的报道较多，但是没有关于质量方面，特别是针对其有关物质和含量测定的研究报道。仅农业部 2172 号、2270 号、2440 号、2455 号公告对磷酸替米考星可溶性粉制剂的质量标准及其检测方法作了规定，4 个公告对性状、鉴别、 溶解性、酸度等指标描述不统一，含量、有关物质检测方法不一致，限度值规定不同。为了方便检验机构及生产企业更好地控制质量，研发团队承担了农业部将 4 个公告修订合并的任务，对 4 个公告收载的性状、鉴别、酸度、溶液的澄清度、重金属等项目进行了全面考察，并对有关物质及含量测定方法进行了方法学验证，制定统一的质量标准，并通过中华人民共和国兽药典委员会审核。本节主要针对磷酸替米考星可溶性粉有关物质测定方法的研究进行详细介绍。

1　材料与方法

1.1　试剂

替米考星标准品，中国兽医药品监察所，含量 95.3%，批号 K0311805。磷酸替米考星可溶性粉，规格均为 10%，厂家 A，批号 1803001、1803002、1803003；厂家 B，批号 20180101、20180102、20180103；厂家 C，批号 F83190503；厂家 D，批号 18012301、18012302、1802303。

乙腈，购自 Fishowchemical，批号 172290，色谱级；磷酸购自天津市科密欧化学试剂有限公司，批号 20170216，优级纯；四氢呋喃，购自天津市科密欧化学试剂有限公司，批号 20180206，色谱级；正二丁胺，购自国药集团化学试剂有限公司，批号 20180303，化学纯；超纯水，用德国默克密理博仪器现制。

1.2　仪器

Agilent1100、Agilent1260 Ⅱ高效液相色谱仪，购于美国 Agilent 公司；电子天平（十万分之一）和 F28-pH 计，购于德国梅特勒·托利多公司；KQ-250B 型超声波清洗仪，购于昆山市超声仪器有限公司；ZB8/AKF-3 水分测定仪，购于瑞士万通公司；DZF-6090 减压干燥箱，购于上海旌派科技有限公司。

1.3　试验方法

1.3.1　色谱条件

用十八烷基硅烷键合硅胶色谱柱，以水-磷酸二丁胺溶液（取二丁胺 16.8 mL，加磷酸溶液 70 mL，边加边搅拌，冷却后，用磷酸调节至 pH 2.5±0.1，加水至 100 mL）（975∶25）为流动相 A，以乙腈为流动相 B，按表 1-1-7 进行梯度洗脱；检测波长为 280 nm，流速为 1.1 mL/min，详见表 1-1-7。

表1-1-7 色谱条件

时间/min	流动相 A/%	流动相 B/%
0	80	20
30	58	42
32	80	20
40	80	20

1.3.2 溶液的制备

1.3.2.1 标准品溶液的制备

取替米考星标准品适量，精密称定，加乙腈定量稀释制成每 1 mL 中含 0.25 mg 的溶液，精密量取 5 mL，置于 25 mL 量瓶中，用磷酸溶液稀释至刻度，摇匀，作为标准品溶液。

1.3.2.2 供试品溶液的制备

取磷酸替米考星可溶性粉作供试品，精密称定 2.0 g，置于 50 mL 量瓶中，加磷酸溶液适量，加乙腈 10 mL，超声使溶解，并用磷酸溶液稀释至刻度，摇匀，作为有关物质测定的供试品溶液。

1.3.2.3 系统适用性

精密量取替米考星标准品溶液 10 μL 注入高效液相色谱仪，连续进样 5 次，记录色谱图。

1.3.2.4 方法精密度

精密称取 2.0 g 磷酸替米考星可溶性粉 6 份，置于 50 mL 容量瓶中，加磷酸稀释液适量，加乙腈 10 mL，超声使溶解，再用磷酸溶液稀释至刻度，摇匀，精密量取各溶液 10 μL 注入高效液相色谱仪，记录色谱图。

1.3.2.5 专属性考察

1.3.2.5.1 干扰试验

分别取溶剂空白、辅料空白（0.05 mol/L 磷酸、葡萄糖、乳糖）、供试品和替米考星对照品，按有关测定项中的方法进行测定。

1.3.2.5.2　破坏性试验

取磷酸替米考星可溶性粉做供试品进行破坏性试验，经过高温、强光、酸度、碱度、氧化等破坏，检测有关物质是否发生变化、降解。

称取 5 份磷酸替米考星可溶性粉 2.0 g，同时称辅料空白，分别做 105 ℃高温破坏、4 000 lx 强光破坏、1 mol/mL 盐酸溶液强酸性破坏、1 mol/L 氢氧化钠溶液强碱性破坏、加入 3%过氧化氢溶液 1 mL 氧化破坏试验，按照供试品溶液配制的方法，将破坏过的磷酸替米考星可溶性粉进行样品前处理，精密量取 10 μL 注入高效液相色谱仪，进样分析，记录杂质变化。

1.3.2.6　检测限

配制不同浓度的替米考星对照品溶液，浓度为 0.04 mg/mL、0.05 mg/mL、0.06 mg/mL，以信噪比 3：1 时的浓度为检测限。

1.3.2.7　溶液稳定性

将配置的有关物质的供试品溶液分别放置 0 h、4 h、6 h、10 h、16 h、24 h、36 h 后，进样测定有关物质杂质峰面积变化。

1.3.2.8　耐用性

通过改变柱温、流速以及不同品牌的色谱柱对色谱条件进行微调，检测磷酸替米考星可溶性粉在不同色谱条件下有关物质检测结果变化，考察其方法的可行性。

2　结果与分析

2.1　不同公告测定供试品有关物质结果比较

取 4 家执行不同公告企业生产的样品 4 批。分别采用 2270 号、2455 号、2440 号、2172 号公告及拟定有关物质测定方法进行测定比较，结果见表 1-1-8。4 个公告中流动相组成一致，均以水-磷酸二丁胺溶液为 975：25 为流动相 A；以乙腈为流动相 B，仅梯度洗脱的比例不一致；2172 号、2455 号公告的流动相比例下样品中替米考星反式异构体 2 个不完全分开的峰不明显；2270 号、2440 号公告流动相比例下，样品中替米考星反式异构体 2 个不完全分开的峰明显出现，但 2440 号公告主峰保留时间与 2270 号公告相比有所推迟，所以拟定方法采用 2270 号公告的洗脱比例。

表 1-1-8　磷酸替米考星可溶性粉有关物质采用不同公告测定结果比较

<table>
<tr><th>厂家</th><th>批号</th><th></th><th>公告 2172 号</th><th>公告 2455 号</th><th>公告 2440 号</th><th>公告 2270 号</th><th>拟定方法</th><th>平均值</th><th>RSD/%</th></tr>
<tr><td rowspan="4">厂家 D</td><td rowspan="4">20180402</td><td>单杂/%</td><td rowspan="2">替米考星反式异构体两个不完全分开的峰不明显</td><td rowspan="2">替米考星反式异构体 2 个不完全分开的峰不明显</td><td>1.49</td><td>1.51</td><td>1.51</td><td>1.5</td><td>0.77</td></tr>
<tr><td>总杂/%</td><td>5.62</td><td>5.64</td><td>5.65</td><td>5.64</td><td>0.27</td></tr>
<tr><td>保留时间/min</td><td>7.9</td><td>7.9</td><td>14.9</td><td>10.2</td><td>10.2</td><td>—</td><td>—</td></tr>
<tr><td>分离度</td><td>1.5</td><td>1.57</td><td>1.52</td><td>1.57</td><td>1.58</td><td>—</td><td>—</td></tr>
<tr><td rowspan="4">厂家 A</td><td rowspan="4">1803001</td><td>单杂/%</td><td rowspan="2">替米考星反式异构体 2 个不完全分开的峰不明显</td><td rowspan="2">替米考星反式异构体 2 个不完全分开的峰不明显</td><td>2.64</td><td>2.62</td><td>2.69</td><td>2.65</td><td>1.11</td></tr>
<tr><td>总杂/%</td><td>6.67</td><td>6.62</td><td>6.78</td><td>6.69</td><td>0.99</td></tr>
<tr><td>保留时间/min</td><td>7.9</td><td>7.9</td><td>14.9</td><td>10.1</td><td>10.1</td><td>—</td><td>—</td></tr>
<tr><td>分离度</td><td>1.5</td><td>1.54</td><td>1.53</td><td>1.55</td><td>1.57</td><td>—</td><td>—</td></tr>
<tr><td rowspan="4">厂家 B</td><td rowspan="4">20180101</td><td>单杂/%</td><td rowspan="2">替米考星反式异构体 2 个不完全分开的峰不明显</td><td rowspan="2">替米考星反式异构体 2 个不完全分开的峰不明显</td><td>2.33</td><td>2.35</td><td>2.39</td><td>2.4</td><td>1.29</td></tr>
<tr><td>总杂/%</td><td>5.20</td><td>5.13</td><td>5.81</td><td>5.1</td><td>0.91</td></tr>
<tr><td>分离度</td><td>1.5</td><td>1.57</td><td>1.52</td><td>1.57</td><td>1.55</td><td>—</td><td>—</td></tr>
<tr><td>保留时间/min</td><td>7.9</td><td>7.9</td><td>14.9</td><td>10.2</td><td>10.2</td><td>—</td><td>—</td></tr>
<tr><td rowspan="4">厂家 C</td><td rowspan="4">F83190503</td><td>单杂/%</td><td>0.72</td><td>0.58</td><td>1.26</td><td>1.24</td><td>1.23</td><td>1.24</td><td>1.23</td></tr>
<tr><td>总杂/%</td><td>3.32</td><td>2.64</td><td>5.88</td><td>5.83</td><td>5.82</td><td>5.84</td><td>0.55</td></tr>
<tr><td>分离度</td><td>1.57</td><td>1.58</td><td>1.51</td><td>1.54</td><td>1.56</td><td>—</td><td>—</td></tr>
<tr><td>保留时间/min</td><td>7.9</td><td>7.9</td><td>14.9</td><td>10.2</td><td>10.2</td><td>—</td><td>—</td></tr>
</table>

2.2　有关物质系统适用性结果

由表 1-1-9 可知，有关物质测定的理论塔板数最大为 30 467，最小为 28 221；反式异构体保留时间均在 9.5 min，顺式异构体保留时间为 10.1 min，峰面积的含量均在范围内，峰面积 RSD 均<2.0%，保留时间 RSD 均<1.0%；替米考星反式异构体峰、顺式异构体峰与顺-8-差向异构体的相对保留时间分别为 0.9 min、1.0 min 和 1.1 min。

2.3　方法学验证

2.3.1　方法精密度结果

有关物质方法精密度结果见表 1-1-10。单个杂质平均为 1.25%，各杂质的和平

表 1-1-9　有关物质系统适用性试验结果

样品序号	1	2	3	4	5	平均值	RSD/%
理论塔板数	30 467	30 467	29 221	29 326	30 025	—	—
保留时间（反式）/min	9.5	9.5	9.5	9.5	9.5	9.5	0.00
保留时间（顺式）/min	10.1	10.1	10.1	10.1	10.1	10.1	0.00
保留时间（8-差向）/min	11.2	11.3	11.2	11.2	11.3	11.3	0.49
峰面积（顺式）	438	440	449	451	460	448	1.9
峰面积（反式）	86	86	88	88	90	88	1.78
峰面积（8-差向）	12	12	12	12	12	12	1.45

均值为 5.65%，符合兽药典中规定的样品待测成分为 1%~10%范围要求，RSD 可接受值为 3.5%，计算 6 次测试的磷酸替米考星可溶性粉中单个杂质和各杂质的和的相对标准偏差分别为 1.33%、0.51%。

表 1-1-10　方法精密度结果

序号	1	2	3	4	5	6	平均值	RSD/%
单个杂质含量/%	1.26	1.26	1.26	1.26	1.22	1.24	1.25	1.33
各杂质和/%	5.64	5.64	5.64	5.64	5.64	5.71	5.65	0.51

2.3.2　专属性试验结果

2.3.2.1　干扰试验

专属性试验结果如图 1-1-8 至图 1-1-13 所示。溶剂空白、辅料空白对磷酸替米考星可溶性粉有关物质色谱峰均无干扰，有关物质色谱峰显示供试品反式异构体的 2 个不完全分离的峰保留时间与标准品保留时间一致，相对标准偏差 0.05%；供试品色谱图中分离的主峰和已知杂质与潜在杂质的可接受标准为主峰与各杂质峰之间分离度大于 1.5。

2.3.2.2　破坏性试验结果

破坏性试验结果见表 1-1-11，可知在强酸、强碱、氧化、高温等剧烈条件下，对供试品进行破坏。溶剂空白、辅料空白未产生明显的降解产物，且不干扰有关物质检测。供试品对光照、高温、氧化等条件变化测定的结果比较稳定，单个杂质与各杂质的和均在 3.0%、9.0%限度范围内，有关物质未发生明显变化（见图 1-1-14、图 1-1-15）。

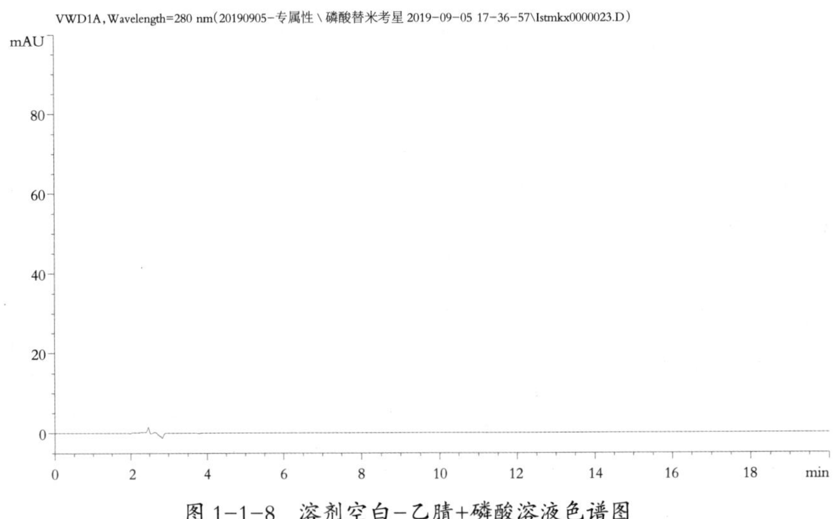

图 1-1-8　溶剂空白-乙腈+磷酸溶液色谱图

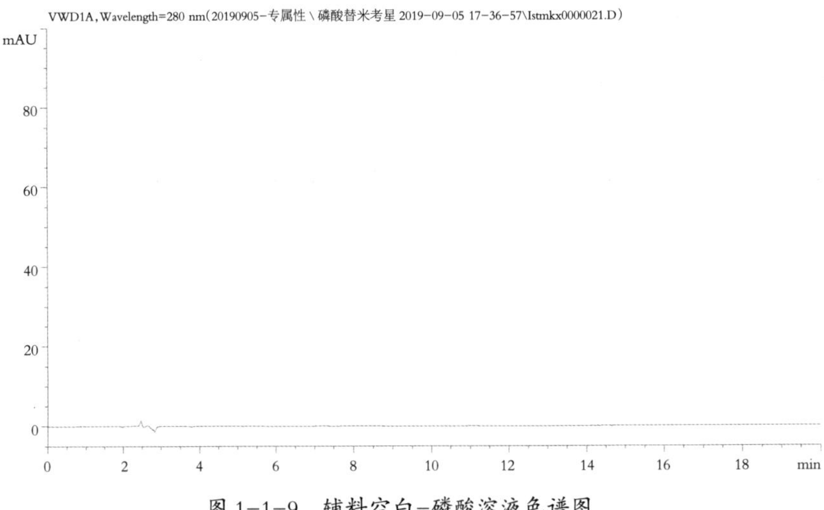

图 1-1-9　辅料空白-磷酸溶液色谱图

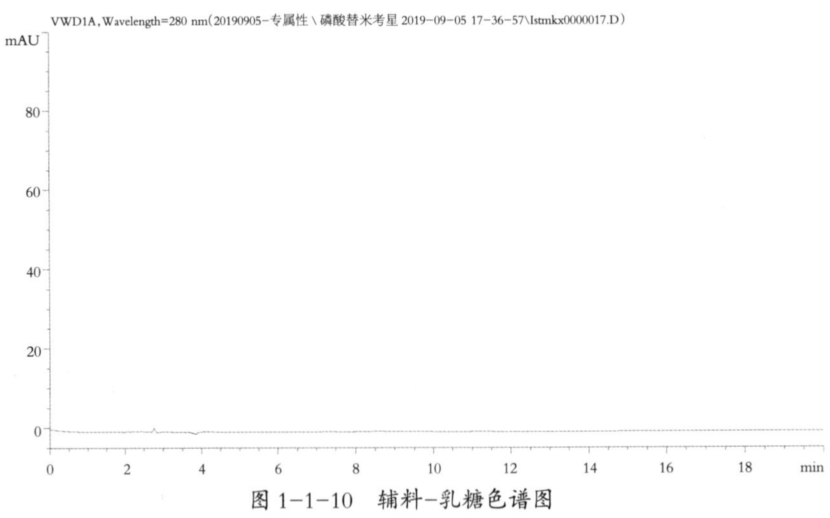

图 1-1-10　辅料-乳糖色谱图

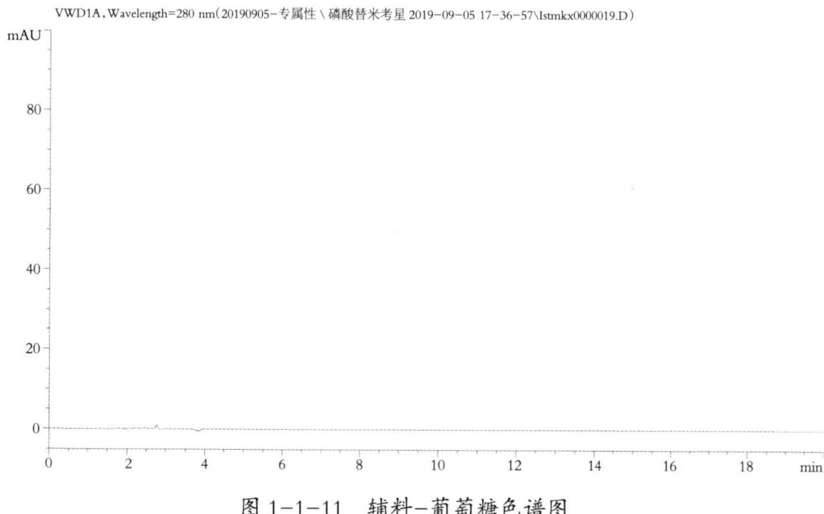

图 1-1-11　辅料-葡萄糖色谱图

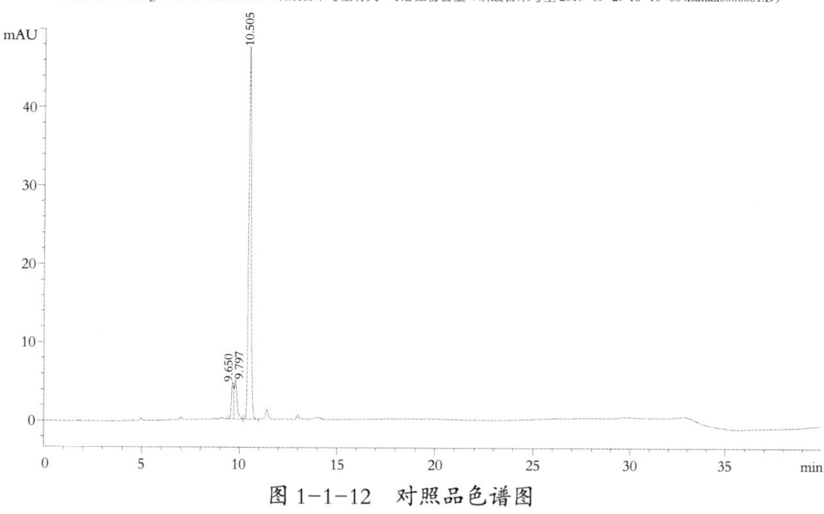

图 1-1-12　对照品色谱图

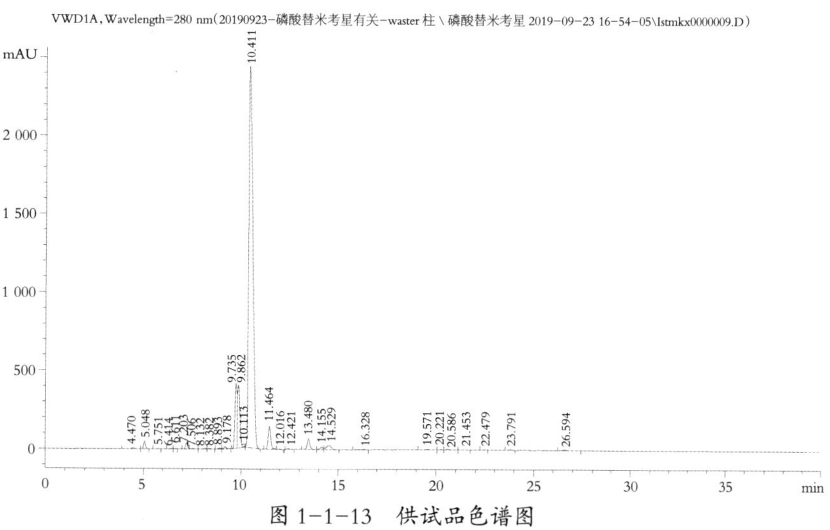

图 1-1-13　供试品色谱图

表 1-1-11　有关物质破坏性试验结果

	拟规定杂质限度	未降解	酸降解	碱降解	氧化降解	高温降解	光照降解
分离度 (主峰与相邻峰)		2.45/1.93 3.28/2.07	2.29/1.53 2.26/3.38	2.29/1.53 2.33/3.38	2.30/1.52 2.28/2.40	2.24/1.63 2.29/3.03	2.28/1.53 2.57/3.36
单个杂质含量/%	3.0	1.26	1.37	1.38	1.29	1.25	1.37
各杂质的和/%	9.0	5.64	6.10	6.16	6.03	6.64	6.28

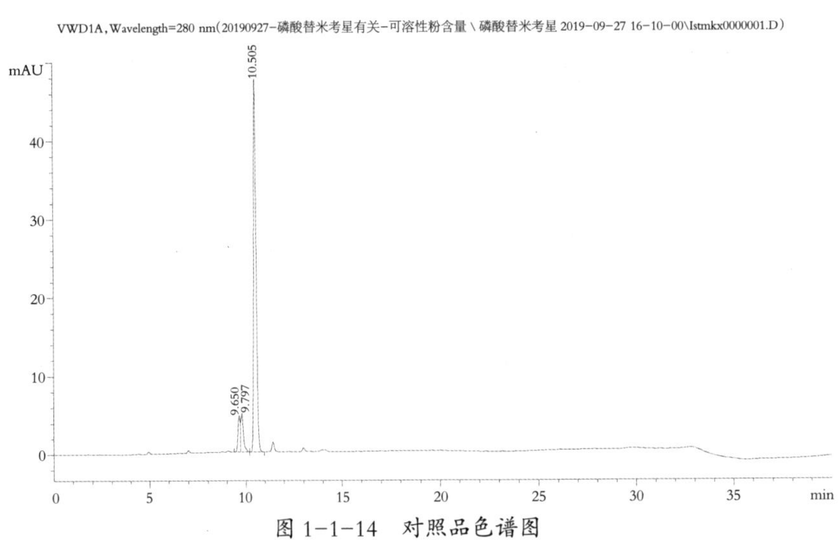

图 1-1-14　对照品色谱图

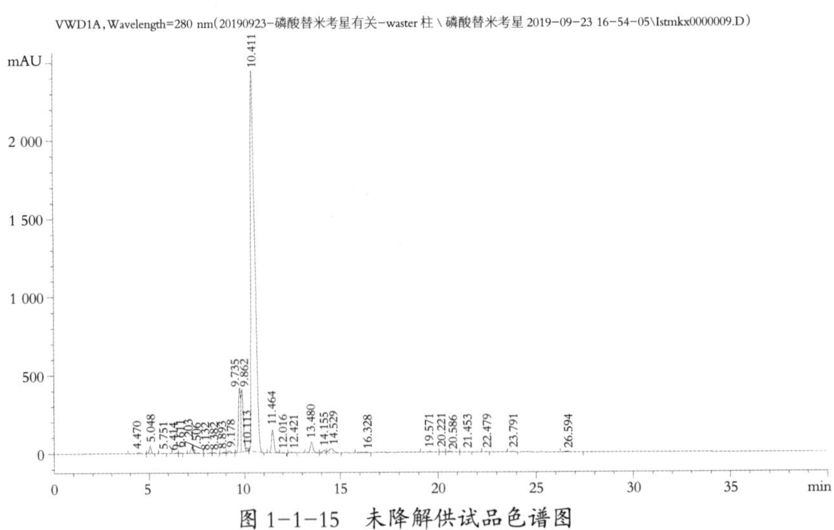

图 1-1-15　未降解供试品色谱图

2.3.3　定量限与检出限

按照有关物质项中的方法，配制浓度为 0.04 mg/mL、0.05 mg/mL、0.06 mg/mL 的替米考星标准品溶液，以信噪比 3∶1 时的浓度测得有关物质的检测限，为

0.1 μg/mL，信噪比 10 : 1 时的浓度定量限为 0.4 μg/mL。

2.3.4　稳定性试验结果

有关物质供试品溶液稳定性试验结果。磷酸替米考星可溶性粉溶液在 24 h 内稳定，杂质峰面积未发生明显变化，RSD 为 1.2%，<2.0；24~36 h 色谱峰面积增大，峰形增宽，杂质峰增多，溶液不稳定，RSD>2.0%。

2.3.5　耐用性试验结果

如表 1-1-12 结果显示，采用岛津 IntertsustainC_{18} 色谱柱时，替米考星反式异构体未能出现 2 个不完全分离的峰，分离度达不到要求。使用 AiglentZORBA×SBC_{18} 150×4.6 mm 5 μm 色谱柱时，有关物质测定梯度洗脱时间较长，该色谱柱较短，不能满足梯度洗脱比例变化要求，不出现色谱峰。采用 WatersC_{18} 5 μm 250×4.6 mm 柱或 AiglentC_{18} 250×4.6 mm 柱时，分离度分别为 2.45 和 2.32；柱温在 20 ℃、25 ℃、30 ℃检测有关物质的结果均一致；流速进行微调测定无明显变化，理论塔板数按顺式替米考星计算均≥3 000，分离度均>1.5，表明方法耐用性良好。

表 1-1-12　有关物质耐用性试验结果

	变动因素	顺式峰理论塔板数	分离度	单个杂质/%	各杂质和/%
色谱柱	Waterssymmetry@C_{18} 250×4.6 mm 5 μm	10 741	2.45/1.93 3.28/2.07	1.23	5.66
	岛津 IntertsustainC_{18} 250×4.6 mm 5 μm	未出现 2 个不完全分离的峰	—	—	—
	AiglentZORBA*SBC_{18} 150×4.6 mm 5 μm	不出峰	—	—	—
	AiglentZORBA*SBC_{18} 250×4.6 mm 5 μm	9 187	2.32/2.41 3.64/2.29	1.26	5.64
RSD/%		—	—		
柱温	30 ℃	9 705	2.32/1.80 2.41/3.64	1.26	5.64
	25 ℃	9 447	2.29/1.52 −/3.39	1.26	5.64
	20 ℃	9 187	2.28/1.52 −/3.14	1.23	5.5
RSD/%		—	—	1.39	1.44

续表

	变动因素	顺式峰理论塔板数	分离度	单个杂质/%	各杂质和/%
流速	1.3 mL/min	8 131	2.26/1.50 2.46/2.91	1.26	5.65
	1.1 mL/min	9 447	2.29/1.52 −/3.39	1.26	5.64
	0.9 mL/min	10 644	2.35/1.5 −/3.4	1.25	5.62
RSD/%		—	—	0.45	0.27
pH	2.3	9 329	2.26/1.72 2.67/3.16	1.24	5.63
	2.5	9 447	2.29/1.52 −/3.39	1.26	5.64
	2.7	9 458	2.28/1.58 2.65/3.53	1.26	5.64
RSD/%		—	—	0.92	0.10

2.4 样品测定

拟定方法下测得 5 家企业 11 批样品，其单个杂质均<3.0%；样品各杂质的和均<9.0%，符合规定（见表 1-1-13）。

表 1-1-13 有关物质测定杂质检测结果

供试品生产厂家	批号	单个杂质/%	各杂质和/%
厂家 B	20180101	2.09	7.81
	20180102	1.89	6.05
	20180103	1.9	6.15
厂家 D	18012301	1.51	5.47
	18012302	1.53	5.54
	18012303	1.51	5.43
厂家 A	1803001	2.99	8.22
	1803002	2.93	6.92
	1803003	2.96	7.72
厂家 E	20180402	1.81	5.65
厂家 C	F83190503	1.3	6.11

3 小结

（1）通过专属性、线性，准确度、精密度、耐用性的验证，证明该方法结果可靠、耐用性强，可用于磷酸替米考星可溶性粉中有关物质的限度测定。

（2）本方法对 4 个公告进行合并，统一了磷酸替米考星可溶性粉的质量标准，方便了检验机构及生产企业对其质量更好的控制。

第 3 节　甘草颗粒制剂中甘草酸铵含量方法优化研究

甘草颗粒是由具有清热解毒、祛痰止咳作用的甘草制成的兽用制剂，有良好的免疫调节、抑制病毒、保肝、抗炎及镇咳作用，甘草酸作为其最重要的活性成分之一，药理作用包括抗炎、抗溃疡、抗肝毒素以及抗癌等。《中华人民共和国兽药典》（2015 年版）（第二部）中收载甘草颗粒的质量标准，但是，现行标准中的方法检测结果会出现峰形不好、非单一峰等现象，方法重现性有待提高。研发团队承担了甘草颗粒质量标准制修订，对流动相进行优化改良，从准确性，重现性、精密度等方面进行了方法学验证，并收录于《中华人民共和国兽药典》（2020 年版）中。

1 材料与方法

1.1 材料

1.1.1 药品及试剂

甘草颗粒 19 批，江西中成药业、郑州百瑞动物药业、广东温氏大华农生物科技有限公司等 9 家企业产品；阴性样品缺甘草浸膏的甘草颗粒（批号 20190426001）、甘草颗粒 3 批，宁夏中药材开发与利用工程技术研究中心自制产品。对照品甘草酸铵，批号 110731−201720，纯度 97.7%，中国食品药品检定研究院产品；乙腈、甲醇（色谱纯），赛默飞世尔科技（中国）有限公司产品；醋酸铵、醋酸（分析纯），天津市科密欧化学试剂有限公司产品；超纯水，MILLI−Q 超纯水仪制备。

1.1.2 仪器设备

高效液相色谱仪（LC−20AT）、紫外检测器（SPD−20），日本岛津仪器有限公司产品；高效液相色谱仪（Agilent1260 Ⅱ），美国安捷伦科技有限公司产品；电子天平（EL204、AE240），瑞士梅特勒·托利多仪器有限公司产品；超纯水仪（MILLI-Q），美国密理博有限公司产品；超声波清洗机（AS10200），天津奥特赛恩斯仪器有限公司产品；溶剂过滤系统（GM-0.33A），天津津腾实验设备有限公司产品。

1.2 方法

1.2.1 高效液相色谱条件

色谱柱为 C_{18}（4.6 mm×250 mm，5 μm），以甲醇-0.2 mol/L 醋酸铵-冰醋酸（56：44：04）为流动相；流速 1.0 mL/min；检测波长为 250 nm；进样量为 10 μL。

1.2.2 对照品溶液的制备

取甘草酸铵对照品 10 mg，精密称定，置于 50 mL 容量瓶中，加流动相 45 mL 超声处理使溶解，取出，放冷，加流动相稀释至刻度，摇匀，即得（每 1 mL 含甘草酸铵 0.2 mg，折合甘草酸为 0.195 9 mg）。

1.2.3 供试品及阴性样品溶液的制备

取本品研细的粉末 1.5 g，精密称定，置于 50 mL 容量瓶中，用流动相约 45 mL，超声处理（功率 200 W，频率 50 kHz）30 min，取出，放冷，加流动相稀释至刻度。摇匀，滤过，精密量取续滤液 10 mL，置于 25 mL 量瓶中，加流动相稀释至刻度，摇匀，即得。

1.2.4 测定方法

分别精密吸取对照品溶液与供试品溶液各 10 μL，注入液相色谱仪，测定，即得。

1.2.5 系统适应性考察

取供试品溶液进样前用 0.22 μm 的有机滤膜过滤，进样量为 10 μL，记录色谱图。分析甘草酸峰的分离度及其理论塔板数。

1.2.6 专属性试验

分别取对照品、阴性样品溶液和供试品溶液各 10 μL，注入液相色谱仪，按 1.2.1 项中色谱条件分别进行测定。

1.2.7 线性关系试验

精密称定甘草酸铵对照品 10.06 mg 置于 10 mL 容量瓶中，加入流动相定容，制成 1.006 mg/mL 的对照品储备液。分别精密量取该溶液 0.5 mL、1.0 mL、1.5 mL、

2.0 mL、2.5 mL 置于 5 mL 的容量瓶中，用流动相稀释至刻度，摇匀得 0.1 mg/mL、0.2 mg/mL、0.3 mg/mL、0.4 mg/mL、0.5 mg/mL 的甘草酸铵对照品溶液，分别按 1.2.1 项中色谱条件进样 10μL，测定峰面积。以峰面积（mv）为纵坐标，对照品浓度（mg/mL）为横坐标作线性回归。

1.2.8　加样回收率试验

精密称定甘草酸铵对照品 0.987 4 g 置于 100 mL 容量瓶中，用流动相定容，作为储备液。精密称定已知含量的甘草颗粒（2.20%）样品 0.75 g，置于 50 mL 容量瓶中，加入上述甘草酸铵对照品储备液 15 mL，加流动相适量溶解，超声 30 min，放冷，定容至刻度，摇匀，即得。照 1.2.3 项中方法制备 6 份供试品溶液，按上述色谱条件进样 10 μL，记录色谱图。按外标法以峰面积计算回收率。回收率=（加对照品后测得的含量-加对照品前含量）/实际所加对照品量×100%。

1.2.9　精密度

（1）重复性试验：取同 1 批供试品甘草颗粒，按 1.2.3 项中方法制备供试品溶液 6 份，各取 10 μL 注入色谱仪，在 1.2.1 项中色谱条件下测定。

（2）重现性试验：分别在宁夏兽药饲料监察所及宁夏中药材开发与利用工程技术研究中心 2 个实验室，由不同实验人员用不同的高效液相色谱仪对同 1 批供试品按照 1.2.3 项下方法制备供试品溶液各 2 份，分别取 10 μL 注入不同的色谱仪进行测定。

1.2.10　稳定性试验

取同 1 批供试品溶液，分别放置 0 h、2 h、4 h、6 h、8 h、10 h、12 h、14 h、16 h、18 h、20 h、22 h、24 h 后进样 10 μL 采集色谱图，考察峰面积变化情况。

1.2.11　耐用性试验

取同 1 批供试品，改变柱温（25 ℃、30 ℃、35 ℃）进行测定；改变流速（0.8 mL/min、1.0 mL/min、1.2 mL/min）进行测定；改变流动相比例（甲醇-0.2 mol/L 醋酸铵-冰醋酸分别为 52∶48∶0.4、56∶44∶0.4、58∶42∶0.4）进行测定；分别用 AgilentZO RBAXXDB-C_{18}、Shi-madzuInertSustainC_{18}、AgilentZORBAXSB-C_{18} 3 种不同厂家型号的色谱柱进行测定。

1.2.12　样品含量测定

按照上述方法，测定 22 个不同厂家不同批次的样品，记录色谱峰面积，计算每批甘草颗粒中甘草酸含量。

2 结果

2.1 系统适应性与专属性试验

如图 1-1-16 所示，甘草酸与相邻峰达到基线分离，分离度达 1.991，甘草酸保留时间为 31.506 min，理论板数为 6 485，峰面积为 2 123 892。试验证实，该方法系统适用性良好。另外，供试品色谱图和对照品色谱图相应位置上出现相同的峰，

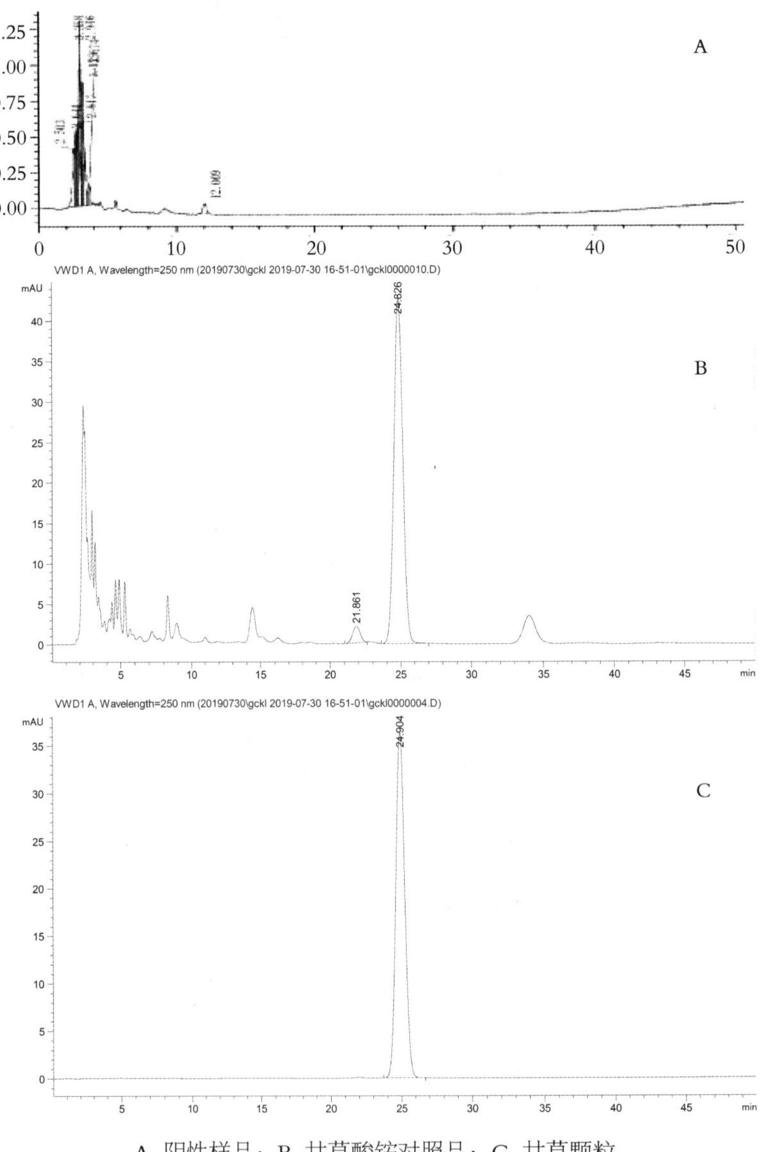

A. 阴性样品；B. 甘草酸铵对照品；C. 甘草颗粒

图 1-1-16 HPLC 色谱图

阴性样品与对照品色谱峰相应位置无吸收峰。空白颗粒对甘草酸和甘草颗粒的出峰均无干扰，方法专属性良好。

2.2　线性关系试验

如图 1-1-17 所示，甘草酸峰面积与浓度线性方程为 y=9 000 000x−103 188，R^2=0.999 8。结果表明甘草酸铵在 0.1~0.5 mg/mL 范围内，甘草酸峰面积与浓度线性关系良好。

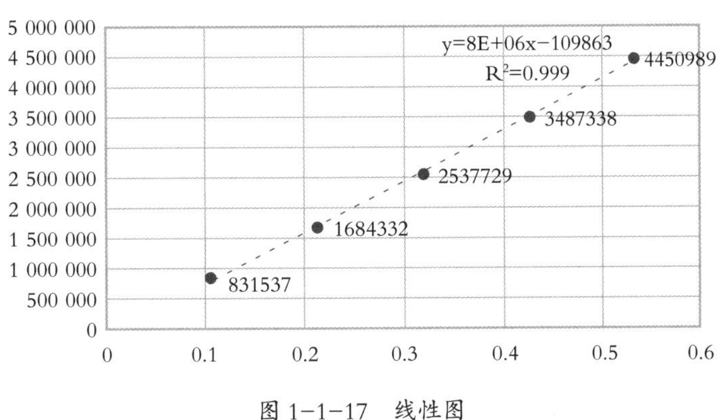

图 1-1-17　线性图

2.3　加样回收率试验

回收率试验结果见表 1-1-14，6 份样品中甘草酸的平均回收率为 97.92%，RSD 为 1.87%，表明本方法用于甘草颗粒中甘草酸含量测定的准确度良好。

表 1-1-14　回收率试验结果

样品	取样量/mg	加入量/mg	实测量/mg	回收率/%	平均回收率/%	RSD/%
1	16.50	14.47	30.68	97.98	97.92	1.87
2	16.50	14.47	30.48	96.61		
3	16.50	14.47	30.83	99.02		
4	16.50	14.47	30.59	97.39		
5	16.50	14.47	30.35	95.69		
6	16.50	14.47	31.09	100.84		

2.4　精密度

2.4.1　重复性试验

如表 1-1-15 所示，6 次重复操作的供试品中甘草酸峰面积平均值为 2 161 828，

RSD 为 1.13%，表明重复性良好。

表1-1-15　重复性试验结果

序号	1	2	3	4	5	6
峰面积	2 162 131	2 123 892	2 198 068	2 161 671	2 152 420	2 172 788
平均值	2 161 828					
RSD/%	1.13					

2.4.2　重现性试验

不同实验室不同实验人员用不同仪器测定相同批次供试品的平均值为 2.10%，RSD 为 1.80%，表明方法的重现性良好（表 1-1-16）。

2.5　耐用性试验

方法耐用性试验结果见表 1-1-16。同一供试品在改变柱温的条件下，RSD 为 0.50%；同一供试品在改变流速的条件下，RSD 为 0.48%；同一供试品改变流动相比例后，RSD 为 0.28%；同一供试品在更换不同色谱柱进行测定，RSD 为 0.48%。供试品在柱温、流速、流动相比例、色谱柱条件微小变动后，甘草酸色谱主峰分离较好，对测定结果无明显影响，表明方法的耐用性良好。

表 1-1-16　方法重现性结果

实验室	仪器	色谱柱	实验人员	样品编	甘草酸含量/%
宁夏中药材开发与利用工程技术研究中心	Shimadzu LC-20AT	ShimadzuInert SustainC18	甲 A	样品 1	2.09
				样品 2	2.14
宁夏兽药饲料监察所	Agilent1260 Ⅱ	AgilentZORBA XSB-C18	乙 B	样品 1	2.11
				样品 2	2.05
含量平均值/%	2.10				
RSD/%	1.80				

2.6　稳定性试验

如表 1-1-17 所示，供试品溶液 24 h 内测定的甘草酸峰面积平均值为 2 096 807，RSD 为 0.18%，表明供试品在 24 h 内稳定性良好。

表 1-1-17　稳定性试验结果

放置时间	样品峰面积
0	2 104 163
2	2 099 782
4	2 098 843
6	2 096 685
8	2 097 821
10	2 099 514
12	2 099 591
14	2 094 001
16	2 092 491
18	2 093 337
20	2 098 196
22	2 091 703
24	2 092 363
平均值	2 096 807
RSD/%	0.18

2.7　样品含量测定

22 批样品中甘草酸的含量均>1.30%，符合规定。

3　小结

（1）甘草颗粒含量测定方法中，流动相比例优化为甲醇-0.2 moL/L 醋酸铵-冰醋酸（56：44：0.4），峰形分离度高、成单一峰，重现性好、耐用性强。

（2）通过精密度、专属性、耐用性等验证，新方法适用于甘草颗粒中甘草酸铵的质量控制，已收录于《中华人民共和国兽药典》（2020 年版）。

第 4 节　气相色谱技术在中兽药检测中的应用

传统的中兽药显微鉴别、薄层鉴别方法存在只能进行定性鉴别等局限性，气相色谱法可对中兽药进行全面检测，特别是可对中兽药中挥发性成分进行定性和定量检测，能更好地控制其质量。研发团队根据《中华人民共和国兽药典》，以中兽药柴胡注射液为实验材料，通过系统适用性和重复性试验，对气相色谱法在中兽药检测中的应用进行了方法学验证。

1 材料与方法

1.1 仪器与试剂

气相色谱仪、电子分析天平、正己醛对照品、氯化钠、吐温-80、二甲基甲酰胺、市售柴胡注射液 3 批。

1.2 试验方法

1.2.1 参照物溶液的制备

精密称取正己醛对照品 0.25 g，置于 10 mL 容量瓶中，加二甲基甲酰胺制成每 1 mL 含 25 mg 的溶液，再精密量取 0.5 mL 置于 50 mL 容量瓶中，用含 0.3% 吐温-80 与 0.9% 氯化钠的溶液稀释至刻度摇匀，再精密量取 0.5 mL 置于 25 mL 容量瓶中，用含 0.3% 吐温-80 与 0.9% 氯化钠的溶液稀释至每 1 mL 含 5 μg 的溶液。将上述制备的溶液精密量 1 mL，置于 10 mL 顶空瓶中，轧盖密封瓶口，即得。

1.2.2 供试品溶液的制备

分别精密量取 3 批柴胡注射液 1 mL，分别置于 3 个 10 mL 顶空进样瓶中，按序号标记，轧盖密封瓶口，即得。

1.2.3 测定方法

柱温：起始温度 35 ℃，保持 2 min，以 1 ℃/min 速率升至 40 ℃，保持 2 min，以 3 ℃/min 速率升至 60 ℃，保持 3 min，以 7 ℃/min 速率升至 200 ℃，保持 3 min；用氢火焰离子化检测器，检测器温度 260℃；载气氮气，进样口温度 230 ℃，分流进样，分流比为 20∶1。流速为 1.0 mL/min。顶空进样，顶空瓶平衡温度 85 ℃，平衡时间 15 min，进样阀温度 100 ℃，传输线温度 115 ℃，顶空瓶充压时间 0.2 min，定量环填充时间 0.2 min，定量环平衡时间 0.5 min，进样时间 1.0 min。

1.2.3.1 系统适用性试验

取 1.2.1 项中参照物溶液，照 1.2.3 项中气相色谱法重复进样 5 次，记录色谱图，分析 5 次进样 S 特征峰的保留时间及峰面积，计算 RSD。

1.2.3.2　重复性试验

选择一种样品，精密量取该柴胡注射液 1 mL，置于 10 mL 顶空进样瓶中，依次取 6 份，按 1.2.3 项中气相色谱法方法进行测定，记录色谱图，计算 6 份样品各特征峰间保留时间的 RSD。

1.2.3.3　样品测定

按 1.2.3 项下的方法对 3 批柴胡注射液进行样品测定，记录各样品色谱图，并对各特征峰进行分析。

2　结果与分析

2.1　方法的确认

2.1.1　系统适用性试验

由表 1-1-18 结果可知，对照品溶液进行 5 次测定后，各特征峰与 S 峰的相对保留时间均在 10.156~10.158 min，平均峰面积为 33.64，RSD 为 1.6%，<2.0%，说明该方法系统适用性良好。

表 1-1-18　系统适用性试验结果

序号	1	2	3	4	5
保留时间/min	10.158	10.158	10.157	10.156	10.156
S 峰峰面积	33.49	32.8	33.76	33.97	34.17
S 峰峰面积平均值	33.64				
RSD/%	1.6				

2.1.2　重复性试验

按重复性项下方法进行测定，结果见表 1-1-19，6 份样品中各特征峰间的保留时间 RSD 均<1.0%，说明该方法的重复性良好。

2.2　样品测定

分别精密量取 3 批柴胡注射液 1 mL，分别置于 3 个 10 mL 顶空进样瓶中，按序号标记，轧盖密封瓶口，按上述测定方法进行测定，结果见图 1-1-18 和图 1-1-19、表 1-1-20 和表 1-1-21。

表 1-1-19　重复性试验结果

序号	1	2	3	4	5	6	RSD/%
峰 1 保留时间/min	3.067	3.067	3.067	3.067	3.066	3.067	0.01
峰 2 保留时间/min	3.230	3.230	3.230	3.230	3.230	3.230	0
峰 3 保留时间/min	3.654	3.654	3.654	3.654	3.657	3.657	0.04
峰 4 保留时间/min	5.841	5.841	5.841	5.841	5.839	5.841	0.01
S 峰保留时间/min	10.119	10.118	10.119	10.118	10.106	10.120	0.05
峰 5 保留时间/min	16.244	16.243	16.244	16.242	16.247	16.246	0.01

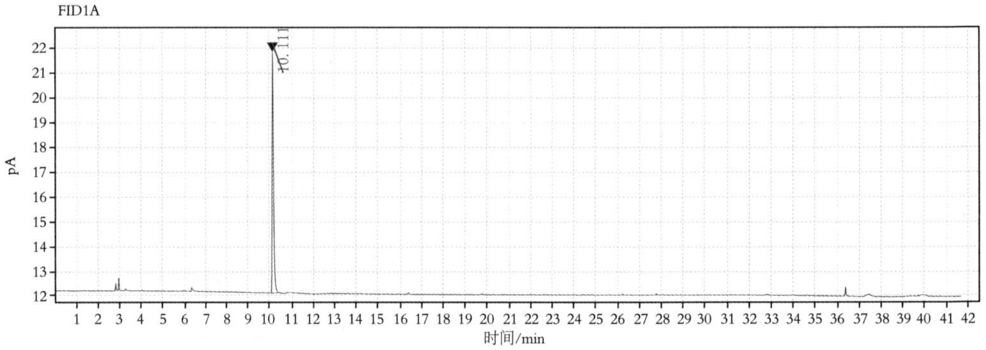

图 1-1-18　参照物特征图谱 S 峰

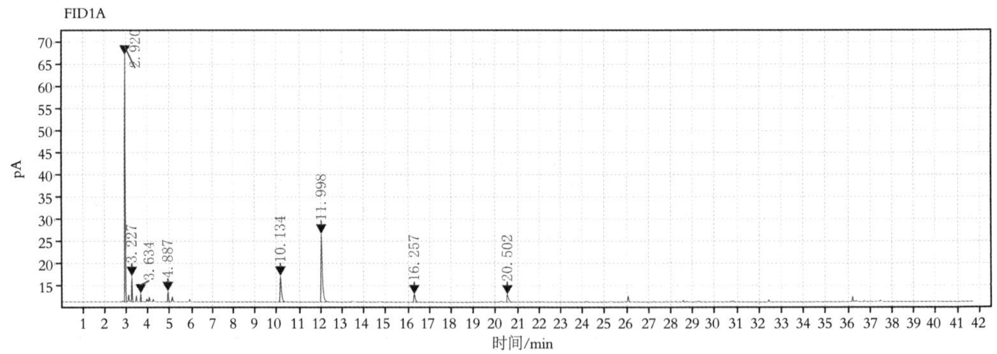

图 1-1-19　样品特征图谱

表 1-1-20　样品特征峰保留时间表

特征峰	规定值	规定值的±8%	参照物保留时间/min	样品 1		样品 2		样品 3	
				保留时间/min	相对保留时间/min	保留时间/min	相对保留时间/min	保留时间/min	相对保留时间/min
峰 1	0.301	0.28~0.33	—	2.92	0.29	2.909	0.29	2.922	0.29
峰 2	0.317	0.29~0.34	—	2.92	0.29	2.909	0.29	3.079	0.30
峰 3	0.331	0.30~0.36	—	3.227	0.32	3.066	0.3	3.230	0.31

续表

特征峰	规定值	规定值的±8%	参照物保留时间/min	样品 1		样品 2		样品 3	
				保留时间/min	相对保留时间/min	保留时间/min	相对保留时间/min	保留时间/min	相对保留时间/min
峰 4	0.586	0.54~0.63	—	4.887	0.48	5.796	0.57	5.824	0.58
S 峰	1	0.92~1.08	10.111	10.134	1	10.042	0.99	10.099	1
峰 5	1.593	1.47~1.72	—	16.257	1.61	16.171	1.6	16.227	1.605

表 1-1-21　样品中峰 5 与参照物峰峰面积的比值结果

特征峰	参照物峰面积	样品 1		样品 2		样品 3		规定值
		峰面积	比值	峰面积	比值	峰面积	比值	
S 峰	42.68	—	0.62	—	0.70	—	0.88	0.15~1.5
峰 5	—	26.59		29.86		37.53		

由表 1-1-20 可知，采用气相色谱顶空进样，参照物溶液在保留时间为 10.111 min 处出现 S 峰（见图 1-1-18），样品的 S 峰保留时间分别为 10.134 min、10.042 min 和 10.099 min，与参照物的 S 峰保留时间相对偏差分别为 0.13%、0.34%和 0.06%；3个厂家的柴胡注射液均有 6 个特征峰，其与 S 峰的相对保留时间均在规定值±8%范围内。

由表 1-1-21 可知，样品 1、样品 2 和样品 3 中特征峰峰 5 与参照物峰 S 峰面积比值均在 0.15~1.5 范围内，符合《中华人民共和国兽药典》中柴胡注射液的质量控制要求。

3　小结

该方法系统适用性和重复性良好，说明该方法可用于含挥发性成分的中兽药的定性和定量检测。

第 5 节　高效液相色谱法测定恩诺沙星可溶性粉含量研究

《中华人民共和国兽药典》（2015 年版）收录的恩诺沙星原料、恩诺沙星片、恩诺沙星注射液含量测定采用高效液相色谱法。《兽药质量标准》（2017 年版）

收录的恩诺沙星可溶性粉中恩诺沙星含量测定方法采用紫外–可见分光光度法，该方法不能区分与恩诺沙星具有相同或相近吸收波长的物质，专属性和准确度相对较差。2018 年，研发团队承担了农业农村部兽药典办公室下达的恩诺沙星可溶性粉质量标准制修订任务，对恩诺沙星可溶性粉中恩诺沙星含量测定的高效液相色谱法进行专属性、线性、精密度、准确度、耐用性等方法学验证，并与紫外–可见分光光度法进行了比较。修订了恩诺沙星可溶性粉质量标准，收录于《中华人民共和国兽药典》（2020 年版）。

1 材料与方法

1.1 仪器与试剂

高效液相色谱仪、紫外分光光度计、乙腈、磷酸、三乙胺、氢氧化钠、超纯水、恩诺沙星对照品。3 家兽药生产企业 5%的恩诺沙星可溶性粉 7 批。

1.2 含量测定方法

参照《中华人民共和国兽药典》（2015 年版）中恩诺沙星、恩诺沙星片、恩诺沙星注射液及恩诺沙星溶液等含量的测定方法，对收集到的样品用高效液相色谱法测定，所有样品中恩诺沙星的含量均在标示量 90%~110%范围。拟定恩诺沙星可溶性粉含量测定方法如下。

色谱条件与系统适用性试验 用十八烷基硅烷键合硅胶为填充剂，以 0.025 mol/L 的磷酸溶液（用三乙胺调至 pH 3.0）–乙腈（83∶17）为流动相，检测波长为 278 nm。理论板数按恩诺沙星峰计算应≥2 500。

测定法：取本品适量（约相当于恩诺沙星 25 mg），精密称定，加流动相适量，超声使溶解，用流动相稀释制成每 1 mL 中约含 50 μg 的溶液，摇匀。精密量取 10 μL，注入液相色谱仪，记录色谱图；另取恩诺沙星对照品，同法测定。按外标法以峰面积计算，即得。

2 结果与分析

2.1 检测波长的选择

精密称取恩诺沙星对照品适量，用流动相稀释，制成 50 μg/mL 的溶液，用

DAD 二极管阵列检测器在 190~400 nm 处进行光谱扫描，278 nm 处为恩诺沙星最大吸收波长，故选择 278 nm 处为该方法的测定波长，结果见图 1-1-20。

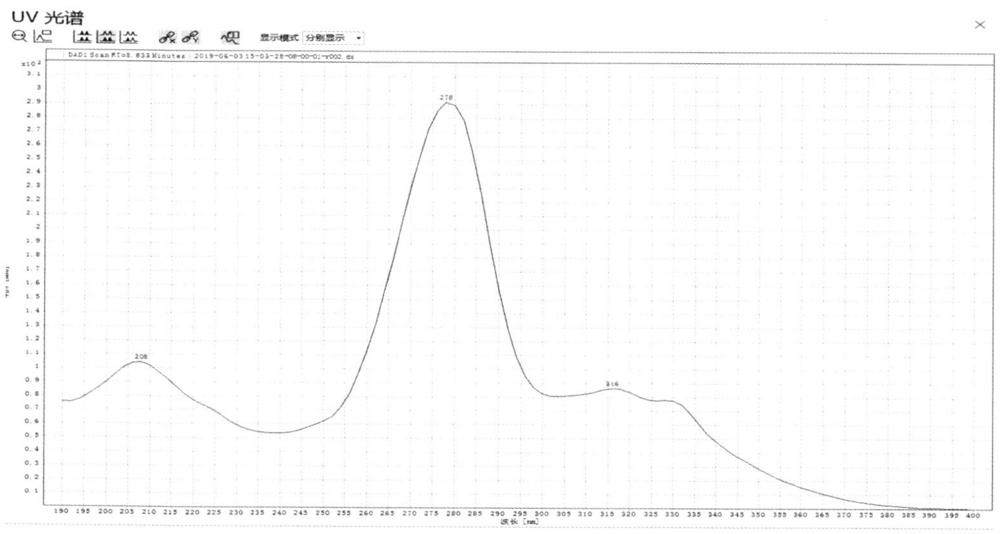

图 1-1-20　恩诺沙星紫外光谱图

2.2　专属性

本研究中恩诺沙星可溶性粉均由恩诺沙星与助溶剂及葡萄糖配制而成，根据厂家提供的配方可知，不同生产企业的助溶剂主要选用碳酸钠和碳酸氢钠。

分别取溶剂空白、不同生产企业样品对应的辅料及恩诺沙星对照品，照拟定含量测定项下方法进行测定，结果显示溶剂空白、辅料对恩诺沙星的出峰均无干扰(见图 1-1-21 至图 1-1-24)，方法专属性良好。

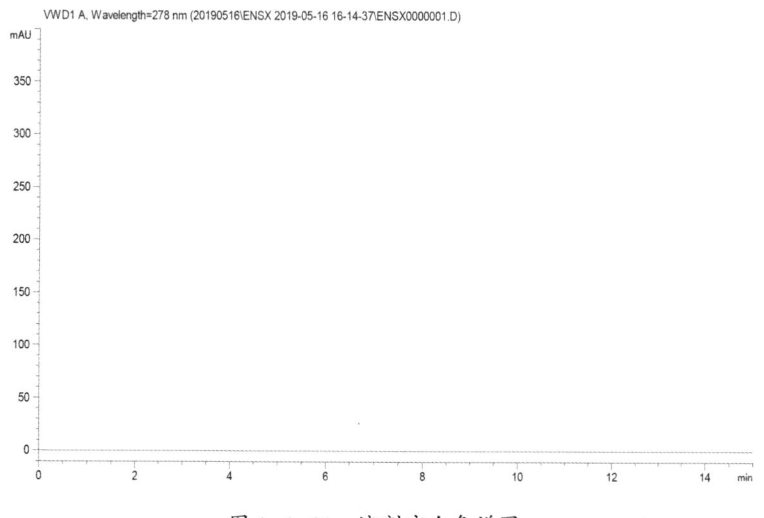

图 1-1-21　溶剂空白色谱图

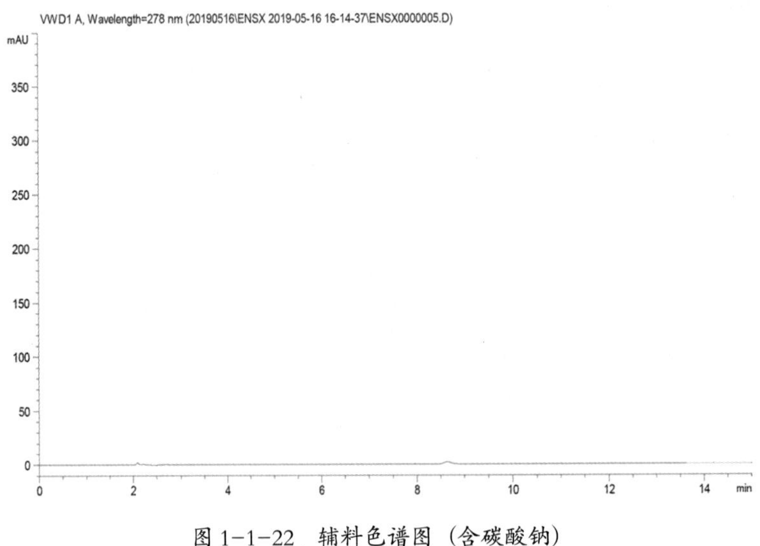

图 1-1-22　辅料色谱图（含碳酸钠）

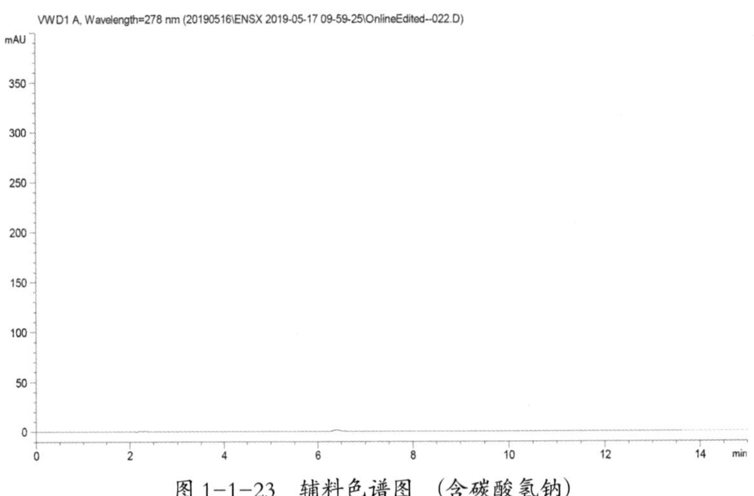

图 1-1-23　辅料色谱图（含碳酸氢钠）

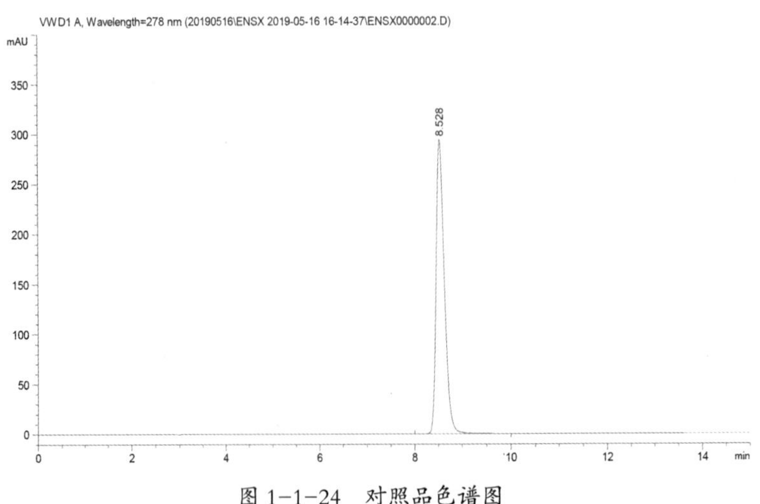

图 1-1-24　对照品色谱图

2.3　定量限和检测限

本研究中配制不同浓度恩诺沙星对照品溶液并测定相应信噪比，以信噪比 3∶1 时的浓度为检测限，信噪比 10∶1 时的浓度为定量限。测得该方法恩诺沙星检测限为 0.06 μg/mL，定量限为 0.2 μg/mL。

2.4　精密度

仪器精密度：其可接受标准为峰面积 RSD≤2.0%，理论塔板数按恩诺沙星峰计算应≥2 500。取含量测定项下对照品溶液，照该方法重复进样 5 次，计算峰面积的 RSD，由表 1-1-22、表 1-1-23 结果可知，该方法仪器精密度良好。

表 1-1-22　仪器精密度试验结果 1

仪器型号	Agilent1100		仪器编号	№ 007	
样品序号	1	2	3	4	5
理论塔板数恩诺沙星	5 524	5 669	5 734	5 738	5 722
拖尾因子	0.6	0.6	0.6	0.6	0.6
峰面积	3 576	3 575	3 575	3 577	3 572
保留时间	8.923	8.928	8.933	8.929	8.942
峰面积平均值	3 575				
RSD/%	0.1				

表 1-1-23　仪器精密度试验结果 2

仪器型号	Agilent1260		仪器编号	№ 209	
样品序号	1	2	3	4	5
理论塔板数恩诺沙星	11 822	11 994	11 849	12 222	12 002
拖尾因子	0.4	0.4	0.4	0.4	0.4
峰面积	3 487	3 487	3 481	3 477	3 478
保留时间	8.564	8.582	8.602	8.605	8.616
峰面积平均值	3 482				
RSD/%	0.1				

方法精密度：精密称取一批恩诺沙星可溶性粉 6 份，按含量测定项下方法制成供试品溶液和对照品溶液，每份进样 2 针，精密量取各溶液 10 μL 注入高效液相色谱仪，记录色谱图，计算恩诺沙星含量，按《中华人民共和国兽药典》规定，待测

成分含量 10%时，精密度 RSD≤1.5%。结果见表 1-1-24，该方法的精密度良好。

表 1-1-24　5%恩诺沙星可溶性粉精密度试验结果

仪器型号	Agilent1260 Ⅱ		仪器编号		№ 209		
供试品编号/n	标准品	1	2	3	4	5	6
恩诺沙星含量/%	—	98.91	99.04	98.65	100.40	99.69	98.95
平均值	—	99.28					
RSD/%	—	0.7					

2.5　线性与范围

取恩诺沙星对照品适量，精密称定，配制成 1 mg/mL 的储备液。分别吸取储备液 0.1 mL、0.2 mL、0.4 mL、0.6 mL、0.8 mL、1.0 mL 置于 10 mL 的容量瓶中，用流动相稀释至刻度，摇匀，配制成浓度分别为 0.01 mg/mL、0.02 mg/mL、0.04 mg/mL、0.06 mg/mL、0.08 mg/mL、0.1 mg/mL 的对照品溶液，采集色谱图，以峰面积与对照品溶液浓度作图，用最小二乘法进行线性回归，结果见图 1-1-25，恩诺沙星峰面积与浓度线性方程为 y=72 868.408 71x+17.865 38，r 为 0.999 99，表明在上述浓度范围内，恩诺沙星峰面积与浓度线性关系良好。

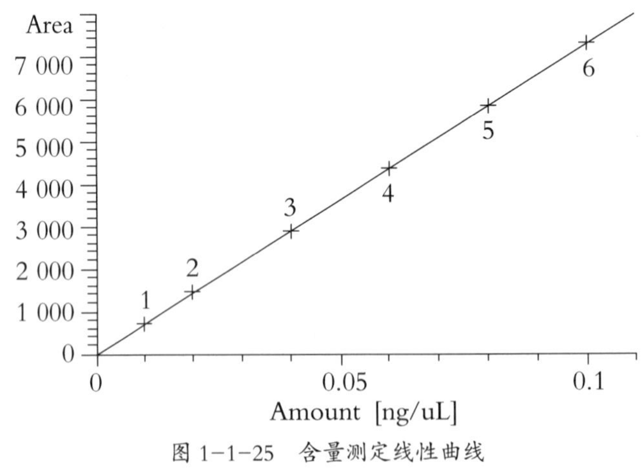

图 1-1-25　含量测定线性曲线

2.6　准确度

取一种生产企业提供的空白辅料，向空白辅料中分别添加恩诺沙星对照品（10 mg、12.5 mg、15 mg），制成 80%、100%、120%高、中、低 3 个浓度水平的溶液，每种浓度制备 3 份供试品，照含量测定法进行测定，结果见表 1-1-25。《中华人民共和国兽药典》（2015 年版）中规定，样品中待测成分含量为 10%、1%时，回收率限度分别为 95%~102%及 92%~105%，由表中结果表明恩诺沙星可溶性粉回收率在 95%~102%，回收率结果符合规定，该方法的准确度良好。

表 1-1-25　5%恩诺沙星可溶性粉回收率试验结果

仪器型号	Agilent1260 Ⅱ			仪器编号			№ 209		
对照品称量记录/g	1		2	12.5 mg 恩诺沙星对照品对应的峰面积				峰面积平均值	RSD/%
	0.012 50		0.012 55	3 441	3 439	3 453	3 456	3447	0.3%
供试品中标准品添加量	80%（10 mg）			100%（12.5 mg）			120%（15 mg）		
供试品	1	2	3	4	5	6	7	8	9
阴性对照的取样量/g	0.250 3	0.250 1	0.250 2	0.250 4	0.250 4	0.250 4	0.2502	0.250 3	0.250 5
恩诺沙星添加量/g	0.010 38	0.010 39	0.010 50	0.012 52	0.012 51	0.012 51	0.015 07	0.015 28	0.015 11
恩诺沙星峰面积	2 882	2 885	2 893	3 353	3 355	3 351	4 223	4 272	4 250
恩诺沙星回收量/g	0.010 45	0.010 50	0.010 49	0.012 16	0.010 17	0.012 15	0.015 31	0.015 49	0.015 41
回收率/%	100.68	101.03	99.89	97.09	97.24	97.13	101.61	101.36	101.98
各浓度平均回收率/%	100.53			97.16			101.65		
RSD/%	0.5			0.1			0.3		

2.7　溶液稳定性

将供试品溶液放置室温 48 h，放置期间对不同时间段进样采集色谱图，考察峰面积变化情况，结果见表 1-1-26，该溶液稳定性良好。

2.8　耐用性

本研究考察不同品牌的色谱柱、柱温、流速、pH 及不同波长对恩诺沙星可溶性粉含量的影响。结果表明，对流速、柱温、色谱柱、波长以及 pH 等进行微调，RSD 均<1.5%，能满足系统适用性试验的要求，方法耐用性良好。

2.8.1　色谱条件的改变

分别选取 4 根不同的十八烷基硅烷键合硅胶柱，规格 4.6 mm×250 mm，粒径

表 1-1-26　含量测定供试品溶液稳定性结果

时间/h	10%恩诺沙星可溶性粉峰面积	5%恩诺沙星可溶性粉峰面积
0	3 396	3 450
2	3 408	3 466
4	3 413	3 467
6	3 412	3 466
8	3 413	3 465
10	3 418	3 472
12	3 433	3 473
14	3 433	3 478
16	3 438	3 480
18	3 444	3 487
24	3 477	3 492
36	3 501	3 505
48	3 530	3 540
RSD/%	0.6	0.7

5 μm 色谱柱，设置进样量为 10 μL 注入高效液相色谱仪，记录色谱图，计算恩诺沙星的含量。结果见表 1-1-27。

表 1-1-27　5%恩诺沙星可溶性粉

仪器型号	Agilent 1100				Agilent1260 Ⅱ			
仪器编号	№ 007				№ 209			
色谱柱编号	Agilent 色谱柱；Eclipse PlusC_{18}；4.6 mm×250 mm，5 μm；Lotno B14082		Waters 色谱柱；symmetry C_{18}；4.6 mm×250 mm，5 μm；Lotno 0300362511		Agilent 色谱柱；ZORBA×SB-C_{18}；4.6 mm×250 mm，5 μm；Lotno B18107		5020-07346 InerSustain C_{18} um 4.6I.D.×150 mm 8HR 98082 WR5-5244	
恩诺沙星含量/%	1	2	1	2	1	2	1	2
	99.83	100.26	100.33	100.55	100.09	99.26	99.98%	99.76
平均值/%	99.54		100.44		99.68		99.87	
RSD/%	0.4							

表 1-1-27 结果显示，2 次不同色谱柱条件下含量的相对标准偏差<1.5%。

2.8.2 流速的改变

将色谱条件中的流速分别调整为0.9 mL/min、1.0 mL/min、1.1 mL/min，设置进样量为10 μL，注入高效液相色谱仪，记录色谱图，计算恩诺沙星的含量。结果见表1-1-28。

表1-1-28 5%恩诺沙星可溶性粉

仪器型号	Agilent1260 Ⅱ		仪器编号		№ 209	
流速	0.9 mL·min^{-1}		1.0 mL·min^{-1}		1.1 mL·min^{-1}	
恩诺沙星含量/%	1	2	1	2	1	2
	97.79	99.74	99.55	99.80	99.63	99.78
平均值/%	98.76		99.68		99.70	
RSD/%	0.5					

表1-1-28结果显示，3次不同流速条件下含量的相对标准偏差<1.5%。

2.8.3 柱温的改变

调整色谱条件中的柱温，分别将柱温设置为23 ℃、25 ℃、27 ℃。设置进样量为10 μL注入高效液相色谱仪，记录色谱图，记录恩诺沙星的含量。结果见表1-1-29。

表1-1-29 5%恩诺沙星可溶性粉

仪器型号	Agilent1260 Ⅱ		仪器编号		№ 209	
柱温	23 ℃		25 ℃		27 ℃	
恩诺沙星含量/%	1	2	1	2	1	2
	100.90	100.15	100.26	100.04	101.38	100.14
平均值/%	100.52		100.15		100.76	
RSD/%	0.3					

表1-1-29结果显示，3次不同柱温条件下含量的相对标准偏差<1.5%。

2.8.4 流动相pH的改变

分别将流动相中磷酸溶液调节为pH 2.8、3.0、3.2，设置进样量为10 μL注入高效液相色谱仪，记录色谱图，计算恩诺沙星的含量。结果见表1-1-30。

表 1-1-30　5%恩诺沙星可溶性粉

仪器型号	Agilent1260 Ⅱ		仪器编号		№ 209	
磷酸溶液 pH	2.8		3.0		3.2	
恩诺沙星含量/%	1	2	1	2	1	2
	99.85	99.83	99.95	99.80	101.53	101.60
平均值/%	99.84		99.68		101.57	
RSD/%	1.0					

表 1-1-30 结果显示，3 次不同 pH 配制流动相下含量的相对标准偏差<1.5%。

2.8.5　检测波长的改变

其他色谱条件不变，将波长分别调整为 276 nm、278 nm、280 nm，设置进样量为 10 μL 注入高效液相色谱仪，记录色谱图，计算恩诺沙星的含量。结果见表 1-1-31。

表 1-1-31　5%恩诺沙星可溶性粉

仪器型号	Agilent1260 Ⅱ		仪器编号		№ 209	
检测波长	276 nm		278 nm		280 nm	
恩诺沙星含量/%	1	2	1	2	1	2
	101.02	100.72	100.14	101.62	100.87	100.38
平均值/%	100.87		100.88		100.63	
RSD/%	1.0					

表 1-1-31 结果显示，3 次不同检测波长条件下含量的相对标准偏差<1.5%。

2.8　样品含量测定

对收集到的供试品按照上述方法进行高效液相色谱法含量测定，所有样品中恩诺沙星的含量均在标示量 90%~110%范围内，同时按照《兽药质量标准》（2017 年版）化学药品卷中紫外分光光度法做含量测定并进行比较，含量测定结果在偏差范围内，结果见表 1-1-32。

表 1-1-32　5%恩诺沙星可溶性粉新旧方法含量测定结果对比

厂家	名称	规格	批号	紫外	液相	新旧方法偏差
江西科达动物药业	恩诺沙星可溶性粉	5%	20190301	94.50	94.53	0.02
珠海市国茂生物科技有限公司	恩诺沙星可溶性粉	5%	181001	104.80	102.96	0.88
			181002	104.04	104.08	0.37
			181003	104.04	102.87	0.57
西安乐道生物科技有限公司	恩诺沙星可溶性粉	5%	18111501	100.20	100.84	0.32
			18111502	98.81	99.10	0.15
			18111303	98.79	99.27	0.24

3　小结

（1）高效液相色谱法在准确度、精密度、专属性、耐用性等方面符合《中华人民共和国兽药典》中“兽药质量标准分析方法验证指导原则”，可作为恩诺沙星可溶性粉中恩诺沙星含量测定的检测方法。

（2）该方法统一了恩诺沙星及其制剂含量测定的方法，专属性和准确度优于紫外–可见分光光度法。

第 6 节　米尔贝肟片质量控制方法研究

《米尔贝肟片》于 2013 年 9 月 30 日由农业部第 1998 号公告批准为二类新兽药，由浙江海正药业股份有限公司申请注册。2018 年，浙江省兽药饲料监察所承担了农业农村部兽药典办公室下达的《米尔贝肟片》质量标准制修订任务。研发团队承担了该标准的复核任务，从性状、有关物质、组分、含量均匀度、溶出度、含量测定方法方面进行方法学考察。

1　材料与方法

1.1　仪器与试剂

溶出度仪、高效液相色谱仪、电子天平、甲醇、乙腈、磷酸、实验用超纯水、米尔贝肟对照品、浙江海正药业股份有限公司生产的 3 批次米尔贝肟片。

1.2 试验方法

1.2.1 有关物质

取本品20片，精密称定，研细，精密称取适量（约相当于米尔贝肟25 mg），置于50 mL量瓶中，加乙腈-0.05%磷酸溶液（75∶25）适量超声处理5 min，用乙腈-0.05%磷酸溶液（75∶25）稀释至刻度，摇匀，滤过，取续滤液作为供试品溶液。精密量取适量，用乙腈-0.05%磷酸溶液（75∶25）定量稀释制成每1 mL中含5 μg的溶液作为对照溶液。照含量测定项下的色谱条件，精密量取供试品溶液和对照溶液各20 μL，分别注入液相色谱仪，记录色谱图至主成分保留时间的2倍。供试品溶液色谱图中如有杂质峰（相对于米尔贝肟A_4保留时间0.2之前的辅料峰不计），杂质D峰面积不得大于对照溶液主峰面积（A_3+A_4）的2倍（2.0%）；其他单个最大杂质峰面积不得大于对照溶液主峰面积（A_3+A_4）的0.5倍（0.5%）；各杂质峰面积的和不得大于对照溶液主峰面积（A_3+A_4）的5倍（5.0%）。供试品溶液色谱图中任何小于对照溶液主峰面积（A_3+A_4）0.1倍的色谱峰可忽略不计。

1.2.2 米尔贝肟组分

照含量测定项下的方法测定，米尔贝肟A_4不得少于米尔贝肟A_3与米尔贝肟A_4之和的80%。

1.2.3 含量均匀度

取本品1片，置于10 mL量瓶中，加乙腈-0.05%磷酸溶液（75∶25）适量超声处理15 min，中间振摇2次，放冷，用乙腈-0.05%磷酸溶液（75∶25）稀释至刻度，摇匀，滤过，取续滤液作为供试品溶液。按照含量测定项中的方法测定，应符合规定。

1.2.4 溶出度

照溶出度与释放度测定法（附录 第二法），以0.5%十二烷基硫酸钠溶液500 mL为溶出介质，50转/min，依法操作，30 min时，取溶液适量，滤过，取续滤液作为供试品溶液。另取米尔贝肟对照品约20 mg，精密称定，置于100 mL量瓶中，用乙腈-0.05%磷酸溶液（75∶25）溶解并稀释至刻度，摇匀；精密量取适量，用溶出介质定量稀释制成每1 mL中约含5 μg的溶液作为对照品溶液。精密量取供试品溶液和对照品溶液各20 μL，按照含量测定项中的方法测定，计算每片的溶出量，限度为标示量的 80%，应符合规定。

1.2.5　含量测定

取本品 20 片，精密称定，研细，精密称取适量（约相当于米尔贝肟 20 mg），置于 100 mL 量瓶中，加乙腈−0.05%磷酸溶液（75∶25）适量超声处理 5 min，并用乙腈−0.05%磷酸溶液（75∶25）稀释至刻度，摇匀，作为供试品溶液，照米尔贝肟项下的方法测定，按外标法以峰面积计算，即得。

2　结果与分析

2.1　性状

3 批样品均为类白色片，符合规定。

2.2　有关物质

按照起草标准中有关物质测定方法，分别对 3 批样品进行了有关物质测定，测定结果见表 1−1−33、图 1−1−26 至图 1−1−29。

表 1−1−33　有关物质测定结果

名称＼批号	3171101		3171102		3170704	
	保留时间/min	测定结果/%	保留时间/min	测定结果/%	保留时间/min	测定结果/%
单个最大杂质	33.702	0.2	33.674	0.19	33.461	0.21
杂质 D	36.607	0.18	36.552	0.18	36.382	0.19
总杂质	—	0.71	—	0.68	—	0.77
米尔贝肟 A_3	19.508	—	19.478	—	19.402	—
米尔贝肟 A_4	25.643	—	25.601	—	25.487	—

检测结果显示 3 批样品杂质 D 峰面积均小于对照溶液主峰面积（A_3+A_4）的 2 倍（2.0%）；单个最大杂质峰面积均小于对照溶液主峰面积（A_3+A_4）的 0.5 倍（0.5%）；各杂质峰面积的和均小于对照溶液主峰面积（A_3+A_4）的 5 倍（5.0%），符合规定。

2.3　组分

照含量测定项下的方法，分别测定了 3 批样品的组分，三批样品中米尔贝肟

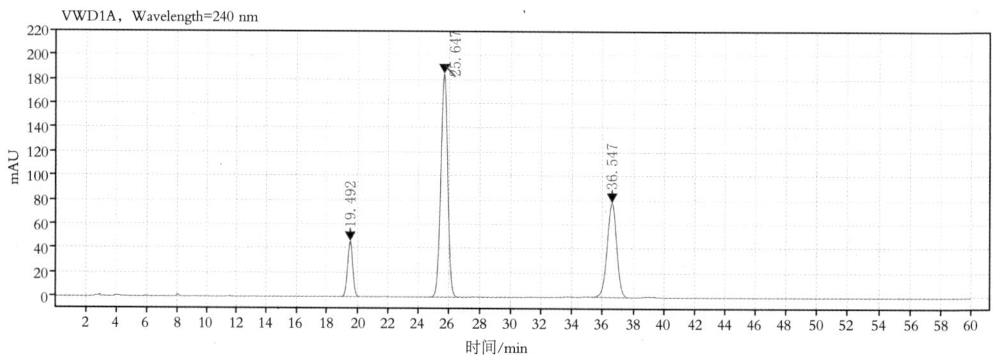

图 1-1-26　混合对照品溶液色谱图

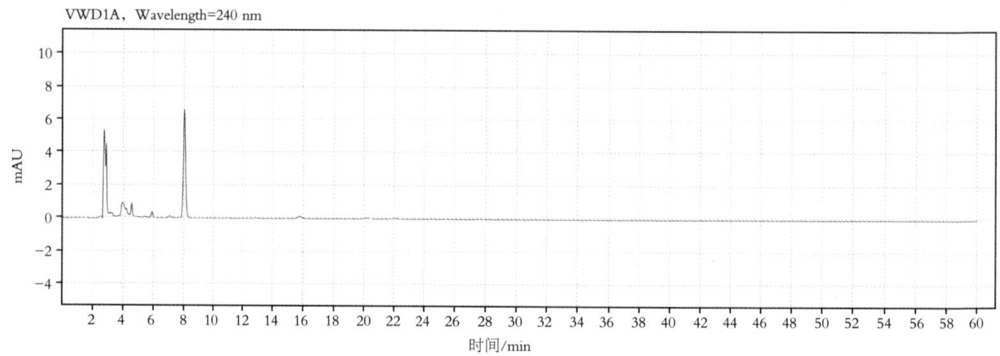

图 1-1-27　溶剂色谱图

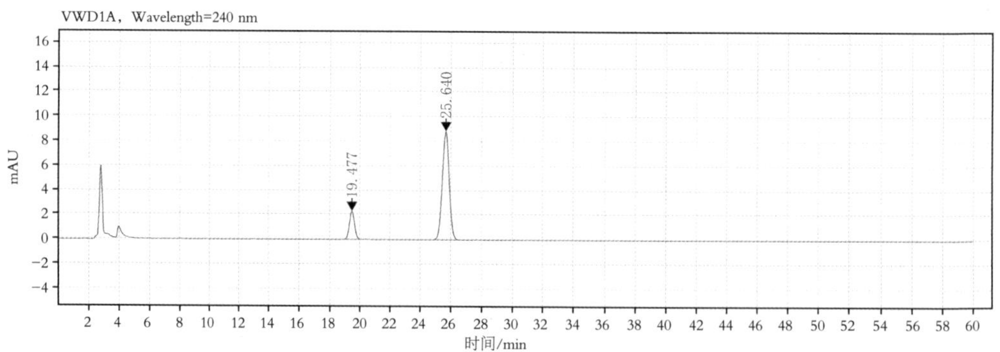

图 1-1-28　对照溶液色谱图

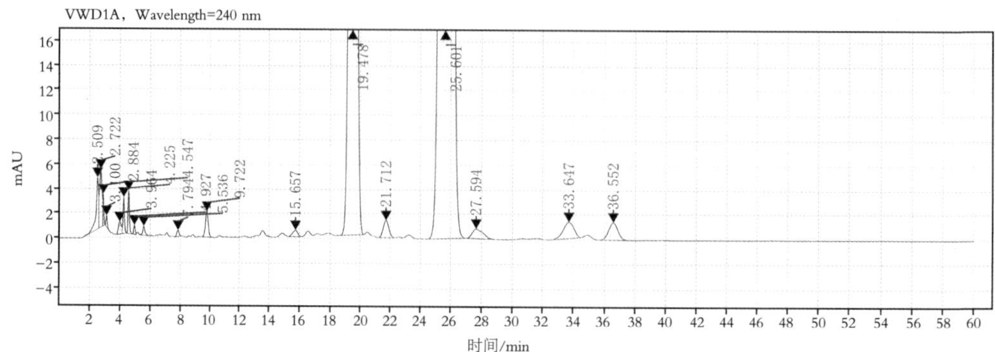

图 1-1-29　供试品溶液色谱图

A_4 含量均大于米尔贝肟 A_3 与米尔贝肟 A_4 含量之和的 80%，符合规定。结果见表 1-1-34。

表 1-1-34　组分测定结果

批号	编号	峰面积		含量/%		按峰面积计算/%	按含量计算/%
		A_3 峰面积平均值	A_4 峰面积平均值	A_3	A_4	A_4/A_4+A_3	A_4/A_4+A_3
3171101	1	2 136	10 697	16.78	75.98	83.36	81.96
	2	2 146	10 751	16.87	76.40	83.36	81.96
3171102	1	2 135	10 699	16.95	76.79	83.36	81.97
	2	2 141	10 714	16.85	76.26	83.35	81.95
3170704	1	2 196	11 592	17.25	82.35	84.08	82.67
	2	2 191	11 578	17.22	82.26	84.09	82.68

2.4　含量均匀度

按起草标准中含量均匀度测定方法， 取本品 1 片，置 10 mL 量瓶中，加乙腈-0.05%磷酸溶液（75：25）适量超声处理 15 min，中间振摇 2 次，放冷，用乙腈-0.05%磷酸溶液（75：25）稀释至刻度，摇匀，滤过，取续滤液作为供试品溶液。按照含量测定项中的方法测定，结果见表1-1-35。

表 1-1-35　含量均匀度测定结果

批号	序号	含量/%	平均值/%	S	A	A+2.2S	A+S
3171101	1	95.42	95.20	1.66	4.80	8.45	—
	2	93.69					
	3	95.34					
	4	94.96					
	5	93.25					
	6	94.09					
	7	99.33					
	8	95.00					
	9	95.35					
	10	95.57					

续表

批号	序号	含量/%	平均值/%	S	A	A+2.2S	A+S
3171102	1	92.41	95.39	1.38	4.61	7.64	/
	2	95.92					
	3	95.58					
	4	97.11					
	5	94.68					
	6	96.05					
	7	96.77					
	8	94.81					
	9	94.36					
	10	96.22					
3170704	1	101.12	100.72	1.97	0.72	5.05	—
	2	101.18					
	3	96.79					
	4	102.30					
	5	100.58					
	6	97.81					
	7	100.79					
	8	101.31					
	9	102.55					
	10	102.81					

对 3 批样品按照上述方法进行含量均匀度测定，所有样品的 A+2.2S 均小于 L（L=15.0），含量均匀度符合规定。

2.5 溶出度

照溶出度与释放度测定法（附录 第二法），以 0.5%十二烷基硫酸钠溶液 500 mL 为溶出介质，转速 50 转/min，依法操作，30 min 时，取溶液适量，滤过，取续滤液作为供试品溶液。另取米尔贝肟对照品约 20 mg，精密称定，置于 100 mL 量瓶中，用乙腈−0.05%磷酸溶液（75∶25）溶解并稀释至刻度，摇匀；精密量取适量，用溶出介质定量稀释制成每 1 mL 中约含 5 μg 的溶液作为对照品溶液。按照含量测定项中的方法测定，结果见表 1-1-36、图 1-1-30 至图 1-1-32。

表 1-1-36　溶出度测定结果

批号	序号	含量/%	平均值/%	RSD/%
3171101	1	82.67	82.71	0.3
	2	82.67		
	3	82.85		
	4	82.55		
	5	82.55		
	6	82.39		
3171102	1	85.12	84.97	0.2
	2	84.79		
	3	84.88		
	4	84.82		
	5	85.24		
	6	84.97		
3170704	1	89.02	89.9	0.8
	2	89.79		
	3	91.14		
	4	89.69		
	5	89.65		
	6	90.12		

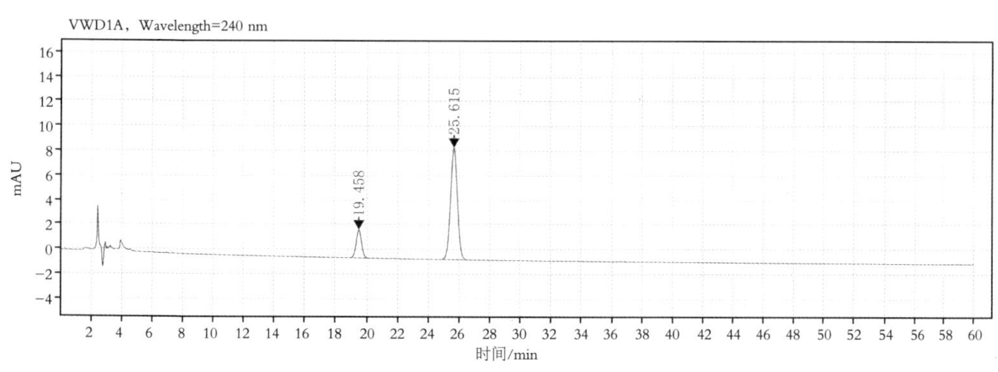

图 1-1-30　溶出度对照品溶液色谱图

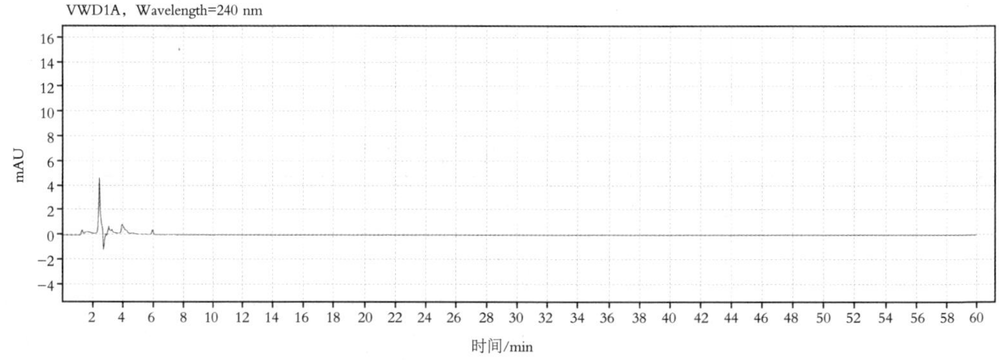

图 1-1-31　溶出度溶剂色谱图

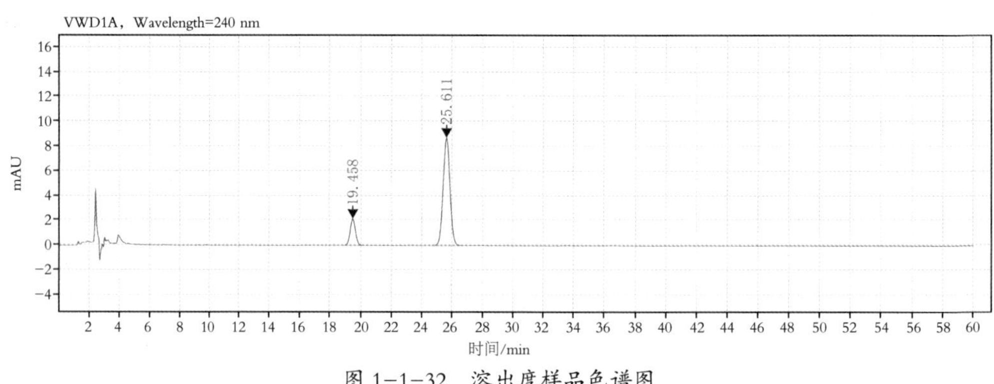

图 1-1-32　溶出度样品色谱图

对 3 批样品按照上述方法进行溶出度测定，计算每片的溶出量，其限度均大于标示量的 80%，符合规定。

2.6　含量测定

2.6.1　系统适应性试验

取米尔贝肟、杂质 D 对照品适量，用乙腈-0.05%磷酸溶液（75：25）溶解并稀释成每 1 mL 约含 0.2 mg 的溶液，作为系统适用性溶液，精密量取 20 μL，注入液相色谱仪，结果见表 1-1-37。

表 1-1-37　系统适应性试验结果

样品序号	1	2	3	4	5
理论塔板数（A_4）	15 534	15 569	15 564	15 558	15 595
A_3 与 A_4 的分离度	8.44	8.45	8.44	8.43	8.43
A_4 与杂质 D 分离度	11.09	11.11	11.09	11.10	11.11

试验结果表明，理论板数按米尔贝肟 A4 峰计均>8 000；米尔贝肟 A_3 组分、米

尔贝肟 A4 组分、杂质 D 各组分间分离度均>7.0，该方法仪器系统性良好。

2.6.2　含量测定

对 3 批样品按照上述方法进行高效液相法含量测定，所有样品中（A_3+A_4）含量均在标示量 90.0%~110.0%范围内，符合规定。结果见表 1-1-38、图 1-1-33 和图 1-1-34。

表 1-1-38　含量测定结果

批号	取样量	20 片重/g	含量/%		总含量/%	平均含/%	RSD/%
			A_3	A_4			
对照品 R01220	0.020 30	—	17.0	80.2	—	—	—
	0.020 38	—	17.0	80.2	—	—	
3171101	1.236 03	3.087 61	18.30	75.98	92.70	92.96	0.31
			18.31	76.01	92.72		
	1.235 58	3.087 61	18.40	76.40	93.21		
			18.40	76.39	93.20		
3171102	1.224 85	3.091 45	18.49	76.79	93.68	93.37	0.39
			18.49	76.79	93.68		
	1.235 02	3.091 4	18.39	76.29	93.09		
			18.38	76.24	93.03		
3170704	1.306 23	3.263 49	18.81	82.31	99.58	99.56	0.08
			18.82	82.39	99.66		
	1.306 17	3.263 49	18.78	82.27	99.50		
			18.78	82.25	99.48		

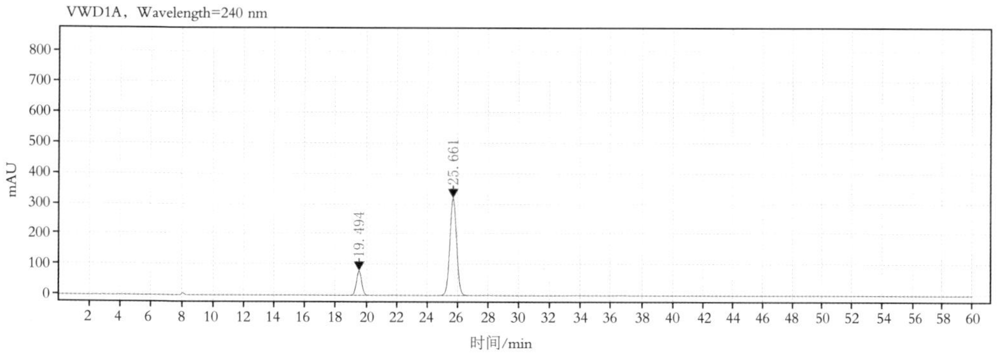

图 1-1-33　对照品溶液色谱图

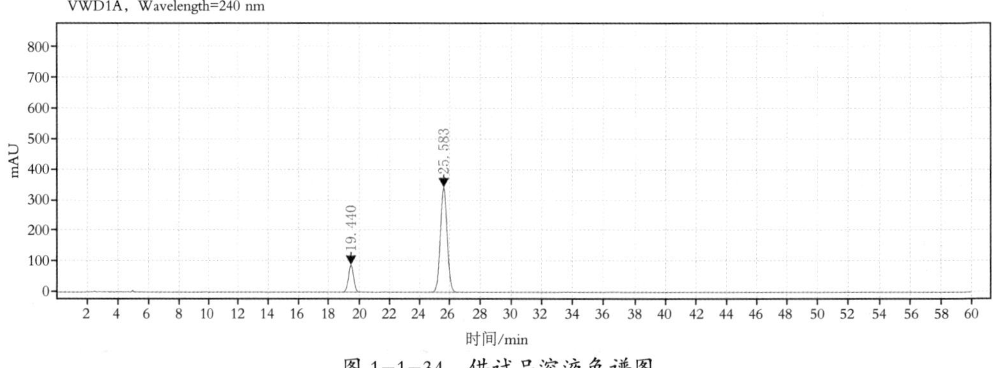

图 1-1-34　供试品溶液色谱图

3　小结

（1）对米尔贝肟片质量控制中有关物质、组分、含量均匀度、溶出度及含量测定检测方法进行了验证，采用方法可行，与浙江省兽药饲料监察所拟定方法的检测结果一致。

（2）米尔贝肟片质量控制含量测定方法中所用的试剂由甲醇和水替换了乙腈和三氟醋酸，降低了有毒试剂对人体的危害和环境的污染。

第 7 节　益母生化合剂中甘草成分的薄层鉴别试验研究

益母生化合剂目前收载于《兽药质量标准　中药卷》（2017 年版），其薄层鉴别甘草的原标准存在样品的前处理与对照药材甘草所用化学试剂不同、检验方法不同步问题，导致样品中的主斑点与对照药材的斑点不一致，无法完成鉴别。研发团队承担了益母生化合剂甘草的薄层鉴别标准制修订任务，对样品的提取剂和前处理方法进行改良，从专属性、耐用性、适用性等方面进行方法学验证，最终制修定了益母生化合剂质量标准，并通过中华人民共和国兽药典委员会审核。

1　材料与方法

1.1　材料

1.1.1　仪器

通风橱、电热鼓风干燥箱、超声仪、微量注射器、电子天平、恒温水浴锅、薄

层色谱展开槽、纯水仪

1.1.2　试剂

甲醇、三氯甲烷、正丁醇、香草醛、蒸馏水、硅胶 G 薄层板。

1.1.3　样品信息

益母生化合剂为 6 家企业提供 10 批样品、宁夏中药材开发与利用工程技术研究中心自制备 4 批样品，共 14 批样品。

1.1.4　对照药材信息

甘草对照药材，中国食品药品检定研究院，批号 120904-201318。

1.2　方法

取供试品 10 mL，加水饱和正丁醇振摇提取 2 次，每次 10 mL，合并正丁醇液，用正丁醇饱和的水洗涤 2 次，每次 10 mL，弃去水液，正丁醇液蒸干，残渣加甲醇 1 mL 使溶解作为供试品溶液。取甘草对照药材 0.5 g，加水 30 mL，加热回流 30 min，取出，放冷，滤过，滤液浓缩至 20 mL，用水饱和的正丁醇提取 2 次，每次 20 mL，合并正丁醇液，用正丁醇饱和的水洗涤 2 次，每次 10 mL，弃去水液，正丁醇液蒸干，残渣加甲醇 1 mL 使溶解作为对照药材溶液。照薄层色谱法（附录 0502）试验，吸取上述 2 种溶液各 2~5 μL，分别点于同 1 个硅胶 G 薄层板上，以三氯甲烷–甲醇–水（40∶10∶1）为展开剂，展开，取出，晾干，喷 5%香草醛硫酸溶液，105 ℃加热至斑点显色清晰。供试品色谱中，在与甘草对照药材色谱相应的位置上，显相同颜色的 3 个主斑点。

2　结果与分析

分别根据《兽药质量标准　中药卷》（2017 年版）中益母生化合剂甘草的鉴别项中的原有方法和拟修订标准方法对生产企业 4 批益母生化合剂和一批自制益母生合剂供试品溶液和对照药材溶液，按薄层色谱法分别点于同 1 个厂家硅胶 G 薄层板上，观察薄层色谱图的斑点及位置。结果见图 1-1-35、图 1-1-36 所示。

2.1　薄层色谱图对比

图 1-1-35 显示原标准处理供试品与对照药材，在供试品和对照药材色谱相对应的位置上，无明显的主斑点。图 1-1-36 显示拟修订标准处理供试品与对照药材，

在供试品和对照药材色谱相对应的位置上，均显相同颜色的主斑点。说明拟标准修订方法比原方法斑点显示颜色清晰，易于判断，优于原标准方法。

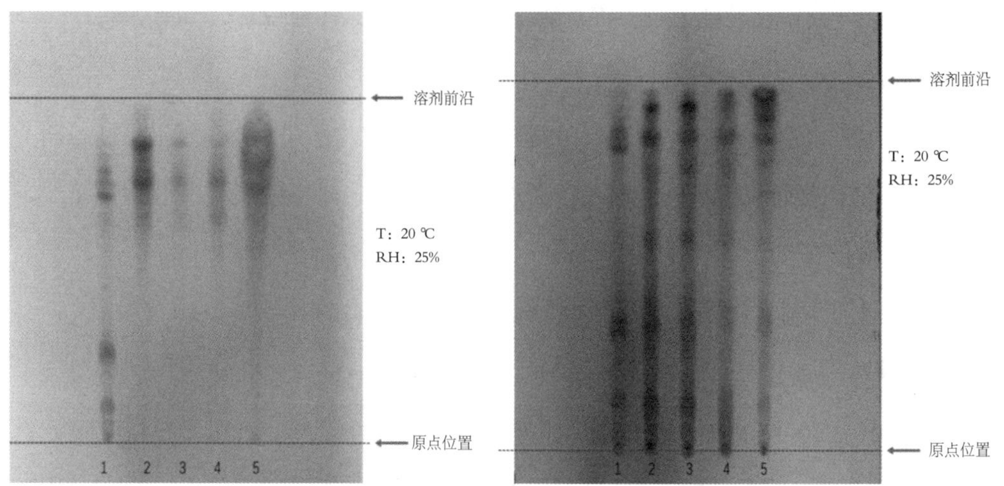

图 1-1-35 原标准中甘草鉴别薄层色谱图　　图 1-1-36 修订后标准甘草鉴别薄层色谱图

（烟台江友高效硅胶 G 薄层板。规格 100 mm×100 mm，厚度 0.20±0.03 mm，批号 20181127）

温度：20 ℃，湿度：25%，点样量：2 μL，展距：8 cm

1. 甘草对照药材；2. 江西仲襄本草 1800301；3. 江西中成 2017043001；

4. 保定冀中 201810001；5. 2019031002

2.2 专属性考察

取益母生化合剂和不含甘草的益母生化合剂（阴性对照组）分别按照拟修订后甘草的鉴别的方法进行薄层色谱法检验，比较两者的斑点。结果如图 1-1-37 所示。供试品色谱中，在与对照药材色谱相对应的位置上，均显相同颜色的斑点；供试品色谱中，在与对照药材色谱相对应的位置上，阴性对照溶液无斑点。结果表明阴性对照溶液无干扰。修订后专属性较好。

2.3 耐用性考察

按拟修订方法对自制供试品（批号 2019031001、2019031002）、江西仲襄本草生物有限公司样品 1 批（批号 1800301）、江西中成药取业有限公司样品 1 批（批号 2018070701）和甘草对照药材。分别取上述供试品和甘草对照药材、阴性对照样品，点样量各为 2 μL，分别点于 3 个不同厂家普通和高效硅胶 G 薄层板上，照薄层色谱法检验，考察试验结果的耐用性。结果见图 1-1-38 至图 1-1-40 所示。

（1）从图 1-1-38、图 1-1-39、图 1-1-40 中可以看出，分别在 3 个不同厂家

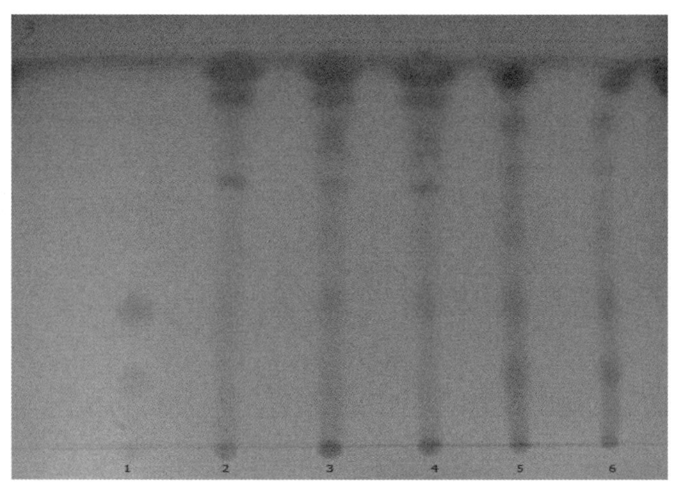

图 1-1-37　专属性考察

（烟台江友高效硅胶 G 薄层板。规格 100 mm×100 mm，厚度 0.20±0.03 mm，批号 20181127）
温度：30 ℃，湿度：28%，点样量：2 μL，展距：8 cm
1. 甘草对照药材；2. 阴性对照；3. 2019031001；
4. 2019031002；5. 江西仲襄 1800301；6. 江西中成 2018070701

的硅胶 G 薄层板和高效板上，斑点均能较好地分离，供试品色谱中在与甘草对照药材色谱相应的位置上，显 3 个相同颜色的主斑点，阴性无干扰。修订后标准耐用性较好。

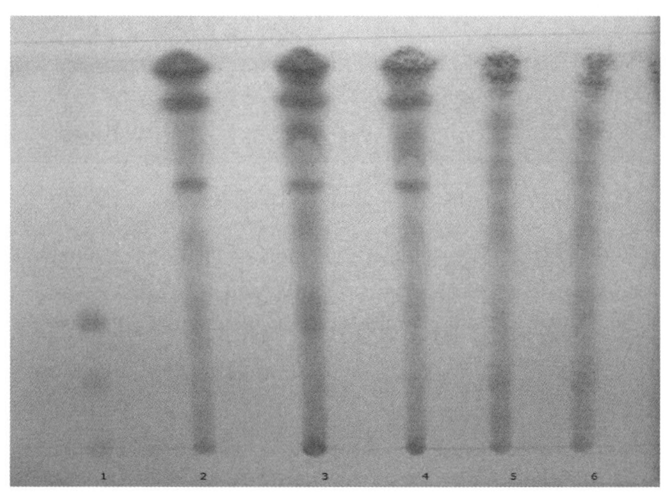

图 1-1-38　耐用性不同薄层板考察

（青岛海洋化工普通硅胶 G 薄层板。规格 100 mm×200 mm，厚度 0.20~0.25 mm，批号 20171010）
温度：30 ℃，湿度：28%，点样量：2，μL，展距：8 cm
1. 甘草对照药材；2. 阴性对照；3. 2019031001；

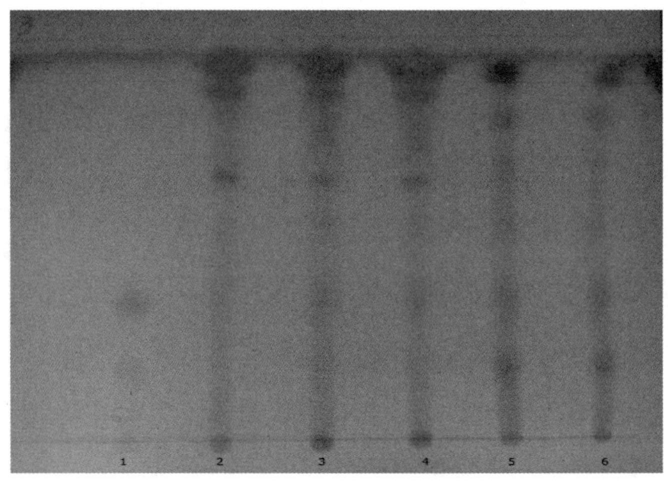

图 1-1-39　耐用性不同薄层板考察

（烟台江友高效硅胶 G 薄层板。规格 100 mm×100 mm，厚度 0.20±0.03 mm，批号 20181127）
温度：30 ℃，湿度：28%，点样量：2 μL，展距：8 cm
1. 甘草对照药材；2. 阴性对照；3. 2019031001；
4. 2019031002；5. 江西仲襄 1800301；6. 江西中成 2018070701

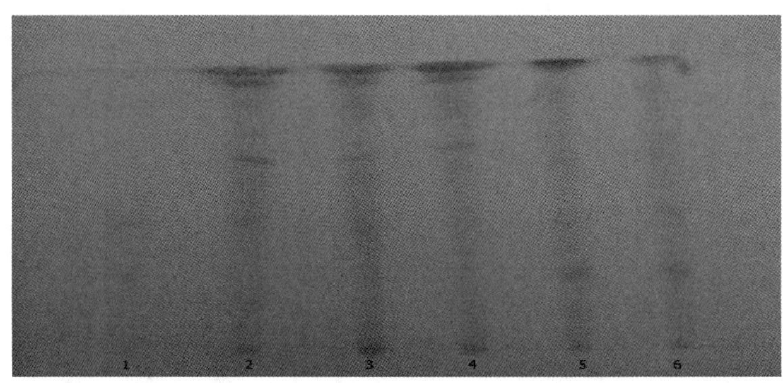

图 1-1-40　耐用性不同薄层板考察

（青岛海胜高效硅胶 G 薄层板。规格 100 mm×100 mm，厚度 0.20~0.25 mm，批号 20190408），
温度：30 ℃，湿度：28%，点样量：2 μL，展距：8 cm
1. 甘草对照药材；2. 阴性对照；3. 2019031001
4. 2019031002；5. 江西仲襄1800301；6. 江西中成 2018070701

2.4　不同点样量考察

将甘草对照药材与自制益母生合剂样品（批号 2019031002）按拟修订方法制备供试品，分别点于不同厂家普通和高效硅胶 G 薄层板上，甘草对照药材点样量分别为 1 μL、2 μL、3 μL、4 μL、5 μL；供试品点样量分别为 1 μL、2 μL、3 μL、4 μL、5 μL、6 μL，结果如图 1-1-41 所示。

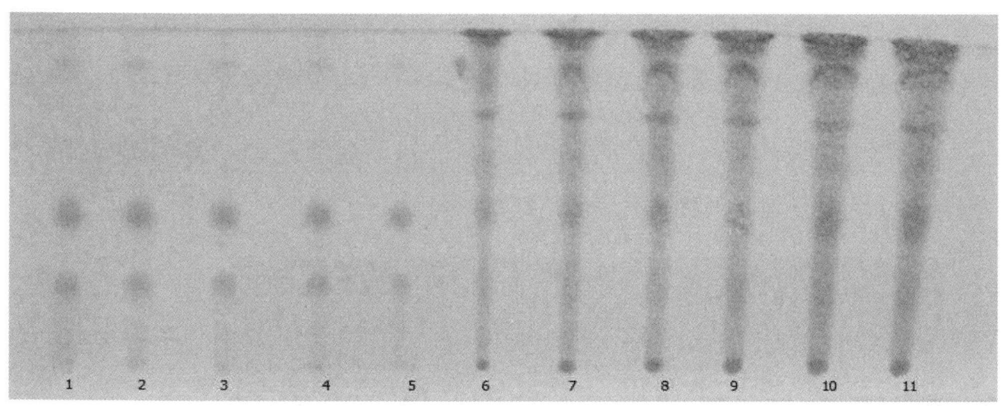

图 1-1-41　硅胶 G 薄层板不同点样量考察

（青岛海洋化工有限公司硅胶 G 薄层板。规格 100 mm×200 mm，厚度 0.20~0.25 mm，批号 20171010），
温度：30 ℃，湿度：28%，展距：8 cm
1~5 为甘草对照药材溶液，点样量分别是 5 μL、4 μL、3 μL、2 μL、1 μL
6~11 为自制供试品（批号 2019031002），点样量分别是 1 μL、2 μL、3 μL、4 μL、5 μL、6 μL

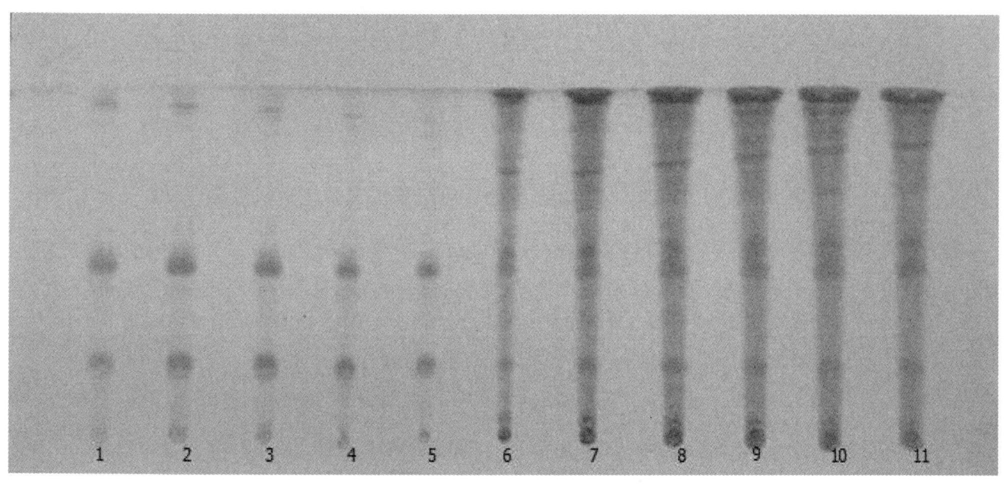

图 1-1-42　高效硅胶 G 薄层板不同点样量考察

（烟台江友高效硅胶 G 薄层板。规格 100 mm×200 mm，厚度 0.20±0.03 mm，批号 020190102），
温度：30 ℃，湿度：28%，展距：8 cm
1~5 为甘草对照药材溶液，点样量分别是 5 μL、4 μL、3 μL、2 μL、1 μL
6~11 为自制供试品（批号 2019031002），点样量分别是 1 μL、2 μL、3 μL、4 μL、5 μL、6 μL

从图1-1-41、图 1-1-42 中可以看出，甘草对照药材点样量 1~5 μL 斑点颜色清晰，分离效果较好，无拖尾现象；供试品点样量 1~6 μL 斑点颜色清晰，分离效果较好，无拖尾现象。考虑到原标准、药材的产地来源，制剂工艺有所差别，所以将对照药材和供试品点样量确定为 2~6 μL，薄层色谱图中对照药材和供试品均显 3

个清晰可见、颜色相同的斑点。

2.5 适用性考察

按拟修订的方法提取6家企业生产及自制共14批益母生化合剂供试品和甘草对照药材进行鉴别试验，考察其适用性。结果如图1-1-43所示。

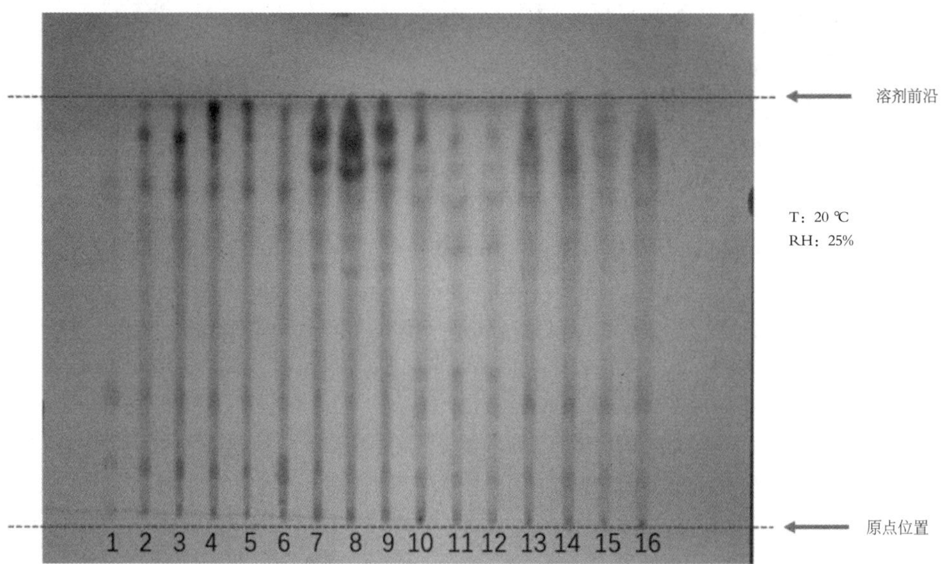

图 1-1-43 高效硅胶G薄层板不同厂家供试品适用性考察

（烟台江友高效硅胶G薄层板。规格100 mm×200 mm，厚度0.20±0.03 mm，批号020190102），
温度：30℃，湿度：28%，展距：8 cm
益母生化合剂不同厂家供试品薄层鉴别色谱图
1. 甘草对照药材；2. 江西仲襄本草 1800301；
3~5. 江西中成（2017043001、2018070701、20180601）；6. 保定冀中 201810001；
7~9. 山东华尔康（2017080621、2017080821、2017080721）；
10~12. 内蒙古瑞普大地（20181003、20170901、20170901）；
13~16. 自制（2019030301、2019030302、2019031001、2019031002）

由上图可知，4家企业生产和自制的益母生化合剂共10批供试品所显主斑点位置与颜色与对照药材一致，而山东华尔康药业有限公司生产的3批供试品距原点最远的位置斑点比较浅，距原点较近的3个主斑点比较清晰；保定冀中药业有限公司生产的1批样品，距原点最近的1个主斑点显红色，其他2个主斑点颜色清晰显黄色。

3 小结

（1）优化改良的甘草鉴别方法斑点显示清晰，阴性无干扰，专属性、耐用性均较好，其结果可靠，可用于益母生化合剂中甘草定性鉴别。

（2）本研究用正丁醇代替三氯甲烷，减少了有毒有害物质的使用，对操作者以及环境保护都有积极的作用。

第 8 节　薄层色谱点样展开成像系统仪在中兽药检测中的应用

薄层色谱法具有操作方便、设备简单、分离效率高、专属性好、分析速度快、可视性好便于判定等特点，但是传统手工点样存在不精准、速度慢、薄层色谱图无法保存等缺点。研发团队利用薄层色谱点样展开成像系统仪，按照《中华人民共和国兽药典》（2015 年版）和《兽药质量标准　中药卷》（2017 年版）规定，分别对白头翁散中黄连、盐酸小檗碱和板蓝根注射液鉴别中精氨酸、亮氨酸、L–脯氨酸成分进行了定性鉴别分析，同时对白头翁散中的黄连和秦皮进行了半定量检测分析。

1　材料与方法

1.1　材料

1.1.1　主要仪器

薄层色谱点样展开成像系统仪、电热鼓风干燥箱、通风橱、超声仪、微量注射器、电子天平、恒温水浴锅、薄层色谱展开槽、纯水仪、加热回流装置、吹风机。

1.1.2　主要化学试剂

白头翁散鉴别用化学试剂：甲醇、环已烷、乙酸乙酯、异丙醇、水、三乙胺、氨水、硅胶 G 薄层板，黄连对照药材（中国兽医药品监察所，批号 Z0010704），盐酸小檗碱对照品（中国兽医药品监察所，批号 Z0221507），秦皮对照药材（中国药品生物制品检定所，批号 0753–2010111）

板蓝根注射液鉴别用化学试剂：乙醇、正丁醇、冰醋酸、水茚三酮试液、硅胶 G 薄层板，精氨酸对照品（中国食品药品检定研究院，批号 140685–201707），亮氨酸对照品（中国食品药品检定研究院，批号 140687–201503），L–脯氨酸对照品（国外进口，批号 765642）。

1.2 实验方法

1.2.1 定性鉴别实验方法

按照《中华人民共和国兽药典》（2015 年版）第二部第 636 页白头翁散鉴别(2)中黄连、盐酸小檗碱检验，《兽药质量标准中药卷》（2017 年版）第 183 页板蓝根注射液鉴别中精氨酸、亮氨酸、L–脯氨酸检验。

1.2.2 半定量检测

1.2.2.1 白头翁散中秦皮的检测

白头翁散按照《中华人民共和国兽药典》（2015 年版）第二部第 636 页项下鉴别（3）的方法检验。

1.2.2.2 白头翁散中黄连的检测

参照 1.2.1 定性鉴别实验中白头翁（2）去掉盐酸小檗碱的检验方法检验。

2 结果与分析

2.1 定性检测结果

按照 1.2.1 定性鉴别实验方法检验，结果 2 个产品中兽药均出现了在与对照药材或对照品色谱相应的位置上显相同颜色的斑点。根据薄层色谱上的显色情况可相应的作出定性判定。

从图 1–1–44 可以看出，白头翁散供试品 1 的位置上有 5 个主斑点，对黄连照药材 2 上有 5 个斑点，这是黄连药材特有的斑点颜色，其中供试品最上面的 2 个斑点颜色较浅，可能是厂家投料不够或与所用黄连药材的产地、工艺与对照药材质量等差异有关。对照品盐酸小檗碱 3 相对应的位置上有 1 个主斑点，是对照品盐酸小檗碱特有的斑点颜色。在供试品 1 中在与对照药材和对照品相应的位置上，出现与之相应的颜色斑点，说明供试品中有黄连和盐酸小檗碱的成分。此供试品可判定为符合规定。

图 1–1–45 中 1~5 为不同厂家的板蓝根注射液处理过的供试品，上面分别有不同颜色的 3 个主斑点；在 6 的位置上有 1 个黄颜色的斑点，是 L–脯氨酸标准品特有的斑点颜色；在 7 上有 1 个紫色的斑点，是标准品精氨酸特有的斑点颜色，在 8 上有 1 个红色的斑点，是标准品亮氨酸特有的斑点颜色。供试品中，在与对照品相应

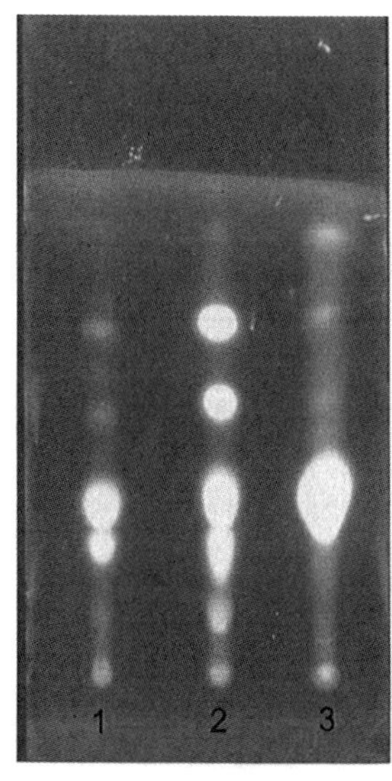

图 1-1-44　白头翁散中盐酸小檗碱及黄连色谱

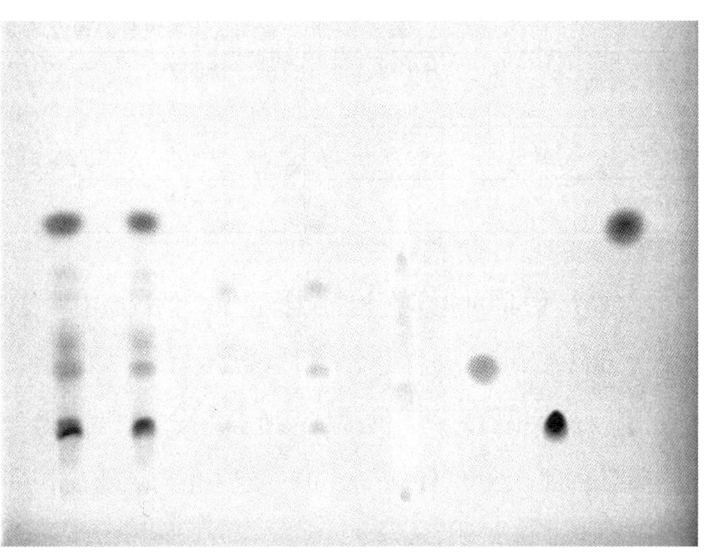

图 1-1-45　板蓝根注射液中精氨酸、亮氨酸及 L-脯氨酸色谱

的位置上显相同颜色的斑点，可以证明样品中含有与标准品相应的成分，其中厂家 3、4、5 的供试品中相应位置的斑点颜色较浅，可能是厂家投料不够或所用板蓝根药材的产地、工艺等质量因素有关。

2.2　半定量检测结果

根据供试品与对照品或对照药材斑点的大小，颜色深浅的比较，进一步进行定量的研究。在白头翁散处方中黄连和秦皮组分占比分别为 15.3%、30.6%，按药典方法制备的白头翁供试品溶液含黄连及秦皮的理论浓度分别为 9.8 mg/mL、97.9 mg/mL，黄连及秦皮对照品药材的理论浓度为 10 mg/mL、100 mg/mL 见表 1-1-39、表 1-1-40）。

表 1-1-39　白头翁散处方组成

名称	各组分含量/g	各组分占比
白头翁散	195	—
白头翁	60	30.8%
黄连	30	15.3%
黄柏	45	23.1%
秦皮	60	30.6%

表 1-1-40　鉴别试验各成分的理论浓度

	取样量/g	处方中黄连浓度/(mg·ml^{-1})	处方中秦皮浓度/(mg·ml^{-1})	黄连对照药材浓度/(mg·ml^{-1})	秦皮对照药材浓度/(mg·ml^{-1})
鉴别 2	1.6	9.8	—	10	—
鉴别 3	3.2	—	97.9	—	100

由图 1-1-46 可知，在相同点样量下，供试品中秦皮的斑点大小均小于对照药材的斑点。在不同的点样量下，供试品的点样量 8 μL 时，与秦皮对照药材 2 μL 时的主斑点大小相当，说明供试品中所含秦皮的浓度大概为 25 mg/mL，远小于供试品中秦皮的理论浓度（100 mg/mL）。这可能与该处方中所用秦皮药材的产地、工艺与对照药材质量等差异有关。

从图 1-1-47 可以看出，在相同点样量下，供试品中黄连的斑点大小均小于对照药材的斑点，并且颜色略浅；在不同的点样量下，当供试品的点样量 5 μL 时，与黄连对照药材 2 μL 时的主斑点大小相当，说明供试品中所含黄连的浓度大概为 4 mg/mL，远低于供试品中黄连的理论浓度（97.9 mg/mL）。出现这种情况的原因可能与该处方中所用黄连药材的产地、工艺与对照药材质量等差异有关。

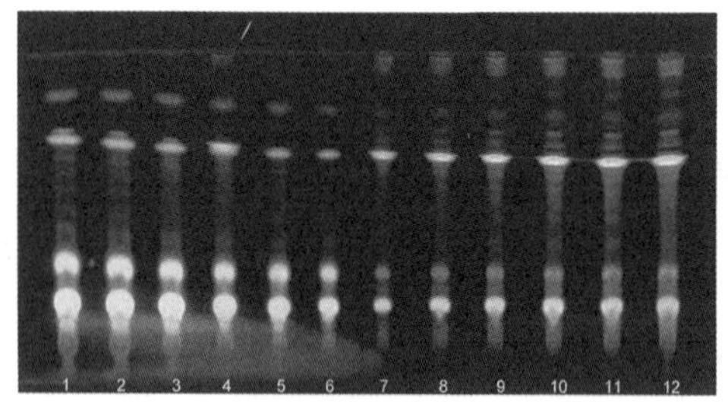

图 1-1-46　白头翁散中秦皮色谱图

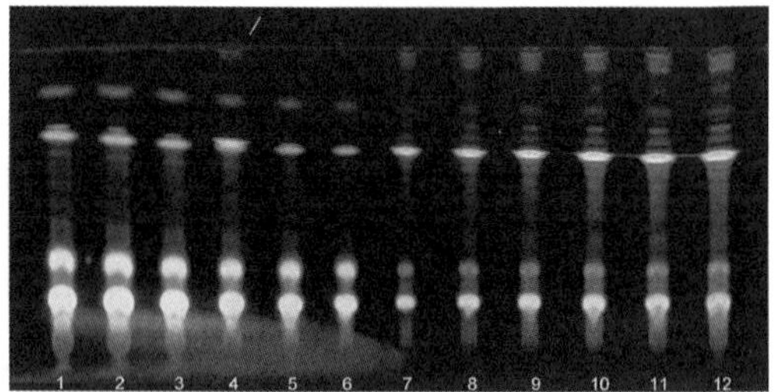

图 1-1-47　白头翁散中黄连色谱图

3　小结

（1）薄层色谱点样展开成像仪可用于中兽药的定性和半定量检测。

（2）薄层色谱点样展开成像仪的使用克服了传统手工点样的不精准、速度慢、薄层色谱图保存不便等缺点。

（3）通过半定量分析可以初步判定中兽药中主成分的品质和用量。

第 2 章　兽药非法添加检查方法的建立

生产企业为了非法获利，经常会在兽药制剂中添加一些化学药物、抗生素和处方外物质，以增加药效。这种非法行为不仅扰乱了兽药市场，而且也导致动物源性产品残留超标，对人健康造成危害。兽药制剂中非法添加物种类繁多且隐蔽，一方面需要建立快速筛查方法，提高筛查效率；另一方面需要建立覆盖更多品类的非法添加物检查方法，扩大检查覆盖面。据此，研发团队建立快速筛查未知非法添加物的飞行时间质谱法，建立了一种或多种非法添加物检测的高效液相色谱法，以实现全品类覆盖的筛查和一种或多种非法添加物的确证检测，满足国家对兽药非法添加监管的要求。

第 1 节　飞行时间质谱在兽药非法添加中检查方法的建立

目前已发布的非法添加检查公告方法较少，且绝大部分是液相色谱法，检测覆盖面较窄，难以形成打击力度。高效液相色谱法对于本身没有共轭结构，没有紫外吸收或者即使有紫外吸收但组分复杂的药物无法检测，存在一定的局限性。飞行时间质谱技术（TOF-MS）可实现对所有化合物进行全扫描。该技术具有精确分子质量、高通量、高扫描速度及宽质量范围、单位时间扫描的化合物没有数量限制等优点，可以方便、快速地对目标化合物和未知化合物实现筛查与鉴定，因而在快速筛查方面得到越来越多的应用，提高了定性筛查的效率。研发团队通过已确证含量为零的盐酸林可霉素注射液和氟苯尼考注射液、麻杏石甘口服液中非法添加黄芩苷和恩诺沙星可溶性粉中非法添加乙酰甲喹，对飞行时间质谱方法进行了印证。

1 材料和方法

1.1 仪器和试剂

仪器：飞行时间质谱仪、分析天平 AX205（十万分之一）、Direct-Q®8UV-R 纯水机、KQ-400KDB 型高功率数控超声波清洗器。

试剂：0.1%甲酸（质谱级）、甲醇（色谱级）、乙腈（色谱级）、超纯水。

1.2 检测依据及色谱、质谱条件

检测依据：根据所测得的化合物的精确分子质量及同位素分布预测分子式，推测存在的可疑物。

色谱条件：用十八烷基硅烷键合硅胶为填充剂，以 0.1%甲酸水为流动相 A，以乙腈为流动相 B，按表 1-2-1 进行梯度洗脱，流速为 300 μL/min，进样量 5 μL，柱温40 ℃。

表 1-2-1 流动相梯度

时间/min	流动相 A/%	流动相 B/%
0.00	90	10
1.50	90	10
5.00	70	30
7.00	70	30
10.00	10	90
12.00	10	90
12.10	90	10
15.00	90	10

质谱条件：采用 Dual AJS ESI 源，扫描方式为正离子模式（ESI+），毛细管电压 6.0 kV，干燥气流速为 12 L/min，温度为 350 ℃；一级质谱数据采集为单级质谱全扫描模式，扫描范围为 m/z 105~950 Da；采集速率为 1.0 spectra/s。采集数据时连续导入调谐溶液，对仪器质量轴进行实时校正，参比离子为 m/z 622.0289 和 m/z 922.0097。

1.3 样品处理

固体样品：取 100 mg 粉末置于离心管中，加 5 mL 乙腈水（乙腈：水为 1：1）；

涡旋混匀超声提取 10 min 后 10 000 转离心 5 min；取上清液，过 0.22 μm 滤膜后上机检测。

液体样品：取 100 μL 样品于离心管中，加 5 mL 乙腈水（乙腈：水为 1：1）；超声处理 10 min，过 0.22 μm 滤膜后上机检测。

1.4　结果判定

使用 EC ID 软件，根据精确质量数及同位素分布预测分子式；自动链接到 NCBI PubChem 数据库进行搜库匹配，推测疑似物；按照仪器公司提供的常见药物的分子量库进行对照，推测可疑物。根据可疑物寻找对应的对照品，通过对照品对供试品中可疑物进行确证。如果供试品溶液色谱图中出现与对照品溶液色谱峰保留时间一致的色谱峰（保留时间相对偏差≤2.5%），而且供试品溶液质谱图应与对照品溶液质谱图一致，包括分子离子和至少 1 个碎片离子，质量数差异≤0.5mDa，判为检出非法添加物。

2　结果与分析

2.1　含量为零的兽药检测

飞行时间质谱仪可测定化合物的分子量，在日常监督检验中检出含量为 0 的不

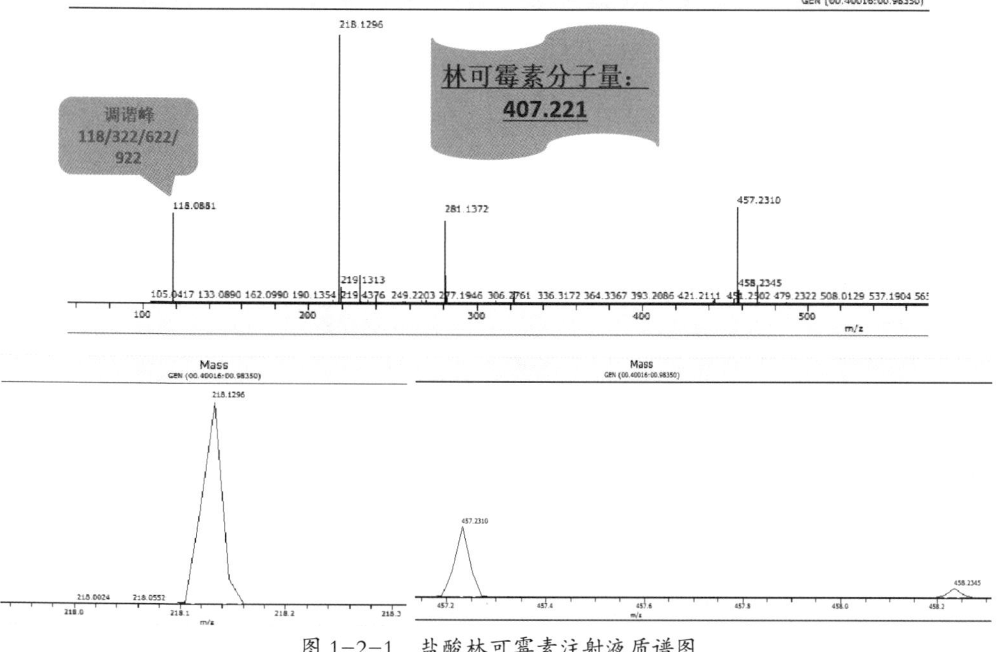

图 1-2-1　盐酸林可霉素注射液质谱图

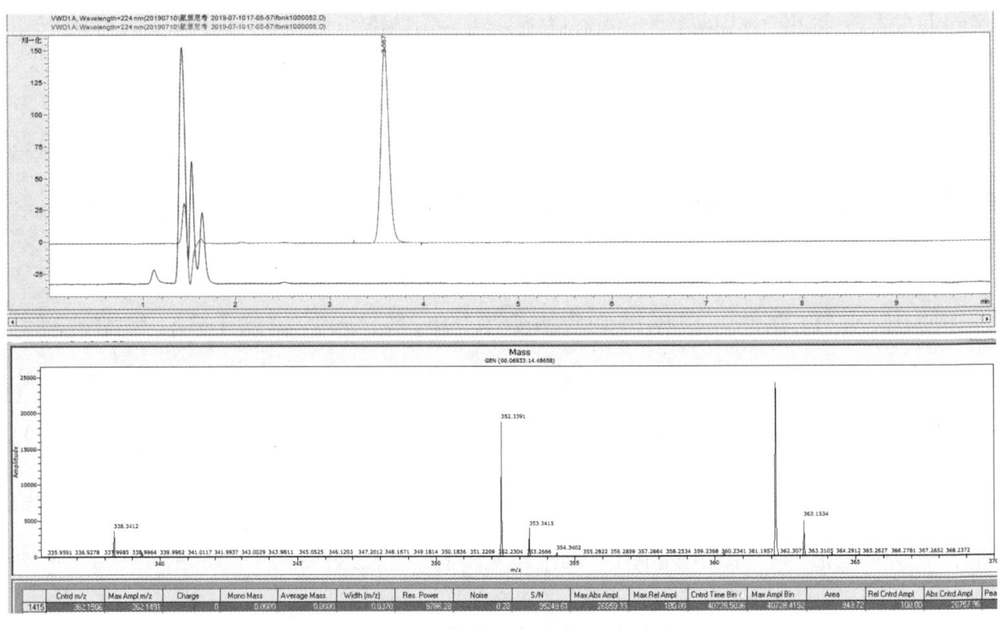

图 1-2-2　氟苯尼考注射液质谱图

合格兽药样品，可通过该仪器及建立的方法进行检测，在质谱图中如果未出现主成分化合物的分子量，可确定该兽药样品不含主成分化合物，进而判定兽药不合格。

正离子模式（ESI+）下林可霉素的分子质量数是 407.221，从图 1-2-1 可以看出，盐酸林可霉素注射液这个样品的质谱图中没有与 407.221 质量数差异≤0.5 mDa 的质量数，说明该样品没有林可霉素成分，该样品含林可霉素的量为零，与高效液相色谱仪测得该样品含量为 0 的结果相符。正离子模式（ESI+）下氟苯尼考的分子质量数是 355.993，从图 1-2-2 可以看出，氟苯尼考注射液这个样品的质谱图中没有与 355.993 质量数差异≤0.5 mDa 的质量数，说明该样品没有氟苯尼考成分，该样品含氟苯尼考的量为 0，与高效液相色谱仪测得 2 个样品含量为 0 的结果相符，说明用飞行时间质谱仪新建立的方法有效可行。

2.2　非法添加检测

从图 1-2-3、图 1-2-4 中可以看出供试品（恩诺沙性可溶性粉）溶液色谱图中出现了与乙酰甲喹对照品溶液色谱峰保留时间一致的色谱峰（保留时间相对偏差≤2.5%），供试品（恩诺沙性可溶性粉）溶液质谱图与乙酰甲喹对照品溶液质谱图一致，包括 1 个碎片离子，两者质量数差异<0.5 mDa，判定供试品（恩诺沙性可溶性粉）中检出非法添加物乙酰甲喹。从图 1-2-5、图 1-2-6 中可以看出，供试品（麻

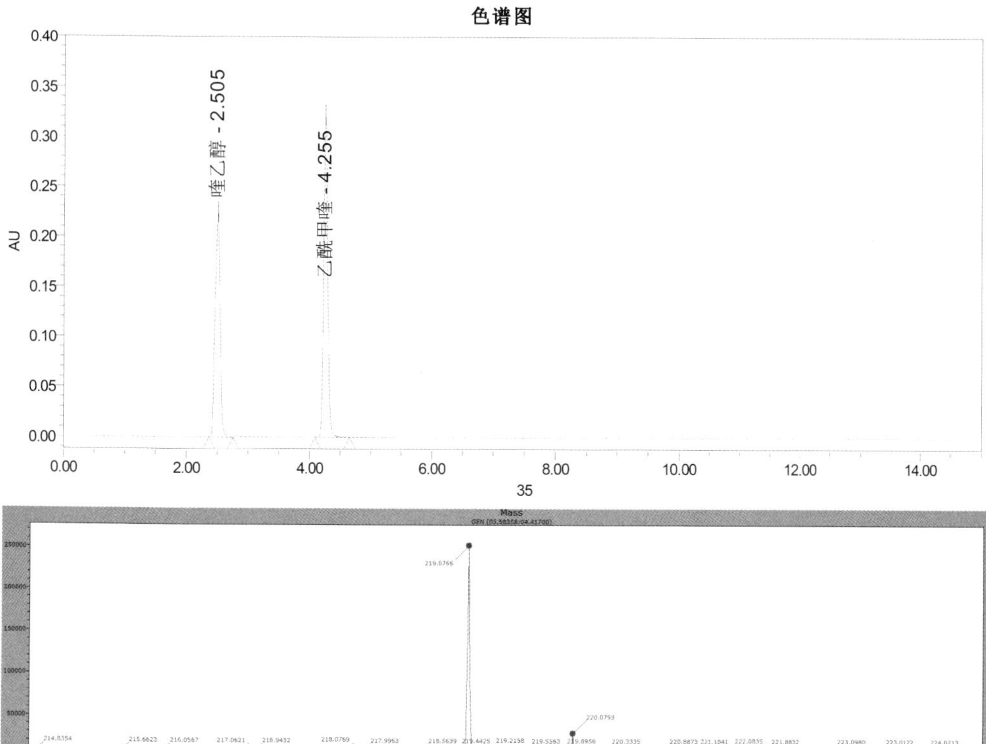

图 1-2-3　乙酰甲喹对照品色谱图及质谱图

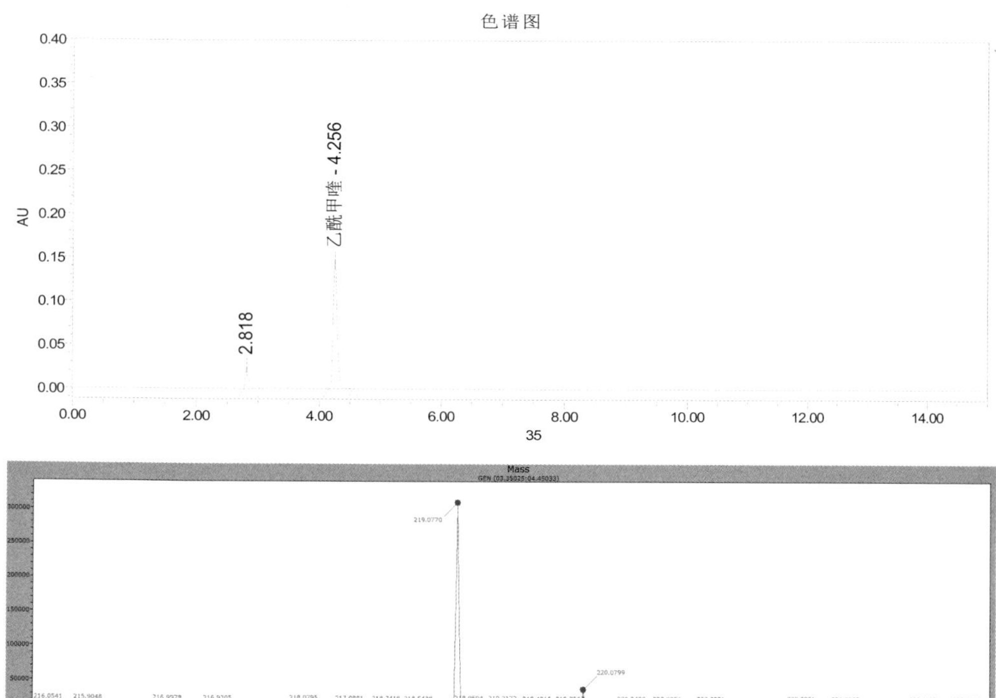

图 1-2-4　恩诺沙性可溶性粉色谱图及质谱图

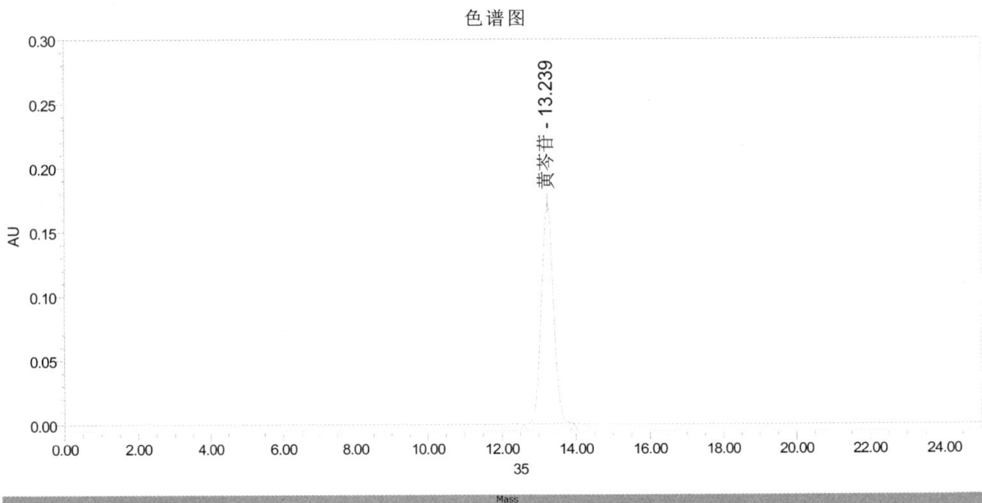

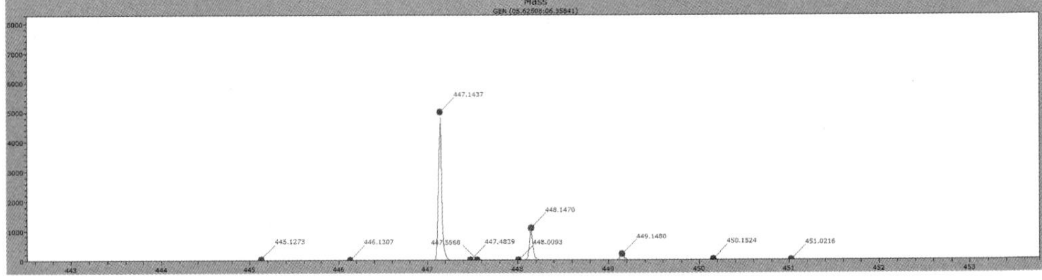

图 1-2-5 黄芩苷对照品色谱图及质谱图

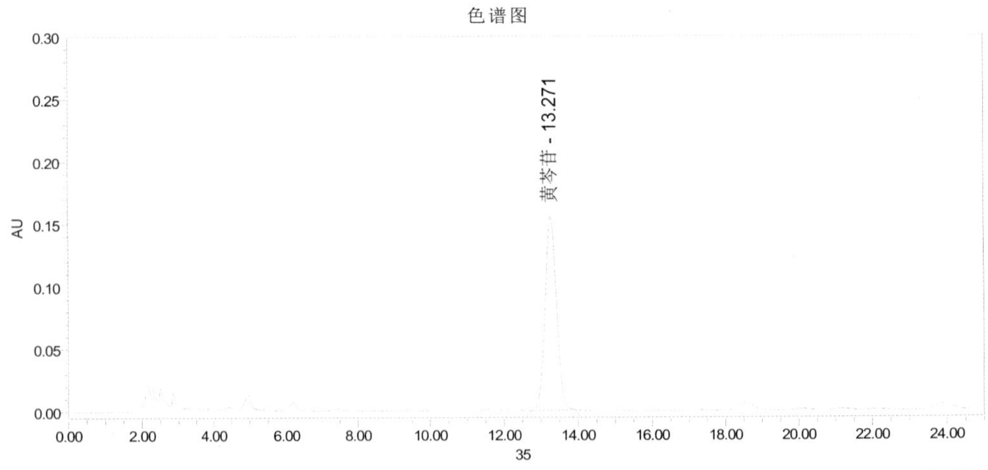

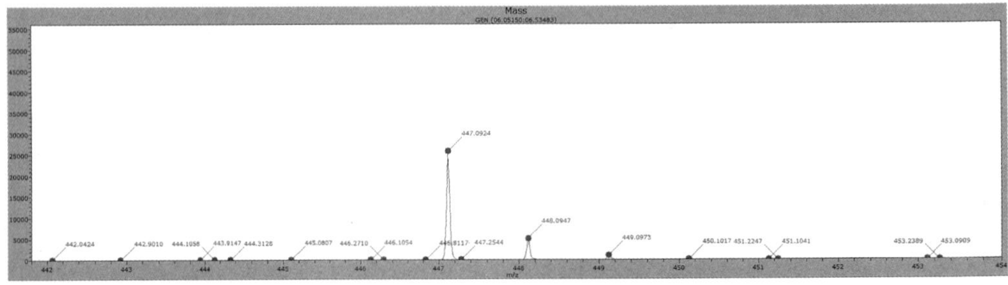

图 1-2-6 麻杏石甘口服液色谱图及质谱图

杏石甘口服液）溶液色谱图中出现了与黄芩苷对照品溶液色谱峰保留时间一致的色谱峰（保留时间相对偏差≤2.5%），供试品（麻杏石甘口服液）溶液质谱图与黄芩苷对照品溶液质谱图一致，包括 1 个碎片离子，两者质量数差异<0.5 mDa，判定供试品（麻杏石甘口服液）中检出非法添加物黄芩苷。以上 2 个判定结果说明用飞行时间质谱仪新建立的方法有效可行。

3　小结

（1）通过 2 个方面的印证，初步建立了利用飞行时间质谱检测兽药非法添加的方法。

（2）该方法目前尚处于初步建立阶段，还需进一步优化方法、完善数据库并进行方法学验证。

第 2 节　兽药中非法添加喹乙醇、乙酰甲喹检查方法的建立

近年来，兽药中非法添加喹乙醇、乙酰甲喹的现象仍有发生，喹乙醇是一种抗菌促生长剂，乙酰甲喹是广谱抗菌药，非法添加不仅扰乱了兽药市场，而且为动物源性食品安全埋下隐患。针对发现的问题，中国兽医药品监察所以 12 种兽药制剂为基础，建立了兽药中非法添加喹乙醇、乙酰甲喹的检查方法，由研发团队从适用范围、检查方法、检测限 3 个方面进行复核验证。

1　材料与方法

1.1　仪器和试剂

仪器：Waters e2695 高效液相色谱仪；二极管阵列检测器（PDA2998）；symmetry®C18，4.6 mm×250 mm，5 μm；Aglient SB C18，4.6 mm×250 mm，5 μm；色谱工作站处理软件 Empower 3；分析天平 AX205（十万分之一）；Direct−Q® 8UV−R 纯水机。

试剂：磷酸二氢钾（分析纯）、乙腈（色谱纯）、喹乙醇对照品、乙酰甲喹对照品。

1.2 样品信息

本次复核使用12种兽药制剂，其中白头翁散、黄连解毒散、止痢散、银翘散、健胃散、清热散、清瘟败毒散、肥猪散、硫酸黏菌素可溶性粉及恩诺沙星可溶性粉均由中国兽医药品监察所提供，乳酸环丙沙星注射液和烟酸诺氟沙星溶液，由本所提供监督检验用样品，见表1-2-2。

表1-2-2 供试品（空白）信息表

名称	生产企业	批号
乳酸环丙沙星注射液	安徽科尔药业有限公司	20171001
烟酸诺氟沙星溶液	成都新亨药业有限公司	20150414

1.3 色谱条件

用十八烷基硅烷键合硅胶为填充剂；以0.01 mol/L磷酸二氢钾溶液为流动相A，乙腈为流动相B，按表1-2-3进行梯度洗脱；流速1.0 mL/min；柱温为30 ℃；二极管阵列检测器；采集波长范围为200~400 nm；分辨率为1.2 nm；记录365 nm波长处的色谱图。喹乙醇和乙酰甲喹峰间分离度应符合要求，并应与其他色谱峰完全分离。

表1-2-3 流动相梯度

时间/min	流动相A/%	流动相B/%
0	90	10
20	90	10
20.01	80	20
30	80	20
30.01	90	10
35	90	10

1.4 样品处理

供试品溶液：取供试品1.0 g（mL），置于50 mL量瓶中，加90%乙腈溶液适量，超声15 min后，用90%乙腈溶液稀释至刻度，摇匀，过滤，作为供试品母液。取母液1.0 mL，加10%乙腈溶液稀释至10.0 mL，摇匀。

对照品溶液：取喹乙醇和乙酰甲喹对照品各约 25 mg，置于 50 mL 量瓶中，加 90%乙腈溶液适量，超声 15 min 后，用 90%乙腈溶液稀释至刻度，摇匀，过滤，作为混合对照品母液。取混合对照品母液 1.0 mL，加 10%乙腈溶液稀释至 10.0 mL。

供试品空白溶液：称取（量取）无非法添加的供试品 1.0 g（1.0mL），置于 50 mL 量瓶中，加 90%乙腈溶液适量，超声 15 min，用 90%乙腈溶液稀释至刻度，摇匀，过滤，作为供试品空白母液。取供试品空白母液 1.0 mL，加 10%乙腈溶液稀释至 10.0 mL。

溶剂空白：10%乙腈溶液，90%乙腈溶液，初比例流动相。

系列溶液：取供试品空白母液 1.0 mL，分别精密加入喹乙醇对照品溶液（0.2 mL、0.4 mL、0.6 mL）和乙酰甲喹对照品溶液（0.2 mL、0.4 mL、0.6 mL），加 10%乙腈溶液稀释至 10.0 mL。

2　结果与分析

2.1　阳性添加试验

按照起草标准中高效液相色谱条件，分别对 12 种样品进行了测定，按 2.5%比例进行阳性添加复核试验，因色谱条件未注明柱温，根据《中华人民共和国兽药典》凡例规定，默认柱温为 25 ℃，由于 25 ℃测定结果显示，大部分样品存在乙酰甲喹峰和溶剂峰无法完全分离现象，参考起草标准温度考察部分，将柱温设定至 30 ℃，实验结果见表 1-2-4（以白头翁为例）。相关峰纯度检查和光谱匹配度等信息见表 1-2-5（以白头翁为例）。

从表 1-2-4 和表 1-2-5 可以看出，供试品溶液色谱图中与相应对照品保留时间一致，差异≤±5%，并且喹乙醇和乙酰甲喹峰的纯度角度均小于纯度阈值，为单一物质峰。在 200~400 nm 波长范围内，两者紫外光谱图匹配，匹配角度均小于匹配阈值，且最大吸收波长一致，差异≤±2 nm，阳性添加准确，方法可行。

2.2　检测限

按照 1.4 中系列溶液，以光谱图失真的最大浓度作为方法的检出限，分别对 12 种样品进行了 3 个浓度的检测限实验，实验结果见表 1-2-6（以白头翁为例）。峰纯度检查相关信息见表 1-2-7（以白头翁为例）。

表 1-2-4　阳性添加结果

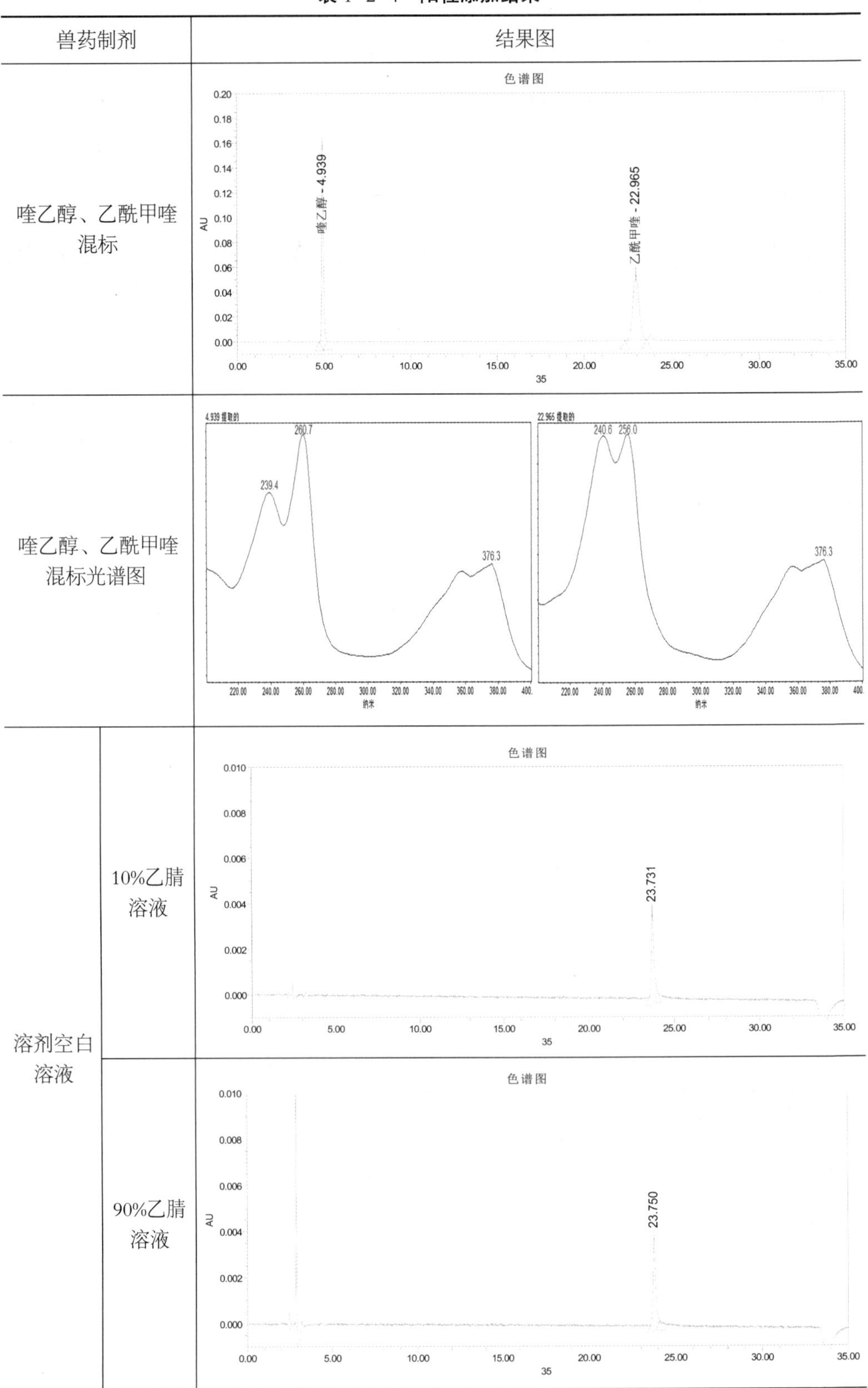

兽药制剂		结果图
喹乙醇、乙酰甲喹混标		色谱图：喹乙醇 - 4.939；乙酰甲喹 - 22.965
喹乙醇、乙酰甲喹混标光谱图		4.939 提取的：239.4、260.7、376.3；22.965 提取的：240.6、256.0、376.3
溶剂空白溶液	10%乙腈溶液	色谱图：23.731
	90%乙腈溶液	色谱图：23.750

续表

兽药制剂		结果图
溶剂空白溶液	初始比例流动相	色谱图 AU 0.000–0.010 23.995 0.00–35.00 35
白头翁散	空白溶液	色谱图 AU 0.000–0.010 3.183 7.896 15.097 23.973 30.282 0.00–35.00 35
	阳性添加喹乙醇和乙酰甲喹	色谱图 AU 0.00–0.20 喹乙醇 - 4.845 乙酰甲喹 - 22.341 0.00–35.00 35

表 1-2-5　纯度检查及光谱匹配度

样品名称	名称	纯度角度	纯度阈值	PDA/FLR 匹配光谱名	PDA/FLR 匹配角度	PDA/FLR 匹配阈值	纯度及光谱匹配度结果
白头翁散	喹乙醇	0.472	1.023	喹乙醇	0.645	1.064	单一物质峰、光谱相似
	乙酰甲喹	0.209	1.063	乙酰甲喹	0.453	1.199	单一物质峰、光谱相似

表 1-2-6　检测限测定图谱

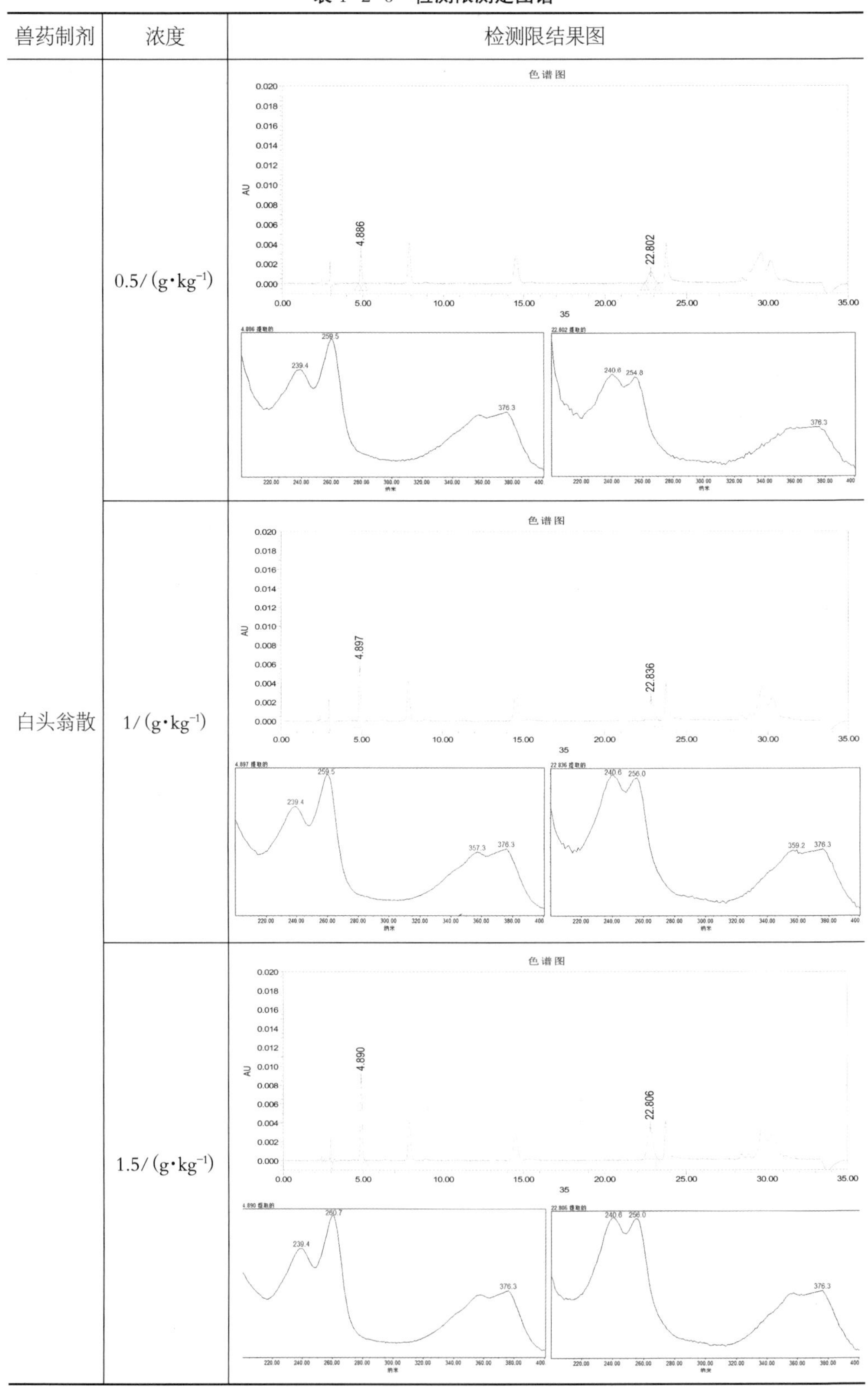

兽药制剂	浓度	检测限结果图
白头翁散	0.5/(g·kg^{-1})	色谱图；4.886；22.802；4.886 提取的：239.4，259.5，376.3；22.802 提取的：240.6，254.8，376.3
	1/(g·kg^{-1})	色谱图；4.897；22.836；4.897 提取的：239.4，259.5，357.3，376.3；22.836 提取的：240.6，256.0，359.2，376.3
	1.5/(g·kg^{-1})	色谱图；4.890；22.806；4.890 提取的：239.4，260.7，376.3；22.806 提取的：240.6，256.0，376.3

表 1-2-7　检测限峰纯度检查

样品名称	浓度	名称	纯度角度	纯度阈值
白头翁散	0.5/(g·kg^{-1})	喹乙醇	1.652	1.906
		乙酰甲喹	2.261	3.641
	1/(g·kg^{-1})	喹乙醇	1.382	1.486
		乙酰甲喹	1.141	2.206
	1.5/(g·kg^{-1})	喹乙醇	1.026	1.324
		乙酰甲喹	0.741	1.787

从表 1-2-7 检出限系列浓度溶液峰纯度结果可以看出，单一物质峰的纯度角度始终小于纯度阈值，不影响峰纯度的检查。检测限为 1 g/kg 或 1 g/L。

3　小结

（1）结果与中国兽医药品监察所起草的检测限实验结果一致，该方法可行。

（2）柱温为 30 ℃时，色谱峰之间的分离度最佳，已建议在高效液相色谱条件中注明柱温为 30 ℃。

第 3 节　兽用阿莫西林可溶性粉中非法添加解热镇痛类药物检查方法的建立

阿莫西林可溶性粉具有广谱抗菌作用，经常用于治疗鸡对阿莫西林敏感的革兰氏阳性菌和革兰氏阴性菌感染，而解热镇痛类药物具有良好的退热、镇痛、抗炎、抗风湿等作用。不法企业通过非法添加解热镇痛类药物，可使阿莫西林可溶性粉具有速效、高效、特效的优点，增强其治疗效果，但是增强药效的同时还带来了药量叠加的中毒风险和药物残留隐患，通过食物链传递，给人体健康造成严重危害。高效液相色谱法在兽药制剂非法添加化学药物检查方面应用非常广泛，尤其高效液相色谱配二极管阵列检测器法（HPLC-PDA 法）是对非法添加药物进行确证和定量的重要手段。研发团队引进 HPLC-PDA 仪器，按照农业部 2448 号公告，从准确度和精密度对阿莫西林可溶性粉中非法添加解热镇痛类药物检查方法进行了验证。

1 材料和方法

1.1 仪器和试剂

仪器：Waters e2695 高效液相色谱仪、二极管阵列检测器（PDA2998）、分析天平 AX205（十万分之一）、Direct−Q®8UV−R 纯水机、KQ−400KDB 型高功率数控超声波清洗器。

试剂：对乙酰氨基酚对照品、安替比林对照品、氨基比林对照品、安乃近对照品、萘普生对照品、甲醇（色谱级）、乙腈（色谱级）、磷酸（优级纯）、磷酸氢二钠（分析纯）、超纯水。

1.2 色谱条件

用十八烷基硅烷键合硅胶为填充剂，以磷酸氢二钠溶液（取磷酸氢二钠 3.0 g，加水至 1 000 mL 使溶解，用磷酸调节至 pH 7.0）为流动相 A，乙腈为流动相 B；流速为 1.0 mL/min，按表 1−2−8 进行梯度洗脱，二极管阵列检测器，采集波长 190~400 nm，分辨率 1.2 nm，记录 229 nm 波长处的色谱图。

表 1−2−8 流动相梯度

时间/min	流动相 A/%	流动相 B/%
0	84	16
14	84	16
14.01	72	28
17	72	28
17.01	84	16
25	84	16

1.3 样品处理

溶剂空白：磷酸氢二钠溶液（pH 7.0）−乙腈（84∶16）。

制剂空白：用甲醇溶解并定量稀释制成每毫升含供试品 40 mg 的溶液，超声 10 min，滤过。

对照品母液：用甲醇溶解并定量稀释制成每 1 mL 含安乃近 1.2 mg、氨基比林、安替比林、对乙酰氨基酚对照品各 0.5 mg、萘普生 0.2 mg 的混合溶液。

对照品溶液：取 1.0 mL 对照品母液，用甲醇稀释至 50 mL，摇匀。

阳性添加标准溶液：取 12.5 mL 对照品母液，用甲醇稀释至 25 mL，摇匀。

阳性添加供试品溶液：取供试品 1.0 g，加对照品母液 12.5 mL，用甲醇稀释至 25 mL，超声 10 min，滤过。

检测限标准溶液：取对照品母液 0.5 mL，用甲醇稀释至 25 mL，摇匀。

检测限供试品溶液：取供试品 1.0 g，加对照品母液 0.5 mL，用甲醇稀释至 25 mL，超声 10 min，滤过。

1.4　回收率计算

回收率计算公式：

$$R=C_S/C_0\times 100\%$$

式中，C_S 为实际添加浓度（$mg\cdot mL^{-1}$），C_0 为添加浓度（$mg\cdot mL^{-1}$）。

2　结果与分析

2.1　阳性添加试验

在空白试料中做氨基比林、安替比林、对乙酰氨基酚 0.25 mg/mL，安乃近 0.6 mg/mL，萘普生 0.1 mg/mL 阳性添加，平行配制 3 份样品，回收率汇总见表 1-2-9，相关实验图谱见表 1-2-10。

表 1-2-9　阳性添加回收率汇总表

样品名称	解热镇痛类药	编号	添加浓度/（$mg\cdot mL^{-1}$）	实际添加浓度/（$mg\cdot mL^{-1}$）	回收率	平均值
阿莫西林可溶性粉	对乙酰氨基酚	1	0.252 80	0.249 75	98.79%	98.5%
		2		0.249 97	98.88%	
		3		0.247 51	97.90%	
	安替比林	1	0.254 40	0.258 12	101.46%	101.5%
		2		0.258 76	101.71%	
		3		0.257 76	101.32%	
	氨基比林	1	0.253 60	0.256 95	101.32%	101.3%
		2		0.257 69	101.61%	
		3		0.256 45	101.12%	

续表

样品名称	解热镇痛类药	编号	添加浓度/(mg·mL^{-1})	实际添加浓度/(mg·mL^{-1})	回收率	平均值
阿莫西林可溶性粉	安乃近	1	0.603 00	0.690 54	114.51%	114.1%
		2		0.690 23	114.46%	
		3		0.683 04	113.27%	
	萘普生	1	0.101 90	0.102 83	100.91%	101.0%
		2		0.103 06	101.14%	
		3		0.102 95	101.03%	

表 1-2-10　色谱图汇总表

制剂名称	结果图
混合标准	
溶剂空白	
制剂空白	

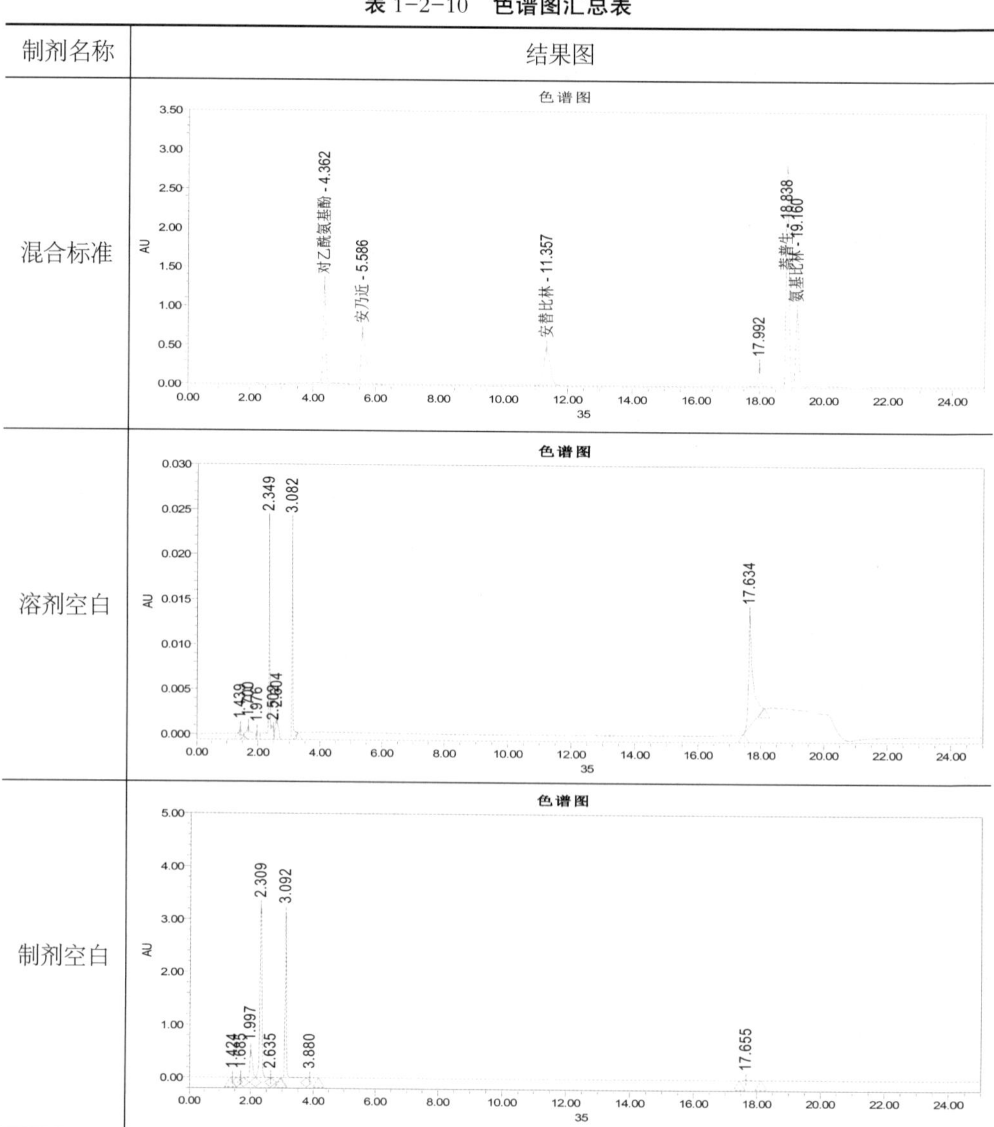

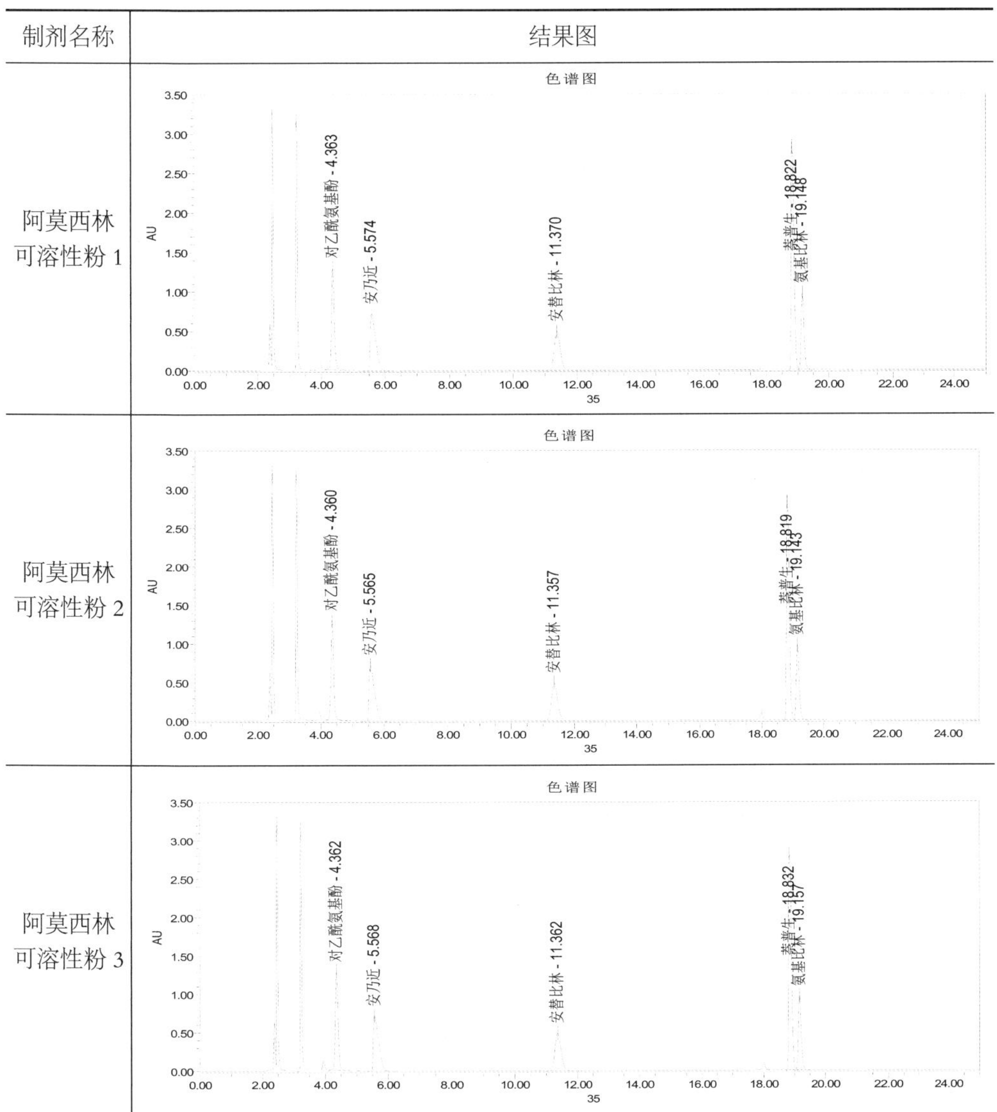

续表

制剂名称	结果图
阿莫西林可溶性粉 1	色谱图
阿莫西林可溶性粉 2	色谱图
阿莫西林可溶性粉 3	色谱图

实验结果表明，回收率分别为 98.5%（RSD=0.5%）、101.5%（RSD=0.2%）、101.3%（RSD=0.2%）、114.1%（RSD=0.6%）、101.0%（RSD=0.1%），阳性添加回收率在 95%~105%，RSD 均≤1.5%，表明方法的准确度和精密度良好，满足检测需求。

2.2　检测限

在空白试料中做氨基比林、安替比林、对乙酰氨基酚 0.01 mg/mL，安乃近 0.024 mg/mL，萘普生 0.004 mg/mL 添加，平行配制 3 份样品，验证结果汇总见表

1-2-11，相关实验图谱见表 1-2-12。

表 1-2-11　检测限验证结果汇总表

样品名称	解热镇痛类药	编号	添加浓度/(mg·mL^{-1})	实际添加浓度/(mg·mL^{-1})	回收率	平均值
阿莫西林可溶性粉	对乙酰氨基酚	1	0.010 112	0.009 342	92.38%	92.4%
		2		0.009 329	92.25%	
		3		0.009 364	92.60%	
	安替比林	1	0.010 176	0.009 565	93.99%	94.1%
		2		0.009 566	94.00%	
		3		0.009 598	94.32%	
	氨基比林	1	0.010 144	0.009 521	93.85%	93.8%
		2		0.009 529	93.94%	
		3		0.009 505	93.70%	
	安乃近	1	0.024 120	0.022 942	95.11%	94.6%
		2		0.022 797	94.51%	
		3		0.022 713	94.16%	
	萘普生	1	0.004 076	0.003 831	93.98%	94.0%
		2		0.003 824	93.81%	
		3		0.003 839	94.19%	

表 1-2-12　色谱图汇总表

制剂名称	结果图
混合标准	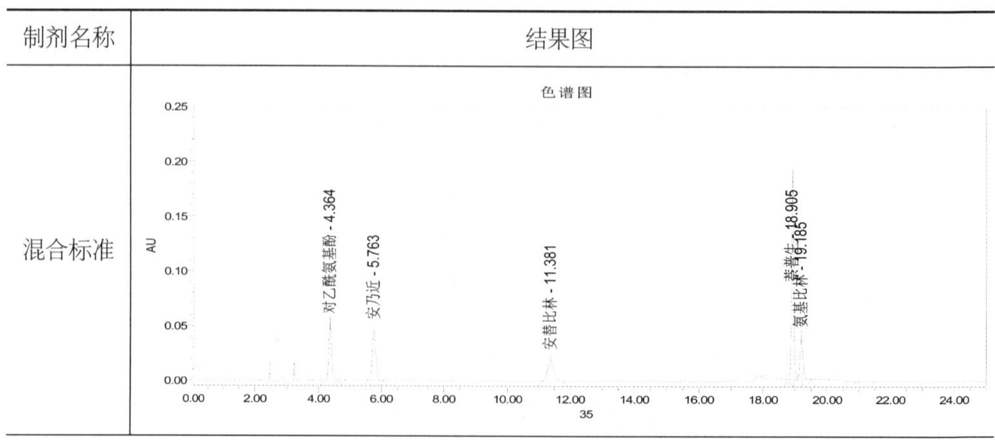

续表

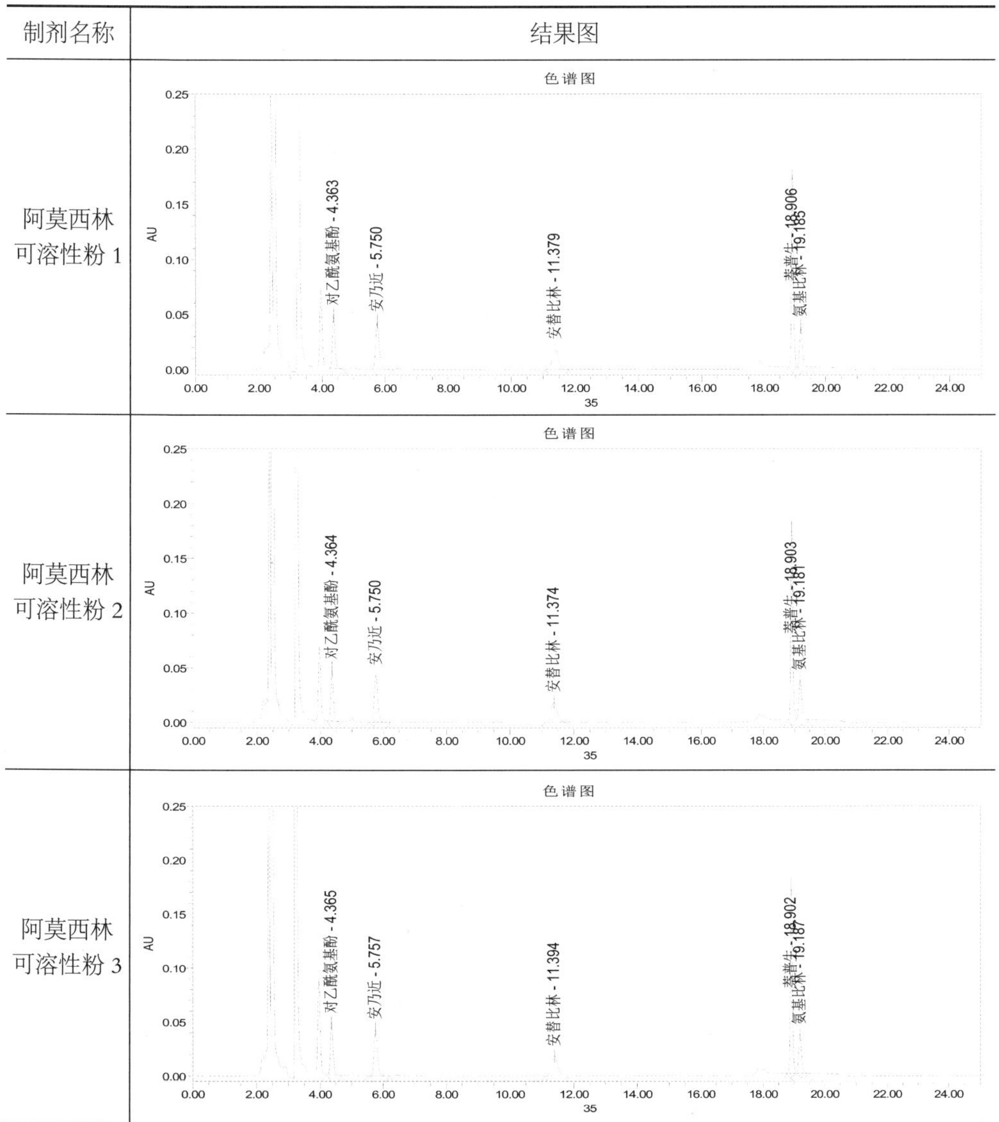

制剂名称	结果图
阿莫西林可溶性粉 1	
阿莫西林可溶性粉 2	
阿莫西林可溶性粉 3	

实验结果表明，回收率分别为 92.4%（RSD=0.2%）、94.1%（RSD=0.2%）、93.8%（RSD=0.1%）、94.6%（RSD=0.5%）、94.0%（RSD=0.2%）；检测限回收率在 90%~100%，RSD 均≤1.5%，表明方法的准确度和精密度良好，满足检测需求。

3　小结

（1）该方法准确度、精密度良好，符合方法验证的要求，可用于兽用阿莫西林可溶性粉中非法添加解热镇痛类药物的确证。

（2）安乃近不稳定，在酸、碱、氧化物质及紫外光环境中容易降解，影响出峰时间和结果判定，所以样品前处理要在常温下进行，环境中要保证无酸、碱、氧化物质及紫外光，测定全过程要使用棕色容量瓶、棕色进样瓶。

第 4 节　兽用氟苯尼考粉中非法添加氧氟沙星、诺氟沙星、环丙沙星、恩诺沙星检查方法的建立

氟苯尼考粉具有广谱抗菌作用，经常用于巴氏杆菌和大肠埃希菌感染，而氧氟沙星、诺氟沙星、环丙沙星、恩诺沙星对革兰氏阳性菌、阴性菌以及非典型病原菌都有一定的抗菌作用，特别是对阴性菌，它的抗菌活性比较好。不法企业通过非法添加氧氟沙星、诺氟沙星、环丙沙星、恩诺沙星，可使氟苯尼考粉的抗菌范围扩大，增强其治疗效果，但是增强药效的同时还带来了药量叠加的中毒风险和药物残留隐患，通过食物链传递，给人体健康造成严重危害。研发团队引进 HPLC−PDA 仪器，按照农业部 2448 号公告，从准确度和精密度，对氟苯尼考粉中非法添加氧氟沙星、诺氟沙星、环丙沙星、恩诺沙星检查方法进行了验证。

1　材料和方法

1.1　仪器和试剂

仪器：Waters e2695 高效液相色谱仪、二极管阵列检测器（PDA2998）、分析天平 AX205（十万分之一）、Direct−Q® 8UV−R 纯水机、KQ−400KDB 型高功率数控超声波清洗器。

试剂：氧氟沙星对照品、诺氟沙星对照品、盐酸环丙沙星对照品、恩诺沙星对照品、甲醇（色谱级）、乙腈（色谱级）、磷酸（优级纯）、三乙胺（分析纯）、超纯水。

1.2　色谱条件

用十八烷基硅烷键合硅胶为填充剂，以磷酸溶液（取磷酸 3.0 mL 加水至 1 000 mL，用三乙胺调节至 pH 3.0±0.1，加乙腈 50 mL）−甲醇（88：12）为流动相；二极管阵列检测器，采集波长 200~400 nm，分辨率 1.2 nm，记录 283 nm 波长处的色谱图。

1.3　样品处理

溶剂空白：2%磷酸溶液–乙腈（1∶1）、磷酸溶液（取磷酸 3.0 mL 加水至 1 000 mL，用三乙胺调节至 pH 3.0±0.1，加乙腈 50 mL）。

制剂空白：取供试品 1.0 g，用 2%磷酸溶液–乙腈（1∶1）溶解稀释至 50 mL，超声 15 min，滤过；取续滤液 5.0 mL，用磷酸溶液稀释至 50 mL。

对照品溶液：取氧氟沙星、诺氟沙星、环丙沙星、恩诺沙星对照品各约 25 mg，用 2%磷酸溶液–乙腈（1∶1）溶解稀释至 50 mL，超声 15 min；各取 5.0 mL，置于 50 mL 量瓶中，加磷酸溶液稀释至刻度。

阳性添加标准溶液：取氧氟沙星、诺氟沙星、环丙沙星、恩诺沙星对照品各 12.5 mg，用 2%磷酸溶液–乙腈（1∶1）溶解稀释至 50 mL；取 5.0 mL，用磷酸溶液稀释至 50 mL。

阳性添加供试品溶液：取供试品 1.0 g，置于 50 mL 量瓶，加氧氟沙星、诺氟沙星、环丙沙星、恩诺沙星对照品各 12.5 mg，用 2%磷酸溶液–乙腈（1∶1）稀释至刻度，超声 15 min，滤过；取续滤液 5.0 mL，用磷酸溶液稀释至 50 mL。

检测限标准溶液：取上述对照品溶液 10 mL，用 2%磷酸溶液–乙腈（1∶1）稀释至 50 mL；取 5.0 mL，用磷酸溶液稀释至 50 mL。

检测限供试品溶液：取供试品 1.0 g，置于 50 mL 量瓶，加上述对照品溶液 10 mL，用 2%磷酸溶液–乙腈（1∶1）稀释至刻度，超声 15 min，滤过；取续滤液 5.0 mL，用磷酸溶液稀释至 50 mL。

1.4　回收率计算

回收率计算公式：

$$R=C_S/C_0\times100\%$$

式中，C_S 为实际添加浓度（mg·mL^{-1}），C_0 为添加浓度（mg·mL^{-1}）。

2　结果与分析

2.1　阳性添加试验

在空白试料中做 0.025 mg/mL 阳性添加，平行配制 3 份样品，回收率汇总见表 1–2–13，相关实验图谱见表 1–2–14。

表 1-2-13　阳性添加回收率汇总表

样品名称	四种沙星	编号	添加浓度/(mg·mL^{-1})	实际添加浓度/(mg·mL^{-1})	回收率	平均值
氟苯尼考粉	氧氟沙星	1	0.025 14	0.025 39	100.99%	101.7%
		2	0.025 16	0.025 77	102.42%	
		3	0.025 24	0.025 67	101.69%	
	诺氟沙星	1	0.025 12	0.025 28	100.62%	101.5%
		2	0.025 02	0.025 46	101.78%	
		3	0.025 06	0.025 60	102.15%	
	环丙沙星	1	0.025 18	0.026 77	106.33%	108.2%
		2	0.025 24	0.027 46	108.80%	
		3	0.025 30	0.027 69	109.43%	
	恩诺沙星	1	0.025 22	0.027 30	108.25%	108.9%
		2	0.025 04	0.027 31	109.05%	
		3	0.025 08	0.027 40	109.26%	

表 1-2-14　色谱图汇总表

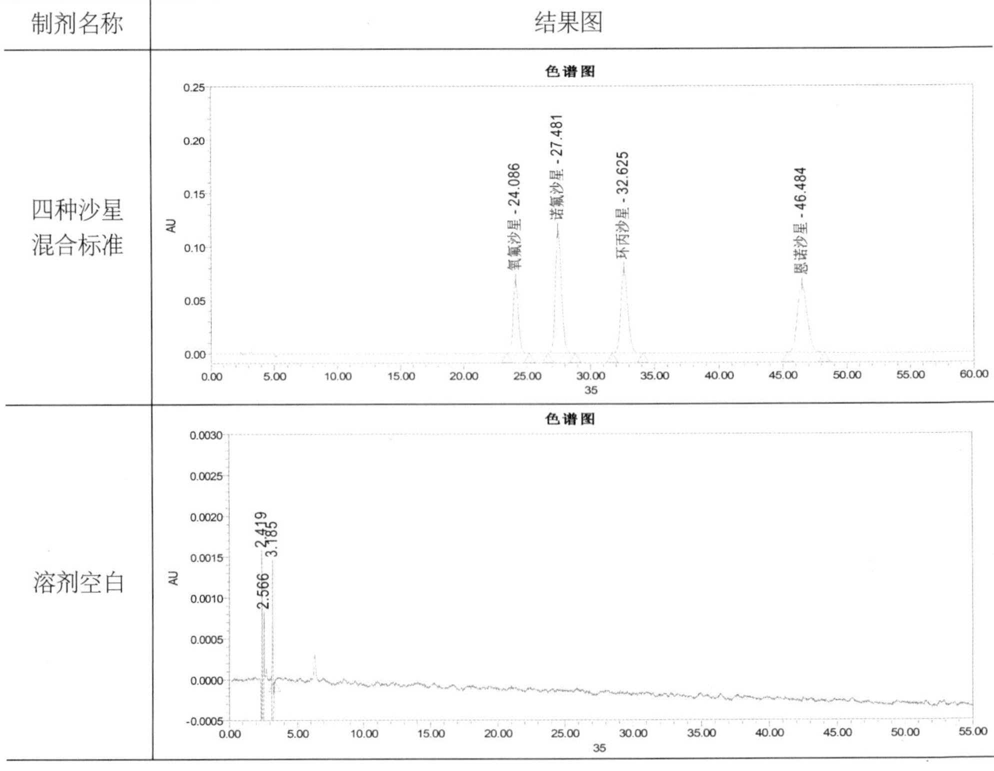

制剂名称	结果图
四种沙星混合标准	色谱图
溶剂空白	色谱图

续表

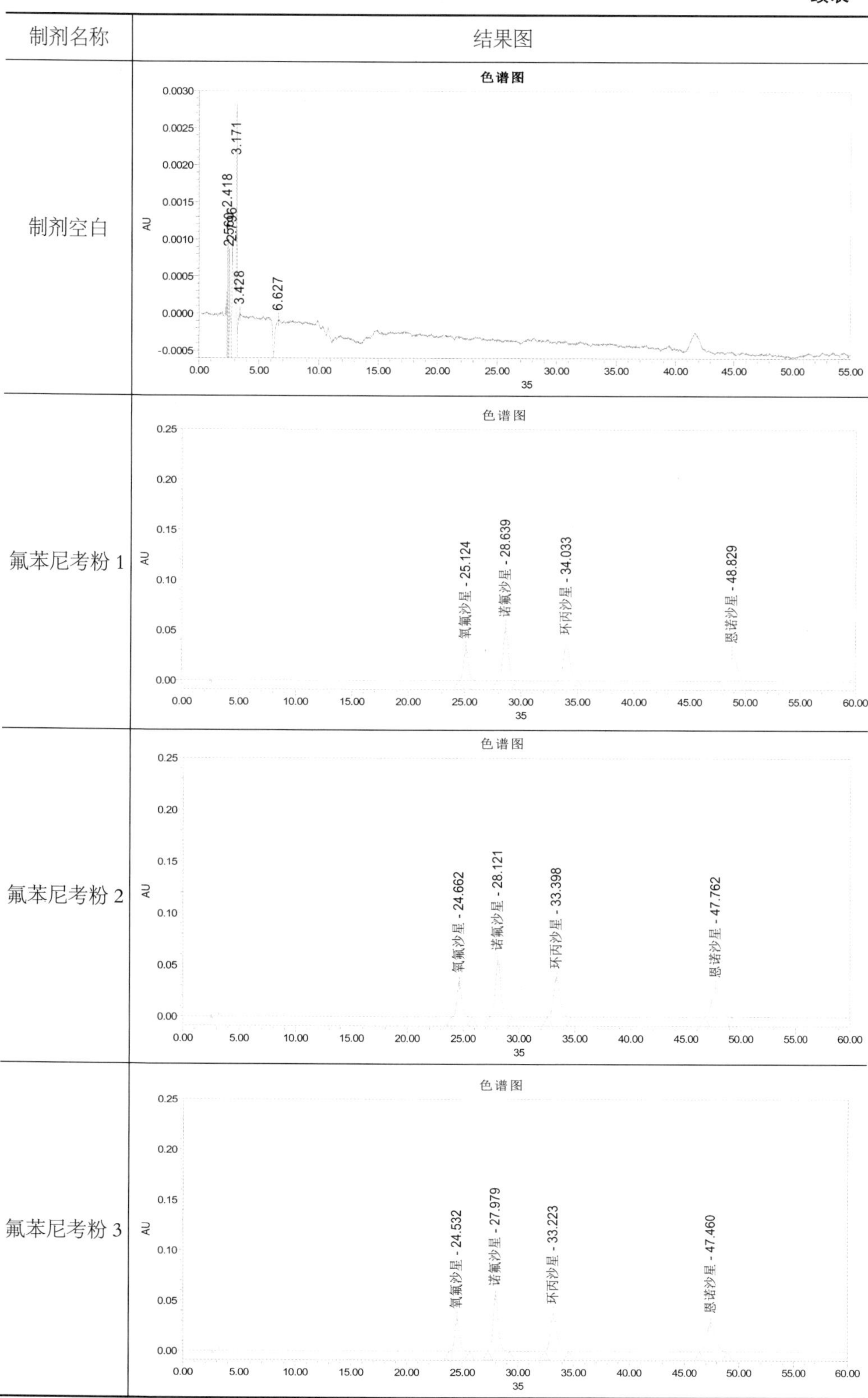

制剂名称	结果图
制剂空白	色谱图
氟苯尼考粉 1	色谱图
氟苯尼考粉 2	色谱图
氟苯尼考粉 3	色谱图

实验结果表明，回收率分别为 101.7%（RSD=0.7%）、101.5%（RSD=0.8%）、108.2%（RSD=1.5%）、108.9%（RSD=0.5%），阳性添加回收率在 100%~110%，RSD 均≤1.5%，表明方法的准确度和精密度良好，满足检测需求。

2.2 检测限

在空白试料中做 0.001 mg/mL 阳性添加，平行配制 3 份样品。验证结果汇总见表 1-2-15，相关实验图谱见表 1-2-16。

表 1-2-15 检测限验证结果汇总表

样品名称	四种沙星	编号	添加浓度/($mg·mL^{-1}$)	实际添加浓度/($mg·mL^{-1}$)	回收率	平均值
氟苯尼考粉	氧氟沙星	1	0.001 008 8	0.000 971 075	96.26%	96.8%
		2		0.000 999 01	99.03%	
		3		0.000 960 865	95.25%	
	诺氟沙星	1	0.001 004 0	0.001 015 796	101.17%	98.5%
		2		0.000 971 762	96.79%	
		3		0.000 978 71	97.48%	
	环丙沙星	1	0.000 997 6	0.001 021 903	102.44%	101.4%
		2		0.000 993 159	99.55%	
		3		0.001 018 409	102.09%	
	恩诺沙星	1	0.001 001 2	0.000 960 268	95.91%	96.4%
		2		0.000 982 778	98.16%	
		3		0.000 952 59	95.14%	

表 1-2-16 色谱图汇总表

制剂名称	结果图
四种沙星混合标准	色谱图 AU: 0.0030, 0.0025, 0.0020, 0.0015, 0.0010, 0.0005, 0.0000, -0.0005, -0.0010 氧氟沙星 - 25.059；诺氟沙星 - 28.274；环丙沙星 - 34.838；恩诺沙星 - 51.012 0.00 5.00 10.00 15.00 20.00 25.00 30.00 35.00 40.00 45.00 50.00 55.00 35

续表

制剂名称	结果图
氟苯尼考粉 1	色谱图 氧氟沙星 - 25.076 诺氟沙星 - 28.293 环丙沙星 - 34.801 41.856 恩诺沙星 - 50.967 AU 0.0030 0.0025 0.0020 0.0015 0.0010 0.0005 0.0000 -0.0005 -0.0010 0.00 5.00 10.00 15.00 20.00 25.00 30.00 35.00 40.00 45.00 50.00 55.00 35
氟苯尼考粉 2	色谱图 氧氟沙星 - 25.026 诺氟沙星 - 28.245 环丙沙星 - 34.744 41.765 恩诺沙星 - 50.923 AU 0.0030 0.0025 0.0020 0.0015 0.0010 0.0005 0.0000 -0.0005 -0.0010 0.00 5.00 10.00 15.00 20.00 25.00 30.00 35.00 40.00 45.00 50.00 55.00 35
氟苯尼考粉 3	色谱图 氧氟沙星 - 25.048 诺氟沙星 - 28.269 环丙沙星 - 34.824 41.884 恩诺沙星 - 50.941 AU 0.0030 0.0025 0.0020 0.0015 0.0010 0.0005 0.0000 -0.0005 -0.0010 0.00 5.00 10.00 15.00 20.00 25.00 30.00 35.00 40.00 45.00 50.00 55.00 35

实验结果表明，回收率分别为 96.8%（RSD=2.0%）、98.5%（RSD=2.4%）、101.4%（RSD=1.6%）、96.4%（RSD=1.6%），检测限验证在 90%~115%，RSD 均≤3%，表明方法的准确度和精密度良好，满足检测需求。

3　小结

（1）该方法准确度、精密度良好，符合方法验证的要求，可用于兽用氟苯尼考粉中非法添加氧氟沙星、诺氟沙星、环丙沙星、恩诺沙星的确证。

（2）该方法进样时间较长，在保证各物质峰的分离度良好的前提下，可通过提高流动相中有机溶剂占比或者选择使用同款短色谱柱，缩短进样时间和减少试剂用量。

第 5 节　兽用恩诺沙星及其制剂中非法添加乙酰甲喹、喹乙醇检查方法的建立

恩诺沙星及其制剂具有抗菌作用，经常用于细菌性疾病和支原体感染，而乙酰甲喹、喹乙醇具有良好的抗菌、促生长等作用。不法企业通过非法添加乙酰甲喹、喹乙醇，可使恩诺沙星及其制剂抗菌范围扩大的同时还能促进动物生长，但是含有非法添加的药物容易造成动物源性食品中药物残留隐患，通过食物链传递，给人体健康造成严重危害。研发团队引进 HPLC-PDA 仪器，按照农业部 2448 号公告，从准确度和精密度，对恩诺沙星及其制剂中非法添加乙酰甲喹、喹乙醇检查方法进行了验证。

1　材料和方法

1.1　仪器和试剂

仪器：Waters e2695 高效液相色谱仪、二极管阵列检测器（PDA2998）、分析天平 AX205（十万分之一）、Direct-Q® 8UV-R 纯水机、KQ-400KDB 型高功率数控超声波清洗器。

试剂：喹乙醇对照品、乙酰甲喹对照品、甲醇（色谱级）、乙腈（色谱级）、磷酸（优级纯）、磷酸二氢钾（分析纯）、超纯水。

1.2　色谱条件

用十八烷基硅烷键合硅胶为填充剂，以 0.01 mol/L 磷酸二氢钾溶液（用磷酸调节至 pH 4.0）-乙腈（9∶1）为流动相 A，乙腈为流动相 B，按 A∶B 为 77∶23 进行洗脱；流速为 1.0 mL/min；柱温为 30 ℃；二极管阵列检测器，采集波长 200~400 nm，分辨率 1.2 nm，记录 365 nm 波长处的色谱图。

1.3　样品处理

溶剂空白：上述 1.2 中 A∶B 为 77∶23。

制剂空白：用流动相 A 溶解并定量稀释制成每 1 mL 含供试品 1 mg 的溶液。

对照品母液：用流动相 A 溶解并定量稀释制成每 1 mL 含乙酰甲喹、喹乙醇对照品各 0.5 mg 的混合溶液。

对照品溶液：取 1.0 mL 对照品母液，用流动相 A 稀释至 10 mL。

阳性添加标准溶液：用流动相 A 溶解并定量稀释制成每 1 mL 含乙酰甲喹、喹乙醇对照品各 25 μg 的混合溶液。

阳性添加供试品溶液：取供试品 0.5 g（mL），置于 50 mL 量瓶中，加乙酰甲喹和喹乙醇对照品各 12.5 mg，用流动相 A 稀释至刻度，摇匀；取 1.0 mL，用流动相 A 稀释至 10 mL。

检测限标准溶液：取上述对照品母液 1.0 mL，用流动相 A 稀释至 50 mL，摇匀；取 1.0 mL，用流动相 A 稀释至 10 mL。

检测限供试品溶液：取供试品 0.5 g（mL），置于 50 mL 量瓶中，加上述对照品母液 1.0 mL，用流动相 A 稀释至刻度，摇匀；取 1.0 mL，用流动相 A 稀释至 10 mL。

1.4　回收率计算

回收率计算公式：

$$R=C_S/C_0\times100\%$$

式中，C_S 为实际添加浓度（$mg\cdot mL^{-1}$），C_0 为添加浓度（$mg\cdot mL^{-1}$）。

2　结果与分析

2.1　阳性添加试验

在空白试料中做 0.025 mg/mL 阳性添加，平行配制 3 份样品，回收率汇总见表 1-2-17，相关实验图谱见表 1-2-18。

表 1-2-17　阳性添加回收率汇总表

样品名称	喹乙醇和乙酰甲喹	编号	添加浓度/($mg\cdot mL^{-1}$)	实际添加浓度/($mg\cdot mL^{-1}$)	回收率	平均值
恩诺沙星可溶性粉	喹乙醇	1	0.024 28	0.025 41	104.66%	104.2%
		2	0.024 30	0.025 42	104.61%	
		3	0.024 26	0.025 08	103.37%	

续表

样品名称	喹乙醇和乙酰甲喹	编号	添加浓度/(mg·mL^{-1})	实际添加浓度/(mg·mL^{-1})	回收率	平均值
恩诺沙星可溶性粉	乙酰甲喹	1	0.024 48	0.025 16	102.79%	102.5%
		2	0.024 50	0.025 19	102.82%	
		3	0.024 46	0.024 90	101.79%	
恩诺沙星溶液	喹乙醇	1	0.024 88	0.025 93	104.22%	105.1%
		2	0.024 90	0.026 41	106.08%	
		3	0.024 68	0.025 93	105.06%	
	乙酰甲喹	1	0.024 50	0.024 70	100.80%	101.6%
		2	0.024 48	0.024 76	101.13%	
		3	0.024 72	0.025 45	102.94%	
恩诺沙星注射液	喹乙醇	1	0.025 04	0.024 85	99.25%	99.3%
		2	0.025 76	0.025 53	99.10%	
		3	0.024 70	0.024 58	99.52%	
	乙酰甲喹	1	0.025 14	0.024 97	99.33%	100.7%
		2	0.024 82	0.025 22	101.60%	
		3	0.025 04	0.025 33	101.16%	

表 1-2-18 色谱图汇总表

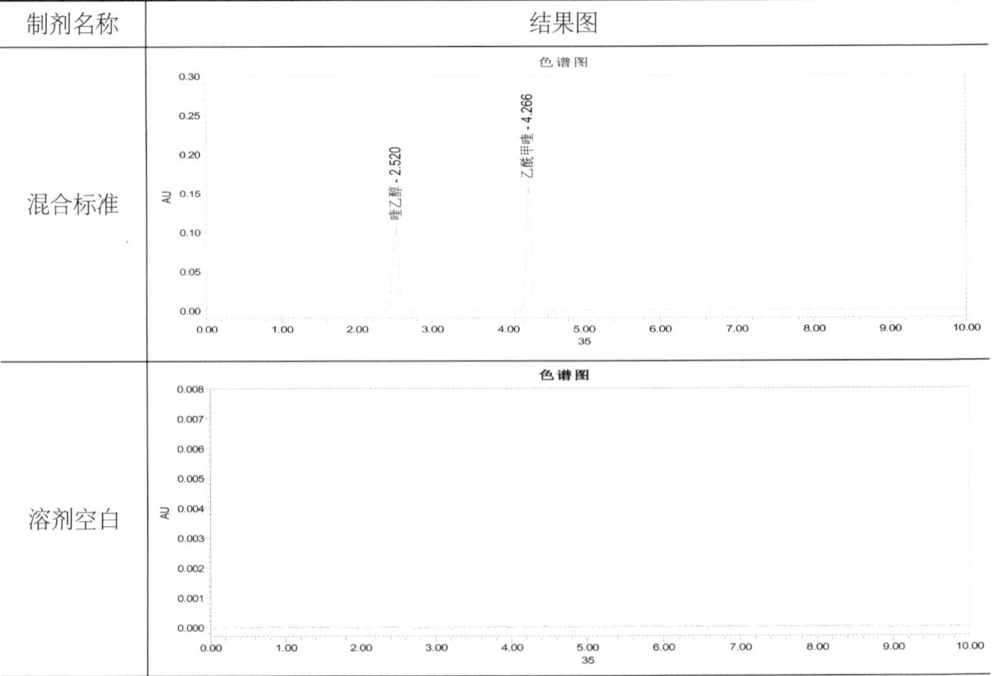

续表

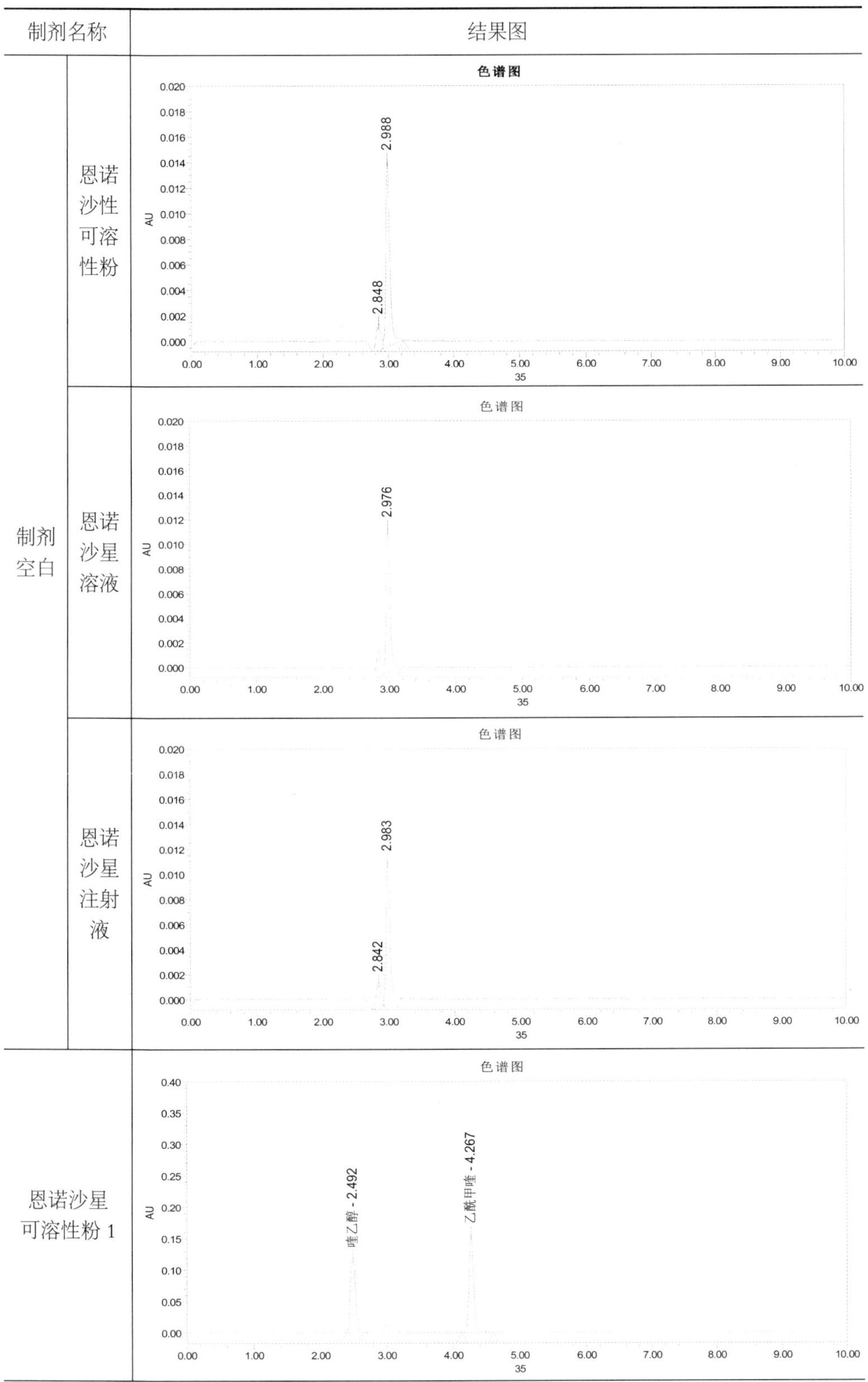

制剂名称		结果图
制剂空白	恩诺沙性可溶性粉	色谱图（2.848；2.988）
	恩诺沙星溶液	色谱图（2.976）
	恩诺沙星注射液	色谱图（2.842；2.983）
恩诺沙星可溶性粉 1		色谱图（喹乙醇 - 2.492；乙酰甲喹 - 4.267）

续表

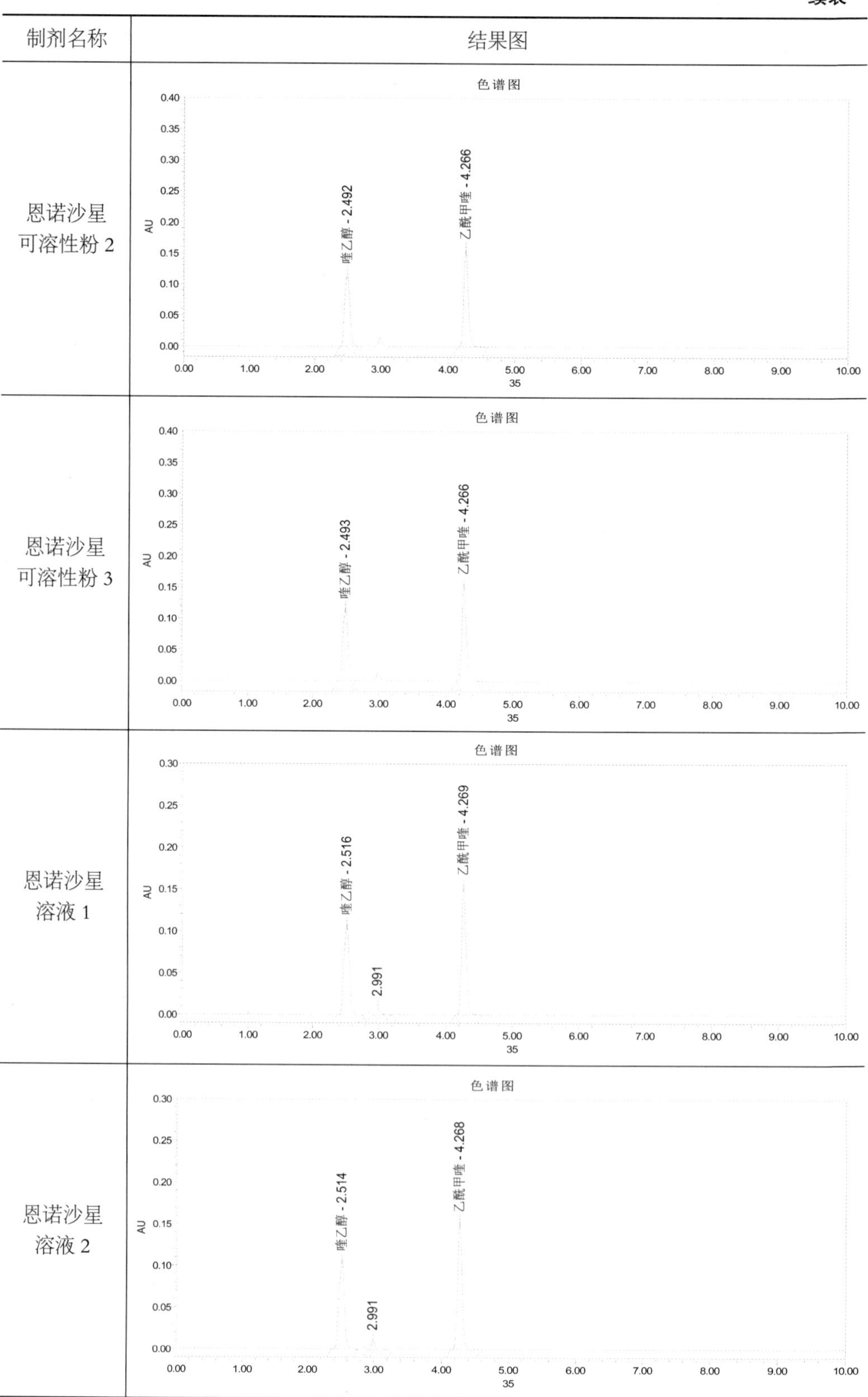

制剂名称	结果图
恩诺沙星可溶性粉 2	色谱图：喹乙醇 - 2.492；乙酰甲喹 - 4.266
恩诺沙星可溶性粉 3	色谱图：喹乙醇 - 2.493；乙酰甲喹 - 4.266
恩诺沙星溶液 1	色谱图：喹乙醇 - 2.516；2.991；乙酰甲喹 - 4.269
恩诺沙星溶液 2	色谱图：喹乙醇 - 2.514；2.991；乙酰甲喹 - 4.268

续表

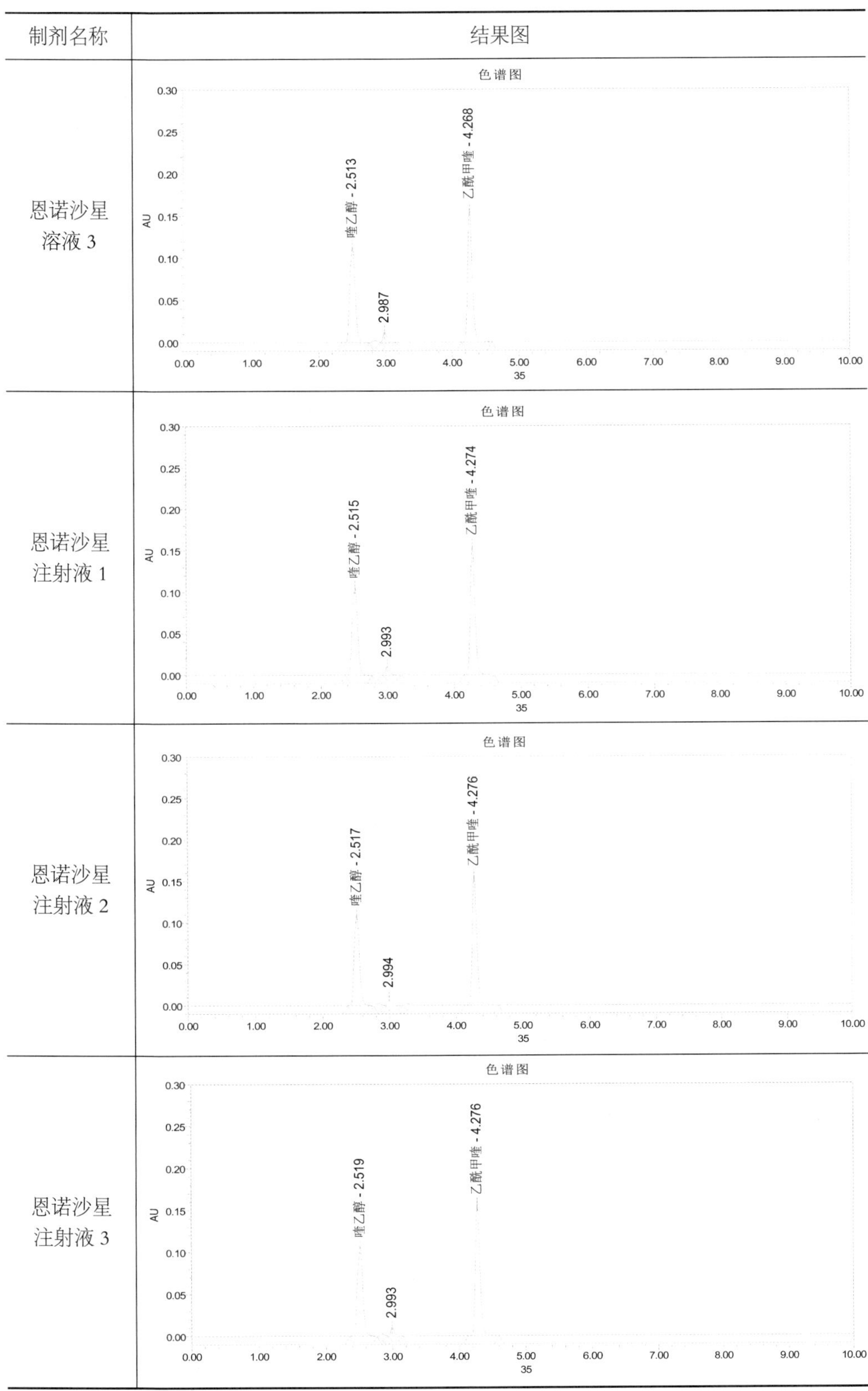

制剂名称	结果图
恩诺沙星溶液 3	色谱图：喹乙醇 - 2.513；2.987；乙酰甲喹 - 4.268
恩诺沙星注射液 1	色谱图：喹乙醇 - 2.515；2.993；乙酰甲喹 - 4.274
恩诺沙星注射液 2	色谱图：喹乙醇 - 2.517；2.994；乙酰甲喹 - 4.276
恩诺沙星注射液 3	色谱图：喹乙醇 - 2.519；2.993；乙酰甲喹 - 4.276

实验结果表明，回收率分别为 104.2%（RSD=0.7%）、102.5%（RSD=0.6%）、105.1%（RSD=0.9%）、101.6%（RSD=1.1%）；99.3%（RSD=0.2%）、100.7%（RSD=1.2%），阳性添加回收率在 90%~110%，RSD 均≤1.5%，表明方法的准确度和精密度良好，满足检测需求。

2.2 检测限

在空白试料中做 0.001 mg/mL 添加，平行配制 3 份样品，验证结果汇总见表 1-2-19，相关实验图谱见表 1-2-20。

表 1-2-19 检测限验证结果汇总表

样品名称	喹乙醇和乙酰甲喹	编号	添加浓度/(mg·mL^{-1})	实际添加浓度/(mg·mL^{-1})	回收率	平均值
恩诺沙星可溶性粉	喹乙醇	1	0.000 996 4	0.001 022 0	102.57%	103.1%
		2		0.001 026 9	103.06%	
		3		0.001 033 2	103.70%	
	乙酰甲喹	1	0.001 028 4	0.001 034 1	100.55%	100.9%
		2		0.001 042 5	101.37%	
		3		0.001 035 4	100.68%	
恩诺沙星溶液	喹乙醇	1	0.000 996 4	0.000 948 3	95.17%	96.3%
		2		0.000 962 6	96.61%	
		3		0.000 969 1	97.26%	
	乙酰甲喹	1	0.001 028 4	0.001 035 1	100.65%	100.3%
		2		0.001 031 2	100.27%	
		3		0.001 029 3	100.09%	
恩诺沙星注射液	喹乙醇	1	0.000 996 4	0.001 007 1	101.07%	102.0%
		2		0.001 033 4	103.71%	
		3		0.001 008 5	101.22%	
	乙酰甲喹	1	0.001 028 4	0.001 037 5	100.88%	101.4%
		2		0.001 047 2	101.82%	
		3		0.001 043 7	101.49%	

实验结果表明，回收率分别为 103.1%（RSD=0.5%）、100.9%（RSD=0.4%）、96.3%（RSD=1.1%）、100.3%（RSD=0.3%）、102.0%（RSD=1.5%）、101.4%（RSD=

表 1-2-20　色谱图汇总表

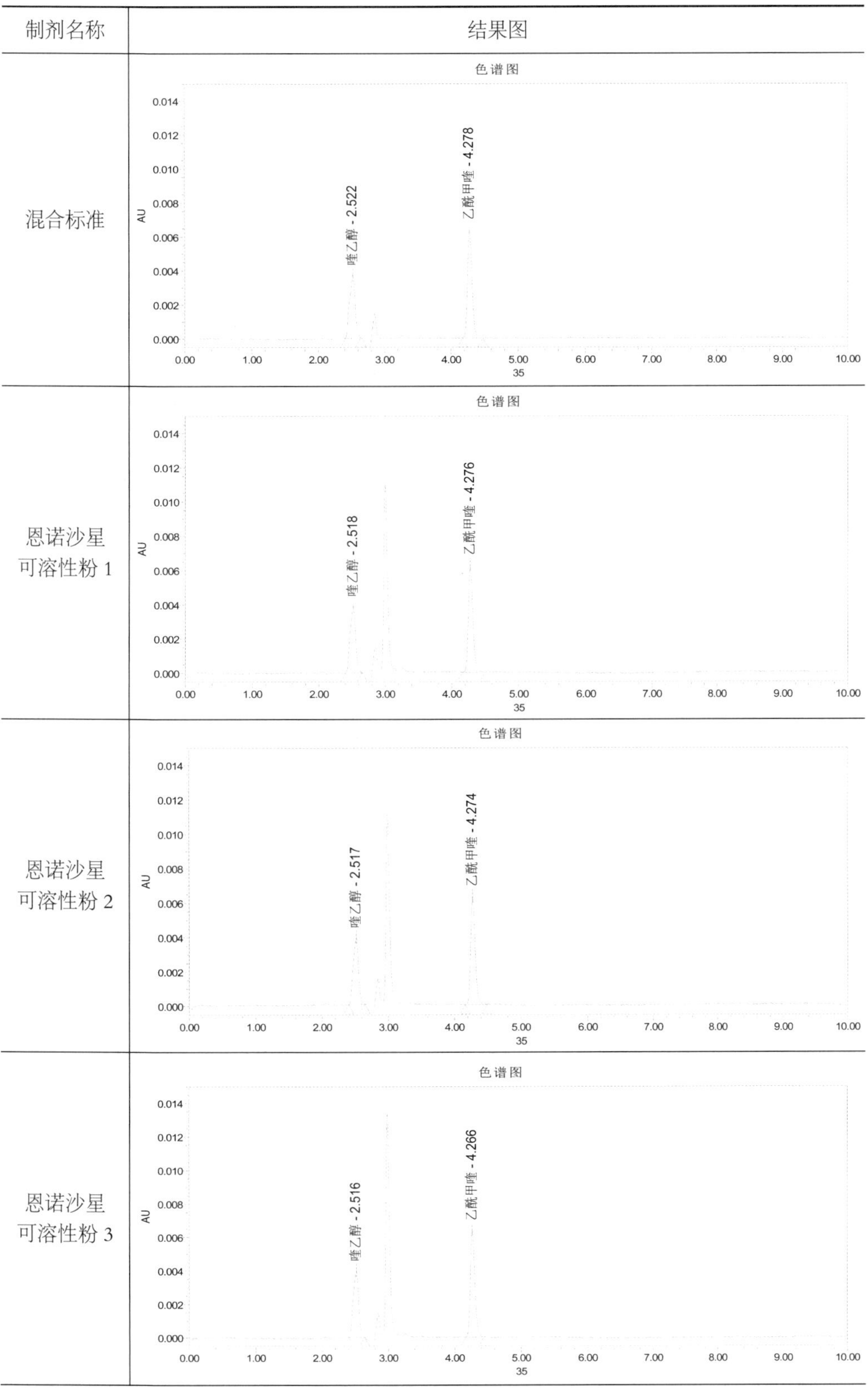

制剂名称	结果图
混合标准	色谱图
恩诺沙星可溶性粉 1	色谱图
恩诺沙星可溶性粉 2	色谱图
恩诺沙星可溶性粉 3	色谱图

续表

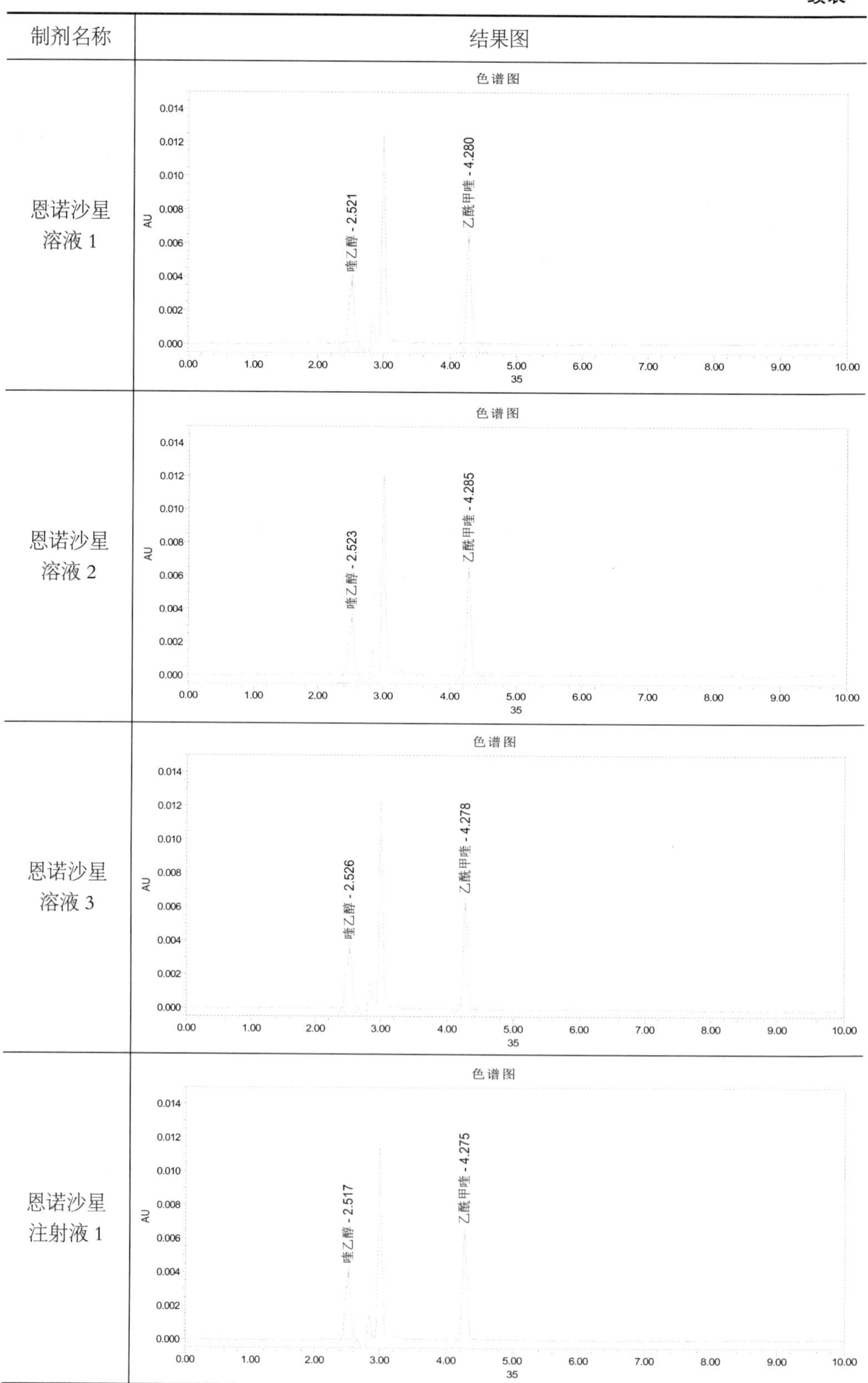

制剂名称	结果图
恩诺沙星溶液 1	色谱图 AU 喹乙醇 - 2.521 乙酰甲喹 - 4.280 35
恩诺沙星溶液 2	色谱图 AU 喹乙醇 - 2.523 乙酰甲喹 - 4.285 35
恩诺沙星溶液 3	色谱图 AU 喹乙醇 - 2.526 乙酰甲喹 - 4.278 35
恩诺沙星注射液 1	色谱图 AU 喹乙醇 - 2.517 乙酰甲喹 - 4.275 35

续表

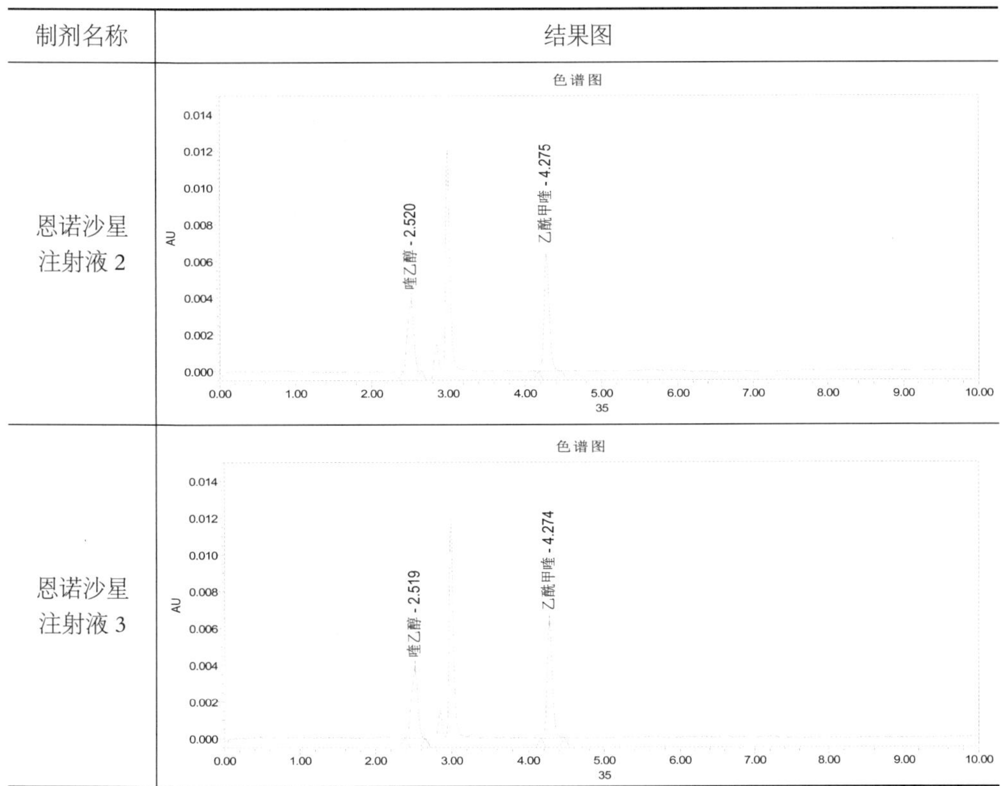

制剂名称	结果图
恩诺沙星注射液 2	色谱图
恩诺沙星注射液 3	色谱图

0.5%），检测限验证在 95%~105%，RSD 均≤1.5%，表明方法的准确度和精密度良好，满足检测需求。

3　小结

（1）该方法准确度、精密度良好，符合方法验证的要求，可用于兽用恩诺沙星及其制剂中非法添加乙酰甲喹、喹乙醇的确证。

（2）环境温度过高或过低会造成乙酰甲喹出峰时间不稳定，影响实验结果。对没有降温功能的液相，建议根据外界温度设置柱温。

第 6 节　兽用麻杏石甘口服液及杨树花口服液中非法添加黄芩苷检查方法的建立

麻杏石甘口服液具有清热、宣肺、平喘等功效，杨树花口服液具有清热解毒、化湿止泻等功效，而黄芩苷是从黄芩药材中提取分离出的一种黄酮类化合物，具有显著的生理活性，可泻实火、除湿热等。黄芩苷和以上2种口服液的在功效方面有较多相似之处。不法企业通过非法添加黄芩苷，可使麻杏石甘口服液、杨树花口服液疗效增加，起到协同作用，但是增强药效的同时还带来了药量叠加的中毒风险，通过食物链传递，给人体健康造成严重危害。研发团队引进HPLC-PDA仪器，按照农业部2448号公告，从准确度和精密度，对麻杏石甘口服液及杨树花口服液中非法添加黄芩苷检查方法进行了验证。

1 材料和方法

1.1 仪器和试剂

仪器：Waters e2695高效液相色谱仪、二极管阵列检测器（PDA2998）、分析天平AX205（十万分之一）、Direct-Q®8UV-R纯水机、KQ-400KDB型高功率数控超声波清洗器。

试剂：黄芩苷对照品、甲醇（色谱级）、磷酸（优级纯）、超纯水。

1.2 色谱条件

麻杏石甘口服液、杨树花口服液中非法添加黄芩苷检查方法：用十八烷基硅烷键合硅胶为填充剂，以甲醇-水-磷酸（45∶55∶0.2）为流动相；二极管阵列检测器，采集波长210~400 nm，分辨率1.2 nm，记录278 nm波长处的色谱图。

1.3 样品处理

溶剂空：50%甲醇溶液、流动相。

制剂空白：用50%甲醇溶解并定量稀释制成每毫升含供试品10 mg的溶液。

对照品母液：用甲醇溶解并定量稀释制成每毫升含黄芩苷1 mg的溶液。

对照品溶液：取对照品母液1 mL，用甲醇溶解并稀释至10 mL。

阳性添加标准溶液：取上述对照品母液1.25 mL，用50%甲醇稀释至100 mL。

阳性添加供试品溶液：取供试品1.0 mL，置于100 mL量瓶中，加上述对照品母液1.25 mL，用50%甲醇溶液稀释至刻度。

检测限标准溶液：取上述对照品溶液0.5 mL，用50%甲醇稀释至100 mL。

检测限供试品溶液：取供试品1.0 mL，置于100 mL量瓶中，加上述对照品溶液 0.5 mL，用 50%甲醇溶液稀释至刻度。

1.4　回收率计算

回收率计算公式：

$$R=C_S/C_0\times100\%$$

式中，C_S 为实际添加浓度（mg·mL^{-1}），C_0 为添加浓度（mg·mL^{-1}）。

2　结果与分析

2.1　阳性添加试验

在空白试料中做 1.25 mg/mL 阳性添加，平行配制 3 份样品，回收率汇总见表 1-2-21，相关实验图谱见表 1-2-22。

表 1-2-21　阳性添加回收率汇总表

样品名称	编号	添加浓度/(mg·mL^{-1})	实际添加浓度/(mg·mL^{-1})	回收率	平均值
麻杏石甘口服液	1	0.012 475	0.012 579 814	100.84%	101.4%
	2		0.012 560 031	100.68%	
	3		0.012 817 961	102.75%	
杨树花口服液	1	0.012 475	0.012 325 438	98.80%	98.3%
	2		0.012 219 963	97.96%	
	3		0.012 251 457	98.21%	

表 1-2-22　色谱图汇总表

制剂名称	结果图
黄芩苷标准	色谱图 AU: 0.000 – 0.060 黄芩苷 - 14.920 0.00 2.00 4.00 6.00 8.00 10.00 12.00 14.00 16.00 18.00 20.00 22.00 24.00 35

续表

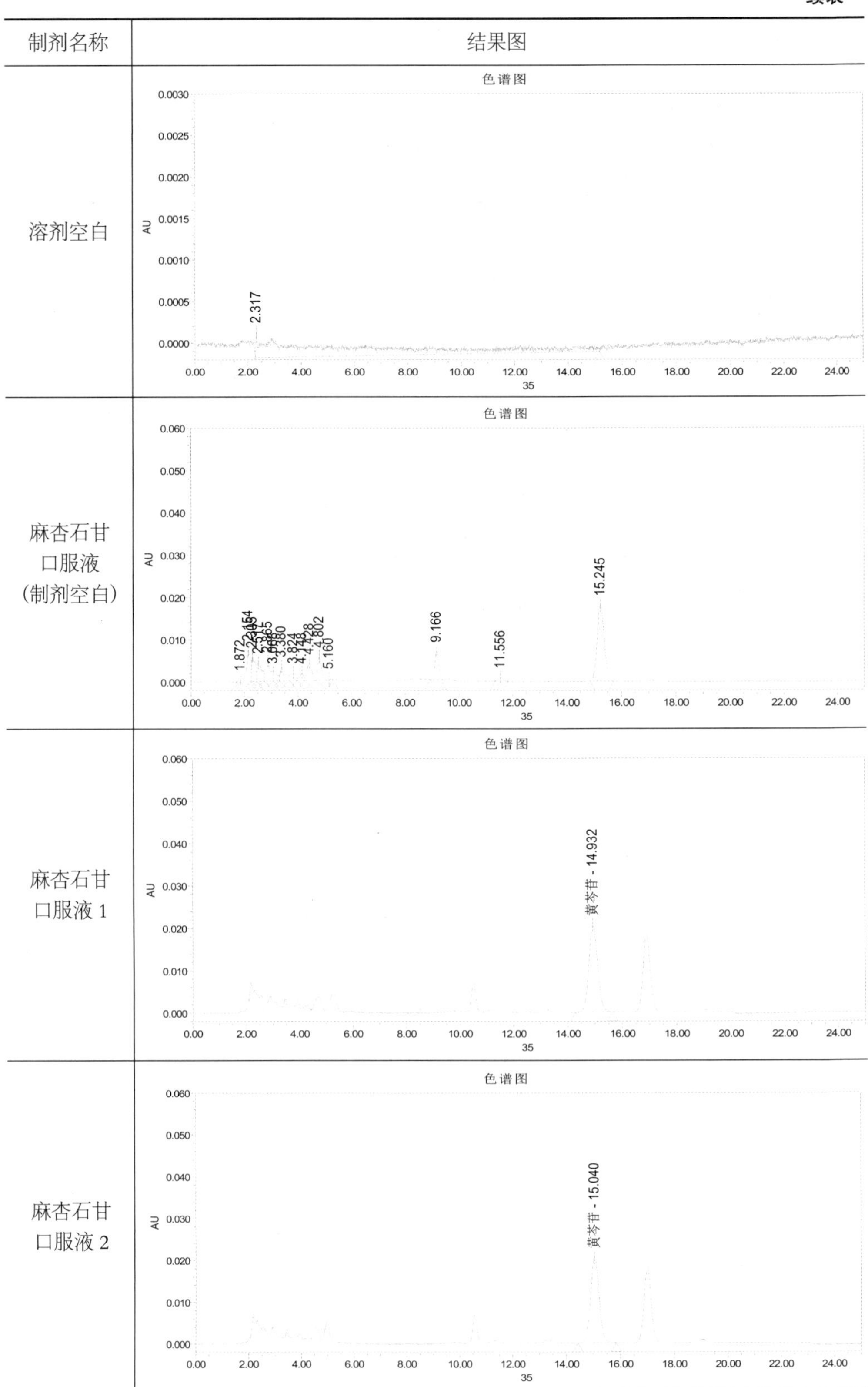

制剂名称	结果图
溶剂空白	
麻杏石甘口服液（制剂空白）	
麻杏石甘口服液 1	
麻杏石甘口服液 2	

续表

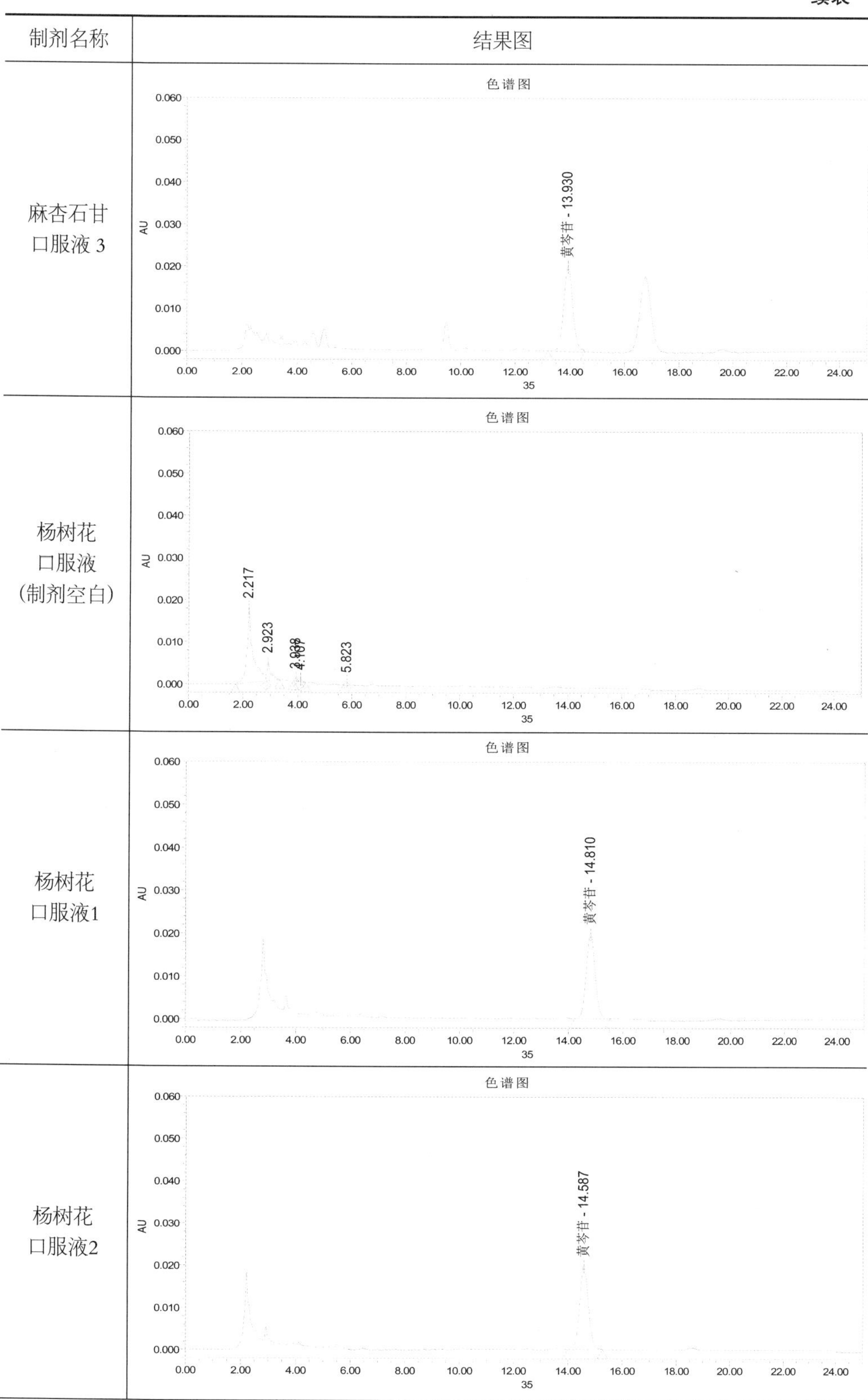

制剂名称	结果图
麻杏石甘口服液 3	色谱图
杨树花口服液（制剂空白）	色谱图
杨树花口服液1	色谱图
杨树花口服液2	色谱图

续表

制剂名称	结果图
杨树花口服液3	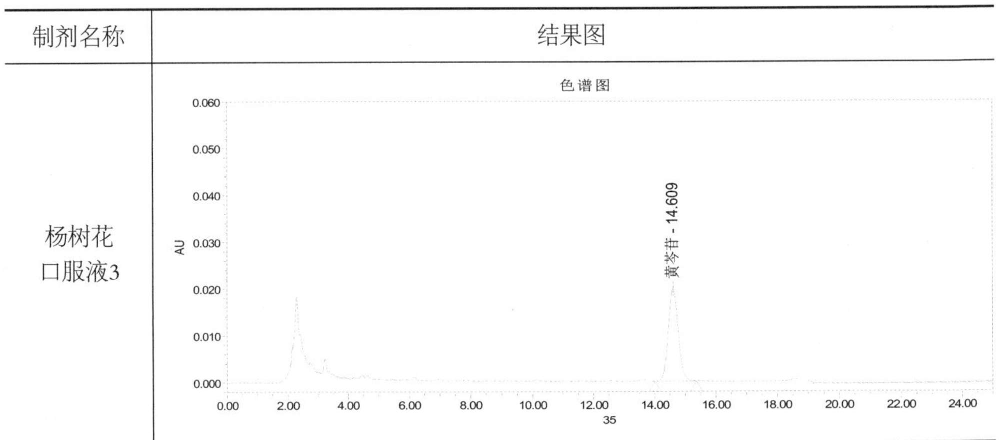

实验结果表明，回收率分别为 101.4%（RSD=1.1%）、98.3%（RSD=0.4%），阳性添加回收率在 95%~105%，RSD 均≤1.5%，表明方法的准确度和精密度良好，满足检测需求。

2.2 检测限

在空白试料中做 0.05 mg/mL 阳性添加，平行配制 3 份样品，验证结果汇总见表 1-2-23，相关实验图谱见表 1-2-24。

表 1-2-23 检测限验证结果汇总表

样品名称	编号	添加浓度/($mg \cdot mL^{-1}$)	实际添加浓度/($mg \cdot mL^{-1}$)	回收率	平均值
麻杏石甘口服液	1	0.000 499	0.000 473 032	94.80%	91.9%
	2		0.000 454 185	91.02%	
	3		0.000 447 793	89.74%	
杨树花口服液	1	0.000 499	0.000 532 159	106.65%	108.1%
	2		0.000 527 858	105.78%	
	3		0.000 558 056	111.83%	

实验结果表明，回收率分别为 91.9%（RSD=2.9%）、108.1%（RSD=3.0%），检测限回收率在 90%~110%，RSD 均≤3%，表明方法的准确度和精密度良好，满足检测需求。

表 1-2-24　色谱图汇总表

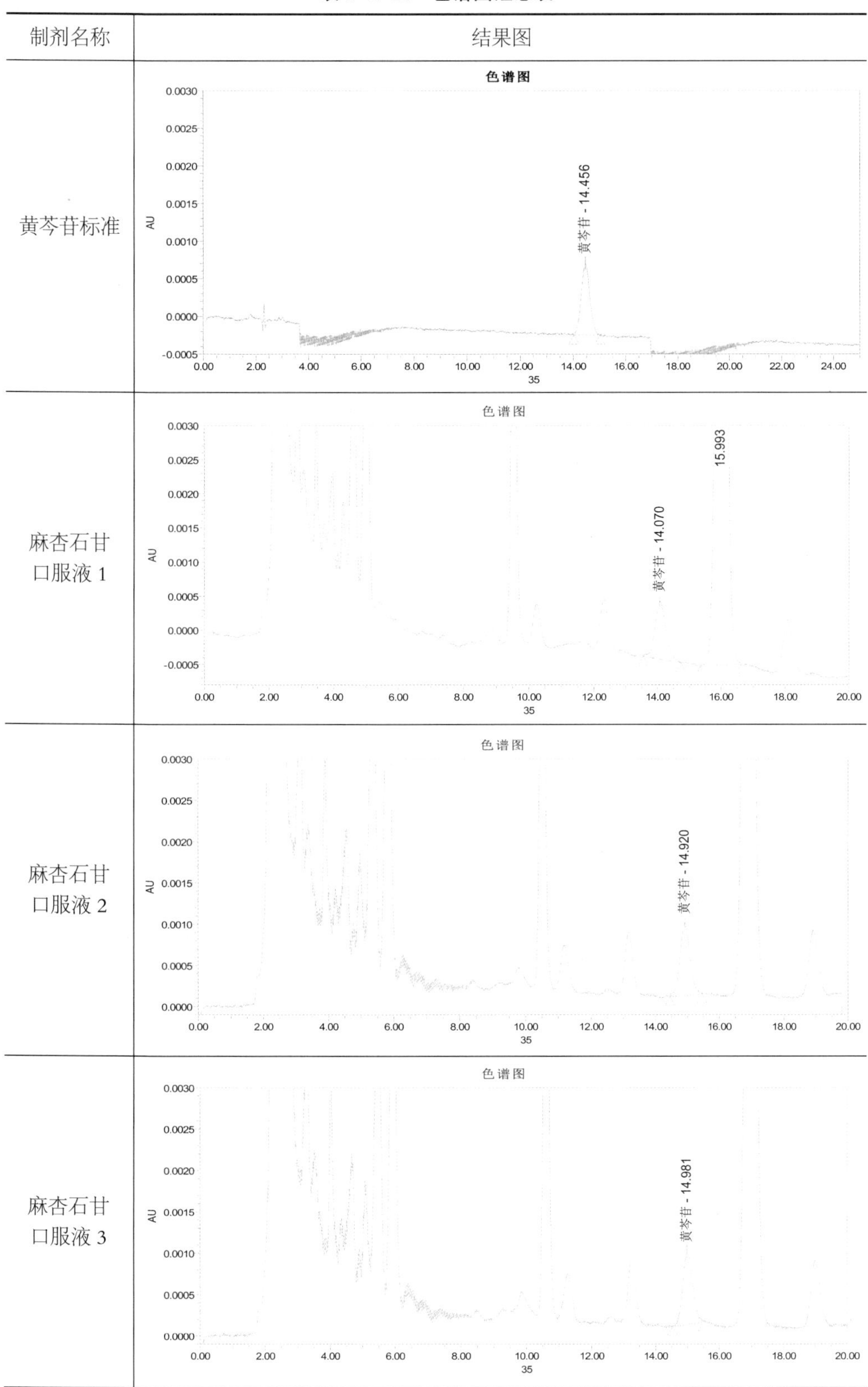

制剂名称	结果图
黄芩苷标准	
麻杏石甘口服液 1	
麻杏石甘口服液 2	
麻杏石甘口服液 3	

续表

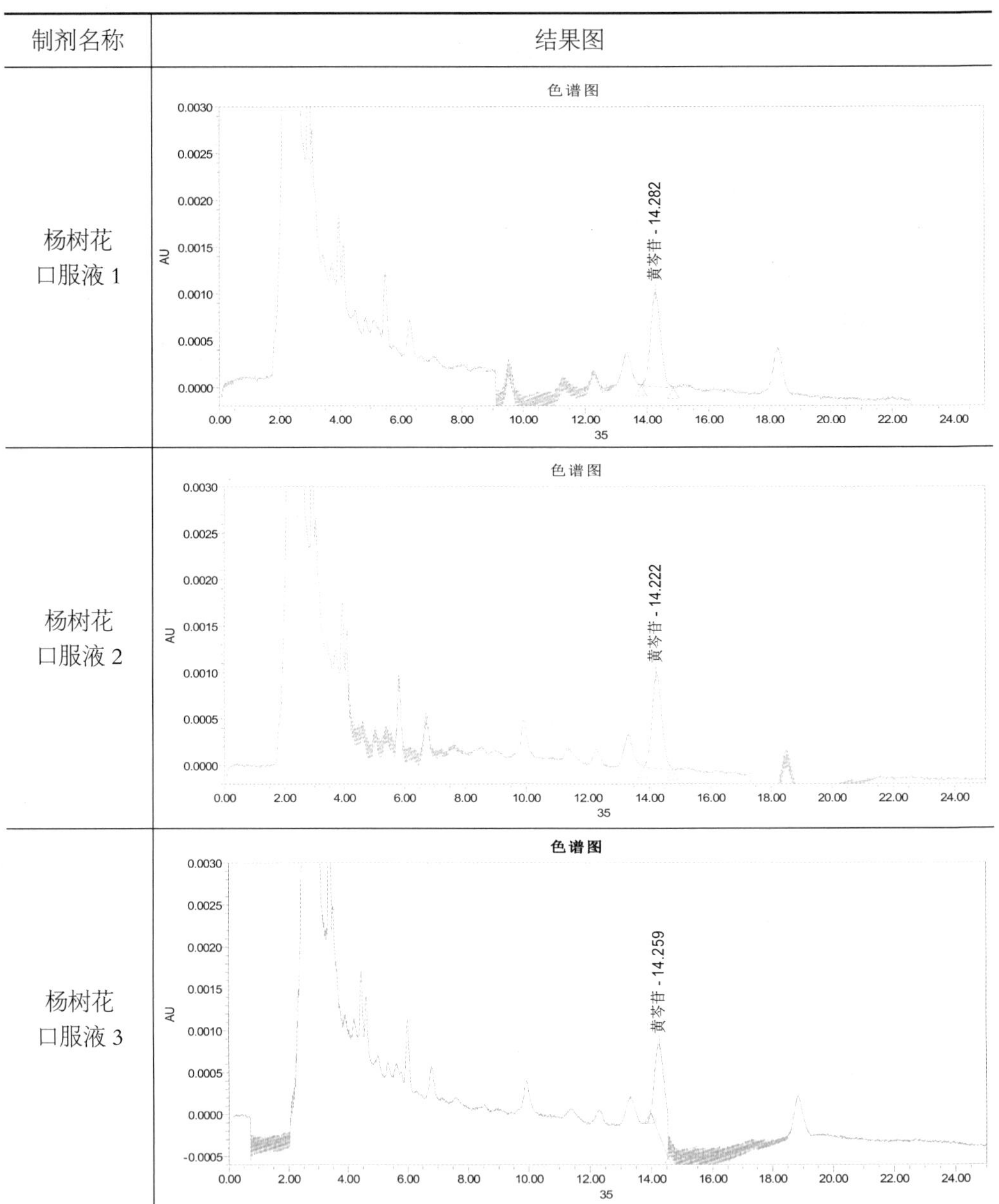

制剂名称	结果图
杨树花口服液 1	色谱图（黄芩苷 - 14.282）
杨树花口服液 2	色谱图（黄芩苷 - 14.222）
杨树花口服液 3	色谱图（黄芩苷 - 14.259）

3 小结

（1）该方法准确度、精密度良好，符合方法验证的要求，可用于兽用麻杏石甘口服液及杨树花口服液中非法添加黄芩苷的确证。

（2）色谱柱类型和柱温对黄芩苷色谱峰峰形有影响，根据所用仪器选择合适的色谱柱并设定合适的柱温能得到更好的峰形。

第7节　兽用白头翁散及健胃散中非法添加喹乙醇、乙酰甲喹检查方法的建立

白头翁散具有清热解毒，凉血止痢的功效，健胃散具有健胃消食、消胀气、抗应激、少痢疾、增进食欲、促进消化吸收的功效，而乙酰甲喹、喹乙醇具有良好的抗菌、促生长等作用。不法企业通过非法添加乙酰甲喹、喹乙醇，可使白头翁散和健胃散在原来药效的基础上增加抗菌、促生长作用，扩大了药效范围，但是容易造成动物源性食品中药物残留隐患，通过食物链传递，给人体健康造成严重危害。研发团队引进HPLC-PDA仪器，按照农业部2448号公告，从准确度和精密度，对白头翁散及健胃散中非法添加喹乙醇、乙酰甲喹检查方法进行了验证。

1　材料和方法

1.1　仪器和试剂

仪器：Waters e2695高效液相色谱仪、二极管阵列检测器（PDA2998）、分析天平AX205（十万分之一）、Direct-Q®8UV-R纯水机、KQ-400KDB型高功率数控超声波清洗器。

试剂：喹乙醇对照品、乙酰甲喹对照品、甲醇（色谱级）、乙腈（色谱级）、三乙醇胺（分析纯）、磷酸二氢钾（分析纯）、超纯水。

1.2　色谱条件

用十八烷基硅烷键合硅胶为填充剂，以乙腈-0.01 mol/L磷酸二氢钾溶液（1∶9）（用三乙醇胺调节pH值至6.0）为流动相，二极管阵列检测器，流速为1.0 mL/min，采集波长200~400 nm，分辨率1.2 nm，记录365 nm波长处的色谱图。

1.3　样品处理

溶剂空白：乙腈-0.01 mol/L磷酸二氢钾溶液（1∶9）。

制剂空白：取供试品1.0 g，用90%乙腈溶解并稀释至20 mL，超声15 min，滤过；取续滤液1.0 mL，用流动相稀释至10 mL。

对照品母液：用甲醇溶解并定量稀释制成每1 mL含乙酰甲喹和喹乙醇对照品

各 0.5 mg 的混合溶液。

对照品溶液：取对照品母液 1.0 mL，用流动相稀释至 10 mL 刻度。

阳性添加标准溶液：取乙酰甲喹和喹乙醇对照品各 12.5 mg，置 50 mL 量瓶中，加入 90%乙腈适量，超声 15 min 使溶解并稀释至刻度，摇匀，作为混标母液；取混标母液 5.0 mL，置于具塞锥形瓶中，加入 90%乙腈 20 mL，摇匀；取 1.0 mL，用流动相稀释至 10 mL。

阳性添加供试品溶液：取供试品 1.0 g，置于具塞锥形瓶中，加上述混标母液 5.0 mL，加入 90%乙腈 20 mL，超声 15 min 使溶解，摇匀；取 1.0 mL，用流动相稀释至 10 mL。

检测限标准溶液：取上述对照品母液 1.0 mL，用 90%乙腈稀释至 20 mL；取 1.0 mL，用流动相稀释至 10 mL。

检测限供试品溶液：取供试品 1.0 g，加上述对照品母液 1.0 mL，用 90%乙腈溶解并稀释至 20 mL；取 1.0 mL，用流动相稀释至 10 mL。

1.4 回收率计算

回收率计算公式：

$$R=C_S/C_0\times100\%$$

式中，C_S 为实际添加浓度（$mg\cdot mL^{-1}$），C_0 为添加浓度（$mg\cdot mL^{-1}$）。

2 结果与分析

2.1 阳性添加试验

在空白试料中做 0.062 5 mg/mL 阳性添加，平行配制 3 份样品，回收率汇总见表 1-2-25，相关实验图谱见表1-2-26。

表 1-2-25 阳性添加回收率汇总表

样品名称	喹乙醇和乙酰甲喹	编号	添加浓度/($mg\cdot mL^{-1}$)	实际添加浓度/($mg\cdot mL^{-1}$)	回收率	平均值
白头翁散	喹乙醇	1	0.062 44	0.060 20	96.42%	96.5%
		2		0.060 39	96.72%	
		3		0.060 21	96.43%	

续表

样品名称	喹乙醇和乙酰甲喹	编号	添加浓度/(mg·mL⁻¹)	实际添加浓度/(mg·mL⁻¹)	回收率	平均值
白头翁散	乙酰甲喹	1	0.062 68	0.062 62	99.92%	100.1%
		2		0.062 87	100.32%	
		3		0.062 72	100.07%	
健胃散	喹乙醇	1	0.062 44	0.060 14	96.32%	96.2%
		2		0.060 11	96.27%	
		3		0.059 99	96.08%	
	乙酰甲喹	1	0.062 68	0.062 57	99.84%	99.6%
		2		0.062 34	99.47%	
		3		0.062 45	99.65%	

表 1-2-26　色谱图汇总表

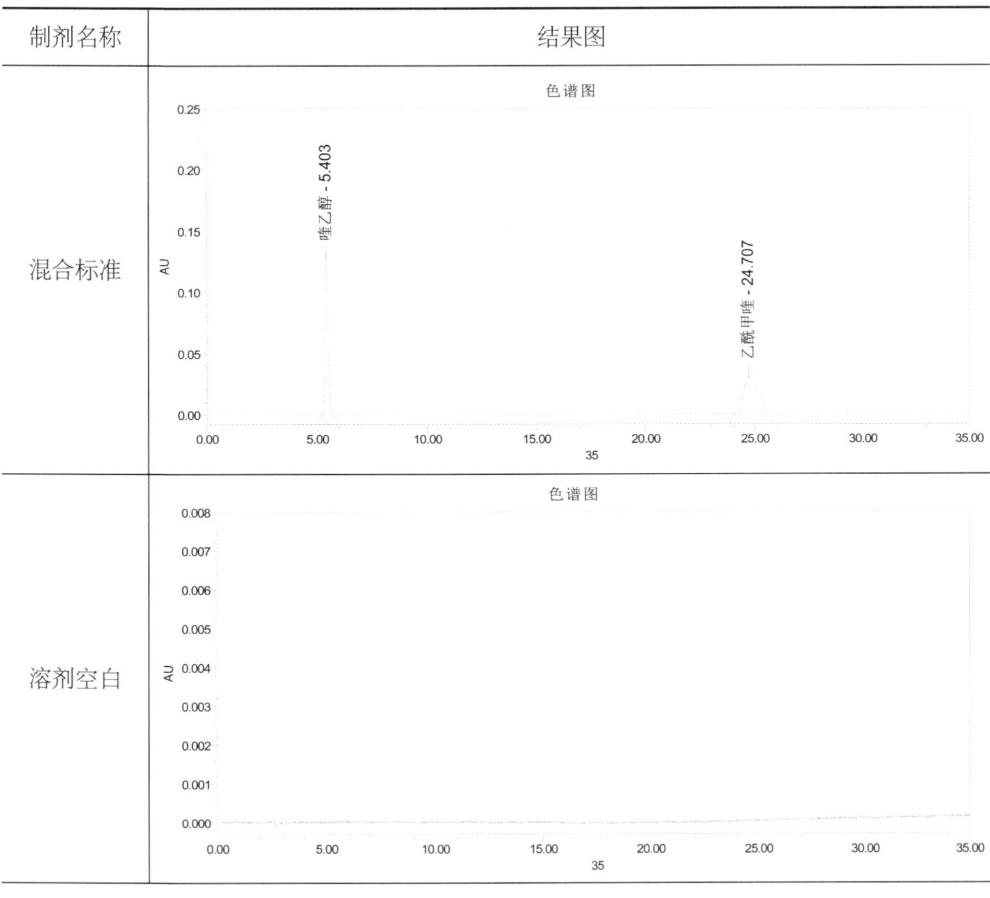

制剂名称	结果图
混合标准	色谱图
溶剂空白	色谱图

续表

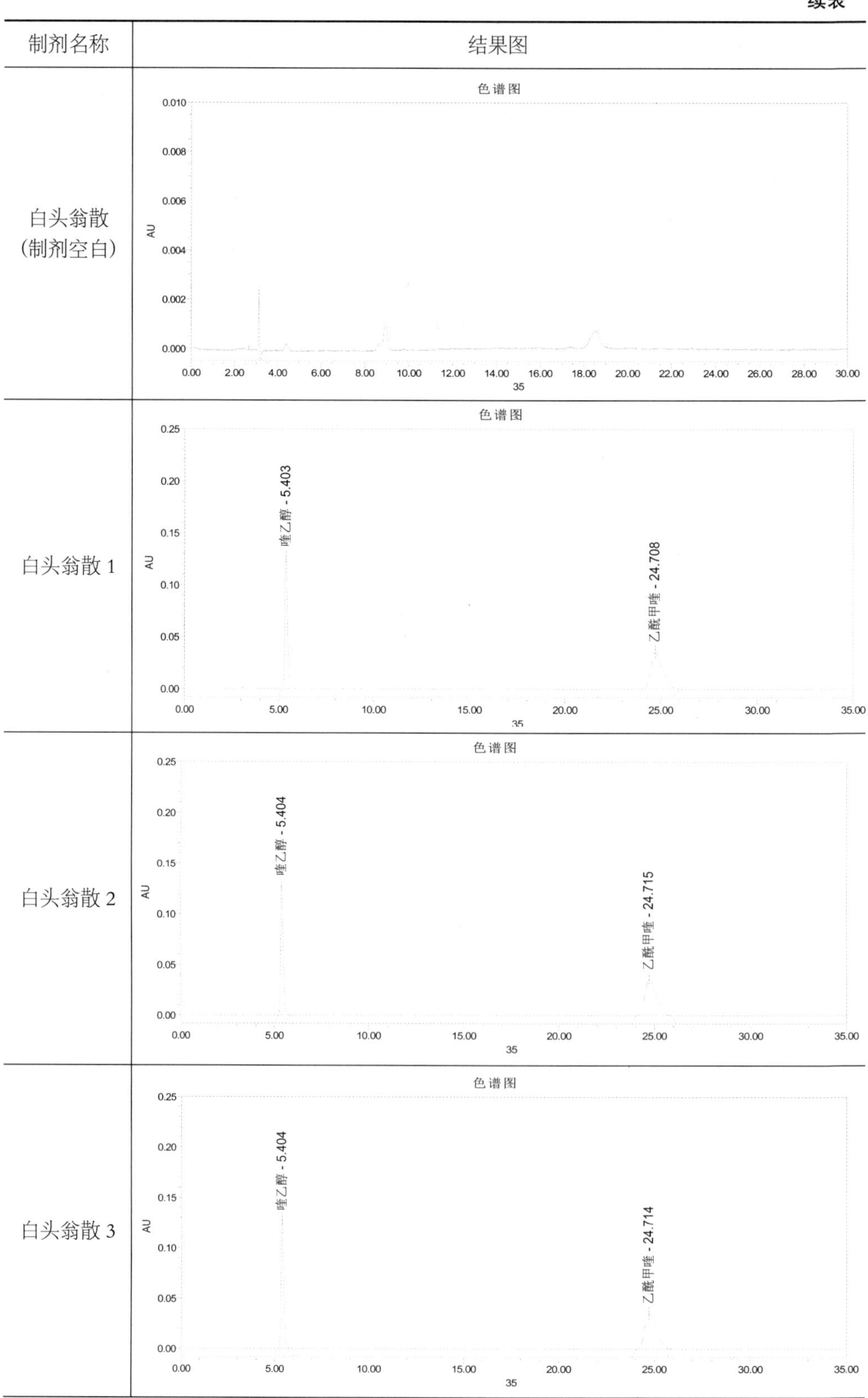

制剂名称	结果图
白头翁散（制剂空白）	色谱图
白头翁散 1	色谱图 喹乙醇 - 5.403 乙酰甲喹 - 24.708
白头翁散 2	色谱图 喹乙醇 - 5.404 乙酰甲喹 - 24.715
白头翁散 3	色谱图 喹乙醇 - 5.404 乙酰甲喹 - 24.714

续表

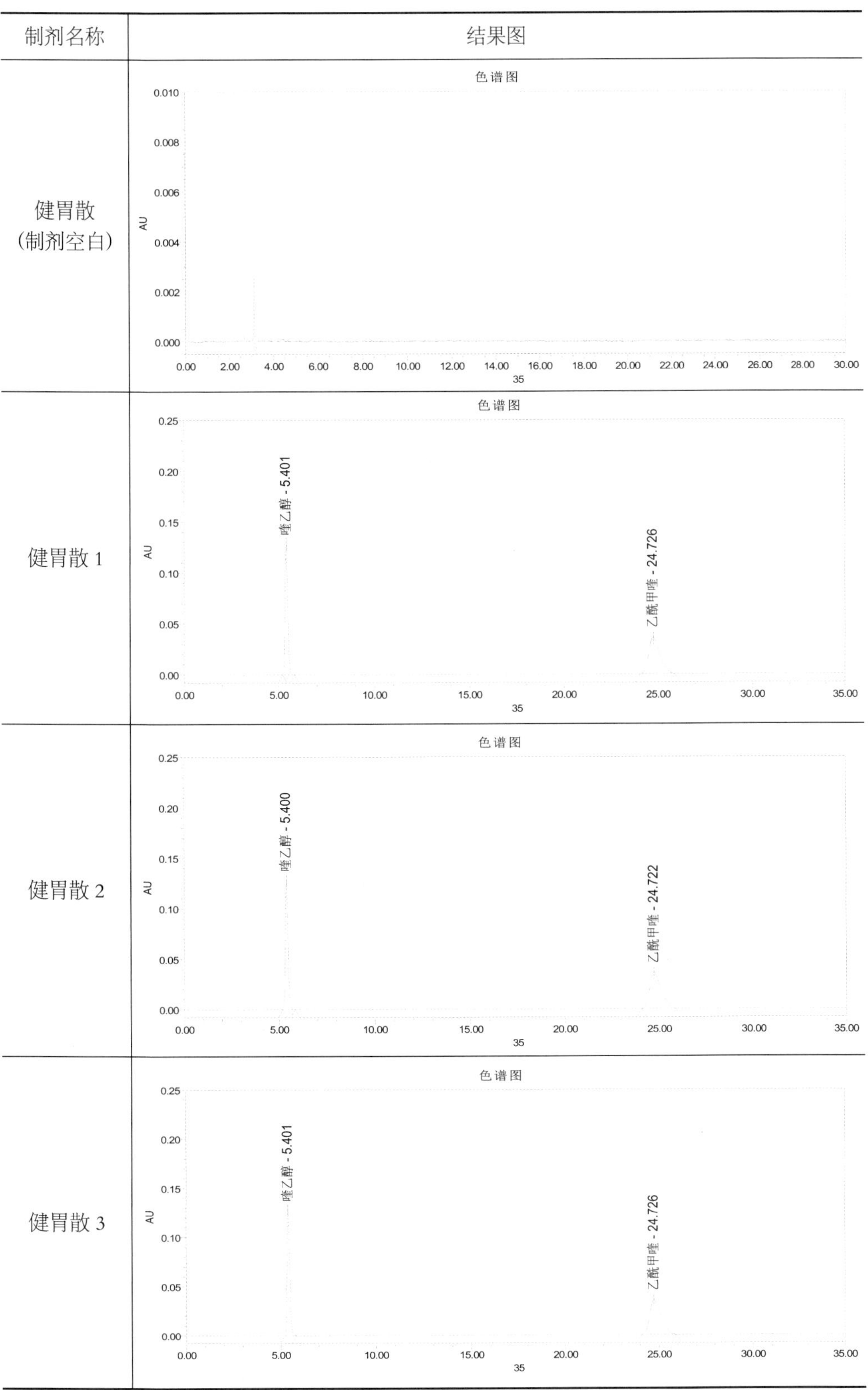

制剂名称	结果图
健胃散（制剂空白）	色谱图
健胃散 1	色谱图；喹乙醇 - 5.401；乙酰甲喹 - 24.726
健胃散 2	色谱图；喹乙醇 - 5.400；乙酰甲喹 - 24.722
健胃散 3	色谱图；喹乙醇 - 5.401；乙酰甲喹 - 24.726

实验结果表明，回收率分别为 96.5%（RSD=0.2%）、100.1%（RSD=0.2%）、96.2%（RSD=0.1%）、99.6%（RSD=0.2%），阳性添加回收率在 95%~105%，RSD 均<1.5%，表明方法的准确度和精密度良好，满足检测需求。

2.2 检测限

在空白试料中做 0.002 5 mg/mL 阳性添加，平行配制 3 份样品，验证结果汇总见表 1-2-27，相关实验图谱见表 1-2-28。

表 1-2-27 检测限验证结果汇总表

样品名称	喹乙醇和乙酰甲喹	编号	添加浓度/(mg·mL^{-1})	实际添加浓度/(mg·mL^{-1})	回收率	平均值
白头翁散	喹乙醇	1	0.002 522 5	0.002 528 5	100.24%	100.2%
		2		0.002 529 1	100.26%	
		3		0.002 525 0	100.10%	
	乙酰甲喹	1	0.002 5125	0.002 498 7	99.45%	99.9%
		2		0.002 510 2	99.91%	
		3		0.002 519 5	100.27%	
健胃散	喹乙醇	1	0.002 522 5	0.002 518 2	99.83%	100.0%
		2		0.002 523 7	100.04%	
		3		0.002 523 4	100.03%	
	乙酰甲喹	1	0.002 512 5	0.002 493 5	99.24%	98.9%
		2		0.002 506 5	99.76%	
		3		0.002 456 6	97.77%	

表 1-2-28 色谱图汇总表

制剂名称	结果图
混合标准	

续表

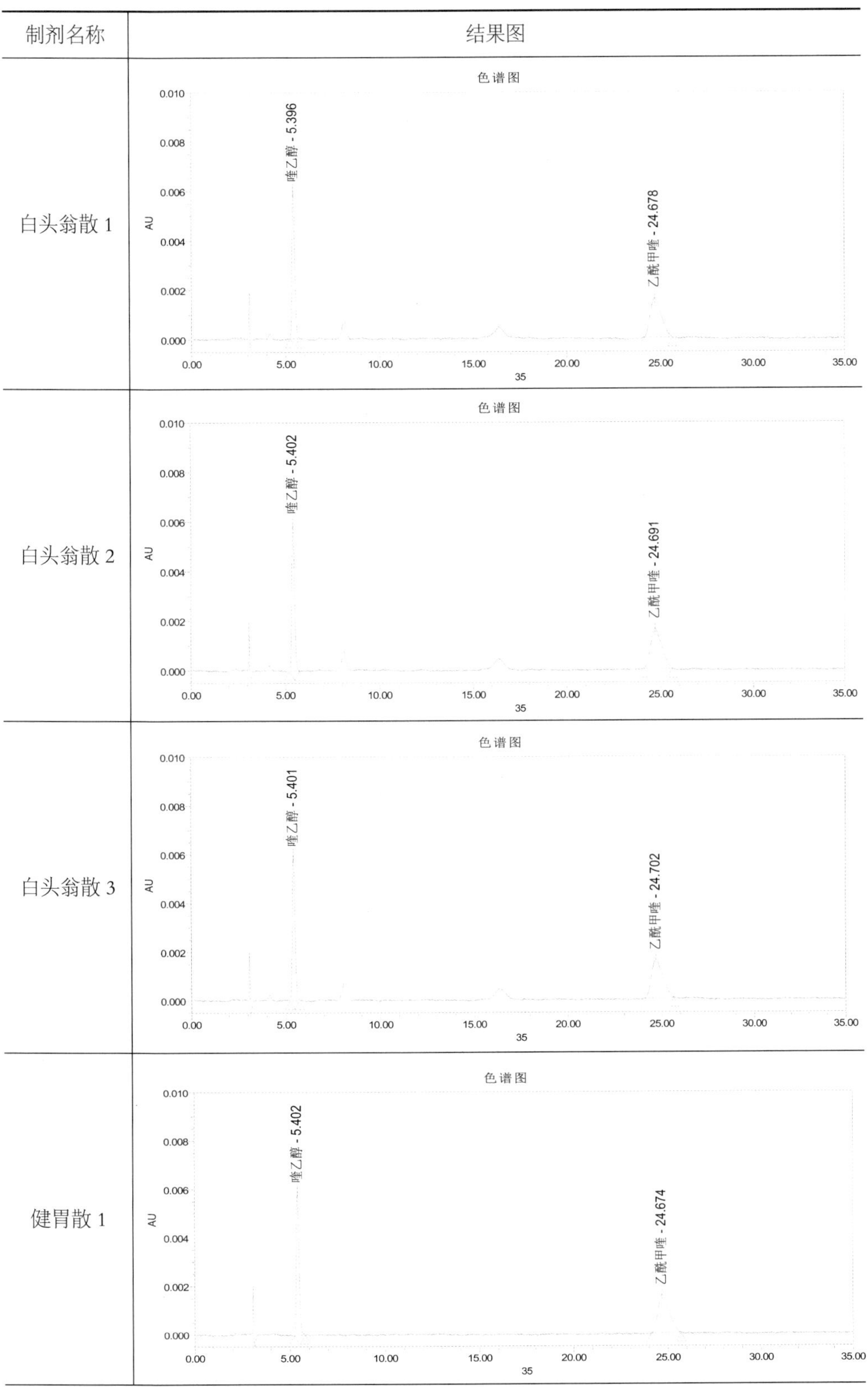

制剂名称	结果图
白头翁散 1	色谱图：喹乙醇 - 5.396；乙酰甲喹 - 24.678
白头翁散 2	色谱图：喹乙醇 - 5.402；乙酰甲喹 - 24.691
白头翁散 3	色谱图：喹乙醇 - 5.401；乙酰甲喹 - 24.702
健胃散 1	色谱图：喹乙醇 - 5.402；乙酰甲喹 - 24.674

续表

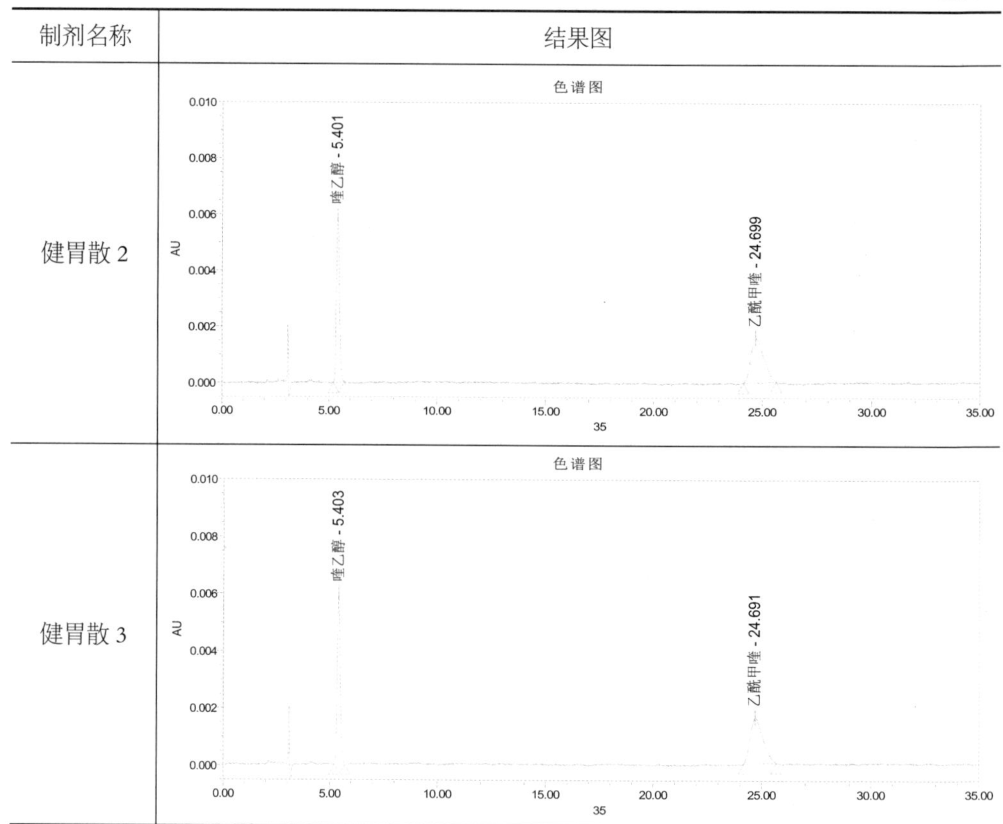

制剂名称	结果图
健胃散 2	色谱图（喹乙醇 - 5.401；乙酰甲喹 - 24.699）
健胃散 3	色谱图（喹乙醇 - 5.403；乙酰甲喹 - 24.691）

实验结果表明，回收率分别为 100.2%（RSD=0.1%）、99.9%（RSD=0.4%）、100.0%（RSD=0.1%）、98.9%（RSD=1.0%）；检测限回收率在 95%~105%，RSD 均<1.5%，表明方法的准确度和精密度良好，满足检测需求。

3 小结

（1）该方法准确度、精密度良好，符合方法验证的要求，可用于兽用白头翁散及健胃散中非法添加喹乙醇、乙酰甲喹的确证。

（2）前处理溶剂会影响喹乙醇、乙酰甲喹的提取效果，进而影响喹乙醇、乙酰甲喹的峰形、分离度和稳定性。

第 3 章　动物源细菌耐药性监测技术

随着我国养殖业集约化、规模化发展，兽用抗菌药大量、不合理使用等问题频出，导致动物源细菌耐药形势严峻，直接影响动物细菌性疾病的有效防治，更危及畜禽产品质量、公共卫生和生态环境安全。国家已出台《全国兽用抗菌药物使用减量化行动方案（2021—2025 年)》（农牧发〔2021〕31 号)、《遏制微生物耐药国家行动计划（2022—2025 年)》等政策文件，开展动物源细菌耐药性监测成为遏制动物源细菌耐药性产生与传播的主要技术手段，也是推动兽用抗菌药使用减量化行动的重要环节。研发团队积极开展动物源细菌分离、鉴定及药物敏感性监测，优化了动物源细菌耐药性监测试验技术，建立了宁夏动物源细菌分离株菌株库和动物源指示菌分离株耐药性数据库，并依据监测结果，施行兽用抗菌药临床使用分类指南，指导养殖场科学合理使用抗菌药，切实提高了畜禽养殖环节兽用抗菌药安全、规范、科学使用的能力和水平，确保“十四五”时期产出每吨动物产品兽用抗菌药的使用量保持下降趋势，肉蛋奶等畜禽产品的兽药残留监督抽检合格率稳定保持在98%以上，动物源细菌耐药趋势得到有效遏制，保障动物产品质量安全，促进养殖业绿色、高质量发展。发表论文 3 篇，参编专著 1 部，培养研究生 4 名。

第 1 节　宁夏动物源细菌耐药性指示菌分离鉴定

根据动物源细菌耐药性监测国际惯例，选择大肠杆菌和肠球菌分别代表革兰氏阴性菌和革兰氏阳性菌，选择沙门氏菌和金黄色葡萄球菌代表食源性致病菌和重要人兽共患病致病菌作为指示菌开展动物源细菌耐药性监测。研发团队依据动物源细菌耐药性监测相关行业标准（NY/T 4141—2022、NY/T 4142—2022、NY/T 4145—2022、NY/T 4146—2022、NY/T 4147—2022、NY/T 4148—2022、NY/T 4149—2022），结合研发团队实际仪器配置情况，围绕样本的增菌培养、分离、纯化、鉴定过程，开展定向增菌、选择性培养、特征性鉴定等研究，以期提高细菌分离、纯化鉴定的准确率、置信度和效率，为宁夏动物源细菌耐药性监测奠定基础。

1 材料与方法

1.1 主要仪器和试剂

主要仪器：生物安全柜、恒温振荡培养箱、全自动高压灭菌器、电子天平、电热炉、超净工作台、全智能一体化纯水仪、冷柜、冰箱、电动移液器、VITEK 2 COMPACT 全自动微生物鉴定系统、比浊仪等。

主要试剂：缓冲蛋白胨水（BPW）、亚硒酸盐胱氨酸增菌液、麦康凯液体培养基、7.5%氯化钠肉汤培养基、MH 肉汤、普通肉汤培养基、KEA 肉汤培养基、沙门氏菌显色培养基（第二代）、肠球菌显色培养基、麦康凯琼脂培养基、金黄色葡萄球菌显色培养基、营养琼脂培养基、胰蛋白胨大豆琼脂培养基（TSA）、胰酶大豆肉汤培养基、VITEK 2 COMPACT 全自动微生物鉴定卡、无菌盐水（0.45%~0.5% NaCl，pH 4.5~7.0）。

标准菌株：大肠埃希氏菌 ATCC25922、沙门氏菌 ATCC14028、金黄色葡萄球菌 ATCC29213、粪肠球菌 ATCC29212。

1.2 方法

1.2.1 增菌培养

无菌条件下取粪便样品 25 g，加 225 mL 蛋白胨缓冲液稀释，200 rpm 振摇 15 min，取 5 mL 过滤液加至 45 mL 增菌液中（亚硒酸盐肉汤、麦康凯肉汤、KEA 肉汤、7.5%氯化钠肉汤），混合均匀。37 ℃孵育 24 h。同时以标准菌株为阳性对照，空白培养基为阴性对照。

1.2.2 指示菌分离、纯化

取出增菌培养液，观察颜色、浊度、产气量等变化，阳性对照应符合各类培养基增菌培养特征，阴性对照清澈透亮，未长任何细菌，试验结果成立，样本增菌培养与阳性一致保留，阴性无害化处理。将增菌培养液和阳性对照分别划线接种于沙门氏菌、大肠杆菌、肠球菌、金黄色葡萄球菌显色培养基，35 ℃（沙门氏菌 36 ℃）孵育过夜。连续传代 2 次后，于营养琼脂培养基或大豆酪蛋白琼脂培养基上纯化至菌落形态一致，视为获得该样本的指示菌分离株。

表 1-3-1　样本指示菌增菌、分离特征及培养条件

<table>
<tr><th>菌种</th><th>增菌肉汤特征</th><th>靶向菌落特征</th><th>分离培养基</th><th>纯化培养基</th><th>培养条件</th></tr>
<tr><td>沙门氏菌</td><td>由淡黄色透明液体变为橘黄色浑浊液体</td><td>紫色可疑菌落</td><td>沙门氏菌显色培养基</td><td rowspan="4">营养琼脂培养基/胰酪蛋白大豆琼脂培养基</td><td>36 ℃±1 ℃培养 16~24 h</td></tr>
<tr><td>大肠杆菌</td><td>由紫红色澄清液体变为黄色浑浊液体</td><td>粉红色、边缘光滑的可疑菌落</td><td>麦康凯琼脂培养基</td><td>35 ℃孵育过夜培养</td></tr>
<tr><td>肠球菌</td><td>由黄色澄清液体（有荧光现象）变为黑色液体（荧光现象消失）</td><td>红色至紫红色可疑菌落</td><td>肠球菌显色培养基</td><td>35 ℃孵育 24~48 h</td></tr>
<tr><td>金黄色葡萄球菌</td><td>由黄色澄清液体变为黄色浑浊液体</td><td>蓝绿色可疑菌落</td><td>金黄色葡萄球菌显色培养基</td><td>35 ℃孵育过夜培养</td></tr>
</table>

注：以上培养产物在培养时间充足后，挑取疑似阳性菌落分别接种于营养琼脂培养基上，35 ℃孵育过夜培养

1.2.3　细菌鉴定

卡片类型选择：对于已纯化的菌落，根据前期鉴别培养结果，革兰氏阳性菌选择 GP 或者 AST-GP，革兰氏阴性菌选择 GN 或者 AST-GN。注意：如果选择了错误的鉴定试条（待鉴定细菌不在该鉴定试条的可鉴定库中），将出现不能鉴定或错误的结果。使用前将卡片和盐水瓶从冰箱取出，恢复到室温。

菌悬液制备：卡架装载一次性试管，加入 0.45%~0.5%无菌盐水 3 mL，挑取 18~24 h 分纯细菌（新鲜菌）单菌落于无菌盐水中调菌悬液为 0.50~0.63 Mac。将卡片按顺序放在载卡架上，鉴定卡在前，药敏卡在后，导液管插入到菌悬液中。注意：卡片装载至仪器之前，菌悬液配制后放置时间不超过 30 min。

上机鉴定：将放好鉴定卡的卡架放入仪器，按操作进行卡片装载，并在电脑上录入样本编号等信息，保存后，系统自动培养，分析生化实验结果，5~6 h 可获得细菌分离株鉴定结果。

鉴定结果判定：一般仅给出单一结果，无需进行补充试验，电脑主机 VITEK® 2 COMPACT 程序浏览结果时，会给出结果的可信度评估。如果给出 2 个及 2 个以

上的结果，仪器会做出提示或要求进行补充试验，请按注释进行补充试验，选择正确的鉴定结果。

不能鉴定或无法确定的结果，应查找原始分离平板，确认所分离细菌是否为纯培养，菌龄是否适当，菌液浓度是否足够。必要时重新分离进行鉴定试验。

2 结果与分析

2.1 宁夏动物源细菌耐药性监测样本指示菌分离纯化结果

2019—2022 年，共采集样本 1 260 份，通过亚硒酸盐肉汤和麦康凯肉汤对革兰氏阴性菌进行增菌培养，抑制革兰氏阳性菌生长，使用沙门氏菌和大肠杆菌显色培养基，纯化出疑似沙门氏菌、大肠埃希氏菌和其他革兰氏阴性菌分离株，可直接选择革兰氏阴性鉴定卡进行上机鉴定。通过 7.5%氯化钠肉汤培养基和 KEA 肉汤对革兰氏阳性菌进行增菌培养，抑制革兰氏阴性菌生长，使用金黄色葡萄球菌和粪肠球菌显色培养基，纯化出疑似金黄色葡萄球菌、粪肠球菌和其他革兰氏阳性菌分离株，直接使用革兰氏阳性鉴定卡进行上机鉴定。各动物分离纯化数量见表1-3-2。

表 1-3-2 待鉴定革兰氏阴性菌和阳性菌在各动物样本中纯化结果

养殖动物	采样数量/份	革兰氏阴性菌/株				革兰氏阳性菌/株			
		疑似沙门氏菌	疑似大肠埃希氏菌	其他	合计	疑似金黄色葡萄球菌	疑似粪肠球菌	其他	合计
牛	470	28	465	42	535	232	425	253	688
羊	150	24	152	18	194	44	127	37	171
猪	120	25	97	42	164	38	75	72	151
鸡	520	100	381	288	769	177	536	175	745
合计	1 260	177	1 095	390	1 662	491	1 163	148	1 802

2.2 宁夏动物源细菌耐药性监测样本指示菌鉴定结果

根据细菌纯化分离株结果，对 1 662 株革兰氏阴性菌和 1 802 株革兰氏阳性菌使用 VITEK 2 COMPACT 全自动微生物鉴定系统进行鉴定，革兰氏阴性菌待鉴定菌共鉴定出沙门氏菌（*Salmonella group*）23 株、大肠埃希氏菌（*Escherichia coli*）1 095 株、肠杆菌属（*Enterobacter*）76 株、克雷伯氏菌属（*Klebsiella*）85 株、变形杆菌属

(*Proteus*) 285 株、其他革兰氏阴性菌 78 株、无鉴定结果 20 株，整体鉴定率 99%，其中大肠杆菌鉴定率 100%，沙门氏菌鉴定率 13%（见表1-3-3）。

表 1-3-3　2019—2022 年各动物待鉴定革兰氏阴性菌鉴定结果

监测年份	动物品种	革兰氏阴性菌/株								鉴定率/%
		肠杆菌属	沙门氏菌属	大肠埃希氏菌属	克雷伯氏菌属	变形杆菌属	其他G-	无鉴定结果	合计	
2019	牛	2	0	53	4	5	4	0	68	100
2020		2	0	120	1	0	9	0	132	100
2021		4	0	141	1	26	5	4	181	98
2022		0	0	151	0	0	2	6	159	96
2020	羊	2	0	52	2	0	4	0	60	100
2021		2	0	31	0	0	1	0	34	100
2022		12	0	69	11	0	3	0	95	100
2019	猪	3	2	11	0	6	1	0	23	100
2020		3	0	49	0	18	10	0	80	100
2021		4	0	37	0	13	2	0	56	100
2019	鸡	0	2	15	2	2	2	0	23	100
2020		37	9	130	49	123	25	6	379	98
2021		5	10	190	14	92	8	2	321	99
2022		0	0	46	1	0	2	2	51	96
合计		76	23	1095	85	285	78	20	1662	99

革兰氏阳性菌待鉴定菌共鉴定出粪肠球菌（*Enterococcus faecalis*）452 株、屎肠球菌（*Enterococcus faecium*）180 株、其他肠球菌（*Enterococcus*）531 株、金黄色葡萄球菌（*Staphylococcus aureus*）55 株、其他葡萄球菌（*Staphylococcus*）436 株、其他革兰氏阳性菌 103 株、无鉴定结果 45 株，整体鉴定率 98%，其中粪肠球菌/屎肠球菌鉴定率 54%，金黄色葡萄球菌鉴定率 11%（见表 1-3-4）。

3　小结

（1）通过定向增菌，可在样本分离纯化过程中排除革兰氏阴性菌和阳性菌对彼

表 1-3-4　2019—2022 年各动物待鉴定革兰氏阳性菌鉴定结果

监测年份	动物品种	革兰氏阳性菌/株								鉴定率/%
		肠球菌属			葡萄球菌属		其他G+	无鉴定结果	合计	
		粪肠球菌	屎肠球菌	其他肠球菌	金黄色葡萄球菌	其他葡萄球菌				
2019	牛	3	13	43	2	21	1	0	83	100
2020		2	11	74	3	76	6	1	173	99
2021		8	16	120	4	62	14	4	228	98
2022		6	9	120	1	63	10	4	213	98
2020	羊	17	3	11	0	28	1	0	60	100
2021		0	0	33	1	3	0	0	37	100
2022		5	16	42	6	6	1	0	76	100
2019	猪	0	0	6	0	8	6	0	20	100
2020		13	7	9	0	26	1	0	56	100
2021		39	0	1	4	0	31	1	76	99
2019	鸡	16	1	2	1	13	2	0	35	100
2020		169	52	35	33	112	24	30	455	93
2021		150	36	31	0	17	6	2	242	99
2022		24	16	4	0	1	0	3	48	94
合计		452	180	531	55	436	103	45	1 802	98

此的干扰，省略革兰氏染色镜检的过程，提高鉴定准确率和效率。

（2）粪肠球菌/屎肠球菌鉴定率为 54%，主要原因为同一个菌属的菌在使用显色培养的过程中，会对菌落形态的判定造成一定的干扰。

（3）沙门氏菌和金黄色葡萄球菌只有 10%左右的鉴定率，主要原因是样本均来自健康动物，沙门氏菌和金黄色葡萄球菌携带率较低。

第 2 节　宁夏动物源细菌耐药性监测

耐药性也称抗药性是指细菌对药物不敏感或敏感性下降甚至消失的一种可遗传、可传递的生理特性。抗菌药敏感性试验是指在体外测定细菌对抗菌药的敏感程度或耐药水平的一类试验。目前常用的药敏试验方法有纸片法（K–B 法）、稀释法（肉汤稀释法、琼脂稀释法）等，其中纸片扩散法只能定性测定细菌对药物的敏感程度，而稀释法则可定量测定体外培养细菌 18~24 h 后能抑制培养基内细菌生长的最低药物浓度（minimum inhibitory concentration，MIC）。研发团队根据宁夏地区动物临床用药实际、药物选择原则、药物敏感性判定标准和国家动物源细菌耐药性监测系统要求，采用微量肉汤稀释法作为耐药性检测手段，监测大肠杆菌和沙门氏菌对氨苄西林、庆大霉素、大观霉素等 10 大类 16 种抗菌药的耐药性；监测肠球菌和金黄色葡萄球菌对氧氟沙星、头孢噻呋、头孢西丁等 12 类 18 种抗菌药的耐药性，分析宁夏地区耐药性现状和趋势，为宁夏动物源指示菌耐药性数据库的建立奠定基础。

1　材料与方法

1.1　主要仪器和试剂

主要仪器：恒温培养箱、生物安全柜、浊度计或者标准比浊管、微量加样器及加样头 1~1 000 μL、8 通道或 12 通道微量移液器及加样头（50~200 μL）。

主要试剂：革兰氏阴性菌药敏检测板、革兰氏阳性菌促生长类药物药敏检测板。

1.2　方法

1.2.1　菌液制备

将纯化后细菌分离株接种于 MH 琼脂培养基，37 ℃培养 16~18 h，挑取特征菌落数个，置于 2~3 mL 灭菌生理盐水中，调制菌液浓度为 1.5×10^8 cfu/mL 左右或麦氏比浊读数为 0.48~0.56 的麦氏单位浓度菌悬液，备用。

1.2.2　加样

取 12 mL 营养肉汤培养液倒入加样槽，从加样槽中吸取药敏培养液 100 μL 加入阴性对照孔，取菌悬液 60 μL，加入药敏培养液中混匀稀释，吸取稀释液 100 μL 加入 96 孔微量药敏板条。

1.2.3　培养

将板条放入恒温培养箱中，35 ℃，100 rpm 培养 18~20 h。

1.2.4 结果判读

从培养箱中取出板条，用干毛巾轻轻擦拭板条底部。使用微生物鉴定药敏分析系统读取结果及分析报告，或肉眼判读各个孔的阴阳性结果。肉眼可见，未有菌生长的某抗生素的最低浓度即为该菌株对此抗生素的 MIC 值。若某抗生素所有浓度下均未见菌生长，则该菌株对此抗生素的 MIC 值记作小于等于其最低稀释浓度；反之，若某抗生素所有浓度下均见菌生长，则该菌株对此抗生素的 MIC 值记作大于其最高稀释浓度。蓝色都为阳性。由于显色剂反应不可逆，对于个别慢性抑制剂的药物反应时间较长，终止时会有个别紫色孔产生，所以紫色孔都为阴性。

2 结果与分析

2.1 各动物源分离指示菌耐药率

根据鉴定结果，对 2019—2022 年分离鉴定的 617 株大肠杆菌进行氨苄西林、奥格门丁、庆大霉素、大观霉素、四环素、氟苯尼考、磺胺异噁唑、复方新诺明、头孢噻呋、头孢他啶、恩诺沙星、氧氟沙星、美罗培南、粘杆菌素 14 种抗菌药敏感性检测。其中氨苄西林、氟苯尼考、恩诺沙星的耐药率呈下降趋势；大观霉素、四环素、磺胺异噁唑、复方新诺明呈波动趋势（见表 1-3-5）。

表 1-3-5 各动物 2019—2022 年大肠杆菌耐药率

单位：%

年份/动物 药物名称	牛				羊			猪			鸡			
	2019	2020	2021	2022	2020	2021	2022	2019	2020	2021	2019	2020	2021	2022
氨苄西林	33	12	32	8	7	0	14	100	77	38	38	75	58	48
奥格门丁	0	0	0	0	2	0	5	27	17	4	63	27	4	0
庆大霉素	6	5	14	5	0	0	5	36	27	4	25	54	10	0
大观霉素	17	8	23	3	0	0	0	91	90	33	13	74	43	0
四环素	28	14	27	71	58	0	91	100	100	100	88	92	69	100
氟苯尼考	33	15	15	7	7	0	14	91	67	54	75	77	23	19
磺胺异噁唑	22	28	41	7	2	13	5	100	93	58	50	87	39	37
复方新诺明	11	5	19	7	0	0	9	100	77	33	75	83	44	41
头孢噻呋	11	10	30	9	2	0	5	9	7	4	63	43	5	0

续表

年份/动物 药物名称	牛				羊			猪			鸡			
	2019	2020	2021	2022	2020	2021	2022	2019	2020	2021	2019	2020	2021	2022
头孢他啶	6	0	8	7	0	0	0	9	3	0	13	16	2	0
恩诺沙星	6	3	7	5	0	7	5	36	30	4	0	40	11	4
氧氟沙星	11	3	5	5	0	0	5	18	7	0	13	30	10	4
美罗培南	11	0	0	2	0	0	5	0	0	0	13	3	0	0
粘杆菌素	22	0	0	0	0	0	5	18	0	17	100	12	0	0

根据鉴定结果，对 2019—2022 年分离鉴定的 220 株肠球菌（粪肠球菌/屎肠球菌）进行青霉素、奥格门丁、红霉素、恩诺沙星、磺胺异噁唑、万古霉素、多西环素、氟苯尼考、泰妙菌素、替米考星、利奈唑胺 11 种抗菌药敏感性检测。其中红霉素、恩诺沙星、泰妙菌素呈波动趋势（见表 1-3-6）。

表 1-3-6　各动物 2019—2022 年肠球菌耐药率

单位：%

年份/动物 药物名称	牛				羊			猪			鸡			
	2019	2020	2021	2022	2020	2021	2022	2019	2020	2021	2019	2020	2021	2022
青霉素	0	0	0	2	0	0	5	0	0	6	0	0	3	4
奥格门丁	0	0	0	2	0	0	0	0	0	6	0	0	0	0
红霉素	20	50	25	20	0	0	23	100	75	88	100	100	83	87
恩诺沙星	10	17	38	7	38	0	0	0	75	13	25	25	67	57
磺胺异噁唑	90	100	100	95	63	100	73	100	100	100	100	100	100	100
万古霉素	10	0	0	2	0	0	0	0	0	0	0	0	0	0
多西环素	0	0	0	11	0	0	0	100	50	50	63	63	33	30
氟苯尼考	0	0	0	0	6	33	0	100	17	69	13	13	17	22
泰妙菌素	80	50	100	98	75	67	36	100	92	88	100	100	97	96
替米考星	30	67	100	22	75	67	14	100	83	100	88	88	97	96
利奈唑胺	10	0	0	2	6	33	0	0	17	56	13	13	3	4

根据鉴定结果，对 2021 年分离鉴定的 37 株金黄色葡萄球菌进行青霉素、奥格门丁、红霉素、恩诺沙星等 18 种抗菌药敏感性检测。其中牛、猪、鸡源分离株对青

霉素耐药率均达到100%，且猪源和鸡源金黄色葡萄球菌耐药率普遍较高；对2020年分离鉴定的16株鸡源沙门氏菌进行氨苄西林、奥格门丁、庆大霉素等14种抗菌药敏感性检测，其中氨苄西林、大观霉素、磺胺异噁唑耐药率在60%以上，四环素、复方新诺明和粘杆菌素耐药率在40%以上（见表1-3-7）。

表1-3-7 金黄色葡萄球菌和沙门氏菌耐药率

金黄色葡萄球菌（2021年）				沙门氏菌（2020年）	
抗菌药名称	牛	猪	鸡	抗菌药名称	鸡
青霉素	100%	100%	100%	氨苄西林	69%
奥格门丁	0%	0%	3%	奥格门丁	19%
红霉素	0%	100%	97%	庆大霉素	19%
克林霉素	0%	100%	100%	大观霉素	63%
恩诺沙星	0%	100%	38%	四环素	44%
氧氟沙星	0%	100%	45%	氟苯尼考	38%
头孢噻呋	0%	0%	3%	磺胺异噁唑	63%
头孢西丁	0%	0%	69%	复方新诺明	44%
磺胺异噁唑	0%	0%	17%	头孢噻呋	38%
苯唑西林	0%	25%	38%	头孢他啶	6%
万古霉素	0%	0%	7%	恩诺沙星	25%
复方新诺明	0%	100%	97%	氧氟沙星	25%
多西环素	0%	0%	21%	美罗培南	6%
氟苯尼考	0%	100%	86%	粘杆菌素	44%
泰妙菌素	0%	75%	97%		
替米考星	0%	100%	97%		
庆大霉素	0%	100%	86%		
利奈唑胺	0%	0%	7%		

2.2 各动物源分离指示菌多重耐药情况

牛源大肠杆菌和肠球菌的多重耐药数量呈波动趋势，最多在2022年分离出11耐大肠杆菌，2019年和2022年4耐大肠杆菌数量一致，3耐肠球菌数量在2022年最多。

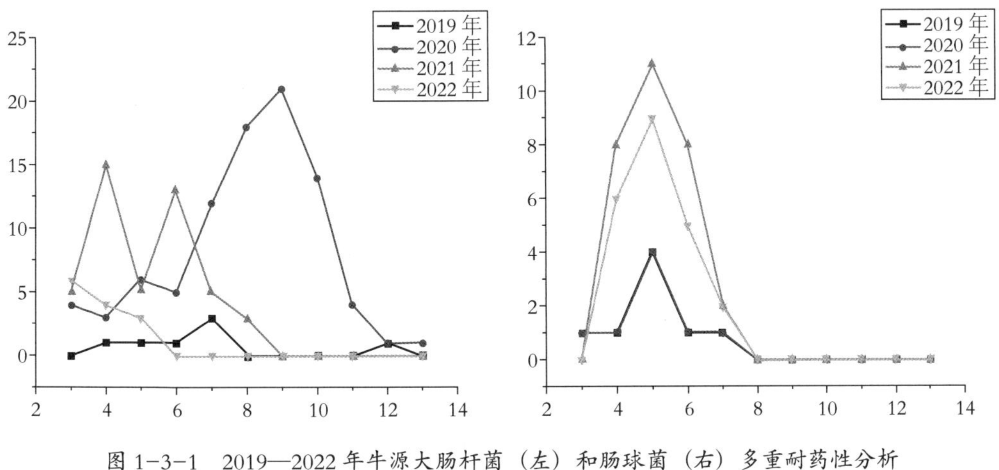

图 1-3-1　2019—2022 年牛源大肠杆菌（左）和肠球菌（右）多重耐药性分析

羊源大肠杆菌和肠球菌分离株多重耐药性情况较为缓和，尤其肠球菌多重耐药菌株数呈下降趋势，大肠杆菌多耐的菌株数有所下降，但是单株菌耐药的种类数有所增加。

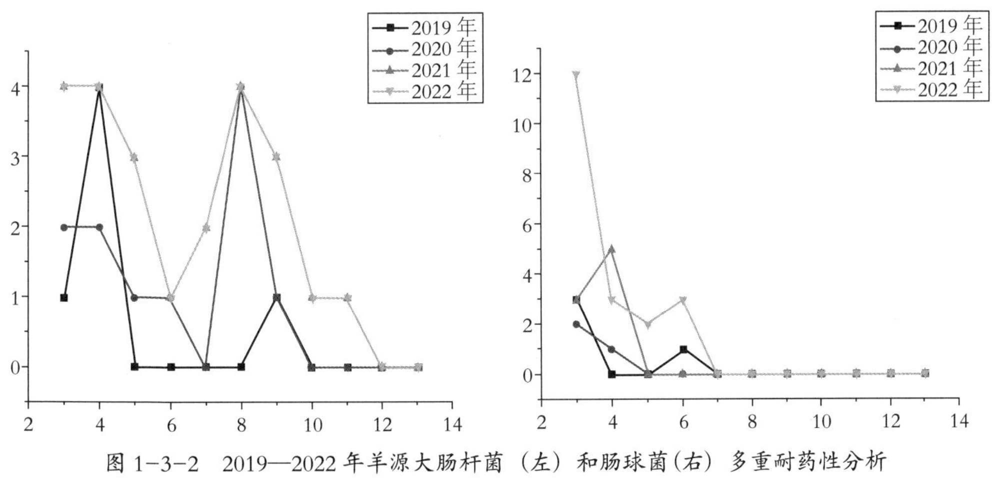

图 1-3-2　2019—2022 年羊源大肠杆菌（左）和肠球菌(右）多重耐药性分析

猪源大肠杆菌和肠球菌的多重耐药数量呈下降趋势，不论是多耐的药物数量还是菌株数，都呈下降趋势。

鸡源大肠杆菌多重耐药数量呈下降趋势，鸡源肠球菌多重耐药呈波动趋势，最多在 2020 年分离出 13 耐大肠杆菌，2020 年 9 耐大肠杆菌数量最多，2021 年 5 耐肠球菌数量最多。

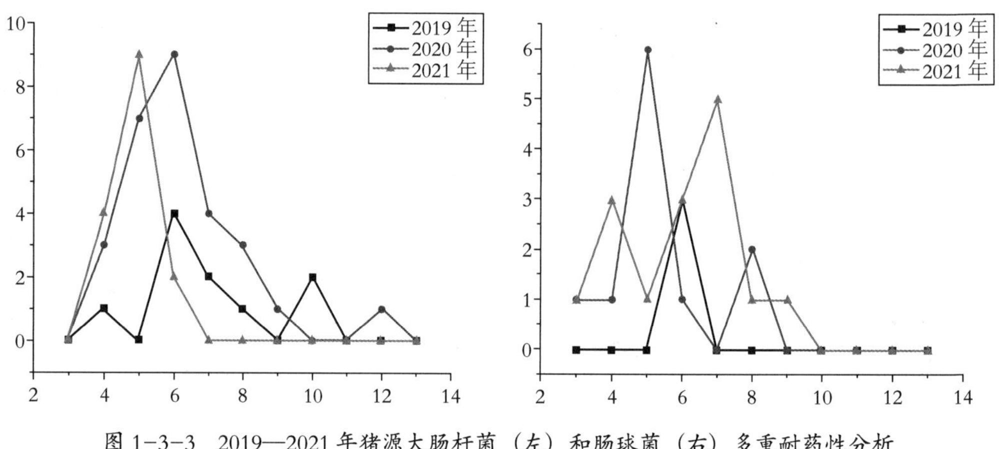

图 1-3-3　2019—2021 年猪源大肠杆菌（左）和肠球菌（右）多重耐药性分析

3　小结

（1）牛源大肠杆菌对氨苄西林、四环素、氟苯尼考、磺胺异噁唑、头孢噻呋较高耐药，对大观霉素、复方新诺明、恩诺沙星、氧氟沙星、庆大霉素头孢他啶耐药，对奥格门丁敏感；牛源肠球菌对磺胺异噁唑、泰妙菌素、替米考星高度耐药，对红霉素、恩诺沙星、万古霉素、利奈唑胺耐药，对青霉素、奥格门丁、多西环素、氟苯尼考敏感。

（2）羊源大肠杆菌对四环素高度耐药，2022 年监测结果耐药率达 91%，对氨苄西林、氟苯尼考、磺胺异噁唑、恩诺沙星、复方新诺明耐药；羊源肠球菌对磺胺异噁唑、泰妙菌素、替米考星高度耐药，对红霉素、恩诺沙星、氟苯尼考、利奈唑胺耐药，对青霉素、奥格门丁、万古霉素、多西环素敏感。

（3）猪源大肠杆菌对氨苄西林、大观霉素、四环素、氟苯尼考、磺胺异噁唑、

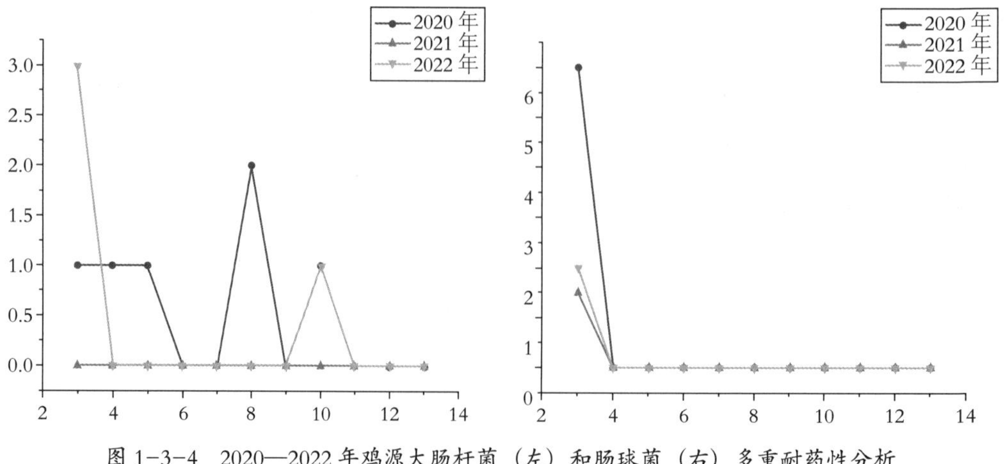

图 1-3-4　2020—2022 年鸡源大肠杆菌（左）和肠球菌（右）多重耐药性分析

复方新诺明高度耐药，耐药率最高 100%，对奥格门丁、庆大霉素、头孢噻呋、头孢他啶、恩诺沙星、氧氟沙星、粘杆菌呈现较高耐药，仅对美罗培南敏感；猪源肠球菌对红霉素、磺胺异噁唑、多西环素、氟苯尼考、泰妙菌素、替米考星高度耐药，对恩诺沙星、利奈唑胺耐药，对青霉素、奥格门丁、万古霉素敏感。

（4）鸡源大肠杆菌对四环素、氟苯尼考、磺胺异噁唑、复方新诺明、粘杆菌素高度耐药，四环素耐药率几乎达 100%，对奥格门丁、庆大霉素、大观霉素、头孢噻呋、恩诺沙星较高耐药，对头孢他啶、氧氟沙星、美罗培南呈现耐药；鸡源肠球菌对红霉素、磺胺异噁唑、泰妙菌素、替米考星高度耐药，对恩诺沙星、多西环素较高耐药，对氟苯尼考、利奈唑胺耐药，对青霉素、奥格门丁、万古霉素敏感。

（5）鸡源和猪源大肠杆菌多重耐药情况严重，最高分别达到 98%和 100%；鸡源和猪源肠球菌多重耐药情况严重，2019 年初监测时多重耐药率达到 100%；奶牛源大肠杆菌约 1/3 的分离株表现多重耐药；奶牛源肠球菌约 2/3 的菌株多重耐药。由于采集的粪便样本来源范围有限，结果仅代表部分养殖场的情况。

第 3 节　中草药遏制动物源细菌耐药性效果评价

科学合理使用抗菌药，减少过度使用、滥用、乱用抗菌药，可逐渐恢复动物源细菌对抗菌药的敏感性。开发利用中草药等替抗产品，既可起到保健机体、发挥抑菌作用、减少抗菌药使用的效果，又可在一定程度上对动物源细菌耐药性起到消减或逆转的作用。研究团队在深入调研宁夏地区中草药资源优势的基础上，选择苦豆子提取物、枸杞残次果、麻杏石甘，以临床分离的鸡源多重耐药肺炎克雷伯菌和大肠杆菌为试验菌株，开展中草药抑菌活性、与抗菌药物联合使用的抑菌作用以及菌株耐药消减研究，以期挖掘宁夏道地中药材在兽用抗菌药使用减量化和遏制动物源细菌耐药性方面的应用潜力。

1　材料与方法

1.1　主要试剂与药物

麻杏石甘颗粒、苦豆子提取物、庆大霉素标准品、恩诺沙星标准品、大观霉素标准品、注射用氨苄西林钠、氟苯尼考标准品、头孢噻呋标准品、肠杆菌药敏板、胰蛋白胨大豆琼脂（TSA）、MH 肉汤培养基、LB 肉汤。

1.2 菌株

质控菌株肺炎克雷伯菌（ATCC13883）、鸡场分离肺炎克雷伯菌和大肠杆菌。

1.3 主要仪器设备

生物安全柜、电热恒温培养箱、电子天平、立式压力蒸汽灭菌锅、比浊仪、酶标仪、超微量分光光度计、高速基因扩增仪、实时荧光定量 PCR 仪、水平电泳仪、凝胶成像系统、全自动微生物鉴定仪、超纯水机。

1.4 方法

1.4.1 中草药制剂（提取物）对多重耐药菌株最小抑菌浓度测定

根据 2017 版 EUCAST 欧盟药敏试验标准中的微量二倍稀释法测定中草药制剂（提取物）对多重耐药菌株的最小抑菌浓度，在 96 孔板中用 MH 肉汤将药液稀释成不同浓度梯度，将培养到对数期的多重耐药菌稀释，接种到 96 孔板中，使接种的菌液终浓度为 5×10^{5} CFU/mL，并设置阴性和阳性对照。用磷酸盐缓冲液（pH 7）配制 0.5%的 TTC 溶液，读取结果前加入该溶液于反应孔中，有细菌生长时，反应孔呈粉红色，没有则不变色。

1.4.2 中草药制剂对多重耐药菌生长曲线的影响

采用酶标仪法测定中草药制剂（提取物）对试验菌株生长曲线的影响。菌株过夜培养至对数期，无菌生理盐水将菌液稀释至 0.50 MCF。向 96 孔培养板中加入 100 μL 菌悬液和 100 μL 终浓度为 MIC 和 1/2 MIC 的中草药制剂（提取物）药液，空白对照组不加药液，LB 肉汤作为阴性对照。每组设置 6 个重复，每 2 h 测定培养物的吸光度，记录并绘制生长曲线。

1.4.3 中药制剂（提取物）对多重耐药菌耐药表型的影响

参照 1.2.2 试验方法，将调整好的菌液与营养肉汤培养液混匀，加入药敏检测板中，37 ℃ 过夜培养，肉眼读取 MIC 结果，每组设置 3 个平行对照。

1.4.4 中草药制剂（提取物）与抗菌药物对多重耐药肺炎克雷伯菌的联合药敏测定

采用棋盘稀释法测定中草药制剂（提取物）和抗菌药物联合应用的抑菌效果。用 MHB 肉汤倍比稀释药物溶液成 8 个梯度浓度，即 1/8~8 MIC。在 96 孔板的横列和竖列中分别加入不同浓度梯度的 2 种药液 50 μL，加入 0.50 MCF 的菌悬液 100 μL，向第一行和第一列内加入 MH 肉汤 50 μL，设置阳性对照和阴性对照。阳性对照中含有 200 μL MH 肉汤和菌悬液，阴性对照中仅含有 200 μL MH 肉汤。通过公式计算分数抑制浓度指数（FICI），并确定药物联用效果：FICI≤0.5 表示协同作用，0.5<FICI≤1 表示相加作用，1<FICI≤2 表示无差异影响，FICI>2 表示拮抗作用。

1.4.5　中草药制剂（提取物）对多重耐药菌耐药基因转录水平的影响

（1）试验菌株 RNA 的提取步骤：细菌复苏后传 2 代用于后续试验，挑取单菌落于 TSB 培养基过夜培养至 OD600 近似 1.0，吸取 1~2 mL 菌液置于无酶管中，离心收集菌体，移液枪仔细去除残余上清液。将菌体重悬于含有溶菌酶的 TE 缓冲液（溶菌酶浓度为 500 μg/mL）中，室温孵育 5 min。加入提前配制的裂解液，涡旋振荡混匀，12 000 rpm 离心 2 min，吸取上清转移至另一离心管中，加入 250 μL 无水乙醇，混匀转入吸附柱离心 30 sec，弃掉废液。加入去蛋白液，离心，弃废液。加入 DNA 酶工作液，室温静置 15 min。加入去蛋白液，离心，弃废液，洗脱，室温干燥 10~15 min。将吸附柱转移到 1 个新的 RNase-Free 离心管中，向吸附柱中心膜的部位悬空滴加 30~50 μL 的 RNase-Free dd H_2O，室温放置 2 min，离心 2 min，得到 RNA 溶液。使用 NanoQ Plus 测定 RNA 浓度并记录，通过计算将各组浓度稀释至相似值，分装后保存于−80 ℃冰箱中。

（2）cDNA 合成：按照反转录试剂盒步骤操作，−20 ℃保存。

（3）基因表达量的变化：采用 RT-PCR 法测定耐药基因表达量的变化，试验平行 3 次，取其平均值，基因相对表达量用 $2^{-\Delta\Delta Ct}$ 法表示。

2　结果与分析

2.1　中草药制剂（提取物）对多重耐药菌的 MIC 测定结果

麻杏石甘颗粒对肺炎克雷伯菌标准菌株的 MIC 为 62.5 mg/mL，对其他肺炎克雷伯菌分离株的最小抑菌药物浓度均为 125 mg/mL。

苦豆子提取物对 20 号、25 号 MDR 大肠杆菌的 MIC 值均为 125 mg/mL，2 株 MDR 大肠杆菌均对大观霉素、氨苄西林钠、恩诺沙星、头孢噻呋和氟苯尼考耐药。

表 1-3-7　麻杏石甘颗粒对肺炎克雷伯菌的 MIC 测定结果

单位：mg/mL

试验菌株	MIC	1/2 MIC
ATCC13883	62.50±0.00	31.25±0.00
No.3KP	125.00±0.00	62.50±0.00
No.32KP	125.00±0.00	62.50±0.00

表 1-3-8　苦豆子提取物和抗菌药物的 MIC 测定结果

药物	MIC 值		
	20 号	25 号	ATCC25922
苦豆子提取物/(mg·mL^{-1})	125	125	125
大观霉素/(μg·mL^{-1})	500	500	32
恩诺沙星/(μg·mL^{-1})	2	2	0.015
头孢噻呋/(μg·mL^{-1})	500	500	0.25
氟苯尼考/(μg·mL^{-1})	250	250	4

2.2　中草药制剂（提取物）对多重耐药菌生长曲线的影响

由图 1-3-5 可知，菌株的曲线具有对数生长期和稳定生长期，麻杏石甘颗粒对肺炎克雷伯菌的生长具有明显的抑制作用。在 2~10 h，对照组的细菌生长繁殖速度非常快，12 h 之后趋于平缓，肺炎克雷伯菌的生长进入了相对稳定的时期。对于 1/2 MIC 组来说，2 株菌在 0~6 h 生长均受到抑制，而 6~12 h 进入相对较快的生长过程，20 h 时 1/2 MIC 细菌总量接近对照组，而 MIC 处理组细菌生长始终处于抑制状态。结果表明麻杏石甘颗粒能够显著抑制肺炎克雷伯菌的生长，短时间内可以延缓菌株从迟缓期进入对数生长期，MIC 处理组细菌生长始终处于完全抑制状态，说明麻杏石甘颗粒对肺炎克雷伯菌的抑制效果具有浓度依赖性。

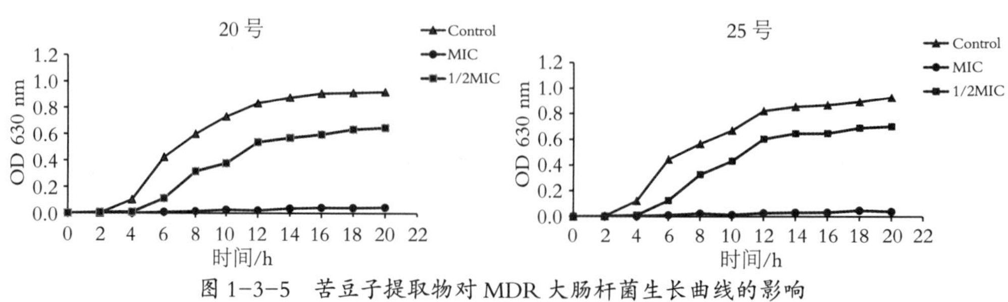

图 1-3-5　苦豆子提取物对 MDR 大肠杆菌生长曲线的影响

在 1/2MIC 和 MIC 苦豆子提取物作用条件下，MDR 大肠杆菌的生长曲线结果见图 1–3–5。0~4 h，试验组大肠杆菌无明显生长，4 h 之后 1/2MIC 组大肠杆菌生长进入快速繁殖阶段，12 h 之后生长趋于平缓，菌株进入平稳生长期，但大肠杆菌总量明显低于对照组（图 1–3–6）。MIC 试验组的大肠杆菌生长明显受到抑制，表明苦豆子提取物可抑制大肠杆菌的生长。

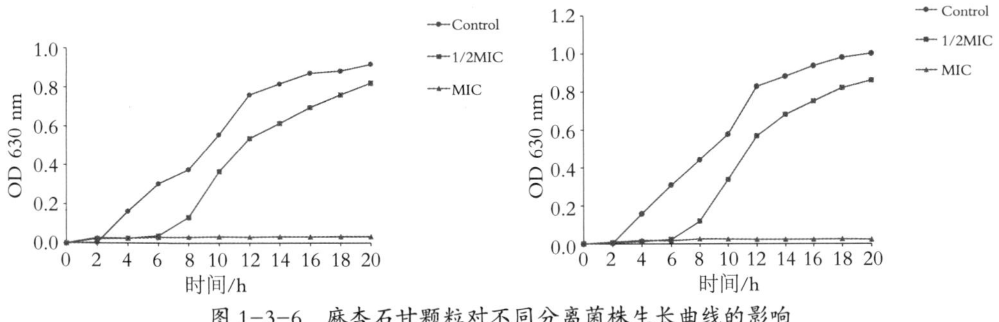

图 1–3–6　麻杏石甘颗粒对不同分离菌株生长曲线的影响

枸杞残次果水浸液在 1/2MIC 浓度时，能够延缓试验菌株进入对数期，并提前进入稳定期，并且能够明显降低总菌量（图 1–3–7），表明枸杞残次果水浸液能够抑制大肠杆菌生长。

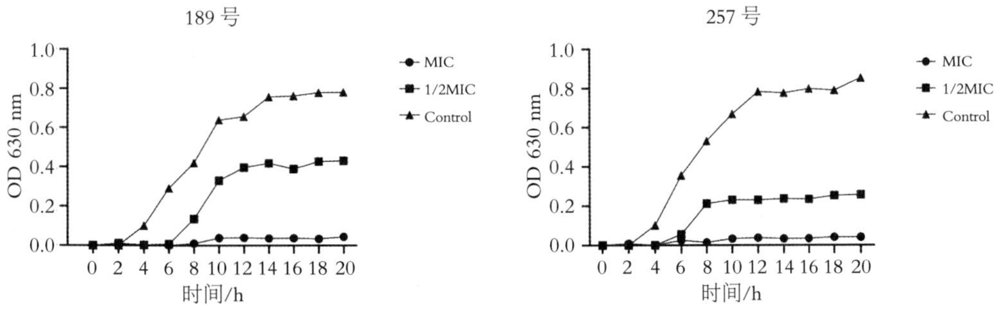

图 1–3–7　枸杞残次果水浸液对大肠杆菌生长曲线的影响

2.3　中草药制剂（提取物）对多重耐药菌耐药表型影响结果

经苦豆子提取物作用后，MDR 大肠杆菌对头孢噻呋和复方新诺明耐药性有所下降，其他抗菌药物无明显变化（表 1–3–9）。结果表明，中草药能够逆转细菌对部分抗菌药的耐药性。

2.4　中草药制剂（提取物）与抗菌药物联合作用结果

麻杏石甘颗粒与庆大霉素或恩诺沙星联用对 No.3KP 为协同作用，与大观霉素联

表 1-3-9　苦豆子提取物连续培养 3 代后 MDR 大肠杆菌的药敏结果

抗菌药物	消除前	消除后
氨苄西林	>512	>512
奥格门丁	16/8	16/8
大观霉素	128	256
四环素	>512	>512
氟苯尼考	>256	>256
磺胺异噁唑	>512	>512
复方新诺明	32/608	16/304
头孢噻呋	>256	128
恩诺沙星	2	2
氧氟沙星	4	4
美罗培南	0.03	0.03
粘杆菌素	0.50	0.25

用为相加作用；麻杏石甘颗粒和恩诺沙星联用对 No.32KP 为相加作用（表 1-3-10）。

表 1-3-10　麻杏石甘颗粒与抗菌药物联合用药效果的测定

菌株	药物组合（A+B）	FIC of combinations		FICI	联用效果
No.3KP	MG+GEM	0.25	0.06	0.31	协同作用
	MG+SPT	0.25	0.50	0.75	相加作用
	MG+ENR	0.25	0.06	0.31	协同作用
No.32KP	MG+GEM	1.00	1.00	2.00	无关作用
	MG+SPT	0.50	1.00	1.50	无关作用
	MG+ENR	0.50	0.06	0.56	相加作用

苦豆子提取物与氨苄西林钠、大观霉素和恩诺沙星联合应用对 20 号菌株表现为无关作用，与头孢噻呋、氟苯尼考表现为相加作用。苦豆子提取物与氨苄西林钠、大观霉素和恩诺沙星联合应用对 25 号菌株表现为无关作用，与氟苯尼考表现为相加作用，与头孢噻呋表现为协同作用。

表 1-3-11　苦豆子提取物与抗菌药物联用对大肠杆菌的抑菌作用

药物组合	20		25	
	分级抑菌指数	联用效果	分级抑菌指数	联用效果
苦豆子提取物+氨苄西林钠	1.13	无关作用	1.06	无关作用
苦豆子提取物+大观霉素	2.00	无关作用	1.50	无关作用
苦豆子提取物+氟苯尼考	0.56	相加作用	0.75	相加作用
苦豆子提取物+头孢噻呋	0.63	相加作用	0.25	协同作用
苦豆子提取物+恩诺沙星	1.13	无关作用	2.06	无关作用

杞残次果水浸液与氨苄西林联用对 189 号菌表现为协同作用，与庆大霉素和卡那霉素表现为无关作用。枸杞残次果水浸液与氨苄西林、庆大霉素、卡那霉素联用对 257 号菌均表现为无关作用。中药具有抗菌增效的作用，但一种中药提取物与同种抗菌药物联用对不同菌株的作用效果有所差异，其原因可能与菌株特异性或存在其他耐药机制有关。

表 1-3-12　枸杞残次果水浸液与抗菌药物联用对 189 号的抑菌作用

药物组合	分级抑菌指数	联用效果
枸杞残次果水浸液+氨苄西林钠	0.312 5	协同作用
枸杞残次果水浸液+庆大霉素	1.00	相加作用
枸杞残次果水浸液+卡那霉素	1.25	无关作用

表 1-3-13　枸杞残次果水浸液与抗菌药物联用对 257 号的抑菌作用

药物组合	分级抑菌指数	联用效果
枸杞残次果水浸液+氨苄西林钠	1.00	相加作用
枸杞残次果水浸液+庆大霉素	1.50	无关作用
枸杞残次果水浸液+卡那霉素	1.50	无关作用

2.5　中草药制剂（提取物）对多重耐药菌耐药基因转录水平的影响

1/8 MIC 浓度的麻杏石甘颗粒与肺炎克雷伯菌共培养作用后，菌株的耐药基因 blaTEM、aadA1 和 tetA 的 mRNA 转录水平均呈现极显著下调趋势（$P<0.01$），其中 aadA1 基因抑制表达最为明显（图 1-3-8），结果表明麻杏石甘颗粒能够抑制所分离

多重耐药肺炎克雷伯菌的部分耐药基因转录水平，可以从耐药基因方面降低菌株耐药性。

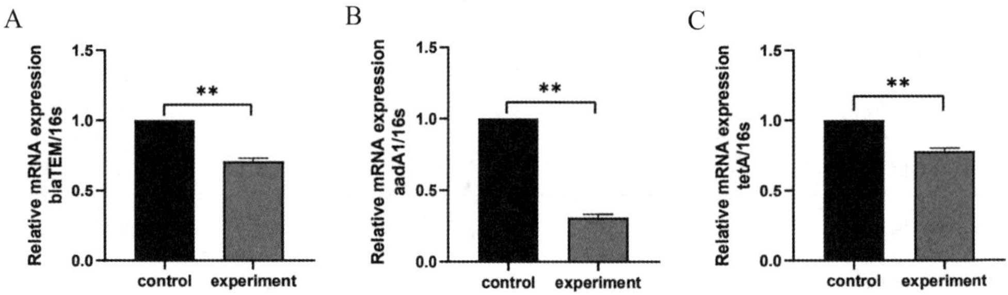

图 1-3-8　麻杏石甘颗粒对多重耐药肺炎克雷伯菌（No.32KP）耐药基因 mRNA 相对表达量的影响

1/2 MIC 苦豆子提取物可增加 MDR E. coli 对头孢噻呋、复方新诺明的敏感性，并显著下调 blaCTX、blaTEM、aacC2、aac（3）－Ⅱ、aph（3’）－Ⅱ和 sul3 的 mRNA 相对表达量，对 sul2 和 qnrS 基因的 mRNA 转录水平无明显影响（图 1-3-9）。可见中药具有消减耐药性的作用，并且对耐药基因也有一定程度的消减作用。

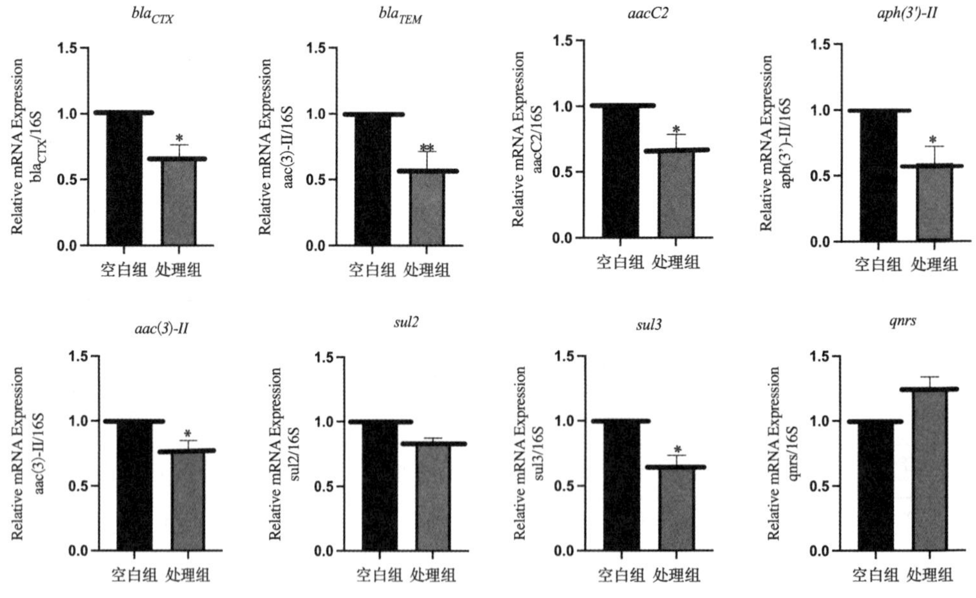

图 1-3-9　苦豆子提取物处理后 MDR 大肠杆菌耐药基因 mRNA 相对表达量的变化

3　小结

（1）1/2MIC 浓度的麻杏石甘颗粒、苦豆子提取物、枸杞残次果与细菌共培养均能延缓菌株进入对数期，提前进入平台期，能够抑制细菌生长，降低总菌量。

（2）麻杏石甘颗粒与庆大霉素或恩诺沙星表现为协同作用，苦豆子提取物与头孢噻呋表现为协同作用，杞残次果水浸液与氨苄西林联用表现为协同作用，麻杏石甘颗粒与大观霉素联用表现为相加作用，苦豆子提取物与氟苯尼考表现为相加作用，苦豆子提取物与氨苄西林钠、大观霉素和恩诺沙星联用表现为无关作用，枸杞残次果与庆大霉素或卡那霉素表现为无关作用，说明中草药与抗菌药联用可以增强药物的治疗效果。

（3）肺炎克雷伯菌与麻杏石甘颗粒连续共培养后，菌株的耐药基因 laTEM、aadA1 和 tetA 的 mRNA 转录水平均呈现极显著下调趋势；大肠杆菌与苦豆子提取物连续共培养后，菌株的 blaCTX、blaTEM、aacC2、aac（3）－Ⅱ、aph（3’）－Ⅱ和 sul3 的 mRNA 基因显著下调，说明中药对耐药基因有一定程度的消减作用。

（4）苦豆子提取物作用后，大肠杆菌对头孢噻呋和复方新诺明的耐药性有所下降，可见中药具有消减细菌耐药的作用。

第 4 节　宁夏动物源细菌耐药性监测菌株库及数据库建设

在动物源细菌耐药性监测的基础上，研发团队建立了宁夏动物源细菌耐药性监测指示菌菌株库和药敏信息数据库，填补了宁夏地区耐药性监测没有菌株资源的空白，为指导养殖场科学合理使用兽用抗菌药和遏制动物源细菌耐药性发展奠定了数据基础。

1　建立宁夏动物源细菌耐药性指示菌菌株库

累计采集动物粪便样本 1 260 份，分离株鉴定细菌 3 399 株，其中指示菌（大肠杆菌、沙门氏菌、肠球菌、金黄色葡萄球菌）1 805 株，由此建立宁夏羊源、蛋鸡源、猪源和奶牛源指示菌菌株库 4 个（表 1–3–14）。其中滩羊源指示菌分离株菌库 200 株，蛋鸡源指示菌分离株菌库 900 株，奶牛源指示菌分离株菌库 543 株，猪源指示菌分离株菌库 162 株，使用磁珠冻存管，−80 ℃冷冻保存。填补了当前宁夏地区动物源细菌耐药性监测指示菌分离株资源的匮乏，为进一步开展宁夏地区动物源细菌耐药性、畜禽肠道微生物群落组成及丰度研究提供了基础材料。

表 1-3-14　宁夏动物源细菌耐药性指示菌菌株库

单位：株

	大肠杆菌	沙门氏菌	肠球菌		金黄色葡萄球菌	合计
			粪肠球菌	屎肠球菌		
牛	0	465	19	49	10	543
羊	0	152	22	19	7	200
猪	2	97	52	7	4	162
鸡	21	381	359	105	34	900
合计	23	1 095	452	180	55	1 805

2　建立宁夏动物源指示菌耐药性数据库

根据大肠杆菌和沙门氏菌分离株对氨苄西林、阿莫西林/克拉维酸、头孢噻呋、头孢他啶、庆大霉素、大观霉素、四环素、多西环素、氟苯尼考、磺胺异噁唑、复方新诺明、恩诺沙星、氧氟沙星、美罗培南、乙酰甲喹和黏菌素 16 种药物的药敏结果，肠球菌和金黄色葡萄球菌分离株对青霉素、阿莫西林/克拉维酸、头孢噻呋、头孢西丁、苯唑西林、庆大霉素、多西环素、恩诺沙星、氧氟沙星、磺胺异噁唑、复方新诺明、氟苯尼考、红霉素、克林霉素、替米考星、泰妙菌素、利奈唑胺和万古霉素 18 种药物的药敏结果，建立了宁夏动物源指示菌耐药性数据库 4 个，包含滩羊源、蛋鸡源、奶牛源和生猪源的大肠埃希氏菌和粪肠球菌的药物敏感性实验数据共 14 772 条，其中羊源数据库 2 036 条、鸡源数据库 5 396 条、牛源数据库 5 670 条、猪源数据库 160 条（见表 1-3-15）。

表 1-3-15　宁夏动物源指示菌耐药性数据库

	大肠杆菌		沙门氏菌		肠球菌		金黄色葡萄球菌		合计
	菌株数/株	药敏实验结果/条	菌株数/株	药敏实验结果/条	菌株数/株	药敏实验结果/条	菌株数/株	药敏实验结果/条	
牛	261	4 176	—	—	79	1 422	4	72	5 670
羊	80	1 280	—	—	41	738	1	18	2 036
猪	65	1 040	—	—	31	558	4	72	1 670
鸡	211	3 376	16	256	69	1 242	29	522	5 396
合计	617	9 872	16	256	220	3 960	38	684	14 772

3　建立宁夏规模养殖场兽用抗菌药合理使用参考指南

根据宁夏地区动物临床用药实际、药物选择原则、药物敏感性判定标准，制定了宁夏畜禽养殖场动物源细菌耐药性分级评价办法：对指示菌耐药率超过10%的抗菌药做出“预警提醒”提示；对指示菌耐药率超过20%的抗菌药做出“慎重用药”提示；对指示菌耐药率超过40%的抗菌药做出“参照药敏实验结果选用”提示；对指示菌耐药率超过60%的抗菌药做出“暂停该类抗菌药物的临床应用”提示。根据分级办法，制定宁夏规模养殖场兽用抗菌药合理使用参考指南。同时根据宁夏规模养殖场兽用抗菌药合理使用参考指南内容，建立宁夏地区养殖场兽用抗菌药使用“黑名单”和“白名单”，提高临床用药的治疗效果，减少兽用抗菌药的使用量，保障宁夏动物产品质量安全。

4　建设宁夏动物源细菌耐药数据采集模块

建设宁夏动物源细菌耐药数据采集模块至宁夏兽药信息化监管平台，通过网络形式将宁夏地区动物源细菌耐药情况宣传至各市县级监管单位，开放部分数据共享功能，方便兽药使用者查看各类菌株的耐药情况，指导养殖场从业人员和兽医合理选择使用抗菌药物。通过对系统的不断优化和提升，最终实现数据分析的同步化、标准化、系统化、准确化，为监管部门和行政部门及时了解宁夏动物源细菌耐药性动态，制定正确的用药措施提供便利。

宁夏动物源细菌耐药数据采集模块共设有菌种耐药信息采集、数据查看、文件上传3个功能板块，分别实现了动物源细菌耐药性数据的上传保存、数据查看和相关检验检测报告上传功能。

5　小结

（1）宁夏动物源细菌耐药性指示菌菌株库的建立，填补了当前宁夏地区动物源细菌耐药性监测指示菌分离株资源的匮乏，为宁夏地区动物源细菌耐药性现状和耐药机制的研究提供物质基础。

（2）宁夏动物源指示菌耐药性数据库的建立，为畜禽养殖场动物源细菌耐药性分级评价办法和兽用抗菌药合理使用参考指南提供的建立奠定数据基础。

（3）根据耐药性数据库，结合宁夏畜禽养殖场动物源细菌耐药性分级评价办法，通过宁夏兽药信息化平台，实时上传耐药性数据并生成“宁夏规模养殖场兽用抗菌药合理使用参考指南一览表”，实现数据分析的同步化和系统化；建立分类查询方式，实现“任何时间、任何地点”皆可查询的目标，扩大动物源细菌耐药性监测数据使用的覆盖面和影响力，为养殖场科学合理使用兽用抗菌药提供参考依据。

第 4 章　质量安全检测技术的应用

项目成果在兽药产销用环节全覆盖应用，加强了兽药质量安全监测和风险排查，指导科学、合理、精准使用兽用抗菌药，为宁夏畜禽产品质量安全提供有力保障，助力黄河流域生态保护和高质量发展先行区建设。

第 1 节　兽药质量检测技术的应用

研发团队坚持需求导向、问题导向、结果导向和服务导向，加强技术成果转化应用，推广应用宁夏兽药质量安全检测新技术、新方法和监管平台。2018—2022 年，共抽检兽药 1 526 批 8 000 余项，药品种类涵盖抗生素、化学药品和中兽药类，检测参数包括性状、检查、含量测定等 55 类，涉及兽药生产企业 7 家、经营企业 431 家和使用企业 1 012 家，实现宁夏 5 市 22 县（区）全覆盖，为政府决策、依法监管和标准化生产提供强有力的技术保障。

从兽药种类来看，需加大中兽药抽检力度。中兽药合格率最低 93.2%。不合格产品中，中兽药占不合格兽药总数的 54.6%。近几年，随着养殖端“减抗”，饲料端“禁抗”，促进了中兽药的发展，厂家为了提高竞争力，在中兽药中违禁添加处方外物质，处方内物质不加或少加，造成检测含量不合格、鉴别不合格等现象比较突出。因此，要加大对中兽药的监管和抽检力度。

从抽样环节看，经营环节是不合格兽药重灾区。兽药抽样主要来自生产、经营和使用 3 个环节，其中经营环节兽药合格率较低，不合格产品占 89.47%。这与经营企业进货渠道多，未能严格按照要求采购样品，尤其是网购把关不严，也与肉眼无

表 1-4-1　2018—2022 年兽药抽检结果汇总

抽样来源/抽检类别 时间	抽检总数/批	抽样来源			抽检类别		
		生产环节/批	经营环节/批	使用环节/批	抗生素类/批	化药类/批	中药类/批
2018 年	335	23	248	64	122	110	103
2019 年	304	4	250	50	133	71	100
2020 年	323	27	246	50	120	80	123
2021 年	300	9	234	57	116	87	97
2022 年	264	10	223	31	110	70	84
合计/批	1 526	73	1 201	252	601	418	507
合格率/%	94	100	95.14	97.3	95.94	98.41	93.2

法鉴别药品的内在质量、不能判断产品合格与否等有关。因此，兽药经营监管需常抓不懈，加大对网络销售兽药的监管力度，提高经营者质量意识，才能保障养殖环节的用药安全。

从检验参数来看，含量不合格问题突出。通过对 1 526 批兽药进行质量排查，宁夏兽药不合格主要表现在含量、pH、性状和鉴别等检测项目。兽药有效成分含量不合格占比最高为 44.95%。含量不合格与生产工艺有直接关系，企业违禁添加处方外物质会造成含量项目不合格甚至含量为 0。鉴别项不合格占比 36.7%，主要来自中兽药，说明生产企业投料时存在原料以次充好或以伪代真，在显微鉴别时能检出植物组织特征，但采用薄层色谱法鉴别时则检不出相应的成分。因此，要加强对兽药生产企业的监管，严格按照生产工艺进行生产，保证原药材质量和添加数量，杜绝违禁添加处方外药物。

从整体来看，兽药合格率呈上升趋势。宁夏 5 市 22 县（区）全覆盖抽检，近 5 年兽药整体合格率达到 94%，比“十二五”期间的 73%提升了 20%，说明宁夏兽药质量有所好转，为畜牧业健康发展提供了保障。主要做法如下：

一是更广泛、更严谨、更精准监测，提升兽药质量监控水平。扩大抽检样品范围，不仅覆盖临床常用药，而且增加了对宠物用品种、兽医专用品种、兽医特色剂型以及传统兽医特色制剂的抽检，新增米尔贝肟片、黄栀口服液、银黄可溶性粉、复合维生素 B 注射液等 29 个品种的抽检。加强安全性和杂质度监控，增加了有关物质和细菌内毒素等项目的检测。加大薄层鉴别、高效液相色谱法和气相色谱的应用，对中兽药主要成分进行定量检查，增加含挥发性成分和主成分特征图谱的测定，以更全面地监控促进兽药质量持续提高。

二是真抽样、真检测、真查处，有效净化兽药市场。严格按照规定开展兽药抽样、流转、保存、检验和结果上报，不漏检一批、不缺检一项、不少报一次，切实做到真抽样、真检验、真报告。实现宁夏 5 市 22 县（区）抽检覆盖面 100%和生产、经营、使用环节检测覆盖面 100%的“双百”目标。对不合格产品依法依规开展检打联动，累计查处违法案件 168 起，立案率和结案率均达到 100%，有效发挥了检打联动的作用。

三是重点企业、重点产品重点检测，巩固检打联动成效。充分利用宁夏兽药信息化监管平台查询重点监控产品信息，开展靶向抽检和精准监测。根据上一年度检测结果，对兽药经营和使用环节问题较多、诚信较差的企业持续强化跟踪抽检；根据农业农村部通报企业名单和产品种类，加大对重点产品、重点企业的抽检力度；结合宁夏畜牧业发展实际和兽药质量监测结果，对使用范围广、用量大、风险高的兽药产品有针对性地开展质量抽检。2018—2022 年，共追踪监控 80 家重点企业、产品 95 批。

四是强化人员培训，提高从业人员质量监控水平。采用跟班带学带教方式，培训宁夏兽药生产企业质检人员关于兽药非法添加“未知物筛查+仪器确证”技术、气相色谱检测技术、高效液相色谱法等检测技术；采取集中授课与现场观摩相结合、课程培训与跟踪服务相结合的方式，围绕宁夏“兽药质量安全检测技术体系”“新版 GMP 解读”等课程内容，培训宁夏泰益欣、泰瑞、百草神农等 7 家兽药生产企业质量负责人和检验人员约 100 人次、431 家兽药经营企业质量管理人员 500 人次，全面提高宁夏兽药行业人员专业知识水平、技能操作能力和质量意识，支撑宁夏兽药行业高质量发展。

五是严格技术审查，确保合格兽药出厂。认真组织 GMP 检查员进行兽药生产企业 GMP 现场检查和批准文号核查，开展现场抽样、质量风险点排查和技术资料规范性指导。目前，宁夏 7 家兽药生产企业全部通过新版 GMP 检查验收。严格按照要求开展复核检验，对所抽样品进行全项或关键项检验，确保不漏检一项，不少检一批。2018—2022年，共完成宁夏7家兽药生产企业375批，涉及117个品种的批准文号换发和首次申请，覆盖生产线110条，确保宁夏兽药合格出厂。宁夏兽药产品质量合格率连续12年达到100%。

随着科学技术的不断发展，人民生活水平的不断提高，畜产品质量越来越受到消费者的关注，兽药作为养殖投入品，是保障畜产品质量安全的关键因素。近年来，畜牧业的快速发展对兽药用量的需求不断增大，兽药企业逐步走向国际市场，要求加快兽药研发，更要提高兽药产品质量。兽药检验工作是保证兽药质量的前提，因此不断学习兽药检验新理论，开拓兽药检验新方法、新技术，满足国家和宁夏对兽药质量监测的需求，才能更好地为畜牧业、兽药行业高质量发展提供保障。

第2节　非法添加检查方法的应用

兽药中的非法添加导致严重的食品安全风险和生物安全风险，也侵害合法兽药生产企业的正当利益，扰乱了兽药市场秩序。为此，农业农村部不断加强对兽药处方外非法添加物行为的打击力度，进行了多次专项整治行动，发布了一系列公告方法，为兽药非法添加检测技术的发展和提高奠定了坚实基础。宁夏正在建设国家黄河流域生态保护和高质量发展先行区，打造国家农业绿色发展先行区，大力发展滩羊、肉牛和奶产业。为了更好地保障绿色食品、肉牛、滩羊和奶产业高质量发展，研发团队通过建立非法添加检查方法并进行应用，共检测兽药266批，其中利用飞行时间质谱仪（TOF）检测121批，涵盖了15个兽药品种；利用高效液相色谱-二极管阵列检测器（HPLC-PDA）检测145批，涵盖了6个兽药品种，检出了2批，结果见表1-4-2。

表1-4-2　兽药添加检测结果汇总

TOF检测结果		HPLC-PDA检测结果		
样品名称	疑似非法添加物	样品名称	检测物	结果
柴胡注射液	林可霉素、氟氢缩松	阿莫西林可溶性粉（23批）	对乙酰氨基酚、氨基比林、安替比林、安乃近、萘普生	未检出
白头翁散	盐酸小檗碱	氟苯尼考粉（27批）	氧氟沙星、诺氟沙星、恩诺沙星、环丙沙星	未检出

续表

<table>
<tr><th colspan="2">TOF 检测结果</th><th colspan="3">HPLC-PDA 检测结果</th></tr>
<tr><th>样品名称</th><th>疑似非法添加物</th><th>样品名称</th><th>检测物</th><th>结果</th></tr>
<tr><td>穿心莲注射液</td><td>恩诺沙星、林可霉素</td><td>恩诺沙星可溶性粉（9 批）</td><td>乙酰甲喹、喹乙醇</td><td>检出 1 批</td></tr>
<tr><td>磺胺嘧啶钠注射液</td><td>头孢噻呋</td><td>恩诺沙星溶液（17 批）</td><td rowspan="2">乙酰甲喹、喹乙醇</td><td>未检出</td></tr>
<tr><td>磺胺间甲氧嘧啶钠注射液</td><td>卡那霉素</td><td>恩诺沙星注射液（16 批）</td><td>未检出</td></tr>
<tr><td>盐酸林可霉素注射液</td><td>地红霉素、克拉霉素、磺胺类、磺胺氯吡嗪</td><td rowspan="2">麻杏石甘口服液（11 批）</td><td rowspan="4">黄芩苷</td><td rowspan="2">检出 1 批</td></tr>
<tr><td>氟苯尼考可溶性粉</td><td>无</td></tr>
<tr><td>伊维菌素溶液</td><td>盐酸左旋咪唑</td><td rowspan="2">杨树花口服液（6 批）</td><td rowspan="2">未检出</td></tr>
<tr><td>芩连注射液</td><td>土霉素、喷布特罗</td></tr>
<tr><td>恩诺沙星注射液</td><td>地塞米松、氟氢缩松</td><td rowspan="3">白头翁散（22 批）</td><td rowspan="7">乙酰甲喹、喹乙醇</td><td rowspan="3">未检出</td></tr>
<tr><td>清肺止咳散</td><td>无</td></tr>
<tr><td>曲麦散</td><td>甲硝唑</td></tr>
<tr><td>荆防败毒散</td><td>无</td><td rowspan="4">健胃散（14 批）</td><td rowspan="4">未检出</td></tr>
<tr><td>杨树花口服液</td><td>无</td></tr>
<tr><td>氟苯尼考粉</td><td>林可霉素</td></tr>
<tr><td>阿莫西林可溶性粉</td><td>阿糖胞苷</td></tr>
</table>

从初筛结果来看，非法添加风险很大。利用飞行时间质谱仪进行兽药初步筛查，筛查出疑似添加物，化学药品中添加抗生素较多，中药、中化药和抗生素均有添加，抗生素中添加化药较多，说明兽药中疑似非法添加物较多，兽药非法添加风险很大。

从添加物功效来看，多为添加同类功效药物。麻杏石甘口服液中非法添加了黄芩苷，麻杏石甘口服液具有清热、宣肺、平喘等功效，黄芩苷可泻实火、除湿热等，黄芩苷和麻杏石甘口服液在功效方面有较多相似之处。通过非法添加黄芩苷，可使麻杏石甘口服液疗效增强，起到协同作用。恩诺沙星可溶性粉中非法添加了乙酰甲喹，恩诺沙星可溶性粉具有抗菌作用，而乙酰甲喹具有良好的抗菌、促生长等作用。通过非法添加乙酰甲喹，可使恩诺沙星可溶性粉在抗菌范围扩大的同时还能促进动物生长。通过药理分析，以上 2 种含有非法添加的药物容易造成药量叠加的中毒风险和药物残留隐患。

从确证结果来看，还需改进非法监测手段。通过高效液相色谱-二极管阵列检测器确证，确证 2 批含有非法添加物的兽药。主要由于抽样基数较小，样品代表性不突出，无法真实反映兽药的非法添加情况；检测参数有限，检查方法较少，检测覆盖面较窄，存在一定的局限性。

主要做法和建议：① 需进一步扩大检测参数，增加抽样基数。加大检测力度，尤其对 0 含量和其他不合格项兽药检测，才能更好地发挥非法添加的监测作用。针对非法添加新情况，不断拓展检查品种范围，严密防范非法添加风险。② 树立筛查与确证并重的检测理念。加大筛查技术的开发，发挥筛查技术速度快、范围广的优势，建立和应用筛查+确证的检测模式，提高检测效率，避免漏检和误判的风险。③ 加强兽药非法添加物目标数据库的建立。丰富完善非法添加物质谱数据库，扩大筛查范围，提升筛查效率。④ 进一步增强检测方法的适用性。梳理现有兽药非法添加物检测标准，针对检测目标化合物，修订整合有关检测方法，建立操作简便、适用范围更广的通用型检测标准。

随着经济的发展，非法添加风险依然很大，需要继续开展处方外非法添加物风险监测技术研究，提升检测效率和准确性，减小非法添加风险。

第 3 节　动物源细菌耐药性监测应用

研发团队积极推进动物源细菌耐药性监测成果在宁夏规模化养殖场的应用，共采集牛羊猪鸡样本 1 260 份，经分离、纯化和鉴定，保藏 4 种指示菌共 1 805 株；监测大肠杆菌和沙门氏菌对氨苄西林、庆大霉素、大观霉素等 10 大类 16 种抗菌药的耐药性情况；监测肠球菌和金黄色葡萄球菌对氧氟沙星、头孢噻呋、头孢西丁等 12 类 18 种抗菌药的耐药性情况，建立宁夏动物源指示菌耐药性数据库，包括指示菌药物敏感性实验数据共 14 772 条；根据动物源细菌种类和耐药性现状，制定宁夏畜禽养殖场动物源细菌耐药性分级评价办法，建立规模养殖场兽用抗菌药合理使用参考指南，通过兽药信息平台，实现数据共享，扩大应用效果，为宁夏养殖场抗菌药减量化行动提供了有力的技术支撑。

从监测结果来看，耐药性趋势和多重耐药性情况均有所下降。通过连续 4 年的动物源细菌耐药性监测，宁夏兽用抗菌药使用减量化达标试点养殖场的耐药性趋势和多重耐药性情况都有所减缓，其中奶牛源肠杆菌对氟苯尼考耐药性由 33%下降到 7%，蛋鸡源肠杆菌对氨苄西林耐药性由 75%下降到 48%，蛋鸡源肠球菌对多西环素耐药性由 63%下降到 30%；生猪多重耐药菌株所占比例由 100%下降到 60%，蛋鸡多重耐药菌株所占比例由 85%下降到 45%；蛋鸡源和奶牛源耐 8 种以上药物的细菌分离株数量明显下降。

从兽用抗菌药使用量情况来看，减量化效果明显。提高了动物群体抗病能力，减少疾病发生，完成生产每吨牛奶、鸡蛋兽药使用量（折合原料药）分别从 22.39 g 和 5.2 g 降至 3.55 g 和 2.2 g 的减抗目标；130 万羽蛋鸡养殖年节约兽药使用成本 26 万元，新增产值 104 万元；9 000 头奶牛养殖年节约兽药使用成本 80 万元，新增产值 700 万元。主要做法如下：

一是认真谋划，贯彻实施抗菌药减量化行动。宁夏农业农村厅高度重视兽用抗菌药使用减量化行动，深入实施国家兽用抗菌药使用减量化试点行动；认真谋划部署，持续贯彻推进，制定发布《宁夏回族自治区兽药抗菌药使用减量化行动实施方案（2021—2025 年)》《关于开展兽用抗菌药使用减量化行动试点工作的通知》等文件，明确各级农业农村主管部门责任和目标，积极参与、广泛宣传、精心组织，深入扩大减抗试点范围，建立宁夏兽用抗菌药物使用减量化行动长效工作机制。

二是依托平台强化监测结果的应用，指导养殖场合理用药。研究团队根据动物源细菌耐药性监测结果，统计分析各养殖场动物源细菌耐药率和耐药谱，借助宁夏兽药信息化监管平台，实时生成“兽用抗菌药临床使用分级一览表”，反馈至养殖企业，使得数据走上网络化传播轨道，进一步提高动物源细菌耐药性监测数据的应用效率，一定程度上以低成本、简单方式实现了资源共享，能够成为监管部门及时了解动物源耐药性动态的有力工具，为基层技术服务人员制定科学、合理、高效的用药指导措施提供便利，为畜禽养殖场兽医临床使用兽用抗菌药提供科学参考。

三是加大宣传力度，推广减抗技术。通过定点采样、组织培训、现场宣讲、发放宣传资料等方式，组织辖区内的专业技术人员和动物产品质量安全防控团队，重点对兽用抗菌药使用减量化试点养殖场开展减抗技术推广应用宣传，通过中草药、益生元、酶制剂的推广应用以及协助规模化养殖场，建立健全生物安全防控体系，以消灭传染源、阻断疫病传播途径、保护易感动物等方式，有效减少兽用抗菌药的使用，为兽用抗菌药使用减量化奠定基础，切实保障畜牧养殖业健康高质量发展。

饲料质量安全检测技术研究

现代畜牧业迅速发展，养殖规模不断扩大，促使饲料行业发展壮大。饲料作为畜禽养殖过程的重要投入品，为畜牧业发展提供了重要的物质支撑，为农作物及其加工副产物提供了重要的转化增值渠道，为农业增效和农民增收、畜产品供应提供了重要保障。近年来，在国家大力倡导发展现代畜牧业，宁夏大力发展以牛奶、肉牛、滩羊等为主导产业的背景下，宁夏养殖规模不断扩大，养殖业规模化、集约化、机械化和智能化比重持续提升，对饲料的需求也随之加大。饲料行业的日新月异为饲料质量安全带来了新挑战，“苏丹红”“三聚氰胺”“瘦肉精”等饲料安全事件引发的畜产品质量安全问题；饲料资源利用不合理，经粪便排放带来环境污染问题；饲料抗菌药物添加剂滥用引起的公共卫生安全问题等受到人们关注。畜牧业要实现绿色、健康、高质量发展，必须从产业链的上游进行监测把控，建立完善的饲料质量安全监测体系，就是从源头保证畜产品安全。因此，为加强对饲料、饲料添加剂的管理，提高饲料、饲料添加剂的质量，保障动物产品质量安全，维护公众健康，农业部 1999 年颁布实施《饲料和饲料添加剂管理条例》并不断修订完善；为规范饲料企业生产行为，保障饲料产品质量安全，2014 年农业部颁布《饲料质量安全管理规范》；2018 年修订的《饲料卫生标准》规定了各类有毒有害污染物在饲料原料、饲料产品中的限量值，增加有毒有害污染物的范围；国家先后颁布 176 号、1519 号、250 号公告，不断更扩大禁用药物目录清单，2020 年 7 月我国全面禁止饲料及饲料添加剂使用抗生素。

随着国家对饲料质量安全监测力度的不断加大，宁夏饲料质量安全监测中存在的检测效率低、参数少、覆盖面不全等问题日益凸显。针对以上问题，宁夏兽药饲料监察所研发团队依托自治区重点研发项目，开展饲料质量安全检测新方法建立与应用研究工作，扩增营养指标、霉菌毒素、非法添加物等检测参数 56 项，优化新建检测方法 21 种，检测参数由项目实施前的 78 项增至 134 项，涵盖了国家饲料质量安全监督抽检、饲料生产企业质量安全控制全部检测参数；建立宁夏常用饲料原料近红外分析模型 4 个，建立健全宁夏饲料质量安全检测体系。根据多年的饲料检测大数据，对宁夏饲料配方的不合理性进行分析、验证，确定并推荐关键养殖阶段营养限值，指导畜牧业生产。项目实施期间发表论文 3 篇，取得技术创新 6 项。

第 1 章　饲料质量评价检测技术研究

饲料质量评价指标通常包括感官、容重、粒度等物理指标，水分，以及粗蛋白、粗灰分、粗纤维、粗脂肪、钙、磷、维生素等营养成分。研发团队新建检测方法 7 个，扩增参数 24 项，饲料质量评价检测方法增至 57 个，参数增至 76 项，饲料质量评价检测能力覆盖农业农村部饲料质量安全监管抽查的所有项目。

第 1 节　饲料中营养成分检测方法的建立

精准营养、精准养殖成为畜牧业的发展趋势，畜牧生产对饲料配方的要求不再是常规营养成分供给是否满足动物生长的需求，而是通过深入、精细化的研究使饲料配方更加科学合理。饲料营养检测分析中，粗蛋白向氨基酸转变，粗纤维向中性洗涤纤维（NDF）和酸性洗涤纤维（ADF）延伸，粗脂肪向脂肪酸转变。因此，研发团队开展饲料中氨基酸、中性洗涤纤维、酸性洗涤纤维、碘值等检测方法的优化验证，增扩营养类检测参数 21 项。

1　饲料氨基酸检测前处理方法的优化

我国蛋白质资源匮乏，养殖过程中通过更加精确地平衡氨基酸供给，可以合理降低饲料中的粗蛋白水平，减少蛋白质资源浪费。为提高氨基酸检测效率和降低有毒有害试剂危害，研发团队对饲料中氨基酸测定前处理方法（GB/T 18246—2019）的样品净化浓缩、复溶试剂进行了优化验证。

1.1 材料与方法

1.1.1 仪器和条件

仪器：氨基酸分析仪（L-8900）、离心机、旋涡混匀器、电子分析天平、氮吹仪、高速离心机、蛋白质水解分离柱（磺酸阳离子树脂分离柱 4.6 mmID×60 mm，3 μm）、反应柱（金刚砂惰性材料 4.6 mmID×40 mm）等。

分析条件见表 2-1-1.

表 2-1-1 分析条件

时间/min	B1/%	B2/%	B3/%	B4/%	B5/%	B6/%	泵 1 流速/(mL·min^{-1})	柱温/℃	R1/%	R1/%	R1/%	泵 2 流速/(mL·min^{-1})
0.0	100	0	0	0	0	0	0.400	57	50	50	0	0.350
2.5	100	0	0	0	0	0			—	—	—	
2.6	0	100	0	0	0	0			—	—	—	
4.5	0	100	0	0	0	0			—	—	—	
4.6	0	0	100	0	0	0			—	—	—	
12.8	0	0	100	0	0	0			—	—	—	
12.9	0	0	0	100	0	0			—	—	—	
29.0	0	0	0	100	0	0			—	—	—	
29.1	0	0	0	0	0	100			—	—	—	
32.0	—	—	—	—	—	—			50	50	0	
32.1	—	—	—	—	—	—			0	0	100	
33.0	0	0	0	0	0	100			—	—	—	
33.1	0	100	0	0	0	0			—	—	—	
34.0	0	100	0	0	0	0			—	—	—	
34.1	100	0	0	0	0	0			—	—	—	
37.0	—	—	—	—	—	—			0	0	100	
37.1	—	—	—	—	—	—			50	50	0	
53.0	100	0	0	0	0	0			—	—	—	

1.1.2 试剂

盐酸、液氮、无水乙醇、蛋白质水解分析缓冲溶液、茚三酮、茚三酮缓冲溶液、17 种氨基酸混合标准液（含量 2.50 μmol/mL）、鱼粉［编号 GBW（E）

100576]、豆粕［编号 GBW（E）100575］。

1.1.3　样品处理

样品粉碎过 0.25 mm 孔径筛，均匀混合，电子分析天平准确称取 60 mg（精确至 0.1 mg）置于 20 mL 水解管中。加入 6 mol/mL 盐酸 10 mL，盖上管盖置于液氮中冷冻 2 min，取出恢复至室温。充入氮气，盖紧管盖于 110 ℃水解 24 h 左右，冷却，用超纯水转移定容至 50 mL 容量瓶中，摇匀，滤纸过滤。取 0.1 mL 滤液，70 ℃氮气吹干，用 0.02 mol/mL 盐酸溶解，过 0.22 μm 孔径膜，上机，同时用 0.02 mol/mL 盐酸做空白试验。

1.2　结果与分析

氨基酸标准图谱、标准物质图谱见图 2-1-1、图 2-1-2。图 2-1-1、图 2-1-2、图 2-1-3 分别为标准工作液、鱼粉、豆粕的色谱图，可以看出各氨基酸色谱峰分离度好、峰形好，可用作定量定性分析。

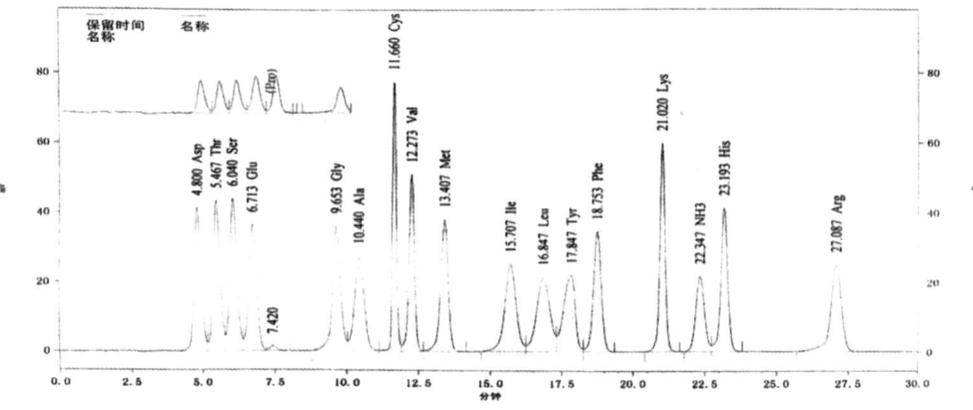

图 2-1-1　17 种氨基酸标准图谱

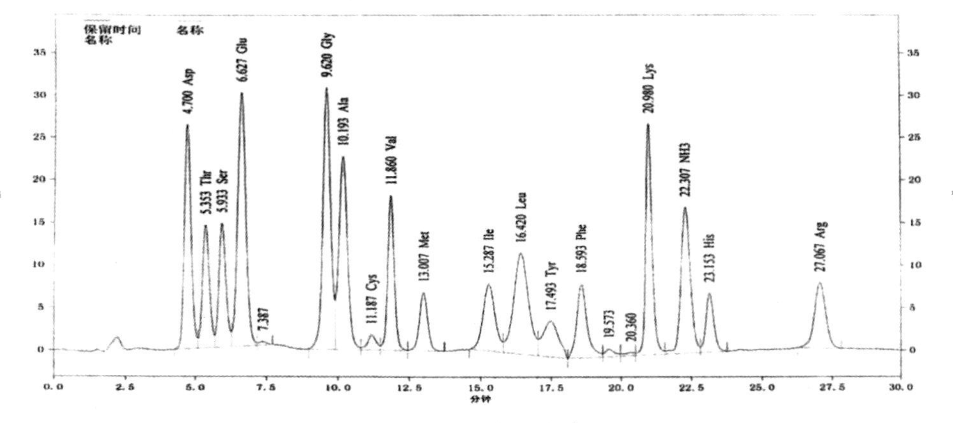

图 2-1-2　鱼粉图谱

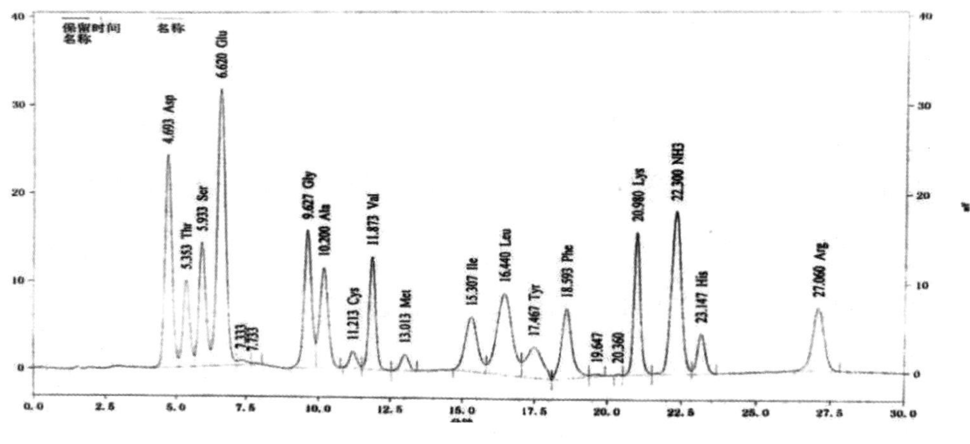

图 2-1-3　豆粕图谱

标准物质检测结果见表 2-1-2。从表 2-1-2 可以看出，鱼粉每种氨基酸 3 个平

表 2-1-2　标准物质鱼粉检测结果统计

序号	氨基酸	平行 1	平行 2	平行 3	RSD/%	平均值/%	标准值/%	相对偏差/%	相差/%	扩展不确定度/%（k=2）
1	门冬氨酸 Asp	6.308	6.342	6.252	0.72	6.3	6.08	3.5	0.22	0.19
2	苏氨酸 Thr	2.976	3.005	2.967	0.67	2.98	2.9	2.77	0.08	0.12
3	丝氨酸 Ser	2.623	2.651	2.602	0.94	2.63	2.62	0.2	0.01	0.14
4	谷氨酸 Glμ	9.014	9.064	8.897	0.95	8.99	8.68	3.47	0.31	0.35
5	甘氨酸 Gly	4.217	4.257	4.188	0.82	4.22	4.11	2.62	0.11	0.17
6	丙氨酸 Ala	4.25	4.279	4.211	0.8	4.25	4.22	0.63	0.03	0.22
7	胱氨酸 Cys	0.838	0.882	0.86	2.56	0.86	—	—	—	—
8	缬氨酸 Val	3.483	3.472	3.412	1.11	3.46	3.27	5.37	0.19	0.14
9	蛋氨酸 Met	2.003	2.002	1.927	2.2	1.98	—	—	—	—
10	异亮氨酸 Ile	2.916	2.934	2.927	0.31	2.93	2.83	3.27	0.1	0.12
11	亮氨酸 Leμ	5.469	5.506	5.421	0.78	5.47	4.89	10.53	0.58	0.25
12	酪氨酸 Tyr	2.306	2.293	2.302	0.29	2.3	2.2	4.36	0.1	0.11
13	苯丙氨酸 Phe	3.028	3.092	3.054	1.05	3.06	2.74	10.4	0.32	0.17
14	赖氨酸 Lys	5.511	5.5	5.493	0.16	5.5	5.25	4.57	0.25	0.27
15	色氨酸 His	2.039	2.065	2.01	1.35	2.04	—	—	—	—
16	精氨酸 Arg	3.841	3.868	3.802	0.86	3.84	3.85	0.34	0.01	0.16
17	脯氨酸 Pro	2.802	2.797	2.898	2.01	2.83	2.84	0.27	0.01	0.15

行样品的 RSD 值范围在 0.16%~2.56%。苏氨酸、丝氨酸、谷氨酸、甘氨酸、丙氨酸、异亮氨酸、酪氨酸、赖氨酸、精氨酸、脯氨酸 10 种氨基酸的平均值与标准值的绝对差值小于该标准物质的扩展不确定度。GB/18264—2019 规定由氨基酸含量>0.5%时，相对偏差≤4%，计算平均值与标准值的相对偏差，缬氨酸，亮氨酸、酪氨酸、苯丙氨酸、赖氨酸 5 种氨基酸相对偏差>4%。

表 2-1-3　标准物质豆粕检测结果统计

序号	氨基酸	平行 1	平行 2	平行 3	RSD/%	平均值/%	标准值/%	相对偏差/%	相差/%	扩展不确定度/%（k=2）
1	门冬氨酸 Asp	5.671	5.72	5.673	0.49	5.69	5.34	3.16	0.35	0.22
2	苏氨酸 Thr	2.046	2.066	2.004	1.55	2.04	1.89	3.78	0.15	0.14
3	丝氨酸 Ser	2.574	2.484	2.488	2.07	2.52	2.42	1.93	0.1	0.13
4	谷氨酸 Glμ	9.461	9.61	9.277	1.77	9.45	8.68	4.24	0.77	0.35
5	甘氨酸 Gly	2.123	2.154	2.074	1.91	2.12	2.02	2.34	0.1	0.11
6	丙氨酸 Ala	2.181	2.135	2.137	2.52	2.15	2.08	1.68	0.07	0.09
7	胱氨酸 Cys	0.935	0.927	0.903	1.81	0.92	—	—	—	—
8	缬氨酸 Val	2.262	2.302	2.341	1.31	2.3	2.23	1.58	0.07	0.09
9	蛋氨酸 Met	0.527	0.502	0.509	2.52	0.51	—	—	—	—
10	异亮氨酸 Ile	2.278	2.278	2.208	0.76	2.25	2.15	2.38	0.1	0.11
11	亮氨酸 Leμ	4.112	4.199	4.156	1.05	4.16	3.61	7.03	0.55	0.22
12	酪氨酸 Tyr	2.468	2.541	2.495	1.48	2.5	1.74	17.95	0.76	0.11
13	苯丙氨酸 Phe	3.358	3.204	3.263	2.37	3.28	2.4	15.42	0.88	0.17
14	赖氨酸 Lys	3.137	3.127	3.134	0.16	3.13	3	2.16	0.13	0.18
15	色氨酸 His	1.281	1.278	1.264	0.71	1.27	—	—	—	—
16	精氨酸 Arg	3.449	3.565	3.439	2.01	3.48	3.4	1.23	0.08	0.17
17	脯氨酸 Pro	2.458	2.461	2.532	1.69	2.48	2.5	0.33	0.02	0.13

从表 2-1-3 看出，豆粕每种氨基酸 3 个平行样品的 RSD 值范围在 0.16%~2.52%。丝氨酸、甘氨酸、丙氨酸，缬氨酸、异亮氨酸、赖氨酸、精氨酸、脯氨酸 8 种氨基酸的平均值与标准值的绝对差值小于该标准物质的扩展不确定度。谷氨酸、亮氨酸、酪氨酸、苯丙氨酸 4 种氨基酸平均值与标准值的相对偏差>4%。

通过检测已知含量的标准物质鱼粉和豆粕中的 17 种氨基酸，并将检测结果与标准值进行比较，标准物质标示的15种氨基酸在本实验室设备条件下检测到了14种，鱼粉中各氨基酸含量在标准物质扩展不确定度系数内的有10种，占71.4%。平均值与标准值的相对偏差<4%的有9种氨基酸占64.3%。豆粕中各氨基酸含量在标准物质扩展不确定度系数内的有8种，占57.1%。平均值与标准值的相对偏差<4%的有10种氨基酸占71.4%。因此，本次试验结果符合方法学验证的要求。

采集宁夏各大奶牛养殖企业的奶牛全混合日粮（TMR）26批次，赖氨酸和蛋氨酸的检测统计结果见表2-1-4。

通常认为赖氨酸和蛋氨酸是奶牛的第一和第二限制性氨基酸，赖氨酸的合理供应对高产奶牛尤为重要，且赖氨酸和蛋氨酸的最佳比例为3∶1。测定结果显示，宁夏规模化养殖场泌乳牛全混合日粮中赖氨酸的检测值范围为0.38%~0.87%，平均值为0.67%。通过正态分布理论分析并根据宁夏实际情况，建议泌乳奶牛全混合日粮的赖氨酸控制在0.55%~0.79%为宜；宁夏规模化养殖场泌乳牛全混合日粮中蛋氨酸

表2-1-4　检测结果统计

样品号	蛋氨酸/%	赖氨酸/%	样品号	蛋氨酸/%	赖氨酸/%
1	0.075	0.742	14	0.057	0.680
2	0.101	0.875	15	0.063	0.751
3	0.047	0.760	16	0.068	0.747
4	0.058	0.835	17	0.058	0.853
5	0.053	0.543	18	0.062	0.605
6	0.037	0.577	19	0.067	0.641
7	0.086	0.770	20	0.071	0.721
8	0.072	0.626	21	0.030	0.381
9	0.028	0.528	22	0.065	0.646
10	0.054	0.550	23	0.043	0.738
11	0.028	0.429	24	0.035	0.706
12	0.039	0.717	25	0.099	0.729
13	0.046	0.648	26	0.098	0.716
蛋氨酸平均数	0.059				
赖氨酸平均数	0.674				

的检测值范围为 0.028%~0.101%，平均值为 0.059%。通过正态分布理论分析并根据宁夏实际情况，建议泌乳奶牛全混合日粮的赖氨酸控制在 0.038%~0.081%为宜。

1.3　小结

（1）氨基酸样品前处理过程，将旋转蒸发仪改用氮吹仪的优化，可以对样品进行批量处理，处理速度提升了 20 多倍，节约了人力，提升了检测效率。

（2）将复溶试剂 0.2 mol/L 柠檬酸钠缓冲溶液，改用 0.02 mol/L 的盐酸进行溶解。减少了柠檬酸钠缓冲溶液配制过程中，苯酚、硫二甘醇 2 种有机试剂的使用，减少了有毒有害试剂的危害。

（3）经验证采用氮吹仪，改变复溶试剂符合方法学要求，结果科学、准确、可靠，已通过检测参数扩项认证。

2　全自动纤维分析系统在饲料酸性洗涤纤维（ADF）、中性洗涤纤维（NDF）检测中的应用

中性洗涤纤维（NDF）和酸性洗涤纤维（ADF）是评定饲草重要的营养指标，尤其对反刍动物，NDF 和 ADF 的组成和含量直接影响日粮营养成分的利用。为提高检测效率，研发团队按照饲料中 ADF（NY/T 1459—2007）、NDF（GB/T 20806—2006）测定方法，开展了全自动纤维分析仪检测技术的验证建立。

2.1　材料与方法

2.1.1　仪器材料

全自动纤维分析仪（Fibertec8000）、电热干燥箱、电子分析天平、玻璃砂芯坩埚、硅藻土。

2.1.2　试剂

酸性洗涤纤维：标准物质、硫酸、丙酮、十六烷基三甲基溴化铵、去离子水。

中性洗涤纤维：标准物质、十二烷基硫酸钠、EDTA 二钠盐、四硼酸钠、乙二醇乙醚、正辛醇、丙酮、α-高温淀粉酶、去离子水。

2.1.3　样品处理

2.1.3.1　酸性洗涤纤维

农业部标准 NY/T 1459—2007 分析步骤：用回流消煮装置测定。

本实验采用酸性洗涤纤维分析步骤：

新坩埚在（525±10）℃灰化 3 h。

酸性洗涤剂配制：称取 20 g 十六烷基三甲基溴化铵溶于 1 000 mL 1.0 mol/L 硫酸溶液中搅拌溶解。

称样：称取 1 g（精确值 0.000 1 g）酸性洗涤纤维标准物质，放入提前称入硅藻土（不参与计算）预先恒重过的玻璃砂芯坩埚中（如果样品中脂肪含量>10%，先用丙酮进行脱脂，详见 NY/T 1459—2007，本样品无需脱脂），准备分析。

实验设计：每次称取 2 个平行样品，分别在不同的时间做 3 批次。

全自动纤维分析系统：开机前将配制好的酸性洗涤剂倒入酸性试剂灌中，插入相应的电源接口，仪器将自动识别进入酸性洗涤纤维提取程序，见表 2-1-5。

表 2-1-5　全自动纤维分析系统 ADF 分析

	洗涤剂加入体积	功率	是否加丙酮	是否加消泡剂	提取时间	洗涤次数
ADF	100 mL	31%	N	N	1.00 h	3 次

洗涤完成后取下坩埚置于电热鼓风干燥箱于 105 ℃干燥 4 h，取出放入干燥器中冷却 30 min 后称量，直至恒重。

2.1.3.2　中性洗涤纤维

国标方法：具体操作步骤详见 GB/T 20806—2006。

本次试验样品分析步骤：

新坩埚（525±10）℃灰化 3 h。

中性洗涤剂配制：称取 18.6 g EDTA 二钠盐和 6.8 g 四硼酸钠放入 100 mL 烧杯中，加适量蒸馏水，再加入 30 g 十二烷基硫酸钠和 10 mL 乙二醇乙醚，称取 4.56 g 无水磷酸氢二钠置于另一烧杯中，加适量蒸馏水，加热溶解，冷却后将上述 2 种溶液装入 1 000 mL 容量瓶中定容，此溶液 pH 6.9~7.1 不需再调。

称样：称取 1 g（精确值 0.000 1 g）中性洗涤纤维标准物质，放入提前称入硅藻土（不参与计算）预先恒重过的玻璃砂芯坩埚中（如果样品中脂肪含量>10%，先用丙酮进行脱脂，详见 GB/T 20806—2006，本样品无需脱脂），准备分析。

实验设计：每次称取 2 个平行样品，分别在不同的时间做 3 批次。

全自动纤维分析系统：开机前将配制好的中性洗涤剂倒入中性试剂灌中插入相应的电源接口，仪器将自动识别进入中性洗涤纤维提取程序，如下：

表2-1-6　全自动纤维分析系统 NDF 分析

	洗涤剂加入体积	功率	是否加丙酮	是否加消泡剂	提取时间	洗涤次数
NDF	50 mL	31%	N	Y	1.00 h	5 次

洗涤完成后取下坩埚置于电热鼓风干燥箱中 105 ℃干燥 4 h，取出放入干燥器中冷却 30 min 后称量，直至恒重。

2.2　结果与分析

2.2.1　ADF 结果

3 次检测结果平均值分别为 52.5%、53.4%、51.8%，相对偏差最大值为 0.6%，NY/T 1459—2007 规定酸性洗涤纤维含量>10%时，允许相对偏差为≤3%。本次检测结果均符合这一要求。RSD 为 0.78%，回收率平均值分别为 91.1%、92.7%、89.9%。

2.2.2　NDF 结果

3 次检测结果平均值分别为 54.9%、55.3%、55.4%，相对偏差最大值为 0.4%，GB/T 20806—2006 规定中性洗涤纤维含量>10%时，允许相对偏差为≤3%。本次检测结果均符合这一要求。RSD 为 0.30%，回收率平均值分别为 95.3%、96.0%、96.2%。

结果表明，酸性洗涤纤维（ANF）、中性洗涤纤维（NDF）2 个试验的重复性和再现性分别满足 NY/T 1459—2007 和 GB/T 20806—2006 的规定，说明本次试验重复性好、再现性好，试验结果符合方法学验证的要求。

2.3　小结

（1）采用全自动纤维分析仪，实现消煮、脱脂、洗涤、抽滤过程通过程序设置自动完成，节省人力，提高检测效率。

（2）避免操作人员过多接触脱脂用的试剂丙酮，减少有毒有害物质的危害。

（3）经验证采用全自动纤维分析仪符合方法学要求，结果科学、准确、可靠，已通过检测参数扩项认证。

3 减量称样法在动植物油脂中碘值检测中的应用

油脂为三大营养物质之一，碘值是评价油脂不饱和程度的重要参数，碘值越高油脂不饱和程度越大，说明油脂品质越高。为提高便捷性、安全性，研发团队对动植物油脂中碘值的测定方法（GB/T 5532—2008）中的称样方法进行优化验证。

3.1 材料与方法

3.1.1 仪器材料

电子分析天平、具塞锥形瓶、离心管。

3.1.2 试剂

碘化钾、淀粉、硫代硫酸钠、环己烷、韦氏试剂。

3.1.3 样品处理

GB/T 5532—2008 称样方法：根据样品预估的碘值，称取适量的样品置于玻璃称量皿中，精确到 0.001 g，样品与玻璃称量皿一同放入锥形瓶。

本次试验采用的称样方法：根据样品预估的碘值，采用减量法，称取适量的样品置于 10 mL 离心管中，记录重量，将样品倒入 500 mL 锥形瓶中，记录剩余重量，相减即得样品质量，称精确到 0.001 g。

样品测定：在盛有试样的锥形瓶中，根据称样量加入推荐量溶剂（1∶1 的环己烷和冰乙酸）溶解试样，用移液管准确加入 25 mL 韦氏（Wijs）试剂，盖好塞子，摇匀后将锥形瓶置于暗处，到达规定的反应时间后，加 20 mL 100 g/L 碘化钾溶液和 150 mL 水。用标定过的 0.1 mol/L 硫代硫酸钠标准溶液滴定至碘的黄色接近消失。加几滴淀粉溶液继续滴定，一边滴定一边用力摇动锥形瓶，直到蓝色刚好消失。也可以采用电位滴定法确定终点，同时做空白溶液的测定。警告：不可用嘴吸取韦氏（Wijs）试剂。本次试验准备 2 个样品，实验室 2 名检测人员对每个样品进行检测，每个样品进行 5 个平行试验，计算重复性和再现性。

3.2 结果与分析

本试验的 2 个样品为葵花籽油和大豆油，分别由 2 名不同人员同时对 2 个样品检测，每个样品进行 5 个平行试验，结果见表2-1-7、表 2-1-8。重复性是在同一实验室，由同一操作者使用相同设备，按相同的测试方法，并在短时间内对同一被测对象相互独立进行测试获得的 2 次独立测试结果的绝对差值≤3.5（当碘值在 100~

135 时）。从表 2-1-7、表 2-1-8 可以看出，葵花籽油不同人员检测平行样品绝对差值最大为 2.3 和 2.6，满足要求。大豆油不同人员检测平行样品绝对差值最大为 2.8 和 3.0，满足要求。

再现性是在不同的实验室，不同的操作者使用不同的设备，按相同的测试方法，对同一被测对象相互独立进行测试获得的 2 次独立测试结果的绝对差值≤5.0

表 2-1-7　葵花籽油检测结果统计表

平行样	操作人 A/（g·100 g^{-1}）	操作人 B/（g·100 g^{-1}）
平行 1	131.2	133.5
平行 2	133.5	132.7
平行 3	132.8	131.6
平行 4	133.1	133.4
平行 5	131.9	130.9
平均值	132.5	132.4
最大绝对差值	2.3	2.6
重复性（r）	<3.5	
平均值绝对差值	0.1	
再现性（R）	<5.0	

表 2-1-8　大豆油检测结果统计表

平行样	操作人 A/（g·100 g^{-1}）	操作人 B/（g·100 g^{-1}）
平行 1	99.7	98.9
平行 2	99.6	101.5
平行 3	100.1	100.6
平行 4	102.4	99.7
平行 5	99.7	101.9
平均值	100.3	100.5
最大绝对差值	2.8	3.0
重复性（r）	<3.5	
平均值绝对差值	0.2	
再现性（R）	<5.0	

（当碘值在 100~135 时）。从表 2–1–7、表 2–1–8 可以看出，葵花籽油不同人员检测平均值绝对差值为 0.1，<5.0，满足要求。大豆油不同人员检测平均值绝对差值为 0.2，<5.0，满足要求。

抽检生产企业饲用油脂原料 20 批、大豆油 18 批、葵花油 1 批、菜籽油 1 批，结果见表 2–1–9。碘值在 76~99，饲料用油多为散装油无标签，且饲料原料标准对油脂碘值没有要求。但碘值越高不饱和程度越大，品质越好。大豆油 18 批，碘值>90 的有 4 批，占 22%，说明饲料用油脂品质一般。

表 2–1–9 碘值检测结果统计

序号	饲用油种类	检测值/$(g\cdot 100\ g^{-1})$	序号	饲用油种类	检测值/$(g\cdot 100\ g^{-1})$
1	大豆油	76	11	大豆油	98
2	大豆油	78	12	葵花油	99
3	大豆油	81	13	大豆油	93
4	大豆油	79	14	大豆油	95
5	大豆油	82	15	大豆油	77
6	大豆油	81	16	大豆油	81
7	大豆油	89	17	大豆油	76
8	大豆油	77	18	大豆油	82
9	大豆油	92	19	菜籽油	77
10	大豆油	84	20	大豆油	79

3.3 小结

（1）采用减量法称样，利于操作，避免了滴定过程中称量皿在锥形瓶中撞击引起危险。

（2）韦氏试剂有轻微毒性、腐蚀性，注意操作过程中切忌用嘴吸，戴好口罩、手套，做好防护措施。

（3）经重复性和再现性验证，采用减量法称样符合方法学要求，结果科学、准确、可靠，已通过检测参数扩项认证。

4 饲料中粗蛋白的测定标准更新验证

现行饲料中粗蛋白的测定标准由 GB/T 6432—2018 替代了 GB/T 6432—1994，

检测结果小数点保留位数由原标准的 1 位改为 2 位。研发团队从准确性、精密度方面对现行标准进行了方法学验证。

4.1　材料与方法

4.1.1　仪器材料

凯氏定氮仪（Foss KT 8400）、电子分析天平、电子天平、数显消煮炉、消煮管。

4.1.2　试剂

粗蛋白标准物质（配合饲料含量 16.25%）、盐酸、硼酸、氢氧化钠、硫酸、硫酸铵、凯氏定氮催化片、甲基红、溴甲酚绿、无水乙醇、去离子水。

4.1.3　试验方法

盐酸标定（0.1 mol/mL）：量取 9 mL 浓盐酸，注入 1 000 mL 水中，摇匀。称取经 270~300 ℃灼烧至恒重的基准试剂无水碳酸钠 0.20 g（精确至 0.000 2 g），置于 250 mL 锥形瓶中，加 50 mL 蒸馏水溶解，加溴甲酚绿–甲基红混合指示剂 10 滴，用 0.1 mol/L 盐酸溶液滴定至溶液由绿色变为暗红色，加热煮沸 2 min，冷却后继续滴定至溶液呈暗红色为终点。最终标定浓度为 0.106 9 mol/L。

标准物质：平行做 6 份试验。称取标准物质试样 0.5~2 g（准确至 0.000 1 g），放入消煮管中，加入 2 片凯氏定氮催化剂片、12 mL 硫酸，于 420 ℃消煮炉上消化 2 h，取出，待冷却后用全自动凯氏定氮仪进行分析。

硫酸铵试验：准确称取硫酸铵基准试剂 0.1 g（准确至 0.000 1 g），平行做 6 个试验，放入消煮管中。利用全自动凯氏定氮仪进行分析。

空白测定：精确称取 0.5 g 蔗糖（精确至 0.000 1 g），与样品同时进行空白测定，消耗 0.1 mol/L 盐酸标准滴定溶液的体积≤0.2 mL，消耗 0.02 mol/L 盐酸标准滴定溶液体积≤0.3 mL。

结果计算详见 GB/T 6432—2018。

4.2　结果与分析

硫酸铵测定结果见表 2–1–10。通过硫酸铵测定验证仪器回收率，从表 2–1–10 可以看出，回收率在 99.7%~100.3%，符合 100%±0.5%的要求。相对标准偏差（RSD）为 0.23%，说明仪器稳定，回收率好，能满足试验要求。

表 2-1-10　硫酸铵测定结果

	平行 1/%	平行 2/%	平行 3/%	平行 4/%	平行 5/%	平行 6/%	平均值/%	RSD/%
硫酸铵	99.8	99.7	100.1	100.2	100.1	100.3	100.0	0.23

标准物质测定结果见表 2-1-11。通过检测粗蛋白标准物质，从表 2-1-11 可以看出，6 个平行样的平均值为 16.27%，最大值为 16.311%，最小值为 16.243%，最大值和最小值的精密度为 0.41%，符合 GB/T 6432—2018 当粗蛋白含量在 10%~25%时，精密度≤2%的要求。RSD 为 0.15%，说明该方法精密度高、重现性好。本次试验仪器各项参数均符合方法要求。

表 2-1-11　标准物质测定结果

标准物质	平行 1/%	平行 2/%	平行 3/%	平行 4/%	平行 5/%	平行 6/%	平均值/%	RSD/%
配合饲料	16.243	16.271	16.311	16.262	16.253	16.290	16.27	0.15

4.3　小结

（1）新标准检测结果保留至小数点后 2 位，是对饲料产品中粗蛋白含量是否合格判定更加严格，说明国家对于饲料配方的精准性、合理性的要求更高。

（2）经硫酸铵和标准物质验证，结果科学、准确、可靠，已通过检测参数扩项认证。

5　饲料中钙的测定标准更新验证

现行饲料中钙的测定标准由 GB/T 6436—2018 替代了 GB/T 6432—2002，明确规定了该方法的使用范围，称样量由 2~5 g 变为 0.5~5 g。研发团队采用最低称样量 0.5 g，从准确性、重复性方面对现行标准进行了方法学验证。

5.1　材料与方法

5.1.1　仪器材料

马弗炉、电子分析天平、容量瓶、酸式滴定管、三角瓶、滤纸。

5.1.2　试剂

钙标准物质（配合饲料含量 0.84%）、盐酸、氨水、草酸铵、硫酸、高锰酸钾、硝酸、甲基红、无水乙醇。

5.1.3　试验方法

高锰酸钾标定（0.1 mol/mL）：取高锰酸钾 1.6 g，置于 1 L 烧杯中。加沸水 500~800 mL 溶解后，静置冷却后用玻璃棉漏斗过滤于棕色瓶中，在暗处放置一周标定，保存备用。精确称取经 110 ℃烘干 2 h，并于干燥器中冷却至室温的基准试剂草酸钠 0.20 g 置于 250 mL 锥形瓶中，加水 30 mL 和硫酸（1：4）10 mL 溶解，加热至 70~80 ℃，用欲标定的高锰酸钾溶液滴定至溶液呈微玫瑰红色能保持 30 s 即为终点。高锰酸钾标定浓度为 0.049 29 mol/L。

样品处理：称取标准物质 0.5 g 置于坩埚中，精确至 0.000 1 g，做 6 个平行样品，在电炉上小心炭化，再放入高温炉 550 ℃灼烧 3 h，在坩埚中加入盐酸溶液（1：1）10 mL 和浓硝酸数滴，小心煮沸，将此溶液转入 100 mL 容量瓶中，冷却至室温，用水稀释至刻度摇匀，为试样分解液待滴定。滴定步骤详见 GB/T 6436—2018。

5.2　结果与分析

本次试验 6 个平行样采用最低称样量约为 0.5 g，结果见表 2-1-12。测定结果平均值为 0.866%，最大值为 0.871%，最小值为 0.856%，相对标准偏差（RSD）为 0.66%，质控样标准值为 0.84%，平均值和标准值相对偏差为 1.5%，说明本次试验准确度符合要求。标准 GB/T 6436—2018 规定含钙量<1%时，在重复条件下获得的 2 次独立测定结果的绝对差值不大于这 2 个测定值算数平均值的 18%。最大值和最小值的绝对差值为 0.015%，平均值为 0.864%，0.015<0.155，说明本次试验平行样的重复性符合标准规定。

表2-1-12　标准物质测定结果

平行样	样品质量/(m·g^{-1})	分取体积/mL	空白消耗体积/mL	消耗体积/mL	钙含量/%	平均值/%	RSD/%	标准值/%
平行 1	0.510 2	10	0	0.45	0.869	0.866	0.66	0.84
平行 2	0.509 5	10	0	0.45	0.871			
平行 3	0.518 4	10	0	0.45	0.856			
平行 4	0.512 2	10	0	0.45	0.866			
平行 5	0.514 4	10	0	0.45	0.862			
平行 6	0.510 1	10	0	0.45	0.870			

5.3 小结

（1）现标准明确规定该方法适用范围，说明现标准更加规范。

（2）称样量变为 0.5~5 g，说明对饲料生产工艺的要求更加严格。

（3）经标准物质验证，准确性、重复性符合方法学及标准要求，结果科学、准确、可靠，已通过检测参数扩项认证。

6 饲料中磷的测定标准更新验证

现行饲料中的总磷测定标准 GB/T 6437—2018 替代了 GB/T 6437—2002，规定了该方法检出限为 20 mg/kg，定量限为 60 mg/kg，扩大了标准适用范围。研发团队从相关性、检出限、定量限、精密度、准确性方面对现行标准进行了方法学验证。

6.1 材料与方法

6.1.1 仪器和条件

仪器：马弗炉、电子分析天平、紫外分光光度计、容量瓶。

条件：紫外分光光度计 400 nm 下测量。

6.1.2 试剂材料

纯水、盐酸、硝酸、偏钒酸铵、钼酸铵、磷酸二氢钾、磷标准物质（配合饲料含量 0.84%）

6.1.3 样品处理

称取磷标准物质 2 g 置于坩埚中，精确至 1 mg，做 6 个平行，在电炉上碳化，再放入马弗炉 550 ℃灼烧 3 h，冷却，加 10 mL 浓度（1+3）盐酸和数滴浓硝酸，在电炉上煮沸数分钟，冷却后将该溶液转移至 100 mL 容量瓶中，用去离子水定容至刻度，摇匀，为试样分解液。准确移取试样溶液 1 mL 置于 50 mL 容量瓶中，加入钒钼酸铵显色剂 10 mL，用水稀释至刻度，摇匀，常温下至少放置 10 min，用 1 cm 比色皿，在 400 nm 波长下用分光光度计测定试样溶液的吸光度。

6.2 结果与分析

标准工作曲线见图 2-1-4，线性相关系数为 0.999 7，斜率为 577.5，符合方法学要求。

Std #	Conc.	Abs.
1	50.000	0.083
2	100.00	0.176
3	250.00	0.439
4	500.00	0.866
5	750.00	1.299

File Name:

Created: 10:11 19-03-26
Data: Modified

Wavelength: 400.0
Slit Width: 2.0

Multi-Point Working Curve
Conc = k1 A + k0
k1 = 577.5
k0 = -0.665
Chi-Square: 0.00033

Number of Points: 5

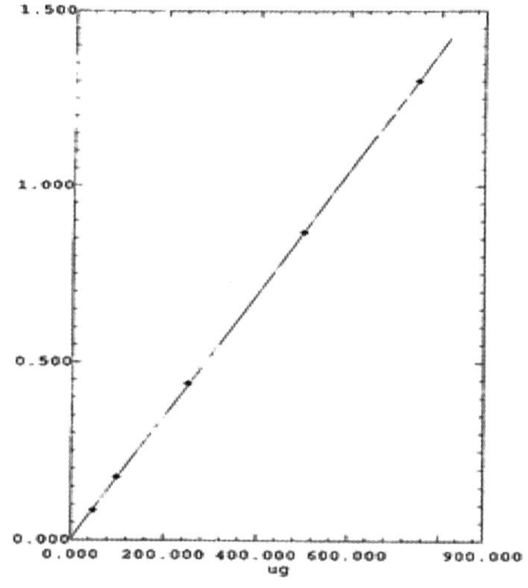

图 2-1-4　磷标准工作曲线

定量限检测结果见表 2-1-13，测定 60 mg/kg 样品 6 次，测定平均值为 1.182 0 μg/mL，计算得实际检测值为 59.1 mg/kg，<60 mg/kg，符合标准要求。

表 2-1-13　定量限检测结果表

	重复数 1	重复数 2	重复数 3	重复数 4	重复数 5	重复数 6	平均数	RSD/%
conc./(μg·mL^{-1})	1.1829	1.1829	1.1945	1.1714	1.154	1.206	1.182	1.5
Abs	0.003	0.003	0.003	0.003	0.003	0.003	—	—

检出限：空白溶液连续测定吸光度 10 次，得出结果标准偏差为 0.014 9%，计算检出限为 0.045，符合标准要求。

精密度：检测结果见表 2-1-14，由标准系列工作溶液连续测定 2 μg/mL 的溶液 10 次，结果得出 RSD 为 0.7%。

表2-1-14　精确度测量表

重复数	conc./(μg·mL^{-1})	Abs
1	2.019 3	0.004
2	2.004 7	0.004
3	2.021 6	0.004
4	1.994 7	0.004
5	2.003 4	0.004

续表

重复数	conc./（μg·mL⁻¹）	Abs
6	1.994 1	0.004
7	2.032 9	0.004
8	2.006 8	0.004
9	1.998 9	0.004
10	2.021 7	0.004
平均值/（μg·mL⁻¹）	2.009 81	—
RSD/%	0.657 998	—

准确度：标准值为 0.74%的标准物质测 6 次，测定结果见表 2-1-15，标准物质做 6 个平行样，测定结果为总磷含量平均值 0.737%，测定结果和标准值的相对偏差为 2.6%。该标准规定当总磷含量>0.5%时，2 次平行测定结果的绝对差值不大于 2 次测定结果算术平均值的 10%，符合标准要求。

表 2-1-15　磷标准物质检测结果

	重复数 1	重复数 2	重复数 3	重复数 4	重复数 5	重复数 6	平均数	RSD/%
称样量（m·g⁻¹）	2.001 5	2.014 5	2.001 4	2.000 3	2.022 5	2.003 4	—	—
conc./（μg·mL⁻¹）	148.214	149.315	147.264	146.284	149.034	147.269	147.896	0.79
Abs	0.254	0.255	0.252	0.251	0.255	0.252	0.253	0.68
总体积 V/mL	100.0	100.0	100.0	100.0	100.0	100.0	—	—
分取体积 V_1/mL	1.00	1.00	1.00	1.00	1.00	1.00	—	—
总磷 w/%	0.741	0.741	0.736	0.731	0.737	0.735	0.737	0.5

6.3　小结

（1）现标准规定检出限为 20 mg/kg、定量限为 60 mg/kg，更加科学严谨。

（2）现标准检测范围扩大，更加便于执行。

（3）经验证各项参数均符合方法学及标准要求，结果科学、准确、可靠，已通过检测参数扩项认证。

第 2 节　饲料中微生物制剂检测方法的建立

禁止使用抗生素饲料添加剂后，畜牧养殖业需要解决抗生素替代品的问题。复合微生物饲料添加剂来源于肠道正常菌群，能够通过优势菌群、生物拮抗等作用改善肠道微生物环境，调整并维持肠道微生物平衡，增强免疫能力，促进营养物质的消化吸收，起到促生长和防病的作用，因此益生菌复合制剂已成为取代抗生素的首选开发研究对象。市面上各种饲料微生物制剂层出不穷，掌握并建立微生物制剂中有效菌的检测方法，对微生物饲料添加剂质量控制尤为重要。

1　饲用微生物制剂中枯草芽孢杆菌检测方法的建立

枯草芽孢杆菌（Bacillus subtilis）菌体生长过程中产生的枯草菌素、多黏菌素、制霉菌素、短杆菌肽等活性物质，对致病菌或内源性感染的条件致病菌有明显的抑制作用，常被用作动物微生态益生添加剂。研发团队对枯草芽孢杆菌进行分离、培养、计数、鉴别，对检测标准（GB/T 26428—2010）进行了方法学验证。

1.1　材料与方法

1.1.1　仪器材料

恒温培养箱、pH 计、塑料培养皿、度吸管、显微镜。

1.1.2　试剂及标准菌株

0.85%灭菌生理盐水、营养琼脂（NA）培养基、革兰氏染色液、7%氯化钠生长培养基、V-P 测定培养基和试剂、硝酸盐还原培养基和试剂、D-甘露醇发酵培养基、丙酸盐利用培养基、枯草芽孢杆菌标准菌株（中国工业微生物菌株保藏管理中心）等。

1.1.3　样品处理

标准菌株复苏：复苏菌种前应准备液体培养基和培养设备，所有操作均应在符合生物安全保护及无菌条件下进行。打开安瓿瓶，加入 0.3 mL 左右的配套液体培养基，用无菌滴管反复吹吸，将冻干菌种溶解成为悬液，然后用无菌滴管或接种环移至斜面、平板或液体培养基，并连同剩余菌悬液的安瓿瓶一起放置于 36 ℃培养箱中进行培养。次日观察菌种的生长情况，如未生长，应继续培养 24 h，或吸取培养之后的菌悬液中再次接种培养基，培养 24 h，观察。

样品检测：

称样与稀释，称取 25 g（mL）试样，以无菌操作加入 225 mL 无菌生理盐水，均值 1~2 min，制成 1：10 的均匀稀释液。用 1 mL 灭菌吸管取 1：10 稀释液 1 mL，注入含有 9 mL 灭菌生理盐水的试管中，漩涡混匀 30 s，混合均匀，制成 1：100 的稀释液。另取 1 支 1 mL 灭菌吸管，按上述操作方法，做 10 倍递增稀释。

接种，选择 2~3 个适宜稀释度，水浴（80±1）℃维持 10 min，用无菌移液管分别取体积 V 为 0.1 mL 稀释液，接种到预先倒好的无菌营养琼脂平板上，用无菌涂布棒小心快速地进行涂布，涂布棒不得接触平皿边缘，每个稀释度做 2 个培养皿。

培养，涂布后，将平板静置 15 min，等样品均液吸收后反转平板，倒置（37±1）℃恒温培养（48±2）h。

菌落计数选取菌落数在 30~300 个的平板计数，平板中有较大的片状菌落时不宜采用，片状菌落不到平板一半时，另一半却很均匀可计算半个平板再乘以 2 代替全板。典型的枯草芽孢杆菌表面粗糙，不透明，不闪光，边缘扩张为圆形或蔓延呈波浪形，不规则，灰白色或者微黄色。

1.1.4　确证试验

菌种制备：自平板上挑选单菌落，划线转接培养于琼脂平板上，（37±1）℃培养 48 h，从每 1 个平板上选取至少 1 个良好分离的特征菌落，做 5 个平行样，转接保存进行确证试验。

形态观察：挑选纯化的菌落做革兰氏染色镜检，枯草芽孢杆菌为杆状，有芽孢，芽孢为椭圆形，中生或近中生，芽孢囊不明显膨大。

生理生化确证试验按表 2–1–16 进行。

表 2–1–16　生理生化确证试验对照表

厌氧生长	V–P	硝酸盐还原	淀粉水解	明胶液化	利用		产酸			7%的氯化钠生长	pH5.7 生长
					丙酸盐	柠檬酸盐	D–木糖	L–阿拉伯糖	D–甘露糖		
–	+	+	+	+	–	+	+	+	+	+	+

1.2　结果与分析

枯草芽孢杆菌与类似枯草芽孢杆菌的鉴别特征见表 2−1−17，可以看出，对枯草芽孢杆菌标准菌株进行复苏，并挑选菌落转接 5 个平板进行确证试验，试验结果表明 5 个平板菌落形态学及生化特性符合枯草芽孢杆菌的特征。对枯草芽孢杆菌标准菌株进行复苏并进行形态学、生理生化鉴别试验，试验结果表明平板菌落形态学及生化特性符合枯草芽孢杆菌的特征。

表 2−1−17　枯草芽孢杆菌标准菌株复苏确证试验结果

平行样	形态学观察						生化鉴别											
	革兰氏阳性	杆状	芽孢	芽孢椭圆	中生	芽孢囊膨大	厌氧生长	V−P	硝酸盐还原	淀粉水解	明胶液化	利用		产酸			7%的氯化钠生长	pH 5.7 生长
												丙酸盐	柠檬酸盐	D−木糖	L−阿拉伯糖	D−甘露糖		
1	+	+	+	+	+	−	−	+	+	+	+	−	+	+	+	+	+	+
2	+	+	+	+	+	−	−	+	+	+	+	−	+	+	+	+	+	+
3	+	+	+	+	+	−	−	+	+	+	+	−	+	+	+	+	+	+
4	+	+	+	+	+	−	−	+	+	+	+	−	+	+	+	+	+	+
5	+	+	+	+	+	−	−	+	+	+	+	−	+	+	+	+	+	+

抽取饲料添加剂生产企业复合微生物溶液样品 1 批，检测结果见表 2−1−18。从检测结果来看，检测结果符合标签值明示值，证明本次检验人员具有分离、培养、鉴别、计数枯草芽孢杆菌的能力。

表 2−1−18　枯草芽孢杆菌样品检测结果

样品编号	样品名称	标准值/（cfu·g^{-1}）	判定值/（cfu·g^{-1}）	检测值/（cfu·g^{-1}）
1	混合型饲料添加剂复合微生物溶液 1 型	$\geqslant 5.0\times10^{8}$	$\geqslant 5.0\times10^{8}$	2.12×10^{9}

1.3　小结

（1）复苏枯草芽孢杆菌标准菌株作参考，本实验室具备分离、培养、计数、鉴别能力，结果科学、准确、可靠，已通过检测参数扩项认证。

（2）生化鉴别需配制 11 种鉴别试剂，过程繁琐，效率低，易造成浪费。建议利用商品化的试剂盒，方便快捷，使用前应对试剂盒进行验证。

2 饲料微生物制剂嗜酸乳杆菌检测方法的建立

嗜酸乳杆菌是通过调节机体免疫系统，限制体内病原体的定植、调节代谢等，而使宿主获得健康的微生物饲料添加剂。研发团队对嗜酸乳杆菌进行分离、培养、计数、鉴别，对检测标准（GB/T 26428—2010）进行了方法学验证。

2.1 材料与方法

2.1.1 仪器材料

恒温培养箱、冰箱、显微镜、刻度吸管、电炉、广口瓶或三角瓶、试管、恒温水浴、平皿、烘箱、高压灭菌锅。

2.1.2 试剂及标准菌株

0.85%灭菌生理盐水、革兰氏染色液、3%过氧化氢溶液、靛基质试剂、硝酸盐培养基、硝酸盐试剂、明胶培养基、乳酸杆菌糖发酵培养基、嗜酸乳杆菌标准菌株（中国工业微生物菌株保藏管理中心）等。

2.1.3 样品处理

标准菌株复苏：详见枯草芽孢杆菌。

样品检测：

称样与稀释，以无菌操作将经过充分摇匀的试料 25 g（或 25 mL）放入含有 225 mL 灭菌生理盐水的灭菌广口瓶内配成 1∶10 的均匀稀释液。用 1 mL 灭菌吸管吸取 1∶10 稀释液 1 mL，沿管壁徐徐注入含有 9 mL 灭菌生理盐水的试管内（注意吸管尖端不要触及管内稀释液）。另取 1 mL 灭菌吸管，按上述操作顺序，做 10 倍递增稀释液，如此每递增 1 次，即换用 1 支 1 mL 灭菌吸管。

接种，选择 2~3 个以上适宜稀释度，分别在作 10 倍递增稀释的同时，即以吸取该稀释度的吸管移 1 mL 稀释液于灭菌平皿内，每个稀释度做 2 个平皿。

培养：稀释液移入平皿后，应及时将冷至 50℃的改良 MC 培养基注入平皿约 15 mL，并转动平皿使混合均匀。同时将计数培养基倾入加有 1 mL 稀释液试料用的灭菌生理盐水的灭菌平皿内作空白对照。以上操作自培养物加入培养皿开始至接种结束须在 20 min 内完成。

菌落计数选取菌落数在 30~300 个的平板计数，平板中有较大的片状菌落时不宜采用，片状菌落不到平板一半时，另一半却很均匀可计算半个平板再乘以 2 代替全板。

2.1.4　确证试验

菌种制备：自平板上挑取单菌落，接种于改良 MC 培养基斜面，（36±1）℃培养 24~48 h，刮取菌苔，分别进行下列试验。

形态观察：进行革兰氏染色，显微镜检查，嗜酸乳杆菌应为革兰氏阳性，无芽孢。

生理生化确证试验：过氧化氢酶反应阴性的杆菌，进一步鉴定须做硝酸盐还原、明胶液化、产靛基质、产硫化氢和碳水化合物发酵试验，按表 2−1−19 进行。

表 2−1−19　生理生化确证试验对照表

生化鉴别					碳水化合物发酵试验							
过氧化氢酶	硝酸盐还原	明胶液化	产靛基质	产硫化氢	七叶苷	纤维二糖	麦芽糖	甘露醇	水杨苷	山梨醇	棉子糖	蔗糖
−	−	−	−	−	+	+	+	−	+	−	+	+

2.2　结果与分析

从表 2−1−20 可以看出，本试验对嗜酸乳杆菌标准菌株进行复苏，并挑选菌落转接 5 个平板，进行确证试验，试验结果表明 5 个平板菌落形态学及生化特性符合嗜酸乳杆菌特征。

表 2−1−20　嗜酸乳杆菌标准菌株复苏确证试验结果

平行样	形态学观察			生化鉴别					碳水化合物发酵试验							
	革兰氏染色	杆状	芽孢	过氧化氢酶	硝酸盐还原	明胶液化	产靛基质	产硫化氢	七叶苷	纤维二糖	麦芽糖	甘露醇	水杨苷	山梨醇	棉子糖	蔗糖
1	+	+	−	−	−	−	−	−	+	+	+	−	+	−	+	+
2	+	+	−	−	−	−	−	−	+	+	+	−	+	−	+	+
3	+	+	−	−	−	−	−	−	+	+	+	−	+	−	−	+
4	+	+	−	−	−	−	−	−	+	+	+	−	+	−	+	+
5	+	+	−	−	−	−	−	−	+	+	+	−	+	−	−	+

抽取饲料添加剂生产企业嗜酸乳杆菌样品 2 批，检测结果见表 2−1−21。从检测结果来看，2 批样品检测结果均复合标签值明示值。

表 2-1-21　嗜酸乳杆菌检测结果统计

样品编号	样品名称	标准值/（$cfu \cdot g^{-1}$）	判定值/（$cfu \cdot g^{-1}$）	检测值/（$cfu \cdot g^{-1}$）
1	嗜酸乳杆菌	$\geqslant 1.0 \times 10^6$	$\geqslant 1.0 \times 10^6$	9.10×10^6
2	嗜酸乳杆菌粉	$\geqslant 1.2 \times 10^6$	$\geqslant 1.2 \times 10^6$	8.72×10^6

2.3　小结

（1）复苏嗜酸乳杆菌标准菌株做参考，本实验室具备分离、培养、计数、鉴别能力，结果科学、准确、可靠，已通过检测参数扩项认证。

（2）生化鉴别需配制 13 种鉴别试剂，过程繁琐，效率低，易造成浪费。建议利用商品化的试剂盒，方便快捷，使用前应对试剂盒进行验证。

3　饲用微生物制剂产朊假丝酵母菌检测方法的建立

产朊假丝酵母可以分泌胃蛋白酶、淀粉酶、纤维素酶及植酸酶等，这些酶类可将饲料中的淀粉、纤维素水解成小分子糖、氨基酸、醇类等易被消化和吸收的低分子物质。产朊假丝酵母菌体中麦角固醇经紫外线照射可转变为维生素 D_2，是天然维生素 D_2 的主要来源，被用作饲用微生物添加剂。研发团队对产朊假丝酵母进行分离、培养、计数、鉴别，对检测标准（GB/T 26428—2010）进行了方法学验证。

3.1　材料与方法

3.1.1　仪器材料

恒温培养箱、pH 计、塑料培养皿、刻度吸管、显微镜。

3.1.2　试剂及标准菌株

灭菌去离子水、LB 液体培养基、麦芽汁琼脂培养基、玉米粉琼脂培养基、葡萄糖-蛋白胨-酵母提取物培养基、孟加拉红培养基、革兰氏染色液、糖发酵试验试剂、碳源同化试剂、葡萄糖、氯化钠、乙酸、产朊假丝酵母菌标准菌株（中国工业微生物菌株保藏管理中心）等。

3.1.3　样品处理

标准菌株复苏：复苏菌种前应准备液体培养基和培养设备，所有操作均应在符合生物安全保护及无菌条件下进行。在无菌条件下开启安瓿瓶，加入 20 μL 无菌水溶解质粒，室温放置 1 min，42 ℃热激 90 s，再冰浴 2 min，加入 900 μL 无抗的 LB

液体培养基，180 rpm 震荡培养 45 min，6 000 rpm 离心 5 min，留 100 μL 上清混为菌体沉淀，混匀后的菌液加至对应抗性的 LB 平板上，倒入适量玻璃珠，涂匀液体，将平板正向培养 1 h，再倒置培养 12~16 h，培养温度 28 ℃。挑取单克隆菌落置于对应抗性的 LB 液体培养基中，震荡培养 12~16 h，根据实验需要提取质粒。

样品检测：

称样与稀释，以无菌操作称取检样 25.0 g，放入含有 225 mL 灭菌生理盐水的玻璃塞三角瓶中，振摇 30 min，即为 1∶10 稀释液。用灭菌吸管吸取 1∶10 稀释液 10 mL，注入灭菌试管中，另用 1 mL 灭菌吸管反复吹吸 5 次，使细胞充分散开。取 1 mL 1∶10 稀释液注入含有 9 mL 灭菌生理盐水的试管中，另换 1 支 1 mL 灭菌吸管吹吸 5 次，此液为 1∶100 稀释液。按上述操作顺序做 10 倍递增稀释液，每稀释 1次，换用 1 支 1 mL 灭菌吸管。

接种，将灭菌的孟加拉红培养基熔化后倒入无菌平板中，待其凝固后，根据对样品菌数情况的估计，选择 3 个合适的稀释度，用无菌吸管吸取 0.2 mL 稀释液滴于在孟加拉红琼脂平板上，用无菌刮铲或玻璃涂棒将菌液在平板上涂布均匀，每个稀释度做 2 个平皿。

培养，涂布后，室温下静置 20~30 min，使菌液浸入培养基，倒置于 28 ℃温箱中，3 d 后开始观察，共观察 5 d。

通常选择菌落数在 10~150 的平皿进行计数，同一稀释度的 2 个平皿的菌落平均数乘以 5，再乘以稀释倍数，所得数字即为每克检样中所含产朊假丝酵母活菌数。

3.1.4　确证试验

菌种制备：自平板上挑选单菌落，划线转接培养于琼脂平板上，（28±1）℃培养 48 h，从每 1 个平板上选取至少 1 个良好分离的特征菌落，做 5 个平行样，转接保存进行确证试验。

形态观察：

菌体形态，挑选纯化的菌落做革兰氏染色镜检细胞呈椭圆形，大小为（3.5~4.5）μm×（7.0~13.0）μm，以多边出芽方式进行无性繁殖，形成假菌丝。无有性孢子不产生色素。

培养形态，麦芽汁琼脂培养基：菌落乳白色，平滑，有或无光泽，边缘整齐或菌丝状；加盖片的玉米粉琼脂培养基：菌落形成假菌丝；葡萄糖-蛋白胨-酵母提取物培养基：表面无菌膜，液体浑浊，管底有菌体沉淀。

生理生化确证试验：具体步骤详见 NY/T 1969—2010。

3.2 结果与分析

从表 2-1-22 可以看出，对产朊假丝酵母菌标准菌株进行复苏，并挑选菌落转接 5 个平板进行形态学、生理生化鉴别试验，试验结果表明 5 个平板菌落形态学及生化特性符合产朊假丝酵母菌的特征。

表 2-1-22 产朊假丝酵母菌标准菌株复苏鉴别试验结果

项目		平行样				
		1	2	3	4	5
菌体形态	有性孢子	−	−	−	−	−
	产色素	−	−	−	−	−
麦芽汁琼脂培养基	乳白色	+	+	+	+	+
	有光泽	+	−	−	−	+
	菌丝状	+	+	+	+	+
玉米淀粉琼脂培养基	形成假菌丝	+	+	+	+	+
	无菌膜	+	+	+	+	+
葡萄糖-蛋白胨-酵母提取物培养基	液体浑浊	+	+	+	+	+
	菌体沉淀	+	+	+	+	+
糖发酵试验	葡萄糖	+	+	+	+	+
	蔗糖	+	+	+	+	+
	棉子糖	−	−	−	−	+
	麦芽糖	−	−	−	−	−
	半乳糖	−	−	−	−	−
	乳糖	−	−	−	−	−
	海藻糖	−	−	−	−	−
碳源同化试验	D-葡萄糖	+	+	+	+	+
	D-半乳糖	+	+	+	+	+
	L-山梨糖	−	−	−	−	−

续表

项目		平行样				
		1	2	3	4	5
碳源同化试验	D-木糖	+	+	+	+	+
	L-阿拉伯糖	−	−	−	−	−
	L-鼠李糖	−	−	−	−	−
	蔗糖	+	+	+	+	+
	麦芽糖	+	+	+	+	+
	纤维二糖	+	+	+	+	+
	海藻糖	+	+	+	+	+
	乳糖	−	−	−	−	−
	蜜二糖	−	−	−	+	−
	棉子糖	+	+	+	+	+
	松三糖	+	+	+	+	+
	可溶性淀粉	+	+	+	+	+
	赤藓糖醇	−	−	−	−	−
	D-甘露醇	+	+	+	+	+
	肌醇	−	−	−	−	−
	甘油	+	+	+	+	+
	半乳糖醇	−	−	−	−	−
	D-山梨醇	+	+	+	+	+
	乙醇	+	+	+	+	+
	琥珀酸	+	+	+	+	+
	柠檬酸	+	+	+	+	+
	DL-乳糖	+	+	+	+	+
	水杨苷	+	+	+	+	+
其他试验	无维生素培养基生长	+	+	+	+	+
	熊果苷裂解试验	+	+	+	+	+
	类淀粉化合物形成	−	−	−	−	−
	抗 0.01%放线菌酮试验	−	−	−	−	−
	尿素分解试验	+	+	+	+	+

续表

项目			平行样				
			1	2	3	4	5
其他试验	DBB 试验		–	–	–	–	–
	温度试验	37 ℃	+	+	+	+	+
		40 ℃	+	+	–	–	+
	高渗透压试验	50%葡萄糖	–	–	–	–	–
		10%氯化钠+5%葡萄糖	–	–	–	–	–
	1%乙酸培养基生长试验		–	–	–	–	–

抽取饲料添加剂生产企业微生物样品 2 批，检测结果见表 2–1–23，2 批样品检测结果均符合标签值明示值。

表 2–1–23　产朊假丝酵母检测结果统计

样品编号	样品名称	标准值/（cfu·g⁻¹）	判定值/（cfu·g⁻¹）	检测值/（cfu·g⁻¹）
1	活性酵母粉	≥1.5×10^{9}	≥1.5×10^{9}	1.7×10^{9}
2	混合型饲料添加剂 复合微生物溶液 1 型	≥1.0×10^{8}	≥1.0×10^{8}	5.30×10^{8}

3.3　小结

（1）复苏产朊假丝酵母标准菌株做参考，本实验室具备分离、培养、计数、鉴别能力，结果科学、准确、可靠，已通过检测参数扩项认证。

（2）生化鉴别需配制 42 种鉴别试剂，过程繁琐，效率低，易造成浪费。建议利用商品化的试剂盒，方便快捷，使用前应对试剂盒进行验证。

第 2 章　饲料安全检测技术研究

饲料安全指饲喂动物的饲料及添加剂中不含有影响动物生产性能以及对健康不利的物质，其成分不会在畜产品中残留、蓄积和转移而危害人体健康或对人类生存环境造成危害。饲料安全检测的范围主要包括饲料中重金属、霉菌毒素、非法添加物、农药残留及有机物污染等。项目实施前饲料安全检测方法 13 个，检测参数 27 项。项目实施后建立饲料中霉菌毒素检测方法 4 个、非法添加药物检测方法 6 个，扩增检测参数 32 项，包含了农业农村部饲料质量安全监管抽查的所有项目，扩大了对宁夏饲料安全隐患检测覆盖面，为饲料质量安全监管提供技术支撑，全面保障畜产品质量安全。

第 1 节　饲料中霉菌毒素检测方法的建立

霉菌毒素是危害饲料安全及养殖业的重要风险因素之一，霉菌毒素每年污染的农作物达到全球的 25%。饲料中常见的霉菌毒素，包括玉米赤霉烯醇、赭曲霉毒素、黄曲霉毒素、T−2 毒素、伏马毒素和脱氧雪腐镰刀菌烯醇 6 种，也是对动物和人类危害最大的霉菌毒素，所以掌握检测霉菌毒素的检测能力和建立更加可靠的检测方法对饲料质量安全的控制十分重要。霉菌毒素快速检测技术酶联免疫法等检测速度快、成本低，但检测结果易出现假阳性、假阴性。不断加强新方法的研究，建立高效液相色谱仪、液相色谱−串联质谱仪检测饲料中玉米赤霉烯醇、赭曲霉毒素、黄曲霉毒 B_1 等 6 种毒素的检测方法，此方法灵敏度高、结果准确、效率高，是霉菌毒素检测的确证方法。建立霉菌毒素的检测方法对宁夏饲料霉菌毒素的控制与预防具有重要意义。

1 饲料中脱氧雪腐镰刀菌烯醇高效液相色谱检测方法的建立

脱氧雪腐镰刀菌烯醇（deoxynivalenol，DON）又名呕吐毒素，属于剧毒或中等毒物。动物食用被 DON 污染的饲料后，会在畜产品中持续存在，当人摄入被 DON 污染的食物后，会出现呕吐、腹泻、发烧、站立不稳、反应迟钝等一系列急性中毒症状。研发团队从相关性、准确性、精密度方面，对饲料中脱氧雪腐镰刀菌烯醇的测定免疫亲和柱净化–高效液相色谱法（GB/T 30956—2014）进行了方法学验证。

1.1 材料与方法

1.1.1 仪器和条件

仪器：高效液相色谱仪（Agilent 1100）、离心机、旋涡混匀器、电子分析天平、电子天平、超声清洗器、固相萃取装置、氮吹仪。

色谱条件：紫外检测器，检测波长 218 nm；色谱柱 C_{18} BEH，50 mm×2.1 mm，1.7 μm；流动相乙腈+水为 10+90；流速 0.3 mL/min；进样量 2 μL。

1.1.2 试剂材料

脱氧雪腐镰刀菌烯醇标准品（来源 ROMER，含量 100.1 μg/mL）、乙腈、甲醇、聚乙二醇、免疫亲和柱（柱容量≥1.25 mg，回收率≥85%）、色谱柱（Agilent C_{18} 柱，柱长 50 mm，内径 4.6 mm，粒度 5 μm）、微孔滤膜（0.22 μm）。

1.1.3 样品处理

称取 2 g（精确至 0.01 g）试样置于离心管中，加入 0.5 g 聚乙二醇和 25 mL 超纯水，高速均质 2 min，于振荡器中振荡 30 min，取出，10 000 r/min 离心 10 min，取上清液，过玻璃纤维滤纸，滤液备用。取 1 mL 滤液过免疫亲和柱，用 5 mL 纯水分 3 次淋洗柱子，吹干后用 1 mL 甲醇洗脱，50 ℃氮气吹干，用 1 mL 流动相溶解，过 0.22 μm 滤膜，上机测定。

向称取的样品中分别加入适量标准贮备液，制成 2.0 mg/kg、5 mg/kg、10 mg/kg 的阳性添加样品。

1.2 结果与分析

标准图谱及标准曲线：浓度 2.0 μg/mL 脱氧雪腐镰刀菌烯醇见图 2–2–1，标准曲线见图 2-2-2。脱氧雪腐镰刀菌烯醇方法验证试验配制 0.1 μg/mL、0.5 μg/mL、1.0 μg/mL、2.0 μg/mL、5.0 μg/mL、10.0 μg/mL 标准工作曲线相关性为 0.999 7，线性及色谱峰峰形良好。阳性添加样品平均回收率在 93.42%~103.22%，每个浓度 6 个平行样相对标准偏差（RSD）为 1.0%~2.3%，说明该方法精密度高、重现性好。

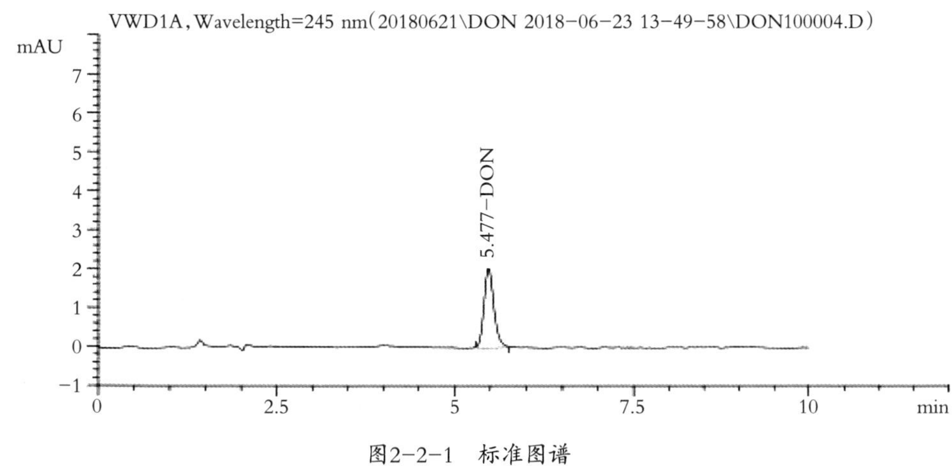

图2-2-1　标准图谱

Calibration Curves

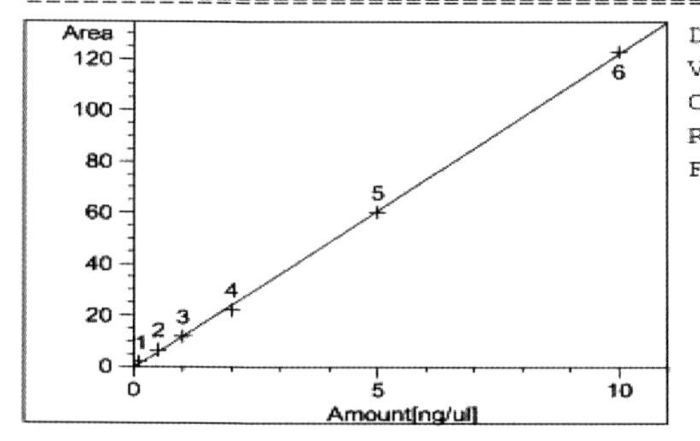


```
DON at exp. RT: 6.903
VWD1 A, Wavelength=245 nm
Correlation:               0.99973
Residual Std. Dev.:        1.15608
Formula: y = mx + b
      m:       12.26046
      b:       -4.15442e-1
      x: Amount
      y: Area
```

图 2-2-2　标准曲线

检测 180 批饲料脱氧雪腐镰刀菌烯醇，结果见表 2-2-1。其中检出 153 批，未检出 27 批，检出结果最大值 0.9 mg/kg，为饲料原料，最小值 0.3 mg/kg，总体检出率为 85%，检测值在饲料卫生标准限定范围内，但饲料及饲料原料中脱氧雪腐镰刀菌烯醇污染较为普遍，尤其是饲料原料。

表 2-2-1　脱氧雪腐镰刀菌烯醇检测结果统计表

饲料种类	样品量/批	检出数量/批	卫生标准/(mg·kg^{-1})	最小值/(mg·kg^{-1})	最大值/(mg·kg^{-1})	平均值/(mg·kg^{-1})
猪配合饲料	20	11	≤1	0.3	0.6	0.4
其他配合饲料	100	94	≤3	0.4	0.6	0.5
饲料原料	60	48	≤5	0.3	0.9	0.6
合计/批	180	153	—	—	—	—
检出率/%	85					

1.3　小结

（1）脱氧雪腐镰刀菌烯醇具有毒性，标准品最好选用液体，如果是粉末状，防止称量过程粉尘吸入。试验过程应做好个人防护，标准品及阳性添加样品应无害化处理，试验完毕可用 84 消毒原液按照 1∶100 的比例兑水，浸泡试验器具 20 min，喷洒并擦洗操作台。

（2）经验证精密度、准确性均符合方法学及标准要求，检验结果科学、准确、合理，已通过检测参数扩项认证。

2　饲料中赭曲霉毒素 A 高效液相色谱检测方法的建立

赭曲霉毒素 A（OchratoxinA，OTA）是 7 种赭曲霉毒素中毒性最强的一种，稳定性较高，有致畸和致癌等作用，常存在于整个饲料供应及食物链中。由于其含量很低，常以痕量存在，给检测带来一定难度，高相液相色谱法准确率高、检测限较低，是检测赭曲霉毒素 A 的重要方法。研发团队从相关性、准确性、精密度方面，对饲料中脱氧雪腐镰刀菌烯醇的测定免疫亲和柱净化-高效液相色谱法（GB/T 30956—2014）进行了方法学验证。

2.1　材料与方法

2.1.1　仪器和条件

仪器：高效液相色谱仪（Agilent 1100）、离心机、旋涡混匀器、电子分析天平、电子天平、超声清洗器、固相萃取装置。

色谱条件：荧光检测器，激发波长 333 nm，发射波长 477 nm；流动相乙腈+乙酸水（49.5+50.5）；流速 1.0 mL/min；进样量 20 μL。

2.1.2　试剂材料

赭曲霉毒素 A 标准品（来源 ROMER，含量 10.03 μg/mL）、乙腈、甲醇、氯化钠、磷酸氢二钠、磷酸二氢钾、盐酸、碳酸氢钠、吐温-20、乙酸，免疫亲和柱（柱容量≥0.1 μg，回收率≥85%）、色谱柱（Agilent C_{18} 柱，柱长 150 mm，内径 4.6 mm，粒度 5 μm）、微孔滤膜（0.22 μm）。

2.1.3　样品处理

称取 2 g（精确至 0.01 g）试样置于离心管中，加入 5.0 g 氯化钠和 25 mL 80% 甲醇溶液，高速均质 2 min，超声 30 min，10 000 r/min 离心 10 min，取上清液，过玻璃纤维滤纸，滤液备用。取 1 mL 滤液过免疫亲和柱，用 5 mL 纯水分 3 次淋洗柱子，吹干后用 1 mL 甲醇洗脱，50 ℃氮气吹干，用 1 mL 流动相溶解，过 0.22 μm 滤膜，上机测。

向称取的样品中分别加入适量标准贮备液，制成 15 μg/kg、30 μg/kg、100 μg/kg 的阳性添加样品。

2.2　结果与分析

浓度 100.0 μg/mL 赭曲霉毒素 A，标准图谱见图 2-2-3，标准曲线见图 2-2-4。赭曲霉毒素 A 方法验证试验配制 20 μg/L、50 μg/L、100 μg/L、150 μg/L、300 μg/L 标准工作曲线相关性为 0.999 7，线性及色谱峰峰形良好。赭曲霉毒素 A 的阳性添加样品平均回收率在 69.13%~92.34%，每个浓度 6 个平行样相对标准偏差（RSD）为 1.7%~4.0%，说明该方法精密度高、重现性好。

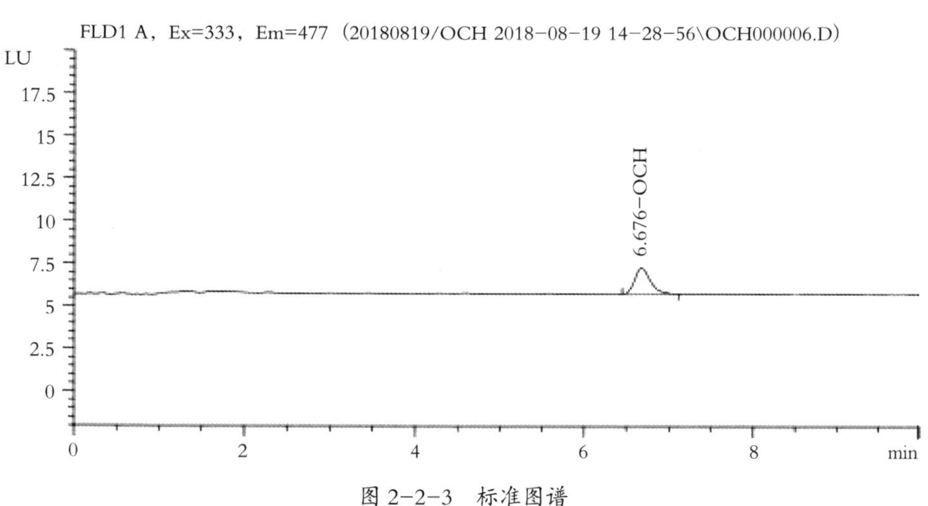

图 2-2-3　标准图谱

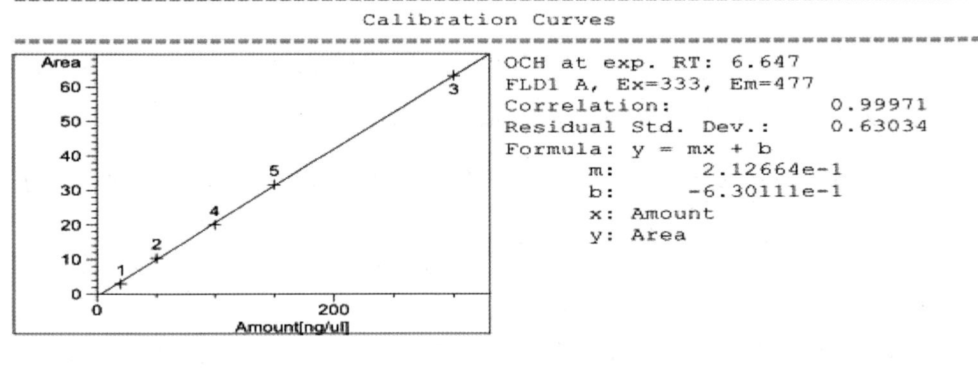

图 2-2-4　标准曲线

检测 180 批饲料中赭曲霉毒素 A，结果见表2-2-2。其中检出 0 批，未检出 180 批。饲料卫生标准（GB 13078—2017）规定，成品饲料和饲料原料中赭曲霉毒素 A≤100 μg/kg，说明宁夏饲料赭曲霉毒素检出率低、污染较少，但仍须做好霉菌毒素的防控工作，加强饲料及饲料原料的霉菌毒素监测工作。

表 2-2-2　赭曲霉毒素 A 检测结果统计表

饲料种类	样品量/批	检出数量/批	卫生标准/(μg·kg^{-1})	最小值/(μg·kg^{-1})	最大值/(μg·kg^{-1})	平均值/(μg·kg^{-1})
猪配合饲料	20	0	≤100	未检出	未检出	0
其他配合饲料	100	0	≤100	未检出	未检出	0
饲料原料	60	0	≤100	未检出	未检出	0
合计/批	180	0	—	—	—	—
检出率/%	0					

2.3　小结

（1）赭曲霉毒素 A 有致畸、致癌性，标准品最好选用液体，如果是粉末状，防止称量过程粉尘吸入。试验过程应做好个人防护，标准品及阳性添加样品应无害化处理，试验完毕可用 84 消毒原液按照 1∶100 的比例兑水，浸泡试验器具 20 min，喷洒并擦洗操作台。

（2）经验证精密度、准确性均符合方法学及标准要求，检验结果科学、准确、合理，已通过检测参数扩项认证。

3　饲料中伏马毒素液相色谱－串联质谱检测方法的建立

伏马毒素（Fumonisin，FB）又称烟曲霉毒素，对动物危害极大，可产生神经毒性、肺毒性、免疫抑制、致癌性、胚胎毒性等。液相色谱–串联质谱法准确率高、检测限较低，是检测饲料中伏马毒素的重要方法。研发团队从相关性、准确性、精密度方面，对饲料中伏马毒素的测定液相色谱–串联质谱法（NY/T 1970—2010）进行了方法学验证。

3.1　材料与方法

3.1.1　仪器和条件

仪器：超高效液相色谱–串联质谱仪（Waters Acquity uPLC/TQ–S micro）、离心机、旋涡混匀器、电子分析天平、电子天平、超声清洗器、固相萃取装置、氮吹仪、酸度计。

色谱条件：流动相，A 为甲酸甲醇溶液，B 为甲酸溶液；梯度洗脱程序见表 2–2–3。流速 0.2 mL/min，柱温 40 ℃；进样量 1 μL。

表 2–2–3　梯度洗脱程序

时间/min	流速/($mL \cdot min^{-1}$)	A	B	曲线
0	0.2	40	60	1
1.5	0.2	40	60	6
5.0	0.2	100	0	6
11.0	0.2	100	0	6
11.5	0.2	40	60	6
16.0	0.2	40	60	6

质谱条件：毛细管电压 0.5 kV，雾化气流速 600 L/hr，脱溶剂气温度 500 ℃，锥孔气流速 50 L/hr。

3.1.2　试剂材料

伏马毒素 B_1 标准品（来源 ROMER，含量 50.1 μg/mL）、伏马毒素 B_2 标准品（来源 ROMER，含量 50.3 μg/mL）、乙酸、甲醇、甲酸、盐酸、氢氧化钠、强阴离子交换固相萃取柱（500 mg/3 mL）、色谱柱（AcqμityμPLC BEH C_{18} 柱，柱长 150 mm，内径 2.1 mm，粒度 3.5 μm）、微孔滤膜（0.22 μm）。

3.1.3　样品处理

称取 2 g 试样（精确到 0.01 g）置于 50 mL 离心管中，加入 10 mL 75%甲醇溶液，涡旋 1 min，超声提取 5 min，以 5 000 r/min 的速度离心 2 min，移取上清液后同样步骤提取 1 次，合并上清液。用 0.2 mol/L 氢氧化钠溶液或 0.2 mol/L 盐酸溶液调节至 pH 5.8~6.5。准确移取提取液甲醇 2 mL 至固相萃取小柱中。依次用 3 mL 75%甲醇溶液、3 mL 甲醇淋洗小柱，抽至近干后用 10 mL 1%乙酸甲醇洗脱。整个固相萃取过程流速控制在 1~2 mL/min。洗脱液用 50 ℃氮气吹干，残留物用 1 mL 75%甲醇溶液溶解，过 0.22 μm 滤膜后进行液相色谱串联质谱分析。

向称取的空白样品中分别加入 0.5 mL、1.0 mL、2.0 mL 混合标准储备液，制成 0.25 mg/kg、0.5 mg/kg、1.0 mg/kg 上机浓度为 0.05 μg/mL、0.1 μg/mL、0.2 μg/mL、的阳性添加样品。

3.2　结果与分析

浓度 100 ng/mL 伏马毒素 B_1，标准图谱见图 2-2-5，标准曲线见图2-2-6。

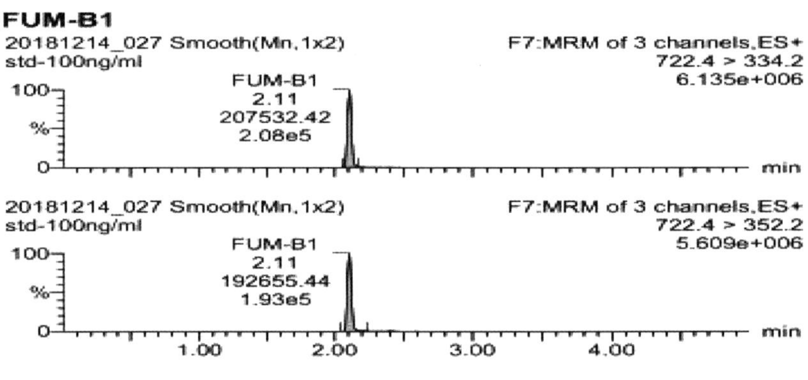

图 2-2-5　标准图谱

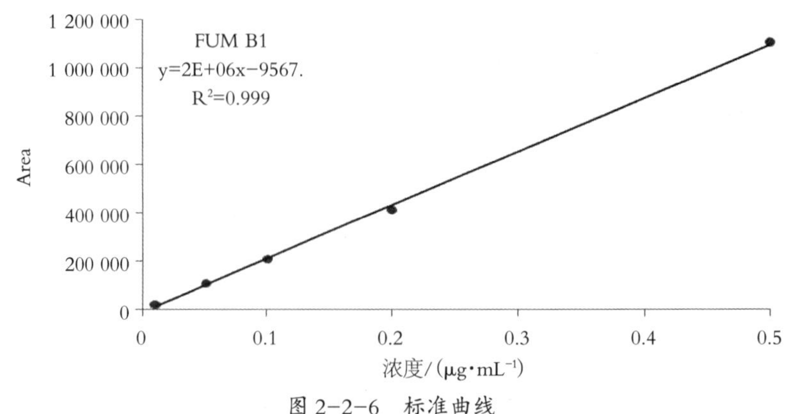

图 2-2-6　标准曲线

浓度 100 ng/mL 伏马毒素 B_2，标准图谱见图 2-2-7，标准曲线见图 2-2-8。伏马毒素 B_1、B_2 方法验证试验配制 0.010 μg/mL、0.05 μg/mL、0.1 μg/mL、0.2 μg/mL、0.5 μg/mL 标准工作曲线相关性均为 0.999，线性及色谱峰峰形良好。伏马毒素的阳性添加样品平均回收率在 92.48%~105.29%，每个浓度 6 个平行样相对标准偏差（RSD）为 1.9%~4.0%，说明该方法精密度高、重现性好。

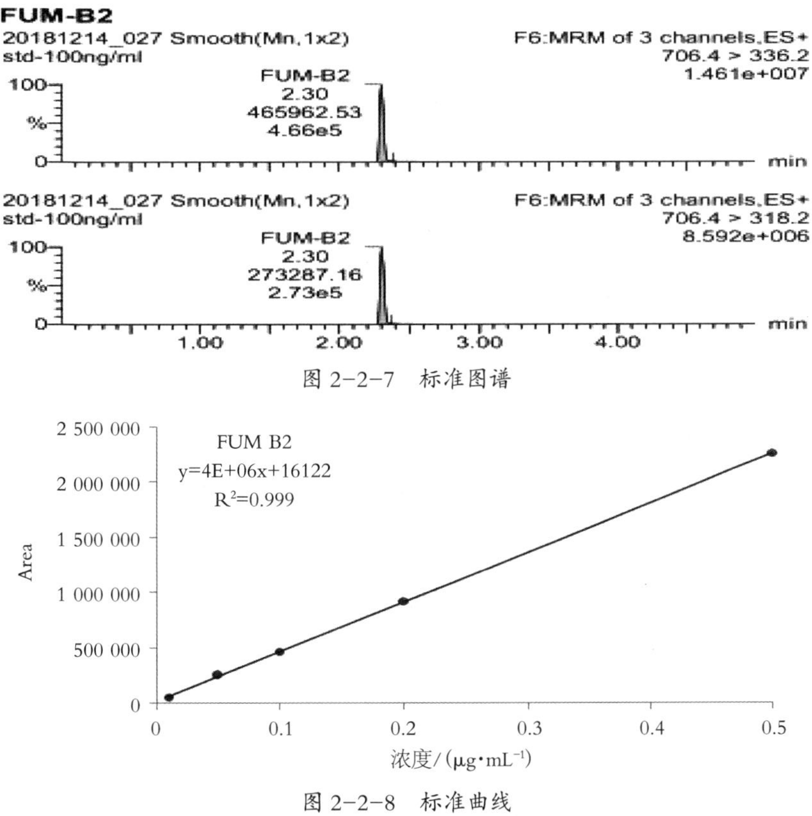

图 2-2-7　标准图谱

图 2-2-8　标准曲线

检测 180 批饲料中伏马毒素，结果见表2-2-4。其中检出 180 批，检出率 100%。最大值均低于饲料卫生标准（GB 13078—2017）规定，说明饲料及饲料原料中伏马毒素污染较为普遍，建议饲料贮存做好伏马毒素的防控工作。

表 2-2-4　伏马毒素检测结果统计表

饲料种类	样品量/批	检出数量/批	卫生标准/(mg·kg⁻¹)	最小值/(mg·kg⁻¹)	最大值/(mg·kg⁻¹)	平均值/(mg·kg⁻¹)
仔猪配合饲料	20	20	≤5	0.6	1.2	0.9
禽配合饲料	36	36	≤20	1.6	11.9	6.8
育肥牛羊自配料	60	60	≤50	2.0	16.0	8.0

续表

饲料种类	样品量/批	检出数量/批	卫生标准/($mg\cdot kg^{-1}$)	最小值/($mg\cdot kg^{-1}$)	最大值/($mg\cdot kg^{-1}$)	平均值/($mg\cdot kg^{-1}$)
饲料原料	60	60	玉米加工产品≤60	4.3	32.2	18.2
合计/批	180	180	—	—	—	—
检出率/%	100%					

3.3 小结

（1）伏马毒素有毒性，标准品最好选用液体，如果是粉末状，防止称量过程粉尘吸入。试验过程应做好个人防护，标准品及阳性添加样品应无害化处理，试验完毕可用 84 消毒原液按照 1：100 比例兑水，浸泡试验器具 20 min，喷洒并擦洗操作台。

（2）经验证精密度、准确性均符合方法学及标准要求，检验结果科学、准确、合理，已通过检测参数扩项认证。

4 饲料中黄曲霉毒素 B_1、玉米赤霉烯酮和 T-2 毒素检测方法的建立

黄曲霉毒素 B_1（aflatoxinB_1，AFB_1）在黄曲霉类毒素中毒性最强，属于一类致癌物。玉米赤霉烯酮（zearalenone，ZEN）有强耐热性，110 ℃高温处理 1 h 才能完全破坏，ZEN 会导致雌激素在体内积累进而影响动物生长繁殖。T-2 毒素对人和动物的消化系统、神经系统、生殖发育等都有毒性，具有致畸性和致癌性。这 3 种真菌毒素广泛存在于谷物类，对人类和动物健康有极大威胁。研发团队从准确性、精密度方面，对饲料中黄曲霉毒素 B_1、玉米赤霉烯酮和 T-2 毒素的测定液相色谱-串联质谱法（NY/T 2071—2011）进行了方法学验证。

4.1 材料与方法

4.1.1 仪器和条件

仪器：超高效液相色谱-串联质谱仪（Waters Acquity uPLC/TQ-S micro）、离心机、旋涡混匀器、电子分析天平、电子天平、超声清洗器、固相萃取装置、氮吹仪、酸度计。

色谱条件：流动相、流速及梯度洗脱条件见表 2-2-5、表 2-2-6，进样量 20 μL。

表 2-2-5　a.ESI+源梯度洗脱条件

时间/min	流速/（mL·min⁻¹）	甲酸溶液/%	甲醇：乙腈（1：1）	曲线
0	0.3	70	30	1
4.0	0.3	55	45	6
14.0	0.3	0	100	6
15.0	0.3	0	100	6
15.1	0.3	70	30	6

表 2-2-6　b.ESI-源梯度洗脱条件

时间/min	流速/（mL·min⁻¹）	乙酸溶液/%	甲醇：乙腈（1：1）	曲线
0	0.3	70	30	1
8.0	0.3	10	90	6
13.0	0.3	10	90	6
13.1	0.3	70	30	6
20.0	0.3	70	30	6

质谱条件：毛细管电压 0.5 kV，雾化气流速 600 L/hr，脱溶剂气温度 500 ℃，锥孔气流速 50 L/hr。

4.1.2　试剂材料

黄曲霉毒素 B_1（含量 2.01 μg/mL）、玉米赤霉烯酮（101 μg/mL）、T-2（100 μg/mL）、乙腈、甲醇、甲酸、正己烷、冰乙酸、霉菌多功能净化柱（Trilogy TC-MI60）、色谱柱（C_{18} 柱，柱长 150 mm，内径 2.1 mm，粒度 3.5 μm）、微孔滤膜（0.22 μm）。

4.1.3　样品处理

准确称取 2 g（精确至 0.01 g）试样置于离心管中，加入 50 ng/mL 同位素内标工作液 0.1 mL，充分混匀。准确加入 25 mL 提取液，涡旋混匀，超声提取 20 min 中间振荡 2~3 次，8 000 r/min 离心 10 min，将上清液转移至分液漏斗中，加 15 mL 正己烷，充分振荡，静止分层，准确量取下层液 5 mL，过柱，洗脱液用 60 ℃氮气吹干，用 1 mL 0.1%甲酸乙腈溶液溶解，经 0.22 μm 滤膜过滤后进样测定。

向称取的空白样品中分别加入混合标准贮备液，制成 2.0 μg/kg、5 μg/kg、10 μg/kg 的阳性添加样品。

4.2 结果与分析

黄曲霉毒素 B_1 标准图谱见图 2-2-9，标准曲线见图 2-2-10。

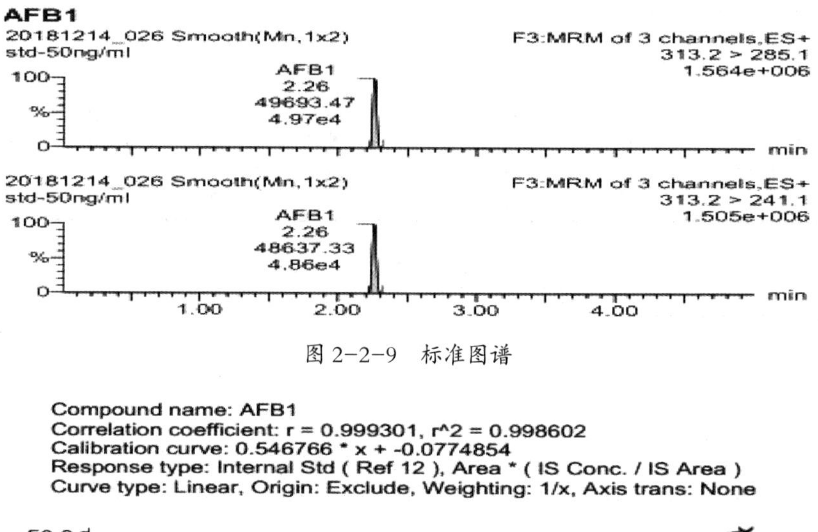

图 2-2-9 标准图谱

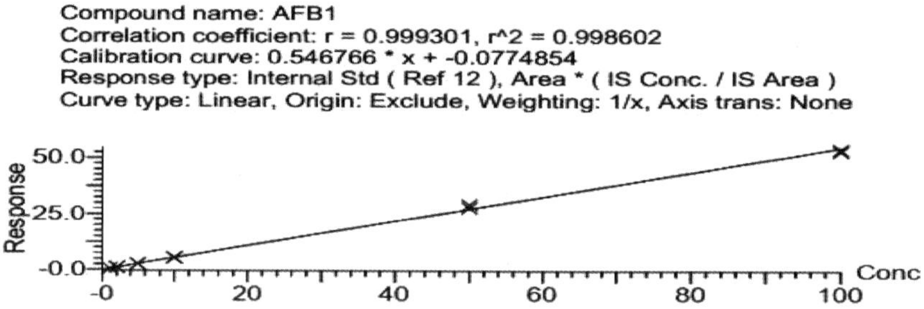

图 2-2-10 标准曲线

玉米赤霉烯酮标准图谱见图 2-2-11，标准曲线见图 2-2-12。

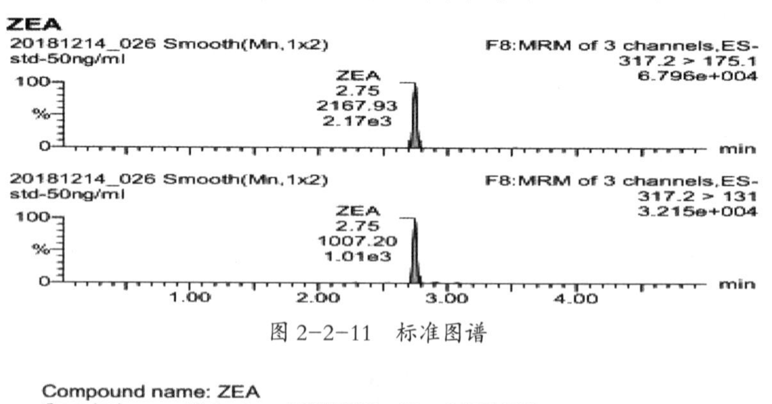

图 2-2-11 标准图谱

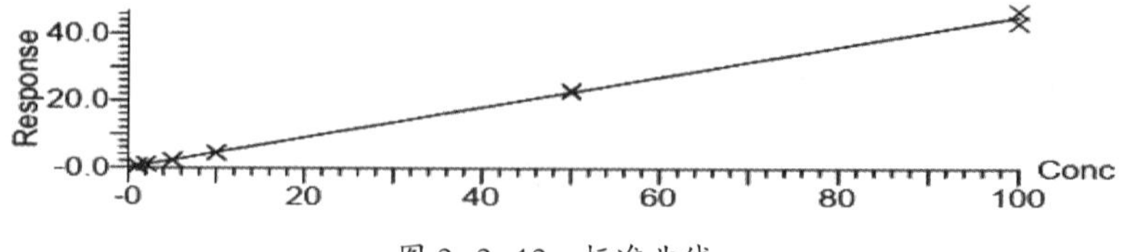

图 2-2-12 标准曲线

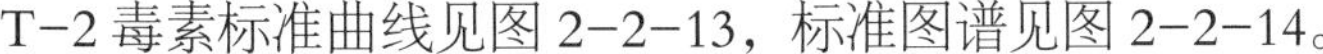

T−2 毒素标准曲线见图 2−2−13，标准图谱见图 2−2−14。

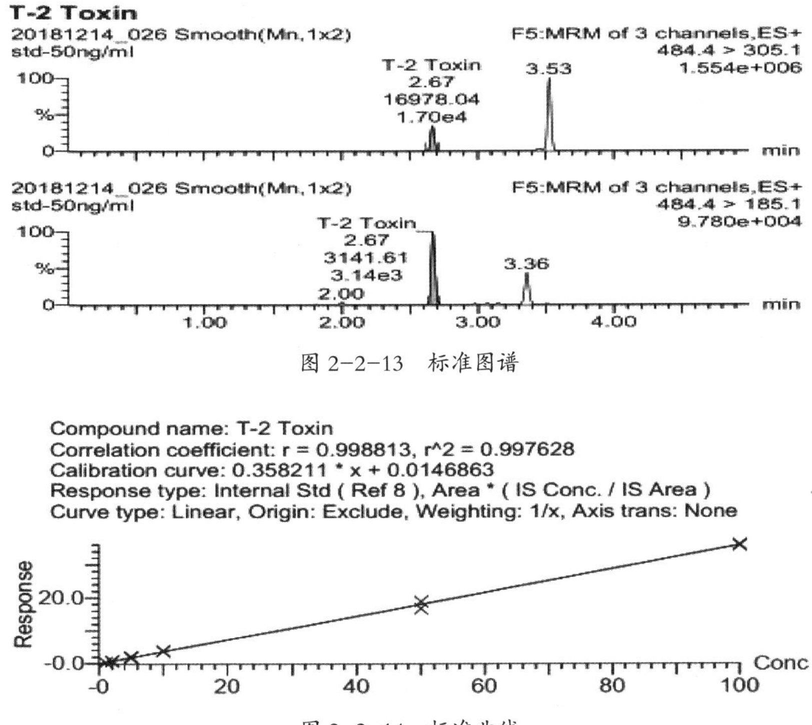

图 2−2−13　标准图谱

图 2−2−14　标准曲线

黄曲霉毒素 B_1、玉米赤霉烯酮、T−2 毒素方法验证试验配制 1.0 μg/L、2.0 μg/L、5.0 μg/L、10 μg/L、50 μg/L、100 μg/L 标准工作曲线相关性均为 0.999，色谱峰峰形良好，分离度效果好。黄曲霉毒素 B_1、玉米赤霉烯酮、T−2 毒素的阳性添加样品平均回收率在 94.8%~109.8%，每个浓度 6 个平行样相对标准偏差（RSD）为 1.8%~5.3%，说明该方法精密度高、重现性好。

检测 180 批饲料，结果见表 2−2−7。其中黄曲霉毒素 B_1 检出 72 批，未检出 108 批，检出率为 40.0%；玉米赤霉烯酮检出 155 批，未检出 25 批，检出率为 86.1%；T−2 毒素检出 159 批，未检出 21 批，检出率为 88.3%。饲料及饲料原料玉米赤霉烯酮和 T−2 毒素检出率较高，在饲料卫生标准限定范围内，说明饲料及饲料原料中玉米赤霉烯酮和 T−2 毒素污染较为普遍，尤其是饲料原料。黄曲霉毒素 B_1 检出率不高，但个别样品检测值偏高，接近最高限量，尤其是饲料原料中的玉米及玉米加工副产物。

表 2-2-7　检测结果统计表

饲料种类		样品量/批	检出数量/批	检出率/%	饲料卫生标准/(μg·kg⁻¹)	最小值/(μg·kg⁻¹)	最大值/(μg·kg⁻¹)	平均值/(μg·kg⁻¹)
黄曲霉毒素 B_1	仔猪配合饲料	20	5	25	≤10	0.2	4.8	1.6
	其他配合饲料	40	9	22.5	≤30	0.2	17.2	3.5
	育肥牛羊自配料	60	11	18.3	≤30	0.6	16	2.8
	饲料原料	60	47	78.3	玉米加工产品≤50	0.3	42.2	13.2
	合计	180	72	40	—	—	—	—
玉米赤霉烯酮	仔猪配合饲料	20	17	85	≤0.15	0.02	0.06	0.04
	其他配合饲料	40	25	62.5	≤0.5	0.04	0.07	0.05
	育肥牛羊自配料	60	56	93.3	≤0.5	0.05	0.07	0.05
	饲料原料	60	57	95	玉米加工产品≤0.5	0.08	0.2	0.14
	合计	180	155	86.1	—	—	—	—
T-2 毒素	仔猪配合饲料	20	15	75	≤0.5	0.01	0.03	0.02
	其他配合饲料	40	31	77.5	≤0.5	0.02	0.05	0.03
	育肥牛羊自配料	60	56	93.3	≤0.5	0.03	0.05	0.04
	饲料原料	60	57	95	玉米加工产品≤0.5	0.08	0.1	0.09
	合计	180	159	88.3	—	—	—	—

4.3　小结

（1）黄曲霉毒素 B_1、玉米赤霉烯酮和 T-2 毒素有毒性，标准品最好选用液体，如果是粉末状，防止称量过程中粉尘吸入。试验过程应做好个人防护，标准品及阳性添加样品应做无害化处理，试验完毕可用 84 消毒原液按照 1：100 比例兑水，浸泡试验器具 20 min，喷洒并擦洗操作台。

（2）经验证相关性、精密度、准确性均符合方法学及标准要求，检验结果科学、准确、合理，已通过检测参数扩项认证。

第 2 节　饲料中非法添加药物检测方法建立

非法添加是影响饲料安全的又一重要因素。非法添加引发了一系列食品安全事件，同时还引起环境污染及畜产品出口受阻等问题。根据饲料中非法添加的实际问题，国家不断发布公告扩大禁止在饲料和动物饮用水中使用的药物品种目录。2020 年 7 月 1 日起，规定饲料企业停止生产、进口、经营、使用部分药物饲料添加剂，我国饲料中全面禁止添加抗生素。利用高效液相色谱仪、液相色谱串联质谱等灵敏度高、准确性好的仪器，建立饲料中非法添加禁用药物的检测方法是保障饲料安全的重要举措。

1　饲料中 13 种 β－受体激动剂液相色谱－串联质谱检测方法的建立

β－受体激动剂是一类能够作用于肾上腺素能受体的药物，可提高饲料转化率、促进动物生长、提高胴体瘦肉率，人食用残留 β－受体激动剂的畜产品会出现心悸、呕吐、心率加快、肌肉震颤等症状，甚至可能有生命危险。研发团队从相关性、准确性、精密度方面，对饲料中 13 种 β－受体激动剂的检测液相色谱－串联质谱法（农业部 1063 号公告－6－2008）进行了方法学验证。

1.1　材料与方法

1.1.1　仪器和条件

仪器：超高效液相色谱－串联质谱仪（Waters Acquity uPLC/TQ－S micro）、离心机、旋涡混匀器、电子分析天平、电子天平、超声清洗器、固相萃取装置、氮吹仪。

色谱条件：流动相，A 为乙腈，B 为 0.1%甲酸水。梯度洗脱 0~0.5 min，保持 5%A，0.5~4 min 5%A 线性变化至 95%A；4~5 min，保持 95%A；5~5.1 min 95%A 线性变化至 5%A；5.1~7 min 保持 5%A。流速 0.3 mL/min。柱温 40 ℃。进样量 1 μL。

质谱条件：毛细管电压 0.5 kV，雾化气流速 600 L/hr，脱溶剂气温度 500 ℃，锥孔气流速 50 L/hr。

1.1.2　试剂材料

莱克多巴胺、克仑特罗、沙丁胺醇、特布他林等标准品、莱克多巴胺－D3、克仑特罗－D9、沙丁胺醇－D3、特布他林－D9 乙腈同位素内标、甲醇、甲酸、盐酸、氨水、醋酸铅、混合阳离子交换柱（60 mg/3 mL）、色谱柱（C_{18} 柱，柱长 100 mm，内径 2.1 mm，粒度 1.7 μm）、氮气。

1.1.3　样品处理

准确吸取样品 5.0 mL，分别置于 50 mL 离心管中，加入 100 ng/mL 同位素内标工作液 0.1 mL，充分混匀。用 5 mol/L 氢氧化钠溶液调节至 pH 9~10，加叔丁醇-叔丁基甲醚（60∶40）提取液 10 mL，充分振荡，7 000 r/min 离心 10 min，将上清液转移至梨形瓶中，重复提取 1 次，合并上清液，40 ℃旋转蒸发至干。用 0.2%甲酸水溶液 1.0 mL 溶解残余物备用。固相萃取柱先用 1 mL 甲醇，1 mL 水活化。备用液全部过柱，用 1 mL 0.2%甲酸水溶液和 1 mL 甲醇淋洗，空气抽干 2 min，用 5%氨水甲醇溶液 3 mL 洗脱，收集洗脱液，50 ℃旋转蒸发至干，用 1.0 mL 流动相溶解，经 0.22 μm 滤膜过滤后进样测定。空白试样、阳性添加试样提取净化同上。

分别按照下表吸取相应体积的混合工作液和混合内标，使成为 0.5 ng/mL、2 ng/mL、5 ng/mL 的阳性添加样品，每个浓度做 3 个平行样。

1.2　结果与分析

浓度 10 ng/mL 沙丁胺醇、特布他林、莱克多巴胺、克伦特罗的标准图谱见图 2-2-15 至图 2-2-18。

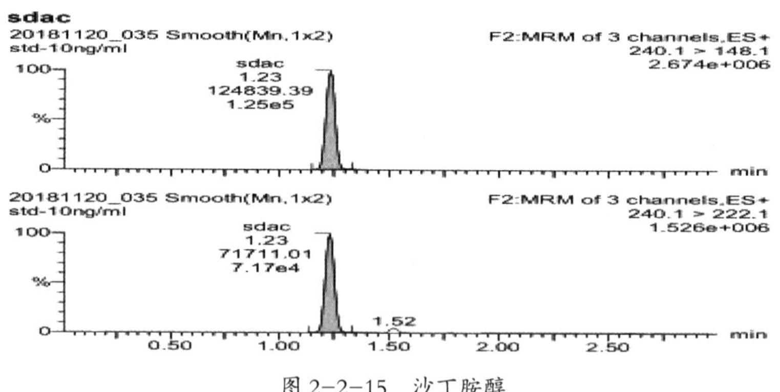

图 2-2-15　沙丁胺醇

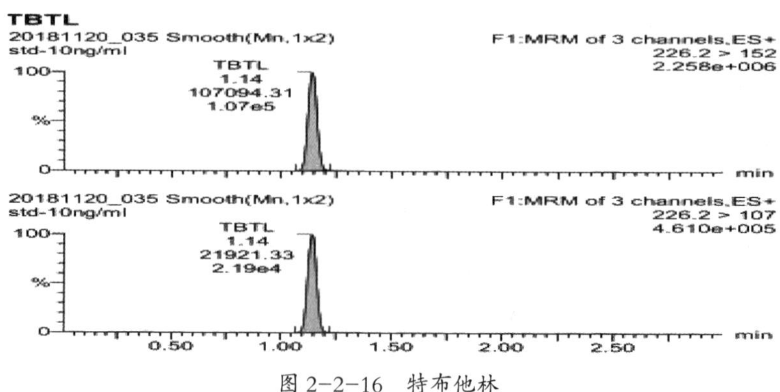

图 2-2-16　特布他林

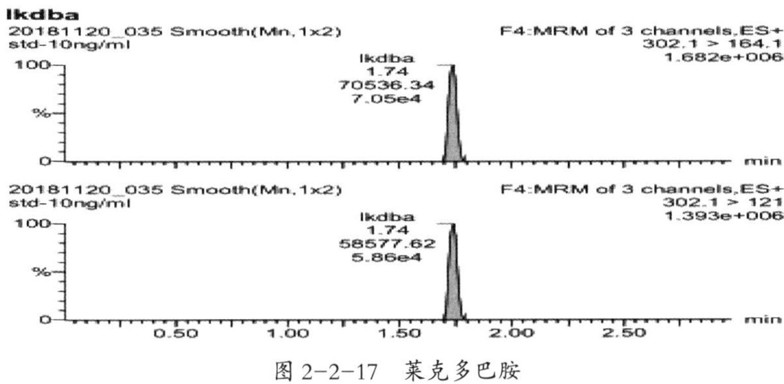

图 2-2-17　莱克多巴胺

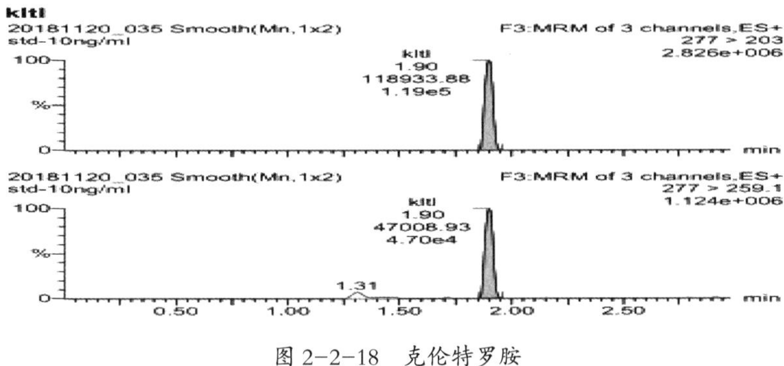

图 2-2-18　克伦特罗胺

沙丁胺醇、特布他林、莱克多巴胺、克伦特罗的标准曲线见图 2-2-19 至图 2-2-22。

本次试验检测沙丁胺醇、莱克多巴胺、克伦特罗、特布他林 0.5 ng/mL、1 ng/mL、2 ng/mL、5 ng/mL、10 ng/mL 标准工作曲线相关性都为 0.999，线性好能满足试验要求，色谱峰峰形良好。莱克多巴胺、克伦特罗、沙丁胺醇、特布他林的阳性添加样品平均回收率在 95.7%~98.4%，农业部 1063 号公告-6-2008 规定该方法回收率为

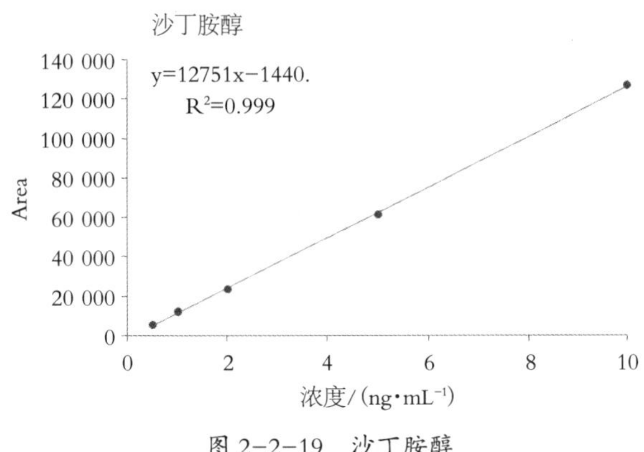

图 2-2-19　沙丁胺醇

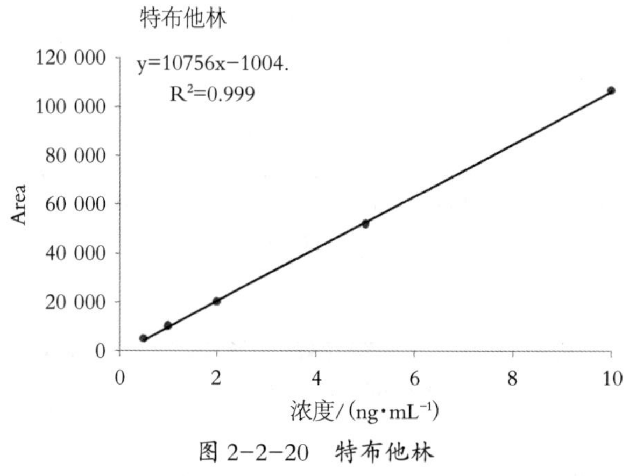

图 2-2-20　特布他林

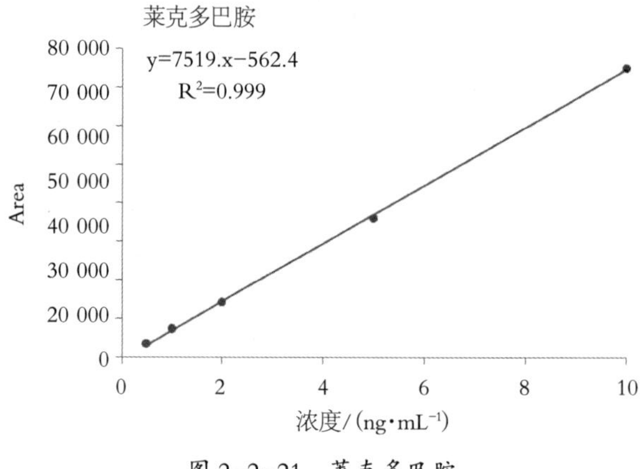

图 2-2-21　莱克多巴胺

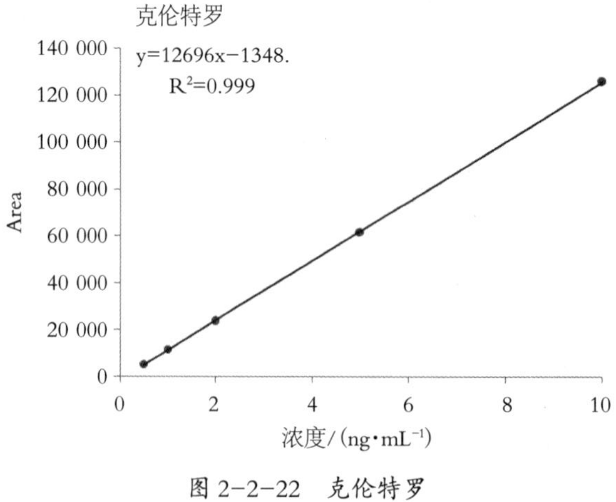

图 2-2-22　克伦特罗

60%~120%，以上 4 个检测项目每 3 个平行样相对标准偏差（RSD）为 0.26%~1.03%，说明该方法精密度高、重现性好。

抽检饲料生产企业育肥猪饲料 62 批、育肥牛饲料 74 批、育肥羊饲料 72 批，共计 208 批，结果见表 2-2-8。经抽样检测沙丁胺醇、莱克多巴胺、克伦特罗 3 种违禁药物，结果均未检出 3 种 β-受体激动剂类违禁物，说明宁夏饲料中添加兴奋剂行为较少。

表 2-2-8　检测结果统计表

畜种	饲料类型	样品数/批	检测项目及检出数/批		
			沙丁胺醇/批	莱克多巴胺/批	克伦特罗/批
育肥猪	配合饲料	18	0	0	0
	浓缩饲料	14	0	0	0
	自配料	30	0	0	0
育肥牛	配合饲料	17	0	0	0
	浓缩饲料	12	0	0	0
	自配料	45	0	0	0
育肥羊	配合饲料	14	0	0	0
	浓缩饲料	13	0	0	0
	自配料	45	0	0	0
合计/批		208	0	0	0
合格率/%		100			

1.3　小结

（1）单标定量，样品中含有的 β-受体激动剂浓度高于标准品时，进样前用流动相稀释，使上机液浓度与标准品浓度相近。标准曲线定量，稀释后的上机液浓度应在标准曲线范围内。

（2）经验证精密度、准确性均符合方法学及标准要求，检验结果科学、准确、合理，已通过检测参数扩项认证。

2　饲料中喹烯酮、喹乙醇液相色谱 - 串联质谱检测方法的建立

喹烯酮、喹乙醇均有抗菌和促生长作用，有致畸、致癌、致突变的危害，在动物体内残留，严重影响畜产品质量安全。研发团队从相关性、准确性、精密度方面，对饲料中喹烯酮、喹乙醇的测定液相色谱-串联质谱法（农业部 2086 号公告-

5-2014）进行了方法学验证。

2.1　材料与方法

2.1.1　仪器和条件

仪器：超高效液相色谱-串联质谱仪（Waters Acquity uPLC/TQ-S micro）、离心机、旋涡混匀器、电子分析天平、电子天平、超声清洗器、固相萃取装置、氮吹仪。

色谱条件：流动相，A 为乙腈，B 为 0.1%甲酸水溶液；梯度洗脱，5% A 保持 0.5 min，0.5~3.5 min，5% A 线性变化至 80% A，3.5~3.6 min，80% A 线性变化至 5% A，保持 1.9 min；流速 0.3 mL/min；柱温 40 ℃；进样量 1 μL。

质谱条件：毛细管电压 0.5 kV，雾化气流速 600 L/hr，脱溶剂气温度 500 ℃，锥孔气流速 50 L/hr。

2.1.2　试剂材料

喹烯酮标准品、喹乙醇标准品、乙腈、甲醇、甲酸、盐酸、二甲基亚砜、磷酸二氢钾、HLB 固相萃取小柱（200 mg/6 mL）、色谱柱（Acquity uPLC BEH C_{18} 柱，柱长 50 mm，内径 2.1 mm，粒度 1.7 μm）。

2.1.3　样品处理

准确称取 2 g（精确至 0.01 g）试样以及相同质量的基质匹配空白试料分别于离心管中，加入 10 mL 0.1%甲酸-乙腈溶液（4+6），涡旋 1 min，40℃超声 10 min，9 000 r/min 离心 15 min，收集上清液。残渣重复提取 1 次，合并 2 次提取液，混匀。准确量取 5.0 mL 提取液置于 10 mL 试管中，60 ℃氮气吹至约 2 mL，加入 0.1 mol/L 磷酸二氢钾溶液 4 mL 溶解残余物，备用。HLB 固相萃取柱先用 3 mL 甲醇，3 mL 水活化。取备用液过柱，依次用 3 mL 0.02 mol/L 盐酸和 3 mL 5%甲醇淋洗，空气抽干，用甲醇溶液 5 mL 洗脱，收集洗脱液，60 ℃氮气吹干，用 1.0 mL 20%乙腈溶液溶解，过 0.22 μm 滤膜后上机测定。

向称取的样品中分别加入混合标准贮备液，制成 0.2 mg/kg、0.4 mg/kg、0.8 mg/kg 的阳性添加样品。

2.2　结果与分析

100 ng/mL 喹烯酮标准图谱见图 2-2-23，标准曲线见图 2-2-24。

100 ng/mL 喹乙醇标准图谱见图 2-2-25，标准曲线见图 2-2-26。

本次试验色谱及质谱条件已达到最佳优化，色谱峰峰形良好。喹烯酮、喹乙醇 25 ng/mL、50 ng/mL、100 ng/mL、200 ng/mL、400 ng/mL 的标准工作曲线相关性 R^2 均为 0.999。阳性添加回收率为 54.7%~87.2%，变异系数（RSD）为 1.8%~3.7%，说明该方法精密度良好，有较好的重现性。

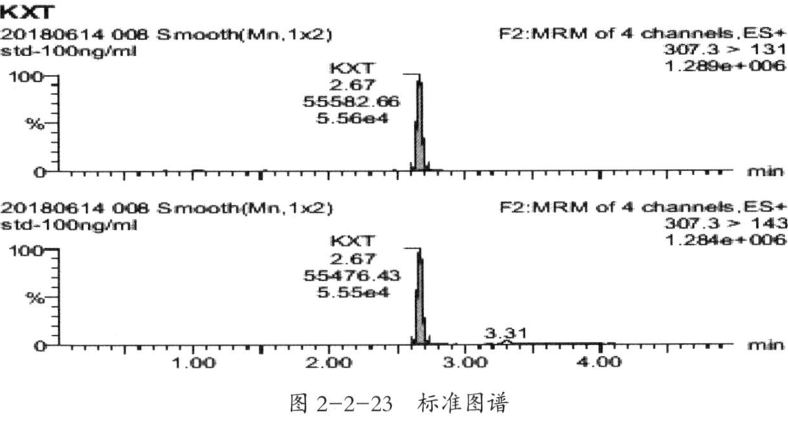

图 2-2-23　标准图谱

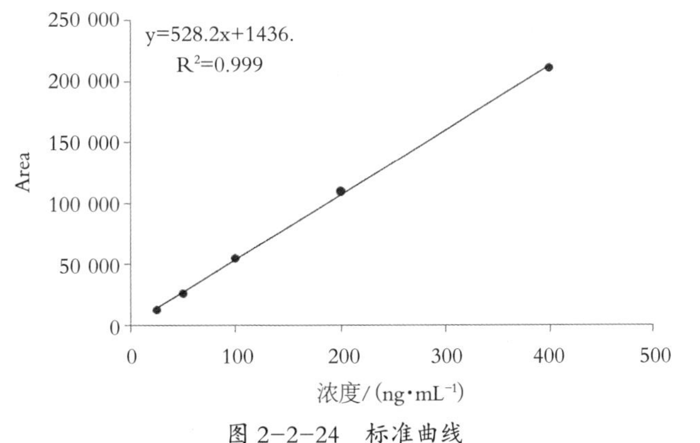

图 2-2-24　标准曲线

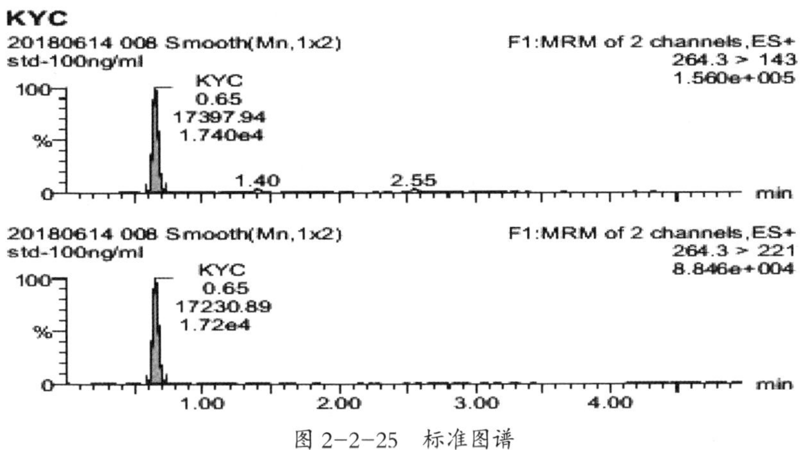

图 2-2-25　标准图谱

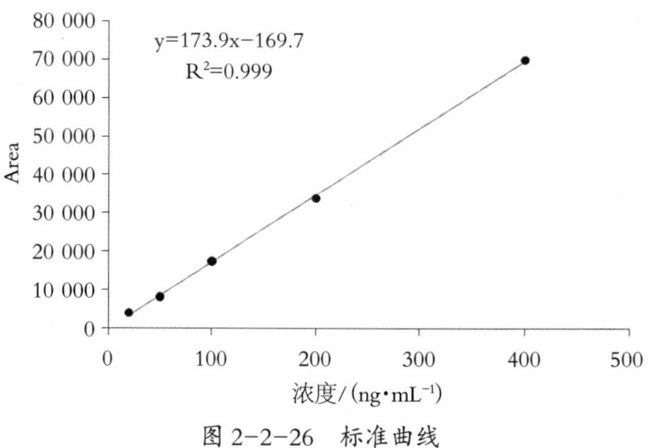

图 2-2-26　标准曲线

2018 年抽检来自饲料生产企业的禽、猪、水产配合饲料共计 20 批次。检测结果见表 2-2-9、表 2-2-10。其中仔猪配合饲料 8 批，家禽配合饲料 8 批，水产配合饲料4 批。

表 2-2-9　喹烯酮检测结果统计表

商品料类型	仔猪配合饲料	家禽配合饲料	鱼配合饲料
检测数量/批	8	8	4
标准值/(mg·kg⁻¹)	≤50	不得检出	不得检出
检出数/批	2	未检出	未检出
最大检出值/(mg·kg⁻¹)	43.1	—	—
检出率/%	25%	0	0
总检出率/%	10		
合格率/%	100		

表 2-2-10　喹乙醇检测结果统计表

商品料类型	仔猪配合饲料	家禽配合饲料	鱼配合饲料
检测数量/批	8	8	4
标准值/(mg·kg⁻¹)	≤100	不得检出	不得检出
检出数/批	2	未检出	未检出
最大检出值/(mg·kg⁻¹)	79.2	—	—
检出率/%	25%	0	0
总检出率/%	10		
合格率/%	100		

经抽样检测，喹烯酮检出 2 批，最大值为 43.1 mg/kg，喹乙醇检出 2 批，最大值为 79.2 mg/kg。检出 2 种药物为仔猪配合饲料，适用于体重<35 kg 的仔猪。添加剂使用管理规范规定，喹烯酮≤50 mg/kg，喹乙醇≤100 mg/kg，喹烯酮允许用量为≤100 mg/kg，两者都允许使用在体重<35 kg 的猪配合饲料中的饲料药物添加剂中，检出样品的检测值均在标准限量范围内，无超量或超范围添加现象，说明宁夏饲料使用喹烯酮、喹乙醇药物添加剂较规范。

2.3　小结

（1）喹烯酮、喹乙醇见光易分解，整个试验过程应注意避光。

（2）样品提取过程要提取 2 次，合并后的提取液要充分混匀。

（3）经验证相关性、精密度、准确性均符合方法学及标准要求，结果科学、准确、合理，已通过检测参数扩项认证。

3　饲料硝基呋喃类药物高效液相色谱检测方法的建立

硝基呋喃类药物主要是指呋喃唑酮、呋喃西林、呋喃妥因和呋喃它酮这类合成的广谱抗菌药物，曾广泛应用于饲料添加剂。研究表明硝基呋喃类药物及其代谢物有致癌、致畸、致突变等毒副作用。研发团队从相关性、准确性、精密度方面，对饲料中硝基呋喃类药物的测定液相色谱−串联质谱法（农业部 1486 号公告−8−2010）进行了方法学验证。

3.1　材料与方法

3.1.1　仪器和条件

仪器：高效液相色谱仪（Agilent 1100）、离心机、旋涡混匀器、电子分析天平、电子天平、超声清洗器、固相萃取装置、氮吹仪。

色谱条件：紫外检测器检测波长 365 nm；色谱柱 C_{18}，250 mm×4.6 mm，5 μm；流动相 0.05%乙酸铵+乙腈（85+15），梯度洗脱见表 2−2−11；流速 1.0 mL/min；进样量 20 μL；柱温 30 ℃。

试剂材料：4 种标准品呋喃西林、呋喃妥因、呋喃它酮、呋喃唑酮，乙腈、甲醇、甲酸、氨水、乙酸铵、混合阳离子交换柱（MCX 小柱 60 mg/3 mL）、色谱柱（AgilentC_{18} 柱，柱长 50 mm，内径 2.1 mm，粒度 1.7 μm）、微孔滤膜（0.22 μm）。

表 2-2-11　梯度洗脱条件

时间/min	0.05%乙酸铵	乙腈/%
0	85	15
15	65	35
17	85	15
20	85	15

3.1.3　样品处理

准确称取（1±0.02）g 试样以及相同质量的基质匹配空白试料分别置于 50 mL 离心管中，加入 25 mL 乙腈，涡旋 1 min，65 ℃超声提取 15 min，每隔 5 min 手摇 1 次，9 000 r/min 离心 5 min，移取上清液 5 mL 至 100 mL 鸡心瓶中。50 ℃旋转蒸干，备用。往鸡心瓶中加入 2%的甲酸（0.1%乙酸铵为溶液）5 mL，超声 2 min，旋涡 1 min 使其充分溶解。混合阳离子交换柱固相萃取，依次用 3 mL 甲醇，2%的甲酸（0.1%乙酸铵 为溶液）3 mL 活化，将样品加入流出后，用 3 mL 去离子水淋洗，吹干，1%氨水 30 mL 和甲醇 70 mL 的混合液 3 mL 洗脱，以上过程流速≤1 mL/min。50 ℃氮气吹干，2%的甲酸（水溶）1 mL 溶解残渣，过 0.22 μm 滤膜后上机测定。

向称取的样品中分别加入混合标准贮备液 50 μL、250 μL、500 μL，制成 1 mg/kg、5 mg/kg、10 mg/kg 的阳性添加样品。

3.2　结果与分析

4 种硝基呋喃类药物标准图谱见图 2-2-27，标准曲线见图 2-2-28 至图 2-2-31。本次试验检测呋喃唑酮、呋喃西林、呋喃妥因和呋喃它酮 4 种硝基呋喃类药物，色谱峰峰形良好，分离度好，互不干扰，4 种硝基呋喃类药物 0.2 μg/mL、0.5 μg/mL、2.0 μg/mL、5.0 μg/mL 和 10 μg/mL 浓度标准曲线相关系数 r 均为 0.999，在以上浓度范围内线性良好。阳性添加回收率为 69.8%~85.6%，变异系数（RSD）为 0.7%~3.4%，说明该方法精密度良好，有较好的重现性。

抽检来自饲料生产企业的禽类配合饲料共计 13 批次，其中鱼饲料 5 批次，检测结果见表 2-2-12。经抽样检测，均未检出 4 种硝基呋喃类药物，说明宁夏本区饲料生产企业生产的饲料不含该类违禁药物。

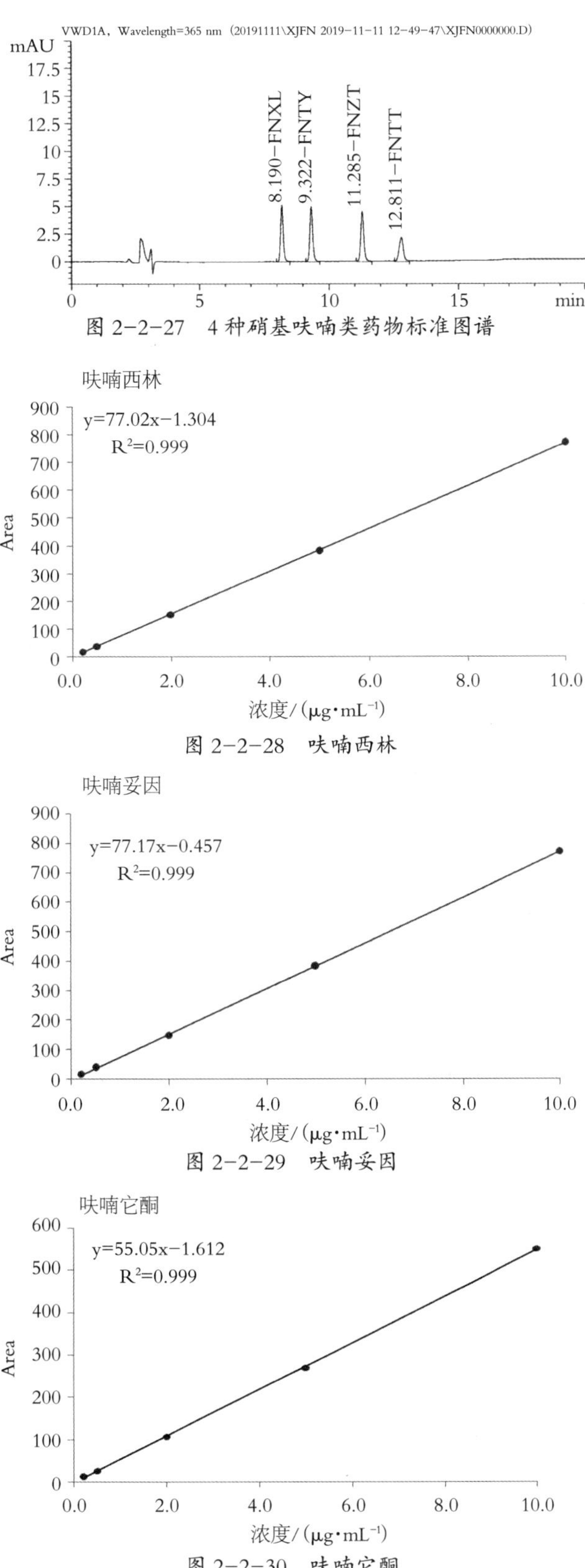

图 2-2-27　4 种硝基呋喃类药物标准图谱

图 2-2-28　呋喃西林

图 2-2-29　呋喃妥因

图 2-2-30　呋喃它酮

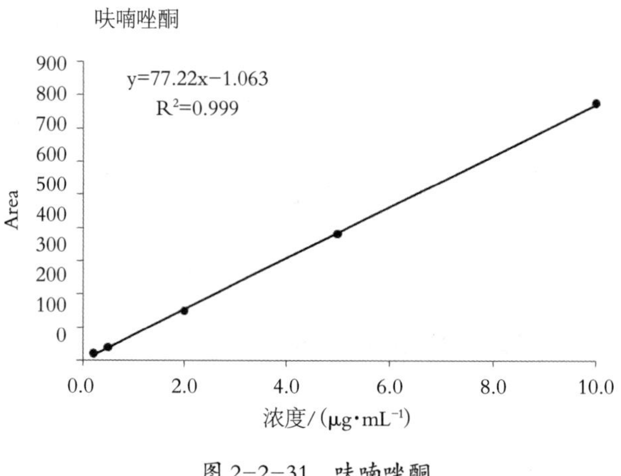

图 2-2-31 呋喃唑酮

表 2-2-12 检测结果统计表

样品编号	样品名称	检测结果			
		呋喃唑酮	呋喃西林	呋喃妥因	呋喃它酮
1	肉小鸡配合饲料 161Q 土小鸡料	未检出	未检出	未检出	未检出
2	小鸭配合饲料 641	未检出	未检出	未检出	未检出
3	文昌鸡中鸡配合饲料 512	未检出	未检出	未检出	未检出
4	122A 文昌中鸡料	未检出	未检出	未检出	未检出
5	文昌鸡小鸡配合饲料 511	未检出	未检出	未检出	未检出
6	肉大鸡配合饲料 313	未检出	未检出	未检出	未检出
7	小鸡配合饲料 701	未检出	未检出	未检出	未检出
8	335 产蛋鸡高峰期配合饲料	未检出	未检出	未检出	未检出
9	鲤鱼 32%蛋白饲料	未检出	未检出	未检出	未检出
10	草鱼育成配合饲料	未检出	未检出	未检出	未检出
11	鲤鲫鱼育成配合饲料	未检出	未检出	未检出	未检出
12	池塘养鱼配合饲料（Ⅱ）103	未检出	未检出	未检出	未检出
13	鲤鱼育成配合饲料（Ⅱ）101	未检出	未检出	未检出	未检出

3.3 小结

（1）硝基呋喃类药物对光较为敏感，试验过程中应注意避光，且室温控制在 25 ℃以下，进样小瓶建议用棕色瓶，提取完成尽快上机测定。标准储备液 4 ℃避光最多保存 3 个月，否则色谱峰的峰面积会有所下降，峰形变差，混合标准工作液现用现配。

（2）经验证相关性、精密度、准确性均符合方法学及标准要求，结果科学、准确、合理，已通过检测参数扩项认证。

4　饲料中金霉素高效液相色谱检测方法的建立

金霉素对多种病原菌有较强的抑制作用，同时也是促生长剂，畜产品中金霉素残留严重威胁人体健康，能引起再生障碍性贫血和粒状白细胞缺乏症等疾病。研发团队从相关性、准确性、精密度方面，对饲料中金霉素的测定高效液相色谱法（GB/T 19684—2005）进行了方法学验证。

4.1　材料与方法

4.1.1　仪器和条件

仪器：高效液相色谱仪（Agilent 1100）、离心机、旋涡混匀器、电子分析天平、电子天平、超声清洗器、固相萃取装置、氮吹仪、酸度计。

色谱条件：紫外检测器，检测波长 375 nm。色谱柱 C_{18}，150 mm×4.6 mm，5 μm；流动相乙二酸溶液+乙腈+甲醇（10+3+2）；流速 1.0 mL/min；进样量 20 μL。

4.1.2　试剂材料

金霉素标准品（含量 95.0%）、乙二酸（草酸）、盐酸、丙酮、微孔滤膜（0.22 μm）、色谱柱（Agilent C_{18} 柱，柱长 150 mm，内径 4.6 mm，粒度 5 μm）。

4.1.3　样品处理

称取 5 g（精确至 0.01 g）试样置于离心管中，加入 20 mL 提取液（丙酮+4 mol/L 盐酸溶液+水=13+1+6），旋涡 2 min，用 4 mol/L 盐酸溶液调至 pH 1.00~1.2（记录盐酸溶液的消耗量，作为稀释倍数），盖紧塞子，于振荡器中振荡 30 min，取出，10 000 r/min 离心 5 min，取上清液，过 0.22 μm 滤膜，上机测定。

向称取的空白样品中加入适量标准储备液，制成 10 mg/kg、50 mg/kg、100 mg/kg（上机浓度为 2.5 μg/mL、12.5 μg/mL、25 μg/mL）的阳性添加样品。

4.2　结果与分析

浓度 10 μg/mL 金霉素的标准图谱见图 2-2-32，标准曲线见图 2-2-33。金霉

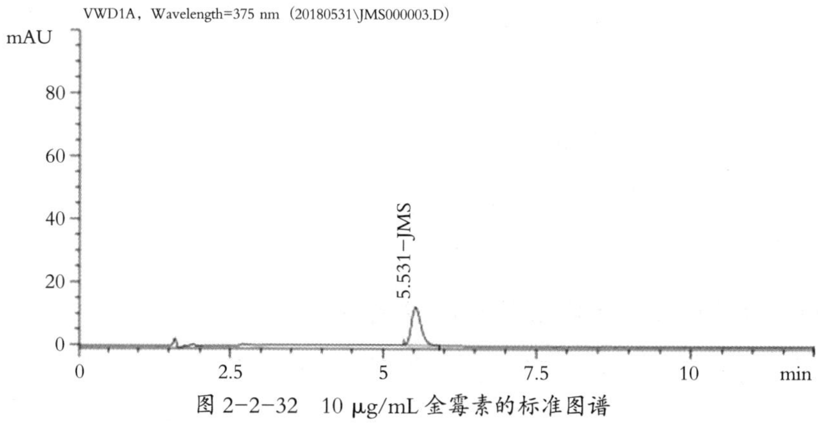

图 2-2-32　10 μg/mL 金霉素的标准图谱

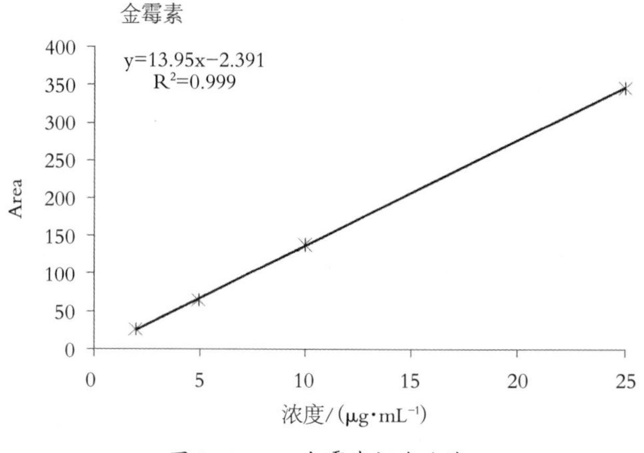

图 2-2-33　金霉素标准曲线

素方法验证试验配制 2.0 μg/mL、5.0 μg/mL、10.0 μg/mL、25.0 μg/mL 标准工作曲线相关性都为 0.999，线性及色谱峰峰形良好，阳性添加样品平均回收率在 75.61%~83.02%，阳性添加样品每个浓度 6 个平行样相对标准偏差（RSD）为 1.0%~2.8%，说明该方法精密度高、重现性好。

2018 年抽检配合饲料 20 批，其中家禽配合饲料 8 批，水产饲料 4 批，仔猪配合饲料 8 批，检测结果见表 2-2-13。经抽样检测，添加剂使用管理规范规定，中大鸡配合料添加量≤75 mg/kg，小鸡配合料添加量≤50 mg/kg，鱼类配合料不允许添加，检出添加金霉素样品 4 批，4 批饲料均为仔猪配合饲料，占总样品数的 20%，占仔猪料的 50%，检测结果最大值 74.7 mg/kg，最小值 43.3 mg/kg，在允许添加量范围内。说明宁夏饲料使用金霉素药物添加剂较规范。

表 2-2-13　检测结果统计表

样品编号	样品名称	标准值/(mg·kg^{-1})	检测值/(mg·kg^{-1})
1	肉小鸡配合饲料 161Q 土小鸡料	≤50	未检出
2	仔猪前期配合饲料 312Q 断奶仔猪前期料	≤75	未检出
3	乳猪配合饲料 851	≤75	未检出
4	膨化小猪配合饲料	≤75	74.7
5	小鸭配合饲料 641	≤50	未检出
6	文昌鸡中鸡配合饲料 512	≤50	未检出
7	122A 文昌中鸡料	≤50	未检出
8	仔猪配合饲料 113	≤75	73.5
9	文昌鸡小鸡配合饲料 511	≤50	未检出
10	罗非鱼育成膨化配合饲料 282	不得检出	未检出
11	罗非鱼膨化配合饲料 903	不得检出	未检出
12	罗非鱼配合饲料 5805	不得检出	未检出
13	301 小猪料	≤75	未检出
14	肉大鸡配合饲料 313	≤50	未检出
15	仔猪配合饲料 222	≤75	未检出
16	小猪配合饲料 752	≤75	43.3
17	小鸡配合饲料 701	≤50	未检出
18	罗非鱼膨化配合饲料 1053	不得检出	未检出
19	961 膨化小猪配合饲料	≤75	60.6
20	335 产蛋鸡高峰期配合饲料	≤50	未检出

4.3　小结

(1) 样品提取过程需用盐酸溶液将样品调至 pH 1.0~1.2，建议利用 100 μL 移液枪移取盐酸溶液，方便记录体积，计算稀释倍数。

(2) 经验证相关性、精密度、准确性均符合方法学及标准要求，结果科学、准确、合理，已通过检测参数扩项认证。

5　饲料中土霉素高效液相色谱检测方法的建立

土霉素是一种广谱抗生素，吸收快、排泄慢，长期使用会在动物体内蓄积，进而影响畜产品质量安全。研发团队从准确性、精密度方面，对饲料中土霉素的测定高效液相色谱法（GB/T 22259—2008）进行了方法学验证。

5.1 材料与方法

5.1.1 仪器和条件

仪器：高效液相色谱仪（Agilent 1100 ）、离心机、旋涡混匀器、电子分析天平、电子天平、超声清洗器、固相萃取装置、氮吹仪、酸度计。

色谱条件：紫外检测器，检测波长 353 nm；色谱柱 C_{18}，150 mm×4.6 mm，5 μm；流动相磷酸缓冲液+乙腈（84+16）；流速 1.0 mL/min；进样量 20 μL。

5.1.2 试剂材料

土霉素标准品（含量 96.0%）、乙腈、磷酸二氢钠、盐酸、微孔滤膜（0.22 μm）、色谱柱（Agilent C_{18} 柱，柱长 150 mm，内径 4.6 mm，粒度 5 μm）。

5.1.3 样品处理

称取 5 g（精确至 0.01 g）试样于离心管中，加入 20 mL 盐酸溶液（0.1 mol/L）旋涡 2 min，在振荡器中振荡 10 min，取出，10 000 r/min 离心 5 min，取上清液，过 0.22 μm 滤膜，上机测定。

向称取的空白样品中加入适量标准储备液，制成 20 mg/kg、50 mg/kg、100 mg/kg（上机浓度为 5 μg/mL、12.5 μg/mL、25 μg/mL）的阳性添加样品。

5.2 结果与分析

土霉素标准图谱见图 2-2-34，标准曲线见图 2-2-35。土霉素方法验证试验配制 0.5 μg/mL、2.0 μg/mL、10.0 μg/mL、20.0 μg/mL、50.0 μg/mL 标准工作曲线相关性都为 0.999，线性及色谱峰峰形良好。土霉素的阳性添加样品平均回收率在

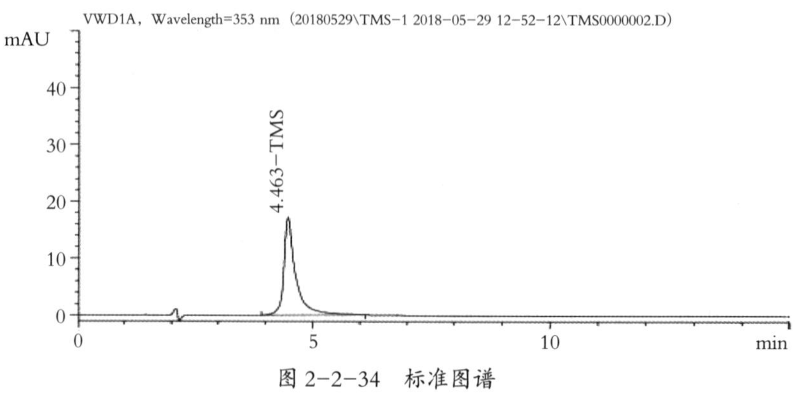

图 2-2-34　标准图谱

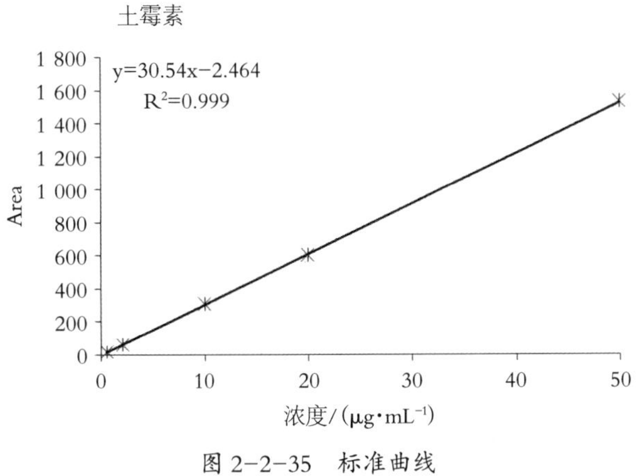

图 2-2-35　标准曲线

85.97%~102.34%，每个浓度 6 个平行样相对标准偏差（RSD）为 2.3%~2.8%，说明该方法精密度高、重现性好。

2018 年抽检配合饲料 20 批，其中家禽配合饲料 8 批、水产饲料 4 批、仔猪配合饲料 8 批。检测结果见表 2-2-14。经抽样检测，检出添加土霉素的样品 5 批，4批为仔猪配合饲料，1 批为大鸡配合料，检出率为 25%。检测结果最大值 230 mg/kg，最小值 112 mg/kg，添加剂使用管理规范规定，家禽配合料添加量≤300 mg/kg，鱼类配合料不允许添加，在允许添加量范围内，说明宁夏饲料使用土霉素添加剂较规范。

表 2-2-14　检测结果统计表

样品编号	样品名称	标准值/(mg·kg⁻¹)	检测值/(mg·kg⁻¹)
1	肉小鸡配合饲料 161Q 土小鸡料	≤300	未检出
2	仔猪前期配合饲料 312Q 断奶仔猪前期料	≤300	230
3	乳猪配合饲料 851	≤300	119
4	膨化小猪配合饲料	≤300	112
5	小鸭配合饲料 641	≤300	未检出
6	文昌鸡中鸡配合饲料 512	≤300	未检出
7	122A 文昌中鸡料	≤300	未检出
8	仔猪配合饲料 113	≤300	未检出
9	文昌鸡小鸡配合饲料 511	≤300	未检出
10	罗非鱼育成膨化配合饲料 282	不得检出	未检出

续表

样品编号	样品名称	标准值/(mg·kg⁻¹)	检测值/(mg·kg⁻¹)
11	罗非鱼膨化配合饲料 903	不得检出	未检出
12	罗非鱼配合饲料 5805	不得检出	未检出
13	301 小猪料	≤300	未检出
14	肉大鸡配合饲料 313	≤300	171
15	仔猪配合饲料 222	≤300	179
16	小猪配合饲料 752	≤300	未检出
17	小鸡配合饲料 701	≤300	未检出
18	罗非鱼膨化配合饲料 1053	不得检出	未检出
19	961 膨化小猪配合饲料	≤300	未检出
20	335 产蛋鸡高峰期配合饲料	≤300	未检出

5.3 小结

（1）流动相的 pH 对色谱峰的保留时间有影响，pH 应准确调至 3.5。

（2）经验证相关性、精密度、准确性均符合方法学及标准要求，结果科学、准确、合理，已通过检测参数扩项认证。

6 饲料中磺胺类药物高效液相色谱检测方法的建立

磺胺类药物抗菌谱广、性质稳定、使用简便，养殖过程中以预防为目的长期在饲料中添加使用，导致畜产品中磺胺类药物残留。研发团队从相关性、准确性、精密度方面，对饲料中磺胺类药物的测定高效液相色谱法（GB/T 19542—2007）进行了方法学验证。

6.1 材料与方法

6.1.1 仪器和条件

仪器：高效液相色谱仪（Agilent 1260 infinity II）、离心机、旋涡混匀器、电子分析天平、电子天平、超声清洗器、固相萃取装置、氮吹仪、振荡器。

色谱条件：紫外检测器，检测波长 270 nm，流动相 25%乙腈水，流速 1.0 mL/min，进样量 20 μL。

6.1.2　试剂材料

5 种标准品磺胺嘧啶、磺胺二甲基嘧啶、磺胺间甲氧嘧啶、磺胺甲噁唑、磺胺喹噁啉、乙腈、甲醇、冰乙酸、纯水、碱性氧化铝 SPE 小柱（1 000 mg/12 mL）、色谱柱（C_{18} 柱，柱长 250 mm，内径 4.6 mm）。

6.1.3　样品处理

准确称取 1 g（精确至 0.001 g）试样置于 25 mL 离心管中，加入 25 mL 乙腈，涡旋 1 min，振荡 30 min，9 000 r/min 离心 5 min，过滤，滤液备用。碱性氧化铝 SPE 小柱取 10 mL 过滤，流出后吹干。分别用 2 mL 流动相洗脱 2 次，收集洗脱液，过 0.22 μm 滤膜后上机测定。

向称取的样品中分别加入混合标准贮备液，制成 0.2 mg/kg、0.5 mg/kg、1.5 mg/kg 的阳性添加样品。

6.2　结果与分析

5 种磺胺类药物标准图谱见图 2-2-36，标准曲线图见图 2-2-37 至图 2-2-40。5 种磺胺类药物 0.1 μg/mL、0.2 μg/mL、0.5 μg/mL、1.5 μg/mL、5.0 μg/mL 各种药物的线性在 0.999 9 以上，同时做阳性添加浓度为0.2 mg/kg、0.5 mg/kg、1.5 mg/kg 3 个浓度，每个浓度 5 个平行样，每个平行样 3批，平均回收率在 85.8%~

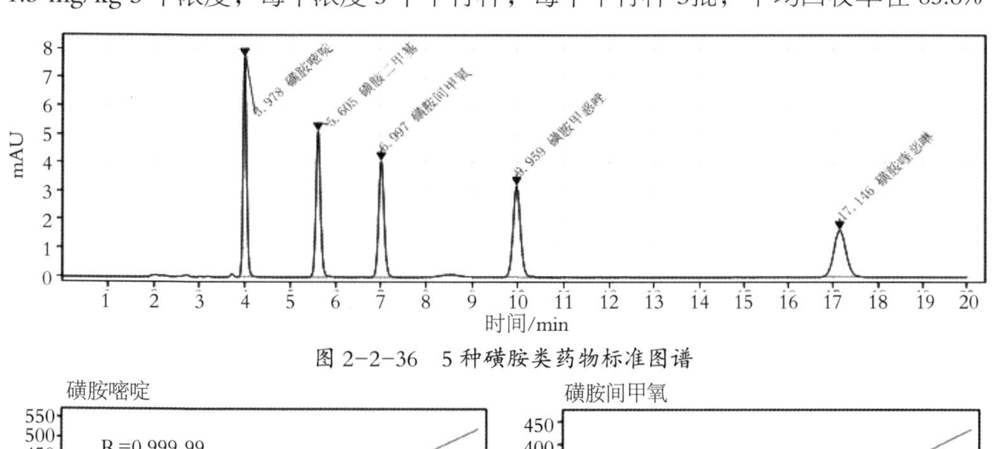

图 2-2-36　5 种磺胺类药物标准图谱

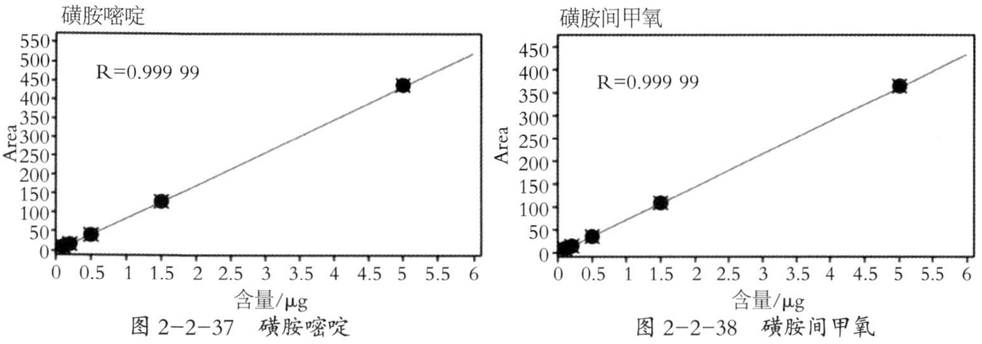

图 2-2-37　磺胺嘧啶　　图 2-2-38　磺胺间甲氧

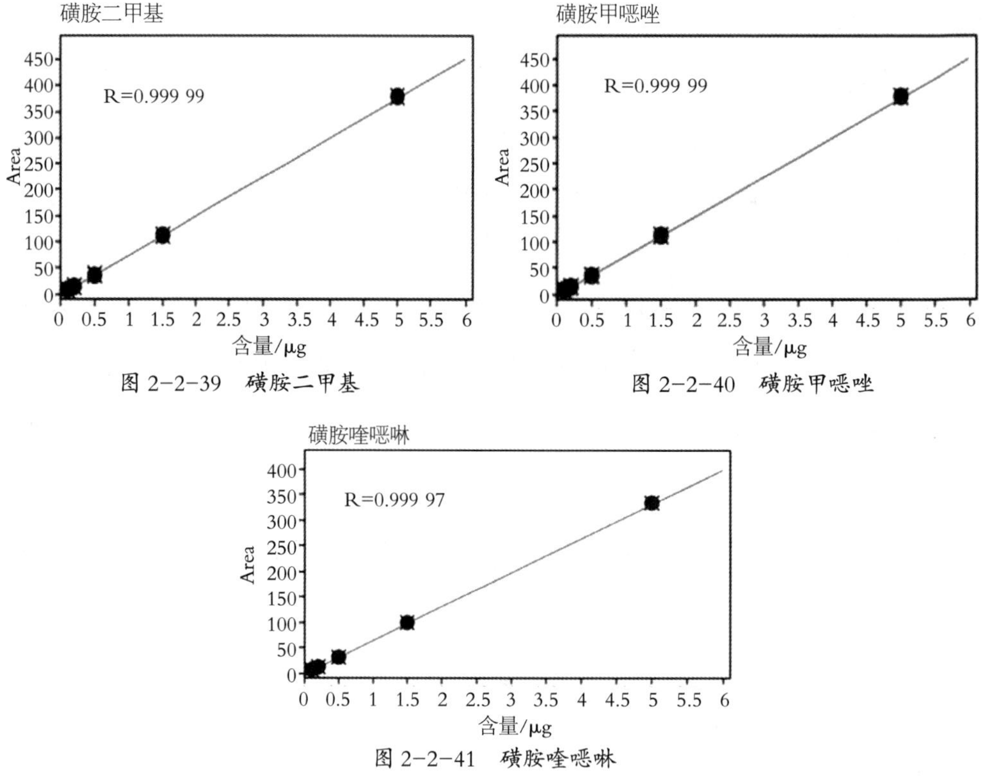

图 2-2-39　磺胺二甲基　　　　图 2-2-40　磺胺甲噁唑

图 2-2-41　磺胺喹噁啉

113.0%之间，变异系数（RSD）为 0.2%~7.6%，说明该方法精密度良好，有较好的重现性。

6.3　小结

（1）配制磺胺喹噁啉标准品浓度太高不溶解时，可适量加入 0.1 mol/L 氢氧化钠溶液 50 μL，若还不能至澄清透明可继续少量添加，直至溶解。

（2）经验证相关性、精密度、准确性均符合方法学及标准要求，结果科学、准确、合理，已通过检测参数扩项认证。

第 3 节　饲料中铅的测定标准的更新验证

铅属于蓄积性毒物，对动物的毒性呈现协同作用。人长期摄入铅超标的畜产品也会导致中毒。现行标准饲料中铅的测定 GB/T 13080—2018 替代了 GB/T 13080—2004，新标准增加了石墨炉法、火焰法的定量限，修改了精密度的要求。研发团队对火焰法、石墨炉法的标准曲线、定量限、精确度进行了方法学验证。

1　材料与方法

1.1　仪器和条件

仪器：马弗炉、电子分析天平、电子天平、原子吸收分光光度计（Zeenit 700P）、微控数显电热板。

仪器条件：

火焰法，马弗炉灰化温度 550 ℃；原子吸收分光光度计，铅空心阴极灯 283.3 nm 下测量。

石墨炉，波长 283.3 nm；狭缝宽度 0.2~1.0 nm；灯电流 5~7 mA；干燥温度/时间 120 ℃/60 s；灰化温度/时间 850 ℃/20 s；原子化温度/时间 1 700~2 300 ℃/5 s；清洁温度/时间 2 500 ℃/20 s；背景校正 D_2 扣背景。

1.2　试剂材料

铅标准溶液、盐酸、硝酸、磷酸二氢铵、硝酸镁、去离子水、容量瓶、坩埚、漏斗、滤纸。

1.3　样品处理

1.3.1　火焰法

称取约 5 g 制备好的试样，精确到 0.001 g，置于坩埚中。将坩埚置于可调电炉上，100~300 ℃缓慢加热炭化至无烟，要避免试料燃烧。然后放入 550 ℃预热 15 min 的马弗炉，灰化 2~4 h，冷却后用 2 mL 水将碳化物润湿。取 5 mL 6 mol/L 盐酸，慢慢一滴一滴加入坩埚中，边加边转动坩埚，直到不冒泡，然后再快速加入 5 mL 6 mol/L 硝酸，转动坩埚并在电热板上加热直到消化液 2~3 mL 时取下（注意防止溅出），分次用 5 mL 左右的水转移到 50 mL 容量瓶。冷却后，用水定容至刻度，用无灰滤纸过滤，摇匀，待用。同时制备试样空白溶液。

阳性添加样品：向称取的样品中分别加入适量标准贮备液，制成 2 mg/kg、0.3 mg/kg的阳性添加样品，各 6 个平行样。

1.3.2　石墨炉

称取约 1 g 制备好的试样，精确到 0.001 g，置于坩埚中。将坩埚置于可调电炉上，100~300 ℃缓慢加热炭化至无烟，要避免试料燃烧。然后放入 550 ℃预热 15 min 的马弗炉，灰化 2~4 h，冷却后用 2 mL 水将碳化物润湿。取 5 mL 6 mol/L 硝酸，慢慢一滴一滴加入坩埚中，边加边转动坩埚，直到不冒泡，转动坩埚并在电热板上加热直到消化液 2~3 mL 时取下（注意防止溅出），分次用 5 mL 左右的水转移到 10 mL 容量瓶。冷却后，用水定容至刻度，用无灰滤纸过滤，摇匀，待用。同时制备试样空白溶液。

阳性添加样品：向称取的样品中分别加入适量标准贮备液，制成 30 μg/L 的阳性添加样品，各 6 个平行样。

2 结果与分析

2.1 火焰法

标准工作曲线见图 2-2-42，用含铅量为 0 μg/mL、0.2 μg/mL、0.4 μg/mL、0.6 μg/mL、0.8 μg/mL、1.0 μg/mL 标准溶液测定标准曲线，线性相关系数为 0.999 7，斜率为 0.034 6；符合方法验证要求。

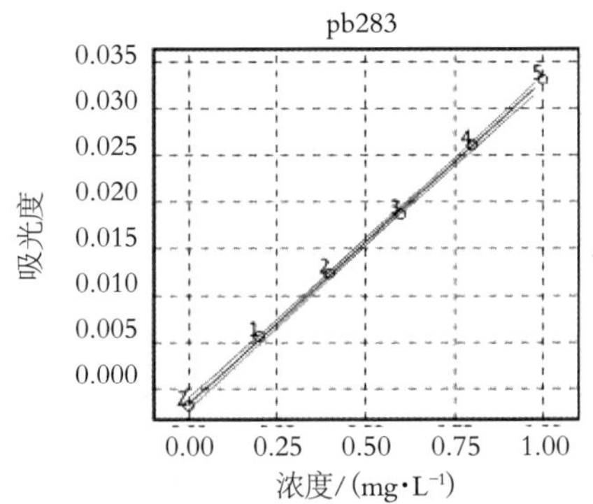

R：0.999758510　斜率：0.03467 吸光度/mg/L　特征浓度：0.12577 mg/L/1%A

方法标准偏差：0.009 20 mg/L

y=a+bx　a=-.0016503　b=0.0346670

图 2-2-42　铅标准曲线

检出限见表 2-2-15，空白溶液连续测定吸光度 11 次，得出结果标准偏差为 0.001 08，计算检出限为 0.014 6，符合标准要求。

精密度：由标准系列工作溶液连续测定 1.0 μg/mL 的铅标准溶液 10 次，结果得出 RSD 为 0.48%，符合方法验证要求。

准确度见表 2-2-16，测定 0.2 μg/mL（2 mg/kg）的阳性添加样品，测定平均值为 1.194 mg/kg，回收率为 95.7%，RSD 为 1.01%，符合方法验证要求。

表 2-2-15　检出限测定结果

重复数	吸光度	浓度/(mg·kg⁻¹)	平均值/(mg·kg⁻¹)	RSD/%
1	0.036 21	0.988 7	0.996 6	0.48
2	0.036 22	0.998 9		
3	0.036 25	0.999 1		
4	0.036 18	0.998 5		
5	0.036 17	0.985 8		
6	0.036 24	0.999 1		
7	0.036 18	0.996 7		
8	0.036 22	0.998 7		
9	0.036 27	1.001 4		
10	0.036 19	0.998 4		
11	0.036 18	0.997 8		

表 2-2-16　回收率检测结果

平行样	样品质量 m/g	定容体积 V/mL	空白浓度/(μg·mL⁻¹)	试样浓度/(μg·mL⁻¹)	铅含量/(mg·kg⁻¹)	铅平均含量/(mg·kg⁻¹)	回收率/%	RSD/%
1	5.001 2	50	0	0.192 3	1.923	1.914	95.7	1.01
2	5.002 6	50	0	0.190 1	1.900			
3	5.000 6	50	0	0.193 4	1.934			
4	5.001 4	50	0	0.189 7	1.896			
5	5.000 5	50	0	0.193 7	1.937			
6	5.001 6	50	0	0.189 5	1.894			

2.2　*石墨炉*

标准工作曲线见图 2-2-43，用含铅量为 0 μg/L、10 μg/L、20 μg/L、30 μg/L、40 μg/L、50 μg/L 标准溶液测定标准曲线，线性相关系数为 0.992 7，斜率为 0.001 07，符合方法验证要求。

检出限见表 2-2-17，空白溶液连续测定吸光度 11 次，得出结果标准偏差为 0.000 88，计算检出限为 0.010 1，符合标准要求。

精密度：由标准系列工作溶液连续测定 10 μg/L 的铅标准溶液 10 次，结果得出

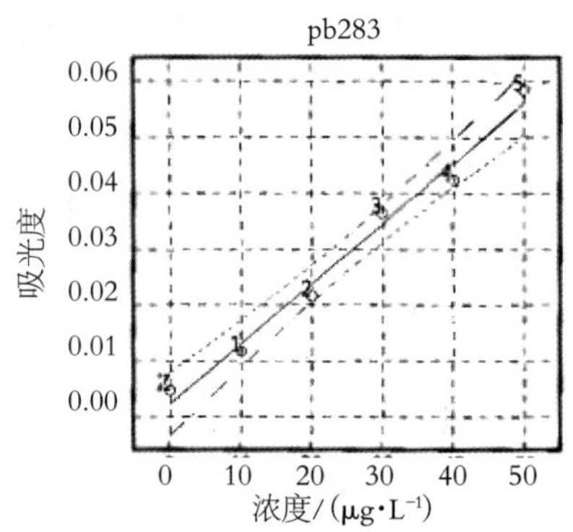

R：0.992727653　　　　　　斜率：0.00107 吸光度/μg/L

特征浓度：4.05904 μg/L/1%A

方法标准偏差：2.53641 μg/L

y=a+bx　　a=0.0023613　b=0.0010741

图 2-2-43　铅标准曲线

表 2-2-17　检出限测定结果

重复数	吸光度	浓度/（mg·kg⁻¹）	平均值/（mg·kg⁻¹）	RSD/%
1	0.011 66	10.026	10.034	0.22
2	0.011 56	10.017		
3	0.011 49	10.003		
4	0.011 84	10.034		
5	0.011 67	10.049		
6	0.011 75	10.057		
7	0.011 67	10.034		
8	0.011 59	10.027		
9	0.011 48	10.017		
10	0.011 67	10.084		
11	0.011 42	10.025		

RSD 为 0.22%，符合方法验证要求。

准确度见表 2-2-18，测定 30 μg/L 的阳性添加样品，测定平均值为 0.288 mg/kg，回收率为 96.2%，RSD 为 2.14%，符合方法验证要求。

表 2-2-18　回收率测定结果

平行样	样品质量 m/g	定容体积 V/mL	空白浓度/(μg·L^{-1})	试样浓度/(μg·L^{-1})	铅含量/(mg·kg^{-1})	铅平均含量/(mg·kg^{-1})	回收率/%	RSD/%
1	1.002 3	10	0	29.026	0.290	0.288	96.2	2.14
2	1.004 8	10	0	29.781	0.296			
3	1.001 4	10	0	28.157	0.281			
4	1.000 6	10	0	28.034	0.280			
5	1.001 8	10	0	29.013	0.290			
6	1.003 4	10	0	29.157	0.291			

3　小结

（1）石墨炉法的检测限比火焰法低，增加了火焰法定量限，修改了精密度的要求，新标准对检测结果的判定更加精确，说明国家对饲料中铅的检测更加严格。

（2）经验证各项参数均符合方法学及标准要求，检验结果科学、准确、合理，已通过检测参数扩项认证。

第 3 章 饲料原料近红外模型的建立

传统的检测方法需要一系列的前处理，操作繁琐、费时费力、成本高，不能适应快速发展的饲料加工业及其他加工产业，且大量化学试剂的使用损害操作人员的健康，也给环境带来巨大的危害。近红外光谱（Near Infrared Spectroscopy，NIRS）技术以检测效率高、操作简便、无化学污染等优势在各个领域被广泛应用。随着饲料分析国家标准 GB/T 18868—2002 的发布，近红外快检技术被越来越多地应用到饲料原料验收和成品出厂检测中。良好的分析模型是保障近红外检测技术准确应用的关键，主成分含量高，模型预测能力强。研发团队采用偏最小二乘法（Partial Least Sqμare，PLS）法，以含量较高的水分、粗蛋白、粗脂肪、粗纤维、粗灰分为主要指标，建立了常用的豆粕、玉米、麸皮、DDGS 饲料原料的近红外分析模型，为近红外技术在宁夏饲料原料品质把控和饲料配方精准设计奠定基础。

第 1 节 豆粕营养成分近红外分析模型的建立

豆粕含有丰富的蛋白质、碳水化合物、维生素和矿物质，是产量最大、使用范围最广的植物性蛋白饲料原料。研发团队建立了宁夏豆粕 NIRS 分析模型，实现了豆粕水分、粗蛋白、粗灰分、粗纤维 4 项主成分的快速检测。

1 材料与方法

1.1 样品采集

在宁夏地区各市县（固原、海原、同心、中卫、中宁、永宁、平罗）抽取豆粕样品 100 批，采样按照饲料采样 GB/T 14699.1—2005 中的规定进行。

1.2　样品制备

将样品经粉碎机粉碎后过 80 目筛，每批样品分为 2 份用于湿化学法检测值的获得和近红外光谱采集。将制备好的样品装入洁净的密封袋中 −20 ℃冷藏备用。

1.3　常规营养成分测定

水分、粗蛋白、粗灰分、粗纤维按国标推荐方法测定获得化学值。

1.4　豆粕样品定标集与验证集的划分

定标集与验证集的样品划分采用浓度梯度法，将 100 批豆粕样品的每种检测指标的化学值进行从大到小依次排序，隔 3 选 2，其中 60 份样品作为定标集，其余的 40 份样品作为验证集。参与定标集样品不能再作为验证集样品所用。

1.5　NIR 光谱采集

使用 foss DS2500 近红外分析仪进行测定，扫描时采用大样品杯，样品深度位于样品杯的 1/2~2/3 处，用杯盖压实，扫描波长 400~2 500 nm。每个样品扫描 3 次，取平均值。

1.6　模型建立及评价

为消除样品均匀度、样品粒度、基线漂移和偏移、随机噪声及周围环境等非目标因素对近红外光谱造成的干扰，分别以无预处理（None）、均值中心化（Mean Centralization，MC）、标准正态变量转换（Standard Normal Variable，SNV）、一阶导数（First Derivative，FD）、标准正态变量转换结合去趋势校正（SNV+ Detrend）进行光谱预处理。选择偏最小二乘回归法（Partial Least Sqμares Regression，PLS），在全波长范围内，构建不同营养成分定量分析模型。以定标决定系数（R^2c）、预测决定系数（R^2p）、定标标准偏差（RMSEC）、交叉验证均方差（RMSECV）、相对分析误差（RPD）为评价指标，对样品光谱经不同算法变换后所建定标模型的质量和性能进行比较，选取其中最优模型作为基本 NIRS 模型。其中定标决定系数（R^2c）、预测决定系数（R^2p）越接近 1，定标标准偏差（RMSEC）、交叉验证均方差（RMSECV）越小，代表模型的预测能力越强、预测误差越小、定标效果越好。一般认为若 $R^2p>0.80$，说明定标效果良好，模型可用于实际预测。若 $0.66\leq R^2p\leq 0.80$，说明定标模型可达到粗估效果，但预测精度需要进一步提高。若 $R^2p<0.66$，

说明模型难以用于 NIRS 的定量分析。最后根据相对分析误差（Relative percent deviation，RPD）对预测精度进行进一步评价。若 RPD<2.5 时，说明比较困难用该模型进行定量分析，无法用近红外光谱技术进行分析；若 2.5≤RPD<3，说明模型对该成分进行定量分析可行，但其精度有待进一步提高；若 RPD≥3，说明建立的定标模型预测效果良好，可用于实际预测。所有的数据处理均使用 Win ISI 3 软件完成。

1.7 模型验证

采用未参与模型建立的验证样本，利用所建立的各营养成分快速检测模型对验证样本集样本的水分、粗蛋白、粗灰分、粗纤维含量扫描进行预测，将预测值与实测值进行 μ 检验，判定预测值与实测值的差异显著性，并以外部验证集预测决定系数 R^2p 为指标评价模型的预测能力。

2 结果与分析

2.1 豆粕常规营养成分化学分析结果

100 批豆粕样品湿化学法检测值统计结果见表 2-3-1。

表 2-3-1 样本划分统计结果表

样品类别	营养成分	样本数/批	最大值/%	平均值/%	最小值/%	标准差/%
定标集	水分	60	12.88	10.80	8.23	1.17
	粗蛋白	60	47.24	44.70	42.37	0.97
	粗灰分	60	6.26	5.86	5.35	0.10
	粗纤维	60	7.14	5.44	4.20	0.60
验证集	水分	40	12.73	10.78	8.31	1.18
	粗蛋白	40	47.15	44.73	42.45	0.95
	粗灰分	40	6.21	3.09	5.39	0.09
	粗纤维	40	7.09	1.87	4.24	0.61

从表中可以看出，100 批豆粕样品，水分含量在 8.23%~12.88%，粗蛋白含量在 42.37%~47.24%，粗灰分含量在 5.35%~6.26%，粗纤维含量在 4.20%~7.14%，定标集包含了 4 种营养成分的最大值和最小值，定标样品集范围越宽，代表性强。验证集

水分含量在 8.31%~12.73%，粗蛋白含量在 42.45%~47.15%，粗灰分含量在 5.39%~6.21%，粗纤维含量在 4.24%~7.09%，验证集检测结果均在定标集检测结果区间内，说明定标集和验证集样品的划分合理，有利于预测模型的准确性。

2.2 近红外光谱图采集

对 60 批豆粕样品扫描后获得 NIRS 原始光谱图，如图 2-3-1 所示。豆粕样品的 NIRS 存在多个吸收峰，样品近红外光谱变化趋势一致，但是不重合，表明不同样本间重现性良好又存在差异，为其常规营养成分含量的定量分析提供了丰富的信息，适合采用 NIRS 分析法对各种营养成分进行预测。

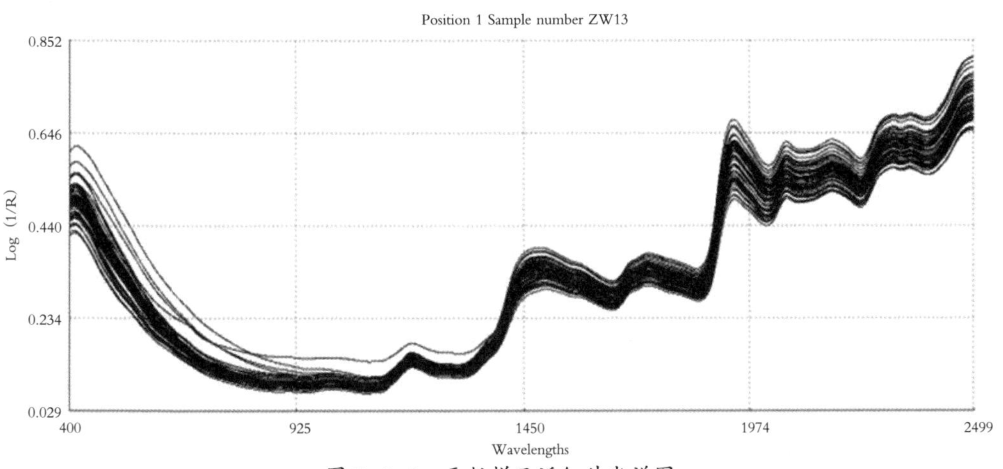

图 2-3-1 豆粕样品近红外光谱图

2.3 预测模型的建立

经 None、MC、SNV、FD、SNV+Detrend 预处理光谱后，得到定标决定系数（R^2c）、定标标准偏差（RMSEC）、交叉验证均方差（RMSECV）、预测决定系数（R^2p）、相对分析误差（RPD），如表 2-3-2 所示。

表 2-3-2 豆粕中各营养成分不同光谱预处理结果统计表

营养成分	光谱预处理	R^2c	RMSEC	RMSECV	R^2p	RPD
水分	None	0.764	0.535	0.502	0.761	2.65
	MC	0.913	0.426	0.462	0.904	3.21
	SNV	0.944	0.362	0.341	0.933	3.22
	FD	0.891	0.487	0.504	0.881	2.97
	SNV+D	0.985	0.245	0.281	0.983	4.38

续表

营养成分	光谱预处理	R^2c	RMSEC	RMSECV	R^2p	RPD
粗蛋白	None	0.754	0.651	0.625	0.746	2.05
	MC	0.945	0.256	0.302	0.936	3.26
	SNV	0.930	0.309	0.317	0.923	3.18
	FD	0.846	0.456	0.447	0.845	2.74
	SNV+D	0.975	0.267	0.226	0.968	3.91
粗灰分	None	0.762	0.402	0.425	0.751	1.78
	MC	0.881	0.359	0.336	0.879	2.93
	SNV	0.885	0.362	0.347	0.878	2.89
	FD	0.769	0.375	0.386	0.766	2.55
	SNV+D	0.895	0.301	0.315	0.883	3.01
粗纤维	None	0.879	0.344	0.342	0.839	2.87
	MC	0.902	0.312	0.306	0.899	3.06
	SNV	0.890	0.362	0.374	0.887	3.03
	FD	0.932	0. 338	0.352	0.923	3.48
	SNV+D	0.964	0.297	0.305	0.960	3.71

由表 2-3-2 可知，经过 None、MC、SNV、FD、SNV+D 5 种光谱预处理后，水分预测模型经 SNV+D 光谱预处理后 R^2c、RMSEC、RMSECV、R^2p、RPD 分别为 0.985、0.245、0.281、0.983、4.38，与其他光谱处理后得到的值相比，SNV+D 处理所得 R^2c、R^2p 相对较大，且 RMSEC、RMSECV 相对最小；RPD>3，所以 SNV+D 光谱预处理后水分预测模型效果最优。并且 MC、SNV 光谱预处理后的模型效果也能达到预测模型需要，但是效果不及 SNV+D 光谱预处理后得到的预测模型。

粗蛋白预测模型经 SNV+D 光谱预处理后，R^2C、RMSEC、RMSECV、R^2p、RPD 分别为 0.975、0.267、0.226、0.968、3.91，与其他光谱处理后得到的值相比，SNV+D 处理所得 R^2c、R^2p 相对较大，且 RMSEC、RMSECV 相对最小；RPD>3，所以 SNV+D 光谱预处理后水分预测模型效果最优。并且 MC、SNV 光谱预处理后的模型效果也能达到预测模型需要，但是效果不及 SNV+D 光谱预处理后的到的预测模型。

粗灰分预测模型经 SNV+D 光谱预处理后 R^2c、RMSEC、RMSECV、R^2p、RPD 分别为 0.895、0.301、0.315、0.883、3.01，与其他光谱处理后得到的值相比，SNV+D 处理所得 R^2c、R^2p 相对较大，且 RMSEC、RMSECV 相对最小；RPD>3，所以 SNV+D 光谱预处理后水分预测模型效果最优。其他光谱预处理后的模型也能达到良好的效果，但是效果不及 SNV+D 光谱预处理后得到的预测模型。同时，粗灰分的预测模型效果也不及水分和粗蛋白。

与其他光谱预处理方法相比，经 SNV+D 光谱预处理后粗纤维 R^2c、RMSEC、RMSECV、R^2p、RPD 分别为 0.964、0.297、0.305、0.960、3.71，模型预测效果最优。MC 和 FD 光谱预处理后模型效果也能满足预测模型需要，但是效果不及 SNV+D 光谱预处理后得到的预测模型。

2.4　预测模型的验证

验证集近红外预测值与实测值结果对比见表 2-3-3 至表 2-3-6，图 2-3-2 至图 2-3-5。

表 2-3-3　豆粕预测样本集水分预测结果

序号	预测值/%	实测值/%	偏差/%	序号	预测值/%	实测值/%	偏差/%
1	11.76	11.99	0.23	15	11.55	11.62	0.07
2	11.26	11.78	0.52	16	8.95	8.73	0.22
3	11.25	11.18	0.07	17	12.26	12.20	0.06
4	10.09	10.18	0.09	18	11.35	11.26	0.09
5	11.51	11.61	0.10	19	10.59	10.45	0.14
6	9.89	9.83	0.06	20	10.67	10.74	0.07
7	12.86	12.73	0.13	21	11.46	11.44	0.02
8	10.86	10.94	0.08	22	11.88	11.96	0.08
9	12.30	12.42	0.12	23	9.87	9.75	0.12
10	11.59	11.64	0.05	24	11.93	11.85	0.08
11	11.21	11.40	0.19	25	11.12	10.97	0.15
12	11.02	11.18	0.16	26	9.10	9.02	0.08
13	11.87	11.96	0.09	27	11.85	11.82	0.03
14	11.91	12.06	0.15	28	10.42	10.25	0.17

续表

序号	预测值/%	实测值/%	偏差/%	序号	预测值/%	实测值/%	偏差/%
29	11.72	11.61	0.11	35	9.22	9.11	0.11
30	10.01	9.80	0.21	36	10.83	10.78	0.05
31	8.92	8.82	0.10	37	11.09	11.02	0.07
32	8.39	8.31	0.08	38	11.19	11.28	0.09
33	11.10	11.03	0.07	39	11.90	11.94	0.04
34	11.79	11.88	0.09	40	8.76	8.93	0.17

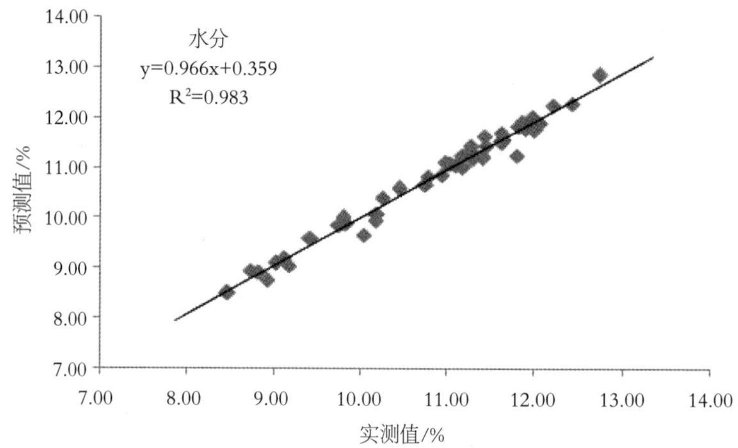

图 2-3-2　豆粕预测样本集水分预测值与实测值相关性

表 2-3-4　豆粕预测样本集粗蛋白预测结果

序号	预测值/%	实测值/%	偏差/%	序号	预测值/%	实测值/%	偏差/%
1	44.25	44.26	0.01	11	44.12	44.23	0.11
2	44.38	44.59	0.21	12	43.72	43.70	0.02
3	44.16	44.02	0.14	13	44.67	44.76	0.09
4	45.01	45.20	0.19	14	43.89	44.04	0.15
5	43.26	43.54	0.28	15	43.76	43.88	0.12
6	45.34	45.53	0.19	16	46.01	46.08	0.07
7	45.03	44.87	0.16	17	43.54	43.43	0.11
8	45.21	45.30	0.09	18	45.39	45.44	0.05
9	44.98	44.83	0.15	19	44.58	44.43	0.15
10	43.57	43.83	0.26	20	44.26	44.42	0.16

续表

序号	预测值/%	实测值/%	偏差/%	序号	预测值/%	实测值/%	偏差/%
21	44.67	44.57	0.10	31	47.25	47.15	0.10
22	42.69	42.45	0.24	32	46.61	46.38	0.23
23	46.47	46.52	0.05	33	45.28	45.34	0.06
24	44.36	44.40	0.04	34	45.67	45.82	0.15
25	44.35	44.46	0.11	35	44.06	44.20	0.14
26	46.75	46.50	0.25	36	42.69	42.88	0.19
27	44.26	44.13	0.13	37	44.71	44.88	0.17
28	44.84	44.95	0.11	38	45.06	45.23	0.17
29	44.37	44.32	0.05	39	43.57	43.64	0.07
30	45.02	45.11	0.09	40	44.67	44.59	0.08

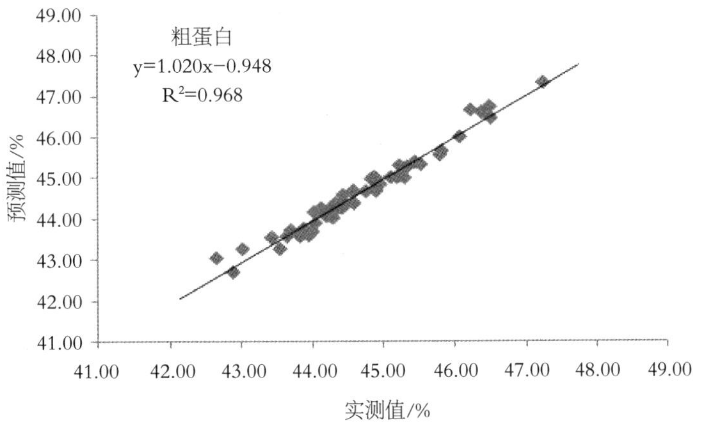

图 2-3-3　豆粕预测样本集粗蛋白预测值与实测值相关性

表 2-3-5　豆粕预测样本集粗灰分预测结果

序号	预测值/%	实测值/%	偏差/%	序号	预测值/%	实测值/%	偏差/%
1	5.53	5.39	0.14	7	5.81	5.87	0.06
2	5.84	5.79	0.05	8	5.86	5.90	0.04
3	5.80	5.74	0.06	9	5.83	5.82	0.01
4	5.96	5.93	0.03	10	5.86	5.79	0.07
5	5.84	5.76	0.08	11	5.99	5.90	0.09
6	5.50	5.49	0.01	12	5.80	5.85	0.05

续表

序号	预测值/%	实测值/%	偏差/%	序号	预测值/%	实测值/%	偏差/%
13	5.85	5.91	0.06	27	5.88	5.84	0.04
14	5.57	5.62	0.05	28	5.87	5.84	0.03
15	5.86	5.98	0.12	29	6.08	6.03	0.05
16	5.88	5.92	0.04	30	5.82	5.78	0.04
17	5.67	5.75	0.08	31	6.02	6.04	0.02
18	5.91	5.94	0.03	32	6.00	5.96	0.04
19	5.81	5.85	0.04	33	6.10	6.21	0.11
20	5.74	5.75	0.01	34	5.94	5.89	0.05
21	5.84	5.87	0.03	35	5.90	5.93	0.03
22	5.74	5.56	0.18	36	5.64	5.69	0.05
23	5.89	5.92	0.03	37	6.01	6.04	0.03
24	5.87	5.83	0.04	38	5.84	5.88	0.04
25	5.85	5.88	0.03	39	5.74	5.76	0.02
26	6.06	6.10	0.04	40	5.86	5.81	0.05

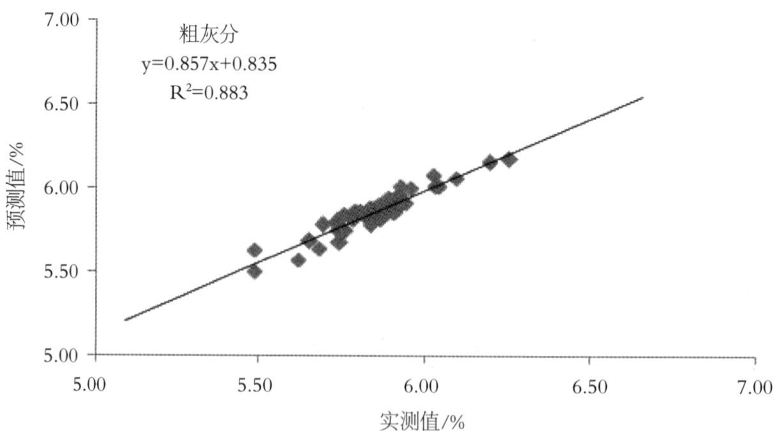

图 2-3-4　豆粕预测样本集粗灰分预测值与实测值相关性

表 2-3-6　豆粕预测样本集粗纤维预测结果

序号	预测值/%	实测值/%	偏差/%	序号	预测值/%	实测值/%	偏差/%
1	5.32	5.35	0.03	3	6.01	6.14	0.13
2	5.01	5.06	0.05	4	5.84	5.85	0.01

续表

序号	预测值/%	实测值/%	偏差/%	序号	预测值/%	实测值/%	偏差/%
5	5.29	5.37	0.08	23	4.41	4.24	0.17
6	5.52	5.48	0.04	24	5.26	5.21	0.05
7	5.43	5.33	0.10	25	5.37	5.48	0.11
8	5.57	5.75	0.18	26	5.54	5.39	0.15
9	5.06	5.23	0.17	27	5.78	5.62	0.16
10	6.31	6.24	0.07	28	4.58	4.47	0.11
11	5.89	5.97	0.08	29	6.35	6.30	0.05
12	5.46	5.52	0.06	30	4.84	4.77	0.07
13	5.27	5.32	0.05	31	4.03	3.93	0.10
14	5.64	5.85	0.21	32	5.12	5.08	0.04
15	5.86	5.95	0.09	33	5.19	5.02	0.17
16	5.23	4.91	0.32	34	5.12	5.00	0.12
17	5.97	5.90	0.07	35	6.30	6.24	0.06
18	4.90	5.03	0.13	36	6.35	6.20	0.15
19	4.89	4.78	0.11	37	5.62	5.57	0.05
20	5.13	4.98	0.15	38	5.25	5.12	0.13
21	6.05	6.16	0.11	39	5.34	5.20	0.14
22	7.12	7.09	0.03	40	6.15	6.31	0.16

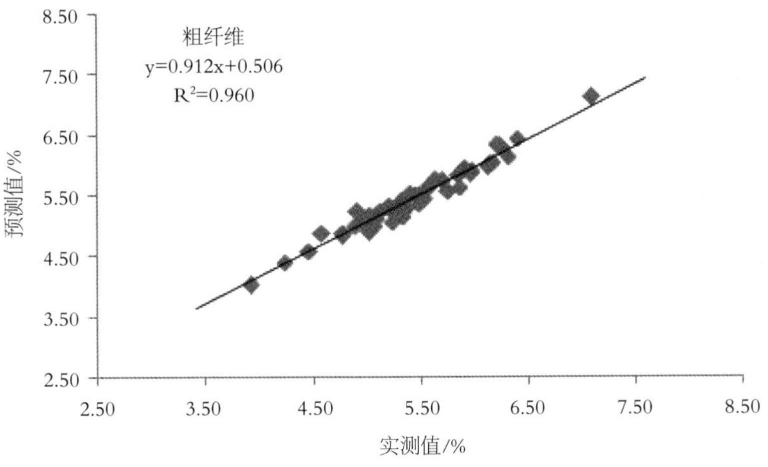

图 2-3-5　豆粕预测样本集粗纤维预测值与实测值相关性

对40批验证集豆粕样品水分、粗蛋白、粗灰分、粗纤维含量的化学测定值与NIRS扫描预测值进行比较，见表2-3-3至表2-3-6，做差异显著性检验（μ检验），结果为差异不显著（$P>0.05$），同时对NIRS分析结果与常规化学分析结果做线性图，如图2-3-2至图2-3-5所示，表明验证集各样品的NIRS分析结果与常规化学分析结果具有较好的线性关系，样品较集中地分布在中心线附近，预测值与实测值较接近。计算4种成分预测决定系数R^2p分别为0.983、0.968、0.883、0.960，除粗灰分预测决定系数R^2p较低，4种成分的预测模型均具有良好的预测效果。

3 小结

（1）NIRS分析依靠样品间光谱信息的细微差别来对样品进行定量或定性分析，其分析结果主要受样品代表性、化学分析误差和非目标因素的影响，光谱预处理可以降低非目标因素的影响，对模型的预测能力具有较好的效果。

（2）豆粕4种成分NIRS预测模型均达到良好的预测效果。

（3）本研究所采样品均来自宁夏地区，数量有限，具有一定的局限性，需要大量数据的积累，不断校正优化分析模型，以提高测试的精准度。

第2节 玉米营养成分近红外分析模型的建立

玉米是重要的饲料原料，优质的玉米原料是获得优质饲料商品的重要保障。研发团队建立宁夏玉米NIRS分析模型，实现了玉米水分、粗蛋白、粗脂肪、粗纤维4项主成分的快速检测。

1 材料与方法

1.1 样品采集

宁夏地区各市县（固原、海原、同心、中卫、中宁、永宁、平罗）抽取饲料原料玉米120批，样品均涉及宁夏所有玉米品种。

1.2 样品制备

具体操作同第2篇第3章第1节1.2。

1.3　常规营养成分分析

水分、粗蛋白、粗脂肪、粗纤维按国标推荐方法进行检测获得化学值。

1.4　玉米样品定标集与验证集的划分

定标集与验证集的样品划分采用浓度梯度法，其中 80 份样品作为定标集，其余的 40 份样品作为验证集。

1.5　NIR 光谱采集

具体操作同第 2 篇第 3 章第 1 节 1.5。

1.6　模型建立

具体操作同第 2 篇第 3 章第 1 节 1.6。

1.7　模型验证

具体操作同第 2 篇第 3 章第 1 节 1.7。

2　结果与分析

2.1　玉米常规营养成分化学分析结果

120 批玉米样品湿化学法检测值统计结果见表 2-3-7。从表中可以看出，100 批玉米样品水分含量在 9.21%~14.32%，粗蛋白含量在 6.91%~8.51%，粗脂肪含量在 1.68%~4.11%，粗纤维含量在 1.78%~2.59%，定标集包含了 4 种营养成分的最大值和最小值，因此定标集样品代表性强。验证集水分含量在 9.45%~14.21%，粗蛋白含量

表 2-3-7　样本划分统计结果表

样品类别	营养成分	样本数/批	最大值/%	平均值/%	最小值/%	标准差/%
定标集	水分	60	14.32	11.52	9.21	1.78
	粗蛋白	60	8.51	7.64	6.91	0.57
	粗脂肪	60	4.11	3.23	1.68	0.13
	粗纤维	60	2.59	2.09	1.78	0.39
验证集	水分	40	14.21	11.53	9.45	1.80
	粗蛋白	40	8.44	7.55	6.95	0.54
	粗脂肪	40	3.98	3.21	1.74	0.15
	粗纤维	40	2.54	2.10	1.88	0.40

在 6.95%~8.44%，粗脂肪含量在 1.74%~3.98%，粗纤维含量在 1.88%~2.54%，验证集检测结果均在定标集检测结果区间内，说明定标集和验证集样品的划分合理，有利于保证预测模型的准确性。

2.2 近红外光谱图采集

对 80 批玉米样品扫描后获得 NIRS 原始光谱图，如图 2-3-6 所示。玉米样品的 NIRS 存在多个吸收峰，样品近红外光谱变化趋势一致，但是不重合，表明不同样本间重现性良好又存在差异，适合采用 NIRS 分析法对各种营养成分进行预测。

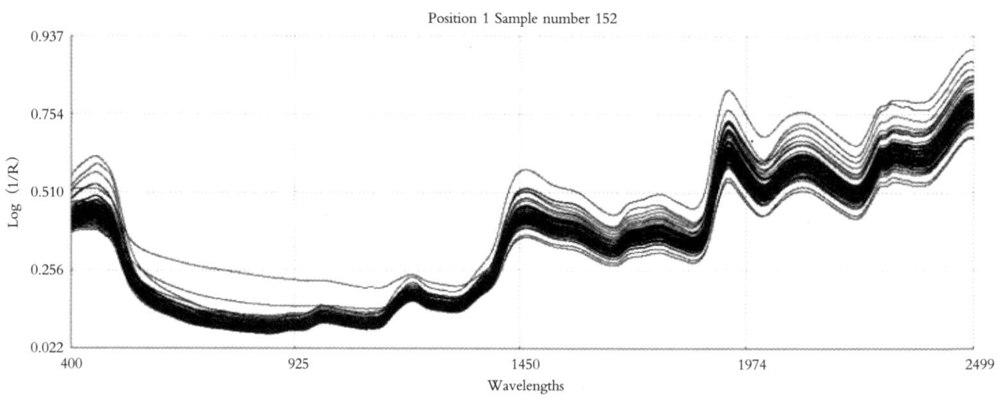

图 2-3-6 玉米样品近红外光谱图

2.3 预测模型的建立

预处理光谱后各项系数见表 2-3-8。

表 2-3-8 玉米中各营养成分不同光谱预处理结果统计表

营养成分	光谱预处理	R^2c	RMSEC	RMSECV	R^2p	RPD
水分	None	0.561	1.125	1.075	0.557	2.15
	MC	0.962	0.304	0.262	0.951	4.31
	SNV	0.917	0.421	0.592	0.901	3.02
	FD	0.611	1.187	1.124	0.588	1.97
	SNV+D	0.923	0.345	0.487	0.914	4.28
粗蛋白	None	0.886	0.551	0.555	0.854	3.09
	MC	0.964	0.322	0.362	0.956	4.56
	SNV	0.944	0.359	0.305	0.923	3.78
	FD	0.874	0.584	0.545	0.851	3.34
	SNV+D	0.979	0.367	0.328	0.976	4.98

续表

营养成分	光谱预处理	R^2c	RMSEC	RMSECV	R^2p	RPD
粗脂肪	None	0.532	1.663	1.639	0.524	1.27
	MC	0.543	1.602	1.677	0.522	1.36
	SNV	0.752	0.692	0.703	0.687	2.16
	FD	0.672	0.687	0.745	0.620	2.18
	SNV+D	0.781	0.577	0.571	0.728	2.62
粗纤维	None	0.656	1.084	0.783	0.687	2.24
	MC	0.698	0.973	0.953	0.693	2.90
	SNV	0.772	0.663	0.701	0.762	3.09
	FD	0.747	0.601	0.878	0.743	2.38
	SNV+D	0.901	0.398	0.404	0.897	3.48

由表 2–3–8 可知，经过 None、MC、SNV、FD、SNV+D 5 种光谱预处理后，水分预测模型经 None 和 FD 光谱预处理后，R^2c 为 0.554、0.611，R^2p 为 0.557、0.588，相对较小，且 None 处理后，RMSECV 为 1.075，RMSEC 为 1.125；FD 处理后，RMSECV 为 1.124，RMSEC 为 1.187，相对较大，RPD<3，所以预测模型效果差，其他方法光谱预处理后的预测模型均可以应用。但 MC 处理后的光谱模型 R^2c、R^2p、RMSECV、RMSEC、RPD 分别为 0.962、0.951、0.262、0.304、4.31，各项系数都是最佳的，因此 MC 处理过的模型效果最佳。

粗蛋白选择 SNV+D 光谱预处理的预测模型，R^2c 为 0.979，R^2p 为 0.976，最大，RMSECV 为 0.328，RMSEC 为 0.376，最小，因此预测模型效果要优于其他模型。但是其他光谱预处理的模型也能满足预测模型的需要。

在粗脂肪预测模型的建立过程中，经 SNV+D 光谱预处理后的模型 R^2c、R^2p 值最大，RMSECV、RMSEC 值最小，优于其他进行光谱预处理的模型，但 R^2p 值为 0.724，介于 0.66 和 0.8 之间，因此粗脂预测模型只能达到粗略估计。这可能与光谱处理的方法有关系，可以进一步优化。

与其他光谱预处理方法相比，经 SNV+D 光谱预处理后粗纤维 R^2c 为 0.901，R^2p 为 0.897，RPD>3，模型预测效果最好，可以满足需要。

2.4 预测模型的验证

验证集近红外预测值与实测值结果对比如见表2-3-9至表2-3-12，图2-3-7至图2-3-10。

表2-3-9 玉米预测样本集水分预测结果

序号	预测值/%	实测值/%	偏差/%	序号	预测值/%	实测值/%	偏差/%
1	12.88	12.86	0.02	21	10.48	10.39	0.09
2	10.56	10.45	0.11	22	10.72	10.73	0.01
3	10.87	10.92	0.05	23	10.45	10.78	0.33
4	10.09	10.03	0.06	24	9.38	9.48	0.10
5	9.76	9.76	0.00	25	10.94	10.89	0.05
6	14.22	14.21	0.01	26	9.98	9.78	0.20
7	11.12	11.38	0.26	27	13.74	13.76	0.02
8	10.11	10.12	0.01	28	12.04	12.09	0.05
9	9.93	9.98	0.05	29	12.23	12.69	0.36
10	10.09	10.04	0.05	30	12.93	12.99	0.06
11	9.76	9.65	0.11	31	9.56	9.58	0.02
12	9.88	9.90	0.02	32	9.36	9.46	0.10
13	9.44	9.46	0.01	33	11.67	10.99	0.68
14	13.09	13.24	0.15	34	11.54	11.65	0.11
15	12.98	12.78	0.20	35	10.78	10.56	0.22
16	13.13	13.09	0.04	36	13.78	13.67	0.11
17	10.28	10.10	0.18	37	9.43	9.45	0.02
18	10.05	10.34	0.29	38	9.90	9.92	0.02
19	9.45	9.78	0.33	39	11.28	11.28	0.00
20	9.68	9.57	0.11	40	10.68	10.69	0.01

表2-3-10 玉米预测样本集粗蛋白预测结果

序号	预测值/%	实测值/%	偏差/%	序号	预测值/%	实测值/%	偏差/%
1	6.99	7.12	0.13	4	7.23	7.29	0.06
2	7.35	7.32	0.03	5	8.19	8.16	0.03
3	7.45	7.51	0.06	6	6.87	6.95	0.08

续表

序号	预测值/%	实测值/%	偏差/%	序号	预测值/%	实测值/%	偏差/%
7	7.16	7.18	0.02	24	7.15	7.12	0.03
8	7.82	7.85	0.03	25	8.12	8.17	0.05
9	8.45	8.44	0.01	26	6.99	7.01	0.02
10	7.91	7.88	0.03	27	7.98	7.99	0.01
11	8.43	8.42	0.01	28	7.51	7.29	0.22
12	7.88	7.76	0.12	29	6.99	7.06	0.07
13	7.19	7.12	0.07	30	8.15	8.24	0.09
14	6.91	7.02	0.11	31	8.39	8.34	0.05
15	6.95	6.99	0.04	32	7.78	7.59	0.19
16	6.93	7.12	0.19	33	7.09	7.01	0.08
17	7.61	7.67	0.06	34	7.94	8.12	0.18
18	7.77	7.79	0.02	35	6.95	7.13	0.18
19	8.45	8.48	0.03	36	8.39	8.36	0.03
20	8.52	8.50	0.02	37	8.14	8.22	0.08
21	7.38	7.51	0.13	38	7.49	8.02	0.53
22	7.81	7.66	0.15	39	7.45	7.46	0.01
23	8.33	8.33	0.00	40	7.67	7.71	0.04

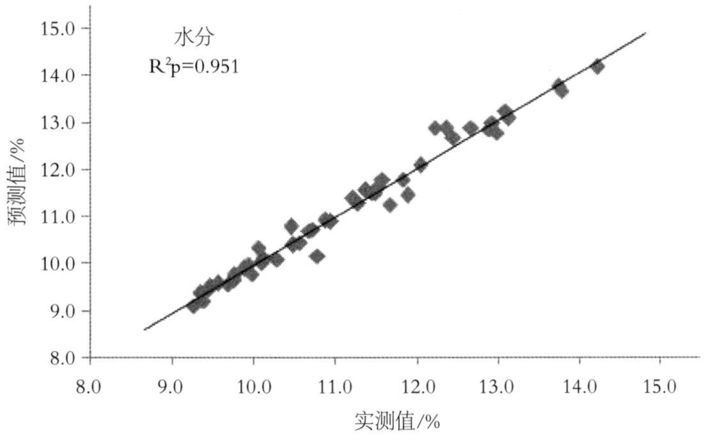

图 2-3-7　玉米预测样本集水分预测值与实测值相关性

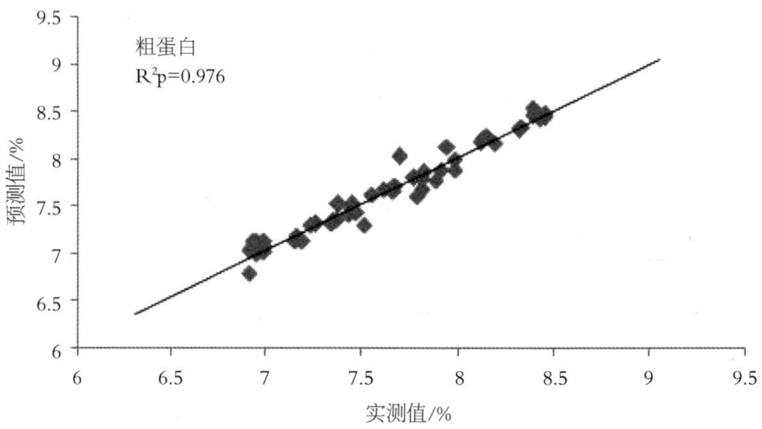

图 2-3-8　玉米预测样本集粗蛋白预测值与实测值相关性

表 2-3-11　玉米预测样本集粗脂肪预测结果

序号	预测值/%	实测值/%	偏差/%	序号	预测值/%	实测值/%	偏差/%
1	2.65	2.64	0.01	21	2.68	2.35	0.33
2	3.56	3.57	0.01	22	2.78	2.67	0.11
3	3.48	3.35	0.13	23	3.69	3.45	0.24
4	3.01	2.98	0.03	24	4.36	4.21	0.15
5	3.98	3.94	0.04	25	3.59	3.74	0.15
6	1.78	1.74	0.04	26	4.48	4.36	0.12
7	3.27	3.59	0.32	27	2.49	2.44	0.05
8	3.35	3.64	0.29	28	2.47	2.34	0.13
9	4.02	3.96	0.06	29	2.59	2.79	0.20
10	3.27	3.39	0.12	30	2.46	2.06	0.40
11	3.78	3.97	0.19	31	3.29	3.75	0.46
12	3.99	3.56	0.43	32	3.48	3.67	0.19
13	4.12	3.98	0.14	33	2.12	2.05	0.07
14	2.36	2.34	0.02	34	2.35	2.89	0.54
15	2.58	2.87	0.29	35	3.26	3.58	0.32
16	3.16	2.99	0.17	36	2.65	2.54	0.11
17	3.02	2.85	0.17	37	3.67	3.48	0.19
18	3.14	3.42	0.28	38	3.75	3.68	0.07
19	3.79	3.78	0.01	39	2.65	2.48	0.17
20	3.92	3.75	0.17	40	3.01	2.87	0.14

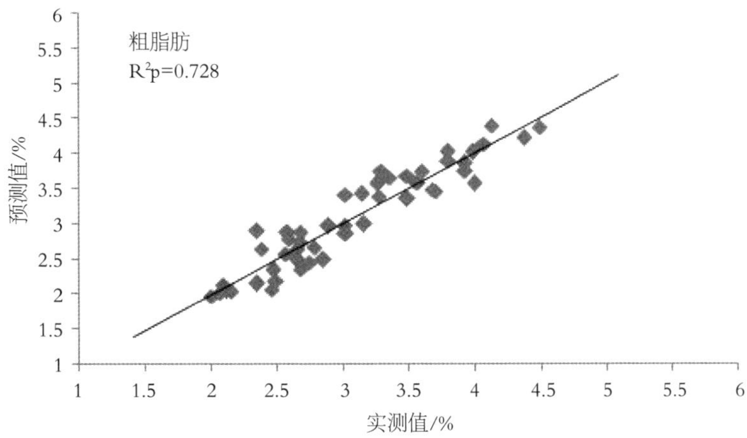

图 2-3-9　玉米预测样本集粗脂肪预测值与实测值相关性

表 2-3-12　玉米预测样本集粗纤维预测结果

序号	预测值/%	实测值/%	偏差/%	序号	预测值/%	实测值/%	偏差/%
1	1.89	1.88	0.01	21	2.10	2.16	0.06
2	1.81	1.92	0.11	22	2.03	1.98	0.05
3	2.05	1.95	0.10	23	2.25	2.21	0.04
4	2.42	2.36	0.06	24	2.34	2.48	0.14
5	2.03	2.08	0.05	25	2.78	2.75	0.03
6	1.78	1.89	0.11	26	2.87	2.54	0.33
7	1.99	2.06	0.07	27	2.14	2.26	0.12
8	2.35	2.34	0.01	28	2.48	2.57	0.09
9	2.89	2.79	0.10	29	1.56	1.63	0.07
10	2.45	2.67	0.22	30	1.89	1.93	0.04
11	3.04	3.00	0.04	31	2.87	2.95	0.08
12	3.01	3.02	0.01	32	2.28	2.16	0.12
13	2.06	1.95	0.11	33	2.14	2.16	0.02
14	2.94	2.87	0.07	34	1.88	2.05	0.17
15	2.01	2.21	0.20	35	1.75	1.71	0.04
16	1.79	1.88	0.09	36	2.49	2.75	0.26
17	2.25	2.23	0.02	37	1.89	1.91	0.02
18	2.45	2.51	0.06	38	1.78	1.89	0.11
19	3.00	2.54	0.06	39	1.54	1.92	0.38
20	2.67	2.47	0.20	40	2.68	2.74	0.06

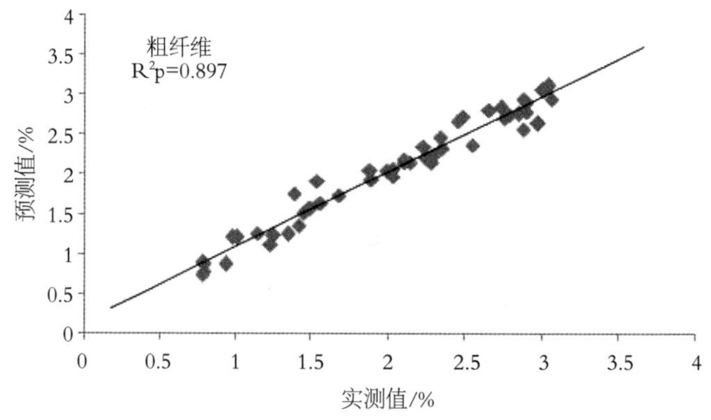

图 2-3-10　玉米预测样本集粗纤维预测值与实测值相关性

对 40 批验证集玉米样品水分、粗蛋白、粗脂肪、粗纤维含量的化学测定值与 NIRS 扫描预测值进行比较，见表 2-3-9 至表 2-3-12，做差异显著性检验，结果为差异不显著（$P>0.05$）。同时对 NIRS 分析结果与常规化学分析结果做线性图，见图 2-3-7 至图 2-3-10 所示，表明验证集各样品的 NIRS 分析结果与常规化学分析结果具有较好的线性关系，样品较集中地分布在中心线附近，预测值与实测值较接近。计算 4 种成分预测决定系数 R^2p 分别为 0.951、0.976、0.728、0.897，除粗脂肪达到粗略预测效果外，其他 3 种成分的预测模型均具有良好的预测效果。

3　小结

（1）玉米 4 种成分的预测模型，除粗脂肪达到粗略预测效果外，其他 3 种成分的预测模型均具有良好的预测效果。

（2）本研究所采样品均来自宁夏地区，数量有限，具有一定的局限性，需要大量数据积累，不断校正优化分析模型，以提高测试的精准度。

第 3 节　麸皮营养成分近红外分析模型的建立

小麦是我国主要的农作物之一，麸皮作为小麦加工的主要副产品，含有丰富的营养物质。研发团队建立了宁夏麸皮 NIRS 分析模型，实现了麸皮水分、粗蛋白、粗灰分、粗纤维 4 项主成分的快速检测。

1　材料与方法

1.1　样品采集

宁夏地区各市县（固原、海原、同心、中卫、中宁、永宁、平罗）抽取麸皮样品 100 批。

1.2　样品制备

具体操作同第 2 篇第 3 章第 1 节 1.2。

1.3　常规营养成分分析

具体操作同第 2 篇第 3 章第 1 节 1.3。

1.4　麸皮样品定标集与验证集的划分

60 份样品作为定标集，其余的 40 份样品作为验证集。

1.5　NIR 光谱采集

具体操作同第 2 篇第 3 章第 1 节 1.5。

1.6　模型建立及评价

具体操作同第 2 篇第 3 章第 1 节 1.6。

1.7　模型验证

具体操作同第 2 篇第 3 章第 1 节 1.7。

2　结果与分析

2.1　麸皮常规营养成分化学分析结果

100 批麸皮样品湿化学法检测值统计结果见表 2-3-13。从表中可以看出，100 批麸皮样品，水分含量在 9.51%~14.41%，粗蛋白含量在 12.57%~19.15%，灰分含量在 3.68%~6.85%，粗纤维含量在 7.23%~17.71%，定标集包含了 4 种营养成分的最大值和最小值，定标样品集范围越广，代表性强。验证集水分含量在 9.65%~14.35%，粗蛋白含量在 12.65%~19.10%，灰分含量在 3.75%~6.79%，粗纤维含量在 7.31%~17.65%，验证集检测结果均在定标集检测结果区间内，说明定标集和验证集样品的划分合理，有利于确保预测模型的准确性。

2.2　近红外光谱图采集

对 60 批麸皮样品扫描后获得 NIRS 原始光谱图，如图 2-3-11 所示。麸皮样品

表 2-3-13 样本划分统计结果表

样品类别	营养成分	样本数/批	最大值/%	平均值/%	最小值/%	标准差/%
定标集	水分	60	14.41	11.83	9.51	1.33
	粗蛋白	60	19.15	16.93	12.57	1.74
	粗灰分	60	6.85	10.33	3.68	2.18
	粗纤维	60	17.71	5.36	7.23	0.69
验证集	水分	40	14.35	11.81	9.65	1.32
	粗蛋白	40	19.10	16.91	12.65	1.75
	粗灰分	40	6.79	10.32	3.75	2.17
	粗纤维	40	17.65	5.34	7.31	0.68

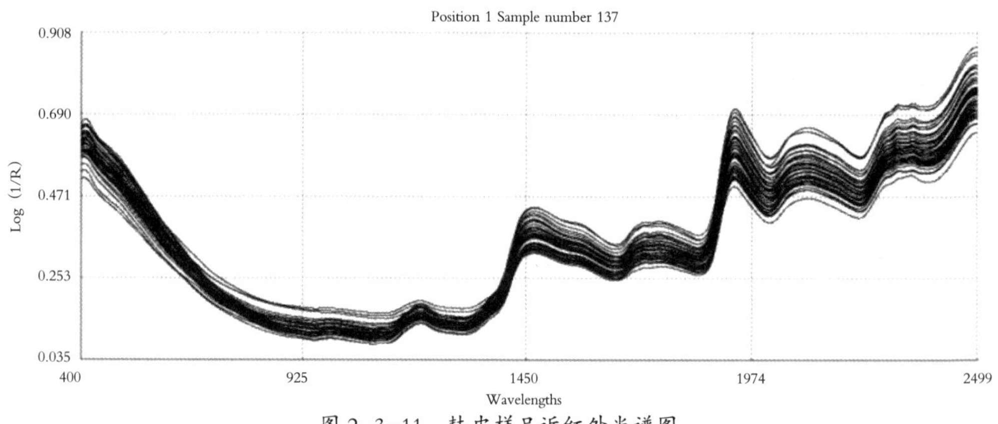

图 2-3-11 麸皮样品近红外光谱图

的 NIRS 存在多个吸收峰，样品近红外光谱变化趋势一致，但是不重合，表明不同样本间重现性良好又存在差异，适合采用 NIRS 分析法对各种营养成分进行预测。

2.3 预测模型的建立

预处理光谱后各项系数见表 2-3-14 所示。

表 2-3-14 麸皮中各营养成分不同光谱预处理结果统计表

营养成分	光谱预处理	R^2c	RMSEC	RMSECV	R^2p	RPD
水分	None	0.754	0.621	0.598	0.751	1.89
	MC	0.916	0.364	0.381	0.907	3.21
	SNV	0.951	0.321	0.330	0.942	3.39
	FD	0.872	0.487	0.466	0.869	2.84
	SNV+D	0.988	0.237	0.246	0.985	3.78

续表

营养成分	光谱预处理	R^2c	RMSEC	RMSECV	R^2p	RPD
粗蛋白	None	0.801	0.577	0.592	0.787	2.24
	MC	0.936	0.259	0.271	0.931	3.12
	SNV	0.946	0.251	0.240	0.944	3.34
	FD	0.901	0.305	0.345	0.894	3.09
	SNV+D	0.989	0.220	0.224	0.988	3.99
粗灰分	None	0.702	0.607	0.625	0.691	1.78
	MC	0.874	0.457	0.450	0.866	2.92
	SNV	0.899	0.447	0.412	0.892	2.91
	FD	0.836	0.489	0.488	0.830	2.89
	SNV+D	0.961	0.287	0.269	0.957	3.07
粗纤维	None	0.756	0.644	0.651	0.754	1.89
	MC	0.935	0.284	0.288	0.930	3.11
	SNV	0.936	0.268	0.281	0.928	3.19
	FD	0.916	0.301	0.308	0.914	3.17
	SNV+D	0.988	0.234	0.231	0.985	4.01

由表 2-3-14 可知，经过 None、MC、SNV、FD、SNV+D 5 种光谱预处理后，预测模型经 SNV+D 光谱预处理后，R^2c、RMSEC、RMSECV、R^2p、RPD 各系数的值水分为 0.988、0.237、0.246、0.985、3.78，粗蛋白为 0.989、0.220、0.224、0.988、3.99，粗灰分为 0.961、0.287、0.269、0.957、3.07，粗纤维为 0.988、0.234、0.231、0.985、4.01，与其他光谱处理后得到的值相比，SNV+D 处理所得 R^2c、R^2p 相对较大，而 RMSEC、RMSECV 相对最小，RPD>3，所以 SNV+D 光谱预处理后水分、粗蛋白、粗灰分、粗纤维预测模型效果最优。并且 MC、SNV、FD 光谱预处理后的模型效果也能达到预测模型的需要，但是效果不及 SNV+D 光谱预处理后得到的预测模型。

2.4　预测模型的验证

验证集近红外预测值与实测值结果对比见表 2-3-15 至表 2-3-18、图 2-3-12 至图 2-3-15。

表 2-3-15　麸皮预测样本集水分预测结果

序号	预测值/%	实测值/%	偏差/%	序号	预测值/%	实测值/%	偏差/%
1	10.16	10.17	0.01	21	12.57	12.43	0.14
2	10.21	10.09	0.12	22	13.05	13.29	0.24
3	11.28	11.49	0.21	23	11.17	11.06	0.11
4	12.68	12.91	0.23	24	13.75	13.59	0.16
5	11.15	11.31	0.16	25	11.68	11.47	0.21
6	9.45	9.65	0.20	26	12.39	12.54	0.15
7	9.89	10.02	0.13	27	11.26	11.12	0.14
8	13.46	13.40	0.06	28	12.51	12.36	0.15
9	11.49	11.40	0.09	29	11.86	11.72	0.14
10	12.47	12.59	0.12	30	10.56	10.44	0.12
11	11.84	11.94	0.10	31	12.85	12.98	0.13
12	10.78	10.86	0.08	32	13.68	13.83	0.15
13	12.73	12.54	0.19	33	10.67	10.59	0.08
14	12.54	12.83	0.29	34	14.19	14.35	0.16
15	12.32	11.95	0.37	35	11.13	11.32	0.19
16	13.85	14.04	0.19	36	10.38	10.29	0.09
17	13.58	13.48	0.10	37	10.45	10.61	0.16
18	12.58	12.39	0.19	38	10.53	10.27	0.26
19	11.20	11.54	0.34	39	11.75	11.84	0.09
20	12.58	12.77	0.19	40	11.71	11.63	0.08

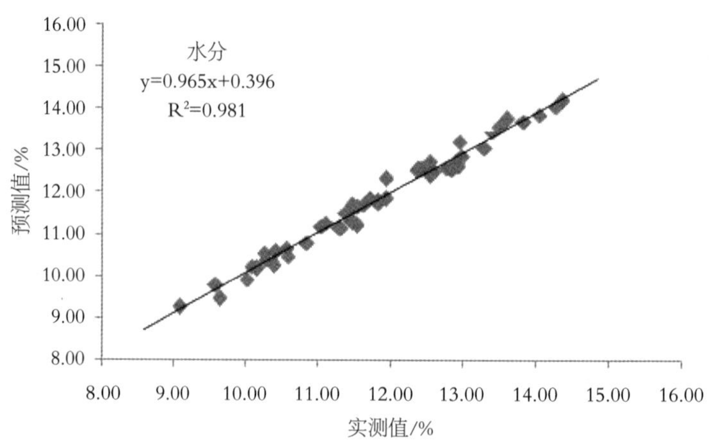

图 2-3-12　麸皮预测样本集水分预测值与实测值相关性

表 2-3-16　麸皮预测样本集粗蛋白预测结果

序号	预测值/%	实测值/%	偏差/%	序号	预测值/%	实测值/%	偏差/%
1	13.26	13.10	0.16	21	14.68	14.51	0.17
2	16.78	16.89	0.11	22	13.76	13.74	0.02
3	19.36	19.10	0.26	23	17.86	18.04	0.18
4	17.42	17.30	0.12	24	16.22	16.08	0.14
5	13.57	13.44	0.13	25	17.51	17.72	0.21
6	16.27	16.46	0.19	26	17.24	17.41	0.17
7	13.67	13.54	0.13	27	16.84	16.77	0.07
8	12.39	12.65	0.26	28	16.89	17.08	0.19
9	17.59	17.77	0.18	29	17.67	17.86	0.19
10	17.30	17.48	0.18	30	18.16	18.18	0.02
11	18.93	18.70	0.23	31	16.02	15.91	0.11
12	17.56	17.62	0.06	32	17.66	17.54	0.12
13	11.72	11.68	0.04	33	17.64	17.80	0.16
14	17.06	17.07	0.01	34	16.35	16.77	0.42
15	18.56	18.37	0.19	35	18.35	18.42	0.07
16	17.33	17.54	0.21	36	18.57	18.33	0.24
17	17.39	17.37	0.02	37	15.45	15.45	0.00
18	18.92	18.74	0.18	38	17.43	17.69	0.26
19	18.56	18.41	0.15	39	18.73	18.55	0.18
20	17.01	17.17	0.16	40	17.89	18.03	0.14

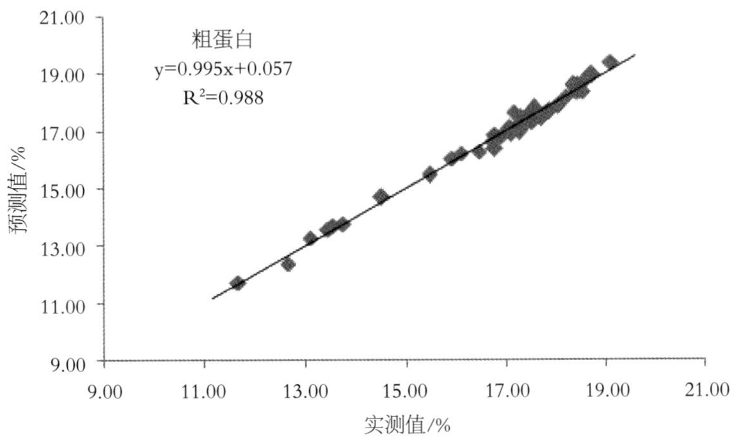

图 2-3-13　麸皮预测样本集粗蛋白预测值与实测值相关性

表 2-3-17　麸皮预测样本集粗灰分预测结果

序号	预测值/%	实测值/%	偏差/%	序号	预测值/%	实测值/%	偏差/%
1	6.59	6.67	0.08	21	6.27	6.22	0.05
2	6.04	6.11	0.07	22	6.46	6.78	0.32
3	5.35	5.09	0.26	23	5.62	5.34	0.28
4	5.02	5.24	0.22	24	4.15	3.95	0.20
5	6.06	6.13	0.07	25	5.34	5.19	0.15
6	4.02	3.75	0.27	26	5.06	5.03	0.03
7	6.83	6.79	0.04	27	5.21	4.99	0.22
8	6.05	6.08	0.03	28	6.34	6.21	0.13
9	5.05	5.27	0.22	29	5.49	5.60	0.11
10	5.26	5.19	0.07	30	6.39	6.24	0.15
11	5.35	5.08	0.27	31	5.84	5.57	0.27
12	5.49	5.78	0.29	32	5.92	5.86	0.06
13	6.31	6.49	0.18	33	5.59	5.80	0.21
14	5.47	5.56	0.09	34	5.56	5.55	0.01
15	5.15	5.07	0.08	35	5.71	5.60	0.11
16	5.34	5.22	0.12	36	5.26	5.34	0.08
17	5.67	5.50	0.17	37	6.15	6.07	0.08
18	5.16	5.07	0.09	38	5.34	5.15	0.19
19	5.49	5.38	0.11	39	5.26	5.10	0.16
20	4.89	5.02	0.13	40	4.96	4.92	0.04

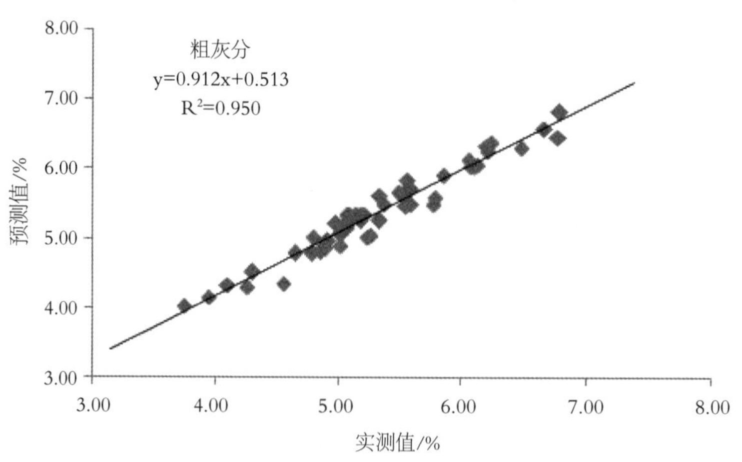

图 2-3-14　麸皮预测样本集粗灰分预测值与实测值相关性

表 2-3-18　麸皮预测样本集粗纤维预测结果

序号	预测值/%	实测值/%	偏差/%	序号	预测值/%	实测值/%	偏差/%
1	14.37	14.79	0.42	21	14.37	14.25	0.12
2	11.29	11.11	0.18	22	15.42	15.02	0.40
3	8.26	8.43	0.17	23	9.84	9.79	0.05
4	9.61	9.38	0.23	24	7.59	7.38	0.21
5	13.89	13.77	0.12	25	9.89	9.58	0.31
6	7.56	7.31	0.25	26	9.03	9.32	0.29
7	14.67	14.35	0.32	27	9.27	9.14	0.13
8	14.56	14.83	0.27	28	10.62	10.34	0.28
9	9.48	9.72	0.24	29	9.35	9.84	0.49
10	9.96	9.84	0.12	30	9.74	9.90	0.16
11	8.65	8.34	0.31	31	10.67	10.42	0.25
12	10.98	10.85	0.13	32	9.57	9.85	0.28
13	17.51	17.65	0.14	33	10.67	10.52	0.15
14	9.52	9.81	0.29	34	10.15	10.33	0.18
15	9.26	9.01	0.25	35	9.55	9.79	0.24
16	9.51	9.37	0.14	36	9.31	9.54	0.23
17	9.31	9.44	0.13	37	11.29	11.17	0.12
18	8.88	8.75	0.13	38	9.68	9.93	0.25
19	9.35	9.24	0.11	39	8.94	9.28	0.34
20	9.45	9.19	0.26	40	9.15	8.99	0.16

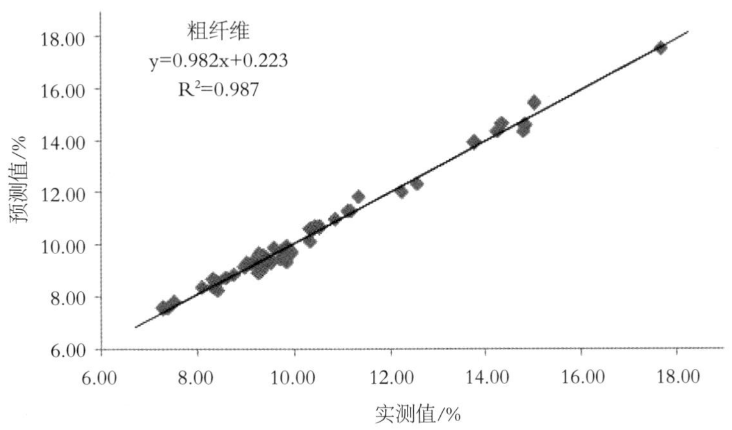

图 2-3-15　麸皮预测样本集粗纤维预测值与实测值相关性

对 40 批验证集麸皮样品水分、粗蛋白、粗灰分、粗纤维含量的化学测定值与 NIRS 扫描预测值进行比较，见表 2-3-15 至表 2-3-18，做差异显著性检验（μ 检验），结果为差异不显著（$P>0.05$），同时对 NIRS 分析结果与常规化学分析结果做线性图，如图 2-3-12 至图 2-3-15 所示，表明验证集各样品的 NIRS 分析结果与常规化学分析结果具有较好的线性关系，样品较集中地分布在中心线附近，预测值与实测值较接近。计算水分、粗蛋白、粗灰分、粗纤维 4 种成分预测决定系数 R^2p 分别为 0.985、0.988、0.957、0.985，4 种成分的预测模型均具有良好的预测效果。

3 小结

（1）麸皮 4 种成分 NIRS 预测模型均达到良好的预测效果。

（2）本研究所采样品均来自宁夏地区，数量有限，具有一定的局限性，需要大量数据的积累，不断校正优化分析模型，以提高测试的精准度。

第 4 节　DDGS 营养成分近红外分析模型的建立

干酒糟及其可溶物（Distillers Dried Grains with Solμbles，DDGS）由于微生物的作用，酒糟中蛋白质、B 族维生素及氨基酸含量均比玉米高，并含有发酵中生成的未知促生长因子，被用作饲料原料。研发团队建立了宁夏 DDGS NIRS 分析模型，实现了 DDGS 水分、粗蛋白、粗脂肪、粗纤维 4 项主成分的快速检测。

1 材料与方法

1.1 样品采集

宁夏地区各市县（固原、海原、同心、中卫、中宁、永宁、平罗）抽取饲料原料 DDGS 80 批。

1.2 样品制备

具体操作同第 2 篇第 3 章第 1 节 1.2。

1.3 常规营养成分分析

具体操作同第 2 篇第 3 章第 1 节 1.3。

1.4　DDGS 样品定标集与验证集的划分

40 份样品作为定标集，其余的 40 份样品作为验证集。

1.5　NIR 光谱采集

具体操作同第 2 篇第 3 章第 1 节 1.5。

1.6　模型建立

具体操作同第 2 篇第 3 章第 1 节 1.6。

1.7　模型验证

具体操作同第 2 篇第 3 章第 1 节 1.7。

2　结果与分析

2.1　DDGS 常规营养成分化学分析结果

80 批 DDGS 样品湿化学法检测值统计结果见表 2-3-19。

表 2-3-19　样本划分统计结果表

样品类别	营养成分	样本数/批	最大值/%	平均值/%	最小值/%	标准差/%
定标集	水分	40	12.50	9.08	6.18	1.45
	粗蛋白	40	33.51	27.98	24.36	2.28
	粗脂肪	40	10.41	6.74	3.04	2.02
	粗纤维	40	11.71	7.68	5.38	1.14
验证集	水分	40	12.41	9.07	6.26	1.46
	粗蛋白	40	33.48	27.99	24.49	2.27
	粗脂肪	40	10.30	6.74	3.06	2.02
	粗纤维	40	11.65	7.69	5.45	1.40

从表中可以看出，80 批 DDGS 样品，水分含量在 6.18%~12.50%，粗蛋白含量在 24.36%~33.51%，粗脂肪含量在 3.04%~10.41%，粗纤维含量在 5.38%~11.71%，定标集包含 4 种营养成分的最大值和最小值，因此定标集样品代表性强。验证集水分含量在 6.26%~12.41%，粗蛋白含量在 24.49%~33.48%，粗脂肪含量在 3.06%~10.30%，粗纤维含量在 5.45%~11.65%，验证集检测结果均在定标集检测结果区间内，说明定标集和验证集样品的划分合理，有利于确保预测模型的准确性。

2.2 近红外光谱图采集

对40批DDGS样品扫描后获得NIRS原始光谱图，如图2-3-16所示，DDGS样品的NIRS存在多个吸收峰，样品近红外光谱变化趋势一致，但是不重合，表明不同样本间重现性良好又存在差异，适合采用NIRS分析法对各种营养成分进行预测。

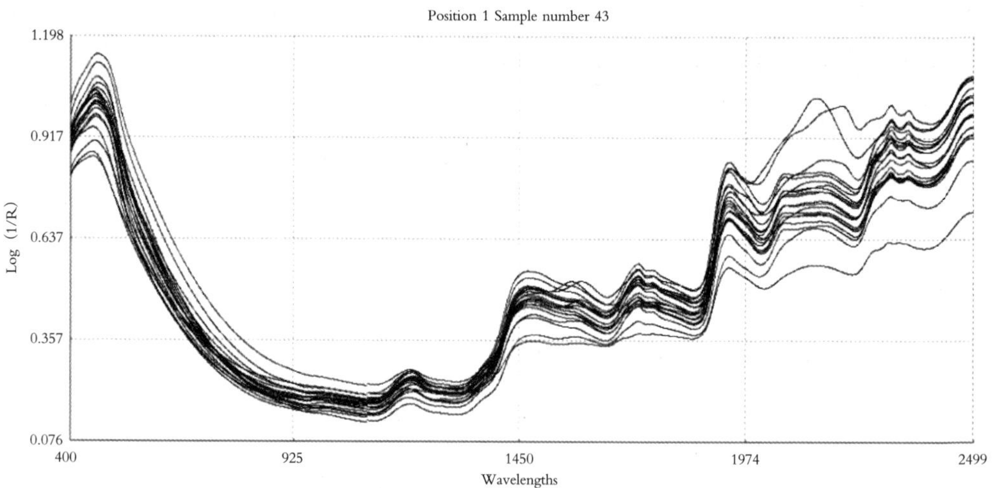

图2-3-16 DDGS样品近红外光谱图

2.3 预测模型的建立

预处理光谱后各项系数见表2-3-20。

表2-3-20 DDGS中各营养成分不同光谱预处理结果统计表

营养成分	光谱预处理	R^2c	RMSEC	RMSECV	R^2p	RPD
水分	None	0.618	2.256	2.148	0.602	1.26
	MC	0.927	0.304	0.315	0.923	3.51
	SNV	0.907	0.388	0.374	0.901	3.05
	FD	0.818	0.745	0.756	0.815	2.56
	SNV+D	0.984	0.288	0.295	0.981	4.11
粗蛋白	None	0.674	2.326	2.402	0.671	1.35
	MC	0.895	0.348	0.363	0.887	2.59
	SNV	0.943	0.324	0.331	0.940	3.66
	FD	0.838	0.715	0.722	0.833	2.34
	SNV+D	0.982	0.221	0.253	0.979	4.07

续表

营养成分	光谱预处理	R^2c	RMSEC	RMSECV	R^2p	RPD
粗脂肪	None	0.627	2.663	2.639	0.621	1.47
	MC	0.815	1.253	1.311	0.810	2.48
	SNV	0.882	0.721	0.703	0.877	2.66
	FD	0.712	1.362	1.452	0.701	1.56
	SNV+D	0.989	0.214	0.222	0.986	4.03
粗纤维	None	0.677	2.884	2.783	0.668	1.84
	MC	0.699	2.673	2.653	0.685	1.92
	SNV	0.882	0.563	0.701	0.831	2.85
	FD	0.795	1.601	1.878	0.789	2.18
	SNV+D	0.982	0.298	0.304	0.975	3.48

由表 2-3-20 可知，水分光谱无预处理，None R^2c 为 0.588，R^2p 为 0.602，不能达到预测效果。经过 MC、SNV、FD、SNV+D 4 种光谱预处理后，FD 光谱预处理后 R^2p 为 0.815，相对较小，RPD 为 2.56，预测模型效果不及其他 3 种处理方法，$R^2p>0.9$，都具有良好的预测效果，其中 SNV+D 光谱预处理的预测模型效果最佳。

在粗蛋白预测模型的建立过程中，SNV+D 光谱预处理的预测模型，R^2c 为 0.949，R^2p 为 0.979，最大，RMSECV 为 0.221，RMSEC 为 0.253，最小，RPD 为 4.07，因此预测模型效果要优于其他方法光谱处理的模型。但是除了 None 不进行光谱预处理的模型，只能达到粗略估计外，其他方法处理过的模型都具有良好的预测效果。

在粗脂肪、粗纤维预测模型的建立过程中，SNV+D 光谱预处理的预测模型，R^2c、R^2p 均为最大，>0.9，RMSECV、RMSEC 最小，RPD>3，因此预测模型效果最佳，要优于其他方法光谱处理的模型。None 和 FD 得到的预测模型只能达到粗略估计的效果，SNV 得到的模型预测模型效果良好，优于 None 和 FD 得到的预测模型，不及 SNV+D 得到的模型。

2.4　预测模型的验证

验证集近红外预测值与实测值结果见表 2-3-21 至表 2-3-24、图 2-3-16 至图 2-3-20。

表 2-3-21 DDGS 预测样本集水分预测结果

序号	预测值/%	实测值/%	偏差/%	序号	预测值/%	实测值/%	偏差/%
1	9.89	10.07	0.18	21	8.88	8.80	0.08
2	6.37	6.26	0.11	22	9.62	9.26	0.36
3	10.25	10.03	0.22	23	9.52	9.85	0.33
4	9.34	9.10	0.24	24	9.37	9.48	0.11
5	6.59	6.69	0.10	25	9.48	9.75	0.27
6	12.16	12.41	0.25	26	8.75	8.59	0.16
7	12.51	12.39	0.12	27	8.77	8.61	0.16
8	10.57	10.24	0.33	28	7.94	7.88	0.06
9	9.46	9.33	0.13	29	8.02	8.26	0.24
10	9.41	9.68	0.27	30	8.56	8.95	0.39
11	10.74	10.50	0.24	31	7.02	7.15	0.13
12	8.68	8.98	0.30	32	7.31	7.38	0.07
13	9.02	8.73	0.29	33	7.26	7.49	0.23
14	8.64	8.49	0.15	34	7.86	7.95	0.09
15	10.59	10.64	0.05	35	8.61	8.55	0.06
16	7.81	7.69	0.12	36	8.81	8.67	0.14
17	6.73	6.65	0.08	37	9.03	9.26	0.23
18	10.67	10.36	0.31	38	11.15	11.25	0.10
19	8.86	8.70	0.16	39	11.81	11.64	0.17
20	9.89	10.07	0.18	40	6.84	6.95	0.11

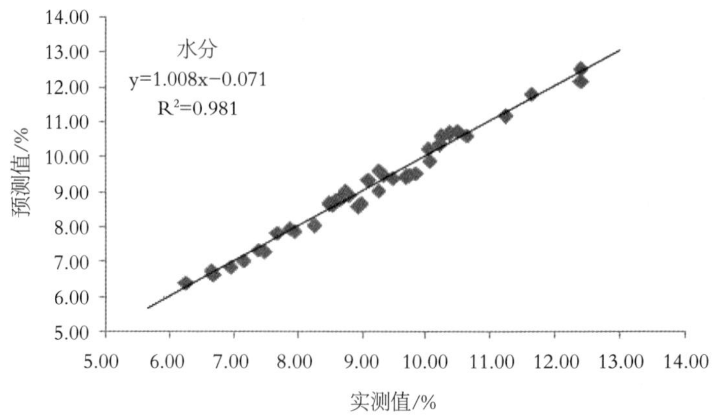

图 2-3-17 DDGS 预测样本集水分预测值与实测值相关性

表 2-3-22　DDGS 预测样本集粗蛋白预测结果

序号	预测值/%	实测值/%	偏差/%	序号	预测值/%	实测值/%	偏差/%
1	26.32	26.02	0.30	21	26.89	26.58	0.31
2	29.02	29.17	0.15	22	25.69	25.36	0.33
3	26.84	26.41	0.43	23	28.51	28.26	0.25
4	27.02	26.85	0.17	24	27.64	27.14	0.50
5	26.35	26.82	0.47	25	26.74	26.39	0.35
6	32.01	32.44	0.43	26	29.77	29.51	0.26
7	33.05	33.35	0.30	27	30.37	30.21	0.16
8	24.59	24.49	0.10	28	31.29	31.02	0.27
9	24.98	25.69	0.71	29	29.77	29.56	0.21
10	25.67	25.00	0.67	30	28.20	28.54	0.34
11	28.69	28.28	0.41	31	26.52	26.87	0.35
12	27.59	27.41	0.18	32	26.01	25.59	0.42
13	26.74	26.61	0.13	33	28.19	28.14	0.05
14	26.88	26.70	0.18	34	27.75	27.89	0.14
15	25.64	25.43	0.21	35	29.37	29.33	0.04
16	33.01	33.48	0.47	36	29.70	29.51	0.19
17	24.84	24.67	0.17	37	28.19	28.68	0.49
18	25.12	24.79	0.33	38	28.67	28.99	0.32
19	28.99	28.81	0.18	39	31.53	31.26	0.27
20	26.32	26.02	0.30	40	29.99	29.67	0.32

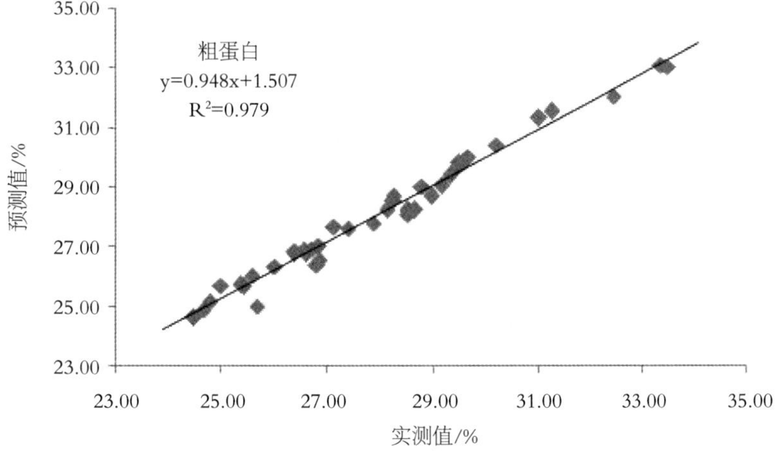

图 2-3-18　DDGS 预测样本集粗蛋白预测值与实测值相关性

表 2-3-23　DDGS 预测样本集粗脂肪预测结果

序号	预测值/%	实测值/%	偏差/%	序号	预测值/%	实测值/%	偏差/%
1	9.55	9.82	0.27	21	9.51	9.16	0.35
2	6.77	7.05	0.28	22	9.22	9.12	0.10
3	4.13	3.87	0.26	23	8.66	8.12	0.54
4	7.78	8.05	0.27	24	7.98	7.75	0.23
5	10.06	10.30	0.24	25	7.34	7.26	0.08
6	3.12	2.43	0.69	26	8.49	8.35	0.14
7	5.01	4.76	0.25	27	7.36	7.16	0.20
8	6.59	6.82	0.23	28	7.34	6.88	0.46
9	7.88	7.98	0.10	29	6.80	6.38	0.42
10	9.35	9.27	0.08	30	6.79	6.95	0.16
11	2.49	2.27	0.22	31	6.81	6.89	0.08
12	5.03	4.79	0.24	32	6.33	6.19	0.14
13	9.47	9.65	0.18	33	6.74	6.59	0.15
14	6.59	6.76	0.17	34	7.12	6.88	0.24
15	6.31	6.04	0.27	35	7.45	7.15	0.30
16	4.91	4.82	0.09	36	7.93	7.54	0.39
17	3.79	3.53	0.26	37	8.26	8.55	0.29
18	9.74	9.51	0.23	38	5.46	5.69	0.23
19	3.26	3.06	0.20	39	5.32	5.16	0.16
20	9.55	9.82	0.27	40	4.45	4.09	0.36

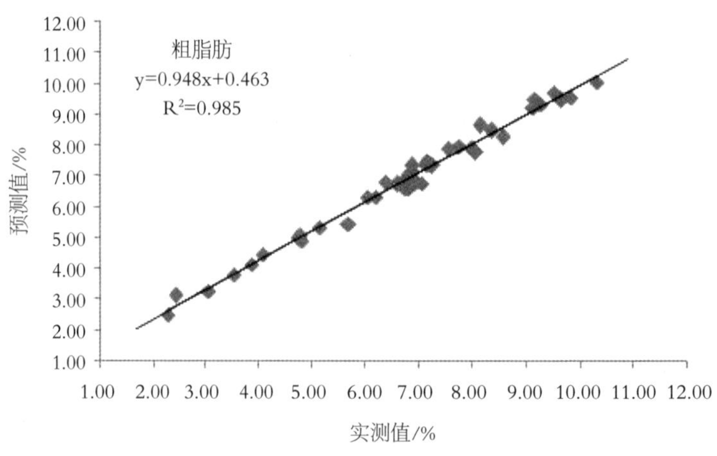

图 2-3-19　DDGS 预测样本集粗脂肪预测值与实测值相关性

表 2-3-24　DDGS 预测样本集粗纤维预测结果

序号	预测值/%	实测值/%	偏差/%	序号	预测值/%	实测值/%	偏差/%
1	7.02	7.18	0.16	21	7.06	6.98	0.08
2	6.58	6.44	0.14	22	5.84	5.45	0.39
3	9.31	9.35	0.04	23	6.37	6.21	0.16
4	7.71	7.56	0.15	24	6.49	6.36	0.13
5	6.82	6.44	0.38	25	6.82	6.58	0.24
6	11.34	11.65	0.31	26	6.71	6.92	0.21
7	11.26	11.06	0.20	27	7.38	7.26	0.12
8	6.48	6.18	0.30	28	7.41	7.55	0.14
9	7.26	7.01	0.25	29	8.64	8.31	0.33
10	8.02	7.95	0.07	30	10.44	10.26	0.18
11	6.87	7.03	0.16	31	9.39	9.35	0.04
12	8.26	8.47	0.21	32	8.29	8.67	0.38
13	7.16	7.52	0.36	33	7.99	7.85	0.14
14	7.49	7.34	0.15	34	7.34	7.69	0.35
15	5.67	5.48	0.19	35	8.02	8.26	0.24
16	9.74	9.63	0.11	36	9.28	9.64	0.36
17	7.82	7.48	0.34	37	9.02	8.81	0.21
18	6.72	6.93	0.21	38	7.60	7.74	0.14
19	6.59	6.30	0.29	39	6.73	6.49	0.24
20	7.02	7.18	0.16	40	7.69	7.52	0.17

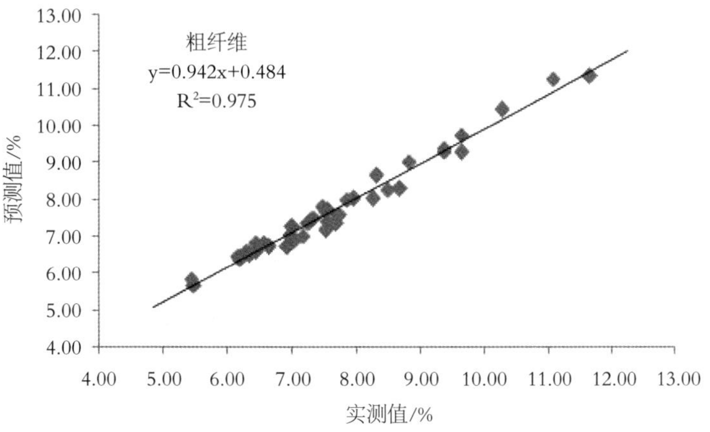

图 2-3-20　DDGS 预测样本集粗纤维预测值与实测值相关性

对 40 批验证集 DDGS 样品水分、粗蛋白、粗脂肪、粗纤维含量的化学测定值与 NIRS 扫描预测值进行比较，见表 2–3–21 至表 2–3–24，做差异显著性检验，结果为差异不显著（P>0.05），同时对 NIRS 分析结果与常规化学分析结果做线性图，如图 2–3–17 至图 2–3–20 所示，表明验证集各样品的 NIRS 分析结果与常规化学分析结果具有较好的线性关系，样品较集中地分布在中心线附近，预测值与实测值较接近。计算水分、粗蛋白、粗脂肪、粗纤维 4 种成分预测决定系数，R^2p 分别为 0.981、0.979、0.986、0.975，4 种成分的预测模型均具有良好的预测效果。

3 小结

（1）DDGS 4 种成分的预测模型均具有良好的预测效果。

（2）本研究所采样品均来自宁夏地区，数量有限，具有一定的局限性，需要大量数据的积累，不断校正优化分析模型，以提高测试的精准度。

第 4 章　饲料检测技术的应用

研发团队研究形成的饲料质量安全监测体系在饲料生产经营使用环节全覆盖推广应用，加强了饲料质量安全和风预警监测，指导养殖场设计科学合理的配方，保障了养殖投入品的质量安全，促进了畜牧业高质量发展。

第 1 节　饲料质量安全和风险预警监测中的应用

2018—2022 年，对宁夏 22 个市、县、区的 72 家饲料生产企业、356 家经营企业、1 012 家畜禽规模养殖场进行抽样监测，共计完成饲料质量安全和风险预警监测样品 2 289 批，实现生产、经营、使用环节全覆盖；实现配合饲料、精料补充料、浓缩饲料、复合预混合、自配料及饲料原料不同饲料种类全覆盖，为宁夏饲料质量安全监管提供数据支撑，为宁夏饲料行业标准化、规范化生产提供指导意见，有效保障畜牧业绿色、健康、高质量发展。

1　饲料质量安全监测

2018—2022 年，饲料样品质量安全监测 1 416 批，包括配合饲料、精料补充料、浓缩饲料、复合预混合、自配料及饲料原料，其中不同环节样品数量为生产企业 367 批、经营企业 46 批、养殖场户自配料 597 批、饲料原料 406 批。

1.1　检测参数变化情况

饲料质量安全监测新增 26 项，达到了 78 项，参数更加全面。营养指标在饲料标签常规营养成分基础上，新增了维生素、氨基酸、酸性洗涤纤维、中性洗涤纤维等

20项，更有利于饲料配方科学化、合理化改进。安全指标新增6种霉菌毒素的检测，以确保生产储存运输过程更加合理，避免了霉菌毒素对养殖动物造成危害及饲料浪费。

1.2 检测方法

采用氨基酸分析仪测定氨基酸，重现性、精确度、可操作性均优于毛细管电泳法。纤维的检测均采用全自动纤维仪，安全、便捷、高效。霉菌毒素的检测采用试剂盒快速筛检加高效液相色谱、液相色谱-串联质谱仪确证模式，提高了检测效率和准确性。实现了近红外技术在常用饲料原料豆粕、玉米、麸皮、DDGS常规营养成分快速检测的应用，检测效率提升了80倍。

1.3 检测指标符合情况

表2-4-1 检测指标不符合情况

单位：批

指标 \ 年份	2018			2019			2020			2021			2022		
	生产	经营	养殖	生产	经营	养殖	生产	经营	养殖	生产	经营	养殖	生产	经营	养殖
铜	0	0	4	0	0	9	0	0	3	0	0	0	0	0	0
锌	0	0	3	0	0	8	0	0	4	0	0	0	0	0	0
粗蛋白	1	0	—	1	0	—	0	0	—	0	0	0	1	1	—
合计	6			13			4			0			2		

一是铜、锌含量超出标准限量，见表2-4-1。主要是来源于养殖环节自配料，高于农业部2625号公告《饲料添加剂安全使用规范》中的最高限量。究其原因，客观上自配料配方不精准，配制工艺不规范，混合不均匀，造成铜、锌含量过高；

表2-4-2 自配料粗蛋白检测结果统计

年份 \ 种类	育肥猪自配料		蛋鸡产蛋期自配料		奶牛自配料	
	最大值/%	最小值/%	最大值/%	最小值/%	最大值/%	最小值/%
2018	17.98	12.02	16.53	11.89	—	—
2019	24.36	11.26	27.84	12.03	25.39	12.37
2020	25.16	10.69	26.95	11.85	26.12	10.98
2021	20.15	14.59	24.34	13.12	27.41	13.20
2022	26.12	11.31	23.17	12.09	23.14	11.67

主观上铜有促进动物生长、增强抗病能力、提高饲料利用率等作用，在自配料中存在过量添加情况，造成资源浪费及污染环境。

二是粗蛋白含量不足或超量，见表 2-4-2。自配料因为没有企业标准或标签，粗蛋白含量差别较大，育肥猪自配料最大值 26.12%、最小值 10.69%，蛋鸡产蛋期自配料最大值 26.12%、最小值 10.69%，奶牛泌乳期自配料最大值 27.41%、最小值10.98%，说明养殖场自配料配方缺乏合理性和安全性。商品饲料表现为粗蛋白含量低于标签明示值，主要原因是蛋白原料质量或添加量不达标，生产企业质量把控不严。

1.4　饲料整体情况

表 2-4-3　饲料质量安全监测结果统计表

年份	生产企业		经营企业		养殖场户		原料（生产、养殖）		合计/批	年合格率/%
	数量/批	合格率/%	数量/批	合格率/%	数量/批	合格率/%	数量/批	合格率/%		
2018	109	99.08	14	100	111	95.50	259	100	493	97.43
2019	49	97.95	4	100	169	92.89	147	100	369	94.14
2020	90	100	9	100	185	97.83	—	—	284	98.59
2021	65	100	7	100	96	100	—	—	168	100.00
2022	54	98.14	12	91.66	36	100	—	—	102	98.03
合计	367	99.03	46	98.33	597	97.24	406	100	1 416	97.64

宁夏饲料质量安全整体良好，饲料原料合格率为 100%；生产企业合格率为 99.03%，基本都能做到规范生产保证合格饲料产品出厂；经营企业合格率为 98.33%，能做到合法经营；养殖使用环节合格率为 97.24%，自配料存在问题较多，主要原因是从业人员文化水平较低，配方不科学；2019 年饲料合格率为 94.14%，明显下降，原因是加强了饲料使用环节的监测，76.12%的样品来源于养殖场（户）的自配料。针对自配料存在的问题，研发团队就宁夏重点养殖阶段自配料主要营养指标给出推荐限值，指导养殖场（户）规范自配料使用。

2　饲料风险预警监测

2018—2022 年，饲料样品风险预警监测 873 批，包括配合饲料、精料补充料、浓缩饲料、复合预混合、自配料及饲料原料，其中生产企业 333 批、经营企业 40 批、养殖场户 540 批。增加了抗菌药物土霉素、金霉素、喹乙醇、喹烯酮、呋喃西林、呋喃妥因、呋喃它酮、呋喃唑酮、13 种 β–受体激动剂、5 种磺胺类药物的检测，参数达到 43 项，均为高效液相色谱、液相色谱–串联质谱确证方法。检测结果见表 2–4–4。

表 2–4–4　饲料风险预警监测样品来源及合格率统计表

年份	生产企业		经营企业		养殖场户		合计/批	年合格率/%
	数量/批	合格率/%	数量/批	合格率/%	数量/批	合格率/%		
2018	105	100	14	100	105	100	210	100
2019	46	100	4	100	150	100	196	100
2020	68	100	9	100	120	100	188	100
2021	60	100	7	100	101	100	161	100
2022	54	98.14	6	100	64	100	118	99.19
合计	333	—	40	—	540	—	873	—

饲料生产企业、养殖场户基本都能严格落实国家禁止添加违禁药物的政策，合格率连续 4 年保持 100%。2022 年合格率为 99.19%，不合格产品为饲料生产企业的 1批草鱼育成配合饲料检出金霉素。究其原因，主要是金霉素具有促进动物生长，预防淡水鱼的白皮病、鱼赤病等细菌性疾病的作用，说明个别生产企业还存在依赖抗生素的情况。虽然存在个别违禁添加现象，但是整体情况良好，表明饲料风险预警监测取得了一定成效，也说明宁夏畜牧业管理水平较好。

第 2 节　宁夏畜禽养殖场饲料营养指标限值合理性验证

饲料配方不仅要满足动物的生理特点、营养需求，而且要以最低的成本获得最佳的养殖效果。合理地配置饲料，有利于动物和人类的健康，有利于合理利用当地各种饲料资源取得最大的经济效益，有利于保护环境、维护生态平衡促进畜牧业可持续发展。但是很多养殖户对饲料配方的科学性、合理性缺乏认识，尤其是对自配料。研发团队对奶牛泌乳期全混合日粮（TMR）、生猪育肥猪自配料、蛋鸡产蛋高峰期自配料进行抽样检测，结合多年检测数据分析，给出水分、粗蛋白、铜、锌、钙、磷等主要营养指标的推荐限值。

1　关键养殖环节饲料营养标准限值测定

1.1　样品来源及数量

泌乳奶牛全混合日粮（TMR），利通区、青铜峡市规模奶牛养殖场 26 批；育肥猪自配料，中宁县、贺兰县规模养猪场（户）26 批；蛋鸡产蛋高峰期自配料，沙坡头区宣和镇养殖园区 20 批。

1.2　主要检测仪器

原子吸收分光光度计、紫外分光光度计、自动定氮仪、电热恒温干燥箱、实验室常规仪器。

1.3　检测方法

按照国标推荐方法进行检测。

1.4　结果与分析

泌乳奶牛全混合日粮（TMR）、育肥猪自配料、蛋鸡产蛋高峰期自配料检测结果见表 2–4–5 至表 2–4–7。

表 2–4–5　泌乳奶牛全混合日粮（TMR）检测结果统计表

检测值 样品	水分/%	粗蛋白/%	钙/%	总磷/%	铜/(mg·kg^{-1}) (88%干物质)	锌/(mg·kg^{-1}) (88%干物质)	铅/(mg·kg^{-1}) (88%干物质)	中性洗涤纤维/%
样品 47	56.93	7.44	0.51	0.38	12.2	76.8	未检出	11.4
样品 48	53.54	9.20	0.49	0.63	14.3	96.4	0.20	12.1
样品 49	56.77	7.67	0.58	0.26	16.3	54.2	未检出	10.7
样品 50	59.83	7.61	0.43	0.26	17.0	56.7	未检出	11.5
样品 51	53.05	8.02	0.69	0.31	23.7	126.7	未检出	13.4
样品 52	55.86	6.81	0.65	0.31	19.3	99.0	未检出	11.8
样品 53	51.58	9.10	0.60	0.46	17.3	96.2	0.12	13.2
样品 54	45.53	8.94	0.76	0.42	17.7	99.7	未检出	15.7
样品 55	52.80	6.73	0.57	0.32	11.3	64.4	未检出	12.4
样品 56	56.16	6.88	0.59	0.31	14.2	81.3	未检出	13.1

续表

检测值 样品	水分/%	粗蛋白/%	钙/%	总磷/%	铜/(mg·kg⁻¹) (88%干物质)	锌/(mg·kg⁻¹) (88%干物质)	铅/(mg·kg⁻¹) (88%干物质)	中性洗涤纤维/%
样品 57	53.52	6.13	0.57	0.32	11.0	57.1	未检出	15.8
样品 58	50.24	8.87	0.65	0.34	18.7	96.2	未检出	11.3
样品 59	53.34	8.04	0.56	0.44	18.7	97.1	未检出	14.6
样品 60	51.95	8.32	0.56	0.34	16.8	83.4	0.10	15.0
样品 61	57.85	7.03	0.49	0.29	14.6	75.3	未检出	12.6
样品 62	54.70	7.93	0.52	0.34	17.8	62.1	未检出	9.5
样品 63	52.87	8.25	0.65	0.32	12.4	35.3	未检出	12.7
样品 64	56.93	8.00	0.45	0.28	8.2	46.8	未检出	12.3
样品 65	54.80	7.69	0.40	0.30	9.0	62.8	0.12	14.2
样品 66	56.45	8.16	0.50	0.35	8.5	42.9	未检出	14.9
样品 67	57.24	5.13	0.50	0.25	9.9	57.2	未检出	23.5
样品 68	57.76	7.56	0.51	0.32	17.7	65.7	未检出	11.0
样品 69	56.69	7.78	0.57	0.29	17.1	70.2	未检出	11.8
样品 70	56.18	7.96	0.57	0.30	14.2	50.6	未检出	15.0
样品 71	57.24	7.55	0.59	0.34	14.1	68.4	0.10	11.6
样品 72	56.12	7.82	0.60	0.35	13.1	68.4	未检出	11.4

表 2-4-6　育肥猪自配料检测结果统计表

检测值 样品	水分/%	粗蛋白/%	钙/%	总磷/%	铜/(mg·kg⁻¹) (88%干物质)	锌/(mg·kg⁻¹) (88%干物质)	铅/(mg·kg⁻¹) (88%干物质)
样品 1	9.68	12.02	0.61	0.48	16.46	61.65	0.37
样品 2	10.57	17.24	0.69	0.49	7.20	78.47	0.37
样品 3	11.22	16.13	0.58	0.44	21.67	101.61	0.40
样品 4	11.38	14.77	0.66	0.48	17.64	98.11	0.34
样品 5	9.58	14.85	0.88	0.60	21.55	76.61	0.24
样品 6	10.79	15.86	0.74	0.51	23.82	81.31	0.35
样品 7	9.79	16.47	0.72	0.56	24.80	90.54	0.23
样品 8	11.81	16.04	0.56	0.49	19.70	66.98	0.77
样品 9	10.14	14.58	0.67	0.44	17.45	103.90	0.24

续表

检测值 样品	水分/%	粗蛋白/%	钙/%	总磷/%	铜/(mg·kg⁻¹) (88%干物质)	锌/(mg·kg⁻¹) (88%干物质)	铅/(mg·kg⁻¹) (88%干物质)
样品 10	9.96	16.12	0.69	0.45	16.16	78.32	0.26
样品 11	10.81	12.46	0.67	0.46	16.54	84.61	0.49
样品 12	10.09	17.91	0.65	0.49	21.39	88.47	0.26
样品 13	10.47	14.8	0.56	0.41	22.96	89.21	0.20
样品 14	10.47	17.98	0.56	0.38	18.54	98.23	0.65
样品 15	11.28	15.48	0.69	0.48	18.95	101.10	0.30
样品 16	10.65	15.45	0.52	0.44	21.16	86.14	0.22
样品 17	8.00	15.81	0.65	0.45	19.90	86.71	0.46
样品 18	11.73	14.64	0.61	0.46	20.70	51.40	0.16
样品 19	10.58	17.41	0.60	0.42	20.63	96.89	0.89
样品 20	11.54	14.04	0.50	0.33	21.48	99.79	0.24
样品 21	10.52	16.75	0.56	0.41	20.38	79.68	0.64
样品 22	11.38	14.02	0.64	0.47	22.50	87.54	1.16
样品 23	11.60	14.81	0.60	0.43	20.76	96.05	0.55
样品 24	10.64	14.47	0.57	0.45	21.86	90.46	0.41
样品 25	12.57	16.64	0.39	0.31	21.28	77.29	1.55
样品 26	13.60	17，14	0.55	0.37	19.34	87.54	0.73

表 2-4-7　蛋鸡产蛋高峰期自配料检测结果统计表

检测值 样品	水分/%	粗蛋白/%	钙/%	总磷/%	铜/(mg·kg⁻¹) (88%干物质)	锌/(mg·kg⁻¹) (88%干物质)	铅/(mg·kg⁻¹) (88%干物质)
样品 27	7.56	14.23	3.54	0.51	16.36	118.55	1.35
样品 28	6.11	11.89	3.16	0.49	14.07	136.20	2.88
样品 29	7.88	15.60	3.26	0.48	7.80	76.20	1.85
样品 30	7.89	15.01	3.42	0.43	13.50	144.29	2.03
样品 31	6.75	14.30	3.25	0.52	12.35	125.30	1.98
样品 32	9.30	14.56	3.18	0.55	12.02	113.69	1.85
样品 33	8.44	14.16	2.96	0.47	10.93	110.05	2.00
样品 34	9.16	16.05	3.25	0.51	13.85	139.91	1.82

续表

检测值 样品	水分/%	粗蛋白/%	钙/%	总磷/%	铜/(mg·kg⁻¹) (88%干物质)	锌/(mg·kg⁻¹) (88%干物质)	铅/(mg·kg⁻¹) (88%干物质)
样品 35	7.46	15.90	3.13	0.52	15.86	143.11	2.14
样品 36	7.35	15.71	3.20	0.50	16.90	150.00	2.11
样品 37	9.60	15.20	3.31	0.50	9.24	114.53	2.26
样品 38	9.28	13.55	4.54	0.65	12.25	122.89	1.84
样品 39	8.23	15.51	3.12	0.48	12.82	99.75	1.86
样品 40	8.55	14.93	3.29	0.52	10.94	107.19	1.68
样品 41	8.50	15.77	3.18	0.49	8.68	98.28	2.10
样品 42	7.92	15.72	3.28	0.52	10.23	114.70	1.91
样品 43	7.92	16.53	3.24	0.51	11.64	132.30	1.90
样品 44	9.49	15.35	2.80	0.45	14.45	108.10	1.37
样品 45	8.88	15.57	2.86	0.44	9.89	99.67	1.96
样品 46	10.81	14.52	3.24	0.50	10.22	118.55	1.96

1.4.1 水分

水分含量的波动直接影响奶牛采食的干物质量发生变化，进而影响奶牛的生产性能。根据有关文献报道及部分省份的全混合日粮饲养技术规程推荐，水分含量应在 45%~55%。测定结果见表 2-4-8，宁夏规模养殖场（户）泌乳奶牛全混合日粮的水分测定值范围为 50.2%~59.8%，平均值为 54.8%。因此根据宁夏实际情况，建议泌乳奶牛全混合日粮的水分含量控制在 55%左右较为适宜。加强日常水分含量的监测，如果水分的含量改变，日粮必须随着变化量而调整，以确保配置全混合日粮时足量的干物质。

水分含量超过规定标准，饲料容易发霉变质，不利于保存，还会使营养成分含量相对减少。如果产品水分含量过低，企业又造成不必要的损失，而且高低不均的水分含量还会造成产品质量不稳定。在饲料加工过程中，适宜的水分含量有利于降低能耗、提高生产效率。国家标准《产蛋后备鸡、产蛋鸡、肉用仔鸡配合饲料主要营养成分》（GB5916—2008）和《仔猪、生长肥育猪配合饲料主要营养成分含量》（GB5915—2008）中，水分含量限定为均≤14.0%。测定结果显示，宁夏规模养殖场

(户) 育肥猪自配料水分的测定值范围为 8.0%~13.6%，平均值为 10.8%；蛋鸡产蛋高峰期自配料水分的测定值范围为 6.1%~10.8%，平均值为 8.3%。因此根据宁夏实际情况，建议育肥猪自配料和蛋鸡产蛋高峰期自配料的水分含量控制在 11.0%~13.0%较为适宜。

表 2-4-8 水分测定统计表

产品类别	样品数量/批	水分/%		
		最大值	最小值	平均值
泌乳奶牛全混合日粮（TMR）	26	59.8	50.2	55.2
育肥猪自配料	26	13.6	8.0	10.8
蛋鸡产蛋高峰期自配料	20	10.8	6.1	8.3

1.4.2 粗蛋白

测定泌乳奶牛全混合日粮中粗蛋白的含量，对于评价日粮的营养价值、合理开发利用饲料蛋白资源、提高产品质量、优化饲料配方、指导经济核算及生产过程控制均具有极重要的意义。测定结果见表 2-4-9，宁夏规模养殖场（户）泌乳奶牛全混合日粮的粗蛋白质测定值范围为 6.13%~9.20%，平均值为 7.82%。因此根据宁夏实际情况，建议泌乳奶牛全混合日粮的粗蛋白质含量控制在 7%左右。

猪生长期日粮中的蛋白质和赖氨酸主要用于瘦肉组织的生长，育肥猪的增重与饲料营养水平有很大关系，在饲料的各种营养物质中，以蛋白质和能量影响最大。国家标准《仔猪、生长肥育猪配合饲料主要营养成分含量》（GB5915—2008）中，粗蛋白含量为 13.0%~15.0%。测定结果显示，宁夏规模养殖场（户）育肥猪自配料粗蛋白的测定值范围为 12.02%~17.98%，平均值为 15.47%。因此根据宁夏实际情况，建议育肥猪自配料粗蛋白含量控制在 13.0%~15.0%较为适宜。

蛋白质是维持鸡生命、保证生长和产蛋的极为重要的营养素，而且蛋白质的作用不能用其他营养成分代替。如果日粮中缺乏蛋白质，蛋鸡的产蛋率下降、蛋重减少，严重时体重下降，甚至引起死亡。相反，日粮中蛋白质过多也是不利的，不仅提高了饲料价格，造成浪费，而且会使鸡代谢障碍，体内有大量尿酸盐沉积，是导致痛风病的原因之一。国家标准《产蛋后备鸡、产蛋鸡、肉用仔鸡配合饲料主要营养成分》（GB5916—2008）中，粗蛋白含量为≥16.0%。测定结果显示，宁夏规模养殖场（户）蛋鸡产蛋高峰期自配料粗蛋白的测定值范围为11.89%~16.53%，平均值为15.0%。因此根据宁夏实际情况，建议蛋鸡产蛋高峰期自配料的粗蛋白含量控制在15.0%~16.0%较为适宜。

表 2-4-9　粗蛋白测定统计表

产品类别	样品数量/批	粗蛋白/%		
		最大值	最小值	平均值
泌乳奶牛全混合日粮（TMR）	26	9.20	6.13	7.82
育肥猪自配料	26	17.98	12.02	15.47
蛋鸡产蛋高峰期自配料	20	16.53	11.89	15.00

1.4.3　微量元素（铜、锌）

铜、锌是动物生存和生产必需的微量元素，且有一定促生长和维持健康的作用。作为饲料添加剂和促生长剂被添加到饲料中，不仅高效、廉价，而且使用方便，因此在饲料中常被超量添加。高铜高锌不仅会引起动物机体中毒，影响动物品质，造成资源浪费和污染环境，而且间接通过食物链危害人体健康，影响畜牧业可持续发展。

测定结果见表 2-4-10、表 2-4-11，泌乳奶牛全混合日粮中铜的检测值范围为8.20~23.70 mg/kg，平均值为 14.81 mg/kg；锌的检测值范围为 35.30~126.70 mg/kg，平均值为 72.73 mg/kg。

育肥猪自配料中铜的检测值范围为 7.20~24.80 mg/kg，平均值为 19.80 mg/kg；锌的检测值范围为 51.40~103.90 mg/kg，平均值为 86.10 mg/kg。

蛋鸡产蛋高峰期自配料中铜的检测值范围为 7.80~16.90 mg/kg，平均值为

表 2-4-10　铜测定统计表

产品类别	样品数量/批	铜/（mg·kg^{-1}）			
		允许量	最大值	最小值	平均值
泌乳奶牛全混合日粮（TMR）	26	30	23.70	8.20	14.81
育肥猪自配料	26	25	24.80	7.20	19.80
蛋鸡产蛋高峰期自配料	20	25	16.90	7.80	12.20

表 2-4-11　锌测定统计表

产品类别	样品数量/批	锌/(mg·kg^{-1})			
		允许量	最大值	最小值	平均值
泌乳奶牛全混合日粮（TMR）	26	120	126.70	35.30	72.73
育肥猪自配料	26	80	103.90	51.40	86.10
蛋鸡产蛋高峰期自配料	20	120	150.0	76.20	118.80

12.20 mg/kg；锌的检测值范围为 76.20~150.0 mg/kg，平均值为 118.80 mg/kg。

《饲料添加剂安全使用规范》规定，泌乳奶牛全混合日粮中铜、锌的最高限量分别为 30 mg/kg 和 120 mg/kg；育肥猪饲料中铜、锌的最高限量分别为 25 mg/kg和 108 mg/kg；蛋鸡产蛋高峰期自配料中铜、锌的最高限量分别为 25 mg/kg 和 156 mg/kg。因此，宁夏规模养殖场生产的泌乳奶牛全混合日粮、育肥猪自配料、蛋鸡产蛋高峰期自配料中铜、锌的含量符合《饲料添加剂安全使用规范》规定。

1.4.4　钙、总磷

钙磷缺乏症主要表现为食欲下降，异食癖；动物生长缓慢或停滞；幼龄动物钙、磷缺乏患佝偻病；成年动物钙、磷缺乏患骨软症。动物日粮中钙、磷过量对动物也有危害，高钙影响磷、镁、铁、碘、锌、锰等元素的吸收，造成营养代谢病，

表 2-4-12　钙测定统计表

产品类别	样品数量/批	钙/%		
		最大值	最小值	平均值
泌乳奶牛全混合日粮（TMR）	26	0.76	0.39	0.56
育肥猪自配料	26	0.88	0.39	0.62
蛋鸡产蛋高峰期自配料	20	4.54	2.86	3.26

表 2-4-13　总磷测定统计表

产品类别	样品数量/批	总磷/%		
		最大值	最小值	平均值
泌乳奶牛全混合日粮（TMR）	26	0.63	0.26	0.35
育肥猪自配料	26	0.51	0.38	0.45
蛋鸡产蛋高峰期自配料	20	0.65	0.44	0.50

奶牛日粮中钙过量会抑制瘤胃微生物活性。适量供给钙、磷，并使钙、磷保持适宜的比例，能有效保证动物对钙、磷的需求，发挥较好的生产潜力。

宁夏规模养殖场（户）泌乳奶牛全混合日粮中钙的检测值范围为 0.39%~0.76%，平均值为 0.56%，总磷的检测值范围为 0.26%~0.63%，平均值为 0.35%，钙磷比例为 1.6∶1；育肥猪自配料中钙的检测值范围为 0.39%~0.88%，平均值为 0.62%，总磷的检测值范围为 0.38%~0.51%，平均值为 0.45%；鸡产蛋高峰期自配料中钙的检测值范围为 2.86%~4.54%，平均值为 3.26%，总磷的检测值范围为 0.44%~0.65%，平均值为 0.50%。因此根据宁夏实际情况，建议泌乳奶牛全混合日粮中的钙控制在 0.4%~0.6%，总磷≥0.3%，钙、磷比例以 1.5~2∶1 为宜。育肥猪自配料中的钙控制在 0.50%~0.80%，总磷≥0.35%；蛋鸡产蛋高峰期自配料中的钙控制在 3.0%~4.4%，总磷≥0.45%。

1.4.5 铅

饲料在加工、贮藏的过程中极易受到重金属污染，重金属污染物一旦随饲料进入动物体内，便会在体内蓄积，且稳定性极强，长期累积导致动物有毒性。动物不仅将污染物代谢到肉、蛋、奶中，危害人体健康，而且会通过粪便污染环境，因此对日粮进行重金属检测尤为重要。

表 2-4-14 铅测定统计表

产品类别	样品数量/批	铅/(mg·kg^{-1})			
		不高于	最大值	最小值	平均值
泌乳奶牛全混合日粮（TMR）	26	5	0.2	未检出	—
育肥猪自配料	26		1.55	0.16	0.48
蛋鸡产蛋高峰期自配料	20		2.88	1.35	1.94

宁夏规模养殖场（户）泌乳奶牛全混合日粮、育肥猪自配料、鸡产蛋高峰期自配料中铅的测定值最高分别为 0.2 mg/kg、1.55 mg/kg 和 2.88 mg/kg，根据《饲料卫生标准》（GB 13078—2017）的规定，泌乳奶牛全混合日粮、育肥猪自配料和鸡产蛋高峰期自配料中铅的最高限量为 5 mg/kg。因此宁夏规模养殖场加工生产的泌乳奶牛全混合日粮、育肥猪自配料和鸡产蛋高峰期自配料中的重金属铅未出现超标现象，不会对动物及周围环境造成危害。

建议生产过程中将泌乳奶牛全混合日粮（TMR）的水分含量控制在 55%左右，粗蛋白质含量控制在 7%左右，钙含量控制在 0.4%~0.6%，总磷≥0.3%，钙、磷比例 1.5∶1~2∶1，铜和锌含量≤30 mg/kg 和 120 mg/kg；育肥猪自配料和蛋鸡产蛋高峰期自配料的水分含量控制在 11.0%~13.0%，育肥猪自配料的粗蛋白含量控制在 13.0%~15.0%，钙含量控制在 0.50%~0.80%，总磷≥0.35%，铜和锌含量≤25 mg/kg 和 80 mg/kg；蛋鸡产蛋高峰期自配料的粗蛋白含量控制在 15.0%~16.0%，钙含量控制在 3.0%~4.4%，总磷≥0.45%，铜和锌含量≤25 mg/kg 和 120 mg/kg。泌乳奶牛全混合日粮（TMR）、育肥猪自配料和蛋鸡产蛋高峰期自配料中的铅均≤5 mg/kg。因影响畜禽生产性能的营养指标较多，由于时间和精力有限，未能全面分析测定宁夏不同养殖动物及不同生长阶段饲料中营养成分的限值，有待今后进一步深入研究。

2　宁夏泌乳奶牛全混合日粮（TMR）营养成分测定研究

2.1　样品来源及数量

抽取利通区、青铜峡市规模奶牛养殖场泌乳奶牛全混合日粮（TMR）26 批。

2.2　主要检测仪器

原子吸收分光光度计、紫外分光光度计、全自动定氮仪、电热恒温干燥箱、实验室常规仪器。

2.3　检测方法

按照国标推荐方法进行检测

2.4　检测结果与分析

泌乳奶牛全混合日粮（TMR）65 ℃烘 3~4 h，测定初水分。粉碎，过 40 目筛。在此状态下测定水分、粗蛋白、钙、总磷、中性洗涤纤维、酸性洗涤纤维、铜、锌、铅等。其中粗蛋白、钙、总磷、中性洗涤纤维、酸性洗涤纤维测定值折回原样，铜、锌、铅测定值折至 88%干物质，结果见表 2–4–15。

2.4.1　水分

根据有关文献报道及部分省份的全混合日粮饲养技术规程推荐，水分含量应在 45%~55%。测定结果见表 2–4–15，宁夏规模养殖场（户）泌乳奶牛全混合日粮的水分测定值范围为 45.5%~59.8%，平均值为 54.8%。因此根据宁夏实际情况，建议泌乳

表 2-4-15 泌乳奶牛全混合日粮（TMR）原样检测结果统计表

检测值 样品	水分/%	粗蛋白/%	钙/%	总磷/%	铜/（$mg \cdot kg^{-1}$） （88%干物质）	锌/（$mg \cdot kg^{-1}$） （88%干物质）	铅/（$mg \cdot kg^{-1}$） （88%干物质）	中性洗涤纤维/%
样品 1	56.93	7.44	0.51	0.38	12.2	76.8	未检出	11.4
样品 2	53.54	9.20	0.49	0.63	14.3	96.4	0.20	12.1
样品 3	56.77	7.67	0.58	0.26	16.3	54.2	未检出	10.7
样品 4	59.83	7.61	0.43	0.26	17.0	56.7	未检出	11.5
样品 5	53.05	8.02	0.69	0.31	23.7	126.7	未检出	13.4
样品 6	55.86	6.81	0.65	0.31	19.3	99.0	未检出	11.8
样品 7	51.58	9.10	0.60	0.46	17.3	96.2	0.12	13.2
样品 8	45.53	8.94	0.76	0.42	17.7	99.7	未检出	15.7
样品 9	52.80	6.73	0.57	0.32	11.3	64.4	未检出	12.4
样品 10	56.16	6.88	0.59	0.31	14.2	81.3	未检出	13.1
样品 11	53.52	6.13	0.57	0.32	11.0	57.1	未检出	15.8
样品 12	50.24	8.87	0.65	0.34	18.7	96.2	未检出	11.3
样品 13	53.34	8.04	0.56	0.44	18.7	97.1	未检出	14.6
样品 14	51.95	8.32	0.56	0.34	16.8	83.4	0.10	15.0
样品 15	57.85	7.03	0.49	0.29	14.6	75.3	未检出	12.6
样品 16	54.70	7.93	0.52	0.34	17.8	62.1	未检出	9.5
样品 17	52.87	8.25	0.65	0.32	12.4	35.3	未检出	12.7
样品 18	56.93	8.00	0.45	0.28	8.2	46.8	未检出	12.3
样品 19	54.80	7.69	0.40	0.30	9.0	62.8	0.12	14.2
样品 20	56.45	8.16	0.50	0.35	8.5	42.9	未检出	14.9
样品 21	57.24	5.13	0.50	0.25	9.9	57.2	未检出	23.5
样品 22	57.76	7.56	0.51	0.32	17.7	65.7	未检出	11.0
样品 23	56.69	7.78	0.57	0.29	17.1	70.2	未检出	11.8
样品 24	56.18	7.96	0.57	0.30	14.2	50.6	未检出	15.0
样品 25	57.24	7.55	0.59	0.34	14.1	68.4	0.10	11.6
样品 26	56.12	7.82	0.60	0.35	13.1	68.4	未检出	11.4
最小值	45.5	5.13	0.40	0.25	8.2	35.3	未检出	9.5
最大值	59.8	9.20	0.76	0.63	23.7	126.7	0.20	23.5
平均值	54.8	7.72	0.56	0.34	14.8	72.7	未检出	13.2
最高限量					≤30	≤120	≤5	

奶牛全混合日粮的水分含量控制在 55%左右较为适宜。加强日常水分含量的监测，如果水分的含量改变，日粮必须随着变化而调整，以确保配置全混合日粮时有足量的干物质。

2.4.2　粗蛋白

宁夏规模养殖场（户）泌乳奶牛全混合日粮的粗蛋白质测定值范围为 5.13%~9.20%，平均值为 7.72%。因此根据宁夏实际情况，建议泌乳奶牛全混合日粮的粗蛋白质含量控制在 7%左右。

2.4.3　微量元素（铜、锌）

泌乳奶牛全混合日粮中铜的检测值范围为 8.20~23.70 mg/kg，平均值为 14.80 mg/kg；锌的检测值范围为 35.30~126.70 mg/kg，平均值为 72.70 mg/kg。《饲料添加剂安全使用规范》规定，泌乳奶牛全混合日粮中铜、锌的最高限量分别为 30 mg/kg 和 120 mg/kg。宁夏规模养殖场生产的泌乳奶牛全混合日粮中铜、锌的含量符合《饲料添加剂安全使用规范》规定。

2.4.4　钙、总磷

宁夏规模养殖场（户）泌乳奶牛全混合日粮中钙的检测值范围为 0.40%~0.76%，平均值为 0.56%，总磷的检测值范围为 0.25%~0.63%，平均值为 0.34%，钙、磷比例为 1.6∶1。因此根据宁夏实际情况，建议泌乳奶牛全混合日粮的钙控制在 0.40%~0.60%，总磷≥0.30%，钙、磷比例以 1.5∶1~2∶1 为宜。

2.4.5　铅

宁夏规模养殖场（户）泌乳奶牛全混合日粮中铅的测定值最高为 0.2 mg/kg，根据《饲料卫生标准》（GB 13078—2017）的规定，泌乳奶牛全混合日粮中铅的最高限量为 5 mg/kg。宁夏规模养殖场加工生产的泌乳奶牛全混合日粮中重金属铅未超标，不会对动物及周围环境造成危害。

2.4.6　中性洗涤纤维（NDF）

宁夏规模养殖场（户）泌乳奶牛全混合日粮中性洗涤纤维（NDF）的检测值范围为 9.5%~23.5%，平均值为 13.2%。因此根据宁夏实际情况，建议泌乳奶牛全混合日粮的中性洗涤纤维（NDF）控制在 11.0%~14.0%为宜。

泌乳奶牛全混合日粮（TMR）的水分含量控制在 55%左右；粗蛋白质含量控制

在7%左右；钙控制在0.4%~0.6%，总磷≥0.3%，钙、磷比例以1.5∶1~2∶1；铜和锌应≤30 mg/kg和120 mg/kg；铅应≤5 mg/kg；中性洗涤纤维（NDF）在11.0%~14.0%为宜。影响奶牛生产性能的营养指标较多，由于时间和精力有限，未能全面分析测定宁夏泌乳奶牛全混合日粮（TMR）中的营养成分，有待之后进一步深入研究。

第3节　多措并举推进成果转化应用

研发团队采用“五提升、五强化”统筹推进方式，加快研究成果的转化并保证应用效果，为政府决策提供参考，为依法监管提供依据，为标准化生产提供指导，保障饲料产业和畜牧业高质量发展。

一是提升检测参数覆盖面，强化非法添加物监测。利用近红外分析仪快速、便捷的特点，提高常规营养成分的检测效率；充分发挥高效液相色谱-质谱联用高通量的优势，开展饲料中非法添加兽药多组分联检；采用试剂盒快速筛查加仪器确证的模式，提高非法添加物的检测效率，监测参数由原来的78项增至134项，全面落实农业农村部194号公告。

二是提升精准抽样水平，强化重点环节的抽检力度。结合宁夏特色优势产业发展需求，着力奶牛、肉牛、滩羊等饲料产品监测。加强奶牛泌乳期、肉牛肉羊育肥期、蛋鸡产蛋高峰期等关键养殖阶段饲料产品的抽检力度；根据往年饲料监测数据分析，坚持问题导向，做到靶向抽检，加强对风险隐患较多的自配料的抽检，对重点企业、重点产品进行重点监测。

三是提升精准检测水平，强化重点风险因子排查。结合往年饲料风险预警监测数据，分析排查不合格及检出率较高的指标，强化铜、锌、黄曲霉毒素B_1等风险因子排查；参照宁夏畜产品兽药残留监测结果，针对检出率高的兴奋剂类、四环素类、磺胺类、硝基呋喃类等兽药，确定饲料违禁添加监测项目。

四是提升行业整体素质，强化对从业人员的培训指导。采取一对一现场带教模式，对饲料生产企业质检员和高校毕业生进行理论和实操能力培训，提升相关人员饲料检测能力，培训22家生产企业28人次，本科、硕士研究生20余人次；举办饲料行业高素质农民培训 2 期，对饲料及养殖从业人员开展技术培训，培训学员 200 余人次；服务指导银川正大有限公司通过无抗饲料生产基地认证。

五是提升监管效率，强化部门联动。及时报送监督抽查、风险预警监测结果，分析评估风险因子，为饲料监管部门提供准确、可靠的执法依据和防范数据，强化检打联动，严厉打击违法违规行为；加强与各级饲料监管部门和生产经营使用企业的交流合作，建立并推广宁夏饲料信息化监管平台，实施饲料全程信息化追溯监管，规范饲料市场流通环境，推动饲料行业健康有序发展。

第3篇 畜产品质量安全检测技术研究

民以食为天，农为国之本。农产品质量安全关系到人民群众身体健康和生命安全，确保农产品质量安全，既是食品安全的重要内容和基础保障，又是建设现代农业的重要任务。习近平总书记强调要用“四个最严”“产出来”“管出来”加强农产品质量安全监管。开展农产品质量安全监测工作是及时发现和防范风险隐患的有力举措。重安全更重品质，随着经济的发展和人民生活水平的提高，我国农产品进入由增产导向转向提质导向、由数量优先转向质量优先的发展新时期，人民对农产品的需求已由关注安全向聚焦品质转变。提升畜牧业质量效益和竞争力，促进地方优势特色畜产品提档升级，已成为现代化农业高质量发展的主要目标。

一直以来，兽药残留监控都是我国保障畜产品质量安全的有力手段，兽药残留检测技术更是监控工作的技术核心。十几年来，农业农村部不断完善兽药法规，提高残留检测能力建设，建立兽药残留标准体系，强化兽药使用监管，整体推进我国兽药残留监控工作，取得明显成效。但我国畜产品质量安全仍存在检测参数少、数据不完整、覆盖面不宽、风险因子不确定、隐患排查和风险预警能力不足等技术瓶颈，畜产品品质评价面临停留在定性分析阶段、缺乏定量分析的困境。为此，宁夏回族自治区兽药饲料监察所研发团队根据宁夏养殖环节用药规律，优化建立了四环素类、磺胺类、氟喹诺酮类 31 种兽药残留的同时检测方法，研究建立了 12 类 80 种兽药残留高通量联检方法，验证建立了兽药残留检测方法 20 个，创建了畜产品质量安全监测技术体系；首创了兽药残留种类、数量、超标程度“三维一体”的综合评价理念，研创了风险量化评价方法与评估模型，研发了基于多要素分析的“四等级”风险因子评级方法，创建了畜禽产品风险评估预警体系；确证了滩羊肉特征品质指标，研发了滩羊肉多品质一体化评价技术与设备。经院士专家鉴定，畜产品质量安全风险综合量化评价技术、品质无损鉴别技术处于国际先进水平。制定行业标准 1 项，发明专利 2 件、实用新型专利 1 件，发表论文 10 篇，培养宁夏回族自治区青年拔尖人才 1 人、托举人才 1 名。

第1章　畜产品兽药残留质量安全检测技术研究

兽药残留分析是保障畜产品质量安全、全方位排查畜产品中兽药残留风险隐患的有效手段，能够为农产品质量安全监管提供重要的技术支撑，促进畜牧业高质量发展。然而随着兽药种类的增多，兽药结构、分析对象和样品基质的日益复杂，兽药残留检测面临检测参数偏少、前处理方法复杂耗时、检测成本高、检测效率低、检测标准药物种类单一等诸多挑战。加之兽药残留检测还存在诸多技术瓶颈，难以实现对宁夏畜产品兽药残留质量安全风险的全面评价分析与风险预警，以兽药残留监测技术助力畜产品质量安全监管的力量仍然薄弱。针对上述技术瓶颈，研发团队从扩增参数、复核检验新标准、研发高通量检测技术、创新前处理方法等目标出发，紧紧围绕畜产品质量安全兽药残留风险隐患，聚焦国家明确规定的禁止使用药物及限量使用药物残留检测，通过开发验证新方法、新标准，扩展检测参数，优化检测方法，创建了快速、高通量的畜产品质量安全监测关键技术，开展兽药残留检测新方法、新标准应用研究20个，涉及17类138种药物，检测参数新增181项，扩增至254项，检测参数提升248%，建立了畜产品质量安全监测技术体系，检测能力满足农业农村部和宁夏对重点品种、重点监控药物的监测需求。发表专业技术论文10篇。

第1节　动物源食品中三氯苯唑及代谢物残留检测方法的建立

三氯苯唑属于新型苯并咪唑类驱虫药，对牛、羊的肝片吸虫、大片形吸虫及前后盘吸虫均有良好的杀灭效果，在畜牧养殖业中广泛应用。但是此类药物具有致畸等毒副作用，会对人体产生直接危害，因此三氯苯唑残留问题日益引起人们的关注。目前无相关国家标准，国内外关于测定牛组织中三氯苯唑及其代谢物三氯苯唑酮药物残留的报道有液相色谱-串联质谱法、高效液相色谱法等。研发团队承担了中国兽医药品监察所关于标准制定的复核任务，利用高效液相色谱技术，从线性范围、准确度和精密度方面进行方法学考察验证。

1 材料与方法

1.1 仪器和条件

1.1.1 仪器

Waters e2695 高效液相色谱仪，沃特世公司；CR22G 离心机，日本日立公司；MS3 旋涡混匀器，IKA 公司；梅特勒·托利多 AX-205、PL202-L 电子天平；德国 LR4000/HB/G3 旋转蒸发仪；WSZ-100-A 振荡器，上海安亭公司；SUPELCO 固相萃取装置。

1.1.2 色谱条件

色谱柱 C_{18} 柱，250 mm×4.6 mm，粒径 5.0 μm；柱温 30 ℃；进样量 20 μL；检测波长 296 nm；流动相 0.02 mol/L；乙酸铵溶液：乙腈为 40：60。

1.2 试剂和材料

以下所用试剂，除特别注明者外，均为分析纯试剂。三氯苯唑、本氯苯唑酮对照品均由中国兽医药品监察所提供。盐酸、乙酸铵、乙腈（色谱纯）、甲醇（色谱纯）、异辛烷、正丙醇、无水硫酸钠、盐酸、无水乙醇、ppL 固相萃取柱 200 mg/3cc（Agilent 公司）、微孔滤膜 0.45 μm。

1.3 样品前处理

提取：称取组织样品 5.00 g，置于带盖离心管中，加入乙酸乙酯 20 mL、氢氧化钾溶液 0.1 mL、2，6-二叔丁基对甲酚溶液 1 mL，涡旋混合 5 min，加无水硫酸钠 1 g，混匀，5 000 r/min 离心 10 min，移取上清液置于旋转蒸发瓶，重复提取 1 次，合并上清液，40 ℃旋转蒸发至干，用乙腈 2 mL 溶解残渣，混匀，超声 5 min，加盐酸溶液 1.5 mL，重复提取 1 次，合并上清液混匀，转移到 10 mL 离心管中，加正己烷 5 mL 洗涤旋转蒸发后转移到离心管中，混匀，静置分层，弃去上层正己烷层，下层加盐酸溶液 3 mL，混匀。

净化：用甲醇 6 mL 和水 6 mL 活化固相萃取柱，将组织样品提取液过柱，控制流速<2 mL/min，用盐酸溶液 3 mL，甲醇 3 mL 淋洗，用氨化甲醇溶液 6 mL 洗脱，收集洗脱液，在 40~45 ℃水浴条件下氮气吹干，用流动相 0.5 mL 溶解残渣，10 000 r/min 离心 5 min，取上清液，高效液相色谱分析。

2　结果与分析

2.1　标准曲线

准确量取适量三氯苯唑及三氯苯唑酮标准工作液，用流动相稀释，使其浓度分别为 20 ng/mL、60 ng/mL、100 ng/mL、200 ng/mL、400 ng/mL、600、1 200 ng/mL，以峰面积 y 对含量 x（ng/mL）作标准曲线，得出回归方程：三氯苯唑 y=51.891x−33.841，R^2 为 0.999 8；三氯苯唑酮 y=33.237x+39.371，R^2 为 0.999 8，回归方程见表 3−1−1 至表 3−1−4。结果表明，三氯苯唑、三氯苯唑酮在 20~1 200 ng/mL 范围，浓度和定量离子峰面积线性关系均良好，说明该方法可靠。

2.2　准确度和精密度

在空白样品按不同添加水平进行试验，每个水平做 5 次重复；每个浓度做 3 批，计算批间相对标准偏差；同时进行空白试样测定，实验结果见表 3−1−1 至表 3−1−4。结果表明，牛的肌肉、肝脏、肾脏和脂肪中三氯苯唑、三氯苯唑酮在 50~600 ng/g 添加浓度范围内，平均回收率在 64.3%~94.4%，批间相对标准偏差均<20.0%，方法准确度和精密度满足药物残留检测的要求。

表 3−1−1　空白牛肝脏中添加三氯苯唑酮的准确度和精密度实验结果

化合物序号	药物名称	线性方程	相关系数 R^2	添加水平 */(μg·kg⁻¹)		
				50	300	600
1	三氯苯唑酮	y=51.891x−33.841	0.999 8	79.1±13.5	74.9±8.3	73.5±2.3
2	三氯苯唑	y=33.237x+39.371	0.999 8	83.2±10.1	72.1±4.9	69.2±3.8

注：* 标准偏差为批间检测的标准偏差，n=5。

表 3-1-2 空白牛脂肪中添加三氯苯唑酮的准确度和精密度实验结果

化合物序号	药物名称	线性方程	相关系数 R^2	添加水平*/(μg·kg⁻¹)		
				50	100	200
1	三氯苯唑酮	y=51.891x−33.841	0.999 8	90.9±5.1	84.3±2.6	77.4±5.6
2	三氯苯唑	y=33.237x+39.371	0.999 8	74.1±6.2	69.8±6	64.3±5.1

注：*标准偏差为批间检测的标准偏差，n=5。

表 3-1-3 空白牛肾脏中添加三氯苯唑酮的准确度和精密度实验结果

化合物序号	药物名称	线性方程	相关系数 R^2	添加水平*/(μg·kg⁻¹)		
				50	300	600
1	三氯苯唑酮	y=51.891x−33.841	0.999 8	85.1±5.5	71.7±10.4	74.0±10.1
2	三氯苯唑	y=33.237x+39.371	0.999 8	83.0±7.0	69.5±9.8	71.5±6.2

注：*标准偏差为批间检测的标准偏差，n=5。

表 3-1-4 空白牛肌肉中添加三氯苯唑酮的准确度和精密度实验结果

化合物序号	药物名称	线性方程	相关系数 R^2	添加水平*/(μg·kg⁻¹)		
				50	300	600
1	三氯苯唑酮	y=51.891x−33.841	0.9998	94.4±5.5	88.6±1.9	88.0±5.4
2	三氯苯唑	y=33.237x+39.371	0.9998	79.6±2.1	76.2±8.0	79.6±10.9

注：*标准偏差为批间检测的标准偏差，n=5。

3 小结

（1）线性范围、精密度和准确度均能满足残留检测的要求，复核结果与标准起草单位一致，方法准确可靠，可用于牛、羊组织中三氯苯唑和三氯苯唑酮的残留检测。

（2）ppL 固相萃取柱使用中要防止干涸，否则会影响回收率。

第 2 节 动物源食品中氟苯哒唑、噻苯哒唑及代谢物残留检测方法的建立

氟苯哒唑、噻苯哒唑具有去线虫和抗蠕虫的作用，尤其对成虫及特定的幼虫驱虫效果极佳，广泛应用于畜牧业，但会对人体健康造成危害。目前关于动物源食品

中氟苯哒唑、噻苯哒唑及代谢物残留的检测无相关国家标准，研发团队开展研究，利用高效液相色谱技术从线性范围、准确度和精密度方面验证并建立了鸡蛋、牛奶、4 种牛组织（肌肉、脂肪、肾脏和肝脏）和 4 种猪组织（肌肉、脂肪、肾脏和肝脏）中氟苯达唑、噻苯达唑及代谢物残留量的检测方法。

1 材料与方法

1.1 仪器和条件

Waters e2695 高效液相色谱仪，沃特世公司；CR22G 离心机，日本日立公司；MS3 旋涡混匀器，IKA 公司；梅特勒·托利多 AX-205、PL202-L 电子天平；德国 LR4000/HB/G3 旋转蒸发仪；WSZ-100-A 振荡器，上海安亭公司；SUPELCO 固相萃取装置。

1.2 试剂和材料

以下所用试剂，除特别注明者外，均为分析纯试剂。氟苯达唑、噻苯达唑、2-氨基氟苯达唑、5-羟基噻苯达唑对照品均由中国兽医药品监察所提供。碳酸钠、乙酸铵、乙腈（色谱纯）、甲醇（色谱纯）、异辛烷（色谱纯）、正丙醇、甲酸、氨水、盐酸、无水乙醇、MCX 固相萃取柱 60 mg/3cc（Waters 公司）、微孔滤膜 0.45 μm（Waters 公司）。

1.3 样品前处理

提取：称取 2.00 g 均质好的样品，置于 50 mL 离心管中，加入 0.5 mL 2%碳酸钠水溶液、8 mL 乙腈、5 mL 异辛烷，涡旋 1 min，超声提取 10 min，5 000 rpm 离心 5 min，取下层清液置于 100 mL 鸡心瓶中，剩余残渣加入 0.5 mL 2%碳酸钠水溶液、8 mL 乙腈，重复提取 1 次，合并 2 次下层清液，加 5 mL 正丙醇，50 ℃旋蒸至干，用 8 mL 30%酸化乙醇溶解，作为待净化液。

净化：净化柱依次用 3 mL 甲醇、3 mL 2%甲酸水溶液活化平衡，然后将待净化液过柱。用 3 mL 2%甲酸水溶液和 3 mL 甲醇洗柱，弃去全部流出液，小柱用真空泵抽干。最后用 3 mL 5%氨化甲醇洗脱。收集洗脱液 50 ℃氮气吹干，用 1 mL 流动相溶解残留物，过 0.45 μm 针式过滤器后待测。

2 结果与分析

2.1 标准曲线

准确量取适量5-羟基噻苯哒唑、噻苯哒唑、2-氨基氟苯哒唑和氟苯哒唑标准工作液，用流动相稀释，使其浓度分别为20 ng/mL、40 ng/mL、100 ng/mL、200 ng/mL、300 ng/mL、600 ng/mL、1 500 ng/mL，以峰面积y对含量x（ng/mL）作标准曲线。得出的回归方程：5-羟基噻苯哒唑 y=82.191 64x−1.809 51，R^2为0.999 30；噻苯哒唑 y=52.154 96x−0.693 06，R^2为0.999 77；2-氨基氟苯哒唑 y=18.423 45x−0.433 125，R^2为0.999 30；氟苯哒唑 y=25.567 77x−0.175 757，R^2为0.999 90。回归方程见表3-1-5至表3-1-14。结果表明，5-羟基噻苯哒唑、噻苯哒唑、2-氨基氟苯哒唑和氟苯哒唑在20~1 500 ng/mL范围，浓度和定量离子峰面积线性关系均良好，满足残留检测要求，方法可靠。

2.2 准确度和精密度

在空白样品按不同添加水平进行试验，每个水平做5次重复；每个浓度做3批，计算批间相对标准偏差；同时进行空白试样测定，实验结果见表3-1-5至表3-1-14。结果表明，鸡蛋、牛奶、牛及猪（肌肉、肝脏、肾脏和脂肪）中，氟苯哒唑、噻苯哒唑、2-氨基氟苯哒唑和5-羟基噻苯哒唑在20~800 ng/g添加浓度范围，平均回收率在65.4%~102%，批间相对标准偏差均<20%，方法准确度和精密度满足药物残留检测的要求。

表3-1-5 空白鸡蛋中添加噻苯达唑和氟苯达唑及其代谢物的准确度和精密度实验结果

化合物序号	药物名称	线性方程	相关系数 R^2	添加水平*/（μg·kg⁻¹）		
				20	400	800
1	5-羟基噻苯哒唑	y=82.191 64x−1.809 51	0.999 3	91.9±1.5	92.4±2.2	86.4±3.8
2	噻苯哒唑	y=52.154 96x−0.693 06	0.999 8	89.3±10.5	90.3±1.6	84.9±2.1
3	2-氨基氟苯哒唑	y=18.423 45x−0.433 125	0.999 3	85.4±4.3	82.2±0.7	74.5±2.3
4	氟苯达唑	y=25.567 77x−0.175 757	0.999 9	90.9±3.0	82.8±5.9	76.4±10.8

注：*标准偏差为批间检测的标准偏差，n=5。

表 3-1-6　空白牛奶中添加噻苯达唑和氟苯达唑及其代谢物的准确度和精密度实验结果

化合物序号	药物名称	线性方程	相关系数 R^2	添加水平 */(μg·kg⁻¹)		
				20	100	200
1	5-羟基噻苯哒唑	y=82.191 64x−1.809 51	0.999 3	86.6±9.8	88.4±7.5	93.2±0.8
2	噻苯哒唑	y=52.154 96x−0.693 06	0.999 8	90.8±10.0	66.4±7.5	95.2±2.8
3	2-氨基氟苯哒唑	y=18.423 45x−0.433 125	0.999 3	85.4±4.3	89.5±1.2	87.7±5.2
4	氟苯达唑	y=25.567 77x−0.175 757	0.999 9	86.8±10.2	90.3±0.3	92.4±3.8

注：* 标准偏差为批间检测的标准偏差，n=5。

表 3-1-7　空白牛肌肉中添加噻苯达唑和氟苯达唑及其代谢物准确度和精密度实验结果

化合物序号	药物名称	线性方程	相关系数 R^2	添加水平 */(μg·kg⁻¹)		
				20	100	200
1	5-羟基噻苯哒唑	y=82.191 64x−1.809 51	0.999 3	74.6±10.7	83.0±3.5	90.0±8.2
2	噻苯哒唑	y=52.154 96x−0.693 06	0.999 8	79.2±1.5	94.8±1.0	97.9±1.4
3	2-氨基氟苯哒唑	y=18.423 45x−0.433 125	0.999 3	86.8±7.7	93.2±0.9	94.5±2.6
4	氟苯达唑	y=25.567 77x−0.175 757	0.999 9	78.7±3.3	95.4±3.4	96.3±2.6

注：* 标准偏差为批间检测的标准偏差，n=5。

表 3-1-8　空白牛肝脏中添加噻苯达唑和氟苯达唑及其代谢物的准确度和精密度实验结果

化合物序号	药物名称	线性方程	相关系数 R^2	添加水平 */(μg·kg⁻¹)		
				20	100	200
1	5-羟基噻苯哒唑	y=82.191 64x−1.809 51	0.999 3	76.4±2.0	90.9±3.0	92.1±1.1
2	噻苯哒唑	y=52.154 96x−0.693 06	0.999 8	102.0±0	94.9±3.2	95.6±2.4
3	2-氨基氟苯哒唑	y=18.423 45x−0.433 125	0.999 3	74.1±14.6	75.1±5.6	84.3±3.5
4	氟苯达唑	y=25.567 77x−0.175 757	0.999 9	95.5±4.2	88.0±5.8	91.7±0.8

注：* 标准偏差为批间检测的标准偏差，n=5。

表 3-1-9　空白牛肾脏中添加噻苯达唑和氟苯达唑及其代谢物实验结果

化合物序号	药物名称	线性方程	相关系数 R^2	添加水平 */(μg·kg⁻¹)		
				20	100	200
1	5-羟基噻苯哒唑	y=82.191 64x−1.809 51	0.999 3	89.7±7.7	86.8±6.1	88.9±3.3
2	噻苯哒唑	y=52.154 96x−0.693 06	0.999 8	91.6±1.3	87.7±9.1	92.7±3.7
3	2-氨基氟苯哒唑	y=18.423 45x−0.433 125	0.999 3	82.5±5.6	85.3±10.3	85.3±1.4
4	氟苯达唑	y=25.567 77x−0.175 757	0.999 9	88.6±2.6	87.1±9.2	89.0±6.4

注：* 标准偏差为批间检测的标准偏差，n=5。

表 3-1-10　空白牛脂肪中添加噻苯达唑和氟苯达唑及其代谢物的准确度和精密度实验结果

化合物序号	药物名称	线性方程	相关系数 R^2	添加水平 */(μg·kg⁻¹)		
				20	100	200
1	5-羟基噻苯哒唑	y=82.191 64x−1.809 51	0.999 3	76.3±7.7	69.3±2.5	69.4±1.5
2	噻苯哒唑	y=52.154 96x−0.693 06	0.999 8	88.0±0.3	76.6±11.9	79.7±12.6
3	2-氨基氟苯哒唑	y=18.423 45x−0.433 125	0.999 3	72.6±2.3	69.3±2.3	71.0±5.5
4	氟苯达唑	y=25.567 77x−0.175 757	0.999 9	78.3±11.4	77.6±9.3	80.4±8.4

注：* 标准偏差为批间检测的标准偏差，n=5。

表 3-1-11　空白猪肌肉中添加噻苯达唑和氟苯达唑及其代谢物的准确度和精密度实验结果

化合物序号	药物名称	线性方程	相关系数 R^2	添加水平 */(μg·kg⁻¹)			
				5	10	100	200
1	5-羟基噻苯哒唑	y=82.191 64x−1.809 51	0.9993	74.4±6.0	78.6±4.2	69.5±4.5	71.5±5.2
2	噻苯哒唑	y=52.154 96x−0.693 06	0.9998	88.5±3.2	89.0±2.9	85.5±4.5	79.9±0.8
3	2-氨基氟苯哒唑	y=18.423 45x−0.433 125	0.9993	81.9±4.0	79.6±5.1	74.7±4.8	68.9±1.4
4	氟苯达唑	y=25.567 77x−0.175 757	0.9999	81.2±4.0	82.5±3.8	81.1±5.8	74.9±1.6

注：* 标准偏差为批间检测的标准偏差，n=5。

表 3-1-12　空白猪肝脏中添加噻苯达唑和氟苯达唑及其代谢物的准确度和精密度实验结果

化合物序号	药物名称	线性方程	相关系数 R^2	添加水平 */(μg·kg⁻¹)			
				5	10	100	200
1	5-羟基噻苯哒唑	y=82.19164x−1.80951	0.9993	69.1±15.2	81.3±11.5	76.5±8.4	78.8±4.4
2	噻苯哒唑	y=52.15496x−0.69306	0.9998	82.5±3.2	85.6±12.3	86.6±7.1	84.9±6.1
3	2-氨基氟苯哒唑	y=18.42345x−0.433125	0.9993	91.7±6.7	81.2±15	78.7±7.1	78.6±6.4
4	氟苯达唑	y=25.56777x−0.175757	0.9999	88.1±9.9	88.7±2.6	85.4±9.4	84.2±1.7

注：* 标准偏差为批间检测的标准偏差，n=5。

表 3-1-13　空白猪肾脏中添加噻苯达唑和氟苯达唑及其代谢物准确度和精密度实验结果

化合物序号	药物名称	线性方程	相关系数 R^2	添加水平 */(μg·kg⁻¹)		
				20	100	200
1	5-羟基噻苯哒唑	y=82.191 64x−1.809 51	0.9993	89.4±2.1	90.5±6.2	90.3±6
2	噻苯哒唑	y=52.154 96x−0.693 06	0.9998	92.0±5.0	95.3±2.5	93.4±1.7
3	2-氨基氟苯哒唑	y=18.423 45x−0.433 125	0.9993	88.5±2.4	89.4±2.9	91.2±5
4	氟苯达唑	y=25.567 77x−0.175 757	0.9999	95.0±4.0	94.8±4.3	94.6±4.2

注：* 标准偏差为批间检测的标准偏差，n=5。

表 3-1-14　空白猪脂肪中添加噻苯达唑和氟苯达唑及其代谢物准确度和精密度实验结果

化合物序号	药物名称	线性方程	相关系数 R^2	添加水平 */(μg·kg⁻¹)		
				20	100	200
1	5-羟基噻苯哒唑	y=82.191 64x−1.80 951	0.9993	77.1±12.5	72.1±3.9	66.2±1.2
2	噻苯哒唑	y=52.154 96x−0.693 06	0.9998	90.6±8.3	86.4±9.1	83.6±4.2
3	2-氨基氟苯哒唑	y=18.423 45x−0.433 125	0.9993	73.9±7.7	70.2±5.8	69.2±7.9
4	氟苯达唑	y=25.567 77x−0.175 757	0.9999	73.1±14.4	68.3±13.3	74.1±10.6

注：* 标准偏差为批间检测的标准偏差，n=5。

3　小结

（1）线性范围、精密度和准确度均能满足残留检测的要求，验证结果与标准起草单位的一致，结果可靠准确，可用于动物源性食品中噻苯达唑和氟苯达唑及其代谢物残留的检测。

（2）固相萃取柱在使用时要避免干涸，否则会影响测定结果。

第 3 节　牛肉中阿维菌素类药物残留检测方法的建立

阿维菌素类药物是目前应用最广泛的兽用驱虫药，脂溶性较高且残留时间长，属于高毒化合物，可通过粪便、尿和乳汁排泄等进入环境，对周围环境有潜在的毒杀作用。目前，农业部 781 号公告-5-2006《动物源食品中阿维菌素类药物残留量的测定方法》在检测过程中存在峰形拖尾、回收率偏低、容易污染仪器等问题。针对上述问题，研发团队从流动相种类、衍生试剂比例、衍生时间等方面进行优化研究，并在线性范围、准确度和精密度方面进行方法学考察验证。

1　材料与方法

1.1　仪器和条件

1.1.1　仪器

Agilent 1100 高效液相色谱仪，美国安捷伦公司；CR22G 离心机，日本日立公司；MS3 旋涡混匀器，IKA 公司；梅特勒·托利多 AX-205、PL202-L 电子天平；

IKA HS 501 往复振荡器；固相萃取装置，SUPELCO、IKA R10 旋转蒸发仪；氮吹仪，Organomation Associates。

1.1.2 色谱条件

色谱柱 C_{18} 柱，250 mm×4.6 mm，粒径 5.0 μm；柱温 35 ℃；进样量 20 μL；检测波长，激发波长 365 nm，发射波长 475 nm；流动相水+乙腈为（3+97）；流速 1 mL/min。

1.2 试剂和材料

多拉菌素，中国兽医药品监察所；伊维菌素，中国兽医药品监察所；三乙胺、异辛烷、N−甲基咪唑、三氟乙酸酐、乙腈（色谱纯）、甲醇（色谱纯），C_{18} 固相萃取柱（500 mg/6mL）、微孔滤膜（Waters）0.45 μm。衍生化试剂 A 液（N−甲基咪唑：乙腈为 1：2）、衍生化试剂 B 液（三氟乙酸酐：乙腈为 1：1）。

1.3 样品前处理

提取：称取试样 2.50 g（精确到 0.01 g）置于 50 mL 离心管中，加 8 mL 乙腈，涡旋 0.5 min，2000 r/min 离心 2 min，取上清液。残渣用 8 mL 乙腈重复提取 1 次，合并 2 次上清液。取碱性氧化铝柱，加 2 g 无水硫酸钠。加 10 mL 乙腈预洗，将上清液过柱，收集滤液置于鸡心瓶中。接着用 5 mL 乙腈洗脱，收集于鸡心瓶中，50 ℃减压浓缩至干。用 0.5 mL 乙腈溶解残余物，涡动 0.5 min，使充分溶解，备用。

净化：C_{18} 固相萃取柱，用 5 mL 乙腈预洗，将备用液过柱，收集流出液置于 5 mL 制度试管内，继续用 3 m 乙腈洗脱，收集于同 1 个试管中，50 ℃氮气吹干，备用。

衍生化：加 100 μL 衍生化试剂 A 液，涡动 0.5 min，再加 100 μL 衍生化试剂 B 液，涡动 0.5 min，密闭，96 ℃衍生化反应 100 min，加 50 μL 乙腈，过 0.45 μm 滤膜，进 HPLC 分析。

2 结果与分析

2.1 标准曲线

准确量取 100 ng/mL 混合标准工作液 50 μL、100 μL、250 μL、500 μL，1 000 ng/mL 混合标准工作液 100 μL、200 μL，分别置于 10 mL 试管中，50 ℃水浴氮气吹干，按衍生化步骤处理后，将制成浓度为 5 ng/mL、10 ng/mL、25 ng/mL、

50 ng/mL、200 ng/mL、200 ng/mL 的系列标准溶液供高效液相色谱测定，从低浓度到高浓度测定，每 1 个浓度进 2 针。以峰面积 y 对浓度 x（ng/mL）作标准曲线，回归方程和线性相关系数见表 3–1–15。多拉菌素回归方程为 y=18.877 5x+0.510 851，R^2 为 0.999 9；伊维菌素回归方程为 y=18.488 33x+2.495 6，R^2 为 0.999 9。结果表明，多拉菌素和伊维菌素在 5~200 ng/mL 浓度范围，浓度和峰面积呈良好的线性关系，表明方法可靠。

2.2　准确度和精密度

在空白样品按不同添加水平进行试验，每个水平做 5 次重复；每个浓度做 3 批，计算批间相对标准偏差；同时进行空白试样测定，实验结果见表 3–1–15。结果表明，牛肉中多拉菌素和伊维菌素在 5~20 ng/g 添加范围，平均回收率在 82.4%~95.9%，批间相对标准偏差均<20%，方法准确度和精密度满足药物残留检测的要求。

表 3–1–15　空白牛肉中添加阿维菌素类药物准确度和精密度测定

化合物序号	药物名称	线性方程	相关系数 R^2	添加水平 */（μg·kg⁻¹）		
				5	10	20
1	多拉菌素	y=18.877 5x+0.510 851	0.999 9	87.1±15.1	89.8±14.2	82.4±14.6
2	伊维菌素	y=18.488 33x+2.495 6	0.999 9	95.9±19.5	95.2±15.4	86.3±12.0

注：* 标准偏差为批间检测的标准偏差，n=5。

3　小结

（1）优化后的方法可靠，线性范围、精密度和准确度均能满足残留检测的要求，已通过宁夏技术监督部门认可，可用于牛肉中阿维菌素类药物残留的检测。

（2）与原标准相比，采用乙腈：水为 97：3 作为流动相、柱温优化为 35℃后，目标化合物获得良好的峰形，分离度得到改善。

（3）与原标准相比，衍生试剂 A 液的比例优化为 1：2，衍生时间增加至 30 min，优化后待测液呈淡黄色，溶剂峰的影响大大缩小，减少了溶剂峰对仪器的污染。

第4节　牛肉中糖皮质激素类药物残留检测方法的建立

糖皮质激素具有抗炎、抗过敏等药理作用，能提高饲料的转化率，具有促进畜禽生长的作用，被广泛应用。然而过量使用糖皮质激素会导致其在动物源性食品中残留，人体长期摄入后会导致机体代谢紊乱、发育异常或肿瘤。目前，国内外关于组织中糖皮质激素类的测定法主要有高效液相色谱法、液质联用法、微生物法、毛细管色谱法等。研发团队利用高效液相色谱-质谱技术，在线性范围、准确度和精密度方面进行方法学考察验证。

1　材料与方法

1.1　仪器和条件

1.1.1　仪器

高效液相色谱-质谱仪（Waters ACQUITY UPLC/TQ-S micro）；CR22G 离心机，日本日立公司；MS3 旋涡混匀器，IKA 公司；德国 LR4000/HB/G3 旋转蒸发仪；梅特勒·托利多 AX-205、PL202-L 电子天平；WSZ-100-A 振荡器，上海安亭公司。

1.1.1　色谱条件

流动相，A 为乙腈，B 为 0.1%甲酸水溶液；色谱柱 ACQUITY UPLC BEH C_{18} 1.7 μm，2.1 mm×50 mm；流速 0.2 mL/min；柱温 40 ℃；进样量 10 μL；梯度洗脱条件见表 3-1-16。

表 3-1-16　梯度洗脱条件

时间/min	流动相 A/%	流动相 B/%	流速/($mL \cdot min^{-1}$)
0	20	80	0.2
0.5	20	80	0.2
7.0	30	70	0.2
7.5	30	70	0.2
7.6	20	80	0.2
9.0	20	80	0.2

1.1.2　质谱条件

质谱条件：毛细管电压 3.0 kV；雾化气流速 800 L/hr；脱溶剂气温度 450 ℃；锥孔气流速 50 L/hr；源温 150 ℃；定性、定量离子对及对应的锥孔电压、碰撞能量见表 3–1–17。

表 3–1–17　定性、定量离子对及对应的锥孔电压、碰撞能量

药物名称	定性离子对/(m·z^{-1})	定量离子对/(m·z^{-1})	锥孔电压/V	碰撞能量/eV
泼尼松	352.9>341.2	352.9>341.2	30	25
	352.9>147		30	10
泼尼松龙	361.2>147	361.2>343.2	30	10
	361.2>343.2		30	20
氢化可的松	363>121	363>121	30	27
	363>327.2		30	15
甲基泼尼松	373.2>147	373.2>147	30	27
	373.2>355.1		30	11
地塞米松	393.3>355.2	393.3>355.2	30	12
	393.3>373.2		30	12
倍他米松	393.3>355.2	393.3>355.2	30	12
	393.3>373.2		30	12
倍氯米松	409.2>355.2	409.2>373.2	30	12
	409.2>373.2		30	8
氟氢可的松	381.3>121	381.3>121	30	32
	381.3>239.1		30	20

1.2　试剂和材料

以下所用试剂，除特别注明者外，均为分析纯试剂。地塞米松，中国食品药品检定研究院；泼尼松龙，中国食品药品检定研究院；倍他米松，中国药品生物制品检定；泼尼松，中国药品生物制品检定；氢化可的松，中国食品药品检定研究院；倍氯米松，TRC；氟氢可的松，TRC；甲基泼尼松，TRC。

乙腈（色谱纯）、甲醇（色谱纯）、乙酸乙酯、正己烷、丙酮、甲酸（色谱纯）、氢氧化钠、Silica 固相萃取柱（500 mg/6 mL）、微孔滤膜（Waters）0.2 μm。

1.3 样品前处理

称取（2±0.05）g 试料，置于 50 mL 离心管中，加入乙酸乙酯 15 mL，漩涡混匀，10 000 r/min 离心 5 min，移取乙酸乙酯层，在残渣中再加入 0.1 mol/L 氢氧化钠溶液 10 mL，混匀，加乙酸乙酯 20 mL，漩涡混匀，振荡 15 min，10 000 r/min 离心 5 min，移取乙酸乙酯层。合并提取液，40 ℃旋转蒸干，加乙酸乙酯 1 mL 和正己烷 5 mL 溶解残渣，待净化。

用正己烷 6 mL 活化萃取柱，提取液过柱。用正己烷 6 mL 淋洗萃取柱，抽干，用正己烷-丙酮（6/4）6 mL 洗脱。洗脱液于 50 ℃氮气吹干后，残留物加入 10%乙腈 0.5 mL 溶解残渣，取上清液过膜，供 LC-MS/MS 测定。

2 结果与分析

2.1 标准曲线

准确量取适量混合标准工作液分别置于 10 mL 量瓶中，用 20%乙腈水溶液稀释成浓度为 0.5（1.0、2.0）ng/mL、1.0（2.0、4.0）ng/mL、2.0（4.0、8.0）ng/mL、5.0（10、20）ng/mL、10（20、40）ng/mL、50（100、200）ng/mL 的标准系列工作液，供液相色谱-串联质谱仪测定，以测得特征离子峰面积为纵坐标，对应的标准溶液浓度为横坐标 y，绘制标准曲线 x，回归方程和线性相关系数见表 3-1-18 至表 3-1-20。地塞米松在 0.5~50 μg/L 的浓度范围，得出的回归方程为 y=2 290.12x-1 055.38，R^2 为 0.992 9；泼尼松龙在 0.5~50 μg/L 的浓度范围，得出的回归方程为 y=6 385.04x-2 376.43，R^2 为 0.993 6；倍他米松在 0.5~50 μg/L 的浓度范围，得出的回归方程为 y=2 143.42x-814.22，R^2 为 0.993 1；泼尼松在 0.5~50 μg/L 的浓度范围，得出的回归方程为 y=2 379.97x-880.962，R^2 为 0.994 8；氢化可的松在 2.0~200 μg/L 的浓度范围，得出的回归方程为 y=3 843.12x-5 220.59，R^2 为 0.996 373；倍氯米松在 1.0~100 μg/L 的浓度范围，得出的回归方程为 y=1 173.85x-747.49，R^2 为 0.996 4；氟氢可的松在 1.0~100 μg/L 的浓度范围，得出的回归方程为 y=748.464x-483.305，R^2 为 0.995 0；甲基泼尼松在 1.0~100 μg/L 的浓度范围，得出的回归方程为 y=3 248.26x-2 501.7，R^2 为 0.993 4。结果表明，各药物在上述浓度范围内，浓度和定量离子峰面积线性关系均良好，满足残留检测要求，方法可靠。

2.2　准确度和精密度

在空白样品按不同添加水平进行试验，每个水平做 5 次重复；每个浓度做 3 批，计算批间相对标准偏差；同时进行空白试样测定，实验结果见表 3-1-18 至表 3-1-20。结果表明，地塞米松、泼尼松龙、倍他米松、泼尼松在 0.5~1.5 μg/L 添加浓度范围，平均回收率在 76.0%~97.8%；氢化可的松在 2~6 μg/L 添加浓度范围，平均回收率在 82.1%~87.9%；倍氯米松、氟氢化可的松、甲基泼尼松在 1~3 μg/L 添加浓度范围，平均回收率在 69.0%~89.8%；批间相对标准偏差均<20%，方法准确度和精密度满足药物残留检测的要求。

表 3-1-18　空白牛肉牛中添加糖皮质激素类药物的准确度和精密度实验结果

化合物序号	药物名称	线性方程	相关系数 R^2	添加水平/(μg·kg^{-1})*		
				0.5	1	1.5
1	地塞米松	y=2 290.12x−1 055.38	0.992 9	85.4±15.7	85.4±17.4	85.8±1
2	泼尼松龙	y=6 385.04x−2 376.43	0.993 6	76.0±6.3	77.1±11.9	80.6±6.2
3	倍他米松	y=2 143.42x−814.22	0.993 1	85.9±19.7	95.8±2.6	97.8±10.7
4	泼尼松	y=2 379.97x−880.962	0.994 8	84.0±11.1	89.3±6.4	95.5±4.1

注：*标准偏差为批间检测的标准偏差，n=5。

表 3-1-19　空白牛肉牛中添加糖皮质激素类药物的准确度和精密度实验结果

化合物序号	药物名称	线性方程	相关系数 R^2	添加水平/(μg·kg^{-1})*		
				2	4	6
1	氢化可的松	y=3843.12x−5220.59	0.996 4	87.9±5.4	82.1±15.2	84.9±4.6

注：*标准偏差为批间检测的标准偏差，n=5。

表 3-1-20　空白牛肉牛中添加糖皮质激素类药物的准确度和精密度实验结果

化合物序号	药物名称	线性方程	相关系数 R^2	添加水平/(μg·kg^{-1})*		
				1	2	3
1	倍氯米松	y=1 173.85x−747.49	0.996 4	69.0±1.8	76.3±12.9	73.1±4.1
2	氟氢化可的松	y=748.464x−483.305	0.995 0	76.1±4.7	84.3±6.1	89.8±2.7
3	甲基泼尼松	y=3 248.26x−2 501.7	0.993 4	70.6±5.8	81.4±10.9	87.3±2.2

注：*标准偏差为批间检测的标准偏差，n=5。

3 小结

（1）线性范围、精密度和准确度均能满足残留检测的要求，已通过技术监督部门认可，可用于动物性食品中糖皮质激素类药物残留的检测。

（2）与原标准相比，流动相初始比例优化为 30∶70，改变流动相梯度洗脱程序，改善了分离度的同时缩短了分析时间，满足残留检测的要求。

第 5 节　牛肉中四环素类、磺胺类和喹诺酮类药物残留检测方法的建立

喹诺酮类药物、四环素类药物和磺胺类药物是畜牧养殖中常用的药物，它们具有抗菌、抗支原体、抗球虫等作用，用来治疗或预防鸡的细菌、支原体和球虫感染。不科学合理用药会导致药物残留超标，影响人类健康，细菌耐药性增强。研发团队利用高效液相色谱-质谱技术，在线性范围、准确度和精密度方面进行方法学考察验证。

1 材料与方法

1.1 仪器和条件

1.1.1 仪器

高效液相色谱-质谱仪（Waters ACQUITY UPLC/TQ-S micro）；CR22G 离心机，日本日立公司；MS3 旋涡混匀器，IKA 公司；梅特勒·托利多 AX-205、PL202-L 电子天平；WSZ-100-A 振荡器，上海安亨公司。

1.1.2 色谱条件

色谱柱 ACQUITY UPLC BEH C_{18} 1.7 μm，2.1 mm×50 mm；流动相，A 为乙腈，B 为 0.1%甲酸水溶液；流速 0.3 mL/min；柱温 40 ℃；进样量 1 μL，梯度洗脱条件见表 3-1-21。

1.1.3 质谱条件

毛细管电压 1.0 kV；雾化气流速 1 000 L/hr；脱溶剂气温度 500 ℃；锥孔气流速 50 L/hr；源温 150 ℃；定性、定量离子对及对应的锥孔电压、碰撞能量见表 3-1-22。

表 3-1-21　梯度洗脱条件

时间/min	流动相 A/%	流动相 B/%	流速/(mL·min^{-1})
0	5	95	0.3
2	15	85	0.3
5	40	60	0.3
7	95	5	0.3
7.1	5	95	0.3
9	5	95	0.3

表 3-1-22　定性、定量离子对及对应的锥孔电压、碰撞能量

药物名称	定性离子对/(m·z^{-1})	定量离子对/(m·z^{-1})	锥孔电压/V	碰撞能量/eV
乙酰磺胺	214.997>91.99	214.997>155.929	20	24
	214.997>155.929		20	8
磺胺吡啶	249.968>91.987	249.968>91.987	38	28
	249.968>155.985		38	18
磺胺嘧啶	250.94>91.988	250.94>155.985	6	28
	250.94>155.985		6	14
磺胺甲噁唑	253.94>92.051	253.94>92.051	2	28
	253.94>155.99		2	14
磺胺噻唑	256.096>91.977	256.096>155.963	42	30
	256.096>155.963		42	14
氟甲喹	262>202	262>244	29	32
	262>244		29	18
噁喹酸	262>216	262>244	12	20
	262>244		12	8
磺胺甲二唑	270.915>91.976	270.915>155.959	34	28
	270.915>155.959		34	14
苯甲酰磺胺	276.949>91.986	276.949>155.92	22	30
	276.949>155.92		22	12
磺胺二甲嘧啶	278.94>91.983	278.94>185.981	42	32
	278.94>185.981		42	16

续表

药物名称	定性离子对/(m·z⁻¹)	定量离子对/(m·z⁻¹)	锥孔电压/V	碰撞能量/eV
磺胺异噁唑	279>124	279>124	20	13
	279>186		20	12
磺胺对甲氧嘧啶	280.885>92.04	280.885>92.04	4	28
	280.885>155.966		4	16
磺胺间甲氧嘧啶	280.94>91.979	280.94>91.979	4	30
	280.94>155.965		4	16
磺胺甲氧哒嗪	280.9495>91.98	280.949>155.969	30	30
	280.949>155.969		30	18
磺胺氯哒嗪	284.9>92	284.9>156	20	30
	284.9>156		20	14
磺胺喹噁啉	300.94>91.987	300.94>155.984	46	32
	300.94>155.984		46	16
磺胺邻二氧嘧啶	310.925>91.981	310.925>155.97	22	30
	310.925>155.97		22	18
磺胺二甲氧嘧啶	311>92	311>156	50	24
	311>156		50	12
磺胺苯吡唑	314.945>91.979	314.945>158.112	22	38
	314.95>158.112		22	32
依诺沙星	321>234	321>303	32	23
	321>303		32	18
环丙沙星	332.324>230.959	332.324>230.959	50	40
	332.324>245.08		50	22
培氟沙星	334>290.1	334>290.1	23	16
	334>316.1		23	18
达氟沙星	358.068>96.018	358.068>340.2	34	26
	358.068>340.2		34	22
恩诺沙星	360.104>71.992	360.104>245.051	58	34
	360.104>245.051		58	28

续表

药物名称	定性离子对/(m·z⁻¹)	定量离子对/(m·z⁻¹)	锥孔电压/V	碰撞能量/eV
氧氟沙星	362.1>261.1	362.1>318.1	42	30
	362.1>318.1		42	24
麻保沙星	363>71.995	363>71.995	34	14
	363>320		34	10
沙拉沙星	386>299.08	386>299.08	33	30
	386>342.1		33	22
二氟沙星	400>299	400>356.1	37	32
	400>356.1		37	20
多西环素	445>154	445>428	2	30
	445>428		2	18
四环素	445>410.1	445>410.1	32	20
	445>427.2		32	13
土霉素	460.94>426.065	460.94>426.065	2	20
	460.94>443.2		2	13
金霉素	478.94>98.029	478.94>462.2	10	46
	478.94>462.2		10	16

1.2　试剂和材料

以下所用试剂，除特别注明者外,均为分析纯试剂。磺胺二甲嘧啶，中国药品生物制品检定所；磺胺喹噁啉，Dr Ehrenstorfer GmbH；磺胺二甲氧嘧啶，Dr Ehrenstorfer GmbH；磺胺嘧啶，中国兽医药品监察所；磺胺甲氧哒嗪，Dr Ehrenstorfer GmbH；磺胺异噁啶钠，Dr Ehrenstorfer GmbH；磺胺邻二甲氧嘧啶，Dr Ehrenstorfer GmbH；磺胺甲噁唑，中国兽医药品监察所；磺胺间甲氧嘧啶钠水合物，Dr Ehrenstorfer GmbH；磺胺吡啶，中国药品生物制品检定所；磺胺噻唑，Dr Ehrenstorfer GmbH；磺胺甲二唑，Dr Ehrenstorfer GmbH；磺胺氯哒嗪，Dr Ehrenstorfer GmbH；苯甲酰磺胺，Dr Ehrenstorfer GmbH；磺胺苯吡唑，Dr Ehrenstorfer GmbH；乙酰磺胺，Dr Ehrenstorfer GmbH；磺胺对甲氧嘧啶，中国兽医药品监察所；多西环素，中国兽医药品监察所；土霉素，中国兽医药品监察所；盐酸四环素，中国兽医药品监察所；

盐酸金霉素，中国兽医药品监察所；噁喹酸，中国兽医药品监察所；氟甲喹，中国兽医药品监察所；盐酸二氟沙星，中国兽医药品监察所；氧氟沙星，中国兽医药品监察所；甲磺酸培氟沙星，中国兽医药品监察所；依诺沙星，Dr Ehrenstorfer GmbH；甲磺酸达氟沙星，中国兽医药品监察所；麻保沙星，Dr Ehrenstorfer GmbH；环丙沙星，中国生物制品检定研究院；沙拉沙星，中国兽医药品监察所；恩诺沙星，中国兽医药品监察所。

乙腈（色谱纯）、甲醇（色谱纯）、乙酸乙酯（色谱纯）、甲酸（色谱纯）、乙二胺四乙酸二钠（$C_{10}H_{14}N_2Na_2O\cdot2H_2O$）、浓氨水、磷酸氢二钠（$Na_2HPO_4\cdot12H_2O$）、磷酸二氢钠（$NaH_2PO_4\cdot2H_2O$）、柠檬酸（$C_6H_8O_7\cdot H_2O$）、氢氧化钠、HLB 固相萃取柱（200 mg/6 mL）、微孔滤膜（Waters）0.2 μm。

1.3 样品处理（前处理）

称取（1±0.02）g 试料，置于 50 mL 离心管中，加 Mcllvaine−Na_2EDTA 缓冲液 8 mL，涡旋 1 min，超声 20 min，−2 ℃ 10 000 r/min 离心 5 min，取上清液置于另 1 个 50 mL 离心管中。残渣加入磷酸盐缓冲液 8 mL 再重复提取 1 次。合并 2 次提取液混匀，备用。

HLB 固相萃取柱依次用甲醇 5 mL 和水 5 mL 活化。将备用液过柱，依次用水 5 mL 20%甲醇水溶液 5 mL 淋洗，抽干 5 min。用洗脱液 10 mL 洗脱。收集洗脱液 45 ℃水浴氮气吹干。用复溶液 1 mL，涡动 1 min 溶解残余物，14 000 r/min 离心 5 min，经 0.2 μm 微孔滤膜过滤，供液相色谱−串联质谱检测。

2 结果与分析

2.1 标准曲线

准确量取适量混合标准工作液，分别加入 7 份经提取和净化的空白试料残渣中，45 ℃水浴氮气吹干，加复溶液溶解残余物并稀释至 1 mL，配制成浓度为 0 μg/L、5 μg/L、10 μg/L、50 μg/L、100 μg/L、200 μg/L、250 μg/L、500 μg/L 的基质匹配系列混合标准溶液，过滤，供高效液相色谱测定，以测得特征离子峰面积为纵坐标 y，对应的标准溶液浓度为横坐标 x，绘制标准曲线，回归方程见表 3−1−23 至表 3−1−25。得出的回归方程：乙酰磺胺 y=2 090.1x+49.090 1，R^2 为 0.999 3；磺胺吡啶为 y=2 486.66x+6 436.5，R^2 为 0.997 5；磺胺嘧啶 y=1 941.22x+2 968.64，R^2 为 0.999 1；磺胺甲噁 y=2 882.99x+3 419.03，R^2 为 0.999 7；磺胺噻唑 y=2 389.24x+3 731.35，R^2 为 0.998 8；磺胺甲二唑 y=2 818.61x+4 760.57，R^2 为 0.998 3；苯甲酰磺胺 y=4 474.24x+230.225，R^2 为 0.999 3；磺胺二甲嘧啶 y=2 161.54x+11 310，R^2 为 0.995 8；磺胺异嘧啶 y=1 784.36x+2 922.24，R^2 为 0.998 83；磺胺对甲氧嘧啶 y=1 561.94x+3 466.9，R^2 为 0.996 7；磺胺甲氧哒嗪 y=2 173.16x+5 296.02，R^2 为 0.996 7；磺胺间甲氧嘧啶 y=2 331.13x+3 792.29，R^2 为 0.999 0；磺胺氯哒嗪y=2 278.94x+3 021.27，R^2 为 0.998 8；磺胺邻二氧嘧啶 y=3 576.36x+6 315.51，R^2 为 0.999 0；磺胺喹噁啉 y=2 476.39x+9 577.36，R^2 为 0.996 8；磺胺二甲氧嘧啶 y=1 220.64x+1 702.06，R^2 为 0.999 4；磺胺苯吡唑 y=1 572.22x+1 753.94，R^2 为 0.999 4；依诺沙星 y=1 009.31x+25.985 9，R^2 为 0.998 7；培氟沙星 y=814.168x+1 509.62，R^2 为 0.996 4；环丙沙星 y=406.745x+130.984，R^2 为 0.999 6；达氟沙星 y=496.07x−207.833，R^2 为 0.999 1；恩诺沙星 y=452.26x+2 198.34，R^2 为 0.998 3；氧氧沙星 y=864.626x+1 098.36，R^2 为 0.998 7；麻保沙星 y=1 259.37x+1 288.62，R 为 0.998 5；二氟沙星 y=1 166.15x+1 360.78，R^2 为 0.998 75；沙拉沙星 y=590.111x+271.487，R^2 为 0.999 45；多西环素 y=1 510.94x−222.319，R^2 为 0.999 85；土霉素y=775.64x+3 709.18，R^2 为 0.997 45；金霉素 y=1 380.24x+474.243，R^2 为 0.999 45；四环素 y=698.817x+233.607，R^2 为 0.999 9；氟甲喹 y=4 594.6x+8 878.64，R^2 为 0.999 3；噁喹酸 y=1 180.96x+1 306.95，R^2 为 0.9994。结果表明，在上述浓度范围内，各药物浓度和定量离子峰面积线性关系均良好，满足残留检测要求，方法可靠。

2.2　准确度和精密度

在空白样品按不同添加水平进行试验，每个水平做 5 次重复；每个浓度做 3 批，计算批间相对标准偏差；同时进行空白试样测定，实验结果见表 3−1−23 至表 3−1−25。结果表明，牛肉中磺胺类药物在 10~100 ng/g 添加浓度范围，平均回收率在 73.2%~96.4%；牛肉中喹诺酮类药物在 10~100 ng/g 添加浓度范围，平均回收率在 62.5%~100.1%；牛肉中添加四环素类药物在 10~100 ng/g 添加浓度范围，平均回收率在 20.1%~82.7%。批间相对标准偏差均<20.0%，方法准确度和精密度满足药物残留检测的要求。

表 3-1-23　空白牛肉中添加磺胺类药物准确度和精密度实验结果

化合物序号	药物名称	线性方程	相关系数 R	添加水平 */(μg·kg⁻¹)		
				10	50	100
1	乙酰磺胺	y=2 090.1x+49.090 1	0.999 3	90.1±6.6	92.7±5.0	90.2±1.8
2	磺胺吡啶	y=2 486.66x+6 436.5	0.997 5	87.6±4.6	90.6±3.0	90.1±2.3
3	磺胺嘧啶	y=1 941.22x+2 968.64	0.999 1	87.9±5.4	90.9±4.8	89.3±2.8
4	磺胺甲噁唑	y=2 882.99x+3 419.03	0.999 7	85.5±4.0	88.0±3.6	87.9±0.6
5	磺胺噻唑	y=2 389.24x+3 731.35	0.998 8	78.7±5.5	81.1±7.5	82.0±10
6	磺胺甲二唑	y=2 818.61x+4 760.57	0.998 3	81.8±1.7	85.3±10	85.5±2.8
7	苯甲酰磺胺	y=4 474.24x+230.225	0.999 3	79.9±4.9	87.0±2.7	83.1±3.8
8	磺胺二甲嘧啶	y=2 161.54x+11 310	0.995 8	91.5±6.1	92.6±3.9	96.4±6.9
9	磺胺异嘧啶	y=1 784.36x+2 922.24	0.998 8	89.4±0.5	92.1±2.9	90.9±4.1
10	磺胺对甲氧嘧啶	y=1 561.94x+3 466.9	0.996 7	92.4±0.7	90.2±8.8	90.9±2.4
11	磺胺甲氧嗪	y=2 173.16x+5 296.02	0.996 7	85.2±5.5	88.6±3.4	93.4±7.1
12	磺胺间甲氧嘧啶	y=2 331.13x+3 792.29	0.999 0	87.7±1.5	89.1±5.5	90.2±1.6
13	磺胺氯哒嗪	y=2 278.94x+3 021.27	0.998 8	86.4±4.1	89.4±3.3	88.2±5.3
14	磺胺邻二甲氧嘧啶	y=3 576.36x+6 315.51	0.999 0	86.8±2.8	89.7±5.9	91.5±3.4
15	磺胺喹噁啉	y=2 476.39x+9 577.36	0.996 8	73.2±8.3	76.4±9.8	73.8±8.8
16	磺胺二甲氧嘧啶	y=1 220.64x+1 702.06	0.999 4	79.7±1.6	83.1±5.6	81.6±2.4
17	磺胺苯吡唑	y=1 572.22x+1 753.94	0.999 5	76.1±8.1	80.3±5.4	77.5±6.5

注：*标准偏差为批间检测的标准偏差，n=5。

表 3-1-24　空白牛肉中添加喹诺酮类药物准确度和精密度实验结果

化合物序号	药物名称	线性方程	相关系数 R	添加水平 */(μg·kg⁻¹)		
				10	50	100
1	依诺沙星	y =1 009.31x+25.985 9	0.998 7	82.9±12.8	83.6±7.6	82.9±6.3
2	培氟沙星	y=814.168x+1 509.62	0.996 4	89.7±14.4	93.0±15.9	92.5±3.1
3	环丙沙星	y=406.745x+130.984	0.999 6	89.5±5.2	90.0±6.0	92.2±6.8
4	达氟沙星	y=496.07x−207.833	0.999 1	73.8±17.6	78.9±6.3	85.1±9.4
5	恩诺沙星	y=452.26x+2 198.34	0.998 3	87.2±6.4	91.0±5.4	90.1±1.7
6	氧氟沙星	y=864.626x+1 098.36	0.998 7	90.1±6.7	94.3±3.9	92.8±1.7
7	麻保沙星	y=1 259.37x+1 288.62	0.998 5	90.8±7.1	94.3±5.6	92.0±2.7

续表

化合物序号	药物名称	线性方程	相关系数 R	添加水平*/(μg·kg⁻¹)		
				10	50	100
8	二氧沙星	y=1 166.15x+1 360.78	0.998 7	89.6±9.9	100.1±8.6	91.9±4.3
9	沙拉沙星	y=590.111x+271.487	0.999 4	88.6±12.2	91.2±12.5	85.9±3
10	氟甲喹	y=4 594.6x+8 878.64	0.999 2	83.4±4.7	84.8±1.6	83.1±3.8
11	喹噁酸	y=1 180.96x+1 306.95	0.999 4	82.8±10.0	89.9±6.7	86.2±3.4

注：*标准偏差为批间检测的标准偏差，n=5。

表 3-1-25　空白牛肉中添加四环素类药物准确度和精密度实验结果

化合物序号	药物名称	线性方程	相关系数 R	添加水平*/(μg·kg⁻¹)		
				10	50	100
1	多西环素	y=1 510.94x−222.319	0.999 8	62.5±19.7	70.6±3.9	73.4±10.4
2	土霉素	y=775.64x+3 709.18	0.997 4	75.5±15.5	82.7±22.5	80.8±6.3
3	四环素	y=698.817x+233.607	0.999 9	64.9±12.6	74.3±12.8	72.0±4.7

注：*标准偏差为批间检测的标准偏差，n=5。

3　小结

（1）线性范围、回收率和精密度等参数均能满足兽药残留分析方面的要求，已通过技术监督部门授权认可，可用于动物性食品中兽药的残留分析。

（2）与原标准相比，合并提取液后，增加了离心步骤，设置离心转速为 15 000 r/min、离心时间为 10 min、离心温度为−4 ℃，能够有效去除脂肪，不会堵塞固相萃取柱，使净化步骤顺利进行，且方法准确度和精密度满足要求。

（3）本研究应用多组分联检技术，实现 3 类常用药物的高通量检测，能够通过一次进样同时测定并分析 30 种药物，检测效率大大提高。

第 6 节　猪肉中阿苯达唑及其标示物残留检测方法的建立

阿苯达唑类药物是一种广谱驱虫药，在我国常用于驱除肠道寄生虫。长期和非法滥用药物会导致药物残留超标，对人体具有致畸等危害作用。研发团队按照农业部 1163 号公告-4-2009《动物性食品中阿苯达唑及其标示物残留检测 高效液相色谱法》，在线性范围、准确度和精密度方面进行了方法学考察验证。

1 材料与方法

1.1 仪器和条件

1.1.1 仪器

Agilent1100 高效液相色谱仪，美国安捷伦公司；CR22G 离心机，日本日立公司；MS3 旋涡混匀器，IKA 公司；梅特勒·托利多 AX-205、PL202-L 电子天平；德国 LR4000/HB/G3 旋转蒸发仪；WSZ-100-A 振荡器，上海安亭公司。

1.1.2 色谱条件

色谱柱 C_{18} 柱，250 mm×4.6 mm，粒径 5.0 μm；柱温 40 ℃；进样量 50 μL；检测波长 292 nm；流动相 0.02 M 乙酸胺缓冲液（pH 5）+乙腈+甲醇（80+15+5）；流速 1 mL/min。

1.2 试剂和材料

以下所用试剂，除特别注明者外,均为分析纯试剂。阿苯达唑、阿苯达唑砜、阿苯达唑亚砜和阿苯达唑 2-氨基砜对照品均购自 Dr Ehrenstorfer GmbH 公司。

正己烷、乙酸乙酯、氢氧化钾、2，6-二叔丁基对甲酚、冰乙酸、无水硫酸钠、盐酸、氨水、乙酸铵、乙腈（色谱纯）、甲醇（色谱纯），MCX 固相萃取柱（60 mg/3 mL）、微孔滤膜（Waters）0.45 μm。

1.3 样品前处理

称取 5.00 g 试料，置于 50 mL 离心管中，加乙酸乙酯 20 mL，50%氢氧化钾溶液 0.1 mL，1% 2，6-二叔丁基对甲酚溶液 1 mL，涡旋混合 5 min。加无水硫酸钠 2 g，混匀 8 000 r/min 离心 5 min。收集上清液置于鸡心瓶中。残渣再重复提取 1次。合并上清液，40℃旋转蒸发至干。用乙腈 2 mL 溶解残渣，混匀，超声 5 min，加 0.1 M HCL 1.5 mL，混匀，转移至离心管中；重复提取 1 次，合并上清液，混匀。加正已烷 5 mL 洗涤鸡心瓶后转移到离心管中，混匀，静置分层，弃去上层正已烷层；下层加 0.1 M 盐酸溶液 3 mL，混匀，待净化。

依次用甲醇 6 mL、水 6 mL 活化 MCX 固相萃取柱。将样品提取液过柱，用

0.1 M 盐酸溶液 3 mL，甲醇 3 mL 淋洗，用 5%氨化甲醇溶液 6 mL 洗脱，收集洗脱液，45 ℃水浴氮气吹干。用流动相 1.0 mL 溶解残渣，10 000 r/min 离心 5 min，取上清液过滤膜，供高效液相色谱分析。

2　结果与分析

2.1　标准曲线

准确吸取适量混合标准溶液，以空白基质液配制成浓度为 25 ng/mL、50 ng/mL、100 ng/mL、200 ng/mL、400 ng/mL 的混合标准系列浓度，依次进行测定，以目标化合物峰面积为纵坐标 y，以质量浓度为横坐标 x，绘制标准曲线，线性相关系数和回归方程见表 3-1-26。阿苯达唑回归方程为 y=0.100 727x−0.319 438，R^2 为 0.999 9；阿苯达唑砜回归方程为 y=0.127 946x+0.017 456 7，R^2 为 0.999 9；阿苯达唑亚砜回归方程为 y=0.137 202x+0.457 003，R^2 为 0.999 9；阿苯达唑 2-氨基砜回归方程为 y=0.107 172x+0.136 822，R^2 为 0.999 9。结果表明，阿苯达唑及其标示物在上述浓度范围内，各药物浓度和峰面积线性关系均良好，说明该方法可靠。

2.2　准确度和精密度

在空白猪肉样品按不同添加水平进行试验，每个水平做 5 次重复；每个浓度做 3 批，计算批间相对标准偏差；同时进行空白试样测定，实验结果见表 3-1-26。结果表明，猪肉中阿苯达唑、阿苯达唑砜、阿苯达唑亚砜、阿苯达唑-2-氨基砜在 10~100 ng/g 添加浓度范围，平均回收率在 69.0%~93.4%，批间相对标准偏差均<20.0%，方法准确度和精密度满足药物残留检测的要求。

表 3-1-26　空白猪肉中添加阿苯达唑及其标示物的准确度和精密度实验结果

化合物序号	药物名称	线性方程	相关系数 R^2	添加水平 */(μg·kg⁻¹)		
				10	50	100
1	阿苯达唑	y=0.100 727x−0.319 438	0.999 9	74.6±9.7	71.4±4.7	69.0±6.8
2	阿苯达唑砜	y=0.127 946x+0.017 456 7	0.999 9	89.8±6.5	83.3±5.1	86.1±5.2
3	阿苯达唑亚砜	y=0.137 202x+0.457 003	0.999 9	93.4±8.6	80.3±5.8	81.4±6.7
4	阿苯达唑-2-氨基砜	y=0.107 172x+0.136 822	0.999 9	91.7±18.3	88.6±10.6	84.8±7.3

注：* 标准偏差为批间检测的标准偏差，n=5。

3 小结

（1）线性范围、回收率和精密度等参数均能满足兽药残留分析方面的要求，已通过技术监督部门认可。

（2）旋转蒸发浓缩时避免发生暴沸，否则会导致样品损失，影响检测结果。

第7节 牛肉中头孢噻呋残留检测方法的建立

头孢噻呋是第3代头孢类广谱抗生素，对革兰氏阳性菌和革兰氏阴性菌均有较强的抗菌作用，主要用于治疗牛、马和猪的呼吸系统疾病，但广泛使用导致的药物残留问题逐渐引起关注。研发团队按照农业部1025号公告-13-2008《动物性食品中头孢噻呋残留检测 高效液相色谱法》，在线性范围、准确度和精密度方面进行了方法学考察验证。

1 材料与方法

1.1 仪器和条件

1.1.1 仪器

美国ACQUITY UPLC H-Class超高效液相色谱仪；CR22G离心机，日本日立公司；MS3旋涡混匀器，IKA公司；梅特勒·托利多AX-205、PL202-L电子天平；WSZ-100-A振荡器，上海安亭公司；SHZ-A恒温水浴振荡器，上海琅轩公司；SUPELCO固相萃取装置。

1.1.2 色谱条件

色谱柱，BEH C_{18}柱，100 mm×2.1 mm，粒径1.7 μm；柱温35 ℃；进样量5 μL；检测波长266 nm；流动相，0.1%甲酸水溶液：0.1%甲酸乙腈溶液（94：6）；流速1.0 mL/min。

1.2 试剂和材料

标准品，头孢噻呋对照品（Dr.Ehrenstorfer GmbH公司）；二硫赤藓醇、磷酸、氯化钾、氢氧化钾、硼酸钾、氯化钠、碘乙酰胺、无水氯化钙、磷酸二氢钾、冰乙酸、氢氧化钠、乙腈（色谱纯）、甲醇（色谱纯）、水为超纯水、C_{18}固相萃取柱

（1 g/6 mL）、SAX 固相萃取柱（500 mg/10 mL）、SCX 固相萃取柱（100 mg/10 mL）、微孔滤膜 0.2 m。以上所用试剂，除特别注明者外，均为分析纯试剂。

1.3 样品前处理

1.3.1 提取与衍生

称取样品（2±0.05）g，置于 50 mL 离心管中，加提取液 30 mL，涡旋混匀，中速振荡 5 min。取提取液 15 mL 置于另 1 个离心管中。50 ℃水浴中，中速振摇提取 15 min。

每个离心管中加碘乙酰胺溶液 3 mL，混匀后，室温下放置衍生 30 min，4 ℃ 12 000 r/min 离心 10 min。上清液转入另 1 个离心管中，备用。

1.3.2 净化

1.3.2.1 C_{18} 固相萃取柱净化

依次用甲醇 4 mL 和磷酸盐缓冲液 5 mL，对 C_{18} 固相萃取柱进行预洗。将备用液过柱，依次用磷酸盐缓冲液 5 mL 和 0.01 M 氢氧化钠溶液 3 mL 洗柱，挤干。加 C_{18} 柱洗脱液 3 mL，收集洗脱液，用水 15 mL 稀释至总体积为 18 mL，混匀。

1.3.2.2 SAX 固相萃取柱净化

依次用甲醇 2 mL、SAX 预洗液 2 mL 和水 2 mL 对 SAX 固相萃取柱进行预洗。在柱中加 C_{18} 柱的稀释洗脱液，过柱，用水 1 mL 洗，挤干。加 SAX 洗脱液 3 mL，收集洗脱液，加水 10 mL 稀释至总体积为 13 mL，混匀。

1.3.2.3 SCX 固相萃取柱净化

依次用甲醇 1 mL、SCX 预洗液 2 mL 和水 2 mL 对 SCX 固相萃取柱进行预洗。在柱中加 SAX 柱的稀释提取液，过柱，用水 1 mL 洗，挤干。加 SCX 洗脱液 2.0 mL，洗脱，挤干，收集洗脱液，混匀。经 0.2 μm 微孔滤膜过滤，供超高效液相色谱检测。

2 结果与分析

2.1 标准曲线

将系列标准溶液按样品提取步骤处理后，制成浓度为 0.06 μg/mL、0.2 μg/mL、0.4 μg/mL、2.0 μg/mL、6.0 μg/mL、10.0 μg/mL 的标准系列溶液，依次测定，以峰面积 y 对含量 x（μg/mL）作标准曲线，得出的回归方程：y=14 965x−1 233，R^2 为 0.998，回归方程见表 3−1−27。结果表明，头孢噻呋在 0.06~10.0 μg/mL 的浓度范围呈现良好的线性关系，方法可靠。

2.2 准确度和精密度

在空白样品按不同添加水平进行试验，每个水平做 5 次重复；每个浓度做 3 批，计算批间相对标准偏差；同时进行空白试样测定，实验结果见表 3−1−27。结果表明，牛肉中头孢噻呋在 500~2 000 ng/g 添加浓度范围，平均回收率在 87.0%~89.1%，批间相对标准偏差均<10.0%，方法准确度和精密度满足药物残留检测的要求。

表 3−1−27 牛肉中头孢噻呋准确度和精密度实验结果

化合物序号	药物名称	线性方程	相关系数 R^2	添加水平 */(μg·kg⁻¹)		
				500	1 000	2 000
1	头孢噻呋	y=14 965x−1 233	0.998	87.0±8.9	87.8±8.8	89.1±2.6

注：* 标准偏差为批间检测的标准偏差，n=5。

3 小结

（1）线性范围、精密度和准确度均能满足残留检测的要求，已通过技术监督部门授权认可，方法可靠，可用于牛肉中头孢噻呋的残留测定。

（2）在净化过程中，避免固相萃取柱干涸，影响测定结果。

第 8 节 动物性食品中替米考星残留检测方法的建立

替米考星为中谱抗生素，在动物生产中用于预防和治疗支原体病等。其危害是损害前庭和耳蜗神经，导致眩晕和听力减退。药物在体内蓄积达到一定浓度，可造成肝肾严重损害。亚剂量的抗生素会导致细菌发生基因突变，从而发生单重或者多重耐药性。目前常用的测定动物性食品中替米考星及其活性代谢物残留量的方法主要有酶联免疫法、胶体金免疫层析法、高效液相色谱法和紫外分光光度计法等。研发团队按照农业部 1025 号公告−10−2008《动物性食品中替米考星残留检测 高效液相色谱法》，在线性范围、准确度和精密度方面进行了方法学考察验证。

1　材料与方法

1.1　仪器和条件

1.1.1　仪器

Waters e2695 高效液相色谱仪，沃特世公司；CR22G 离心机，日本日立公司；MS3 旋涡混匀器，IKA 公司；梅特勒·托利多 AX-205、PL202-L 电子天平；德国 LR4000/HB/G3 氮吹仪；WSZ-100-A 振荡器，上海安亭公司。

1.1.2　色谱条件

色谱柱 C_{18} 柱，250 mm×4.6 mm，粒径 5.0 μm；柱温 30 ℃；进样量 20 μL；检测波长 290 nm；流动相乙腈+四氢呋喃+1.0 mol/L 二丁胺磷酸缓冲液（130+55+25，v/v/v）；流速 0.3 mL/min。

1.2　试剂和材料

以下所用试剂，除特别注明者外，均为分析纯试剂。替米考星对照品由中国兽医药品监察所提供。磷酸二氢钾、二丁胺、磷酸、乙酸铵、（色谱纯）、甲醇（色谱纯）、C_{18} 固相萃取柱（500 mg/6 cc）、微孔滤膜（Waters）0.45 μm。

1.3　样品前处理

提取：称取 5.00 g（电子天平型号/编号 PL202-L/NO：091）试料，置于 50 mL 离心管中，加乙腈 8 mL，旋涡 1 min，中速振荡 20 min，5 000 r/min 离心 10 min，取上清液置于 100 mL 离心管中，残渣再依次加入 5 mL 磷酸二氢钾缓冲液和 8 mL 乙腈重复提取 1 次，合并 2 次提取液，加水 40 mL，10000 r/min 离心 5 min，上清液转至另 1 个离心管中，再加入 10 mL 水混匀，作为样品提取液。

净化：C_{18} 固相萃取小柱依次用 10 mL 甲醇和 10 mL 水平衡，样品提取液过柱，自然流干，再依次用 10 mL 水和 10 mL 乙腈洗涤，用 2.5 mL 洗脱液洗脱，收集洗脱液，30 ℃氮气吹干。加 1.0 mL 流动相溶解，放置 15 min，过滤膜，供高效液相色谱仪测定。

2　结果与分析

2.1　标准曲线

在浓度为 0.1~25 μg/mL 范围峰面积（顺式与反式异构体的峰面积之和）与浓度呈线性相关。回归方程见表 3-1-28。结果表明，替米考星在 0.02~2.0 μg/g 的浓度范围线性关系良好，方法可靠。

2.2 准确度和精密度

在空白样品按不同添加水平进行试验，每个水平做 5 次重复；每个浓度做 3 批，计算批间相对标准偏差；同时进行空白试样测定，实验结果见表 3-1-28。实验结果表明，本方法在 20 μg/kg、200 μg/kg、200 μg/kg 添加水平上，猪肉组织中替米考星的平均回收范围在 80.0%~82.5%，批间相对标准偏差均<20.0%，方法准确度和精密度满足药物残留检测的要求。

表 3-1-28　猪肉组织中添加替米考星准确度和精密度实验结果

化合物序号	药物名称	线性方程	相关系数 R^2	添加水平 */(μg·kg⁻¹)		
				20	200	2 000
1	替米考星	y=2 882.99x+3 419.03	0.999 7	85.0±10.6	80.0±7.1	82.5±4.4

注：* 标准偏差为批间检测的标准偏差，n=5。

3 小结

（1）线性范围、精密度和准确度均能满足残留检测的要求，已通过宁夏技术监督部门授权认可，方法可靠，可用于牛肉中替米考星的残留分析。

（2）流动相在配制前各组分要真空脱气，配置后不能再脱气，使用时密封，防止流动相中的有机溶剂挥发。二丁胺磷酸缓冲液变成棕色时不能使用。

第 9 节　鸡蛋中酰胺醇类药物残留检测方法的建立

酰胺醇类药物属于广谱抗生素，主要包括氯霉素（chloramphenicol，CAP）、氟苯尼考（florfenicol，FF）和甲砜霉素（thiamphenicol，TAP），对多种革兰氏阴性、革兰氏阳性菌和大多数厌氧菌均有效。氟苯尼考胺（florfenicol amine，FFA）是动物组织中氟苯尼考的残留标志物。CAP 曾被广泛运用于动物疾病预防和治疗，但因对人体有血液毒性和再生障碍性贫血等副作用，抗菌效果相当、毒副作用较小的 FF 和 TAP 成为 CAP 的替代物，大量用于家禽饲养过程中的疾病预防和治疗，但长期摄入也会产生耐药性和免疫毒性。因此，研发团队利用超高效液相色谱-串联质谱技术建立了同时检测鸡蛋中 CAP、TAP、FF 及其代谢物 FFA 的方法，从线性范围、准确度和精密度方面进行了方法学考察验证。

1　材料与方法

1.1　仪器和条件

1.1.1　仪器

ACQUITY UPLC–Xevo TQ 超高效液相色谱–串联质谱联用仪（配电喷雾离子源），沃特世公司；AE–205 分析天平，Mettler Toledo 公司；PL202–L 电子天平，Mettler Toledo 公司；CT15RT 高速冷冻离心机，日立公司；Organomation Associates 氮吹仪，Jnc 公司；MS1 旋涡混合器，IKA 公司。

1.1.2　色谱条件

色谱柱 Waters BEH C_{18}（50 mm×2.1 mm，1.7 μm）；流动相 A 为甲醇，B 为水；流速 0.25 mL/min；柱温 40 ℃；进样量 10 μL；梯度洗脱程序见表 3–1–29。

表 3–1–29　梯度洗脱条件

时间/min	流动相 A/%	流动相 B/%	流速/（$mL \cdot min^{-1}$）
1	2	98	0.25
3	98	2	0.25
4	98	2	0.25
4.1	2	98	0.25
6	2	98	0.25

1.1.3　质谱条件

电喷雾离子源（ESI–），毛细管电压 0.5 V，源温 150 ℃，脱溶剂气温度 500 ℃，脱溶剂气流速 1 000 L/H，锥孔气流速 50 L/h。待测药物定性、定量离子对和对应的去簇电压、碰撞能量参考值见表3–1–30。

1.2　试剂和材料

标准品氯霉素、氯霉素–D5、氟苯尼考、甲砜霉素、纯度>95%，Dr.Ehrenstorfer GmbH 公司；氟苯尼考胺，纯度>95%，WITEGA 公司；氟苯尼考胺–D3，纯度>95%，TRC 公司；甲酸为色谱纯；乙腈为色谱纯；乙酸乙酯为色谱纯；正已烷为色

表 3-1-30　待测药物定性、定量离子对和对应的去簇电压锥孔电压、碰撞能量

药物	定性离子对/(m·z^{-1})	定量离子对/(m·z^{-1})	锥孔电压/V	碰撞能量/eV
氯霉素	320.9>151.9	320.9>151.9	43	12
	320.9>256.9			7
甲砜霉素	353.8>184.9	353.8>184.9	40	18
	353.8>289.9			10
氟苯尼考	355.8>335.9	355.8>335.9	14	18
	355.8>184.9			6
氟苯尼考胺	248>230	248>230	30	10
	248>130			20
氯霉素-D5	325.9>157	325.9>157	43	13
氟苯尼考胺-D3	251.1>233	251.1>233	28	10

谱纯；水为超纯水；氨水为分析纯。

1.3　样品前处理

称取 5（±0.05）g 鸡蛋样品置于 50 mL 离心管中，加入 25 同位素内标工作溶液，15 mL 乙酸乙酯和 0.5 mL 氨水，涡旋提取 1 min，振荡 10 min，8000 r/min 离心 5 min，上清液转入另 1 个 50 mL 离心管中。重复提取 1 次，合并上清液。取 6 mL 上清液置于 10 mL 离心管中，50 ℃氮气吹至近干，残渣用 1 mL 0.1%甲酸甲醇水溶液，溶解、涡旋 30 s，备用液加入 5 mL 饱和正己烷，涡旋 1 min，8 000 r/min 离心 1 min，弃去上层正己烷。重复操作 3 次，取下清液过 0.22 μm 微孔滤膜，供液相色谱-串联质谱仪测定。

2　结果与分析

2.1　标准曲线

分别精密量取酰胺醇类混合标准工作液适量，用经提取的空白基质溶液稀释至 1.0 mL，制成浓度为 0.5 ng/mL、1 ng/mL、5 ng/mL、10 ng/mL、50 ng/mL、100 ng/mL 和 200 ng/mL 和甲砜霉素为 2.5 ng/mL、5 ng/mL、25 ng/mL、50 ng/mL、250 ng/mL、500 ng/mL、1000 ng/mL 的系列混合标准工作液，过滤，作为基质匹配

标准溶液上机测定。以特征离子质量色谱峰面积为纵坐标 y，基质匹配标准溶液浓度为横坐标 x，绘制标准曲线，回归方程见表 3−1−31、表 3−1−32。得出的回归方程：氯霉素 y=1.329x−0.180，R^2 为 0.998；甲砜霉素 y=2.937x−0.378，R^2 为 0.998；氟苯尼考 y=2.937x−0.378，R^2 为 0.998；氟苯尼考胺 y=1.221x+0.149，R^2 为 0.999。结果表明：3 种酰胺醇类药物（氯霉素、氟苯尼考、氟苯尼考胺）在 0.5~200 ng/mL、甲砜霉素在 2.5~1000 ng/mL 浓度范围呈现良好的线性关系。

2.2　准确度和精密度

在空白鸡蛋中添加 4 个不同浓度（定量限、低、中、高 4 个浓度）的 4 种酰胺醇类药物进行回收率试验，各浓度进行 5 个样品平行试验，重复 3 次，求批间相对标准偏差，结果见表 3−1−31、表 3−1−32。从试验结果可以看出，本方法鸡蛋中氯霉素在 0.5~10 μg/kg、氟苯尼考在 0.5~10 μg/kg、甲砜霉素在 2.5~50 μg/kg、氟苯尼考胺在 0.5~10 μg/kg，添加浓度水平上回收率为 70%~120%。批间相对标准偏差均<20%，方法准确度和精密度满足药物残留检测的要求。

表 3−1−31　空白鸡蛋中 4 种酰胺醇类药物添加的准确度和精密度实验结果

化合物序号	药物名称	线性方程	相关系数 R^2	添加水平 */(μg·kg⁻¹)			
				0.5	1	5	10
1	氟苯尼考	y=2.937x−0.378	0.998	91.2±18.5	90.0±18.2	98.5±7.7	99.4±16.2
2	氯霉素	y=1.329x−0.180	0.998	95.2±3.8	91.3±7.9	89.3±7.2	86.7±3.0
3	氟苯尼考胺	y=1.221x+0.149	0.999	106±7.6	96.0±0.6	91.0±1.0	86.5±7.4

注：* 标准偏差为批间检测的标准偏差，n=5。

表 3−1−32　空白鸡蛋中 4 种酰胺醇类药物添加的准确度和精密度实验结果

化合物序号	药物名称	线性方程	相关系数 R^2	添加水平 */(μg·kg⁻¹)			
				2.5	5	25	50
1	甲砜霉素	y=2.937x−0.378	0.998	99.9±8.3	88.8±0.5	82.7±7.0	86.3±9.4

注：* 标准偏差为批间检测的标准偏差，n=5。

3　小结

线性范围、精密度和准确度均能满足残留检测的要求，已通过宁夏技术监督部门授权认可，可用于鸡蛋中酰胺醇类药物的残留分析。

第 10 节　可食动物肌肉、肝脏和水产品中氯霉素、甲砜霉素和氟苯尼考残留检测方法的建立

氯霉素类药物是一种广谱抗生素，曾在临床治疗中广泛应用。但氯霉素对人体伤害较大，易对早产儿和足月产新生儿引起毒性反应，导致“灰婴综合征”。甲砜霉素抗菌谱与氯霉素基本相同，氟苯尼考是甲砜霉素的衍生物。目前氯霉素类药物残留量的检测主要有气相色谱-质谱法、液相色谱-质谱联用法等。研发团队按照《可食动物肌肉、肝脏和水产品中氯霉素、甲砜霉素和氟苯尼考残留量的测定　液相色谱-串联质谱法》（GB/T 20756—2006），从线性范围、准确度和精密度方面进行方法学考察验证。

1　材料与方法

1.1　仪器和条件

1.1.1　仪器

ACQUITY UPLC-Xevo TQ 超高效液相色谱-串联质谱联用仪，沃特世公司公司；AE-205 电子天平，Mettler Toledo 公司；CT15RT 高速冷冻离心机，日立公司；Organomation Associates 氮吹仪，Jnc 公司；MS1 旋涡合器，IKA 公司；LR4000 旋转蒸发器，Heidolph 公司。

1.1.2　色谱条件

色谱柱为 Waters BEH C_{18}（50 mm×2.1 mm，1.7 μm）；流动相 A 为甲醇，B 为水，流速 0.3 mL/min，柱温为 30 ℃，进样量 10 μL；梯度洗脱条件见表 3-1-33。

表 3-1-33　梯度洗脱条件

时间/min	流动相 A/%	流动相 B/%	流速/（mL·min^{-1}）
0	10	90	0.3
6	90	10	0.3
7.0	10	90	0.3
8.9	10	90	0.3

1.1.3　质谱条件

电喷雾离子源（ESI^-），毛细管电压 2.8 kV，源温 150 ℃，脱溶剂气温度 400 ℃，雾化气流速 1 000 L/h，锥孔气流速 50 L/h。多反应监测各离子对及对应人锥孔电压、碰撞能量见表 3-1-34。

表 3-1-34　种药物的定性、定量离子对、锥孔电压和碰撞能量

药物名称	定性离子对/（$m \cdot z^{-1}$）	定量离子对/（$m \cdot z^{-1}$）	锥孔电压/V	碰撞能量/eV
氯霉素	320.9>151.8	320.9>151.8	24	20
	320.9>257		24	12
甲砜霉素	353.8>185.0	353.8>185.0	26	22
	353.8>290.0		26	14
氟苯尼考	355.8>336	355.8>336	24	11
	355.8>185.0		24	22
D5-氯霉素	325.9>156.9	325.9>156.9	28	20
	325.9>262.1		28	12

1.2　试剂和材料

对照品，氯霉素、氘代氯霉素内标物，纯度>95%，Dr.Ehrenstorfer GmbH 公司；甲砜霉素、氟苯尼考，纯度>95%，中国兽医药品监察所；甲醇为 Fisher 公司；乙酸乙酯为色谱纯；正己烷为色谱纯；水为超纯水；氨水为分析纯。

1.3　样品前处理

准确称取均质后的试料（2+0.05）g，置于 50 mL 离心管内，加入 20 ng/mL D5-氯霉素标准工作液 250 μL，加入乙酸乙酯 15 mL，再加入 0.45 mL 氨水，5 g 无水硫酸钠，旋涡混匀，超声提取 5 min，5 000 r/min 离心 5 min，取上清液置于鸡心瓶中，重复提取 1 次，合并提取液置于鸡心瓶中，45 ℃旋转蒸干。残留物用 1 mL 水溶解，再加入 3 mL 正己烷旋涡混合 30 s，静置分层。弃去上层正己烷，再加入 3 mL 正己烷旋涡混合 30 s，静置分层，移取下层水相置于 1.5 mL 离心管中，以 13 000 r/min 离心 5 min，过 0.2 μm 滤膜后，供超高效液相色谱-串联质谱仪分析。

2 结果与分析

2.1 标准曲线

氯霉素在浓度为 0.5 μg/L、1 μg/L、2 μg/L、5 μg/L、10 μg/L 氯霉素基质校准标准系列工作液、甲砜霉素及氟苯尼考浓度为 2 μg/L、4 μg/L、8 μg/L、20 μg/L、40 μg/L，依次上机测定，以各药物定量离子质量色谱峰面积与对应的内标峰面积比值为纵坐标 y，标准浓度为横坐标 x，绘制标准曲线，得到线性方程。氯霉素在0.510 μg/L 的浓度范围内，得出的回归方程为 y=1.018 21x−0.027 938 6，R^2 为 0.997 582；甲砜霉素在 240 μg/L 的浓度范围内，得出的回归方程为 y=0.501 043x+0.243 127，R^2 为 0.993 859；氟苯尼考在 240 μg/L 的浓度范围内，得出的回归方程为 y=0.949 828x+0.159 96，R^2 为 0.991 558，回归方程见表 3−1−35、表 3−1−36。结果表明，氯霉素在 0.5~10 μg/L、甲砜霉素及氟苯尼在 2~40 μg/L 范围，浓度和定量离子峰面积线性关系均良好，满足残留检测要求，方法可靠。

2.2 准确度和精密度

在空白样品按不同添加水平进行试验，每个水平 5 次重复；每个浓度做 3 批，计算批间相对标准偏差；同时进行空白试样测定，实验结果见表 3−1−35、表 3−1−36。结果表明，鸡肉中添加氯霉素 0.25~1.0 ng/g 浓度范围，平均回收率为 94.0%~98.2%；鸡肉中添加甲砜霉素 1.0~4.0 ng/g 浓度范围，平均回收率为 87.6%~98.2%；

表 3−1−35 鸡肉中添加甲砜霉素和氟苯尼考准确度和精密度实验结果

化合物序号	药物名称	线性方程	相关系数 R^2	添加水平 */(μg·kg⁻¹)		
				1	2	4
1	甲砜霉素	y=0.501 043x+0.243 127	0.993 9	90.7±1.8	87.6±4.2	98.2±5.2
2	氟苯尼考	y=0.949 828x+0.159 96	0.991 6	98.3±4.2	102±1.1	102.9±5.3

注：* 标准偏差为批间检测的标准偏差，n=5。

表 3−1−36 鸡肉中添加氯霉素准确度和精密度实验结果

化合物序号	药物名称	线性方程	相关系数 R^2	添加水平 */(μg·kg⁻¹)		
				0.25	0.5	1
1	氯霉素	y=1.018 21x−0.027 938 6	0.997 6	94.0±5.6	96.9±1.1	98.2±1.8

注：* 标准偏差为批间检测的标准偏差；n=5。

鸡肉中添加氟苯尼考 1.0~4.0 ng/g 浓度范围，平均回收率为 98.3%~103%。批间相对标准偏差均<10%，方法准确度和精密度满足药物残留检测的要求。

3　小结

（1）线性范围、精密度和准确度均能满足残留检测的要求，已通过宁夏技术监督部门授权认可，可用于鸡蛋中酰胺醇类药物的残留分析。

（2）旋转蒸发浓缩时避免发生暴沸，否则会导致样品损失，影响检测结果。

第 11 节　动物性食品中尼卡巴嗪残留标志物残留检测方法的建立

尼卡巴嗪为 4，4’-二硝基均二脲（DNC）和 2-羟基-4，6 二甲嘧啶（HDP）的复合物，是一种养禽业常用的性能优良、广谱、高效抗球虫药，对球虫第二代裂殖体有效，在蛋鸡产蛋期禁用。HDP 在动物体内由尿液排出，代谢迅速，而 DNC 代谢缓慢，不能完全代谢而排出体外，因此在肌肉及其他组织中会出现不同程度的残留，人们食用该食物后会产生潜在危害。目前，尼卡巴嗪的检测方法有气相色谱法、微柱高效液相色谱法、高效液相法、差示脉冲极谱法、分光光度计法、免疫色谱法、高效液相色谱-串联质谱法。研发团队按照《食品安全国家标准　动物性食品中尼卡巴嗪残留标志物残留量的测定　液相色谱-串联质谱法》（GB 21690—2013），从线性范围、准确度和精密度方面进行方法学考察验证。

1　材料与方法

1.1　仪器和条件

1.1.1　仪器

ACQUITY UPLC-Xevo TQ 超高效液相色谱-串联质谱联用仪，Waters 公司；AE-205 电子天平，Mettler Toledo 公司；CT15RT 高速冷冻离心机，日本日立公司；氮吹仪，Organomation Associates 公司；MS1 旋涡混合器，IKA 公司；PL-202L 电子天平，Mettler Toledo 公司。

1.1.2 色谱条件

色谱柱为 Waters BEH C_{18}（50 mm×2.1 mm，1.7 μm）；流动相 A 为 0.1%甲酸水溶液，B 为甲醇溶液，柱温为 40 ℃，进样量为 5.0 μL；梯度洗脱条件见表 3-1-37。

表3-1-37 梯度洗脱条件

时间/min	流动相 A/%	流动相 B/%	流速/（mL·min^{-1}）
0	90	10	0.3
0.5	90	10	0.3
3.5	10	90	0.3
5.9	10	90	0.3
6.2	90	10	0.3

1.1.3 质谱条件

电喷雾离子源（ESI^-），检测方式为负离子扫描；电离电压 3.0 kV；源温 110 ℃；雾化温度 350 ℃；雾化器流速 450 L/h；锥孔气流速 50 L/h。多反应监测各离子对及对应的锥孔电压、碰撞能量见表 3-1-38。

表 3-1-38 尼卡巴嗪残留标志物定性、定量离子对及对应的锥孔电压、碰撞能量

药物	定性离子对/（m·z^{-1}）	定量离子对/（m·z^{-1}）	锥孔电压/V	碰撞能量/eV
DNC	300.9>136.9	300.9>136.9	20	18
	300.9>106.9			32
DNC-D_8	309.0>141.0	309.0>141.0	20	18

1.2 试剂和材料

甲醇，色谱纯，Fisher 公司；乙腈，色谱纯，Fisher 公司；甲酸，色谱纯；标准物质，4，4’-二硝基均二苯脲、4，4’-二硝基均二苯脲-D_8，均为德国 Dr. Ehrenstorfer 标准品。

1.3 样品前处理

称取样品 2.50 g（精确到 0.01 g）置于 50 mL 离心管中，加入 0.05 mL 100 μg/L DNC-D_8 标准工作液和 10 mL 乙腈水提取液，漩涡混匀 5 min，超声提取 5 min，9000 r/min 离心 5 min，4 0℃氮气吹干，加 75%甲醇水饱和的正己烷 1 mL，涡旋 10 s，

加 75%甲醇水 1.0 mL，充分混合，40 ℃水浴静置 5 min，12 000 r/min 离心 5 min，取下层清液，过 0.22 μm 滤膜后，供液相色谱–串联质谱测定。

2　结果与分析

2.1　标准曲线

准确量取 4，4’–二硝基均二苯脲和 4，4’–二硝基均二苯脲–D_8 标准工作液适量，用 75%甲醇水溶液稀释，配制成 4，4’–二硝基均二苯脲–D_8，浓度均为 100 ng/mL，4，4’–二硝基均二苯脲为 2 ng/mL、10 ng/mL、20 ng/mL、50 ng/mL、200 ng/mL 和 500 ng/mL 系列标准对照溶液，供液相色谱–串联质谱测定。以特征离子质量色谱峰面积为纵坐标 y，以浓度为横坐标 x，绘制标准曲线。线性回归方程和相关系数见表 3–1–39。结果表明，4，4’–二硝基均二苯脲在 2~500 ng/mL 范围，浓度和色谱峰面积呈现良好线性关系，方法可靠。

2.2　准确度和精密度

在空白鸡蛋样品通过标准添加试验考察方法的准确度以及精密度。分别在 1 μg/kg、5 μg/kg、10 μg/kg 3 个水平添加，按照试验方法测定回收率，每个水平做 6 个平行性试验，计算平均回收率与相对标准偏差，结果见表 3–1–39。结果表明，4，4’–二硝基均二苯脲的平均回收率为 96.8%~98.5%，相对标准偏差为<20%，方法准确度和精密度满足药物残留检测的要求。

表 3–1–39　空白鸡蛋中添加 4，4’–二硝基均二苯脲准确度和精密度实验结果

化合物名称	线性方程	相关系数 R^2	添加水平 */(μg·kg⁻¹)		
			1	5	10
DNC	y=0.9689x+12.354	0.9993	96.8±4.0	97.6±1.0	98.5±2.8

注：* 标准偏差为批间检测的标准偏差，n=6

3　小结

线性范围、准确度和精密度均能满足兽药残留分析的要求，已通过宁夏技术监督部门授权认可，方法准确可靠，可用于鸡肉和鸡蛋中尼卡巴嗪的残留检测。

第 12 节　动物性食品中甲硝唑、地美硝唑及其代谢物残留检测方法的建立

甲硝唑、地美硝唑是人工合成硝基咪唑类药物，常用于治疗家禽的滴虫病感染、肠道和组织的厌氧菌感染、鸡生殖系统疾病等。此类药物及其代谢产物具有潜在的动物致癌、致畸、诱变和遗传毒性作用，其残留对动物性食品构成威胁。研发团队利用液相色谱-串联质谱技术，建立了动物性产品中甲硝唑、地美硝唑、羟基甲硝唑、羟甲基甲硝咪唑残留同时检测的方法，并从线性范围、准确度和精密度方面进行方法学考察验证。

1　材料与方法

1.1　仪器和条件

1.1.1　仪器

Waters ACQUITY UPLC /TQ-s micro 超高效液相色谱-串联质谱仪，美国沃特世公司；CR22G 高速冷冻离心机，日本日立公司；MS3 旋涡混匀器，IKA 公司；AX-205 分析天平，梅特勒·托利多；PL202-L 电子天平，梅特勒·托利多；HS501 往复振荡器，IKA 公司；固相萃取装置，SUPELCO；氮吹仪，Organomation Associates 公司。

1.1.2　液相色谱条件

色谱柱，C_{18}（50 mm×2.1 mm，粒径 1.7 μm）；流速 0.3 mL/min；柱温 35 ℃；进样量 2 μL；流动相 A 为乙腈，B 为 0.1%甲酸水溶液；梯度洗脱程序见表 3-1-40。

表 3-1-40　梯度洗脱程序

时间/min	流动相 A/%	流动相 B/%	流速/(mL·min^{-1})
0	5	95	0.3
5	90	10	0.3
5.1	5	95	0.3
7	5	95	0.3

1.1.3　质谱条件

离子源电喷雾离子源；扫描方式正离子扫描；检测方式多反应监测；离子源温度 150 ℃；脱溶剂温度 400 ℃；毛细管电压 1.0 kV。定性离子对、定量离子对、锥孔电压和碰撞能量，见表 3-1-41。

表 3-1-41　硝基咪唑类药物定性离子对、定量离子对、锥孔电压和碰撞能量

药物	定性离子对/(m·z⁻¹)	定量离子对/(m·z⁻¹)	锥孔电压/V	碰撞能量/eV
甲硝唑	172>82	172>128	25	21
	172>128			15
羟基甲硝唑	188>123	188>126	25	15
	188>126			15
地美硝唑	142>81	142>96	25	22
	142>96			15
羟基地美硝唑	158>55	158>140	25	12
	158>140			15

1.2　试剂和材料

甲硝唑、地美硝唑、羟基甲硝唑、羟甲基甲硝咪唑标准品，中国兽医药品监察所；乙腈、甲醇、甲酸，均为色谱纯，Fisher 公司；其他试剂均为分析纯试剂；试验用水为超纯水；Oasis MCX 固相萃取柱（60 mg/3 mL），美国 Waters 公司。

1.3　样品前处理

样品提取：称取 2.0 g（精确至 0.01 g）样品置于 50 mL 塑料离心管中，加入 15 mL 乙酸乙酯，涡动 2 min，6 000 r/min 离心 5 min，上清液转移至 50 mL 塑料离心管中，残渣再用 15 mL 乙酸乙酯提取 1 次，合并 2 次提取液，20 ℃水浴吹干。

净化：加 0.1 mol/L 盐酸溶液 5 mL，涡动 1 min 溶解残渣，加正己烷 5 mL，轻微涡动，6 000 r/min 离心 5 min，弃去正己烷层，下层再加加正己烷 5 mL 重复去脂 1 次，除尽正己烷层，备用。

MCX 固相萃取柱使用 2 mL 甲醇 、2 mL 0.1 mol/L 盐酸溶液活化平衡后，加入备用液过柱，然后依次用 2 mL 0.1 mol/L 盐酸溶液、1 mL 甲醇、1 mL 2%氨水淋洗并挤干，再用 2 mL 5%氨水-甲醇溶液洗脱，洗脱液 20 ℃氮气吹干，0.5 mL 水复

溶，混匀后过 0.22 μm 有机微孔滤膜，供 LC-MS/MS 检测。

2 结果与分析

2.1 标准曲线

以空白基质液配制标准曲线，标准曲线的系列质量浓度为 1.0 ng/mL、2.0 ng/mL、5.0 ng/mL、10.0 ng/mL、50.0 ng/mL、100 ng/mL，以目标化合物定量离子峰面积为纵坐标 y，以质量浓度为横坐标 x，绘制标准曲线，回归方法和线性相关系数见表 3-1-42。得出的回归方程为：甲硝唑 y=1 273.16x+486.9，R^2 为 0.997 5；羟基甲硝唑 y=159.60x+17.03，R^2 为 0.999 9；地美硝唑 y=2 071.09x+137.40，R^2 为 0.999 3；羟基地美硝唑 y=578.61x+1.72，R^2 为 0.999 0。结果表明，甲硝唑、羟基甲硝唑、地美硝唑、羟基地美硝唑在 2~500 ng/mL 范围，浓度和定量离子峰面积线性关系均良好，说明该方法可靠。

2.2 准确度和精密度

利用空白鸡肉样品通过标准添加试验考察方法的回收率以及精密度。分别在 1.0 μg/kg、5.0 μg/kg、20.0 μg/kg 3 个水平添加各药物，按照试验方法测定回收率，每个水平做 6 个平行性试验，计算平行回收率与相对标准偏差，结果见表 3-1-42。结果显示，羟基甲硝唑的平均回收率为 68.1%~72.0%，批间相对标准偏差<20%；甲硝唑的平均回收率为 79.1%~85.6%，批间相对标准偏差<20%；地美硝唑的平均回收率为 79.6%~86.5%，批间相对标准偏差<20%；羟基地美硝唑的平均回收率为 81.8%~92.3%，批间相对标准偏差<20%。准确度和精密度满足药物残留检测的要求。

表 3-1-42 空白鸡肉中添加硝基咪唑类药物及代谢物准确度及精密度实验结果

化合物序号	药物名称	线性方程	相关系数 R^2	添加水平*（μg·kg⁻¹）		
				1	5	20
1	甲硝唑	y=1 273.16x+486.9	0.997 5	79.1±8.2	85.6±5.9	84.2±5.0
2	地美硝唑	y=2 071.09x+137.4	0.999 3	79.6±8.3	83.4±4.4	86.5±4.6
3	羟基甲硝唑	y=159.60x+17.03	0.999 9	68.1±8.2	68.7±9.0	72.0±7.5
4	羟基地美硝唑	y=578.61x+1.72	0.999 0	81.8±6.8	92.3±6.7	87.5±3.4

注：*标准偏差为批间检测的标准偏差，n=6。

3 小结

（1）线性范围、回收率和精密度等参数均能满足兽药残留分析的要求，参数已通过宁夏技术监督部门授权认可，方法准确可靠，可用于动物性食品中甲硝唑、地美硝唑及其代谢物残留检测。

（2）MCX固相萃取柱使用过程中不能干涸，上样过程中流速不能太快，以1 mL/min为宜。

第13节 动物源性食品中7种喹诺酮类药物残留检测方法的建立

氟喹诺酮类药物属化学合成广谱抗菌药。因其具有抗菌谱广、抗菌活性强、与其他抗菌药物无交叉耐药性和毒副作用小等特点，被广泛应用于畜牧、水产等养殖业。由于氟喹诺酮类药物在动物机体组织中有残留，人食用动物组织后，氟喹诺酮类抗生素就在人体内残留蓄积，易造成人体疾病对该药物的严重耐药性，影响人体疾病的治疗，从而影响该类药物的临床疗效。目前，检测氟喹诺酮类药物残留的方法包括液相色谱-串联质谱法、酶联免疫法、气相色谱法、毛细管电泳法等。研发团队按照GB/T 21312—2007标准，在方法线性范围、准确度和精密度方面进行方法学考察验证。

1 材料与方法

1.1 仪器和条件

1.1.1 仪器

Waters ACQUITY UPLC/TQ-S micro超高效液相色谱-质谱仪，沃特世公司；CR22G高速冷冻离心机，日本日立公司；MS3旋涡混匀器，IKA公司；AX-205分析子天平，梅特勒·托利多；PL202-L电子天平，梅特勒·托利多；WSZ-100-A振荡器，上海安亭；FE 20酸度计，梅特勒·托利多；固相萃取装置，SUPELCO；氮吹仪，Organomation Associates公司。

1.1.2 液相色谱条件

色谱柱，Waters ACQUITY UPLC BEH C_{18}（50 mm×2.1 mm，1.7 μm）；流动

相 A 为 40%甲醇乙腈溶液，B 为 0.2%甲酸水溶液；流速 0.3 mL/min；柱温 40 ℃；进样量 2 μL；梯度洗脱程序见表 3-1-43。

1.1.3 质谱条件

毛细管电压 1.0 kV；雾化气流速 800 L/hr；脱溶剂气温度 350 ℃；锥孔气流速 50 L/hr；源温 150 ℃。定性、定量离子对及对应的锥孔电压、碰撞能量见表 3-1-44。

表 3-1-43 梯度洗脱程序

时间/min	流动相 A/%	流动相 B/%	流速/(mL·min^{-1})
0.3	10	90	0.3
5	80	20	0.3
5.1	80	20	0.3
7	10	90	0.3

表 3-1-44 7 种喹诺酮类药物的定性、定量离子对及对应的锥孔电压、碰撞能量

药物	定性离子对/(m·z^{-1})	定量离子对/(m·z^{-1})	锥孔电压/V	碰撞能量/eV
环丙沙星	332.324>230.959	332.324>230.959	50	40
	332.324>245.08			22
洛美沙星	352.2>265.1	352.2>265.1	40	23
	352.2>308.1			16
诺氟沙星	320>302	320>302	35	21
	320>276.3			21
培氟沙星	334>290.1	334>290.1	23	16
	334>316.1			18
恩诺沙星	360.104>245.051	360.104>245.051	34	28
	360.104>71.992			34
氧氟沙星	362.1>318.1	362.1>318.1	42	24
	362.1>261.1			30
噁喹酸	262>244	262>244	12	15
	262>216			28

1.2 试剂和材料

标准品：氧氟沙星（中国兽医药品监察所，批号 H0091210，含量 99.5%）、恩诺沙星（中国兽医药品监察所，批号 H0081505，含量 99.5%）、甲磺酸达氟沙星（Dr Ehrenstorfer GmbH，批号 40429，含量 93.5%）、盐酸洛美沙星（Dr Ehrenstorfer GmbH，批号 91442，含量 98.7%）、甲磺酸培氟沙星（中国兽医药品监察所，批号 H0201210，含量 94.2%）、环丙沙星（中国食品药品检定研究院，批号 130451-201203，含量 84.2%）、诺氟沙星（中国兽医药品监察所，批号 H0071305，含量 99.4%）。

试剂耗材：柠檬酸、磷酸氢二钠、甲醇（色谱纯）、乙腈（色谱纯）、甲酸（色谱纯）、氢氧化钠、乙二胺四乙酸二钠、0.2 μm 滤膜。以上所用试剂，除特别注明者外，均为分析纯试剂。

1.3　样品前处理

提取：称取均质试样 5.00 g（±0.05 g），置于 50 mL 离心管中，加 0.1 mol/L EDTA-Mcllvaine 缓冲溶液 10 mL，涡旋混匀 1 min，中速振荡 10 min，-4 ℃ 10 000 r/min 离心 5 min，取上清液置于另 1 个 50 mL 离心管中。在上清液中加入 10 mL 水饱和正己烷，涡旋混匀，振荡 10 min，-4 ℃ 10 000 r/min 离心 5 min，取下层清液，再加入 10 mL 水饱和正己烷，重复提取 1 次，取下层清液备用。

净化：取 HLB 固相萃取柱（200 mg/6 mL），用 6 mL 甲醇、6 mL 水活化，将备用液以 1 mL/min 速度过柱，弃去滤液，用 2 mL 5%甲醇水溶液淋洗，弃去淋洗液，将小柱抽干，再用 6 mL 甲醇洗脱并收集洗脱液，洗脱液 45 ℃水浴氮气吹干，用 1.0 mL 0.2%甲酸水溶液溶解，涡旋混合 1 min，过滤膜后作为试料溶液，供超高效液相色谱-质谱联用仪分析。

2　结果与分析

2.1　标准曲线

准确量取适量 7 种喹诺酮类标准工作液，用流动相稀释成系列标准溶液，分别以喹诺酮类药物的离子色谱峰面积 y 对浓度 x（ng/mL）绘制标准曲线。各药物回归方程、线性相关系数见表 3-1-45 至表 3-1-47。洛美沙星回归方程为 y=864.31x-1 096.5，R^2 为 0.995；培氟沙星回归方程为 y=380.35x-809.68，R^2 为 0.992 7；诺氟沙星回归方程为 y=521.07x-1 453.5，R^2 为 0.992 9；恩诺沙星回归方程 y=341.63x-480.01，R^2 为 0.995 1；氧氟沙星回归方程为 y=893.22x-1 265.9，R^2 为 0.994 3；噁喹酸回归方程为 y=13 717x−5 008，R^2 为 0.998 2；环丙沙星回归方程为 y=253.89x−1 251.7，R^2 为 0.993 9。结果表明，洛美沙星、培氟沙星、诺氟沙星、恩诺沙星、氧氟沙星在 2.5~100 ng/mL 浓度范围、噁喹酸在 0.25~10 ng/mL 浓度范围、环丙沙星在 6.25~250 ng/mL 浓度范围，离子色谱峰面积和浓度呈良好的线性关系，说明该方法准确可靠。

2.2 准确度和精密度

利用空白鸡蛋样品通过标准添加试验考察方法的准确度以及精密度。洛美沙星、诺氟沙星、培氟沙星、恩诺沙星和氧氟沙星分别在 2 μg/kg、4 μg/kg、10 μg/kg、环丙沙星在 5 μg/kg、10 μg/kg、25 μg/kg、噁喹酸在 0.2 μg/kg、0.4 μg/kg、1 μg/kg 3 个水平添加各成分，按照试验方法测定回收率，每个水平做 5 个平行性试验，计算平行回收率与相对标准偏差，结果见表 3−1−45 至表 3−1−47。结果表明，洛美沙星平均回收率为 98.3%~103%，批间相对标准偏差<20%；诺氟沙星平均回收率为 98.8%~101%，批间相对标准偏差<20%；培氟沙星平均回收率为 96.9%~101%，批间相对标准偏差<20%；恩诺沙星平均回收率为 100%~103%，批间相对标准偏差小于 20%；氧氟沙星平均回收率为 101%~103%，批间相对标准偏差<20%；环丙沙星平均

表 3−1−45　空白鸡蛋中添加喹诺酮类药物准确度及精密度实验结果

化合物序号	药物名称	线性方程	相关系数 R^2	添加水平*（μg·kg⁻¹）		
				2	4	10
1	洛美沙星	y=864.31x−1 096.5	0.995 0	98.3±1.0	103±3.8	100±06
2	诺氟沙星	y=521.07x−1 453.5	0.992 9	99.3±3.8	98.8±6.5	101±1.7
3	培氟沙星	y=380.35x−809.68	0.992 7	96.9±1.4	98.6±4.2	101±3.0
4	恩诺沙星	y=341.63x−480.01	0.995 1	103±2.0	101±1.0	100±0.8
5	氧氟沙星	y=893.22x−1 265.9	0.994 3	103±4.5	103±3.9	101±2.7

注：*标准偏差为批间检测的标准偏差，n=5。

表 3−1−46　空白鸡蛋中添加喹诺酮类药物准确度及精密度实验结果

化合物序号	药物名称	线性方程	相关系数 R^2	添加水平*（μg·kg⁻¹）		
				5	10	25
1	环丙沙星	y=253.89x−1 251.7	0.993 9	95.8±4.8	103±6.1	102±1.7

注：*标准偏差为批间检测的标准偏差，n=5。

回收率为 100%~103%，批间相对标准偏差<20%；噁喹酸平均回收率为 94.6%~103%，批间相对标准偏差<20%。方法准确度和精密度满足药物残留检测的要求。

表 3-1-47　空白鸡蛋中添加喹诺酮类药物准确度及精密度实验结果

化合物序号	药物名称	线性方程	相关系数 R^2	添加水平 */(μg·kg^{-1})		
				0.2	0.4	1
1	噁喹酸	y=13 717x−5 008	0.998 2	99.4±4.5	94.6±4.0	103±1.2

注：* 标准偏差为批间检测的标准偏差，n=5。

3　小结

（1）线性范围、回收率和精密度等参数均能满足兽药残留分析的要求，该参数已通过宁夏技术监督部门授权认可，方法可靠，可用于鸡蛋中 7 中喹诺酮类药物残留检测。

（2）与原标准相比，在净化步骤前增加水饱和的正己烷萃取提取液，去除鸡蛋中的脂肪，避免堵塞固相萃取柱，方法准确度和精密度满足残留检测。

第 14 节　动物性食品中金刚烷胺残留检测方法的建立

金刚烷胺属于金刚烷胺类药物，在畜牧养殖上主要用于禽类流感的治疗和预防，但易引起精神异常和耐药性增加，给消费者的身体健康带来极大危害，同时对畜禽产品的食用安全监管也带来了挑战。目前，金刚烷胺的检测方法主要有液相色谱-串联质谱法、高效液相色谱法以及气相色谱法等。研发团队利用液相色谱-串联质谱技术建立了动物性食品中金刚烷胺残留量的测定方法，并在方法线性范围、准确度和精密度方面进行方法学考察验证。

1　材料与方法

1.1　仪器和条件

1.1.1　仪器

ACQUITY UPLC-Xevo TQ 超高效液相色谱-串联质谱联用仪，Waters 公司；

AE-205 电子天平，Mettler Toledo 公司；CT15RT 高速冷冻离心机，日本日立公司；氮吹仪，Organomation Associates 公司；MS1 旋涡合器，IKA 公司；PL-202L 电子天平，Mettler Toledo 公司。

1.1.2 色谱条件

色谱柱，C_{18}（50 mm×2.1 mm，3.5 μm）；流动相 A 为甲醇，流动相 B 为 0.1% 甲酸水溶液；流速 0.3 mL/min；进样量 10 μL；液相梯度洗脱程序见表3-1-48。

表 3-1-48 液相梯度洗脱程序

时间/min	流动相 A/%	流动相 B/%	流速/（mL·min^{-1}）
0	10	90	0.3
3	80	10	0.3
3.1	10	90	0.3
5	10	90	0.3

1.1.3 质谱条件

毛细管电压 1.0 kV；雾化气流速 800 L/hr；脱溶剂气温度 350 ℃；锥孔气流速 50 L/hr；源温 150 ℃。定性、定量离子对及对应的锥孔电压、碰撞能量见表 3-1-49。

表 3-1-49 金刚烷胺和金刚烷胺-D_{15} 定性、定量离子对及对应的锥孔电压、碰撞能量

药物	定性离子对/（m·z^{-1}）	定量离子对/（m·z^{-1}）	锥孔电压/V	碰撞能量/eV
金刚烷胺	152>135	152>135	50	18
	152>93			10
金刚烷胺-D_{15}	167.3>150.3	167.3>150.3	48	20

1.2 试剂和材料

所有试剂均为分析纯，水为符合 GB/T 6682 规定的一级水。甲醇（CH_3OH），色谱纯；乙腈（CH_3CN），色谱纯；正已烷（C_6H_{14}），色谱纯；冰乙酸（CH_3COOH），色谱纯；甲酸（HCOOH），色谱纯；无水硫酸钠（Na_2SO_4）；金刚烷胺（Amantadine，$C_{10}H_{17}N$，CAS：768-94-5），含量≥98.0%；金刚烷胺-D_{15}（Amantadine-D_{15}，$C_{10}H_2D_{15}N$，CAS：33830-10-3），含量≥99.0%；净化吸附剂，PSA（乙二胺-N-丙基硅烷），粒度 40 μm；滤膜，0.22 μm；针式过滤器，内填有 50 mg PSA 净化吸附

剂，滤膜孔径 0.22 μm。

1.3　样品前处理

提取：称取试料 2.00 g（准确至±0.02 g）置于 50 mL 离心管中，加金刚烷胺-D_{15} 标准工作液 20 μL，加 1%乙酸乙腈溶液 10 mL，旋涡 2 min，3 000 r/min 离心 5 min，上清液转入另 1 个 50 mL 离心管中，重复提取 1 次，合并 2 次上清液，备用。

净化：取备用液，加无水硫酸钠 3 g、正己烷 10 mL，涡旋 1 min，3 000 r/min 离心 5 min，弃去正己烷层，剩余溶液转至 100 mL 鸡心瓶中，40 ℃水浴旋转蒸干，用 1.0 mL 甲醇溶解残渣。加入 PSA 50 mg，涡旋 30 s，取上清液过滤膜置于 1.5 mL 试管中；或者直接匀速通过针式过滤器，呈滴状流入 1.5 mL 试管中。量取滤液 0.5 mL 置于离心管中，40 ℃氮气吹干，加入 50%乙腈水溶液 0.5 mL，涡旋 30 s，10 000 r/min 离心 5 min，取上清液供上机测定。

2　结果与分析

2.1　标准曲线

基质匹配标准溶液。取各自空白组织试料，除不加金刚烷胺-D_{15} 标准工作液外，均按上述方法处理分别制得其空白基质溶液，准确量取金刚烷胺和金刚烷胺-D_{15} 标准工作液适量，分别用空白基质溶液稀释，配制成金刚烷胺浓度为 2 μg/L、4 μg/L、10 μg/L、20 μg/L、100 μg/L、200 μg/L，D_{15}-金刚烷胺浓度均为 20 μg/L 的系列基质匹配标准溶液，使用时现配，供液相色谱-串联质谱测定。以目标化合物定量离子峰面积为纵坐标 y，以浓度为横坐标 x，绘制标准曲线，回归方程、线性相关系数见表 3-1-50。回归方程为 $y=12.664x-37.083$，R^2 为 0.999 6。结果表明，金刚烷胺在 2~200 ng/mL 浓度范围内，定量离子色谱峰面积和浓度线性关系良好，方法可靠。

2.2　准确度和精密度

本研究采用标准添加法，在空白鸡蛋中添加 3 个不同浓度的金刚烷胺标准溶液进行回收率试验，各浓度进行 5 个样品平行试验，重复 3 次，计算平行回收率与相对标准偏差，结果见表 3-1-50。结果表明，金刚烷胺的平均回收率为 101%~104%，批间相对标准偏差<20%，方法能够满足残留检测的要求。

表 3-1-50　空白鸡蛋中添加金刚烷胺准确度和精密度实验结果

化合物序号	药物名称	线性方程	相关系数 R^2	添加水平 */(μg·kg⁻¹)		
				2	5	10
1	金刚烷胺	y=12.664x−37.083	0.999 6	101±0.6	103±3.5	104±0.6

注：*标准偏差为批间检测的标准偏差，n=5。

3　小结

（1）线性范围、回收率和精密度等参数均能满足兽药残留分析要求，该参数已通过宁夏技术监督部门授权认可，方法准确可靠，可用于鸡肉和鸡蛋中金刚烷胺残留的检测。

（2）旋转蒸发浓缩时容易发生暴沸，导致样品损失，所以要控制适当的真空度。

第 15 节　动物源食品中氯霉素残留检测方法的建立

氯霉素（chloramphenicol）是一种广谱抗生素，作为抑菌剂广泛用于我国水产、家禽等养殖业。残留的氯霉素对人体的毒副作用包括对造血系统危害、细菌耐药性增强和引起机体菌群失调等，严重者甚至会导致失明。目前，食品中氯霉素的检测方法主要有色谱分析法、免疫分析法、电化学法和生物芯片法等。研发团队利用高效液相色谱-串联质谱技术建立了动物源食品中氯霉素残留的测定方法，并在方法线性范围、准确度和精密度方面进行方法学考察验证。

1　材料与方法

1.1　仪器和条件

1.1.1　仪器

ACQUITY UPLC−Xevo TQ 超高效液相色谱−串联质谱联用仪，Waters 公司；AE−205 电子天平，Mettler Toledo 公司；CT15RT 高速冷冻离心机，日本日立公司；Organomation Associates 氮吹仪，Jnc 公司；MS1 旋涡合器，IKA 公司；PL−202L 电子天平，Mettler Toledo 公司。

1.1.2　液相色谱条件

色谱柱，Waters BEH C_{18}（50 mm×2.1 mm，1.7 μm）；流动相 A 为甲醇，B 为水；流速 0.4 mL/min；进样体积 10 μL，柱温 40 ℃。梯度洗脱程序见表 3-1-51。

表 3-1-51　梯度洗脱程序

时间/min	流动相 A/%	流动相 B/%	流速/($mL \cdot min^{-1}$)
0	5	95	0.4
3	80	20	0.4
3.1	5	95	0.4
5	5	95	0.4

1.1.3　质谱条件

电喷雾离子源（ESI^-），检测方式为负离子扫描；毛细管电压 1.0 kV；雾化气流速 800 L/hr；脱溶剂气温度 350 ℃；锥孔气流速 50 L/hr；源温 150 ℃。定性、定量离子对及对应的锥孔电压、碰撞能量见表 3-1-52。

表 3-1-52　氯霉素、氯霉素-D_5 定性、定量离子对及对应的锥孔电压、碰撞能量

药物	定性离子对/($m \cdot z^{-1}$)	定量离子对/($m \cdot z^{-1}$)	锥孔电压/V	碰撞能量/eV
氯霉素	320.6>152.2	320.6>152.2	28	18
	320.6>256.9			11
氯霉素-D_5	326.3>150.3	326.3>157.2	28	18

1.2　试剂和材料

氯霉素（Chloramphenicol，CAP）标准物质、氘代氯霉素（CAP-D_5）内标溶液（100 μg/mL，Dr.Ehrenstorfer GmbH 公司）；甲醇，色谱纯，Fisher 公司；乙腈，色谱纯，Fisher 公司；正已烷，分析纯。

1.3　样品前处理

取 5.00 g（精确至 0.01 g）均质好的样品置于 50 mL 离心管中，加氯霉素-D_5 标准工作液 100 μL，加乙腈 5 mL，4%氯化钠溶液 5 mL，涡旋振荡 2 min，8 000 r/min 离心 8 min，取上清液至另 1 个 50 mL 离心管中，加 5 mL 正已烷振荡混合 1 min，静置分层，弃去正已烷。再加正已烷 5 mL，取下层液备用。

HLB 固相萃取小柱先用 5 mL 甲醇，5 mL 水活化。取上述提取液过柱（流速<1 mL/min），用 5 mL 水洗柱，5 mL 乙酸乙酯洗脱（流速<1 mL/min），收集洗脱液，40 ℃氮气吹至干，用初始流动相定容至 1.0 mL，过 0.22 μm 滤膜，供 HPLC-MS/MS 分析。

2 结果与分析

2.1 标准曲线

用初始流动相制备氯霉素-D_5 质量浓度为 5.0 ng/mL，氯霉素质量浓度分别为 0.5 ng/mL、1.0 ng/mL、2.0 ng/mL、5.0 ng/mL、10.0 ng/mL 的系列标准工作溶液，按照优化后的条件和方法进行分析，以标准溶液中氯霉素和氘代氯霉素浓度的比值为横坐标 x，氯霉素峰面积和氘代氯霉素峰面积的比值为纵坐标 y 绘制标准工作曲线，回归方程和线性相关系数见 3-1-53。回归方程为 y=1.069 12x-0.034 773，R^2 为 0.999 8。结果表明，氯霉素在 0.5~10.0 ng/mL 范围，色谱峰面积和浓度线性关系良好，方法可靠。

2.2 准确度和精密度

本研究采用标准添加法，在空白鸡肉中添加 3 个不同浓度的氯霉素标准溶液进行回收率试验，各浓度进行 5 个样品平行试验，重复 3 次，计算平行回收率与相对标准偏差，结果见表 3-1-53。结果表明，氯霉素的平均回收率为 98.6%~114%，批间相对标准偏差<20%，方法能够满足残留检测的要求。

表 3-1-53 空白鸡肉中添加氯霉素准确度和精密度实验结果

化合物序号	药物名称	线性方程	相关系数 R^2	添加水平 */(μg·kg⁻¹)		
				0.2	0.3	1
1	氯霉素	y=1.069 12x-0.034 773	0.999 8	101±0.6	98.6±3.5	114±0.6

注：*标准偏差为批间检测的标准偏差，n=5。

3 小结

线性范围、回收率和精密度等参数均能满足兽药残留分析的要求，参数已通过宁夏技术监督部门的授权认可，可用于鸡肉中氯霉素的残留分析。

第 16 节　鸡肉中地克珠利残留检测方法的建立

地克珠利又叫氯嗪苯乙腈，属于三嗪苯乙腈化合物，是一种广谱抗球虫病药。该药物能够影响球虫核酸的合成，抑制球虫裂殖体和小配子体的形成，干扰球虫细胞核分裂从而起到杀灭球虫的作用。该药物药效期短，实际生产中需要长期用药才能达到防治目的，因此本药物容易在动物体内残留积累，经过食物链传递至消费者体内，影响消费者健康。研发团队利用高效液相色谱技术建立了鸡肉中地克珠利残留的测定方法，并在方法的线性范围、准确度和精密度方面进行方法学考察验证。

1　材料与方法

1.1　仪器和条件

1.1.1　仪器

Waters e2695 高效液相色谱仪，美国沃特世公司；CR22G 高速冷冻离心机，日本日立公司；MS3 旋涡混匀器，IKA 公司；AX-205 电子天平，梅特勒·托利多；PL202-L 电子天平，梅特勒·托利多；LR4000 旋转蒸发仪，德国 eppendorf；WSZ-100-A 振荡器，上海安亭。

1.1.2　色谱条件

色谱柱，C_{18} 柱，250 mm×4.6 mm，粒径 5.0 μm；柱温 30 ℃；进样量 20 μL；检测波长 278 nm；流动相 0.2%磷酸+乙腈为 43+57；流速 1 mL/min。

1.2　试剂和材料

以下所用试剂，除特别注明者外，均为分析纯试剂。地克珠利对照品由中国兽医药品监察所提供。磷酸、正己烷、N，N-二甲基甲酰胺、乙腈（色谱纯）、甲醇（色谱纯）、微孔滤膜（Waters）0.45 μm。

1.3　样品前处理

称取（2±0.02）g 试料，置于 50 mL 离心管中，加乙腈 10 mL，涡旋 1 min，振摇 15 min，6 000 r/min 离心 10 min，取上清液于另 1 个 50 mL 离心管中，残渣再重复提取 1 次。合并 2 次提取液，加入正己烷 5 mL，涡旋 1 min，振摇 15 min，

6 000 r/min 离心 10 min，弃正已烷层液，加正丙醇 5 mL，50 ℃水浴减压蒸干。用流动相 1.0 mL 溶解残余物，15 000 r/min 离心 10 min，经 0.45 μm 微孔滤膜过滤，供高效液相色谱检测。

2 结果与分析

2.1 标准曲线

准确量取适量地克珠利标准工作液，用流动相稀释，使其浓度分别为 0.2 μg/mL、0.5 μg/mL、1 μg/mL、2 μg/mL、5 μg/mL、10 μg/mL，以峰面积 y 对浓度 x（μg/mL）作标准曲线，回归方程和线性相关系数见表 3-1-54。得出的回归方程为 y=33 249x−936.36，R^2 为 1.000 0。结果表明，地克珠利在 0.2~10 μg/mL 范围，浓度和色谱峰面积线性关系良好，方法可靠。

2.2 准确度和精密度

空白样品按不同添加水平进行试验，每个水平 5 次重复，每个浓度做 3 批，计算批间相对标准偏差，同时进行空白试样测定，结果见表 3-1-54。结果显示，地克珠利的平均回收率为 89.2%~103%，批间相对标准偏差<10%，方法能够满足残留检测的要求。

表 3-1-54　空白鸡肉中添加地克珠利准确度和精密度实验结果

化合物序号	药物名称	线性方程	相关系数 R^2	添加水平 */(μg·kg⁻¹)		
				250	500	1 000
1	甲砜霉素	y=33 249x−936.36	1.000	103±8.2	92.1±4.9	89.2±4.8

注：* 标准偏差为批间检测的标准偏差，n=5。

3 小结

（1）线性范围、回收率和精密度等参数均能满足兽药残留分析的要求，该参数已通过宁夏技术监督部门的授权认可，方法可靠，可用于鸡肉中地克珠利的残留的检测。

（2）旋转蒸发浓缩时容易发生暴沸，导致样品损失，所以需要控制适当的真空度。

第 17 节　QuEChERS–超高效液相色谱–串联质谱法检测牛奶中 11 种激素类药物残留检测方法的建立

激素类药物对动物生理过程起着重要的调节作用，可用于治疗动物疾病，促进动物生长发育、提高产量、增加蛋白沉积等。奶牛在哺乳期会分泌一定量的激素，但养殖者为了加速奶牛发育和延长哺乳期，会人为地加入外源激素，并通过血液循环在牛乳中积累。牛乳中蓄积的激素药物会对人体健康造成较大危害，如增加生殖系统癌症风险、诱发免疫性疾病和影响儿童生长发育等。目前，国内外激素类药物的检测方法主要有高效液相色谱法、气相色谱–质谱联用法（GC–MS）、液相色谱–质联用法（HPLC–MS）等。QuEChERS 法是一种快速、简易、廉价、有效、稳定、安全的前处理方法，现已广泛应用于兽药残留检测领域。研发团队利用 QuEChERS 法，通过优化前处理方法，结合超高效液相色谱–串联质谱技术，建立了牛奶中 11中激素的残留测定方法，在方法线性范围、准确度和精密度方面进行方法学考察验证。

1　材料与方法

1.1　仪器和条件

1.1.1　仪器

Waters ACQUITY UPLC–Xevo TQ–s micro 超高效液相色谱–串联质谱联用仪，Waters 公司；AE–205 电子天平，Mettler Toledo 公司；CT15RT 高速冷冻离心机，日本日立公司；氮吹仪，Organomation Associates 公司；超纯水仪，Millipore；多管涡旋振荡器，安简（北京）科技有限公司。

1.1.2　色谱条件

色谱柱，Waters BEH C_{18}（50 mm×2.1 mm，1.7 μm）；流动相 A 为乙腈，B 为 0.1%甲酸水溶液，流动相梯度洗脱程序见表 3–1–55。流速为流速 0.3 mL/min，柱温为 40℃，进样量2 μL。

表 3-1-55　梯度洗脱程序

时间/min	流动相 A/%	流动相 B/%	流速/(mL·min^{-1})
0	30	70	0.3
5	95	5	0.3
5.1	30	70	0.3
7	30	70	0.3

1.1.3　质谱条件

采用 ESI 正离子多反应监测（MRM）模式；毛细管电压 1.0 kV；源温 150 ℃；脱溶剂气温度 500 ℃；雾化气流速 1 000 L/h；锥孔气流速 50 L/h。定性、定量离子对及对应的锥孔电压和碰撞能量见表 3-1-56。

表 3-1-56　11 种激素类药物定性、定量离子对及锥孔电压和碰撞能量

药物	定性离子对/(m·z^{-1})	定量离子对/(m·z^{-1})	锥孔电压/V	碰撞能量/eV
群勃龙	271.258>199.097	271.225 8>253.185	26	18
	271.225 8>253.185			16
诺龙	275.353>82.972	275.353>108.986	34	28
	275.353>108.986			22
勃地龙	287.353>121.025	287.353>121.025	22	18
	287.353>135.071			10
睾酮	289.369>97.025	289.369>108.993	38	18
	289.369>108.993			18
美雄酮	301.369>121.015	301.369>121.015	32	22
	301.369>149.103			10
甲基睾酮	303.448>97.02	303.448>97.02	36	20
	303.448>108.987			20
黄体酮	315.448>97.017	315.448>109.044	32	16
	315.448>109.044			20
司坦唑醇	329.411>81.025	329.411>81.025	32	44
	329.411>95.072			42
苯丙酸诺龙	407.41>91.04	407.41>105.02	30	20
	407.41>105.02			26

续表

<table>
<tr><th>药物</th><th>定性离子对/(m·z⁻¹)</th><th>定量离子对/(m·z⁻¹)</th><th>锥孔电压/V</th><th>碰撞能量/eV</th></tr>
<tr><td rowspan="2">丙酸睾酮</td><td>345.30>97.00</td><td rowspan="2">345.30>97.00</td><td rowspan="2">48</td><td>50</td></tr>
<tr><td>345.30>109.00</td><td>26</td></tr>
<tr><td rowspan="2">丙酸诺龙</td><td>331.30>57.00</td><td rowspan="2">331.30>57.00</td><td rowspan="2">38</td><td>25</td></tr>
<tr><td>331.30>257.20</td><td>12</td></tr>
</table>

1.2　试剂和材料

标准对照品：群勃龙对照品，纯度≥95%；诺龙对照品，纯度≥95%；甲基睾酮对照品，纯度≥95%；睾酮对照品，纯度≥95%；黄体酮对照品，纯度≥95%；丙酸诺龙对照品，纯度≥95%；苯丙酸诺龙对照品，纯度≥95%；勃地龙对照品，纯度≥95%；司坦唑醇对照品，纯度≥95%；美雄酮对照品，纯度≥95%；丙酸睾酮对照品，纯度≥95%（所有对照品均为 Dr.Ehrenstorfer GmbH 公司）；Cleaner MAS-Q 净化管（天津博纳艾杰尔有限公司）；乙腈（色谱纯，Fisher 公司）；乙酸乙酯（色谱纯，Fisher 公司）；实验用水为去离子水。

1.3　样品前处理

提取：准确称取混匀后的牛奶样品（2+0.05）g，置于 50 mL 离心管内，加入乙酸乙酯 10 mL，旋涡提取 5 min，10 000 r/min 离心 5 min，取上清液置于 15 mL 具塞玻璃试管中，45 ℃氮气吹至近干。残留物用 2 mL 50%乙腈水溶液（含 0.1%甲酸）溶解。

净化：取上清液 1.5 mL 置于 Cleanert MAS-Q 净化管中，涡旋振荡 1 min，10 000 r/min 离心 5 min，取上清液过微孔滤膜后，供液相色谱-串联质谱仪测定。

2　结果与分析

2.1　标准曲线

分别准确量取适量激素类标准工作液，用提取好的空白基质溶液配制成浓度范围为 0.5~100 ng/mL 标准系列溶液，以峰面积 y 对浓度 x（ng/mL）作标准曲线，线性回归方程及相关系数结果见表 3-1-57。11 种激素类药物得出的回归方程：群勃龙 y=1 211.58x+141.22，R^2 为 0.999 1；诺龙 y=2 997.16x+644.249，R^2 为 0.998 4；

勃地龙 y=8 728.02x+1 570.85，R^2 为 0.998 7；睾酮 y=5 456.79x+785.12，R^2 为 0.999 1；美雄酮 y=10 397.4x+2 426.12，R^2 为 0.997 9；甲基睾酮 y=2 151.24x+346.715，R^2 为 0.999 4；黄体酮 y=2 151.24x+346.715，R^2 为 0.998 6；司坦唑醇 y=2 836.97x+217.995，R^2 为 0.999 7；苯丙酸诺龙 y=5 176.2x+413.124，R^2 为 0.999 6；丙酸睾酮 y=4 293.91x+211.894，R^2 为 0.999 7；丙酸诺龙 y=6 338.19x−56.930 4，R^2 为 0.999 7。结果表明，各药物在 0.5~100 ng/mL 浓度范围，峰面积和浓度呈现良好的线性关系，方法可靠。

2.2 准确度和精密度

试验在空白牛奶中分别添加适量标准溶液，制成 1 μg/kg、2 μg/kg、10 μg/kg 3 个不同浓度的试样，每批次内同 1 个浓度做 5 次平行试验，重复 3 次，进行回收率试验。空白牛奶中添加 11 种激素类药物的回收率和精密度实验结果见表 3−1−57。结果表明，11 种药物的回收率在 62.2%~117%，批间相对标准偏差<20%，能够满足该类药物残留检测的需求。

表 3−1−57 空白牛奶中添加 11 种激素类药物准确度和精密度实验结果

化合物序号	药物名称	线性方程	相关系数 R^2	添加水平 */(μg·kg⁻¹)		
				1	2	10
1	群勃龙	y=1 211.58x+141.22	0.999 1	114±5.5	105±6.9	111±0.7
2	诺龙	y=2 997.16x+644.249	0.998 4	116±5.6	116±5.7	116±5.8
3	勃地龙	y=8 728.02x+1570.85	0.998 7	114±3.4	110±0.9	117±0.2
4	睾酮	y=5 456.79x+785.12	0.999 1	110±5.7	108±2.7	115±0.7
5	美雄酮	y=10 397.4x+2426.12	0.997 9	113±1.8	107±2.2	114±1.1
6	甲基睾酮	y=2 151.24x+346.715	0.999 4	114±2.9	112±0.9	117±0.5
7	黄体酮	y=2 151.24x+346.715	0.998 6	102±12.1	110±2.8	114±0.8
8	司坦唑醇	y=2 836.97x+217.995	0.999 7	85.3±11.6	91.4±5.5	102±1.1
9	苯丙酸诺龙	y=5 176.2x+413.124	0.999 6	65.2±5.4	63.8±4.3	62.2±2.3
10	丙酸睾酮	y=4 293.91x+211.894	0.999 7	67.7±6.7	76.7±1.7	76.0±3.9
11	丙酸诺龙	y=6 338.19x−56.930 4	0.999 7	76.4±6.1	88.0±6.5	78.1±3.4

注：*标准偏差为批间检测的标准偏差，n=5。

3　小结

（1）线性范围、准确度和精密度均能满足残留分析的要求，所有参数均通过宁夏技术监督部门授权认可，方法可靠，可用于牛奶中激素类药物的残留检测。

（2）经过验证，采用乙酸乙酯作为提取溶剂，回收率在 83%~96%，能够满足残留检测的要求。

（3）经过验证，Cleaner MAS-Q 净化管净化效果好、操作简便、不影响回收率，能够满足残留检测的要求。

第 18 节　牛奶中 7 种 β-内酰胺类抗生素残留检测方法的建立

β-内酰胺类抗生素（Beta-lactam antibiotic）是一种广谱抗生素，具有杀菌活性强、毒性低、适应证广及临床疗效好的优点，因此广泛用于奶牛乳房炎，动物尿道、胃肠道和呼吸道感染的治疗。使用不当或不遵守休药期规定等原因，会造成在畜产品中残留，给人类健康带来严重危害，如产生过敏反应，破坏胃肠道菌群平衡和增强细菌耐药性等。其中青霉素在食品中残留会对青霉素过敏的人产生健康危害，更为重要的是，健康人过量食入抗生素，会破坏健康人的正常菌群环境，导致人体免疫力降低。目前，牛奶 β-内酰胺类抗生素残留主要有微生物法、液相色谱法、理化检测法、酶联免疫法、胶体金免疫层析法和 LC-MS/MS 法。研发团队利用超高效液相色谱-串联质谱技术建立了牛奶中 β-内酰胺类抗生素残留的测定方法，并在方法线性范围、准确度和精密度方面进行方法学考察验证。

1　材料与方法

1.1　仪器和条件

1.1.1　仪器

ACQUITY UPLC-Xevo TQ 超高效液相色谱-串联质谱联用仪，Waters 公司；AE-205 电子天平，Mettler Toledo 公司；CT15RT 高速冷冻离心机，日立公司；Organomation Associates 氮吹仪，Jnc 公司；MS1 旋涡合器，IKA 公司；PL-202L 电子天平，Mettler Toledo 公司。

1.1.2 色谱条件

色谱柱为 Waters BEH C_{18}（50 mm×2.1 mm，1.7 μm）；流动相 A 为乙腈，B 为 0.1% 甲酸水，流速 0.4 mL/min，柱温为 40 ℃，进样量 10 μL。梯度洗脱程序见表 3-1-58。

表 3-1-58 梯度洗脱程序

时间/min	流动相 A/%	流动相 B/%	流速/($mL \cdot min^{-1}$)
0	5	95	0.4
3	95	5	0.4
4	95	5	0.4
4.1	5	95	0.4
6	5	95	0.4

1.1.3 质谱条件

电喷雾离子源（ESI^+）；毛细管电压 0.5 kV；源温 150 ℃；脱溶剂气温 400 ℃；雾化气 1 000 L/h；锥孔气流速 50 L/h。多反应监测各离子对及对应人锥孔电压、碰撞能量见表 3-1-59。

表 3-1-59 7种药物的定性、定量离子对、锥孔电压和碰撞能量

药物	定性离子对/($m \cdot z^{-1}$)	定量离子对/($m \cdot z^{-1}$)	锥孔电压/V	碰撞能量/eV
头孢喹肟	529.3>134.2	529.3>134.2	18	20
	529.3>396.2			20
头孢氨苄	348.2>158.1	348.2>158.1	16	8
青霉素 G	335.2>160.2	335.2>160.2	18	20
	335.2>176.2			20
青霉素 V	351.2>114.1	351.2>160.2	14	34
	351.2>160.2			18
萘夫西林	415.3>171.1	415.3>199.2	22	60
	415.3>199.2			18
氯唑西林	436.2>160.1	436.2>160.1	24	32
	436.2>277.2			16
苯唑西林	402.2>160.1	402.2>160.1	22	22
	402.2>243.1			22

1.2　试剂和材料

对照品：青霉素 G、青霉素 V、苯唑西林、氯唑西林、萘夫西林、头孢喹肟、头孢氨苄，纯度>90%，Dr.Ehrenstorfer GmbH 公司；甲醇，色谱纯，Fisher 公司；乙腈，色谱纯，Fisher 公司；正己烷，分析纯；C_{18} 固相萃取柱（600 mg/5 mL），安捷伦公司。

1.3　样品前处理

称取（2±0.05）g 试料，置于 50 mL 离心管中，加入乙腈 8 mL，旋涡混匀后中速振荡 5 min，10 000 r/min 离心 10 min，取上清液于另 1 个 50 mL 离心管中，加正已烷 5 mL，涡旋混合后中速振荡 5 min，8 000 r/min 离心 5 min，弃上层溶液，下层溶液作为备用液。

净化：C_{18} 小柱依次用乙腈 5 mL，水 5 mL 活化，取全部备用液过柱，同时收集于 15 mL 玻璃试管中，挤干。40 ℃氮气吹至体积<1 mL，加水定容至 1 mL，充分涡旋混匀，转移至 1.5 mL 塑料离心管内，4 ℃ 12 000 r/min 离心 10 min，取上清液过滤膜后，供超高效液相色谱–串联质谱仪测定。

2　结果与分析

2.1　标准曲线

准确吸取适量混合标准工作液，用空白样品提取液配成系列浓度的基质混合标准工作溶液，制成浓度为 5 μg/L、10 μg/L、50 μg/L、100 μg/L、200 μg/L、500 μg/L 的系列的基质混合标准工作溶液，以特征离子质量色谱峰面积为纵坐标 y，标准溶液浓度为横坐标 x，绘制标准曲线，回归方程及相关系数见表 3–1–60。得出的回归方程：青霉素 G y=291.645x−65.714，R^2 为 0.992 0；头孢喹肟 y=29.985 5x−94.853 4，R^2 为 0.996 7；头孢氨苄 y=0.949 828x+0.159 96，R^2 为 0.993 145；苯唑西林 y=1.018 21x−0.027 938 6，R^2 为 0.992 9；氯唑西林 y=236.609x−203.844，R^2 为 0.997 4；青霉素 V y=415.697x+60.512 3，R^2 为 0.997 0；萘夫西林 y=1 035.68x−257.579，R^2 为 0.999 0。结果表明，7 种药物在 5~500 μg/L 系列浓度范围内呈良好的线性关系，方法可靠。

2.2 准确度和精密度

在空白牛奶中添加 2 μg/kg、5 μg/kg 的 7 种 β–内酰胺类药物 2 个不同浓度进行回收率试验，每批次同 1 个浓度做 5 次平行试验，重复 3 次，进行回收率试验。结果汇总见表 3–1–60。结果表明，青霉素 G 平均回收率为 74.3%~89.1%，批间相对标准偏差均<20%；头孢喹肟平均回收率为 82.5%~94.2%，批间相对标准偏差均<20%；头孢氨苄平均回收率为 68.3%~68.8%，批间相对标准偏差均<20%；苯唑西林平均回收率为 89.2%~98.4%，批间相对标准偏差均<20%；氯唑西林平均回收率为 103%~107%，批间相对标准偏差均<20%；青霉素 V 平均回收率为 67.4%~79.3%，批间相对标准偏差均<20%；萘夫西林平均回收率为 90.0%~90.1%，批间相对标准偏差均<20%，方法能够满足残留检测的要求。

表 3–1–60 空白牛奶中添加 7 种药物的回收率和精密度实验结果

化合物序号	药物名称	线性方程	相关系数 R^2	添加水平 *∕(μg·kg⁻¹)	
				2	5
1	青霉素 G	y=y=291.645x−65.714	0.992 0	74.3±8.8	89.1±12.8
2	头孢喹肟	y=29.985 5x−94.853 4	0.996 7	82.5±6.6	94.2±16.6
3	头孢氨苄	y=0.949 828x+0.159 96	0.993 1	68.8±7.3	68.3±7.0
4	苯唑西林	y=1.018 21x−0.027 938 6	0.992 7	98.1±13.2	89.2±6.8
5	氯唑西林	y=236.609x−203.844	0.997 4	107±2.4	103±8.4
6	青霉素 V	y=415.697x+60.512 3	0.997 0	67.4±8.0	79.3±4.6
7	萘夫西林	y=1 035.68x−257.579	0.999 0	90.1±14.8	90.0±13.6

注：* 标准偏差为批间检测的标准偏差，n=3。

3 小结

线性范围、准确度和精密度均能满足残留分析的要求，所有参数均通过宁夏技术监督部门授权认可，可用于牛奶中 7 种 β–内酰胺类药物残留检测。

第 19 节 牛奶中甲砜霉素残留检测方法的建立

甲砜霉素属于氯霉素类抗生素，因对革兰氏阴性菌和革兰氏阳性菌具有很强的活性，而表现出广谱抗菌能力，在畜牧业中用于预防和治疗家禽呼吸道及肠道疾病。但具有严重的毒副作用，会引起再生障碍性贫血和灰婴综合征等，因此许多国家和地区禁止此类药物用于食品和饲料。现有的甲砜霉素药物检测方法有酶联免疫法、气相色谱串联质谱法、高效液相色谱法和液相色谱串联质谱法等。研发团队利用高效液相色谱技术建立了牛奶中甲砜霉素残留量的测定方法，并在线性范围、准确度和精密度方面进行方法学考察验证。

1　材料与方法

1.1　仪器和条件

1.1.1　仪器

以下所用试剂，除特别注明者外，均为分析纯试剂。甲砜霉素对照品购自中国兽医药品监察所。乙酸乙酯、正己烷、乙腈（色谱纯）、C_{18} 固相萃取柱（200 mg/3 mL）、微孔滤膜（Waters）0.45 μm。

1.1.2　色谱条件

色谱柱 C_{18} 柱，250 mm×4.6 mm，粒径 5.0 μm；柱温 30 ℃；进样量 20 μL；检测波长 225 nm；流动相水+乙腈为 80+20；流速 1 mL/min。

1.2　试剂和材料

以下所用试剂，除特别注明者外，均为分析纯试剂。甲砜霉素对照品购自中国兽医药品监察所。乙酸乙酯、正己烷、乙腈（色谱纯）、C_{18} 固相萃取柱（200 mg/3 mL）、微孔滤膜（Waters）0.45 μm。

1.3　样品前处理

称取（5±0.05）g 试料，置于 50 mL 离心管中，加乙酸乙酯 20 mL，涡旋混匀，中速振荡 10 min，4 000 r/min 离心 5 min。收集上清液置于鸡心瓶中。残渣再加乙酸乙酯 20 mL，重复提取 1 次。合并 2 次上清液，45 ℃旋转蒸发至近干，加水 5 mL 于鸡心瓶中，超声 5 min 使充分溶解，转至 50 mL 离心管。再加水 5 mL 于鸡心瓶中，重复溶解后转至同 1 个离心管中。加 20 mL 正己烷，振荡 5 min，4 000 r/min 离心 2 min，取下层液备用。

净化：依次用乙腈 5 mL、水 5 mL，活化 C_{18} 固相萃取柱。将备用液过柱，流速控制在 1 mL/min，抽干。用乙腈 5 mL 洗脱。收集洗脱液于 10 mL 试管中，45 ℃水浴氮气吹干。用流动相 1.0 mL 溶解残余物，经 0.45 μm 微孔滤膜过滤，供高效液相色谱检测。

2 结果与讨论

2.1 标准曲线

准确量取适量甲砜霉素标准工作液，用流动相稀释，使其浓度分别为 20 μg/L、50 μg/L、125 μg/L、250 μg/L、500 μg/L，将系列标准溶液，供高效液相色谱测定，从低浓度到高浓度测定，每 1 个浓度进 2 针。以峰面积 y 对浓度 x（μg/L）作标准曲线，回归方程和相关系数见表 3-1-61。得出的回归方程为 y=45.588x−4.606 4，R^2 为 0.999 8。结果表明甲砜霉素在 20~500 μg/L 范围，浓度和定量离子峰面积线性关系均良好，满足残留检测要求，方法可靠。

2.2 准确度和精密度

空白样品按不同添加水平进行试验，每个水平 5 次重复，每个浓度做 3 批，计算批间相对标准偏差，同时进行空白试样测定，实验结果见表 3-1-61。实验结果表明，牛奶中的甲砜霉素 10~100 μg/kg 添加浓度范围，平均回收率在 81.8.5%~85.8%，批间相对标准偏<10%，各项技术指标均能满足残留检测的要求。

表 3-1-61 空白牛奶中添加甲砜霉素的准确度和精密度实验结果

药物名称	线性方程	相关系数 R^2	添加水平 */(μg·kg⁻¹)		
			10	50	100
甲砜霉素	y=45.588x−4.606 4	0.999 8	83.8±6.8	81.8±8.9	85.8±4.7

注：*标准偏差为批间检测的标准偏差，n=5。

3 小结

线性范围、准确度和精密度均能满足残留分析的要求，所有参数通过宁夏技术监督部门授权认可，方法准确可靠，可用于牛奶中甲砜霉素的残留检测。

第 20 节　牛肉中 12 类 80 种兽药及其代谢物高通量检测方法的建立

兽药残留检测分析是目前保障畜产品安全的有效手段，受兽药种类、前处理方法、畜产品本身基质等因素影响，我国兽药残留检测仍面临前处理方法复杂耗时、检测效率低、多种类药物残留联检技术缺乏等技术瓶颈，兽药残留检测工作仍难以实现对畜产品兽药残留质量安全风险的全面分析与评价。因此，在兽药残留检测中，开发快速、简便的前处理技术以及具有高灵敏度、高选择性和良好重现性的检测技术已成为未来兽药残留检测的趋势。研发团队利用超高效液相色谱−串联质谱多反应监测技术与 Oasis PRiME HLB 固相萃取快速净化前处理技术建立畜产品中多组分兽药残留联检应用技术，开发一次进样可同时识别并分析 12 类 80 种兽药及其代谢物的高通量检测方法，并在线性范围、准确度和精密度方面进行了方法学考察验证。

1　材料与方法

1.1　仪器和条件

1.1.1　仪器

ACQUITY UPLC−Xevo TQ−S micro 型超高效液相色谱−串联质谱联用仪，美国 Waters 公司；AE−205 型电子天平，瑞士 Mettler Toledo 公司；CT15RT 型高速冷冻离心机，日本 HITACHI 公司；氮吹仪，美国 Organomation Associates 公司。

1.1.2　液相色谱条件

色谱柱，Waters HSS T3 色谱柱（2.1 mm×100 mm×1.8 μm）；流动相 A 为（甲酸）0.1%的水溶液，B 为（甲酸）0.1%的甲醇溶液；柱温 45 ℃；进样量 2 μL，流动相流速 0.45 mL/min。梯度洗脱程序见表 3−1−62。

1.1.3　质谱条件

电喷雾正离子源（ESI+）；多反应监测（MRM）采集模式；毛细管电压 3.5 kV；离子源温度 150 ℃；脱溶剂气温度 600 ℃；脱溶剂气流速度 1 000 L/h；锥孔气 150 L/h；碰撞气流速0.15 mL/min。80 种兽药及其代谢物的质谱监测参数见表 3−1−63。

表 3-1-62　梯度洗脱程序

时间/min	流动相 A/%	流动相 B/%	流速/(mL·min^{-1})
0	98	2	0.45
0.25	98	2	0.45
12	2	98	0.45
13	2	98	0.45
13.01	98	2	0.45

表 3-1-63　80 种兽药及其代谢物定性、定量离子对、锥孔电压及碰撞能量

化合物序号	药物名称	定性离子对/(m·z^{-1})	定量离子对/(m·z^{-1})	锥孔电压/V	碰撞能量/eV
1	二甲硝咪唑	142，81	142，96	33	22，15
2	金刚烷胺	152，92	152，135	30	26，16
3	羟苯乙醇胺	154，91	154，118	66	28，14
4	羟甲基甲硝咪唑	158，55	158，140	30	15，12
5	甲硝唑	172，82	172，128	30	21，15
6	金刚乙胺	180，80	180，163	30	22，17
7	盐酸美金刚	180，107	180，163	30	23，17
8	羟基甲硝唑	188，123	188，126	30	15，15
9	噻苯达唑	202，174	202，130	45	30，25
10	氯丙那林	214，153	214，196	20	18，12
11	磺胺醋酰	215，108	215，156	25	18，12
12	西马特罗	220，143	220，160	30	24，15
13	特布他林	226，125	226，107	30	26，26
14	妥布特罗	228，172	228，154	30	15，12
15	萘啶酸	233，187	233，215	30	25，15
16	西布特罗	234，143	234，160	22	26，14
17	阿苯达唑-2-氨基砜	240，198	240，133	33	35，20
18	沙丁胺醇	240，121	240，148	30	30，20
19	磺胺吡啶	250，96	250，156	35	25，15
20	磺胺嘧啶	251，92	251，156	30	27，15

续表

化合物序号	药物名称	定性离子对/(m·z⁻¹)	定量离子对/(m·z⁻¹)	锥孔电压/V	碰撞能量/eV
21	磺胺甲噁唑	251，92	254，156	30	25，15
22	磺胺噻唑	256，92	256，154	31	25，15
23	2-氨基氟苯咪唑	256，95	256，123	40	34，26
24	恶喹酸	262，216	262，244	35	16，16
25	氟甲喹	262，202	262，244	35	35，15
26	齐帕特罗	262，202	262，185	25	22，18
27	克伦丙罗	263，132	263，245	30	27，10
28	磺胺甲基嘧啶	265，92	265，156	35	25，15
29	阿苯达唑	266，191	266，234	36	32，20
30	磺胺甲噻二唑	271，92	271，156	30	25，15
31	磺胺二甲异噁唑	268，92	268，156	30	28，13
32	磺胺苯酰	277，92	277，156	30	25，15
33	克伦特罗	277，168	277，203	30	25，15
34	磺胺二甲异嘧啶	279，186	279，124	30	25，18
35	磺胺二甲基嘧啶	279，124	279，186	40	25，15
36	磺胺甲氧哒嗪	281，156	281，92	35	25，15
37	磺胺对甲氧嘧啶	281，92	281，125	35	25，15
38	磺胺间甲氧嘧啶	281，154	281，120	35	35，22
39	阿苯达唑亚砜	282，208	282，240	10	22，12
40	磺胺氯吡嗪	285，108	285，91	30	30，19
41	磺胺氯哒嗪	285，92	285，156	32	28，15
42	异丙嗪	285，86	285，71	12	48，16
43	利托君	288，270	288，121	40	22，10
44	甲氧苄啶	291，230	291，123	40	30，30
45	喷布特罗	292，201	292，236	30	23，28
46	阿苯达唑砜	298，266	298，159	36	36，18
47	磺胺喹噁啉	301，92	301，156	32	30，16
48	盐酸苯氧丙酚胺	302，284	302，107	8	32，12

续表

化合物序号	药物名称	定性离子对/($m \cdot z^{-1}$)	定量离子对/($m \cdot z^{-1}$)	锥孔电压/V	碰撞能量/eV
49	磺胺间二甲氧嘧啶	311，92	311，156	40	25，15
50	磺胺多辛	311，88	311，156	35	32，15
51	磺胺地索辛	311，92	311，154	36	32，20
52	马布特罗	311，236	311，217	28	28，18
53	奥芬达唑	316，191	316，159	30	32，20
54	氯丙嗪	319，57	319，85	40	22，20
55	克伦塞罗	319，301	319，203	2	18，10
56	诺氟沙星	320，203	320，301	40	25，20
57	马喷特罗盐酸盐	325，71	325，237	12	24，16
58	乙酰丙嗪	327，57	327，85	30	25，22
59	拉贝洛尔	329，91	329，311	12	32，12
60	环丙沙星	332，288	332，314	35	18，22
61	培氟沙星	334，290	334，316	42	19，19
62	福莫特洛	345，327	345，149	12	18，12
63	头孢氨苄	348，174	348，158	20	9，15
64	氨苄西林	351，106	351，160	30	18，12
65	洛美沙星	352，308	352，265	40	22，16
66	恩诺沙星	361，316	361，343	45	20，20
67	泼尼松	361，216	361，343	25	10，10
68	氧氟沙星	362，261	362，318	25	30，20
69	麻保沙星	363，320	363，72	35	20，15
70	氢化可的松	363，327	363，121	35	25，15
71	溴布特罗	367，349	367，293	34	20，13
72	班布特罗	368，312	368，71	40	38，14
73	氟罗沙星	370，326	370，269	42	25，19
74	沙拉沙星	386，299	386，342	45	27，18
75	司帕沙星	393，292	393，349	30	25，20
76	奥比沙星	396，352	396，295	40	22，15

续表

化合物序号	药物名称	定性离子对/ (m·z⁻¹)	定量离子对/ (m·z⁻¹)	锥孔电压/V	碰撞能量/eV
77	双氟沙星	400，356	400，382	50	12，15
78	沙美特罗	416，398	416，91	54	38，12
79	土霉素	461，443	461，426	30	18，12
80	泰妙菌素	494，192	494，118	6	42，22

1.2　试剂和材料

Oasis PRiME HLB 固相萃取柱（200 mg/6 mL），美国 Waters 公司；0.22 m 微孔亲水性聚丙烯滤膜，美国 Waters 公司；甲酸、乙腈、甲醇均为色谱纯，美国 Fisher 公司；所用水均为超纯水。标准品分别购于德国 DrEhrenstorfer GmbH 公司、德国 WITEGA 公司及中国兽医药品监察所。

1.3　样品前处理

准确称取 2.50 g（精确至 0.01 g）均质好的牛肉样品，置于 50 mL 聚丙烯离心管中，加入 0.2%甲酸 80%乙腈的水溶液 10 mL，旋涡振荡，12 000 r/min 高速离心 5 min，取上清液待净化。取 Oasis PRiME HLB 固相萃取柱（200 mg，6 mL），不需要活化与平衡，直接取 3 mL 上清液过固相萃取柱，保持 1 s 1 滴的流速，收集全部流出液，然后再准确量取 2 mL 流出液，氮气吹干，1 mL 甲酸 0.1%甲醇 10%的水溶液溶解，过 0.22 m 微孔亲水性聚丙烯滤膜，用 HPLC-MS/MS 测定分析。

2　结果与分析

2.1　标准曲线

准确量取混合标准工作液适量，用 0.1%甲酸 10%甲醇的水溶液配制成浓度为 1.0 g/L、2.5 g/L、5.0 g/L、25.0 g/L、50.0 g/L 的系列混合标准工作液，取空白样品前处理氮吹后的残留物 5 份，依次加入上述配制好的系列混合标准工作液 1 mL，充分溶解后得空白基质匹配系列标准工作液，过滤后上机测定。每个浓度进 3 针，以特征离子质量色谱峰面积为纵坐标 y，基质匹配标准溶液浓度为横坐标 x，绘制标准曲线。回归方程和线性相关系数见表 3-1-64。结果表明，80 种药物及代谢物在

1.0~50.0 g/L 浓度范围呈现良好的线性关系，相关系数均>0.990，方法可靠。

2.2 准确度和精密度

将空白牛肉样品进行 2.0 g/kg、5.0 g/kg、50.0 g/kg、100.0 g/kg 浓度混合标准工作液加标后，按照上述前处理方法处理后上机，平行测试 5 份样品，重复 3 次考察回收率和相对标准偏差，结果见表 3-1-64。结果表明，牛肉中添加 80 种药物及代谢物的平均回收率在 60.0%~103.0%，批间相对标准偏差均<20%，方法能够满足残留检测的要求。

表 3-1-64 牛肉中 80 种兽药及其代谢物的加标回收率与精密度

化合物序号	药物名称	线性方程	R	添加水平 */(μg·kg⁻¹)			
				2.0	5.0	50.0	100.0
1	二甲硝咪唑	y=2 289.66x+203.248	0.999 5	66.6±2.89	72.2±7.16	67.2±1.70	65.2±7.58
2	金刚烷胺	y=7 020.19x+31.309 3	0.998 7	74.0±8.88	75.3±7.15	72.2±4.42	67.3±6.89
3	羟苯乙醇胺	y=1 398.94x+27.569 6	0.999 6	68.0±13.68	75.4±10.68	75.4±6.37	70.1±9.18
4	羟甲基甲硝咪唑	y=1 356.87x+52.383 7	0.999 2	84.4±17.69	83.9±7.23	73.6±7.45	68.6±5.46
5	甲硝唑	y=2 763.03x+524.139	0.999 4	70.6±13.48	83.6±7.33	80.2±0.36	72.0±0.43
6	金刚乙胺	y=6 880.86x−726.33	0.999 1	74.0±9.12	75.5±3.20	77.8±4.88	72.3±2.55
7	盐酸美金刚	y=6 725.31x+39.153 3	0.999 7	72.1±11.02	77.6±1.72	76.5±4.11	71.8±1.78
8	羟基甲硝唑	y=1 031.17x+33.766 8	0.999 4	79.4±7.23	84.4±4.37	80.5±4.15	75.7±2.73
9	噻苯达唑	y=1 658.57x−275.835	0.995 2	80.9±4.08	82.0±10.65	75.1±2.76	69.6±2.78
10	氯丙那林	y=4 111.59x−154.811	0.997 9	82.7±15.61	84.8±4.44	81.8±5.66	75.8±4.63
11	磺胺醋酰	y=440.997x−23.896 3	0.998 8	71.8±11.46	81.2±2.05	82.0±19.63	80.2±18.10
12	西马特罗	y=2 969.31x+362.336	0.999 8	73.6±9.60	83.5±1.95	83.4±3.00	78.1±1.58
13	特布他林	y=893.099x+4.851 2	0.999 3	71.1±14.79	80.3±4.76	78.7±8.84	73.7±6.89
14	妥布特罗	y=7 344.52x−249.938	0.998 9	80.1±8.31	82.1±2.55	78.0±5.13	73.5±5.69
15	萘啶酸	y=7 082.1x−220.213	0.999 8	80.3±3.52	84.7±1.78	81.1±5.78	75.7±3.02
16	西布特罗	y=5 757.04x+571.505	0.999 5	78.1±14.74	86.9±2.62	86.4±0.94	80.2±3.80
17	阿苯达唑−2−氨基砜	y=1 749.33x+451.18	0.998 7	85.5±8.83	84.0±6.29	83.0±2.51	78.7±7.54
18	沙丁胺醇	y=4 546.78x+619.926	0.999 8	72.6±9.03	86.2±2.12	82.6±1.85	76.6±2.03
19	磺胺吡啶	y=1 336.61x+13.729 1	0.999 3	74.0±11.42	81.9±5.52	74.3±6.25	68.4±3.52
20	磺胺嘧啶	y=894.807x+36.206 2	0.998 6	71.5±7.12	78.7±3.51	76.6±5.91	72.9±2.82

续表

化合物序号	药物名称	线性方程	R	添加水平*/(μg·kg⁻¹)			
				2.0	5.0	50.0	100.0
21	磺胺甲噁唑	y=867.464x−178.362	0.995 5	89.1±11.43	85.1±5.24	79.3±3.97	73.3±5.91
22	磺胺噻唑	y=1 057.79x+59.618 9	0.998 4	74.4±8.60	81.7±1.59	75.1±4.94	69.9±2.81
23	2−氨基氟苯哒唑	y=2 606.52x−125.142	0.999 3	72.8±13.01	76.8±3.91	77.0±3.49	72.8±1.73
24	噁喹酸	y=1 050.01x−316.879	0.994	66.0±11.00	86.2±13.41	79.8±6.48	74.0±3.28
25	氟甲喹	y=4 169.56x−119.02	0.999 4	82.9±5.52	84.7±2.95	78.9±4.24	72.4±1.34
26	齐帕特罗	y=755.918x+89.732 7	0.999 5	73.6±5.89	83.0±3.74	82.8±3.72	78.5±5.33
27	克伦丙罗	y=3 740.49x−129.791	0.998 6	81.1±12.36	87.4±2.69	81.4±2.72	76.8±4.72
28	磺胺甲基嘧啶	y=885.054x+106.087	0.998 6	69.8±4.20	78.5±4.45	73.3±4.81	67.6±3.95
29	阿苯达唑	y=5 257.35x−881.657	0.996 5	73.9±5.38	72.1±16.48	74.9±5.29	70.4±4.11
30	磺胺甲噻二唑	y=1 225.45x−176.337	0.995 5	74.0±2.66	75.8±2.75	76.8±3.40	72.2±2.46
31	磺胺二甲异噁唑	y=1 337.04x−300.102	0.994 4	89.2±18.73	78.2±14.81	77.7±1.38	72.7±6.30
32	磺胺苯酰	y=1 650.52x−721.172	0.997 2	74.4±15.64	86.9±6.68	72.3±3.79	67.1±2.98
33	克伦特罗	y=3 634.88x+221.043	0.998 4	83.2±13.82	89.5±5.67	79.8±1.65	75.6±1.34
34	磺胺二甲（基）异嘧啶	y=2 570.17x+478.7	0.999 4	62.7±11.35	79.4±2.73	77.1±1.39	70.5±0.88
35	磺胺二甲基嘧啶	y=1 223.57x+3 858.42	0.995 4	60.2±10.20	90.1±13.01	72.7±10.00	70.1±7.81
36	磺胺甲氧哒嗪	y=659.158x−40.489 1	0.998 9	73.3±6.28	77.0±4.17	81.2±6.10	74.3±4.78
37	磺胺对甲氧嘧啶	y=1 705.11x−200.179	0.997 7	71.0±16.62	78.9±9.70	80.3±4.27	72.9±6.44
38	磺胺间甲氧嘧啶	y=874.336x−170.576	0.997 3	66.0±12.21	80.7±6.34	75.4±2.30	69.9±2.35
39	阿苯达唑亚砜	y=2 254.16x+402.285	0.999 1	84.1±18.52	88.2±10.45	83.0±1.87	78.7±4.29
40	磺胺氯吡嗪	y=634.332x−264.896	0.990 7	87.9±16.34	79.2±5.73	77.2±3.78	73.7±2.03
41	磺胺氯哒嗪	y=1 016.54x−255.479	0.997 0	72.8±9.65	76.9±6.33	75.4±3.97	71.7±1.96
42	异丙嗪	y=8 985.27x−1 476.45	0.999 5	72.6±9.84	74.2±2.02	74.0±4.68	69.2±4.83
43	利托君	y=3 873.83x+2 091.37	0.998 9	66.4±11.68	85.9±3.91	79.9±7.99	72.4±8.11
44	甲氧苄氨嘧啶	y=711.174x−66.409 6	0.998 1	103.3±0.87	93.6±3.91	84.2±4.74	76.6±5.63
45	喷布特罗	y=5 672.17x−363.222	0.999 1	76.1±2.18	84.2±13.37	84.4±11.12	79.1±7.22
46	阿苯达唑砜	y=2 236.93x+628.436	0.999 2	91.0±13.30	89.9±7.23	86.0±5.46	81.3±5.06
47	磺胺喹噁啉	y=1 654.99x−569.539	0.996 3	89.1±9.98	79.4±0.31	69.6±3.64	65.0±2.30

续表

化合物序号	药物名称	线性方程	R	添加水平*/(μg·kg⁻¹)			
				2.0	5.0	50.0	100.0
48	盐酸苯氧丙酚胺	y=2 880.53x+544.904	0.999 5	73.2±11.82	86.4±3.40	83.6±1.92	76.7±2.05
49	磺胺间二甲氧嘧啶	y=2 418x+159.79	0.998 1	76.1±14.65	88.5±4.27	78.6±4.03	70.7±3.34
50	磺胺多辛	y=2 233.59x−206.981	0.996 6	70.4±11.73	84.5±6.60	76.6±5.85	70.4±2.76
51	磺胺地索辛	y=2 512.78x−136.553	0.998 8	76.7±1.66	81.1±3.96	74.3±2.32	68.9±2.35
52	马布特罗	y=4 617.25x−814.095	0.998 8	89.5±8.92	89.6±2.58	84.8±3.54	79.5±2.59
53	奥芬达唑	y=2 217.6x−113.331	0.999 2	91.6±8.54	90.0±5.25	83.8±2.31	79.0±3.06
54	氯丙嗪	y=3 957.23x−2 068.63	0.994 0	73.1±15.91	69.3±7.17	70.2±11.56	67.1±9.09
55	盐酸克伦塞罗	y=1 427.62x+856.752	0.997 0	76.2±12.58	91.2±7.82	91.1±6.76	82.1±9.56
56	诺氟沙星	y=288.48x+48.853 6	0.991 5	66.2±12.30	78.8±12.86	97.4±7.02	92.4±14.46
57	马喷特罗	y=6 994.14x−137.121	0.999 8	83.7±7.77	87.3±1.39	82.6±3.82	77.2±1.82
58	乙酰丙嗪	y=5 831.31x−520.859	0.999 8	78.4±1.89	77.8±3.76	76.0±7.31	69.9±5.12
59	拉贝洛尔	y=3 607.03x+150.453	0.999 7	80.5±8.51	87.5±2.00	85.8±2.65	79.8±1.93
60	环丙沙星	y=658.747x−90.365 4	0.991 8	99.1±5.72	87.4±16.16	87.8±4.15	83.4±6.78
61	培氟沙星	y=1 104.52x−520.81	0.997 5	70.0±5.20	99.6±3.54	93.1±6.53	85.3±6.85
62	福莫特洛	y=5 887.35x−26.229 2	0.999 7	87.6±11.06	89.4±4.68	85.5±3.77	79.7±0.72
63	头孢氨苄	y=1 163.9x−15.860 8	0.992 6	76.6±18.08	77.6±15.90	69.3±6.55	66.9±10.36
64	氨苄西林	y=2 194.14x−754.96	0.997 8	80.9±11.93	74.3±6.71	70.3±3.66	64.5±3.67
65	洛美沙星	y=1 277.74x−456.377	0.996 6	71.0±16.95	83.6±3.73	85.7±6.61	80.8±9.95
66	恩诺沙星	y=888.806x−431.142	0.995 1	97.3±11.47	96.6±17.06	94.9±6.39	86.6±9.89
67	泼尼松	y=669.979x−41.034 6	0.997 9	84.3±11.38	90.6±8.06	84.3±9.70	78.9±7.80
68	氧氟沙星	y=1 009.52x−123.414	0.995 4	79.4±0.35	82.9±4.67	91.7±8.48	85.1±13.03
69	麻保沙星	y=2 462.05x−452.946	0.998 1	84.3±5.12	88.2±8.71	90.6±4.36	86.7±1.57
70	氢化可的松	y=247.572x+1 771.97	0.992 8	96.6±12.75	89.2±9.06	99.8±12.31	82.0±7.95
71	溴布特罗	y=1 554.74x−353.347	0.994 9	92.7±2.67	84.9±12.12	83.8±5.45	79.2±3.24
72	班布特罗	y=7 770.72x−224.054	0.999 6	88.3±7.52	92.7±4.16	87.1±7.35	81.4±4.81
73	氟罗沙星	y=722.622x−262.631	0.995 6	62.0±2.60	89.8±8.82	97.3±12.44	88.8±13.21
74	沙拉沙星	y=479.509x−171.779	0.990 1	66.0±8.50	77.6±13.92	95.4±10.12	90.1±12.75

续表

化合物序号	药物名称	线性方程	R	添加水平*/(μg·kg⁻¹)			
				2.0	5.0	50.0	100.0
75	司帕沙星	y=796.944x−338.482	0.997 6	62.0±3.30	91.4±4.29	87.1±9.82	82.2±11.18
76	奥比沙星	y=1 250.0x−260.789	0.996 5	79.1±10.99	95.4±1.76	87.1±8.92	81.8±8.41
77	双氟沙星	y=1 317.82x−545.751	0.997 2	91.6±13.02	90.3±0.48	90.8±2.98	85.6±6.23
78	沙美特罗	y=2 434.04x−313.72	0.999 2	78.1±3.13	81.5±15.77	80.6±16.77	75.7±11.63
79	土霉素	y=987.627x+44.995 8	0.992 3	69.0±8.80	72.7±11.57	68.2±4.44	65.7±7.96
80	泰妙菌素	y=4 229.06x−355.602	0.999 5	85.3±15.34	85.8±4.53	80.9±1.75	76.4±2.42

注：*标准偏差为批间检测的标准偏差，n=5。

3　小结

（1）线性范围、准确度和精密度均能满足残留分析的要求，所有参数通过宁夏技术监督部门授权认可，可用于动物源性食品中兽药的残留分析。

（2）本研究选择甲酸乙腈水作为提取溶剂，利用通过式固相萃取净化技术，能够有效去除样品中的蛋白、磷脂等干扰杂质，实现快速、高效的样品前处理。

（3）本研究应用多组分联检技术，实现了畜产品中兽药残留的高通量检测，能够通过一次进样同时测定并分析 12 类 80 种药物及代谢物残留量。

第 2 章　畜产品质量安全风险评估与预警技术

风险分析现已成为世界各国建立食品安全控制体系、协调食品国际贸易、解决食品安全事件的基本模式。风险分析与预警体系建设是食品安全体系的重要组成部分，建立畜产品质量安全风险评估预警体系顺应了国际要求与发展趋势。目前，我国尚未出现成体系、广泛应用的食品安全体系，在动物食品方面，仅仅停留在动物疫病风险分析，而对动物产品产业发展的整个链条风险分析尚不全面。将畜产品质量安全风险分析体系扩展至动物产业的整个链条是畜产品质量安全发展的重要趋势，建立风险评估预警更是实现畜产品质量安全管理科学化的基础，能有效推进政府管理从感性决策到理性决策的转变，全面提升畜产品质量安全监管水平。

我国自建立兽药残留监测体系以来，一直采用合格率表征畜产品质量安全程度，一定程度上代表了当时的质量安全状况。但随着质量安全监测工作的进一步深入，仅用合格率表征已不能全面反映畜产品质量安全状况，需要一种更加全面的数据分析模型表征畜产品质量安全风险状况。研发团队针对合格率评价畜禽产品质量安全存在的难以全面反映多重用药、超剂量用药、不遵守休药期、违规使用禁用药等问题，首创了以兽药残留种类、数量、超标程度为指标的“三维一体”综合评价新理念，建立了兽药残留综合风险量化评估模型，构建了“五等级”评估体系，突破了仅以“合格率论安全”的传统评价方法的局限，为兽药残留风险综合量化评估与预警平台构建奠定基础，填补了空白。创新了畜产品质量安全评价模式，为生产环节有效防范风险、监管部门靶向监管提供重要的技术支撑。风险综合评价技术迈出了畜产品风险分析与预警体系建设的第一步，积极与国际畜产品质量安全保障工作接轨。后续经过生产环节的持续应用，还须进行不断的改进与优化，为建设更加完善的畜产品质量安全保障体系努力。

第 1 节　风险综合评价理念

畜产品质量安全水平多年来一直以兽药残留监测合格率为评判指标，但是从风险管理的角度看，合格率存在一定的数据分析局限。为全方位分析评估畜产品质量安全，研发团队联合中国兽医药品监察所专家团队，提出了以兽药残留种类、数量、超标程度为指标的“三维一体”综合评价新理念，从兽药残留种类、兽药残留个数、残留超标程度 3 个模块建立畜产品质量安全风险分析模型，多角度分析每份畜产品样品，设计风险赋分原则，赋予每份样品相应的风险值，并通过模型计算获得畜产品整体的风险指数，最终实现对畜产品质量安全风险的全方位分析评估。

1　畜产品检出残留的药物种类指标

残留的药物种类指标主要评估生产环节对兽药使用法律法规的遵守情况，评估畜产品生产单位在兽药使用环节对禁用、未批准、停用、限用药物的规范使用情况。此指标以生产环节对农业农村部 250 号公告中明确禁止使用药物的非法添加情况为重点进行分析，从兽药残留监测工作最宏观最直接的角度对检出不同种类药物的情况进行风险赋分。

2　畜产品检出残留的药物个数指标

传统的合格率表述无法考量同 1 批畜产品检出多个药物残留的复杂情况，而此指标的设计主要在分析生产环节兽医多重用药、复合用药造成畜产品多种药物残留情况，探查其潜在的风险隐患，根据检出药物个数情况进行风险赋分。

3　畜产品检出残留的超标程度指标

在生产环节，能够合法合规使用的药物包括允许使用但存在残留限量的药物、允许使用但不得检出及允许使用且不需要制定最大残留限量的药物，而存在最大残留限量的药物残留于动物食品对人体健康有危害，且不同残留量对人体健康的危害程度不同，传统的合格率表述无法反映不同残留量对人体健康危害的风险，而此模块设计，从微观角度分析畜产品中药物不同程度残留量所代表的不同风险，根据不同药物的 MRL（药物最大残留限量）进行风险赋分。

第 2 节　风险综合指数算法

在提出新的畜产品综合评价理念基础上，对畜产品监测数据进行 3 个指标的赋分分析，团队研创了不同风险模块的赋分原则，建立了风险指数分类、分级赋分算法，从 3 个维度实现风险综合的量化评估，建立了畜产品风险评估分析模型，每份畜产品经过三大模块指标风险赋分后，分值累加得到每份样品的风险指数，总分值为 100 分。

1　风险指数分类赋分原则

1.1　残留的药物种类

此模块根据检出残留的药物种类赋分，风险总分值为 30 分。根据检出药物种类给予相应的风险得分。为保障畜产品质量安全，国家对兽药在养殖环节的使用进行分类管理，包括禁用药物、未批准药物、停用药物、准用但不得检出药物残留、准用但不得超过规定残留限量药物、准用且无残留限量药物等类型。不同类型药物造成畜产品质量安全的风险程度不同，本研究根据不同药物种类对畜产品质量安全造成的风险程度进行相应的风险赋分。

按照药物种类划定风险值，未检出任何药物风险值为 0 分，且后续模块不再赋分；检出准用药物，此处风险得分为 0 分；准用但不得检出残留的药物风险得分为 20 分；停用药物、限用药物风险值为 30 分。此部分主要反映遵守法律法规的情况，当遇到多类别药物时，以风险最高药物进行赋分，其他情况在后续模块综合赋分，具体赋分情况见表 3-2-1。

未批准药物是目前在我国尚未经过安全评价试验，对动物、人体以及公共卫生安全的危害、风险尚不确定的药物。禁用药物主要是有明确或可能致癌、致畸作用且无安全限量的化合物；有剧毒或明显蓄积毒性且无安全限量的化合物；性激素或

表 3-2-1 检出残留的药物种类风险赋分表

检出药物种类状况	风险值	风险得分
未检出任何药物	30	0
准用药物	30	0
准用但不得检出残留的药物	30	20
停用药物	30	30
限用药物	30	30

有性激素样作用且无安全限量的化合物；非临床必须使用且无安全限量的精神类药物以及对人类极其重要、一旦使用可能严重威胁公共卫生安全的药物，所以这 2 类药物在动物食品中检出的风险和危害非常大。故本项目在此模块，从宏观角度对检出禁用药物、未批准药物的畜产品赋风险最高分 100 分，后面 2 个模块则不再具体评分，具体赋分情况见表 3-2-2。

表 3-2-2 检出高风险药物种类赋分表

检出药物种类	风险总值	风险得分
禁用药物	100	100
未批准药物	100	100
准用药物+禁用药物	100	100
准用药物+停用药物	100	100
准用药物+限用药物	100	100
准用药物+未批准药物	100	100

1.2 残留的药物个数

此模块根据检出残留的药物个数赋分，风险总分值为 40 分。主要分析畜产品中多种类药物残留情况，按照检出残留的药物数量越多、畜产品风险越高、危害范围越大原则进行赋分。因本模块反映生产环节不规范用药、多重复合用药的高风险行为，故在三大模块中分值占比较高。通过检出药物数量的分析，分析生产环节兽医多重用药、复合用药的风险行为，及时掌握养殖环节不规范用药行为，并且以数据分析助力监管部门及生产部门加强对畜产品养殖环节盲目过度用药风险的防范，具体赋分情况见表 3-2-3。

表 3-2-3　检出残留的药物个数风险赋分表

检出药物数量	风险值	风险得分
1 个	40	10
2~3 个	40	20
4~5 个	40	30
>5 个	40	40

根据检出药物数量越多风险越高原则，畜产品中检出 1 个药物残留赋风险 10 分；检出 2~3 个药物赋分 20 分；检出 4~5 个药物赋分 30 分；检出药物大于 5 个，则赋分风险最高分 40 分。

1.3　残留的药物超标程度

此模块根据检出残留药物超标程度赋分，风险总分 30 分。准用药物以药物 MRL 判定；停用药物，有执法判定标准的以执法判定标准，无执法判定标准的以其 ADI 判定；未批准药物按照 ADI 判定。按照超出国家限量程度越大风险值越高原则判定，主要评判畜产品中残留药物超标程度所带来的不同风险，以数据分析细化药物残留对畜产品质量安全带来的不同程度的风险，同时此模块数据能够反映养殖环节养殖户不规范用药、不遵守休药期的行为，帮助监管部门靶向执法，保障畜产品质量安全。具体赋分情况见表 3-2-4、表 3-2-5。

表 3-2-4　残留药物超标程度风险赋分表-MRL

检出 MRL 值	风险值	风险得分
<1 MRL	30	0
1~2 MRL	30	15
>2 MRL	30	30

根据检出药物超过最大残留限量的程度进行相应的风险赋分。检出药物残留量<1 MRL，赋风险分 0 分；检出药物残留量 1~2 MRL，赋风险分 15 分；检出药物残留量>2 MRL，赋风险分 30 分。

每一份样品经过以上三大指标模块的风险分析，将能够对其风险进行一个全面的分析与赋值，最终将三大模块赋值累加后即可得到每个样品的风险值，即：

表 3-2-5　残留药物超标程度风险赋分表-ADI

检出 ADI 值	风险值	风险得分
≤30%ADI	30	10
30%~80%ADI	30	20
>80%ADI	30	30

$P_{\text{样品风险值}}$=残留药物种类得分+残留药物个数得分+残留药物超标程度得分

2　综合风险指数算法

每份畜产品通过风险分级赋分后得到一个最终的风险值，而每份产品都来自随机抽样（抽样程序严格按照国家抽样规范执行）均具有整体代表性，故每份样品的风险值在整体综合风险评估中的占比是相同等级的，其权重一致。所以在风险指数的计算部分，我们通过计算每种类型产品的平均风险值得到其整体的风险指数。可以根据动物产品的种类、动物组织的种类、不同环节等情况分类计算每个整体的风险指数，最终反映出畜产品整体的质量安全风险。

2.1　不同种类动物产品风险指数

在畜产品质量安全风险的关注重点中，我们通常会把不同动物种类的产品独立分析，因此在算法设计中，我们将牛肉、羊肉、猪肉、鸡肉、鸡蛋、牛奶等种类产品进行独立运算，明确其综合风险指数。

$$P_{(\text{牛肉/羊肉/猪肉/鸡肉/鸡蛋/牛奶})}=\frac{\sum_{i=1}^{n}P_i}{n}$$

其中，P 代表样品的风险值；i 代表不同样品；$P_1 \cdots P_n$ 代表 1~n 个样品的得分；n 代表该种动物产品个数。

$P_{\text{综合指数}}$=［牛肉指数+羊肉指数+猪肉指数+鸡肉指数+鸡蛋指数+牛奶指数］/产品种类数

2.2　不同种类动物组织风险指数

按照中国人民的膳食习惯，动物产品不只是肌肉组织，还包括肝脏、肾脏、蛋品、奶制品等动物可食组织，因此在算法中设计了对不同组织综合风险指数的运算。

$$P_{(\text{肌肉/肝/肾/脂肪/蛋/奶})}=\frac{\sum_{i=1}^{n}P_i}{n}$$

其中，P 代表样品的风险值；i 代表不同样品；$P_1 \cdots P_n$ 代表 1~n 个样品的得分；n 代表该种动物组织的个数。

$P_{综合指数}$=［肌肉指数+肝脏指数+肾脏指数+脂肪指数+奶指数+蛋指数］/产品种类数

2.3 流通环节动物产品风险指数

对于动物产品的综合风险情况，在监管过程中通常需要考虑风险的来源渠道，因此有必要掌握不同流通环节，包括屠宰、超市、农贸市场等的畜产品风险情况，因此在算法中设计了对不同流通环节综合风险指数的运算。

$$P_{(屠宰/超市/农贸市场)} = \frac{\sum_{i=1}^{n} P_i}{n}$$

其中，P 代表样品的风险值；i 代表不同样品；$P_1 \cdots P_n$ 代表 1~n 个样品的得分；n 代表该环节动物产品的个数。

$P_{综合指数}$=［屠宰环节指数+超市环节指数+农贸市场指数］/环节个数

第3节　综合风险等级评定与预警

1 风险等级评定

对畜产品质量安全风险进行分级赋分与风险指数运算评估之后，我们可以得到畜产品的综合风险指数。根据综合指数，按照“分数越大，风险越高”原则，对畜产品质量安全风险进行等级划分，分为极低风险、低风险、中风险、高风险、极高风险 5 个级别。根据专家论证以及多年来国家对畜产品质量安全监测数据的验证考量，最终确定了畜产品综合风险指数所对应的风险级别，构建了“五等级”评估体系和“从宏观到微观”的三维风险评估技术体系，实现了畜产品质量安全风险的综合评估与等级评价，填补了畜产品兽药残留风险分析与预警领域的研究空白。等级评定原则见表3-2-6。

表 3-2-6　畜产品质量安全风险级别

风险级别	综合风险指数	标记颜色	防范措施
极低风险	0~1	绿色	畜产品质量安全状况良好，提醒养殖户继续严格按照兽药使用规范进行临床用药；提醒监管部门继续实施质量安全监管措施

续表

风险级别	综合风险指数	标记颜色	防范措施
低风险	1~2	浅绿色	在畜产品中出现小部分质量安全风险，提醒生产环节必须加强对风险因子有针对性的防范措施，监管部门需针对风险点有针对性地开展兽药安全使用监管工作
中风险	2~5	黄色	畜产品中出现一定程度威胁质量安全的风险，有必要开展专项“检打联动”工作，对出现的风险因子有针对性地开展抽查惩处，严格惩处养殖户违法违规用药行为
高风险	5~10	红色	畜产品中出现较高的风险隐患，监管部门必须加强重视，根据排查出的风险点，及时开展专项抽查、抽检及检打联动工作，有力打击养殖环节违法违规用药行为，夯实养殖户主体责任，避免风险的再次出现
极高风险	>10	紫色	出现威胁畜产品质量安全的极高风险隐患，监管部门需要及时召回市场上的在售风险畜产品，追根溯源，开展专项排查和惩处工作，及时消除风险，开展有针对性的专项抽检工作，加大对养殖环节违法违规行为的排查范围与力度

2　风险预警

风险量化分析模型与分级体系的建立，可以根据监测数据随时进行畜产品质量安全风险分析，可以对一类产品，如牛肉、鸡肉、鸡蛋等进行风险分析，也可对多种畜产品进行综合风险分析，并且根据风险分析结果在评级后按品种或整体综合风险等级向社会发布风险预警。风险预警可以任何时候发布，每月、每季度、每年都可以统计发布，只要有检测和监测数据、检查结果就可以发布。尤其在出现中、高风险以上级别时能够及时发布，提醒生产环节增强安全用药和防范意识，也能够向监管部门提供监督管理的方向，有效开展事前监管工作，防止食品安全事件的发生。

同时，风险预警体系将根据畜产品质量安全监测体系的监测数据对畜产品质量安全进行风险评估与风险评级，排查出的风险因子和畜产品整体风险等级及时向社会发布预警，并分析风险带来的危害、风险产生的原因以及在生产环节如何防范风险等，并通过模块分析风险产生的根源，有针对性地向监管部门提供监管建议，将畜产品质量安全监管工作由事后监管逐渐向事前监管推进。

第4节　应用与数据验证分析

为验证模型的适用性、合理性、科学性，本研究将2019年宁夏畜产品质量安全监测数据带入风险综合量化分析模型进行验证及应用分析。

1　传统合格率算法表征

2019年共监测畜产品1 090批，总体不合格率为2.2%，监测情况见表3-2-7。

表3-2-7　2019年畜产品合格率情况

品种	监测数量/批	检出数/批	检出率/%	不合格数/批	不合格率/%	合格率/%
牛肉	161	1	0.6	1	0.6	99.4
羊肉	158	0	0	0	0	100
猪肉	158	1	0.6	0	0	100
鸡肉	153	6	3.9	2	1.3	98.7
鸡蛋	414	17	4.1	17	4.1	95.9
猪肝	24	0	0	0	0	100
乌鸡	22	17	77.3	4	18.2	81.8
合计	1090	42	3.9	24	2.2	97.8

2　风险评估模型分析

应用风险分析模型对2019年1 090批畜产品进行风险评估，按照风险评估模型三大模块赋分原则对每批产品进行风险赋分，最终获得畜产品整体综合风险指数。不同种类动物产品质量安全风险指数见表3-2-8至表3-2-12。

表3-2-8　鸡蛋质量安全风险评估

序号	样品名称	模块一风险得分	模块二风险得分	模块三风险得分	样品风险值
1	鸡蛋	100	0	0	100
2	鸡蛋	100	0	0	100
3	鸡蛋	100	0	0	100
4	鸡蛋	100	0	0	100

续表

序号	样品名称	模块一风险得分	模块二风险得分	模块三风险得分	样品风险值
5	鸡蛋	100	0	0	100
6	鸡蛋	100	0	0	100
7	鸡蛋	100	0	0	100
8	鸡蛋	100	0	0	100
9	鸡蛋	100	0	0	100
10	鸡蛋	100	0	0	100
11	鸡蛋	100	0	0	100
12	鸡蛋	100	0	0	100
13	鸡蛋	100	0	0	100
14	鸡蛋	100	0	0	100
15	鸡蛋	100	0	0	100
16	鸡蛋	100	0	0	100
17	鸡蛋	100	0	0	100
18	合计	1 700	0	0	1 700
414 份鸡蛋综合风险指数 $P_{鸡蛋}=\frac{1\ 700}{414}=4.1$					

注：此处赋分情况只展示有药物残留检出的样品赋分结果。

表 3-2-9　鸡肉质量安全风险评估

序号	样品名称	模块一风险得分	模块二风险得分	模块三风险得分	样品风险值
1	鸡肉	30	10	0	40
2	鸡肉	30	10	0	40
3	鸡肉	100	0	0	100
4	鸡肉	30	10	0	40
5	鸡肉	30	10	0	40
6	鸡肉	100	0	0	100
7	合计	320	40	0	360
153 份鸡肉综合风险指数 $P_{鸡肉}=\frac{360}{153}=2.35$					

注：此处赋分情况只展示有药物残留检出的样品赋分结果。

表 3-2-10　牛肉质量安全风险评估

序号	样品名称	模块一风险得分	模块二风险得分	模块三风险得分	样品风险值
1	牛肉	30	10	15	55
161 份牛肉综合风险指数 $P_{牛肉}=\frac{55}{161}=0.341$					

注：此处赋分情况只展示有药物残留检出的样品赋分结果。

表 3-2-11　猪肉质量安全风险评估

序号	样品名称	模块一风险得分	模块二风险得分	模块三风险得分	样品风险值
1	猪肉	30	10	0	40
158 份猪肉综合风险指数 $P_{猪肉}=\frac{40}{158}=0.19$					

注：此处赋分情况只展示有药物残留检出的样品赋分结果。

表 3-2-12　乌鸡肉质量安全风险评估

序号	样品名称	模块一风险得分	模块二风险得分	模块三风险得分	样品风险值
1	乌鸡肉	100	0	0	100
2	乌鸡肉	30	10	0	40
3	乌鸡肉	30	10	0	40
4	乌鸡肉	30	10	0	40
5	乌鸡肉	30	10	0	40
6	乌鸡肉	30	10	0	40
7	乌鸡肉	30	10	0	40
8	乌鸡肉	30	10	0	40
9	乌鸡肉	30	10	0	40
10	乌鸡肉	30	10	0	40
11	乌鸡肉	30	10	0	40
12	乌鸡肉	30	10	0	40
13	乌鸡肉	30	10	0	40
14	乌鸡肉	30	10	0	40
15	乌鸡肉	100	0	0	100
16	乌鸡肉	30	10	15	55
17	乌鸡肉	30	10	15	55

续表

序号	样品名称	模块一风险得分	模块二风险得分	模块三风险得分	样品风险值
18	合计	650	150	30	830
22 份乌鸡肉综合风险指数 $P_{乌鸡肉}=\frac{830}{22}=37.7$					

注：此处赋分情况只展示有药物残留检出的样品赋分结果。

因 2019 年猪肝和羊肉产品中未检出任何药物残留，故羊肉和猪肉的风险指数均为 0，即 $P_{羊肉}=\frac{0}{100}=0$，$P_{猪肝}=\frac{0}{100}=0$。

计算获得不同种类产品风险指数后，可得到 2019 年畜产品质量安全综合风险指数。

$$\begin{aligned}P_{综合指数}&=(P_{鸡蛋}+P_{羊肉}+P_{猪肝}+P_{乌鸡肉}+P_{猪肉}+P_{鸡肉}+P_{牛肉})/7\\&=(4.1+0+0+37.7+0.19+2.35+0.34)/7\\&=6.39\end{aligned}$$

通过风险评估模型分析与评估，根据 2019 年宁夏畜产品兽药残留监测情况，获得宁夏地区畜产品质量安全风险指数，不同种类畜产品风险指数见图 3-2-1。

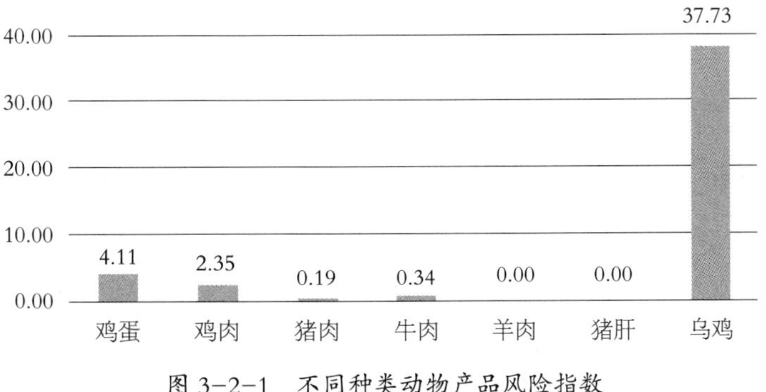

图 3-2-1　不同种类动物产品风险指数

3　风险评级预警

按照风险评级预警原则，对风险评估后的畜产品进行风险等级划分，结果见表 3-2-13。

通过风险评估模型分析及评级预警，可以直观反映 2019 年宁夏地区畜产品整体处于一个高风险级别。从不同种类动物产品来看，羊肉、猪肝、猪肉、牛肉产品处

表 3-2-13　不同动物产品质量安全风险评估结果与风险等级

动物产品	风险指数	风险等级
羊肉	0	极低风险
猪肝	0	极低风险
猪肉	0.19	极低风险
牛肉	0.34	极低风险
鸡肉	2.35	中风险
鸡蛋	4.1	中风险
乌鸡肉	37.7	极高风险
综合风险	6.39	高风险

于极低风险级别；鸡肉、鸡蛋产品处于中风险级别；乌鸡肉产品处于极高风险级别。

4　风险分析

根据风险评估与预警结果可以从以下 3 个方面展开风险分析。

（1）畜产品整体风险指数分析。通过不同种类动物产品风险占比情况分析，乌鸡肉、鸡肉、鸡蛋成为影响畜产整体质量安全风险的主要因素（图 3-2-2），通过风险分布明确主要风险产品，必须加强对乌鸡肉、鸡肉及鸡蛋产品生产环节安全用药的监管及惩处力度；通过风险模块赋值情况分析（图 3-2-3），整体风险 84%来自模块一禁限用药物的违法违规使用，7%来自模块二残留的药物检出数，2%来自模块三残留药物超过最大残留限量值。由此可见，威胁畜产品质量安全的风险因素主要为生产环节禁用药物、停用药物及限量药物等违规使用，为保障畜产品质量安全，

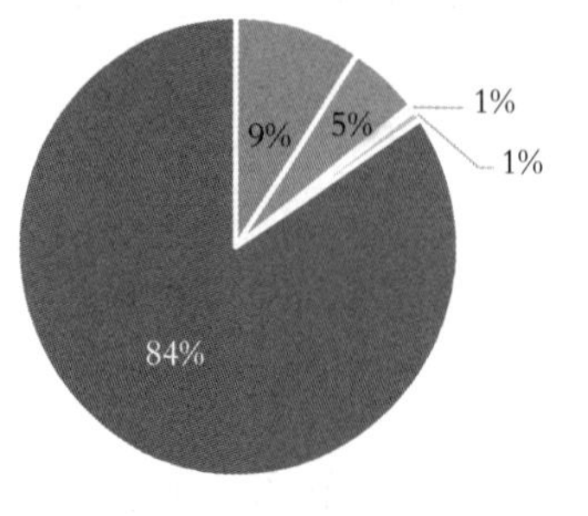

图 3-2-2　不同种类动物产品风险分布

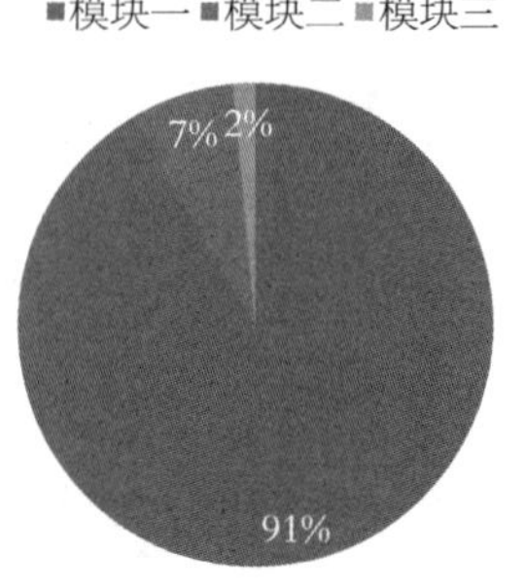

图 3-2-3　畜产品质量安全风险模块占比

必须加强对养殖环节兽药合法合规使用的监管。

（2）风险溯源分析。通过风险评估模型分析，乌鸡产品处于极高风险，通过模型对乌鸡风险隐患进行原因分析。通过风险来源分析，查看赋分数据，乌鸡产品风险 78%来自模块一禁限用药物违法违规使用，18%来自模块二限用药物的检出，4%来自模块三药物残留超标（图 3-2-4），相较于畜产品整体风险模块分布，乌鸡产品在模块二和模块三的占比较高，表明在乌鸡养殖环节，限用药物的不规范使用、不遵守休药期以及多重用药行为都比其他动物产品更多，必须警示生产企业注意对乌鸡饲养过程中兽药规范使用行为的约束，避免乌鸡产品中有过量的兽药残留，同时监管部门必须加强对乌鸡生产企业的惩处与监管。通过风险因子分析，根据兽药残留质量安全监测数据，造成乌鸡质量安全风险的主要风险因子为禁用药物氧氟沙星的违规使用以及限量使用药物恩诺沙星和环丙沙星的不规范使用。明确风险因子后，可以通过预警系统风险因子库向社会发布详细的预警信息，包括乌鸡产品的风险级别、主要风险因子、风险可能造成的危害、风险产生的原因、生产环节防范措施以及监管部门风险管理意见等重要信息，实现科学预警，指导生产。

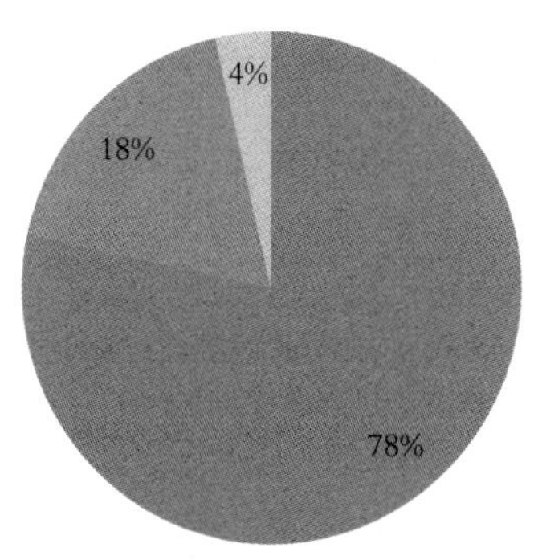

图 3-2-4　乌鸡质量安全风险模块占比分析

（3）风险灵活分析。通过风险模型分析，对禽类动物产品进行风险因素分析，从检出残留的药物种类、药物的数量、药物超标程度 3 个模块分布情况来看（图 3-2-5），鸡蛋产品的主要风险集中在模块一禁限用药物的使用，反映出的是生产环节存在产蛋期违规用药行为；鸡肉产品主要风险在模块一和模块二禁限用药物的使用风险，但鸡肉产品在模块三残留药物的超标程度没有风险，反映出养殖环节存在限用药物的使用行为，但是在遵守休药期规定行为上比较规范，残留药物没有超过国家规定的最高残留限量。所以在鸡肉产品的监管方面要侧重于对禁限用药物的监管，生产环节要规范对禁限用药物的使用行为；乌鸡产品作为极高风险产品，其风险分布在3个模块，必须加强对生产环节禁用药物的非法添加行为以及限用药物的超量、多重用药行为的监管和惩处力度。此风险综合评价理念为首次提出，在应用后会不断考察其实际适用性，对存在的局限将逐步完善改进。

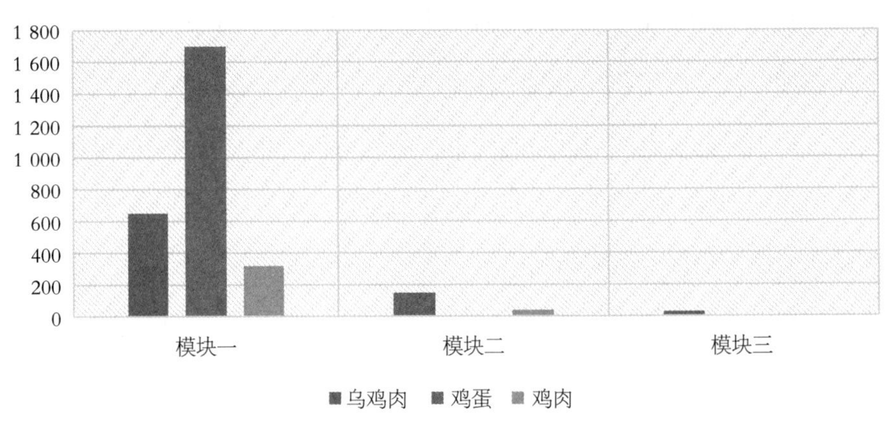

图 3-2-5　禽类产品质量安全风险分布

第5节　创新与应用优势

1　首创综合评价新理念

提出了以兽药残留种类、数量、超标程度为指标的“三维一体”综合评价畜产品质量安全的新理念，研发了风险指数分类、分级赋分算法，构建了兽药残留综合风险量化评估模型和“五等级”评估体系，“从宏观到微观”进行多维兽药残留风险评估，突破了仅以“合格率论安全”的传统评价方法的局限，更直观、更准确地反映畜产品质量安全现状，通过风险评估分析与预警体系，积极与国际畜产品质量安全保障工作接轨，提高畜产品质量安全风险的防范水平，增强畜产品质量安全保障能力。

2　综合量化兽药残留质量安全风险

与传统合格率表征相比，风险分析模型能够弥补传统分析方法的缺陷，表征合格率算法所掩盖的风险，更真实地表征出畜产品质量安全风险（如一批产品检出多个药物残留的情况以及残留量超过 1 MRL 等复杂情况）。

例证一　有 100 份样品，有 2 份产品分别检出 3 种药物残留，但残留量不超标。使用合格率算法，这 100 份样品的合格率为 100%。

使用风险评估模型分析：

$$P=\frac{20+20+20}{100}=0.6$$

此时合格率算法就掩盖了养殖环节多重用药的风险。

例证二　有 100 份样品，有 1 份产品检出 3 个药物残留，且 1 个药物残留量为 3 MRL。

使用合格率算法，这 100 份样品的合格率为 99%；

使用风险评估模型分析：

$$P=\frac{20+30}{100}=0.5$$

传统合格率方法只考虑这份产品检出 1 个超标药物的情况，而此处风险评估模型为这 1 份产品在检出药物个数和检出药物残留量 2 部分分别进行赋分，更准确地评价了这 1 份样品在残留药物个数和药物残留程度 2 方面的风险。这样的风险评估模型能够更准确地评价畜产品质量安全风险，反映养殖环节实际用药行为，助力监管部门靶向监管，保障畜产品质量安全。

3　溯源追踪风险来源

风险评估模型能够清晰地反映畜产品风险来源。每份样品通过三大模块的风险评估后，风险产生原因将在数据中清晰展现，模型运算获得畜产品整体综合风险指数之后，结合风险因子数据库，可以快速分析追溯风险产生的环节与原因，给出相应的风险预警信息，以便生产部门有效防范、监管部门靶向监管。例如，从 2019 年畜产品风险分布图（图 3-2-3）中可以看到，宁夏地区畜产品质量安全风险主要来自模块一，其次是模块二，这就可以给养殖企业预警提示，在畜禽饲养环节必须严格遵守国家兽药使用法律法规规定，不得使用禁用药物，同时严格遵守限用药物休药期原因，避免动物提前出栏。

4 为智能风险预警提供核心理论

基于创建的风险分析与预警技术体系，研发团队创建了畜产品风险预警信息平台，搭建了风险分析、风险评估、风险因子、重点监测、智能预警等风险预警功能模块，通过平台的上线运行，可对宁夏畜产品兽药残留监控数据与风险因子进行全面分析，实现“互联网+”在畜产品质量安全风险预警方面的智能化应用目标，为宁夏地区畜产品质量安全监管起到了助推作用。风险预警体系能够在明确风险等级、发布预警的同时，将造成风险产生的风险因子从数据中提取出来，并分析出现的原因、可能造成的危害、生产环节防范措施、监管部门监管重点等信息，这些信息将直观地反映在预警界面，实现在风险预警的同时，更明确地指导实际生产，有效提升畜产品质量安全。

第 3 章　滩羊肉品质评价与检测技术研究

农业农村部将 2018 年定为“农业质量年”，标志着我国农业发展进入由增产导向转向提质导向、由数量优先转向质量优先的新时代。2020 年，国务院办公厅发布《关于促进畜牧业高质量发展的意见》，提出要坚持绿色发展，不断增强畜牧业质量效益和竞争力。畜牧业高质量发展成为新时期农业现代化发展的主旋律，畜禽肉作为畜牧业的终端产品，其品质优劣成为畜牧业高质量发展的关键。近年来，我国居民膳食质量稳步提升，蛋白质和脂肪供能比增加，居民肉蛋奶的摄入量持续上升，人民对畜禽肉的要求也不断提高，不但要求吃到放心安全的肉，而且要求吃到品质优、营养丰富的肉产品。高质量的畜禽肉已成为促进畜牧业高质量发展和满足人民美好生活需要的标志。

畜禽肉品质评价是利用科学的研究方法和技术手段，对肉的品质指标进行检测分析，挖掘其优势品质特性，结合统计学分析手段，建立品质特性数据库，构建综合评价模型，从而实现畜禽肉品质的客观评价。对保护地域特色品牌效应，加快“三品一标”认证、“名特优新”农产品认证，推动畜牧业高质量发展有重要意义。目前，畜禽肉品质分析评价与调控已成为研究热点。

滩羊是宁夏地区的优势特色畜种，是国家农产品地理标志示范样板，被列为宁夏“六特”产业之一，以其肉质鲜美、不膻不腥、风味独特和高品质而闻名。现阶段，滩羊肉的品质分析研究存在特征品质挖掘不足、综合品质评价体系未建立、真实性难溯源等问题，严重制约滩羊产业的高质量发展。因此，研究团队依托 2018—2021 年宁夏重点研发项目《畜禽产品质量安全评价与监控技术应用研究》(2018YBZD1060)，开展了滩羊肉不同饲养方式、不同品种、不同部位的品质评价分析研究，建立了滩羊肉品质综合量化评价技术、滩羊肉品质无损检测与鉴别技术等，建立了滩羊肉“营养成分–组织结构–评价模型–鉴别图谱–无损装备”一体化评价技术体系，为滩羊肉品质提升、品牌打造、标准化生产提供数据和技术支撑。授权发明专利2项，登记软件著作版权1项，制定行业标准1项，发表学术论文3篇。

第1节　滩羊肉品质特性分析与加工适宜性评价技术研究

滩羊产业是宁夏农业战略主导产业，具有显著的特色资源优势。但目前滩羊肉特征品质本底不清，产品加工适应性不明确，品牌特色尚未有效体现。因此，本研究比较了盐池滩羊与其他9个品种肉羊米龙和通脊的品质特性，明确了盐池滩羊肉水分、蛋白质、脂肪、肉色、肌原纤维结构的特征，证实了盐池滩羊细嫩多汁、味道鲜美的生物学基础；开展了烤制滩羊肉品质评价和羊肉原料烤制适宜性评价研究，对于筛选适宜的羊肉烤制原料、实现加工原料专用化具有重要的指导意义。

1　材料与方法

1.1　品质特性分析

1.1.1　样品采集

取青海藏羊、巴寒杂交羊、蒙寒杂交羊、昭乌达羊、杜蒙杂交羊、乌珠穆沁羊、东北细毛羊、盐池滩羊、甘肃细毛羊、苏尼特羊8~10月龄羔羊，均为羯羊，每个品种宰后经0~4 ℃成熟24 h后，取其米龙、通脊，去除可见脂肪组织后置于-20℃冰箱中保存备用，每个品种设6个重复。

1.1.2　试验方法

开展水分含量、蛋白质含量、脂肪含量、pH、色差、肌节长度、肌纤维直径、肌纤维密度、剪切力的测定。

1.2　加工适宜性评价

1.1.1　样品采集

以1岁的滩寒杂交羊、滩羊、乌珠穆沁羊、苏尼特羊4个品种的羊肉为原料，经过正常屠宰排酸后，分别取半胴体羊排、羊脖和后腿霖肉3个部位的肉作为试验样品，−18 ℃冷冻保藏，共 12 份样品，作为羊肉食用品质综合评价研究的实验材料。

1.1.2　试验方法

挑选 8 位感官性能优良的人员组成评价小组。首先征集用于评价烤羊肉食用品质的评价指标，8 位感官评价员按照图 3−3−1 的要求，对 9 个烤羊肉食用品质指标（表 3−3−1）进行评价，即感官评价员在感官评价过程中，对样品每 1 个评价指标的感受强度分别按照图 3−3−1 要求在尺度“0~5”的范围内标出评价位置，其中从 0~5 表示感受到的强度逐渐增大。采用 M 值法、主成分分析法、相关性分析法对数据（表 3−3−1）进行分析，筛选出烤羊肉食用品质评价指标。

表 3−3−1　烤羊肉食用品质评价指标

用于评价烤羊肉食用品质的指标																								
表面颜色	肌肉纹理	湿润度	油腻感	气味总体强度	肉香味	金属味	血腥味	膻味	蒸煮味	总体风味强度	肉汁香味	甜味	清香味	氧化味	肾脏味	肉腥味	硬度	弹性	嫩度	润滑性	多汁性	结缔组织含量	韧性	粘附性

没感觉	弱	稍弱	平均	稍强	强
0	1	2	3	4	5

图 3−3−1　烤羊肉食用品质评价指标的强度评价尺度

2　结果与分析

2.1　盐池滩羊肉与其他品种羊肉组成成分差异比较

不同品种羊肉中米龙蛋白质含量一般为 18%~22.5%（表 3−3−2），通脊蛋白质含量为 18%~22%，而盐池滩羊米龙蛋白质含量为 19.81%，通脊蛋白质含量为 20.0%。盐池滩羊米龙中脂肪含量为 2.49%，而通脊中的脂肪含量显著高于米龙中的脂肪含量，为 5.94%，并且显著高于其他 9 个品种（$P<0.05$），佐证了盐池滩羊肉的美味、多汁性。

2.2　盐池滩羊肉与其他品种羊肉 pH 和色泽比较

不同品种羊肉的极限 pH 存在显著差异（$P<0.05$），青海品种 1 羊肉的 pH 最高，

表 3-3-2　不同品种羊肉组成成分差异分析

品种	蛋白质含量/%		脂肪含量/%	
	米龙	通脊	米龙	通脊
盐池滩羊	19.81±0.67[cd]	20.00±0.37[c]	2.49±0.34[de]	5.94±0.11[a]
东北品种 1	19.70±0.14[cd]	19.07±0.22[de]	3.09±0.36[bc]	3.76±0.20[bc]
甘肃品质 1	18.03±0.89[e]	19.23±0.22[d]	2.38±0.36[de]	4.10±0.64[b]
甘肃品种 2	20.70±0.41[ab]	22.10±0.24[a]	3.49±0.19[ab]	4.02±0.17[b]
内蒙古品种 1	21.47±0.57[a]	19.78±0.66[cd]	3.87±0.27[a]	3.49±0.58[bcd]
内蒙古品种 2	19.70±0.29[cd]	21.08±0.39[b]	2.82±0.26[cd]	3.00±0.08[cd]
内蒙古品种 3	20.94±0.68[ab]	19.69±0.75[cd]	3.87±0.35[a]	3.26±0.20[bcd]
内蒙古品种 3	18.09±0.89[de]	18.36±0.22[e]	1.97±0.18[e]	2.86±0.55[d]
内蒙古品种 4	20.45±0.25[bc]	20.11±0.49[c]	2.51±0.42[d]	2.92±0.45[cd]
青海品种 1	21.28±0.44[ab]	21.99±0.44[a]	2.68±0.05[cd]	3.38±0.35[bcd]

注：同列不同小写字母表示品种间差异性达到显著水平（$P<0.05$）。

为 6.26，甘肃品种 1 羊的 pH 最低，为 5.61；盐池滩羊肉米龙 pH 5.41（表 3-3-3），通脊 pH 5.77，居中。L^* 值、a^* 值、b^* 值是获得肉色的客观量化指标。盐池滩羊肉米龙部位的 L^* 值在研究的 10 个品种中属于中间水平，显著低于甘肃品种 1 和内蒙古品种 2 羊（$P<0.05$）；盐池滩羊肉通脊的 L^* 值处于较高水平，为 44.07。盐池滩羊肉和青海品种 1 羊肉米龙的 b^* 值均显著高于其他品种（$P<0.05$）。

2.3　盐池滩羊肉与其他品种羊肉肌纤维特性比较

不同品种羊的肌纤维特性存在一定差异。盐池滩羊肉的肌纤维间隙小、肌纤维间排列致密，而乌珠穆沁羊、昭乌达羊的肌纤维间隙大、整体疏松、排列不紧密（图 3-3-2）。不同品种羊的米龙肌纤维的明带和暗带宽度不同，其中盐池滩羊与杜蒙杂交羊的明带比其他品种羊的明带宽，盐池滩羊的肌纤维框架中明带变得模糊（图 3-3-3）。不同品种羊通脊的肌纤维之间有明暗相间的条纹，而且明带和暗带的宽度不同，其中甘肃细毛羊、盐池滩羊的明带较其他品种的明带宽，盐池滩羊的肌纤维框架中明带变得模糊，Z 线降解，Z 线结构完整性受到破坏。Z 线起着连接相邻肌小节的作用，Z 线结构的破坏导致肌原纤维小片化，从而肌肉的嫩度有所提高。

表 3-3-3　不同品种羊肉 pH、色泽比较

品种	pH_{24}		L^*		a^*		b^*	
	米龙	通脊	米龙	通脊	米龙	通脊	米龙	通脊
盐池滩羊	5.41 ± 0.03^{cd}	5.77 ± 0.33^{c}	42.50 ± 0.81^{c}	44.07 ± 0.47^{b}	11.94 ± 0.27^{b}	12.22 ± 0.32^{b}	7.58 ± 0.53^{a}	7.58 ± 0.19^{b}
东北品种 1	5.68 ± 0.05^{cd}	5.43 ± 0.04^{f}	40.92 ± 0.59^{def}	42.42 ± 0.59^{c}	12.29 ± 0.33^{ab}	7.52 ± 0.25^{d}	5.40 ± 0.36^{cd}	6.27 ± 0.31^{cd}
甘肃品质 1	5.61 ± 0.03^{e}	5.62 ± 0.06^{e}	48.01 ± 0.44^{a}	44.10 ± 0.70^{b}	9.40 ± 0.29^{e}	9.57 ± 0.31^{c}	3.08 ± 0.05^{f}	4.90 ± 0.10^{e}
甘肃品种 2	5.91 ± 0.21^{b}	5.68 ± 0.03^{d}	42.09 ± 1.38^{cd}	41.46 ± 1.01^{cd}	11.89 ± 0.91^{b}	12.17 ± 0.77^{b}	5.63 ± 0.36^{bc}	5.65 ± 0.67^{ef}
内蒙品种 1	5.81 ± 0.15^{bc}	5.42 ± 0.05^{f}	39.67 ± 0.61^{f}	41.15 ± 0.26^{d}	11.17 ± 0.31^{c}	15.27 ± 0.79^{a}	6.15 ± 0.21^{b}	4.98 ± 0.86^{e}
内蒙品种 2	5.67 ± 0.12^{b}	$6.05\pm0.0.04^{a}$	45.30 ± 0.67^{b}	42.42 ± 0.59^{c}	10.41 ± 0.18^{d}	7.52 ± 0.25^{d}	5.45 ± 0.34^{c}	6.27 ± 0.31^{cd}
内蒙品种 3	5.89 ± 0.08^{b}	5.93 ± 0.04^{b}	40.65 ± 1.73^{ef}	39.28 ± 0.62^{e}	9.68 ± 0.58^{e}	11.68 ± 0.39^{b}	4.54 ± 0.83^{e}	3.07 ± 0.19^{f}
内蒙品种 3	5.80 ± 0.23^{d}	5.61 ± 0.03^{e}	44.68 ± 0.38^{b}	46.19 ± 0.84^{a}	12.89 ± 0.42^{a}	11.97 ± 0.34^{b}	4.70 ± 0.13^{e}	6.69 ± 0.17^{c}
内蒙品种 4	5.86 ± 0.11^{b}	6.05 ± 0.04^{a}	41.19 ± 0.95^{de}	40.81 ± 0.92^{d}	8.29 ± 0.38^{f}	7.71 ± 0.28^{d}	4.89 ± 0.47^{de}	5.05 ± 0.96^{e}
青海品种 1	6.26 ± 0.10^{a}	5.95 ± 0.202^{b}	40.82 ± 1.19^{def}	44.66 ± 0.76^{b}	12.13 ± 0.61^{b}	15.81 ± 0.49^{a}	7.20 ± 0.42^{a}	9.11 ± 0.55^{a}

注：同列不同小写字母表示品种间差异性达到显著水平（$P<0.05$）。

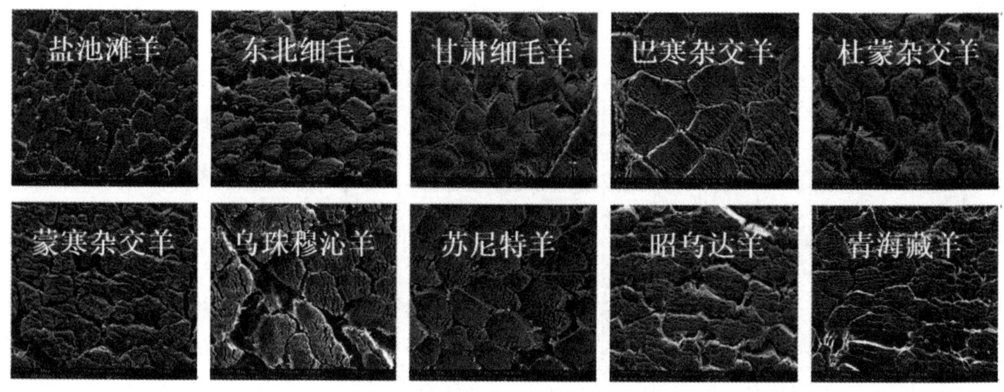

图 3-3-2　不同品种羊米龙肌纤维束显微结构（1 000×）

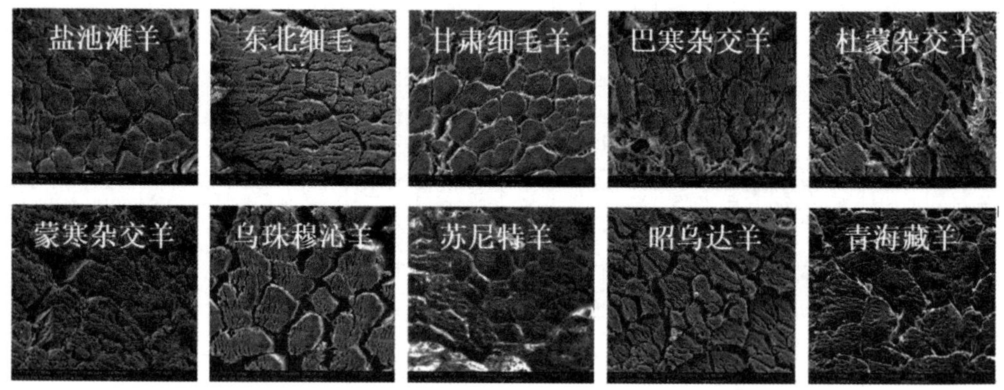

图 3-3-3　不同品种羊通脊肌纤维束显微结构（1 000×）

不同品种羊的肌纤维直径存在显著差异（$P<0.05$）。米龙部位，盐池滩羊和东北品种 1 羊的肌纤维直径显著低于其他 8 个品种（$P<0.05$），分别为 22.60 μm、21.76 μm（表 3-3-4），表明盐池滩羊的肌纤维直径较低。盐池滩羊的肌纤维密度显著高于其他品种（$P<0.05$），为 2 526.59 n/mm^2。盐池滩羊的肌节长度最长，显著长于其他品种，为 2.81 μm。通脊部位，盐池滩羊的肌纤维密度显著高于其他品种（$P<0.05$），为 2 205.78 n/mm^2。肌纤维特性直接决定肉的嫩度和咀嚼性，盐池滩羊肉肌纤维密度越大、直径越小，表明肉质细嫩多汁。

2.4　滩羊肉加工适宜性评价结果

由表 3-3-5 可知，去除 M 值<50 的指标，初步可以得到评价烤羊肉食用品质的描述词为表面颜色、弹性、韧性、多汁性、嫩度、肌肉纹理、湿润度、润滑性、肉香味等 19 个指标。对指标进行进一步删减，采用主成分分析法和相关性分析对表 3-3-5 中初步筛选的指标进行分析，对评价指标进行删减，结果表明前 3 个主成分

表 3-3-4　不同品种羊肉肌原纤维特性比较

品种	肌纤维直径/μm		肌纤维密度 n/mm²		肌节长度/μm	
	米龙	通脊	米龙	通脊	米龙	通脊
盐池滩羊	22.60±1.03[fg]	26.36±1.03[fg]	2526.59±30.69[a]	2205.78±119.73[a]	2.81±0.02[a]	1.52±0.02[d]
东北品种 1	21.76±0.48[f]	28.41±0.26[e]	1280.68±26.78[de]	1526.75±121.18[b]	1.59±0.06[e]	1.60±0.03[c]
甘肃品质 1	26.33±0.73[de]	25.21±1.38[g]	1410.82±120.38[cd]	1756.42±156.96[b]	1.59±0.03[e]	1.90±0.04[b]
甘肃品种 2	36.03±1.05[a]	38.21±0.78[c]	774.15±53.20[g]	1232.16±121.22[c]	1.14±0.04[h]	1.28±0.02[f]
内蒙古品种 1	25.56±0.97[e]	27.77±0.49[ef]	832.91±117.77[fg]	672.5±42.66[de]	1.43±0.04[f]	1.17±0.01[h]
内蒙古品种 2	29.58±1.33[c]	53.54±1.66[b]	1827.92±72.19[b]	1605.64±149.93[b]	1.75±0.03[c]	1.11±0.02[i]
内蒙古品种 3	36.44±1.36[a]	31.18±1.36[d]	961.73±59.91[f]	898.84±15.16[d]	1.20±0.02[g]	1.93±0.03[a]
内蒙古品种 3	27.32±0.91[d]	18.63±0.49[h]	1365.77±125.95[cde]	2376.52±349.80[a]	1.97±0.02[b]	1.47±0.02[e]
内蒙古品种 4	33.96±0.27[b]	27.00±1.77[ef]	1446.56±94.07[c]	2344.71±169.61[a]	1.68±0.03[d]	1.46±0.02[e]
青海品种 1	30.17±1.17[c]	68.40±1.33[a]	1250.72±58.44[e]	441.72±39.18[e]	1.02±0.01[i]	1.23±0.02[g]

注：同列不同小写字母表示品种间差异性达到显著水平（$P<0.05$）。

表 3-3-5　烤羊肉食用品质感官评价结果

指标	样品号								
	1	2	3	4	5	6	7	8	9
表面颜色	1.9±1.0	2.0±0.9	4.1±1.0	2.9±0.8	2.5±0.8	3.9±1.0	2.9±0.8	3.5±0.8	1.6±0.7
肌肉纹理	2.4±0.7	2.5±0.8	3.1±0.8	2.1±0.6	3.3±0.5	2.3±1.2	2.9±1.0	2.1±1.0	2.5±0.9
湿润度	3.3±1.2	2.5±1.3	1.9±0.8	3.8±0.9	2.8±1.2	1.9±1.1	4.1±0.6	4.1±0.6	2.9±0.8
油腻感	2.3±1.3	1.6±1.1	1.6±0.7	2.9±1.2	1.5±1.2	1.3±0.9	3.4±0.7	3.5±0.9	1.5±1.1
气味总体强度	1.9±1.0	3.3±1.2	3.3±1.0	2.4±1.3	2.8±1.8	2.9±1.4	3.6±1.3	3.0±1.1	2.8±1.8
肉香味	1.6±1.2	3.0±1.1	3.1±0.8	2.3±1.0	1.6±1.1	2.9±1.1	2.6±1.1	2.9±0.8	1.9±1.2
金属味	0.6±1.2	0.8±1.2	1.0±0.9	1.1±1.1	0.9±1.4	0.4±0.5	1.1±1.4	1.0±1.2	1.0±1.3
血腥味	1.1±1.6	0.6±1.4	0.8±0.9	1.0±1.1	1.4±1.5	0.9±1.1	1.1±1.2	0.8±0.7	2.0±1.7
膻味	2.0±1.4	2.3±0.7	2.3±1.2	2.4±0.9	2.6±1.8	2.1±0.8	2.3±1.2	2.5±0.9	2.1±1.4
蒸煮味	1.4±1.5	1.9±1.5	1.8±1.3	1.9±1.1	1.9±1.5	1.8±1.4	1.9±1.2	2.5±1.1	2.0±1.2
总体风味强度	2.4±1.3	3.3±0.5	3.1±1.0	3.0±1.2	2.9±1.1	3.1±1.1	3.4±0.5	3.3±1.0	3.0±1.3
肉汁香味	2.0±1.3	2.8±1.3	2.6±1.1	2.6±1.3	2.0±1.3	2.5±1.2	2.4±0.9	2.8±0.7	2.4±0.9
甜味	0.9±1.1	1.6±1.2	1.3±1.2	1.5±1.3	2.0±1.4	1.1±1.1	1.8±1.3	1.8±1.2	1.9±1.2

续表

指标	样品号								
	1	2	3	4	5	6	7	8	9
清香味	1.0±0.9	1.9±1.0	2.1±1.4	0.9±1.1	0.9±1.5	1.9±1.6	2.0±1.6	1.8±1.5	1.5±1.7
氧化味	1.6±1.8	1.1±1.6	1.1±1.4	1.4±1.5	1.4±1.8	0.4±0.7	0.8±1.2	1.3±1.6	1.5±1.2
肾脏味	1.4±1.7	1.0±1.9	0.8±1.5	1.4±1.4	1.4±1.8	1.0±1.3	0.9±1.5	1.5±1.8	1.9±2.0
肉腥味	3.1±1.5	2.0±1.3	2.1±1.2	2.5±1.4	2.6±1.3	2.0±1.4	1.9±1.2	2.9±1.2	2.6±1.1
硬度	4.0±0.8	2.1±1.0	2.5±0.9	2.8±1.0	2.8±0.9	3.0±0.8	2.8±0.9	2.5±0.9	2.4±0.5
弹性	2.8±1.0	2.4±1.2	1.8±1.3	3.5±0.9	3.3±0.7	2.9±0.8	3.5±0.8	3.8±0.5	2.8±1.0
嫩度	1.8±0.9	2.6±1.1	3.3±1.4	3.4±0.7	2.9±1.0	2.6±0.7	2.8±1.0	2.9±0.8	3.5±0.9
润滑性	2.0±1.1	2.4±1.1	1.6±1.2	3.6±1.1	2.8±1.0	1.9±0.8	2.6±1.1	3.1±0.8	2.6±0.7
多汁性	2.1±1.0	2.9±0.8	1.9±1.0	3.8±0.7	2.6±0.7	2.9±1.1	3.5±0.8	3.3±0.9	2.5±1.1
结缔组织含量	4.0±1.1	1.5±0.9	1.3±1.2	3.4±0.7	2.1±1.4	2.3±1.6	2.8±0.9	3.4±1.3	1.9±1.2
韧性	4.1±0.8	2.0±0.8	2.1±1.0	3.0±1.1	3.0±1.1	3.0±0.9	3.0±0.8	3.1±0.8	2.8±1.0
黏附性	1.6±0.9	2.8±1.4	2.5±1.3	1.6±0.9	2.3±1.3	2.5±1.3	1.6±1.2	1.9±1.1	2.3±1.2

的方差累计贡献率达到 77%，通过对 3 个主成分分析结合指标间相关性分析，可以筛选出韧性、多汁性和肉香味 3 个指标作为烤羊肉食用品质评价指标。肉香味、韧性、多汁性 3 个指标，可以较充分地反映烤羊肉食用品质的差异。为了得到可靠的食用品质综合评价方法，根据消费者对烤羊肉食用品质的总体喜好程度对这 3 个指标的权重进行确定。12 组烤羊肉的肉香味、韧性、多汁性和总评分值见表 3–3–6。

表 3–3–6　烤羊肉食用品质评价结果

种类	肉香味	韧性	多汁性	总评分
苏尼特羊霖肉	5.77±0.15	3.87±0.55	5.6±0.53	7.17±0.29
苏尼特羊羊脖	6.73±0.68	7.77±0.91	6.4±0.72	6.67±2.08
苏尼特羊羊排	8.5±0.1	4.57±2.11	4.83±0.35	8.67±0.58
滩寒杂交羊霖肉	6.35±0.21	6.15±0.49	6.75±1.06	6.25±0.35
滩寒杂交羊羊脖	6.8±0.14	8.35±0.07	6.65±0.21	6.25±0.35
滩寒杂交羊羊排	7.95±0.07	3.6±0.28	3.75±0.64	7.25±0.35
滩羊霖肉	5.7±0.39	5.2±1.29	5.38±1.47	5.83±0.75

续表

种类	肉香味	韧性	多汁性	总评分
滩羊羊脖	6.97±0.39	8.15±0.42	6.55±0.29	7±0.89
滩羊羊排	8.5±0.32	5.15±1.3	3.52±0.63	7.33±0.82
乌珠穆沁羊霖肉	5.63±0.55	5.9±1.47	5.37±0.51	5.67±1.15
乌珠穆沁羊羊脖	6.33±0.15	8.73±0.21	6.03±0.15	6.33±1.53
乌珠穆沁羊羊排	8±0.17	3.97±0.4	4.73±0.46	8.33±0.58

对 12 组烤羊肉的肉香味、韧性、多汁性与总评分值进行相关性分析，偏相关系数及显著性见表 3-3-7。肉香味与多汁性与总评分呈正相关，韧性和总评分呈负相关，即烤羊肉的肉香味越大、越多汁，消费者感官评分越高；韧性越大，感官评分越低。烤羊肉各食用品质评价指标肉香味、韧性、多汁性与总评分多元向后回归方程为总评分=0.286+0.840×肉香味−0.299×韧性+0.469×多汁性，R^2 为 0.818。回归方程显著性检验 P 值为 0.002，回归方程的拟合优度较好，回归显著，即为烤制滩羊肉的品质评价模型。

表 3-3-7　各品质指标的相关性

控制变量	品质指标		总评分
韧性，多汁性	肉香味	相关性	0.865
		显著性（双侧）	0.001
肉香味，多汁性	韧性	相关性	−0.683
		显著性（双侧）	0.029
肉香味，韧性	多汁性	相关性	0.578
		显著性（双侧）	0.08

3　小结

（1）与其他品种的羊肉相比，滩羊通脊中脂肪含量显著偏高，L^* 值处于较高水平，米龙肉的 b^* 值均显著高于其他品种，滩羊肉肌纤维直径小、密度大、肌节长度长、间隙小、排列紧密，造就了滩羊肉口感细嫩但又不乏嚼劲的优秀品质。

（2）烤羊肉食用品质的主要评价指标为韧性、多汁性、肉香味；以烤羊肉肉香味、韧性、多汁性对总评分进行多元向后回归分析，得到烤羊肉食用品质的回归方程为总评分=0.286+0.840×肉香味−0.299×韧性+0.469×多汁性，为烤羊肉的食用品质提供评价方法。

第2节　基于 Heracles II 快速气相电子鼻对不同饲养方式炖煮滩羊肉风味的快速鉴别技术研究

清炖是滩羊肉的主要烹饪方式，风味是炖煮肉制品的关键食用品质指标之一。目前，国内外关于不同饲养方式炖煮滩羊肉风味相关研究鲜有报道。Heracles II 快速气相电子鼻是一种新型的气味分析系统，其原理采用超快速气相色谱技术进行分离，通过 Aro Chem Base 数据库对比进行气体定性定量分析，具有处理速度快、简单、成本低等优点。本研究以盐池滩羊为研究对象，利用 Heracles II 快速气相电子鼻，结合主成分（Principal Component Analysis，PCA）等分析方法，确定不同饲养方式炖煮滩羊肉的关键风味物质，实现对不同饲养方式盐池炖煮滩羊肉的快速鉴别，为高品质滩羊肉产品的研究与开发提供参考。

1　材料与方法

1.1　样品采集

选取宁夏盐池滩羊产业发展集团有限公司健康无疾病滩羊，放牧组（12 月龄）、放牧加补饲组（10 月龄）和全舍饲组（6 月龄）各 6 只（不同饲养方式的滩羊月龄根据当地普通出栏时间选取）。放牧组滩羊白天放牧，晚上不予补饲；放牧加补饲组滩羊白天放牧，晚上补充玉米精料；全舍饲组滩羊饲喂大北农肉羊饲料舍饲育肥，胴体质量（18.30±1.41）kg。每种饲养方式的滩羊宰后经 0~4 ℃成熟 24 h 后，取米龙部位，剔除表面脂肪和结缔组织，置于−20 ℃冰箱中贮存备用。

1.2　主要仪器与设备

TB45G1 苏泊尔陶瓷煲，浙江苏泊尔股份有限公司；KJELTEC2300 全自动凯氏定氮仪，丹麦 FOSS 集团有限公司；SER148 全自动粗脂肪测定仪，意大利 VELP 公司；Heracles Ⅱ 快速气相电子鼻，法国 AlphaMOS 公司。

1.3　试验内容

测定不同饲养方式滩羊肉的常规营养指标（水分、蛋白质和脂肪的含量）；利用 Heracles Ⅱ 快速气相电子鼻技术结合感官评价分析方法，测定炖煮滩羊肉的风味变化，采用相对气味活度值（RelativeOdorActivityValue，ROAV）法确定关键风味物质。

2　结果与分析

2.1　不同饲养方式滩羊肉常规营养组成分析

不同饲养方式滩羊肉常规营养组成含量见表 3-3-8。从表中可以看出，3 种不同饲养方式处理组间水分和蛋白质含量差异不显著（P>0.05）。3 种饲养方式滩羊肉脂肪含量范围为 3.54~4.15 g/100 g，且不同饲养方式处理组间差异显著（P<0.05），其中放牧滩羊肉中脂肪含量最低，舍饲组最高，这可能与不同饲养方式动物摄入营养水平和运动量有关，营养水平越高，肌内脂肪沉积越多，同时运动量小也易造成脂肪堆积。

表 3-3-8　不同饲养方式滩羊肉常规营养组成

指标	放牧组	放牧+舍饲组	舍饲组
水分含量	76.64 ± 0.95^{a}	75.93 ± 1.53^{a}	75.34 ± 1.34^{a}
蛋白质含量	19.68 ± 1.05^{a}	19.94 ± 1.27^{a}	20.02 ± 1.21^{a}
脂肪含量	3.54 ± 0.18^{c}	3.72 ± 0.08^{b}	4.15 ± 0.09^{a}

注：同 1 行不同小写字母表示差异显著（P<0.05），相同表示差异不显著（P>0.05）。

2.2　感官评价

不同饲养方式炖煮滩羊肉的感官评价结果见表 3-3-9。从表中可以看出，饲养方式对炖煮滩羊肉的各项感官评价指标及感官质量综合得分 MQ4 均具有极显著的影响（P<0.001）。对嫩度和多汁性而言，舍饲组高于放牧加补饲组高于放牧组，其中舍饲炖煮滩羊肉显著高于放牧组（P<0.05）；对风味、总体喜好性和 MQ4 评分而言，舍饲组和放牧加补饲组显著高于放牧组（P<0.05），舍饲组与放牧加补饲组差异不显著（P>0.05）。综合各项感官指标评分以及感官质量综合得分 MQ4，得出放牧加舍饲组与舍饲组炖煮滩羊肉感官品质优于放牧组。这可能是由于放牧组滩羊不停奔跑寻找食物，运动强度大促进了肌原纤维的发育，使得肌肉纤维直径变粗，缔合更加牢固，进而导致嫩度较差；盐池滩羊放牧草场主要是以荒漠草原和干草原为主，放牧滩羊摄食量不足，而运动量较大，使肌内脂肪含量较低，进而影响嫩度和风味，这与脂肪含量测定结果一致。

表 3-3-9 不同饲养方式对炖煮滩羊肉感官品质的影响

指标	饲养方式			标准差	*P* 值
	放牧组	放牧+补饲组	舍饲组		
嫩度	64.17±3.25[b]	67.24±1.07[a]	67.55±2.98[a]	1.88	<0.001
风味	62.85±3.07[b]	68.70±2.77[a]	66.93±1.00[a]	3.00	<0.001
多汁性	57.65±3.63[b]	61.58±3.80[ab]	62.95±5.34[a]	2.76	<0.001
总体喜好性	65.38±2.60[b]	69.07±1.55[a]	68.73±2.86[a]	2.04	<0.001
MQ4	63.61±2.41[b]	67.84±1.67[a]	67.38±1.76[a]	2.39	<0.001

注：同 1 行不同小写字母表示差异显著（$P<0.05$），相同表示差异不显著（$P>0.05$），$P<0.001$ 表示差异极显著。

2.3 电子鼻结果分析

2.3.1 电子鼻主成分分析和判别因子分析结果

不同饲养方式炖煮滩羊肉电子鼻 PCA 结果见图 3-3-4。PC1 和 PC2 总贡献率为 98.41%，表明 PC1、PC2 提取了不同饲养方式炖煮滩羊肉挥发性化合物的主要特征，能够反映不同饲养方式炖煮滩羊肉风味物质的整体信息。3 种饲养方式炖煮滩羊肉响应值分布在不同区域，能够对样品进行较好的区分。放牧组和放牧加补饲组

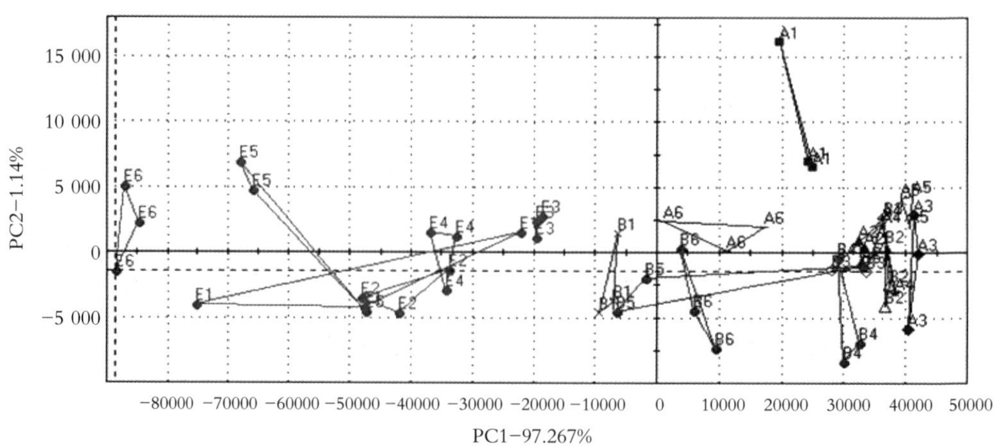

图 3-3-4 不同饲养方式炖煮滩羊肉 PCA 结果（A：放牧加补饲组、B：放牧组、E：舍饲组）

炖煮滩羊肉与舍饲组整体风味差异较大，而放牧组与放牧加补饲组风味较接近。

为了进一步验证电子鼻数据的结果，对不同饲养方式炖煮滩羊肉电子鼻结果进行判别因子（DiscriminantFactorAnalysis，DFA）建立模型分析，结果如图 3-3-5 所示，3 种不同饲养方式处理组分布在各自区域且不重叠，模型效果较好，因此可用于对不同饲养方式炖煮滩羊羊肉进行判别。

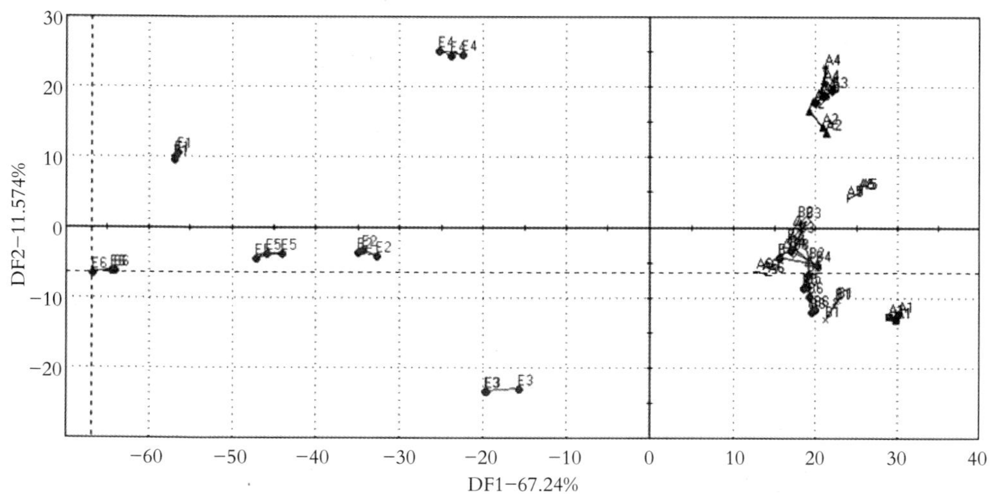

图 3-3-5　不同饲养方式炖煮滩羊肉 DFA 结果（A：放牧加补饲、B：放牧、E：舍饲）

2.3.2　电子鼻雷达指纹图谱结果

气相电子鼻雷达指纹图能客观反映气味响应值的大小和个数，根据气相色谱峰面积和峰数量制作不同饲养方式炖煮滩羊肉雷达指纹图，结果如图 3-3-6 所示。不同饲养方式炖煮滩羊肉的雷达指纹图谱差异明显，表明饲养方式对炖煮滩羊肉风味影响较大。因此，HeraclesII 气相电子鼻能够较好地区分不同饲养方式炖煮滩羊肉的风味。

2.3.3　电子鼻风味物质定性定量分析结果

采用 Heracles Ⅱ 快速气相电子鼻对不同饲养方式炖煮滩羊肉风味物质进行定性定量分析，如图 3-3-7 所示。放牧组、放牧加补饲组和舍饲组炖煮滩羊肉分别共检出 37、37、36 种风味物质，主要由醇类、酯类、醛类、酮类、酸类和烃类化合物组成。不同饲养方式滩羊肉中检测到的挥发性化合物存在显著差异（$P<0.05$），放牧组无酸类化合物检出，放牧加补饲组和舍饲组各检出 1 种，分别为己酸和庚酸，均为短链脂肪酸，其与羊肉的膻味有关。具体结果见表 3-3-10。

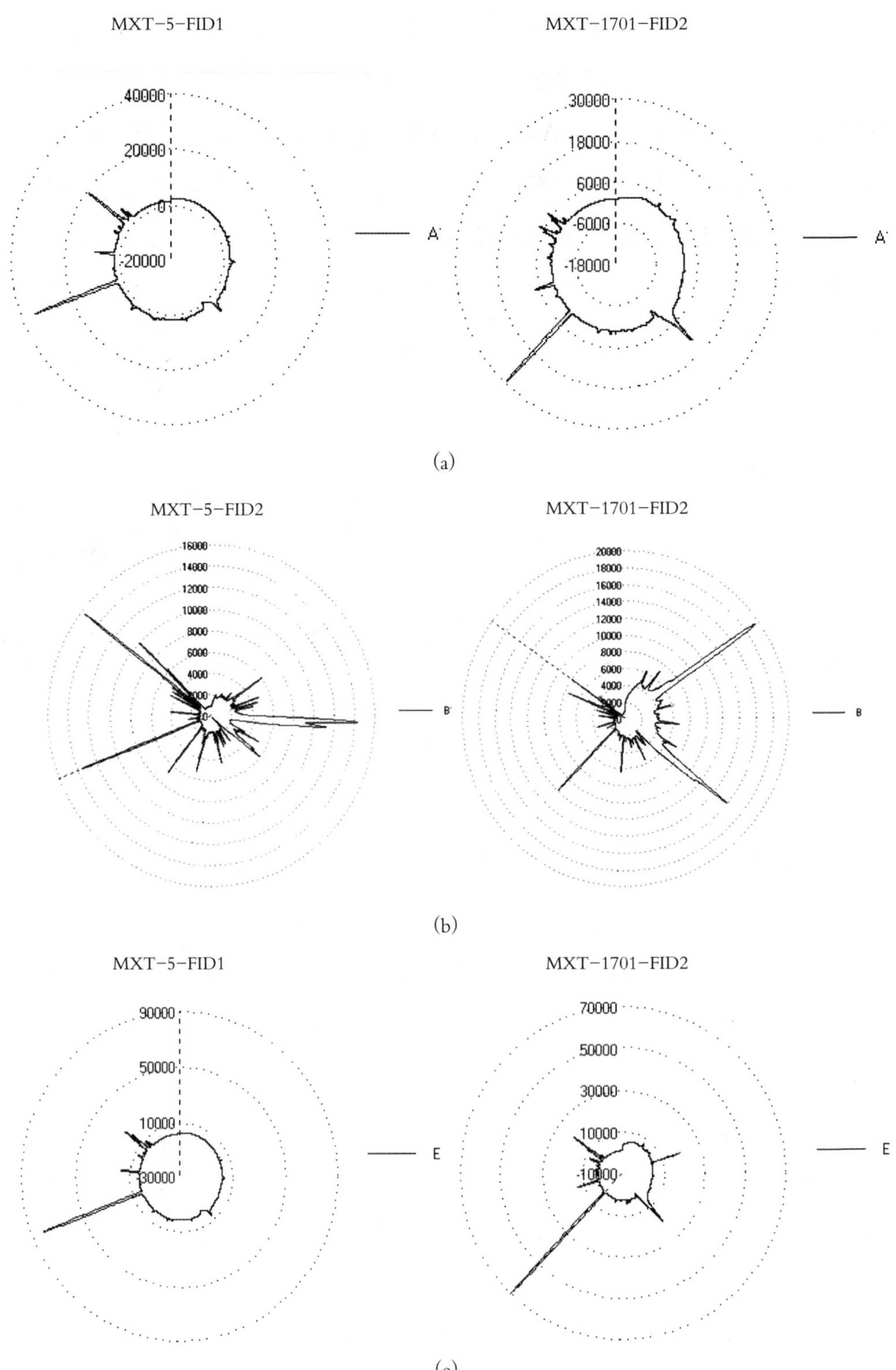

图 3-3-6　不同饲养方式炖煮滩羊肉的 HeraclesII 雷达指纹图谱

(a：放牧加补饲组、b：放牧组、e：舍饲组)

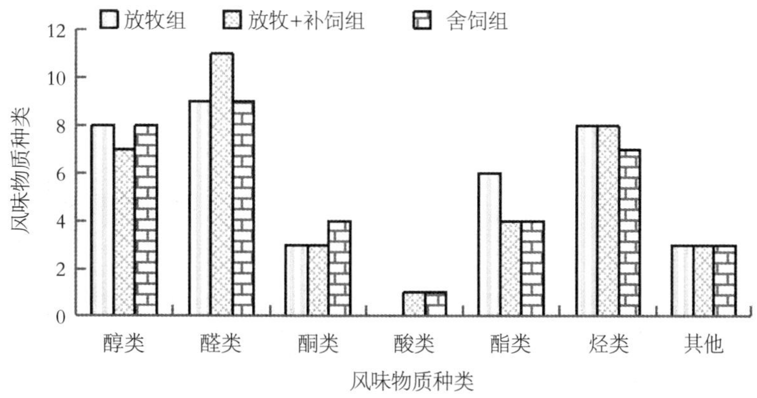

图 3-3-7　不同饲养方式炖煮滩羊肉风味物质种类分布

挥发性物质对总体风味的贡献由其在气味体系中的浓度和感觉阈值共同决定，本研究中 ROAV 分析结果表明共有 11 种化合物的 ROAV>1，说明这些物质对羊肉的整体风味具有显著影响，是炖煮滩羊肉关键风味物质。其中 1–辛烯–3 醇、戊醛、庚醛、辛醛、癸醛、壬醛、已醛、已酸乙酯为放牧组炖煮滩羊肉的关键风味物质；1–辛烯–3 醇、戊醛、庚醛、辛醛、壬醛、已醛、2–庚烯醛为放牧加补饲组炖煮滩羊肉关键风味物质；1–辛烯–3 醇、十二醇、辛醛、癸醛、已醛、2–乙基–4–羟基–5–甲基–3–呋喃酮、β–蒎烯为舍饲组炖煮滩羊肉关键风味物质。

综上，利用 Heracles Ⅱ 快速气相电子鼻能够对不同饲养方式炖煮羊肉风味进行快速鉴别。

3　小结

（1）不同饲养方式滩羊肉水分和蛋白质含量无显著差异，但脂肪含量差异显著。舍饲组滩羊肉脂肪含量最高，放牧组含量最低。

（2）舍饲组和放牧加补饲组炖煮滩羊肉感官品质优于放牧组，舍饲和放牧加补饲组感官品质无显著性差异。

（3）采用 Heracles Ⅱ 快速气相电子鼻能够对不同饲养方式炖煮滩羊肉进行快速鉴别，其中已酸乙酯为放牧组炖煮滩羊肉特有的关键风味物质；2–庚烯醛为放牧加补饲组特有的关键风味物质；2–乙基–4–羟基–5–甲基–3–呋喃酮、β–蒎烯为舍饲组特有的关键风味物质。

表 3-3-10　不同饲养方式炖煮滩羊肉风味物质种类及相对含量

类别	化合物名称	相对含量/%			阈值/（μg·kg^{-1}）	相对气味活度值（ROVA）			风味描述
		放牧+补饲组	放牧组	舍饲组		放牧+补饲组	放牧组	舍饲组	
醇类（14）	戊醛	5.70 ± 0.98^{b}	7.36 ± 1.23^{b}	10.06 ± 0.76^{a}	12.00	5.00	8.24	0.01	苦杏仁，麦芽，辛辣
	庚醛	2.15 ± 0.64^{b}	1.85 ± 0.25^{b}	1.42 ± 0.42^{b}	3.00	7.55	8.29	0.95	咸味，烤肉
	辛醛	0.51 ± 0.05^{b}	0.42 ± 0.09^{b}	1.04 ± 0.23^{a}	0.70	7.67	8.87	2.97	茉莉花，柠檬，蜂蜜
	壬醛	0.70 ± 0.09^{b}	1.04 ± 0.30^{a}	ND	1.00	7.37	13.98	—	脂肪香，花香
	癸醛	ND	9.32 ± 1.59^{a}	3.22 ± 0.58^{b}	0.10	—	52.69	64.40	柠檬，花香，烤肉
	2-庚烯醛	1.50 ± 0.13^{a}	ND	ND	13.00	1.21	—	—	腐败的脂肪，水果，苦杏仁
	（E，E）-2，4-癸二烯醛	0.28 ± 0.04^{a}	0.24 ± 0.09^{a}	ND	10.00	0.29	0.32	—	脂肪香，花香，柑橘/橙/葡萄
	苯甲醛	ND	0.34 ± 0.02^{a}	0.22 ± 0.08^{b}	350.00	—	0.01	—	苦杏仁
	十三醛	2.40 ± 0.00	ND	ND	70.00	0.36	—	—	
	己醛	42.74 ± 0.25^{b}	33.48 ± 1.02^{c}	46.02 ± 1.75^{a}	4.50	100.00	100.00	20.45	青草香，花香，脂肪香
	反式-2，4-庚二烯醛	0.35 ± 0.04	ND	ND	—	—	—	—	腐败的脂肪，果香，苦杏仁
	反式-2-壬烯醛	ND	ND	0.20 ± 0.07	0.90	—	—	0.44	果香，脂肪香
	肉桂醛	0.43 ± 0.07^{a}	ND	0.08 ± 0.01^{b}	750	—	—	0.01	桂皮油、肉桂油
	反式-2，4-癸二烯醛	0.33 ± 0.08^{a}	0.18 ± 0.04^{c}	0.23 ± 0.05^{b}	10.00	0.35	0.24	0.07	脂肪香，花香，柑橘/橙
醇类（12）	乙醇	2.20 ± 0.22^{a}	ND	0.21 ± 0.09^{b}	100 000.00	—	—	0.01	酒精，脂肪香，果香
	戊醇	0.25 ± 0.01	ND	ND	400.00	0.01	—	—	果香，香醋

续表

类别	化合物名称	相对含量/%			阈值/（$\mu g \cdot kg^{-1}$）	相对气味活度值（ROVA）			风味描述
		放牧+补饲组	放牧组	舍饲组		放牧+补饲组	放牧组	舍饲组	
醇类（12）	丙二醇	ND	0.74 ± 0.06^{a}	0.15 ± 0.03^{b}	—	—	—	—	
	1，2−丁二醇	ND	ND	0.13 ± 0.04	—	—	—	—	
	庚醇	2.52 ± 0.39^{a}	1.71 ± 0.16^{b}	ND	70.00	0.07	0.33	0.01	脂肪香，柑橘，酒香，药草
	十二醇	0.71 ± 0.00^{a}	0.23 ± 0.01^{b}	0.18 ± 0.01^{c}	150.00	0.01	0.02	3.26	
	1−辛烯−3−醇	0.68 ± 0.01^{b}	0.72 ± 0.00^{b}	1.63 ± 0.05^{a}	1.00	1.39	9.68	2.16	柑橘，玫瑰，蘑菇
	3−辛醇	1.22 ± 0.01^{a}	0.19 ± 0.01^{b}	ND	18.00	—	0.14	—	脂肪香，果香，青草香
	2−辛醇	0.77 ± 0.23^{a}	0.84 ± 0.03^{a}	ND	71.50	—	0.16	—	脂肪香，果香，青草香
	4−甲氧基苄醇	ND	ND	0.22 ± 0.07	38 000.00	—	—	0.01	
	3−十一醇	ND	ND	0.10 ± 0.02	—	—	—	—	
	十三醇	$0.71 \pm 0.01a$	ND	0.30 ± 0.06^{b}	—	—	—	—	
酮类（5）	2，3−辛二酮	0.70 ± 0.00^{b}	ND	$1.62 \pm 0.24a$	—	—	—	—	甜奶油，甘薯
	1，5−二烯−3−酮	0.70 ± 0.03^{b}	2.63 ± 0.15^{a}	$0.54 \pm 0.06c$	—	—	—	—	
	2−乙基−4−羟基−5−甲基−3−呋喃酮	ND	1.16 ± 0.02	ND	20.00	—	0.78	100.00	咖啡，水果
	2−庚酮	1.97 ± 0.55^{a}	1.84 ± 0.27^{a}	1.55 ± 0.28^{a}					甜奶油，甘薯
	β−紫罗兰酮	ND	ND	0.35 ± 0.07	0.007	—	—	—	青草，花香

续表

类别	化合物名称	相对含量/%			阈值/（μg·kg^{-1}）	相对气味活度值（ROVA）			风味描述
		放牧+补饲组	放牧组	舍饲组		放牧+补饲组	放牧组	舍饲组	
酸类（2）	庚酸	ND	ND	0.15±0.00	—	—	—	—	烘焙，糖果
	己酸	3.07±0.15	ND	ND	3 000.00	—	—	—	香料，杏仁
酯类（11）	乙酸甲酯	ND	1.55±0.25	ND	—	—	—	—	
	巴豆酸甲酯	1.09±0.10	ND	ND	—	—	—	—	
	乙酸异戊酯	ND	ND	0.06±0.01	2.00	—	—	0.06	果香
	己酸乙酯	ND	0.35±0.16	ND	1.00	0.02	5.11	0.42	香精，果香
	乙酸叶醇酯	0.66±0.00[a]	0.70±0.03[a]	0.64±0.06[a]	320.00	—	0.03	0.04	果香
	乙酸苄酯	3.18±0.00	ND	ND	364.00	0.02	—	—	花香
	己酸己酯	ND	0.38±0.02[a]	0.21±0.01[a]	—	—	—	—	果香
	月桂酸甲酯	2.49±0.36	ND	ND	—	—	—	—	
	辛酸己酯	ND	1.22±0.02	ND	—	—	—	—	青草香，果香
	丁酸十酯	ND	ND	0.20±0.01	—	—	—	—	
	肉桂酸丙酯	ND	2.09±0.03	ND	—	—	—	—	
烃类（11）	2-甲基丁烷	ND	ND	1.90±0.21	—	—	—	—	
	2-甲基戊烷	4.89±0.18[a]	ND	1.08±0.17[b]	—	—	—	—	
	正己烷	0.6±0.07[b]	5.29±0.17[a]	ND	—	—	—	—	

续表

类别	化合物名称	相对含量/%			阈值/（μg·kg^{-1}）	相对气味活度值（ROVA）			风味描述
		放牧+补饲组	放牧组	舍饲组		放牧+补饲组	放牧组	舍饲组	
烃类（11）	3-甲基己烷	ND	0.07 ± 0.02^{b}	0.75 ± 0.19^{a}	—	—	—	—	
	壬烷	ND	1.65 ± 0.18	ND	—	—	—	—	
	1，9-癸二烯	0.77 ± 0.11^{b}	0.61 ± 0.33^{b}	1.62 ± 0.21^{a}	—	—	—	—	
	癸烷	0.44 ± 0.06^{b}	1.18 ± 0.50^{a}	ND	—	—	—	—	
	β-蒎烯	1.68 ± 0.23^{a}	1.23 ± 0.15^{a}	ND	6.00	0.57	2.76	—	
	5-甲基-4-壬烯	0.34 ± 0.15^{b}	ND	0.92 ± 0.09^{a}	—	—	—	—	
	月桂烯	1.21 ± 0.15^{a}	1.54 ± 0.59^{a}	0.10 ± 0.00^{b}	670.00	0.02	0.31	0.01	
	反-7-十四烯	ND	0.23 ± 0.01^{a}	0.09 ± 0.01^{b}	—	—	—	—	
	己基环戊烷	0.35 ± 0.26	ND	ND	—	—	—	—	
其他（3）	1，2，4-三甲基苯	1.23 ± 0.02^{b}	1.49 ± 0.10^{a}	0.23 ± 0.02^{c}	—	—	—	—	
	1.3.5-三甲基苯	0.13 ± 0.00^{b}	0.64 ± 0.13^{a}	0.10 ± 0.01^{b}	—	—	—	—	
	叔丁基苯	1.29 ± 0.02^{a}	0.17 ± 0.05^{b}	0.05 ± 0.01^{c}	—	—	—	—	

注：同 1 行不同小写字母表示差异显著（$P<0.05$），“ND”表示未检测到，“–”表示未查询到或无法计算出结果，“0.00”表示其数值<0.01。

第3节 宰后不同时间滩羊肉抗氧化活性的变化及机制研究

动物宰后会经历僵直、解僵成熟、腐败3个过程，宰后的不同贮藏时间对羊肉品质有重要影响。研究表明，僵直前羊肉保水性高、营养物质流失少，加工特性优于解僵后的羊肉；僵直前和解僵初期煮制的羊肉风味物质含量丰富，而解僵后烤制的羊肉风味物质含量相对丰富。关于宰后僵直和解僵成熟过程对肉品质的影响在国内外已开展了大量研究，而僵直前生鲜肉的品质研究则成为近年的研究热点。动物屠宰以后，肌肉内仍进行着各种氧化反应，并且氧化反应的程度与肉品质密切相关。研究表明，在生鲜肉加工与贮藏过程中，蛋白质的氧化是导致肉品质下降的主要原因。目前，现有研究更多地关注解僵成熟生鲜肉在贮藏过程中的氧化反应变化，关于宰后初期羊肉抗氧化活性的变化未见报道。本试验以滩羊为研究对象，在宰后0.5 h、3 h、6 h、12 h、48 h取背最长肌，探究宰后不同时间滩羊肉抗氧化活性的变化，并从游离氨基酸、蛋白质组角度阐释抗氧化活性变化的原因，为开发高品质羊肉提供技术支持。

1 材料与方法

样品采集试验于2018年12月在宁夏盐池滩羊产业发展集团有限公司进行；样品测定试验于2019—2020年在中国农业科学院农产品加工研究所肉品实验室进行。

1.1 样品采集

选取同一养殖场的6月龄健康舍饲滩羊6只，饲喂大北农集团肉羊育肥期配合饲料。按商业屠宰方式屠宰，胴体重18.30±1.41 kg，宰后立即推入0~4 ℃冷却间冷却，分别在宰后0.5 h、3 h、6 h、12 h、48 h取单侧部分背最长肌，每个时间点各选择3只滩羊取左侧或右侧背最长肌，剔除表面脂肪和筋膜，将背最长肌样品分为2份，经液氮冷冻后，干冰保存冷链运输至实验室，1份−80 ℃贮存备用（用于蛋白质组学分析），1份−20 ℃贮存备用（用于游离氨基酸、抗氧化性能测定）。

1.2 主要仪器与试剂

LGJ−25冷冻干燥机，北京四环科学仪器厂；超低温冰箱，美国Thermo公司；

ML204/02电子天平，上海梅特勒·托利多有限公司；FCR1000-UF-E超纯水机，青岛富勒姆科技有限公司；SpectraMax190全波长酶标仪，美国MolecularDevices公司；L-8900全自动氨基酸分析仪，日本日立公司；HITACHI高速冷冻离心机，日立（中国）有限公司；TissueLyserLT研磨仪，德国QIAGEN公司；Sorvall™Legend™ Micro17微量离心机，美国Thermo公司；UltraTurraxDisperserS25匀浆仪，德国IKA集团；SC210A真空干燥仪，美国Thermo公司；RIGOLL-3000高效液相色谱，北京普源精电科技有限公司；OrbitrapQ-ExactiveHF质谱仪，美国Thermo公司。

ORAC（Oxygen-radicalabsorbancecapacity，氧自由基吸收能力）抗氧化试剂盒（AOX-2），Zenbio公司；总抗氧化能力检测试剂盒（ABTS快速法），西格玛奥德里奇（上海）贸易有限公司。

1.3 试验方法

采用QUENCHER方法对滩羊肉抗氧化活性进行测定（Serpen等，2012），包括铁离子还原/抗氧化能力（Ferricionreducingantioxidantpower，FRAP）、2，2-联氮基双-（3-乙基苯并噻唑啉-6-磺酸）二铵盐（2，2-azinobis-（3-ethylbenzothiazoline-6-sulphonate），ABTS）自由基清除能力、2，2-二苯代苦味酰基苯肼（2，2-diphenyl-1-picrylhydrazyl，DPPH）自由基清除能力、氧自由基吸收能力（ORAC）、N，N-二甲基-对苯二胺（N，N-dimethyl-p-phenylendiamine，DMPD）总抗氧化能力；测定滩羊肉游离氨基酸含量及组成；根据抗氧化能力和游离氨基酸结果，选择宰后0.5 h、6 h、48 h的滩羊肉进行蛋白组学分析。

2 结果与分析

2.1 宰后不同时间滩羊肉中抗氧化活性变化

宰后不同时间滩羊肉中FRAP总抗氧化能力结果见图3-3-8。宰后48 h内，滩羊肉中FRAP总抗氧化能力呈先下降后上升趋势。宰后3 h滩羊肉中，FRAP总抗氧化能力最低，且显著低于宰后0.5 h和6 h的水平（$P<0.05$）。宰后3 h，随着宰后时间的延长，滩羊肉中FRAP总抗氧化能力呈上升趋势。宰后6 h、12 h、48 h之间均存在显著性差异（$P<0.05$）。

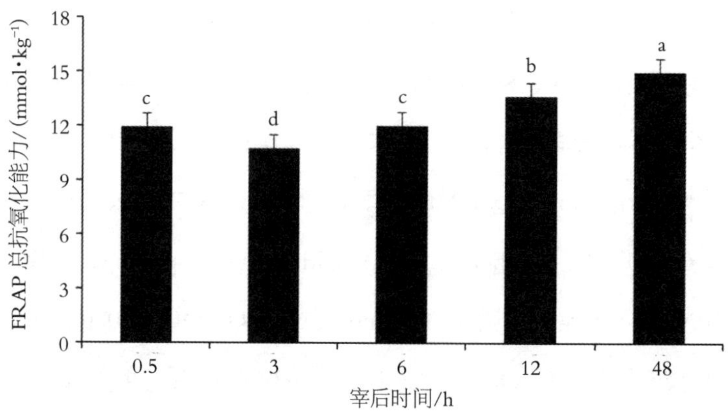

图 3-3-8 宰后不同时间滩羊肉中 FRAP 总抗氧化能力

注：a-d 表示宰后不同时间差异显著（P<0.05）

宰后不同时间滩羊肉中ABTS 自由基清除能力结果见图 3-3-9（A）。宰后 48 h 内，滩羊肉中 ABTS 自由基清除能力呈现升高后趋于稳定的变化趋势。宰后 0.5 h、3 h、6 h，滩羊肉中 ABTS 自由基清除能力存在显著性差异（P<0.05）；宰后 6 h、12 h 和 48 h，滩羊肉 ABTS 自由基清除能力差异不显著（P>0.05）。

宰后不同时间滩羊肉中 DPPH 和 DMPD 自由基清除能力结果分别见图 3-3-9（B）、3-3-9（D）。宰后 48 h 内，滩羊肉中 DPPH 和 DMPD 自由基清除能力整体

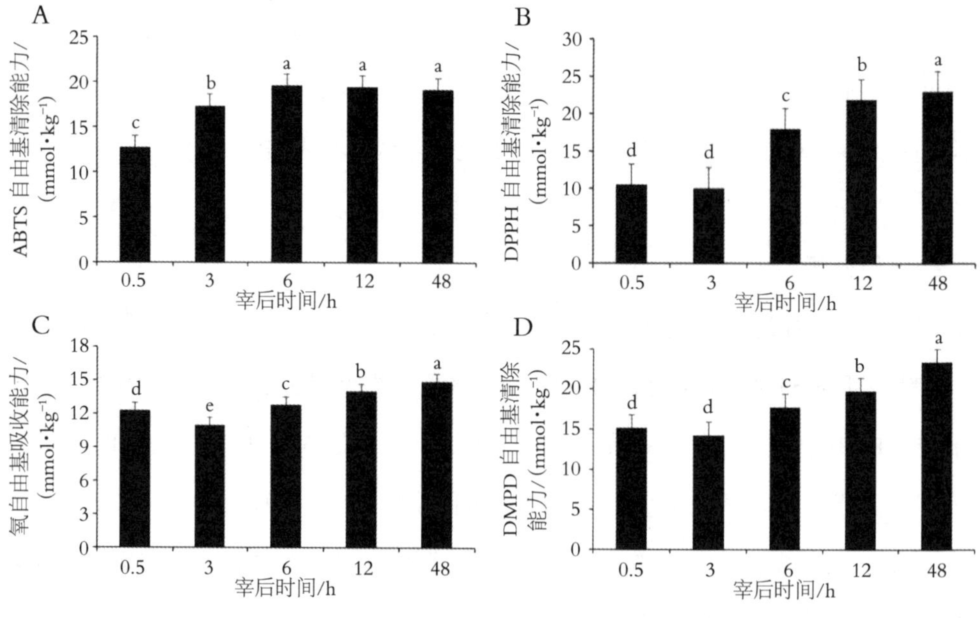

图 3-3-9 宰后不同时间滩羊肉中自由基清除能力

注：a-e 表示宰后不同时间差异显著（P<0.05）。

均呈现上升的变化趋势。宰后 0.5 h 和 3 h，滩羊肉中 DPPH 和 DMPD 自由基清除能力差异不显著（$P>0.05$）。宰后 6 h、12 h、48 h，滩羊肉中 DPPH 和 DMPD 自由基清除能力显著高于宰后 0.5 h 水平（$P<0.05$），同时宰后 6 h、12 h、48 h 均存在显著性差异（$P<0.05$）。

宰后不同时间滩羊肉中 ORAC 结果见图 3-3-9（C）。宰后 48 h 内，滩羊肉中 ORAC 整体呈现上升的变化趋势。宰后 0.5 h 和 3 h,滩羊肉中 ORAC 差异不显著（$P>0.05$），宰后 6 h、12 h、48 h 滩羊肉中 ORAC 显著增加（$P<0.05$）。

2.2　宰后不同时间滩羊肉中游离氨基酸含量变化

宰后不同时间滩羊肉中游离氨基酸的含量见表 3-3-11。滩羊肉中游离氨基酸的总含量为 1 085.16~1 100.43 mg/100 g，不同时间点游离氨基酸总含量差异不显著（$P>0.05$）。滩羊肉中主要的游离氨基酸为肌肽（499.15~555.97 mg/100 g）、鹅肌肽（197.54~213.93 mg/100 g）、谷氨酸（108.09~120.10 mg/100 g）、牛磺酸（70.26~92.20 mg/100 g）、丙氨酸（49.53~52.07 mg/100 g）和甘氨酸（20.13~21.40 mg/100 g）等，以上氨基酸的含量在不同时间点均不存在显著性差异（$P>0.05$）。胱氨酸、亮氨酸、酪氨酸、异亮氨酸、苯丙氨酸、精氨酸的含量在不同时间点存在显著性差异（$P<0.05$），并且总体呈现增加的趋势，宰后 48 h 滩羊肉中的含量显著高于宰后 0.5 h 的滩羊肉（$P<0.05$）。

宰后不同时间滩羊肉中游离氨基酸含量与滩羊肉抗氧化活性指标的相关性结果见表 3-3-12。与 FRAP 显著相关的游离氨基酸有 7 个，均呈现显著正相关关系，包括邻磷酸丝氨酸（r=0.489，$P<0.01$）、亮氨酸（r=0.566，$P<0.01$）、酪氨酸（r=0.596，$P<0.01$）、异亮氨酸（r=0.374，$P<0.05$）、苯丙氨酸（r=0.499，$P<0.01$）、赖氨酸（r=0.375，$P<0.05$）和精氨酸（r=0.376，$P<0.05$）。其中亮氨酸、酪氨酸、苯丙氨酸、精氨酸与 FRAP、ABTS、DPPH、ORAC、DMPD 均呈现显著正相关关系（$P<0.01$）。

2.3　宰后不同时间滩羊肉蛋白质组变化

根据宰后不同时间滩羊肉抗氧化活性结果，选择宰后 0.5 h、6 h 和 48 h 的滩羊肉进行蛋白组学分析，总共鉴定到 1 030 个蛋白（其中 787 个为共定量蛋白），共有 971 个蛋白在数据库中有其对应的 GO 条目。通过对滩羊肉蛋白质组进行主成分分

表 3-3-11　宰后不同时间滩羊肉中游离氨基酸含量

氨基酸含量	宰后时间					P值
	0.5 h	3 h	6 h	12 h	48 h	
邻磷酸丝氨酸	4.16±0.29[b]	4.14±0.31[b]	4.19±0.64[b]	4.45±0.41[ab]	4.85±0.65[a]	0.08
牛磺酸	79.10±41.24[a]	92.20±32.03[a]	80.19±28.93[a]	73.62±27.64[a]	70.26±36.18[a]	0.83
邻苯二乙醇胺	3.25±0.68[a]	3.18±0.34[a]	2.95±0.39[a]	2.80±0.42[a]	3.09±0.71[a]	0.60
天冬氨酸	0.76±1.19[a]	0.50±1.23[a]	0.05±0.13[a]	0.00±0.00[a]	0.04±0.09[a]	0.33
苏氨酸	4.33±1.53[a]	5.03±1.19[a]	4.74±1.69[a]	5.05±1.33[a]	5.22±1.24[a]	0.82
丝氨酸	6.63±0.47[a]	6.68±0.71[a]	6.76±0.63[a]	6.92±1.18[a]	6.78±0.72[a]	0.97
谷氨酸	120.10±15.06[a]	111.63±19.4[a]	108.09±22.41[a]	111.07±25.38[a]	108.38±24.75[a]	0.87
甘氨酸	20.13±3.15[a]	21.22±2.50[a]	20.69±2.42[a]	21.40±1.18[a]	20.88±1.92[a]	0.90
丙氨酸	49.53±6.12[a]	51.46±4.48[a]	51.76±4.34[a]	52.07±2.27[a]	51.04±2.23[a]	0.85
缬氨酸	1.39±0.85[a]	0.92±0.44[a]	0.97±1.31[a]	1.30±0.82[a]	1.37±0.28[a]	0.77
蛋氨酸	0.04±0.02[a]	0.03±0.01[a]	0.04±0.02[a]	0.05±0.03[a]	0.05±0.05[a]	0.84
胱氨酸	1.04±0.10[b]	1.17±0.10[ab]	1.14±0.14[b]	1.09±0.17[b]	1.31±0.16[a]	0.02
亮氨酸	1.81±0.30[c]	2.13±0.17[bc]	2.20±0.13[b]	2.27±0.19[b]	2.66±0.46[a]	0.00
酪氨酸	4.97±0.67[c]	5.78±0.75[bc]	6.17±0.66[b]	6.42±0.72[b]	7.55±1.05[a]	0.00
异亮氨酸	1.99±0.29[b]	2.40±0.43[ab]	2.43±0.37[ab]	2.47±0.31[ab]	2.79±0.53[a]	0.03
苯丙氨酸	2.00±0.40[c]	2.33±0.31[bc]	2.41±0.27[bc]	2.49±0.32[ab]	2.89±0.43[a]	0.00
γ-氨基丁酸	0.90±0.16[a]	0.85±0.17[a]	0.88±0.14[a]	0.86±0.10[a]	0.80±0.07[a]	0.78
氨	18.83±4.17[a]	20.57±2.66[a]	20.99±2.15[a]	21.08±1.71[a]	21.75±1.94[a]	0.42
鸟氨酸	1.70±0.53[a]	1.38±0.34[bc]	1.27±0.34[bc]	1.10±0.12[b]	1.49±0.42[bc]	0.10
赖氨酸	2.56±0.91[b]	3.12±0.58[ab]	3.21±0.66[ab]	3.31±0.57[ab]	3.79±0.89[a]	0.10
组氨酸	2.57±0.36[a]	2.80±0.73[a]	2.84±0.92[a]	3.14±0.69[a]	3.32±0.70[a]	0.40
鹅肌肽	197.54±25.69[a]	200.95±24.56[a]	208.89±18.77[a]	213.93±18.28[a]	202.07±28.81[a]	0.76
肌肽	499.15±27.17[a]	530.58±65.12[a]	533.56±85.88[a]	555.97±34.04[a]	528.04±65.02[a]	0.60
精氨酸	6.03±1.02[c]	7.03±0.81[bc]	7.53±1.41[ab]	7.13±1.05[ab]	8.51±0.63[a]	0.01
脯氨酸	5.63±0.89[ab]	4.88±1.62[b]	5.29±1.07[ab]	5.20±0.62[ab]	6.32±0.89[a]	0.15
合计	1086.05±62.03[a]	1 100.05±78.03[a]	1 081.83±70.54[a]	1 100.43±15.42[a]	1 085.16±57.00[a]	0.97

注：数值为平均值±标准偏差，同行不同小写字母表示不同处理间差异显著（P<0.05）。

表 3-3-12　滩羊肉中游离氨基酸含量与抗氧化活性的相关性

氨基酸名称	相关系数				
	FRAP	ABTS	DPPH	ORAC	DMPD
邻磷酸丝氨酸	0.480**	0.208	0.420*	0.417*	0.417*
牛磺酸	−0.226	−0.091	−0.188	−0.227	−0.235
邻苯二乙醇胺	−0.106	−0.236	−0.222	−0.132	−0.181
天冬氨酸	−0.252	−0.393*	−0.378*	−0.246	−0.268
苏氨酸	0.128	0.213	0.135	0.192	0.241
丝氨酸	0.114	0.175	0.120	0.143	0.137
谷氨酸	−0.034	−0.129	−0.162	−0.117	−0.110
甘氨酸	0.063	0.083	0.062	−0.040	0.086
丙氨酸	0.077	0.182	0.113	0.076	0.098
缬氨酸	0.168	−0.109	0.111	0.208	0.082
蛋氨酸	0.270	−0.022	0.168	0.247	0.080
胱氨酸	0.313	0.227	0.296	0.226	0.312
亮氨酸	0.566**	0.487**	0.597**	0.471**	0.629**
酪氨酸	0.596**	0.493**	0.656**	0.532**	0.679**
异亮氨酸	0.374*	0.391*	0.456*	0.324	0.425*
苯丙氨酸	0.499**	0.405*	0.545**	0.445*	0.569**
γ-氨基丁酸	−0.234	−0.171	−0.144	−0.193	−0.153
氨	0.235	0.371*	0.289	0.230	0.258
鸟氨酸	−0.010	−0.402*	−0.274	−0.117	−0.091
赖氨酸	0.375*	0.265	0.410*	0.271	0.391*
组氨酸	0.333	0.252	0.337	0.300	0.372*
鹅肌肽	0.075	0.269	0.157	0.073	0.095
肌肽	0.040	0.370*	0.187	0.110	0.170
精氨酸	0.376*	0.486**	0.493**	0.384*	0.536**
脯氨酸	0.324	−0.078	0.212	0.285	0.370*
合计	−0.089	−0.014	−0.016	−0.116	−0.078

注：* 在 0.05 水平上显著相关，** 在 0.01 水平上显著相关。

析，3 个处理组不能完全分开，表明宰后 3 个时间点的滩羊肉蛋白组差异有限。以 P<0.05、差异倍数>1.5 或<0.67 作为阈值，筛选出宰后不同时间滩羊肉的差异蛋白 20 个，差异蛋白层次聚类热图见图 3-3-10。随着宰后时间的延长，上调的蛋白有伴肌动蛋白（W5PFV9）、糖原蛋白 1（W5P5C5）、H15 结构域蛋白（W5NS65）、肽基脯氨酰异构酶（W5PHT7）、电压门控钙离子通道辅助亚基 α2δ-1（W5Q466）、脯氨酸/精氨酸丰富端亮氨酸丰富重复蛋白（W5NUA0）、泛素羧基末端水解酶（W5Q922）、蛋白激酶结构域蛋白（W5QG38）、苯丙氨酰-tRNA 合成酶 β（W5QGI4）、H1 组蛋白家族成员 0（W5QGM7）。随着宰后时间的延长，下调的蛋白有钙蛋白酶抑制蛋白（C3V6M4）、辅酶 Q8A（W5NTS5）、亲联蛋白 1（W5P8Z2）、

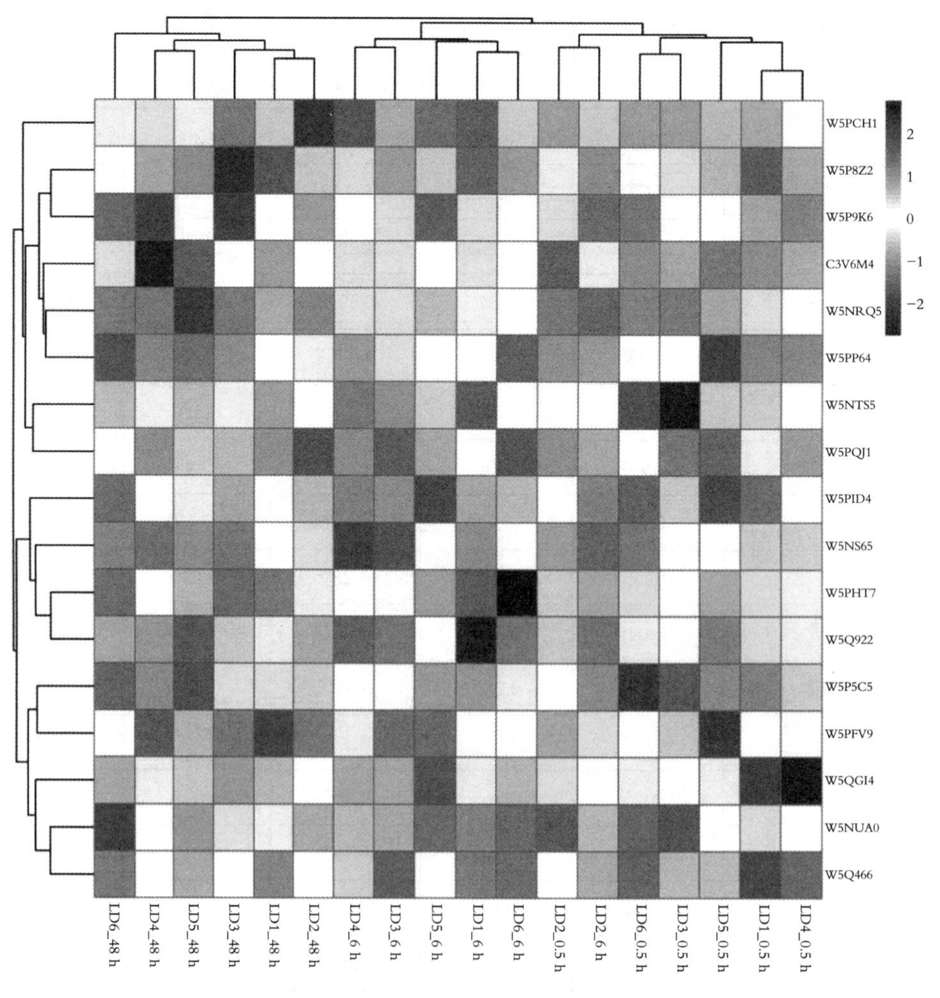

图 3-3-10　宰后不同时间滩羊肉中差异蛋白层次聚类热图

注：图中不同列代表不同的样品，不同行代表不同的蛋白；颜色代表蛋白在样品中的表达量

蛋白酶体 26S 亚基 ATP 合酶（W5P9K6）、亮氨酸拉链和 CTNNBIP1 结构域（W5PA76）、载脂蛋白 BmRNA 编辑酶催化亚基 2（W5NRQ5）、真核细胞翻译起始因子 4H（W5PQJ1）、胞膜窖相关蛋白 4（W5PCH1）以及 2 个未知蛋白（W5PID4、W5PP64）。

纵坐标为 GO 条目，横坐标表示差异蛋白在对应的功能条目中的富集情况，-LOG10PValue 的值越大，差异蛋白和该功能越相关。

对宰后不同时间滩羊肉中的差异蛋白进行 GO 组分富集分析，这些蛋白主要参与在生物学进程中，主要涉及核小体的组织、组装等；在细胞组分中，富集的功能包括核小体、DNA 包装复合体、蛋白质-DNA 复合体等；在分子功能中，蛋白质主要参与电压门控性钙通道活性、葡萄糖苷转移酶活性、胞苷脱氨酶活性等过程。宰后不同时间滩羊肉中差异蛋白 GO 富集分析如图 3-3-11 所示。

宰后不同时间滩羊肉中 20 个差异蛋白与滩羊肉抗氧化活性指标的相关性结果见表 3-3-13。与 FRAP 显著相关的差异蛋白有 12 个，其中与钙蛋白酶抑制蛋白、亲联蛋白 1、蛋白酶体 26S 亚基 ATP 合酶、亮氨酸拉链和 CTNNBIP1 结构域、未知

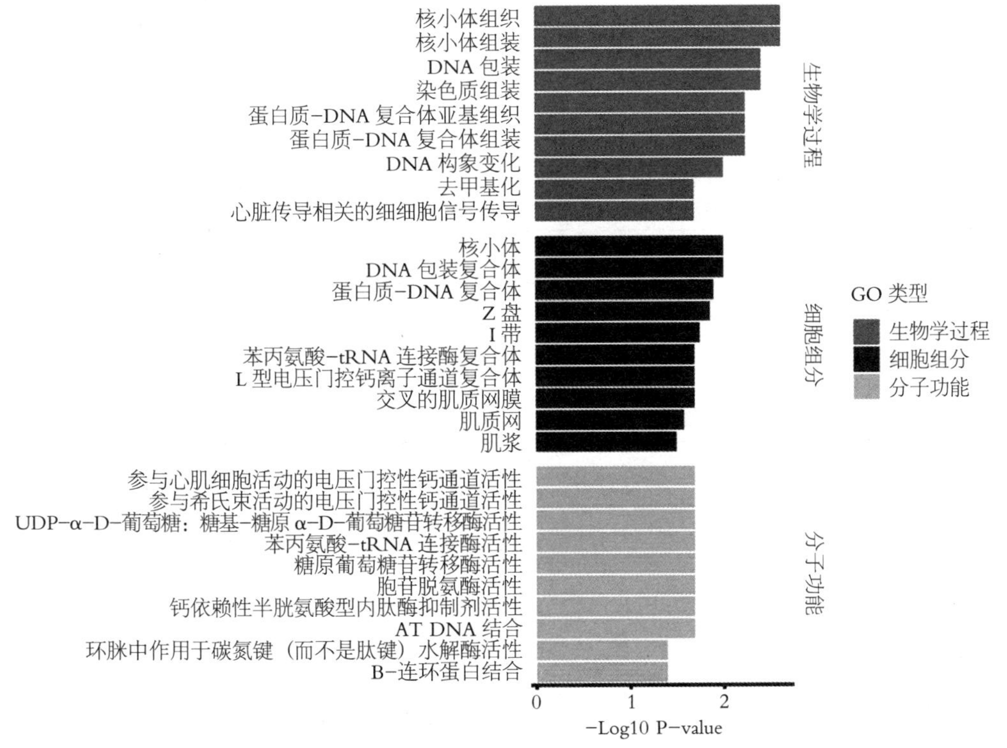

图 3-3-11　宰后不同时间滩羊肉中差异蛋白 GO 富集分析图

表 3-3-13　滩羊肉中差异蛋白丰度与抗氧化活性的相关性

登记号	蛋白名称	相关系数				
		FRAP	ABTS	DPPH	ORAC	DMPD
C3V6M4	钙蛋白酶抑制蛋白	−0.556*	−0.587*	−0.638**	−0.573*	−0.589*
W5NRQ5	载脂蛋白 BmRNA 编辑酶催化亚基 2	−0.432	−0.544*	−0.584*	−0.409	−0.599**
W5NS65	H15 结构域蛋白	0.471*	−0.155	0.142	0.396	0.375
W5NTS5	辅酶 Q8A	−0.223	−0.372	−0.448	−0.289	−0.359
W5NUA0	脯氨酸/精氨酸丰富端亮氨酸丰富重复蛋白	0.052	0.541*	0.422	0.126	0.169
W5P5C5	糖原蛋白 1	0.642**	0.655**	0.800**	0.637**	0.818**
W5P8Z2	亲联蛋白 1	−0.786**	−0.467	−0.632**	−0.817**	−0.630**
W5P9K6	蛋白酶体 26S 亚基 ATP 合酶	−0.738**	−0.384	−0.558*	−0.722**	−0.651**
W5PA76	亮氨酸拉链和 CTNNBIP1 结构域	−0.465*	−0.296	−0.527	−0.487*	−0.572*
W5PCH1	胞膜窖相关蛋白 4	−0.442	0.168	−0.100	−0.333	−0.305
W5PFV9	伴肌动蛋白	0.627**	0.253	0.539*	0.587*	0.596**
W5PHT7	肽基脯氨酰异构酶	0.562*	−0.027	0.256	0.508*	0.416
W5PID4	未知蛋白 1	0.025	−0.502*	−0.319	−0.056	−0.151
W5PP64	未知蛋白 2	−0.557*	−0.674**	−0.674**	−0.627**	−0.673**
W5PQJ1	真核细胞翻译起始因子 4H	−0.521*	−0.056	−0.376	−0.505*	−0.443
W5Q466	电压门控钙离子通道辅助亚基 α2δ−1	0.183	0.742**	0.555*	0.284	0.334
W5Q922	泛素羧基末端水解酶	0.447	−0.040	0.230	0.403	0.465
W5QG38	蛋白激酶结构域蛋白	0.611**	0.489*	0.584*	0.607**	0.539*
W5QGI4	苯丙氨酰−tRNA 合成酶 β	0.261	0.634**	0.499*	0.456	0.406
W5QGM7	H1 组蛋白家族成员 0	0.716**	0.058	0.454	0.574*	0.626**

注：** 在 0.01 水平上显著相关，* 在 0.05 水平上显著相关。

蛋白 2、真核细胞翻译起始因子 4H 等 6 个蛋白呈显著负相关（$P<0.05$ 或 $P<0.01$），与 H15 结构域蛋白、糖原蛋白 1、伴肌动蛋白、肽基脯氨酰异构酶、蛋白激酶结构域蛋白、H1 组蛋白家族成员 0 等 6 个蛋白呈显著正相关（$P<0.05$ 或 $P<0.01$）。钙蛋白酶抑制蛋白和未知蛋白 2 与 FRAP、ABTS、DPPH、ORAC、DMPD 均呈现显著负相关关系（$P<0.05$ 或 $P<0.01$），而糖原蛋白 1 和蛋白激酶结构域蛋白与 FRAP、

ABTS、DPPH、ORAC、DMPD 均呈显著正相关关系（$P<0.05$ 或 $P<0.01$）。

3　小结

（1）宰后 48 h 内，滩羊肉总抗氧化能力总体呈现上升趋势，并且抗氧化能力的升高与宰后肌肉中亮氨酸、酪氨酸、苯丙氨酸、精氨酸等游离氨基酸的释放有关。

（2）宰后初期，肌肉中钙蛋白酶抑制蛋白、未知蛋白 2 等蛋白表达量的下降和糖原蛋白 1、蛋白激酶结构域蛋白等蛋白表达量的上升与宰后滩羊肉抗氧化能力的变化显著相关。

第 4 节　基于可见–近红外光谱的滩羊肉多品质指标无损检测技术研究

目前，羊肉品质检测大多采用感官评价和理化检测等传统方法，其检测效率低、时间长、破坏样品，无法满足肉类品质快速、无损、准确的检测需求，难以广泛应用于市场检测。近红外光谱技术已经广泛应用于羊肉品质检测中并快速发展成为现在的热门技术，国内外的众多学者利用该技术对不同肉类中化学组成成分、肉品品质特性、产地及掺假鉴别等方面进行了许多研究。对羊肉品质的检测主要集中在冷冻肉和预冷成熟肉，采集的样品随机性及丰富度不够，大多只针对宰后单一时期、单一部位肉进行近红外无损预测研究，这使预测模型适应性较差、适用范围小。基于此，本实验以宁夏滩羊为研究对象，采集宰后 1 h、24 h 和 72 h 3 个时期 200~1 100 nm、900~1 700 nm 2 个波段的可见–近红外光谱信息，并测定色泽、pH、蒸煮损失等 7 个品质指标，基于预处理优化后的光谱数据建立各品质指标 PLSR 预测模型，实现滩羊宰后不同时期多部位融合的多品质指标无损预测，丰富和拓展羊肉品质近红外光谱无损预测模型的适用范围，以期为滩羊肉品质控制和优质特色产品生产提供数据支持和技术支撑。

1　材料与方法

1.1　样品采集

滩羊肉样品取自宁夏吴忠市盐池县滩羊产业集团，选取 3~5 月龄、6~9 月龄、

10~12 月龄、12~15 月龄的滩羊共 36 只，屠宰后取其单侧外脊、前腿、羊霖、臀肉 4 个部位肉共 144 块，肉样经分割整形后进行光谱数据采集及各品质指标测定。僵直前期、最大僵直期和解僵成熟期的光谱数据采集及各指标测定保证在滩羊宰后 1 h、24 h、72 h 完成。

1.2　仪器与设备

光谱仪 1，AvaSpec-ULS2048CL-EVO-RS 型光谱仪（检测波段 200~1100 nm，光谱分辨率最小 0.05 nm，荷兰 Avantes 公司；自建光源，20 W 的卤钨灯反射灯杯）；光谱仪 2，MicroNIR 微型近红外光谱仪（含双集成真空钨灯光源，分光器线性渐变滤光片 LVF，检测波段 900~1 700 nm，美国 JDSU 公司）；CM-600D 色差计，柯尼卡美能达公司；便携式 Testo205 型 pH 计，德图仪器国际贸易上海有限公司；C-LM4 型肌肉嫩度仪，东北农业大学工程学院；HH-4 数显恒温水浴锅，江苏省金坛市荣华仪器制造有限公司；全自动凯式定氮仪，丹麦 FOSS 公司；SOX406 型粗脂肪测定仪，海能仪器；DHG-9140AS 型恒温干燥箱，宁波江南仪器厂。

1.3　实验方法

1.3.1　近红外光谱采集

滩羊肉样品在 200~1 100 nm、900~1 700 nm 波段可见-近红外光谱数据采集，使用仪器自带的 AvaSoft8.7 和 MicroNIR1.5.7 软件采集样品的反射光谱数据。每个样品采集表面 3 个不同位点的可见-近红外反射光谱数据，计算其平均光谱作为该样本的代表光谱。光谱采集如图 3-3-12 所示。

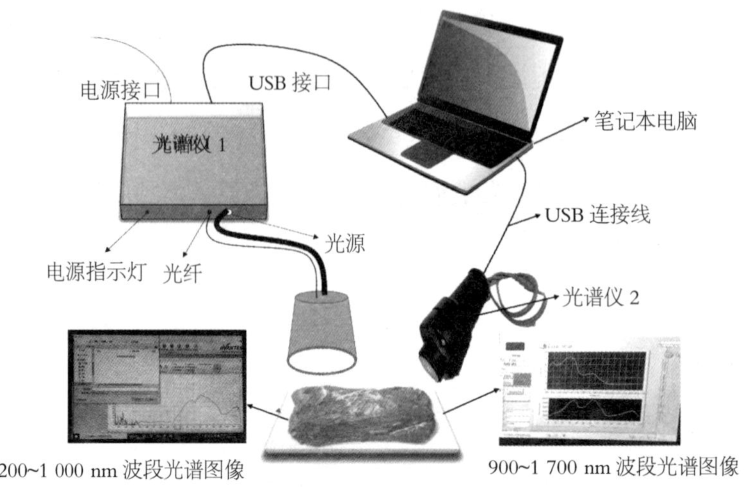

图 3-3-12　光谱采集示意图

1.3.2　品质指标测定

测定样品色泽、pH、蒸煮损失，蒸煮损失率、剪切力、蛋白质含量、粗脂肪含量和水分含量。

1.4　光谱数据处理及建模

使用 SG 平滑法（Savitzky–Golay，SG）、一阶导数处理（first derivative，1–Der）、二阶导数处理（second derivative，2–Der）、多元散射校正（multiplicative scatter correction，MSC）、标准正态变量（standard normalized variate，SNV）对采集的原始光谱数据进行预处理。使用偏最小二乘回归（PLSR）建立各品质指标的预测模型。

1.5　模型验证评价

建模时，144 个样品集被划分为 108 个校正集（Calibration）样本和 36 个预测集样本（Prediction），校正集样本用来建立量化分析模型，利用预测集样品对模型效果进行初步验证评价。

2　结果与分析

2.1　滩羊肉品质参数测定结果

对测定的 144 个滩羊肉样品各品质指标数据进行区间划分，结果如图 3–3–13 所示。从滩羊肉各品质指标值的分布情况来看，样品的色泽 L^* 大致集中分布在 30~40，a^* 集中分布在 9~12，b^* 集中分布在 6~10，pH 集中分布在 6.5~7.3，蒸煮损失集中分布在 20%~30%，剪切力集中分布在 50~100 N，蛋白质含量集中分布在 20%~22%，粗脂肪含量集中分布在 1%~3%，水分含量分布集中在 72%~76%。各品质参数理化值近似呈正态分布，各品质指标数据具有代表性，表明样品集有利于建立适用范围广、预测能力好的模型。

2.2　光谱数据预处理

采集样品 200~1 100 nm 波段的光谱数据两端噪声较大且信号较弱，因此截取 370~1 050 nm 范围的光谱信息进行预处理，结果如图 3–3–14 所示。图中 A 为原始光谱曲线，B~F 为经过不同预处理的光谱曲线，各样品原始光谱曲线形状基本一致且大量集中分布，经过预处理后的光谱曲线变得更为平滑，且排列也比处理前更整齐、紧密，能够更加清楚地观察到样品反射光谱波峰波谷的位置。样品光谱曲线在

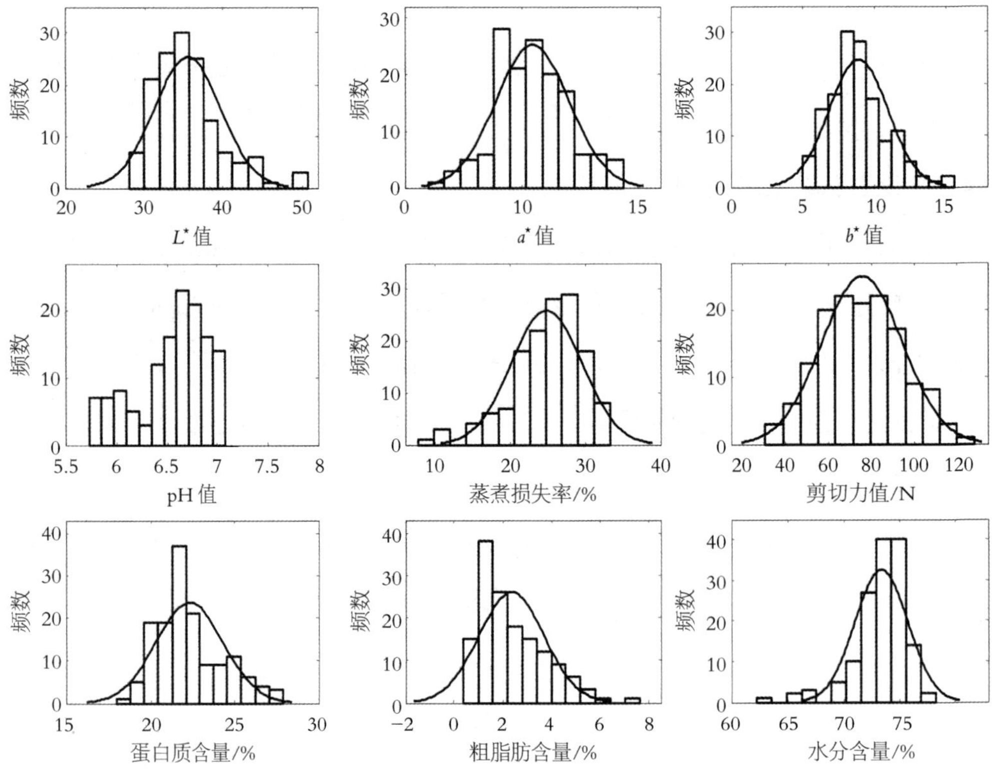

图 3-3-13　滩羊肉各指标化学值分布直方图

400~600 nm 范围反射率比较低，在 600~900 nm 红色光谱区域反射率较高，在 450 nm、570 nm、750 nm、980 nm 附近出现强烈吸收峰，前 3 个峰在可见光范围内出现，这与反应肉色泽的物质对光的吸收有关，450 nm 附近为脱氧肌红蛋白和氧合肌红蛋白的特征吸收峰，570 nm 附近反映了脱氧肌红蛋白的吸收峰，750 nm 处的吸收峰主要与肉中血红蛋白、肌红蛋白特征吸收有关，980 nm 附近的吸收峰对应 C−H、O−H 基团的四级和二级倍频吸收，与肉中的水分密切相关。

采集样品 900~1 700 nm 波段光谱数据，其光谱曲线如图 3−3−15 所示。图中 A 为原始光谱图，B~F 为不同预处理的光谱图，对原始光谱进行 SNV 处理和 MSC 处理明显改善光谱曲线分离的现象，使光谱曲线排列更紧密整齐，羊肉脂肪、蛋白及水分含量约占质量的 95%以上，因此光谱吸收峰主要与其所含的 O−H、C−H 和 N−H2 等基团紧密相关。从图中可观察到样品有 2 个明显的吸收峰，在 970~980 nm 处的吸收峰可能与 O−H 基团的二级倍频吸收有关，1 190~1 200 nm 处的吸收峰可能与 C−H 基团的一级、二级倍频吸收有关。

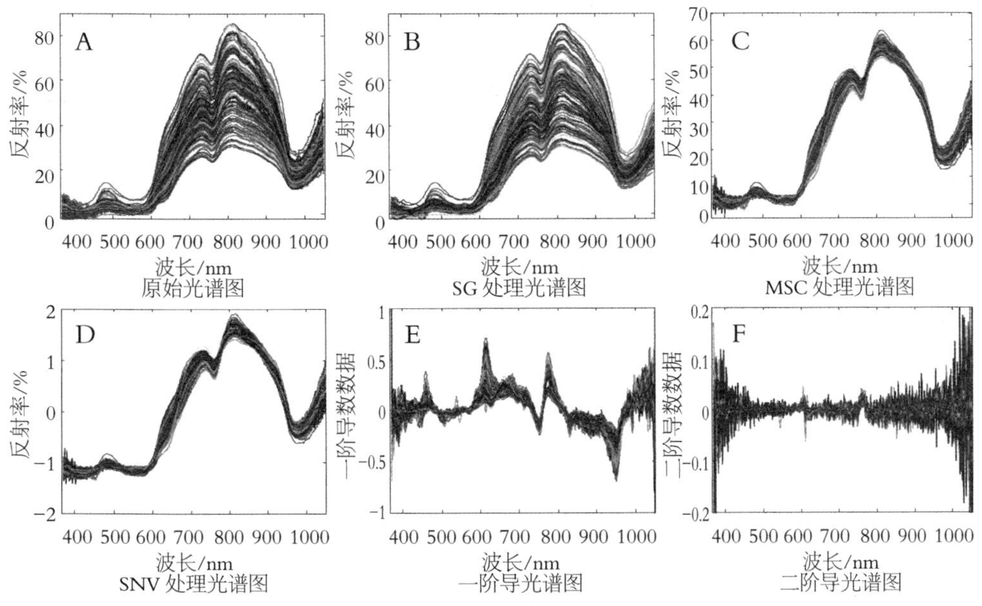

图 3-3-14　滩羊肉原始光谱曲线及不同预处理光谱曲线（370~1 050 nm）

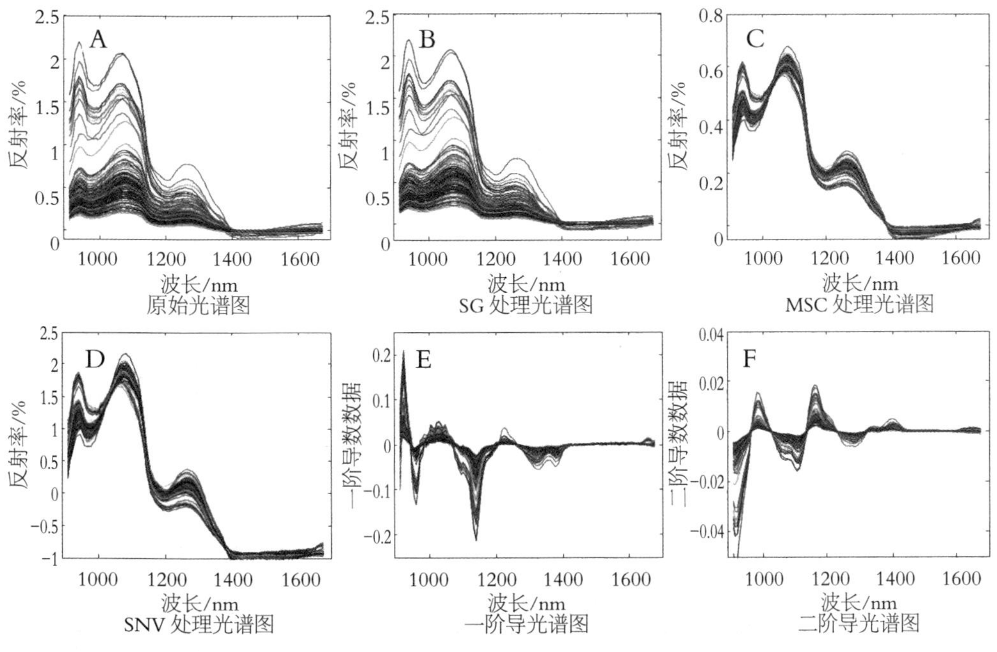

图 3-3-15　滩羊肉原始光谱曲线及不同预处理光谱曲线（900~1 700 nm）

2.3　各指标 PLSR 建模结果分析及光谱数据预处理方法的选择

参与建模分析的样品各指标参数结果统计见表 3-3-14，共有 144 个样品，按照 3∶1 的比例随机划分为校正集 108 个、预测集 36 个，表中校正集各指标参数变幅范围与预测集相近，且校正集与预测集的平均值和标准偏差相近，可见校正集与验证集内的样本分布相似，表明建模样品集选择合理。

表 3-3-14　滩羊肉各指标样本集化学值统计

品质指标	样本集	样本容量	最大值	最小值	均值	标准差
L^*	总样本集	144	50.760	28.100	35.519	4.281
	校正集	108	50.760	28.100	35.531	4.283
	预测集	36	48.900	28.840	35.482	4.336
a^*	总样本集	144	14.400	6.030	10.585	1.608
	校正集	108	14.400	7.070	10.615	1.605
	预测集	36	13.780	6.030	10.495	1.636
b^*	总样本集	144	15.620	5.020	8.894	2.058
	校正集	108	15.520	5.180	8.942	2.051
	预测集	36	15.620	5.020	8.748	2.101
pH	总样本集	144	7.210	5.729	6.613	0.381
	校正集	108	7.210	5.729	6.608	0.386
	预测集	36	7.210	5.758	6.626	0.372
蒸煮损失率/%	总样本集	144	33.210	10.050	24.914	4.531
	校正集	108	33.210	10.050	25.026	4.661
	预测集	36	30.983	14.430	24.576	4.161
剪切力/N	总样本集	144	128.630	30.870	75.928	18.788
	校正集	108	128.630	30.870	75.365	18.892
	预测集	36	117.268	38.850	77.617	18.632
蛋白质含量/%	总样本集	144	27.915	17.940	22.326	2.026
	校正集	108	27.915	18.930	22.385	2.045
	预测集	36	26.900	17.940	22.148	1.983
粗脂肪含量/%	总样本集	144	7.627	0.371	2.357	1.341
	校正集	108	7.627	0.371	2.502	1.424
	预测集	36	4.771	0.458	1.920	0.940
水分含量/%	总样本集	144	78.250	62.229	73.370	2.360
	校正集	108	78.250	62.229	73.321	2.498
	预测集	36	77.337	69.250	73.516	1.915

2.3.1　滩羊肉 370~1 050 nm 波段 PLSR 建模结果分析

各品质指标 370~1 050 nm 波段不同光谱预处理的 PLSR 模型结果见表 3-3-15。蒸煮损失和粗脂肪含量原始光谱建立 PLSR 模型效果较好，校正集、预测集的相关系数 RC 和 RP 为 0.910 和 0.830，误差值 RMSEC 和 RMSE 为 0.562 和 0.709，其余

表 3-3-15　滩羊肉各指标不同预处理方法下 PLSR 模型比较

建模指标	预处理方法	主因子数	校正集		预测集	
			R_C	RMSEC	R_p	RMSEP
L^*	None	15	0.913	1.786	0.738	3.522
	SG	16	0.916	1.734	0.738	3.609
	SNV	13	0.912	1.762	0.843	2.427
	MSC	13	0.910	1.774	0.843	2.427
	1-Der	7	0.813	3.004	0.722	4.347
	2-Der	9	0.664	4.636	0.425	12.130
a^*	None	10	0.820	0.962	0.706	1.200
	SG	10	0.782	1.062	0.707	1.187
	SNV	13	0.948	0.502	0.922	0.621
	MSC	13	0.949	0.501	0.921	0.625
	1-Der	7	0.767	1.221	0.653	1.521
	2-Der	4	0.652	5.093	0.487	4.565
b^*	None	14	0.851	1.120	0.786	1.356
	SG	12	0.821	1.166	0.780	1.495
	SNV	14	0.948	0.671	0.918	0.761
	MSC	14	0.947	0.672	0.918	0.762
	1-Der	8	0.814	1.209	0.703	1.732
	2-Der	3	0.625	5.203	0.577	5.328
pH	None	14	0.837	0.258	0.700	0.700
	SG	13	0.814	0.285	0.691	0.705
	SNV	10	0.906	0.160	0.830	0.233
	MSC	10	0.910	0.156	0.834	0.233
	1-Der	5	0.652	0.673	0.627	0.879
	2-Der	6	0.540	1.694	0.427	2.435

续表

建模指标	预处理方法	主因子数	校正集		预测集	
			R_C	RMSEC	R_p	RMSEP
蒸煮损失率/%	None	15	0.936	1.625	0.811	3.211
	SG	15	0.928	1.729	0.790	3.499
	SNV	16	0.955	1.332	0.867	2.303
	MSC	14	0.955	1.335	0.869	2.287
	1-Der	12	0.941	1.549	0.709	4.118
	2-Der	3	0.407	13.616	0.459	13.223
剪切力值/N	None	13	0.898	8.480	0.764	13.027
	SG	15	0.897	8.175	0.750	14.041
	SNV	11	0.896	8.515	0.805	11.382
	MSC	11	0.895	8.554	0.805	11.390
	1-Der	9	0.902	8.440	0.632	16.428
	2-Der	8	0.865	9.738	0.504	16.736
蛋白质含量/%	None	13	0.812	1.341	0.722	2.551
	SG	12	0.771	1.490	0.707	2.583
	SNV	11	0.924	0.787	0.882	1.008
	MSC	11	0.925	0.781	0.882	1.005
	1-Der	15	0.913	0.890	0.685	2.865
	2-Der	12	0.466	2.907	0.252	9.319
粗脂肪含量/%	None	13	0.910	0.562	0.830	0.709
	SG	12	0.898	0.597	0.825	0.714
	SNV	12	0.921	0.527	0.816	0.896
	MSC	12	0.921	0.527	0.816	0.903
	1-Der	13	0.943	0.449	0.769	0.898
	2-Der	5	0.558	1.170	0.448	1.345
水分含量/%	None	14	0.572	3.388	0.455	7.732
	SG	13	0.533	3.805	0.415	7.626
	SNV	11	0.922	0.908	0.875	1.317
	MSC	11	0.924	0.892	0.879	1.276
	1-Der	9	0.408	5.206	0.356	10.478
	2-Der	9	0.405	12.875	0.468	15.885

注：表中加粗字体为筛选的各指标最优预测模型。

指标原始光谱建模效果不佳。各指标经过预处理后建模效果得到显著提升，校正集和预测集的 RC 和 RP 均明显提高，RMSEC 和 RMSE 减小；SG 处理后光谱数据的建模效果稍有提升，但对预测集的改善效果不好，甚至会出现预测集相关系数降低的情况；光谱数据经 MSC 或 SNV 处理建模效果明显提升，二者对建模效果的改善结果基本一致，SNV 处理后色泽 L^*、a^*、b^* 和剪切力值建模效果最优，R_C 和 R_P 分别为 0.912、0.948、0.948、0.929、0.896 和 0.843、0.922、0.918、0.805，RMSEC 和 RMSE 分别为 1.762、0.502、0.671、8.515 N 和 2.427、0.621、0.761、11.382 N；MSC 处理后 pH、蒸煮损失值、蛋白质含量、水分含量建模效果最优，R_C 和 R_P 分别为 0.910、0.955、0.925、0.924 和 0.834、0.869、0.882、0.879，RMSEC 和 RMSEP 分别为 0.156%、1.335%、0.781%、0.892% 和 0.233、2.287%、1.005%、1.276%；一阶导数、二阶导数处理的建模效果较差，校正集、预测集的 R_C 和 R_P 明显降低，说明导数处理可能引入了其他的噪声干扰，降低了预测模型的性能。

综合以上结果，发现建立的色泽 a^*、b^*、蒸煮损失值、蛋白质含量和水分含量最优 PLSR 模型结果优于其他指标建模结果，R_C 均>0.9，RP 均>0.85，色泽 L^*、pH、剪切力值、粗脂肪含量最优 PLSR 模型 R_C 虽然大多数>0.9，但 RP 相对稍低，>0.83，模型预测的精准度略低。

2.3.2　滩羊肉 900~1 700 nm 波段 PLSR 建模结果分析

各品质指标 900~1 700 nm 波段不同光谱预处理的 PLSR 模型结果见表 3-3-16。表中各指标原始光谱数据的建模结果不佳，经过预处理之后得到提升，校正集和预测集的 R_C 和 R_P 均明显提高，RMSEC 和 RMSEP 减小。MSC 处理后色泽 b^*、蛋白质含量、水分含量的建模效果最优，R_C 和 R_P 分别为 0.892、0.901、0.954 和 0.888、0.895、0.941，RMSEC 和 RMSEP 分别为 0.956%、0.884%、0.741% 和 0.871%、0.880%、0.779%；SNV 处理后色泽 L^*、a^*、pH 值、蒸煮损失值、剪切力值的建模效果达到最优，R_C 和 R_P 分别为 0.900、0.933、0.924、0.907、0.866 和 0.889、0.922、0.881、0.862、0.837，RMSEC 和 RMSEP 分别为 1.856、0.575、0.147、1.950、9.389 N 和 2.068、0.629、0.174、2.283、10.666 N；粗脂肪含量建模最优预处理方法为 2-Der，R_C 和 R_P 为 0.911 和 0.848，RMSEC 和 RMSEP 为 0.588%和 0.545%。

综上可知，色泽 L^*、a^*、b^*、pH、蒸煮损失值、蛋白质含量和水分含量的建模

表 3-3-16　滩羊肉各指标不同预处理方法下 PLSR 模型比较

建模指标	预处理方法	主因子数	校正集		预测集	
			R_C	RMSEC	R_V	RMSEP
L^*	None	1	0.822	13.820	0.823	13.476
	SG	1	0.822	13.819	0.823	13.474
	SNV	14	0.900	1.856	0.889	2.068
	MSC	15	0.908	1.725	0.881	2.305
	1−Der	12	0.815	3.950	0.804	5.322
	2−Der	11	0.814	4.031	0.767	7.273
a^*	None	1	0.865	3.942	0.830	3.445
	SG	17	0.860	0.943	0.836	1.682
	SNV	16	0.933	0.575	0.922	0.629
	MSC	16	0.933	0.576	0.922	0.629
	1−Der	16	0.895	0.798	0.859	2.003
	2−Der	13	0.872	0.992	0.879	2.617
b^*	None	15	0.905	0.909	0.871	1.260
	SG	15	0.893	0.968	0.872	1.264
	SNV	12	0.892	0.956	0.886	0.879
	MSC	12	0.892	0.956	0.888	0.871
	1−Der	11	0.897	1.024	0.893	1.616
	2−Der	10	0.903	1.090	0.850	1.314
pH	None	2	0.705	2.329	0.705	2.510
	SG	2	0.705	2.329	0.705	2.509
	SNV	15	0.924	0.147	0.881	0.174
	MSC	15	0.923	0.148	0.878	0.176
	1−Der	5	0.718	1.600	0.706	1.296
	2−Der	4	0.740	1.708	0.744	1.688
蒸煮损失率/%	None	16	0.840	2.543	0.771	3.314
	SG	14	0.717	3.629	0.681	3.879
	SNV	16	0.907	1.950	0.862	2.283
	MSC	16	0.907	1.955	0.860	2.296
	1−Der	15	0.856	2.450	0.841	3.061
	2−Der	13	0.834	2.944	0.809	3.957

续表

建模指标	预处理方法	主因子数	校正集		预测集	
			R_C	RMSEC	R_V	RMSEP
剪切力/N	None	14	0.805	11.477	0.716	14.611
	SG	16	0.836	10.535	0.718	15.654
	SNV	15	0.866	9.389	0.837	10.666
	MSC	15	0.867	9.380	0.836	10.693
	1-Der	13	0.820	10.405	0.807	12.848
	2-Der	13	0.843	10.647	0.793	12.647
蛋白质含量/%	None	1	0.835	8.978	0.833	8.684
	SG	1	0.834	8.978	0.833	8.683
	SNV	15	0.899	0.891	0.893	0.889
	MSC	15	0.901	0.884	0.895	0.880
	1-Der	1	0.837	8.513	0.825	9.559
	2-Der	1	0.808	9.952	0.765	9.104
粗脂肪含量/%	None	13	0.904	0.599	0.805	0.689
	SG	15	0.912	0.575	0.815	0.661
	SNV	14	0.843	0.763	0.733	0.854
	MSC	14	0.842	0.764	0.734	0.850
	1-Der	13	0.906	0.434	0.827	1.095
	2-Der	8	0.911	0.588	0.848	0.545
水分含量/%	None	2	0.801	26.543	0.783	20.424
	SG	2	0.801	26.561	0.783	20.430
	SNV	15	0.953	0.751	0.941	0.810
	MSC	15	0.954	0.741	0.941	0.779
	1-Der	3	0.764	23.509	0.773	21.244
	2-Der	3	0.771	22.503	0.734	20.264

注：表中加粗字体为筛选的各指标最优预测模型。

效果优于粗脂肪含量和剪切力值，R_C 和 R_P 均>0.85，R_C 和 R_P 最高为 0.954 和 0.941；粗脂肪含量和剪切力值最优模型结果欠佳，但 R_C 和 R_P 均>0.85 和 0.80，说明建立的各指标预测模型效果较好，可以用于滩羊肉各品质指标的预测。

2.4 各指标 PLSR 最优模型预测结果

对各品质指标 2 个波段的最优 PLSR 预测模型预测能力进行验证，以各品质指标实测值为横坐标 x，预测值为纵坐标 y 作拟合效果图，图 3-3-16 和图 3-3-17 为

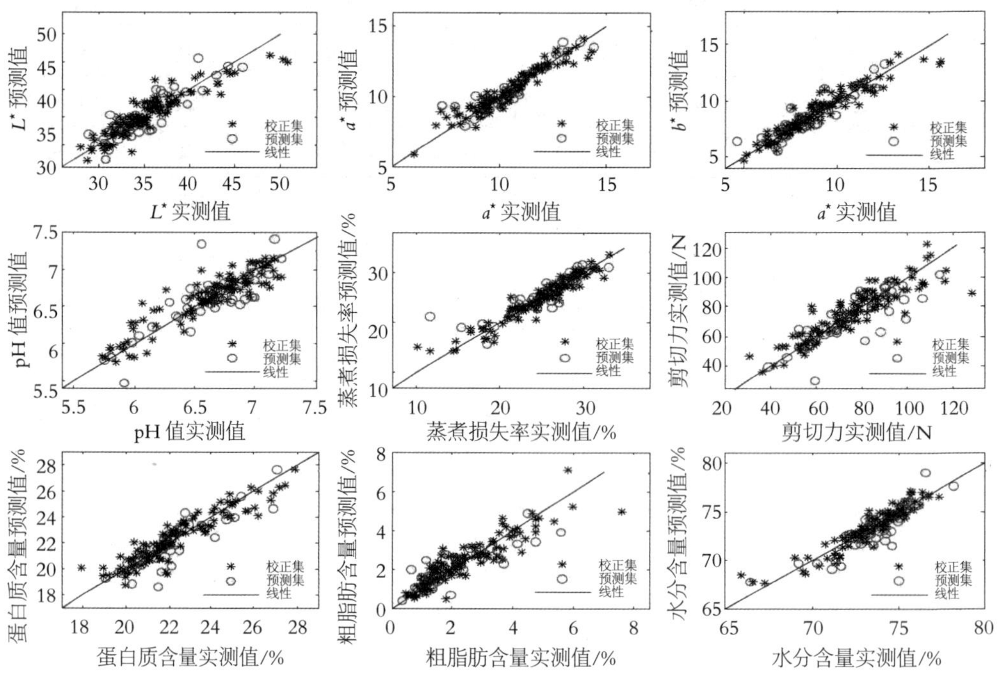

图 3-3-16 滩羊肉各品质参数预测值与实测值的相关关系图（370~1 050 nm）

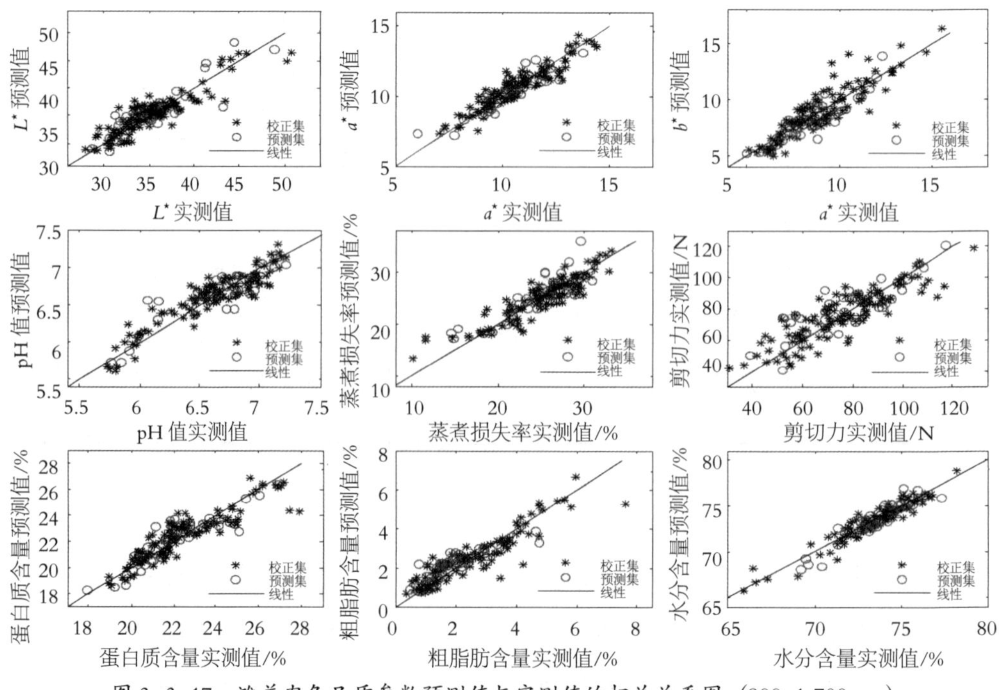

图 3-3-17 滩羊肉各品质参数预测值与实测值的相关关系图（900~1 700 nm）

370~1 050 nm 和 900~1 700 nm 波段各品质参数最优 PLSR 预测模型的效果。每个子图中黑星代表校正集样品，圈标代表预测集样品，样本点越接近直线，表明预测结果的越精准。2 波段中各品质参数校正集的参数均匀地分布在拟合趋势线的附近，预测集中部分样品分布较为散乱、距校正集较远；建模结果显示 pH、剪切力值在 2 个波段的预测模型相关系数较低，且剪切力预测模型的误差值较大，因此散点图中显示二者预测模型中样品分布较散乱，少数样品的分布距线性拟合线较远，模型的预测性能需进一步提升。

3　小结

（1）本研究采用可见–近红外光谱技术构建了滩羊肉基于 2 个光谱波段的 7 个品质指标的 PLSR 预测模型，不同品质指标最佳光谱预处理方法不同，同一指标在 2 个波段的最佳预处理方法也不完全相同。

（2）在 370~1 050 nm 波段 a^*、b^*、蒸煮损失、蛋白含量和水分含量 PLSR 模型预测效果较好，预测集相关系数最高可达 0.922；在 900~1 700 nm 波段 L^*、a^*、b^*、pH、蒸煮损失值、蛋白质含量和水分含量建模效果较好，预测集相关系数最高可达 0.941；各指标 2 个波段最优 PLSR 模型相关系数均>0.800，模型的预测效果较好。

（3）可见–近红外光谱技术可对未知滩羊肉样品 7 个品质指标进行定量预测，能实现滩羊肉多个品质指标无损检测，为滩羊肉品质智能化检测技术与装备的开发提供理论参考和数据支撑。

第 5 节　不同品种肉羊近红外快速无损鉴别技术研究

滩羊在活体时可通过形态学分类方法进行区分鉴别，然而屠宰、分割后，由于形态特征相似，常规形态学方法难以区分，导致滩羊肉品种间、产地间存在混淆、冒用情况，其肉制品也存在掺假的高风险，严重影响消费者权益和滩羊产业的可持续健康发展，是目前宁夏滩羊产业品牌建立与发展急需解决的关键问题。除了法律法规约束外，也需要借助科学技术手段以保障滩羊肉及其制品的质量和安全。

近红外光谱是指在 780~2 625 nm 波长范围的电磁波谱，利用频率连续改变的近红外光照射样品时，由于不同的化学键或官能团振动频率存在差异，会在近红外光谱上的不同位置呈现吸收峰，从而获得样品的组成和物质结构信息。因此，本研究利用近红外光谱技术，实现包括滩羊在内的 7 种羊肉品种的快速无损鉴别，保障滩羊肉的真实性，助力宁夏滩羊品牌建设。

1 材料与方法

1.1 样品采集

本实验采集小尾寒羊、滩羊、南湖杂交、萨湖杂交、湖羊、陇东黑山羊、陕南白山羊，经屠宰放血、去皮、去内脏、清洗后取其完整的单侧米龙肉，分割整形去除表面多余脂肪和筋膜，样品共 107 块，在 4 ℃条件下进行实验，光谱采集在 1 h 内完成。

1.2 仪器与设备

自行搭建便携式与手持式近红外光谱采集系统，包括 AvaSpec-2048x14 型光谱仪（检测波段 200~1 100 nm，光谱分辨率最小为 0.05 nm，荷兰 Avantes 公司）、自建高效光源（核心部件为功率 20 W 卤钨灯）、自行设计搭建发射采集一体式大区域反射光谱探头；MicroNIR 微型近红外光谱仪（含双集成真空钨灯光源，分光器线性渐变滤光片 LVF，检测波段 900~1 650 nm，美国 JDSU 公司）。

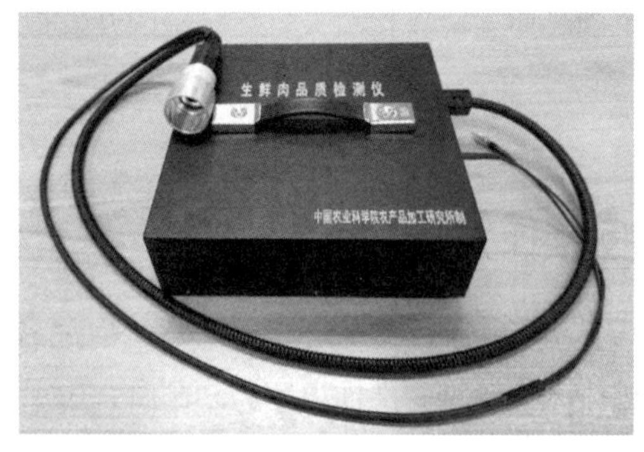

图 3-3-18 便携式与手持式近红外光谱仪

2 试验内容

使用 200~1 100 nm 波段近红外光谱仪（AvaSpec-2048x14 型）自带的 AvaSoft 8.7 软件采集样品的反射光谱数据；测定品质理化指标，包括色泽、pH、蒸煮损失、剪切力；采用不同光谱数据预处理（MSC、SNV、S-G 平滑、一阶导、二阶导等）及其组合方法（S-G+一阶导、S-G 二阶导等）对采集的原始光谱数据进行预处理；对光谱数据进行偏最小二乘判别（PLS-DA）、支持向量机分类（SVM-C）建模分析。

2　结果与分析

2.1　品种数量对建模结果的影响

为了对比品种数量对鉴别模型结果的影响，首先采用 PLS-DA、SVM-C 方法建立基于近红外光谱的滩羊、南湖杂交、萨湖杂交、湖羊、陇东黑山羊、陕南白山羊 6 个品种的羊肉品种鉴别模型。表 3-3-17 为基于 PLS-DA 和 SVM-C 建立的羊肉品种近红外鉴别模型对比结果。由表 3-3-17 可知，使用 PLS-DA 方法建立的定性模型显著优于 SVM-C 建立的定性模型，因此后续采用 PLS-DA 方法建立不同预处理方法下的肉羊品种鉴别模型。

表 3-3-17　基于 PLS-DA 和 SVM-C 建立的 6 个品种肉羊近红外鉴别模型结果对比

建模方法	PLSDA				SVM-C			
数据集	校正集		验证集		校正集		验证集	
评价指标	敏感性	特异性	敏感性	特异性	敏感性	特异性	敏感性	特异性
湖羊	1.000	0.825	1.000	0.857	1.000	0.950	1.000	0.929
萨湖杂交羊	1.000	0.854	1.000	0.923	0.714	1.000	0.667	1.000
南湖杂交羊	0.750	0.775	1.000	0.643	1.000	0.775	1.000	0.857
白山羊	1.000	0.756	1.000	0.769	1.000	0.927	0.333	0.846
黑山羊	1.000	0.857	1.000	0.857	1.000	0.976	0.000	1.000
滩羊	1.000	1.000	1.000	1.000	1.000	1.000	1.000	1.000

2.2　羊肉品种最优 PLS-DA 判别模型确定

表 3-3-19 为采用均值化、Autoscale、MSC、SNV、SG、1stDer、2ndDer 预处理方法建立的基于可见/近红外光谱的 7 个肉羊品种 PLS-DA 鉴别模型。由表 3-3-19 可知，MSC 和 SNV 预处理后判别模型结果完全相同，说明 2 种预处理方法对品种鉴别效果一致，但模型性能提升效果不明显。经过 Autoscale 预处理后的光谱数据建立的品种判别模型效果最好，最佳判别模型结果见表 3-3-19，与 6 个品种鉴别

表 3-3-18　不同光谱预处理下肉羊品种近红外 PLS-DA 鉴别模型结果对比

预处理方法	品种	校正集		验证集	
		敏感性	特异性	敏感性	特异性
原始光谱	湖羊	0.875	0.349	1.000	0.533
	萨湖杂交羊	0.714	0.864	0.667	0.533
	南湖杂交羊	0.875	0.442	0.500	0.667
	白山羊	1.000	0.795	0.667	0.786
	黑山羊	0.833	0.600	1.000	0.800
	滩羊	0.875	1.000	1.000	0.867
	小尾寒羊	1.000	1.000	1.000	1.000
均值化	湖羊	0.875	0.818	1.000	0.857
	萨湖杂交羊	0.875	0.860	0.500	0.867
	南湖杂交羊	0.875	0.682	0.667	0.786
	白山羊	0.875	0.744	1.000	0.733
	黑山羊	0.833	0.667	1.000	0.533
	滩羊	1.000	0.955	0.667	1.000
	小尾寒羊	1.000	1.000	1.000	1.000
Autoscale	湖羊	1.000	0.958	1.000	0.960
	萨湖杂交羊	1.000	0.877	1.000	0.875
	南湖杂交羊	1.000	0.806	1.000	0.800
	白山羊	0.857	0.822	0.667	0.750
	黑山羊	1.000	0.905	1.000	0.920
	滩羊	1.000	1.000	1.000	0.950
	小尾寒羊	1.000	1.000	1.000	1.000
S-Gsmoothing	湖羊	0.875	0.372	0.500	0.533
	萨湖杂交羊	0.875	0.841	0.667	0.786
	南湖杂交羊	0.857	0.465	0.500	0.667
	白山羊	1.000	0.795	0.667	0.786
	黑山羊	0.667	0.533	1.000	0.800
	滩羊	0.875	0.955	1.000	0.867
	小尾寒羊	1.000	1.000	1.000	1.000

续表

预处理方法	品种	校正集		验证集	
		敏感性	特异性	敏感性	特异性
MSC	湖羊	0.875	0.841	1.000	0.786
	萨湖杂交羊	1.000	0.837	1.000	0.933
	南湖杂交羊	1.000	0.705	0.667	0.714
	白山羊	0.875	0.744	1.000	0.733
	黑山羊	1.000	0.867	0.500	0.800
	滩羊	1.000	1.000	1.000	1.000
	小尾寒羊	1.000	1.000	1.000	1.000
SNV	湖羊	0.875	0.841	1.000	0.786
	萨湖杂交羊	1.000	0.837	1.000	0.933
	南湖杂交羊	1.000	0.705	0.667	0.714
	白山羊	0.875	0.744	1.000	0.733
	黑山羊	1.000	0.867	0.500	0.800
	滩羊	1.000	1.000	1.000	1.000
	小尾寒羊	1.000	1.000	1.000	1.000
1st Der	湖羊	1.000	0.930	0.500	1.000
	萨湖杂交羊	1.000	0.977	1.000	0.857
	南湖杂交羊	0.875	0.744	1.000	0.667
	白山羊	1.000	0.727	1.000	0.714
	黑山羊	1.000	0.978	0.500	0.800
	滩羊	1.000	0.767	1.000	0.667
	小尾寒羊	1.000	0.977	1.000	1.000
2nd Der	湖羊	1.000	0.818	0.667	0.857
	萨湖杂交羊	1.000	0.907	0.500	1.000
	南湖杂交羊	0.875	0.727	0.667	0.714
	白山羊	0.750	0.698	1.000	0.733
	黑山羊	1.000	0.778	1.000	0.867
	滩羊	1.000	0.455	1.000	0.500
	小尾寒羊	1.000	0.814	1.000	0.800

模型结果对比可知，随着肉羊品种数量的增加，判别模型预测性能逐渐降低，且PLS-DA方法建立的模型明显优于SVM-C。优选的最佳模型对湖羊的判别结果为校正集的敏感性为1.000、特异性为0.958，验证集的敏感性为1.000、特异性为0.960；对萨湖杂交羊的判别结果为校正集的敏感性为1.000、特异性为0.877，验证集的敏感性为1.000、特异性为0.875；对南湖杂交羊的判别结果为校正集的敏感性为1.000、特异性为0.806，验证集的敏感性为1.000、特异性为0.800；对陕南白山羊的判别结果为校正集的敏感性为0.857、特异性为0.822，验证集的敏感性为0.667、特异性为0.750；对陇东黑山羊的判别结果为校正集的敏感性为1.000、特异性为0.905，验证集的敏感性为1.000、特异性为0.920；对滩羊的判别结果为校正集的敏感性为1.000、特异性为1.000，验证集的敏感性为1.000、特异性为0.950；对小尾寒羊的判别结果为校正集的敏感性为1.000、特异性为1.000，验证集的敏感性为1.000、特异性为1.000。判别模型对陕南白山羊的预测效果略低，对其余6个品种预测效果较优，且最优模型对其余6个品种预测集及验证集样本判别的灵敏度TPR和特异性TNR均接近1，基本不存在“假阳性”“假阴性”的情况，说明利用可见-近红外光谱能够准确地实现对多个肉羊品种的快速无损鉴别。

表3-3-19　肉羊品种最优PLS-DA判别模型结果

品种	校正集		验证集	
	敏感性	特异性	敏感性	特异性
湖羊	1.000	0.958	1.000	0.960
萨湖杂交羊	1.000	0.877	1.000	0.875
南湖杂交羊	1.000	0.806	1.000	0.800
白山羊	0.857	0.822	0.667	0.750
黑山羊	1.000	0.905	1.000	0.920
滩羊	1.000	1.000	1.000	0.950
小尾寒羊	1.000	1.000	1.000	1.000

3　小结

（1）本实验利用PLS-DA、SVM-C 2种算法构建小尾寒羊、滩羊、南湖杂交、萨湖杂交、湖羊、陇东黑山羊、陕南白山羊7个品种的肉羊品种鉴别模型。随着肉羊品种数量的增加，判别模型预测性能逐渐降低，且 PLS-DA 方法建立的模型明显优于 SVM-C。

（2）最优判别模型对陕南白山羊的预测效果略低，对小尾寒羊、滩羊、南湖杂交、萨湖杂交、湖羊、陇东黑山羊 6 个品种预测效果较优，且最优模型对此 6 个品种预测集及验证集样本判别的灵敏度 TPR 和特异性 TNR 均接近 1，基本不存在“假阳性”“假阴性”的情况，说明利用可见–近红外光谱能够准确地实现对多个肉羊品种的鉴别。

第 6 节　肉品质无损检测装置研究

传统的肉品质的检测评价方法存在耗时、耗人工、步骤繁琐、成本高、有破坏性等弊端。可见–近红外光谱能够在生产过程中实时获得样品的客观品质信息，由于其具有的快速、无损的特点，广泛应用在肉品质检测领域中。一般来说，近红外检测装置通常包括检测探头、光谱仪和控制设备（台式计算机、笔记本电脑、平板电脑、单片机等）3 部分。然而传统的检测探头设计通常是把几根光源发射光纤和几根光谱采集光纤整合在一根直径较小的直形检测探棒上，这种设计只能采集样品局部一个小点或者一个小区域的光谱信息，具有采集到的光谱信息无代表性、不准确、不稳定等缺点。设计一种能够克服传统检测探头检测区域小、结果不稳定的无损检测装置是目前急需解决的问题。

本研究提供了一种肉品质无损检测装置，其集采集–发射光纤于一体、提供大区域检测，克服了传统检测探头结构复杂、检测区域小、结果不稳定的问题。

1　装置组成

（1）本研究是一种肉品质无损检测装置，包括检测主机，其包括第一光谱仪、第二光谱仪、光源；检测探头，其包括多根发射光纤、第一采集光纤和第二采集光纤，多根发射光纤的末端连接光源、首端沿远离该端部方向依次布设固定形成具有圆筒部和圆锥部的环形发射端，以发出光照；第一采集光纤的首端和第二采集光纤的首端对齐固定形成采集端，所述采集端穿过所述圆锥部顶端位于所述环形发射端内，并与所述环形发射端同轴设置，以采集光谱信息，其中第一光谱仪与所述第一采集光纤的末端连接，以接收第一采集光纤的光谱信息并转化为数字信号，第二光谱仪与所述第二采集光纤的末端连接，以接收第二采集光纤的光谱信息并转化为数字信号；上位机，其包括数据处理模块，所述数据处理模块通过数据线分别与第一光谱仪和第二光谱仪连接，以接收数字信号并处理得检测结果。所述第一光谱仪的有效响应波长为300~1 000 nm，所述第二光谱仪的有效响应波长为900~2 400 nm。

（2）所述检测探头还包括内护筒，其包括与所述圆锥部内侧壁相适配且贴合固定的上内护筒、及与所述圆筒部内侧壁相适配且贴合固定的下内护筒，其中所述下内护筒内侧壁位于所述采集端下方具有内螺纹；外护筒，其包括与所述圆锥部外侧壁相适配且贴合固定的上外护筒、及与所述圆筒部外侧壁相适配且贴合固定的下外护筒，其中所述下外护筒外周套设有套筒，所述套筒高度大于所述下外护筒高度，且所述套筒顶端与所述下外护筒顶端齐平；固定架，其为与所述上内护筒相适配的圆锥状，所述固定架内同轴贯穿设有使所述采集端穿过的圆柱状通孔，穿过所述固定架侧壁与所述通孔连通设有具有内螺纹的穿孔，顶丝穿过穿孔与所述采集端抵接，以配合所述通孔固定所述采集端，其中位于所述内护筒外的第一采集光纤、第二采集光纤、及多根发射光纤沿彼此长度方向部分固定后分叉，其中多根发射光纤的分叉部分固定；聚光组件，其包括上下间隔于所述下内护筒的内螺纹螺合的2个固定螺环、夹设于2个固定螺环中间的光谱聚集透镜；套筒，其顶端与所述下外护筒顶端齐平，底端接触样品，控制发射光纤与样品的距离。所述发射光纤、第一采集光纤和第二采集光纤的纤芯材质均为低羟熔融石英，每根发射光线的纤芯芯径为200 μm，数值孔径为0.22 μm，多根发射光线依次接触排开固定形成圆筒结构。所述光谱聚集透镜的材质为熔融石英。

（3）所述检测主机还包括壳体，其为顶端可开合设置的长方体形，所述壳体内上下间隔设置2个隔板以将所述壳体分隔为从上至下的上置物腔、中置物腔、下置物腔，其中所述第一光谱仪设于所述下置物腔内，所述下置物腔侧壁具有与所述第一光谱仪配套连接的第一接口，所述第一采集光纤末端通过第一接口与所述第一光谱仪连接，所述第二光谱仪设于所述中置物腔内，所述中置物腔侧壁具有与所述第二光谱仪配套连接的第二接口，所述第二采集光纤末端通过第二接口与所述第二光谱仪连接；所述光源设于所述上置物腔内，所述上置物腔侧壁具有与所述光源配套的光源接口，多根发射光纤末端通过光源接口与光源连接；散热风扇，其设于所述上置物腔靠近光源的侧壁上；主机电源，其位于所述壳体侧壁，所述主机电源与所述第二光谱仪连接，以为所述第二光谱仪供电，所述主机电源通过光源适配器分别与所述光源和所述散热风扇连接，以为所述光源和所述散热风扇供电，所述光源适配器位于所述上置物腔内。

其中所述壳体侧壁具有分别与第一光谱仪和第二光谱仪配套的数据接口，第一光谱仪和第二光谱仪对应的数据接口分别通过数据线与数据处理模块连接。所述检测探头还包括蓝牙外触发发射模块，其设于所述检测探头的套筒上，以开启后发射控制信号；所述上位机还包括蓝牙适配器、与所述蓝牙适配器连接的蓝牙外触发接收模块、与所述蓝牙外触发接收模块连接的控制模块，其中所述蓝牙适配器与所述蓝牙外触发发射模块通讯，以将控制信号发送至蓝牙外触发接收模块，所述蓝牙外触发接收模块收到控制信号并通过控制模块触发第一光谱仪和第二光谱仪工作。

（4）所述的肉品质无损检测装置，还包括 U 形板，其纵向截面为类 L 形，所述 U 形板的一端与所述上置物腔内侧壁上端沿周向匹配固定形成顶端开口的 U 形槽，所述 U 形板的竖向侧壁间隔贯穿设有多个花键孔；多个固定件，多个固定件沿所述 U 形板长度方向间隔设置，每个固定件包括固定杆、膨胀筒，所述固定杆包括拧握块、一端垂直于所述拧握块端面的螺杆，所述膨胀筒套设于所述螺杆上，所述膨胀筒包括沿其长度方向端面固接的第一套筒、弹性橡胶套、第二套筒，所述第一套筒和所述第二套筒均与所述螺杆可转动固接，所述第一套筒和所述第二套筒的外周设有与花键孔匹配的花键，以使固定件滑动穿过对应花键孔，所述螺杆远离所述拧握块的一端不与所述第二套筒重叠的部分设置外螺纹，所述上置物腔侧壁具有与每个螺杆匹配的贯穿螺纹孔，所述橡胶套与所述螺杆间设置涡卷弹簧，旋转螺杆使其螺设于所述螺纹孔内时，所述涡卷弹簧带动所述橡胶套径向变粗，以配合 U 形槽安放并固定位于所述内护筒外的第一采集光纤、第二采集光纤及多根发射光纤；弧形支架，其一端与所述上置物腔内侧壁靠近所述 U 形槽的一端固接，以安放下外护筒。

2 装置优势

提供 1 种发射-采集集成型的大区域光谱检测探头，以满足设备的便携性和可移植性需求，并利用低功耗高版本蓝牙模块控制的外触发控制技术方案，实现无线外触发大区域集成式光谱检测探头，以实现肉品质的高效、快速、无损检测。结构示意图如下：

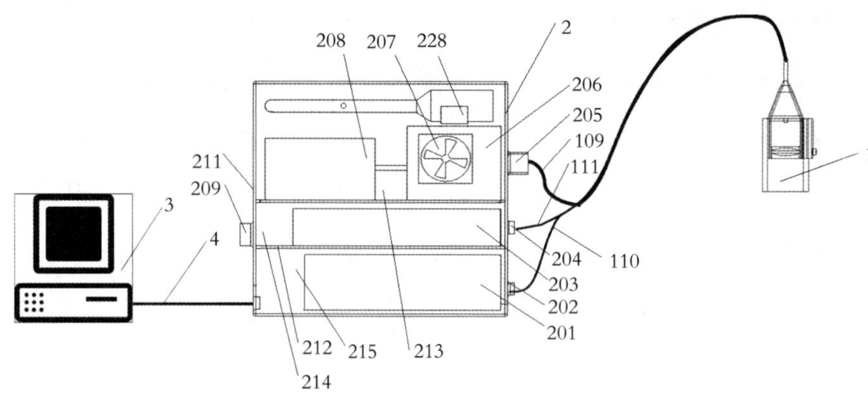

图 3-3-19　本装置的其中一种技术方案所述肉品质无损检测装置的结构示意图

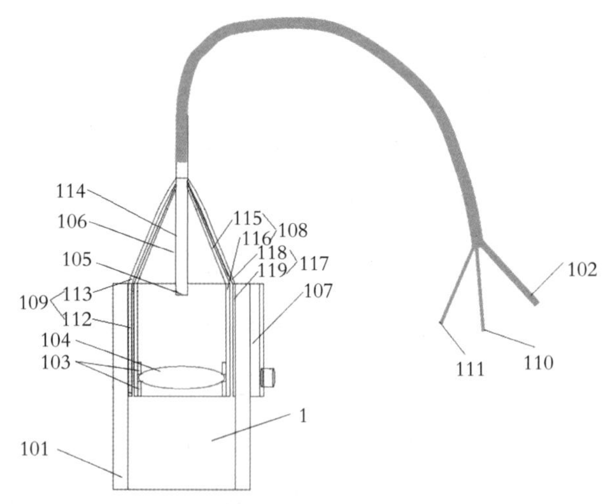

图 3-3-20　本装置的其中一种技术方案所述检测探头的结构示意图

附图标记：检测探头 1；套筒 101；发射光纤 102；环形发射端 109；圆筒部 112；圆锥部 113；第一采集光纤 110；第二采集光纤 111；采集端 105；固定架 106；通孔 114；蓝牙外触发发射模块 107；内护筒 108；上内护筒 115；下内护筒 116；外护筒 117；上外护筒 118；下外护筒 119；固定螺环 103；光谱聚集透镜 104；检测主机 2；第一光谱仪 201；第一接口 202；第二光谱仪 203；第二接口 204；光源接口 205；光源 206；散热风扇 207；主机电源 209；光源适配器 208；数据接口 210；壳体 211；隔板 212；上置物腔 213；中置物腔 214；下置物腔 215；U 形板 216；U 形槽 217；花键孔 218；螺纹孔 219；固定杆 220；拧握块 221；螺杆 222；膨胀筒 223；第一套筒 224；橡胶套 225；第二套筒 226；涡卷弹簧 227；弧形支架 228；上位机 3；数据线 4

第 7 节　智能化肉品质在线检测方法和检测系统研究

传统的肉品质检测方法主要为理化分析方法，存在步骤繁琐、耗时、耗人工、有破坏性、结果滞后等缺点。近红外光谱分析技术具有光谱采集便捷、分析时间短、不破坏样品、不消耗试剂、不污染环境等优点，可通过化学计量学完成对复杂体系的多指标检测，已逐渐广泛应用于农业、工业无损检测的各个领域。目前，关于近红外光谱近红外品质在线检测应用已经有相关专利文献，主要应用于液体药物、液体饮料、饲料粉末、水果等的在线品质检测监控，以辅助工业生产，提高生产效率。但是在检测形状不一的肉品等固体形态样品时，由于样品的表面不规则、大小不一致、表面形态不统一，会造成检测结果不准确。因此，本研究是提供一种智能化肉品质在线检测方法，对于检测形状不一致、大小不一致、表面形态不统一的待测肉品，获得其肌肉和脂肪分布信息，依据肌肉和脂肪分布信息确定待测样品的目标检测区域，提高近红外光谱的在线检测准确性。

1　检测方法

（1）获取待测样品像素点的光强度信息，根据像素点的光强度信息判断像素点的属性信息，其中属性信息包括肌肉和脂肪；根据像素点属性信息确定待测样品的肌肉和脂肪分布信息；根据待测样品的肌肉和脂肪分布信息确定待测样品的目标检测区域；获取待测样品目标检测区域的近红外光谱；根据近红外光谱预测各项肉品质参数值。

（2）待测样品置于传送带上，位于传送带上方固设激光发生器和 CCD 检测器，其中激光发生器发出线型激光照射在待测样品表面形成扫描线，利用 CCD 检测器接收扫描线上的每一个像素点反射光的光强度信息。

设定传动带的高度为 0，依据每个像素点光信号强度信息通过三角成像原理计算得对应像素点的高度，提取像素点高度≥10 mm 的像素点作为待测样品像素点。待测样品像素点个数为 n，预测待测样品重量 M，$M=\rho\times V_t$，其中 ρ 为肉的一般密度，$V_t=\sum_{i=1}^{n} s\times h_i$，$s$ 为像素单位面积，h_i 为第 i 个待测样品像素点的高度；判断预测

的待测样品重量 M 是否符合产品质量预设标准，进行重量筛选。

（3）根据像素点的光强度信息判断像素点的属性信息具体为，分别获取 j 个肌肉样品的光强度信息平均值，并求平均值 A，其中 $j \geqslant 100$；分别获取 k 个脂肪样品的光强度信息平均值，并求平均值 B，其中 $k \geqslant 100$，定义待测样品像素点的光强度信息为 C，当 $|C-A|>|C-B|$ 时，判断该像素点的属性信息为脂肪，当 $|C-A|<|C-B|$ 时，判断该像素点的属性信息为肌肉。依据像素点属性信息确定待测样品的肌肉和脂肪分布信息具体为，处理待测样品属性信息形成图像，利用连通区域分析算法提取获得待测样品像素点数≥100 的肌肉连通区、脂肪连通区。

（4）依据待测样品的肌肉和脂肪分布信息确定目标检测区域具体为：① 将肌肉连通区按像素点从多至少排序，并依次判断肌肉连通区是否存在半径等于近红外检测区域半径的区域，若是，确定该区域为目标检测区域。② 若否，将脂肪连通区按像素点从多至少排序，将排序在第一位的脂肪连通区分割在外后，计算剩余区域的中心 1，以近红外检测区域半径为半径、中心 1 为中心的 D_1 区域，判断剩余区域是否包含 D_1，若否，确定 D_1 为目标检测区域。③ 若是，将排序在第 i 位及第 i 位之前的脂肪连通区分割在外后，计算剩余区域中心 i，以近红外检测区域半径为半径、中心 i 为中心的第 D_i 区域，判断剩余区域是否包含 D_i。④ 若是，按照③进行循环；若否，则返回上一步，确定 D_{i-1} 为目标检测区域，其中循环从 $i=2$ 开始，每循环 1 次 i 增加 1。

（5）所述的智能化肉品质在线检测方法，还包括确定目标检测区域内被分割在外的脂肪连通区面积之和，根据目标检测区域内被分割在外的脂肪连通区面积之和校正近红外光谱参数。

获取待测样品目标检测区域的近红外光谱参数具体为，沿待测样品传送方向位于 CCD 检测器下游设置机器人定位模块，与机器人定位模块连接设置控制主机，与控制主机连接设置光谱检测模块，CCD 检测器与控制主机连接，其中，光谱检测模块包括光谱检测探头，设定 X 轴沿水平且垂直传送带运动方向设置，Y 轴沿着传送带运动方向设置，Z 轴沿竖直且垂直传送带运动方向设置，定义光谱检测探头的初始化位置坐标为（X_0，Y_0，Z_0）＝（0，0，0）；依据待测样品的目标检测区域获取检测高度参考值 hm、中心坐标；当某一条扫描线对应像素点的高度全为 0 时，记为正常信息，当某一条扫描线对应像素点的高度不全为 0 时，记为非正常信息，对于一个待测样品，当控制主机收到 CCD 检测器的最后一条非正常信息时，确定该时刻目标检测区域中心的坐标（X_j，Y_j，Z_j），并计算得到光谱检测探头定点位置坐标（X_d，Y_d，Z_d）=（X_j，0，H_{m+a}）；控制主机依据光谱检测探头的初始化位置坐标、光谱检测探头定点位置坐标获得运动轨迹，并将运动轨迹发送至机器人定位模块，机器人定位模块接收并依据该运动轨迹带动光谱检测探头运动至定点位置。

结合待测样品传送速度 V_s、Y_j 计算待测样品目标检测区域的中心运动到光谱检测探头定点位置需要的时间 $T_0=Y_j/V_s$，以最后一条非正常信息产生为起点，间隔 T_0 时间后，控制主机控制机器人定位模块以速度为 V_s 带动光谱检测探头沿传送带运动方向运动，运动时间为 T_1，同时控制主机控制光谱检测探头获取近红外光谱参数，其中，T_1 不小于光谱检测模块获取近红外光谱参数的最小时间。a 为 2~4 cm。光谱检测探头的初始化坐标中 Z_0 的确定具体为预估待测批次样品高度为 h_1，初始 $Z_0=h_1+a$；每隔预定时间获取待测批次已经检测样品的历史最大高度 h_2，更改 $Z_0=h_2+a$。

2　检测系统

（1）在线检测系统包括线型距离传感器模块，用于获取待测样品像素点的光强度信息。

控制主机，包括属性判别模块，其与线型距离传感器模块连接，用于根据像素点的光强度信息判断像素点的属性信息，其中属性信息包括肌肉和脂肪；分布信息获取模块，其与属性判别单元连接，用于依据像素点属性信息确定待测样品的肌肉和脂肪分布信息；目标检测区域获取模块，其与属性判别单元连接，用于依据待测样品的肌肉和脂肪分布信息确定目标检测区域；光谱检测模块，其用于获取待测样品目标检测区域的近红外光谱参数，其中控制主机还包括肉品质参数值预测模块，其与光谱检测模块连接，用于依据近红外光谱预测各项肉品质参数值。

（2）所述的智能化肉品质在线检测系统，还包括传动带，其用于带动待测样品以一定速度移动，其中线型距离传感器模块包括位于传送带上方固设的激光发生器和 CCD 检测器，激光发生器发出线型激光照射在样品表面，形成扫描线，利用 CCD 检测器接收扫描线上的每一个像素点反射光的光强度信息，其中所述控制主机内还设置待测样品像素点判定模块，其分别与 CCD 检测器和属性判别模块连接，用于依据每个像素点光信号强度信息通过三角成像原理计算得对应像素点的高度，提取像素点高度≥10 mm 的像素点作为待测样品像素点，并传输至属性判别模块，设定传动带的高度为 0。

（3）属性判别模块根据像素点的光强度信息判断像素点的属性信息具体为：分别获取 j 个肌肉样品的光强度信息平均值，并求平均值 A，其中$j \geq 100$；分别获取 k 个脂肪样品的光强度信息平均值，并求平均值 B，其中定义待测样品像素点的光强度信息为 C，当 $|C-A|>|C-B|$时，判断该像素点的属性信息为脂肪，当 $|C-A|<|C-B|$时，判断该像素点的属性信息为肌肉；分布信息获取模块依据像素点属性信息确定待测样品的肌肉和脂肪分布信息具体为处理待测样品属性信息形成图像，利用连通区域分析算法提取获得待测样品像素点数≥100 的肌肉连通区、脂肪连通区。

目标检测区域获取模块依据待测样品的肌肉和脂肪分布信息确定目标检测区域具体为① 将肌肉连通区按像素点从多至少排序，并依次判断肌肉连通区是否存在半径等于近红外检测区域半径的区域，若是，确定该区域为目标检测区域；② 若否，将脂肪连通区按像素点从多至少排序，将排序在第 1 位的脂肪连通区分割在外后，计算剩余区域的中心 1，以近红外检测区域半径为半径、中心 1 为中心得 D_1 区域，判断剩余区域是否包含 D_1，若否，确定 D_1 为目标检测区域；③ 若是，将排序在第 i 位及第 i 位之前的脂肪连通区分割在外后，计算剩余区域中心 i，以近红外检测区域半径为半径、中心 i 为中心得第 D_i 区域，判断剩余区域是否包含 D_i；④ 若是，按照③进行循环，若否，则返回上一步，确定 D_{i-1} 为目标检测区域，其中，循环从 i=2 开始，每循环 1 次 i 增加 1。

（4）所述的智能化肉品质在线检测系统，还包括机器人定位模块，其包括沿待测样品传送方向设于激光发生器下游的 DELTA 机器人本体、与 DELTA 机器人本体连接的机器人控制器，其中，光谱检测模块包括绑定于 DELTA 机器人本体上的光谱检测探头；其中通过控制主机设定 X 轴沿水平且垂直传送带运动方向设置，Y 轴沿着传送带运动方向设置，Z 轴沿竖直且垂直传送带运动方向设置，定义光谱检测探头的初始化位置坐标为（X_0，Y_0，Z_0）=（0，0，0）；当某一条扫描线对应像素点的高度全为0时，记为正常信息，当某一条扫描线对应像素点的高度不全为0时，记为非正常信息。

所述控制主机还包括：运动轨迹确定模块，其分别与目标检测区域获取模块和机器人控制模块连接，用于当控制主机收到CCD检测器的最后一条非正常信息时，确定该时刻目标检测区域的检测高度参考值hm、中心坐标（X_j，Y_j，Z_j），并计算得到光谱检测探头定点位置坐标（X_d，Y_d，Z_d）=（X_j，0，H_{m+a}），进一步依据光谱检测探头的初始化位置坐标、光谱检测探头定点位置坐标获得运动轨迹，并将运动轨迹发送至机器人控制器，机器人控制器接收并依据该运动轨迹操作DELTA机器人本体带动光谱检测探头运动至定点位置；

同步检测控制模块，其分别与运动轨迹确定模块、机器人控制模块、光谱检测模块连接，用于结合待测样品传送速度V_s、Y_j计算待测样品目标检测区域的中心运动到光谱检测探头定点位置需要的时间$T_0=Y_j/V_s$，以最后一条非正常信息产生为起点，间隔T_0时间后，发送同步信号，机器人控制器接收同步信号控制DELTA机器人本体以速度为V_s带动光谱检测探头沿传送带运动方向运动，运动时间为T_1，同时同步检测控制模块控制光谱检测探头获取近红外光谱参数，其中，T_1不小于光谱检测模块获取近红外光谱参数的最小时间。

优选的是a为2~4 cm；光谱检测探头的初始化坐标中Z_0的确定具体为预估待测批次样品高度为h_1，初始$Z_0=h_1+a$；每隔预定时间获取待测批次已经检测样品的历史最大高度h_2，更改$Z_0=h_2+a$。智能化肉品质在线检测系统，还包括：检测暗箱，其架设在传送带上，并容纳线型距离传感模块、机器人定位模块、光谱检测模块。

3　系统优势

（1）克服了传统肉品质光学检测系统无法在线、依靠人工、效率低的缺点，也克服了一般在线检测系统定位不准确的缺陷，适用于工业化生产线的在线检测。

（2）实现光谱自动在线校正、样品到位智能化感知、样品检测位置智能化定位、样品高度智能化判定、探头智能化定位、样品定位及检测探头检测动作协同等目的及功能，最终实现肉品质的无人辅助智能化在线检测。

（3）检测形状不一致、大小不一致、表面形态不统一的待测肉品时，获得对应待测肉品的肌肉和脂肪分布信息，根据肌肉和脂肪分布信息确定待测样品的目标检测区域，提高近红外光谱在线检测准确性，具体为将待测样品置于传送带，以使样品能够以一定速度移动经过激光发生器和 CCD 检测器，继而依次通过自动激光发生器和 CCD 检测器配合获得待扫描线像素点的光强度信息，进一步剔除非待测样品像素点，获得待测样品像素点的光强度信息，通过比较待测像素点与 A（肌肉像素点光强度平均值）、B（脂肪像素点光强度平均值）间距离大小，够有效区分并判定像素点的属性信息，继而通过“遍历分割法”获取目标检测区域。

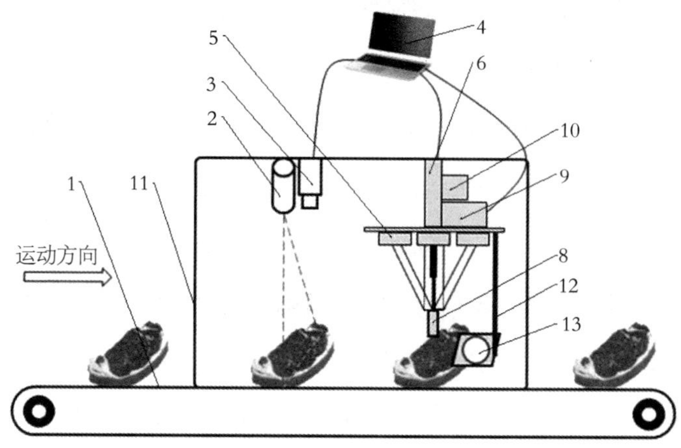

图 3-3-21　本系统其中一种技术方案所述智能化肉品质在线检测的结构示意图

附图标记：传送带 1；激光发生器 2；CCD 检测器 3；控制主机 4；DELTA 机器人本体 5；机器人控制器 6；光谱检测探头 8；光谱仪 9；光源 10；检测暗箱 11；附属支架 12；光谱校正白板13

第 4 章　畜产品质量安全监测技术的应用

项目研发团队坚持问题导向和目标导向，遵循突出重点、强化预警、提升品质原则，加强宁夏畜产品质量安全检测技术体系和畜产品质量安全风险综合量化评估与预警体系、滩羊肉四维品质评价技术体系的成果转化应用，突破了畜产品质量安全检测参数少、覆盖面不广、风险预警能力不足、品质评价缺乏定量分析的技术瓶颈，为宁夏畜牧业高质量发展提供有力的技术支撑。

第 1 节　畜产品兽药残留检测技术的应用

宁夏回族自治区兽药饲料监察所是宁夏唯一承担农业农村部和自治区农业农村厅畜禽产品兽药残留检验检测指令性任务机构，研发团队在不断扩展检测参数、提升检测能力的基础上，将新方法不断应用于畜产品兽药残留检测，排查宁夏畜产品质量安全风险隐患，保障人民群众“舌尖上”的安全和宁夏畜牧业高质量发展。2018—2022 年，对宁夏 22 个县区的 56 家屠宰场、70 家农贸市场、43 家超市、25 家家禽规模养殖场开展了兽药残留质量安全检测。重点针对牛肉、羊肉、猪肉、鸡肉和鸡蛋 5 种动物组织，排查氟喹诺酮类、四环素类等 13 类 36 种残留风险，检测畜禽产品共计 6 536 批，检测项次达 32 000 次以上，检出不合格产品 52 批，抽检总体合格率为 99.2%，为政府决策、依法监管和标准化生产提供有力的技术支撑。具体情况见表 3-4-1。

从监测参数来看，检验检测能力不断提升。研发团队通过对 20 个动物源性食品兽药残留检测方法的开发与验证，检测的广度和深度不断拓展，参数由原来的 73 项

表 3-4-1　2018—2022 年畜产品兽药残留监测总体情况

年份	检测数量/批	检出数量/批	不合格数量/批	检出率/%	合格率/%
2018 年	1 461	10	7	0.7	99.5
2019 年	2 106	42	24	2.0	98.8
2020 年	1 503	12	7	0.8	99.5
2021 年	736	4	4	0.5	99.5
2022 年	730	16	10	2.1	98.6
合计	6 536	84	52	12.9	99.2

扩增至 254 项，由项目实施前的只检测原型药物向代谢物研究转变，由最初的单一组分、单一种类检测逐渐扩展至多种类多药物残留检测。监测药物种类、检测参数、检测代谢物等均大幅提升，实现了畜产品质量安全检验检测参数的有效扩展，扩大了监测覆盖面，提升了检测能力，能够较大程度地满足宁夏对畜产品质量安全监测的现实需求。具体情况见表 3-4-2。

表 3-4-2　参数拓展情况

	项目实施前	项目实施后	上升比率/%
药物种类/类	6	17	183
检测参数/个	73	254	248
检测代谢物/个	0	8	800
不同类药物同测/个	0	2	200
单次进样最多测定参数/个	5	80	150

从不同动物组织监测结果来看，禽产业须重点监控。对牛肉、羊肉、猪肉、鸡肉、鸡蛋 5 类动物组织开展兽药残留风险监测的结果显示，宁夏畜禽产品质量安全风险由低向高依次为羊肉、猪肉、牛肉、鸡肉、鸡蛋。排查发现，宁夏羊肉产品质量安全总体向好，总体合格率 100%，未检出药物残留；猪肉产品次之，有药物残留检出情况存在，但残留量均未超过最大残留限量，总体合格率为 100%；牛肉产品总体合格率为 99.7%，检出塞米松残留，且属于不合格产品，在牛肉生产环节，地塞米松药物的使用需要进行规范，存在一定的残留风险；鸡肉产品总体合格率为 99.5%，检出四环素、氟苯尼考及氟喹诺酮类药物残留风险，特别是乌鸡肉氟喹诺酮

类药物残留超标问题，表明在肉鸡养殖过程中存在不遵守休药期规定的生产行为，对鸡肉产品质量安全影响较大；鸡蛋产品总体合格率为98.4%，属于畜禽产品中的高风险产品，存在尼卡巴嗪、氟喹诺酮类、金刚烷胺、氟苯尼考等药物违规使用的风险，监管部门须加大对产蛋期禁用药物的监管力度。详细数据见表3-4-3。

表3-4-3　不同动物组织监测情况

动物品种	检测数/批	检出数/批	不合格数/批	合格率/%
牛肉	1 026	3	3	99.7
羊肉	1 003	1	0	100
猪肉	978	4	0	100
鸡肉	1 516	31	4	99.7
鸡蛋	2 013	45	45	97.8
合计	6 536	84	52	99.2

从药物检出情况来看，违规用药行为须加强惩处力度。针对扩项参数对畜禽产品进行兽药残留风险实现全面排查，结果显示，影响宁夏畜禽产品质量安全的风险因子主要有恩诺沙星、环丙沙星、氧氟沙星、氟苯尼考、地塞米松、金刚烷胺、尼卡巴嗪，具体见表3-4-4。药物残留主要原因为养殖户不遵守休药期规定以及对违禁药物违规使用，监管部门有必要根据风险排查结果对不执行休药期和违规使用禁用药行为加强监管和惩处力度。

表3-4-4　药物检出情况和不合格情况

监测药物	监测数量/批	检出数量/批	检出率/%	合格数量/批	合格率/%
氟喹诺酮类	3 528	60	1.7	3 486	98.8
氟苯尼考	2 348	13	0.6	1 091	99.2
地塞米松	666	3	0.4	663	99.6
金刚烷胺	819	1	0.1	910	99.9
尼卡巴嗪残留标示物	192	1	0.5	191	99.5

从整体情况来看，宁夏畜禽产品质量安全水平稳步提升，整体向好。项目执行期间，宁夏5市22个县区畜禽产品合格率达到99%以上，禽类产品合格率稳步提

升，项目的实施有力地保障了宁夏畜产品的质量安全。

一是加强真抽样、真检验、真报告，提升畜产品质量安全水平。坚持问题导向，遵循“真抽样，真检验、真报告”原则，严格按照国家法律法规要求抽样、检测、报告结果，全方位摸排宁夏畜产品质量安全情况，及时发现畜产品中兽药残留风险隐患。针对重点品种“一只鸡”“一枚蛋”中的风险隐患开展靶向监测，有效发挥“检打联动”工作实效，压实养殖户主体责任。

二是加强基层能力建设，提升宁夏农产品检测整体水平。围绕区市县三级检测网络，创建市县质检人员培训长效机制，采用脱产跟班、巡回带教、专项培训的方式，突出实操训练，累计培训基层畜禽产品质量安全检测技术 100 余人次，现场指导检测抽样培训 80 余人次。组织实施宁夏畜禽产品质量安全检测技术大比武活动 3 次，50 人参加了大比武活动。开展全国农产品质量安全检测技能竞赛参赛选手专项培训，2 名参训学员获个人三等奖。通过不同方式的培训，规范了基层检验人员的操作技术，全面提升了宁夏农产品质量安全检测的整体水平。

三是完善区市县三级检测网络，扩展畜产品质量安全监测覆盖面。畜产品质量安全是畜牧业高质量发展的重要标志，是保障畜产品消费安全和社会和谐的必要条件，研究成果的应用拓宽了检测覆盖面，提升了检测效率，为畜禽产品质量安全监管和养殖业合法、合规、合理用药提供了重要的技术支撑。但是随着畜牧业规模的不断扩大，畜产品监测覆盖面也急需扩大，只有加快完善区市县三级监测技术体系才能扩大监管监测覆盖面，有力保障宁夏畜产品质量安全。基层农产品检测机构由于受资源、人力和财力等方面的限制，其检测的第一层防线作用未充分发挥，因此，应加强对市县农产品检测机构财力和物力的投入力度，积极引入先进的检测技术和质量安全检测设备，为高质量检测工作的开展奠定良好的基础。加强质量安全检测人才队伍建设和人员培训，全面提升人员的专业知识能力，大力完善区市县三级检测网络，充分发挥其作用，确保技术成果在宁夏推广应用，才能全方位地保障畜产品质量安全。

第 2 节　畜产品质量安全风险评估与预警技术的应用

针对畜产品质量安全综合量化评价技术缺乏和风险隐患排查能力不足问题，研发团队通过理论创新、关键技术研发，创建了畜产品质量安全风险分析与预警技术体系，以“三维一体”综合评价理念引领综合风险量化评估模型、风险因子数据库构建，集成风险指数分类、分级赋分算法、“五等级”评估体系，以及涵盖风险因子来源、危害程度、产生原因的多角度表征方法等核心技术，开发了畜产品质量安全风险预警信息平台，实现了从投入品到畜产品的全链条综合评价和风险智能预警。

1　建成畜产品质量安全风险因子数据库

通过质量安全风险评估与预警技术应用以及兽药、饲料和畜产品质量安全监测技术的不断创新与突破，研发团队针对兽药、饲料、畜禽产品质量安全风险因子不确定问题，从风险因子的危害暴露程度入手，研发了“四等级”风险因子评级方法和风险筛查技术，建立兽药、饲料、生鲜乳、畜产品兽药残留质量安全风险因子数据库 4 个，确证了兽药、饲料、生鲜乳、畜禽肉、禽蛋中药物含量、非法添加、霉菌毒素、重金属、禁用药物等 14 大类共 298 个风险因子；从风险因子来源、危害程度、产生原因 3 个角度建立表征方法，创建了从投入品到畜禽产品的全链条综合评价与主动保障新模式，为后续畜产品质量安全风险分析与评估预警提供重要的数据分析基础。

2　搭建畜产品质量安全风险预警信息平台

为健全畜产品质量安全风险预警技术体系，研发团队基于创建的风险因子数据库和风险分析预警模型，搭建了集兽药残留检测数据自动调取、风险自动评估、等级自动评定、风险因子自动排查、风险来源智能追溯、防范措施自动决策、检验报告在线调取、预警信息实时发布与短信自动提醒等功能于一体的畜产品兽药残留质量安全风险预警信息平台。实现了平台在宁夏 5 市 22 个县区畜产品监管部门的正式上线运行，并按照季度、年度时间段定期进行畜产品质量安全风险评估与预警，通过短信与线上平台，为县区监管部门实时预警本地区畜产品质量安全风险等级以及主要风险因子，为监管部门提供风险因子的危害程度、防范措施等重要技术信息。平台线上运行后对宁夏畜产品兽药残留监控数据与风险因子进行了全面分析，实现了“互联网+”在畜产品质量安全风险预警方面的智能化应用，突破了畜产品兽药残留质量安全风险预警技术缺失的瓶颈，为宁夏地区畜产品质量安全监管起到了助推作用。

3 主要经验做法

一是构建产学研联合研究机制，突破兽药残留风险评估技术瓶颈。联合中国兽医药品监察所残留分析权威专家、北方民族大学数学专业博士、宁夏畜产品监管部门专家、兽药残留检验检测技术人员以及畜产品养殖企业技术人员共同协作，针对畜产品质量安全综合量化评价技术缺乏和风险隐患排查能力不足的技术瓶颈，汇集多方专业力量，激发创新思维，共同构建兽药残留风险评估模型，提出了以兽药残留种类、数量、超标程度为指标的“三维一体”综合评价新理念，突破了兽药残留风险难以量化评估的技术瓶颈，走出了兽药残留风险综合量化评估与预警的第一步。

二是推进风险预警技术成果应用，优化风险预警信息平台建设。畜产品质量安全风险评估与预警技术以风险预警信息平台为媒介在全区监管部门推广使用，作为对畜产品风险预警模式的初尝试，首次实现了对兽药残留风险因子和风险隐患的全方位排查与分析，但在临床应用中还需要不断汇集生产、经营企业以及监管部门多方意见，在实践应用中不断优化技术体系的应用，全方位、持续保障畜产品质量安全，保障核心技术成果的持续应用。

第3节 滩羊肉品质评价

目前，我国农业发展进入了由增产导向转向提质导向、由数量优先转向质量优先的新时代，畜牧业高质量发展成为新时期农业现代化发展的主旋律。畜禽肉作为畜牧业的终端产品，其品质优劣成为畜牧业高质量发展的关键。畜禽肉品质分析评价与调控已成为研究热点。滩羊产业作为宁夏优势特色畜种，是宁夏战略性主导产业，但是现阶段滩羊肉品质分析研究还存在特征品质挖掘不足、综合品质评价体系未建成、真实性难溯源等问题，严重制约滩羊产业的高质量发展。因此，本研究团队创新性地将传统畜禽肉品质分析方法与现代新兴仪器分析手段相结合，建立了滩羊肉品质综合量化评价技术、滩羊肉品质无损检测与鉴别技术等，建立了滩羊肉“营养成分–组织结构–评价模型–鉴别图谱–无损装备”一体化评价技术体系。研究成果经公开发布、广泛宣传和示范应用，形成了广泛关注和良好的社会效应，应用成效显著。

1　实现滩羊肉品质综合量化评价

通过畜禽肉物质组成检测和品质分析技术，解析滩羊肉蛋白、脂肪含量、色泽、微观结构、风味等品质特征，实现滩羊肉品质综合量化评价。明确滩羊肉肉质鲜嫩的微观基础——肌纤维直径小、密度大、肌节长度长；明确滩羊肉肉质多汁的物质组成基础——蛋白质含量高（19.68 g~20.02 g/100 g），外脊肉肌内脂肪含量（5.94%）远高于其他部位；明确滩羊肉无膻味的风味物质基础——含硫类挥发性物质（可减轻羊肉膻味）在生鲜滩羊肉中相对强度较高，炖煮滩羊肉中未检测出辛酸、壬酸、癸酸等膻味相关性短链脂肪酸；明确滩羊肉味道鲜味的物质组成基础——呈鲜物质游离谷氨酸含量高达 110 mg/100 g，必需氨基酸的总量为 7.81 g/100 g。本研究成果以论文和新闻的形式，在中国知网、学习强国宁夏学习平台、《宁夏日报》、宁夏卫视刊登报道，对指导滩羊养殖场保种改良和标准化生产有重要意义，可为行政管理部门在滩羊品牌创建、“三品一标”认证、“名特优新”农产品认证中提供数据支撑，有效推动宁夏畜牧业高质量发展。

2　实现滩羊肉无损检测和鉴别评价

研发团队探明了宰后不同时间滩羊肉抗氧化活性的变化及可能机制，研发了基于 Heracles II 快速气相电子鼻对不同饲养方式炖煮滩羊肉风味的快速鉴别技术、基于可见–近红外光谱的滩羊肉多品质指标无损检测技术、不同品种肉羊近红外快速无损鉴别技术，发明了肉品质无损检测装置、智能化肉品质在线检测方法和检测系统。建立了滩羊肉“营养成分–组织结构–评价模型–鉴别图谱–无损装备”一体化评价技术体系，为滩羊肉品质提升、品牌打造、标准化生产提供了数据和技术支撑。

系列技术装备成果在宁夏滩羊集团、宁夏西鲜记科技有限公司进行示范应用；

技术成果辐射青海香三江畜牧业开发有限公司、衡水志豪畜牧科技有限公司等企业并开展了示范应用。示范应用取得了显著效果，树立了项目团队羊肉品质评价技术装备的应用典型。

滩羊肉品质综合评价技术可为产品品牌打造提供数据和技术支撑，未来还须进一步挖掘技术潜力，与滩羊育种、标准化养殖、系列产品开发相结合，扩展技术应用范围，同滩羊养殖场、加工企业和经营企业形成合力，加快研究成果转化，助力滩羊产业向优质化、精品化和高附加值发展。同时，团队在研究过程中积累了大量畜产品品质分析的有益经验，可构建评价模式的创新思维和技术路线，类比应用在其他宁夏优势特色畜种产业中，通过校企合作、项目申报等，构建产学研联盟长效机制，持续为宁夏优势特色畜种产业高质量发展助力。

生鲜乳质量安全监测技术研究

牛奶是一种人们生活中不可或缺的重要营养品，直接关系到人们的身体健康和生命安全。牛奶产业是关系健康中国、强壮民族的战略性产业和农业现代化的标志性行业。生鲜乳作为液体乳、乳粉和其他乳制品的源头，直接影响着乳品安全，是整个奶业质量安全的源头和基础，是奶业发展的生命线。但近年多次出现的乳制品安全问题，对奶业健康发展造成严重影响，全面落实生鲜乳质量安全监测成为推动现代奶业发展的重要举措。宁夏通过数年的严格检测和监管，生鲜乳质量持续向好，乳制品监督抽检连续多年合格率达到99%以上，切实保障生鲜乳质量安全。随着现代生活水平的提高、国民健康意识的普遍增强，人们对高端化的牛奶及乳制品的消费需求旺盛，而聚焦牛奶品质提升、深入挖掘品质特性指标、释放量化评价潜能可为牛奶品牌创建提供数据支撑，为养殖和乳品企业实行标准化生产提供技术指导，是奶产业走高端化、品牌化、国际化发展的必经之路。

检测技术是保障安全的重要支撑，伴随着奶产业转型升级的加快，对生鲜乳质量检测提出了更高的要求，但生鲜乳检测存在技术储备不足、检测参数偏少、覆盖面不广，以及品质评价仅局限于基础检测、停留在定性分析阶段、缺乏定量分析等问题。研发团队围绕生鲜乳质量安全潜在风险，聚焦奶产业高质量发展开展科研攻关，开发生鲜乳综合评价检测技术 21 个、扩增参数 77 项，检测参数达到 104 项，提高了 285%，建立和完善生鲜乳质量安全和品质评价检测技术体系。获得软件著作版权 4 项，制定团体标准 2 项，发表论文 7 篇，培养研究生 2 人、宁夏拔尖人才 1 人。

第 1 章　生鲜乳质量安全监测技术研究

生鲜乳质量安全是奶业发展的生命线，是整个奶业质量安全的源头和基础。项目实施前，生鲜乳质量安全监测指标仅有感官、冰点、蛋白质、脂肪、非脂乳固体、酸度、菌落总数、β-内酰胺酶、革皮水解物、碱类物质、三聚氰胺 11 项。随着奶产业的快速发展，对生鲜乳质量安全监测提出了更高的要求。研发团队围绕扩大检测覆盖面、解决检测技术盲点、提升风险排查能力，在原有基础上，开发、优化、验证生鲜乳质量安全检测技术 14 种，质量安全检测参数扩增至 39 项，提升 44%，建立了高效、快速、有效的宁夏生鲜乳质量安全监测技术体系。检测仪器设备涉及生鲜乳质量安全监测所有大型仪器，检测能力涵盖生鲜乳中违禁添加物、理化指标、污染物及微生物等主要质量安全监测项目，大于国家质量安全监测范围，为全面保障宁夏生鲜乳质量安全和奶产业高质量发展提供了技术支撑。

第 1 节　生鲜乳理化指标检测方法的建立

生鲜乳理化指标检测包括冰点、相对密度、蛋白质、脂肪、杂质度、非脂乳固体和酸度的测定。在已有检测基础上，围绕提高检测工作效率、提升方法准确度和稳定性、降低检测成本等内容，通过调节样品使用量、设定样品测定条件等方式，验证建立了生鲜乳中杂质度测定法和酸度电位滴定法，并纳入授权参数范围。

1　生鲜乳酸度电位滴定测定方法的建立

生鲜乳中原有的酸度称为自然酸度，主要由乳中蛋白质、柠檬酸盐、磷酸盐及

CO_2 等酸性物质构成。鲜乳在贮运过程中，乳酸菌分解乳糖产生乳酸，使生鲜乳的酸度升高，这部分酸度为发酵酸度。自然酸度和发酵酸度之和称为总酸度，即为生鲜乳测定的酸度。通常以酸度来衡量乳的新鲜程度，国家标准规定荷斯坦奶牛生鲜乳的酸度为 12~18°T。

生鲜乳酸度的经典测量方法是酸碱滴定法，操作比较繁琐，滴定终点因手工操作平行误差较大。目前，全自动电位滴定技术发展快速，开始取代传统人工滴定应用于滴定法检测。研发团队围绕提高检测效率、提升检测准确度和稳定性，开展了全自动电位滴定技术测定生鲜乳中酸度的方法学验证。

1.1 材料与方法

1.1.1 仪器和条件

梅特勒全自动电位滴定仪、分析天平（感量 0.001 g）、超纯水机、精密碱式滴定管（10 mL、精度 0.1 mL）。邻苯二甲酸氢钾（基准试剂）、酚酞指示液、0.100 0 mol/L 氢氧化钠标准溶液（使用于 105~110 ℃电烘箱中干燥至恒重的邻苯二甲酸氢钾基准试剂标定）。

1.1.2 样品处理

称取 10.000 g 已混匀的生鲜乳试样，置于 150 mL 锥形瓶中，加 20 mL 新煮沸冷却至室温的蒸馏水，混匀后，向锥形瓶中吹氮气，防止溶液吸收空气中的二氧化碳。用 0.100 0 mol/L 氢氧化钠标准溶液，使用梅特勒全自动电位滴定仪滴定至 pH 8.3 为终点。滴定过程中，记录消耗的氢氧化钠标准滴定溶液毫升数，代入式中进行计算。

1.2 结果与分析

选取 4 组生鲜乳试样，分别使用电位滴定法、酸碱中和滴定法和乳品成分分析仪对试样的酸度进行重复测定，测定结果见表 4-1-1。

分析平行测定结果，电位滴定法的测定结果 RSD 在 1.0%~2.5%，乳品成分分析仪测定法的测定结果 RSD 在 2.7%~5.1%，酸碱中和滴定法测定结果 RSD 在 3.9%~7.1%，电位滴定法测定结果精密度明显高于其他 2 种。

1.3 小结

（1）本方法操作简便，准确性和稳定性较好，克服了手工滴定法误差大、耗时

表 4-1-1　三种酸度测定方法测定结果比较

试样编号	乳成分仪测定法		酸碱中和滴定法		电位滴定法		方法间的RSD/%
	平均值/°T	RSD/%	平均值/°T	RSD/%	平均值/°T	RSD/%	
1	11.1	5.1	12.8	5.5	10.7	2.5	9.6
2	12.9	4.8	13.7	7.1	12.7	1.6	4.1
3	14.6	2.7	15.1	3.9	14.5	1.2	2.2
4	16.0	3.5	16.4	5.5	15.9	1.0	1.6

长的缺点。

（2）精密度、准确度和重复性符合方法学要求，结果科学、准确、可靠，已通过检测参数扩项认证，可以用于生鲜乳中的酸度定量检测。

2　生鲜乳中杂质度测定方法的建立

杂质度是指乳中含有的杂质的量，是衡量生鲜乳理化状态的指标。杂质主要指乳品在生产及运输的过程中带入的草、沙、毛发及灰尘等异物。检测生鲜乳中的杂质度是为了确保整个生产过程的规范和生鲜乳的洁净安全。在《食品安全国家标准　生乳》（GB 19301—2010）中规定生鲜乳的杂质度≤4.0 mg/kg。研发团队针对生鲜乳中杂质度测定样品使用量过大、检测效率过低等问题，开展了不同样品取样量和不同样品温度对检测结果的影响研究，优化建立了生鲜乳中的杂质度检测方法。

2.1　材料与方法

2.1.1　仪器和条件

杂质度过滤机、过滤片、杂质度标准板。

2.1.2　样品处理

生鲜乳、液体乳、用水复原的乳粉类样品经杂质度过滤板过滤。量取适量生鲜乳样品，用杂质度过滤机过滤，取下过滤片，置烘箱中烘干或自然风干，将其上杂质与标准杂质板比较，根据残留于杂质度过滤板上直观可见的非白色杂质与杂质度参考标准板比对确定样品杂质的限量。当过滤板上杂质的含量介于 2 个级别之间时，判定为杂质度含量较多。

2.2 结果与分析

因杂质度检测与样品取样量多少密切关联，因此选取 5 批生鲜乳样品对不同取样量及样品温度下的杂质度测定结果进行考证，结果见表4-1-2。

表 4-1-2 不同取样量及样品温度下的杂质度测定结果

取样量/mL	温度/℃	样品杂质度测定结果/(mg·kg^{-1})				
		样品 1	样品 2	样品 3	样品 4	样品 5
250	2~8	无结果	无结果	无结果	无结果	无结果
	20~30	0	0	0	0	2.0
	50~60	0	0	1.0	2.0	3.0
500	2~8	无结果	无结果	无结果	无结果	无结果
	20~30	0	0	1.0	2.0	3.0
	50~60	0	1.0	2.0	3.0	4.0
750	2~8	无结果	无结果	无结果	无结果	无结果
	20~30	0	0	1.0	3.0	3.0
	50~60	0	1.0	2.0	3.0	4.0
1 000	2~8	无结果	无结果	无结果	无结果	无结果
	20~30	0	1.0	2.0	3.0	4.0
	50~60	0	1.0	2.0	3.0	4.0

从测定结果来看，杂质度的测定结果随取样量的增大而增大，随样品温度的升高而增大。样品温度在 2~8 ℃时，无论取样量怎样变化，样品乳脂凝固现象明显，滤过效果差，结果不明确，予以排除；样品温度在 20~30 ℃时，取样量发生变化后，各组样品间测定结果差异较大，无法预测准确检测结果，稳定性差；样品温度在 50~60 ℃时，取样量≥500 mL 的各组样品测量结果均稳定一致，符合试验精密度要求。综上，评估不同取样量和样品温度，优先选择最小取样量 500 mL，最适宜取样温度为 50~60 ℃，可以得到准确的测量结果。

2.3 小结

（1）选择取样量为 500 mL，在保证检测准确性的基础上，样品使用量减少了 50%，提高了检测效率，降低了样品检测成本。

（2）选择样品温度在 50~60℃的条件为最优实验条件。

（3）精密度、准确度和重复性符合方法学要求，结果科学、准确、可靠，已通过检测参数扩项认证，可以用于生鲜乳中的杂质度检测。

第 2 节　生鲜乳违禁添加物检测方法的建立

生鲜乳指从健康奶牛乳房中挤出的未经任何处理的原奶。乳品企业收购生鲜乳时会根据其营养价值给予不同的收购价格，不法经营者为了获取更高的经济利益，会在生鲜乳中进行人为添加，这些添加行为若不受控制，将对消费者产生严重健康危害。2013 年起，农业部办公厅出台了针对生鲜乳中 5 种违禁添加物的监管文件，要求三聚氰胺、碱类物质、β-内酰胺酶、革皮水解物和硫氰酸钠 5 种违禁添加物在生鲜乳中不得检出。针对生鲜乳中新制定的硫氰酸钠测定方法和三聚氰胺气相质谱测定法结果的精密度较差、不能准确定量的缺点，研发团队开展了生鲜乳硫氰酸钠残留离子色谱测定法、生鲜乳中三聚氰胺 HPLC-MS/MS 测定法的方法学考察验证。

1　生鲜乳硫氰酸钠离子色谱测定方法的建立及本底值考察

硫氰酸盐（SCN-）的主要形式为硫氰酸钠（NaSCN）。生鲜乳中天然含有一定浓度的硫氰酸盐，是牛奶中过氧化物酶抗菌体系（LPS）的主要成分之一，可抑制和杀灭多种微生物。资料显示，牛乳中硫氰酸盐的水平主要取决于饲料中硫氰酸盐及其前体物质的含量，包括硫代葡萄糖苷和生氰糖苷。国际上也将硫氰酸钠作为保鲜剂添加到生鲜乳中，以保证在没有冷却条件下牛乳的安全贮运。随着冷链系统在我国鲜奶贮运过程中的广泛使用，2008 年 12 月，硫氰酸钠被原卫生部列入第一批公布的《食品中可能违法添加的非食用物质和易滥用的食品添加剂名单》，不允许在生鲜乳中添加硫氰酸钠，相关部门也将其纳入乳制品质量安全的定期抽检内容。为适应行业发展的需求，研发团队按照 MRT/B—2016《生乳中硫氰酸根的测定　离子色谱法》标准，开展了生鲜乳中硫氰酸钠离子色谱测定法的验证。

1.1　材料与方法

1.1.1　仪器和条件

（1）仪器：Thermo ICS-5000 离子色谱仪；旋涡混匀器（IKA 公司 MS3）；天美

CR15RT 离心机；Sartorius 电子分析天平（感量为 0.000 1 g）；密理博超纯水器。

（2）仪器条件：仪器型号 Thermo ICS-5000；色谱柱，DionexIonpac AS11-HC 4×250 mm 分析柱；DionexIonpac AS11-HC 4×50 mm 保护柱；抑制器，ASRS-300 4 mm 阴离子抑制器外加水抑制模式，抑制器电流 112~149 mA，外加水流量 1.5 mL/min；电导检测器；淋洗液，KOH 溶液；淋洗液浓度 0~31 min、7 mmol/L，31.1~41 min、70 mmol/L，41.1~45 min、7 mmol/L。进样体积 100 μL；流速 1.0 mL/min，抑制电流 174 mA，柱温 30 ℃。

1.1.2 试剂

乙腈（CH_3CN），色谱纯；甲醇（CH_3ON），色谱纯；40 mmol/L 氢氧化钾溶液（称取 2.24 g 氢氧化钾用水定容至 1 000 mL）；1 000 μg/mL 氯离子标准储备液（Cl^-，CAS：16887-00-6，纯度≥99%。）；超纯水；0.22 μm 过滤膜；1.0 mL RP 柱（使用前依次用 5 mL 甲醇和 10 mL 水活化，静置 30 min。）

1.1.3 样品处理

称取 4 g（精确至 0.01 g）样品，用乙腈定容至 10 mL（V1），涡旋混匀 1 min，静置沉降蛋白 20 min，8 000 r/min 4 ℃离心 5 min。准确移取 1.00 mL（V2）上清液用水定容至 10 mL（V3）并混匀。取上述溶液依次过 RP 柱、0.22 μm 过滤器，弃去前 3 mL 滤液，收集后面的滤液供离子色谱仪测定。同时做空白试验。

1.2 结果与分析

1.2.1 标准曲线线性

色谱条件已达到最佳优化，色谱峰峰形良好，硫氰酸钠标准曲线图谱在 0.1~2.0 mg/L 浓度范围内呈良好线性，标准曲线线性方程为 y=0.558x-0.018，线性相关系数为 0.999 99，呈良好的线性，符合方法要求。

1.2.2 准确度和精密度

在空白生鲜乳中进行阳性添加硫氰酸钠标准溶液制成做 0.2 mg/L、1.0 mg/L 2个浓度的阳性添加样品，每个浓度做 5 个平行样品，进行 3 次独立试验。检测结果见表 4-1-3、表 4-1-4。

在空白生鲜乳样品中分别添加适量的标准溶液，同时做平行试验，按样品预处理方法处理并检测。结果显示，硫氰酸钠做浓度 0.2 mg/L 为阳性添加试验回收率在

表 4-1-3　硫氰酸钠 0.2 mg/L 阳性样品结果汇总表

类别	第一批			第二批			第三批		
样品编号	称样量/mL	实测浓度/(mg·L⁻¹)	回收率/%	称样量/mL	实测浓度/(mg·L⁻¹)	回收率/%	称样量/mL	实测浓度/(mg·L⁻¹)	回收率/%
空白	4.00	0.053 8	—	4.00	0.046 8	—	4.00	0.046 4	—
1	4.00	0.240 2	93.2	4.00	0.236 1	94.6	4.00	0.244 2	98.9
2	4.00	0.244 0	95.1	4.00	0.235 6	94.4	4.00	0.235 2	94.4
3	4.00	0.242 2	94.2	4.00	0.233 5	93.4	4.00	0.233 1	93.4
4	4.00	0.239 9	93.0	4.00	0.233 1	93.2	4.00	0.232 7	93.2
5	4.00	0.240 4	93.3	4.00	0.236 6	94.9	4.00	0.236 2	94.9
平均值	—	0.241 3	93.8	—	0.235 0	94.1	—	0.236 3	95.0

表 4-1-4　硫氰酸根 1.0 mg/L 阳性样品结果汇总表

类别	第一批			第二批			第三批		
样品编号	称样量/mL	实测浓度/(mg·L⁻¹)	回收率/%	称样量/mL	实测浓度/(mg·L⁻¹)	回收率/%	称样量/mL	实测浓度/(mg·L⁻¹)	回收率/%
空白	4.00	0.053 8	—	4.00	0.046 8	—	4.00	0.046 4	—
1	4.00	1.115 4	106.2	4.00	1.063 6	101.7	4.00	1.063 4	101.7
2	4.00	1.086 3	103.2	4.00	1.073 8	102.7	4.00	1.073 6	102.7
3	4.00	1.146 6	109.3	4.00	1.067 7	102.1	4.00	1.067 6	102.1
4	4.00	1.090 0	103.6	4.00	1.092 3	104.6	4.00	1.092 2	104.6
5	4.00	1.115 1	106.1	4.00	1.094 9	104.8	4.00	1.098 8	105.2
平均值	—	1.110 7	105.7	—	1.078 5	103.2	—	1.079 1	103.3

93.2%~98.9%，变异系数为 0.7%~2.0%；1.0 mg/L 为阳性添加试验回收率在 101.7%~109.3%，变异系数为 1.3%~2.2%。该方法准确度良好，有较好的重现性。

1.2.3　稳定性

对不同浓度的阳性添加样品室温放置 72 h，每天测定其浓度。结果见表 4-1-5。

表 4-1-5　不同浓度阳性添加样品 72 h 浓度变化情况

浓度＼时间	第一天	第二天	第三天	RSD/%
0.2 mg/L	0.186 4	0.187 0	0.187 0	0.2
1.0 mg/L	1.061 6	1.064 0	1.056 7	0.4

从结果分析，硫氰酸钠在生鲜乳样品中 72 h 内稳定性良好。

1.3 小结

（1）精密度、准确度和重复性符合方法学要求，结果科学、准确、可靠，已通过检测参数扩项认证，可以用于生鲜乳中硫氰酸钠的检测。

（2）此方法在样品提取过程中使用 RP 净化柱可有效降低基线噪声，优化目标物峰形，获得更高的定量精密度。

2 HPLC-MS/MS 测定生鲜乳三聚氰胺含量的方法研究

生鲜乳中蛋白质含量是影响定价的主要参考指标，目前国家标准规定的检测蛋白质含量的方法主要以氮含量计算。不法经营者为了获得更高的利润，常会在生鲜乳中添加各种提高氮含量的非法添加物。三聚氰胺作为价廉易得的工业原料，因高含氮量，被不法经营者作为“蛋白精”添加在生鲜乳中，但是三聚氰胺被人体摄入后会在人体泌尿系统形成结石，严重时甚至导致肾衰，危及生命，是国家明令禁止的生鲜乳中违禁添加物，需要进行重点监测。研发团队为适应行业发展的需求，按照《原料乳中三聚氰胺检测方法》（GB/T 22388—2008）标准，开展了生鲜乳中三聚氰胺液相色谱串联质谱测定法的验证。

2.1 材料与方法

2.1.1 仪器和条件

（1）仪器：液相色谱串联质谱仪、电子天平（梅特勒·托利多 LD202-L）、超声清洗器（KQ-400KDB）、12 道固相萃取装置（SUPELCO）、MCX-C18 固相萃取柱（3 mL-60 mg waters）、氮吹仪（OrganomationAssociates，JNC）、旋涡混匀器（IKA 公司 MS3）、分析天平（梅特勒·托利多 AX-205，精度 0.000 01 g）、离心机（日本日立 CR22G）。

（2）液相色谱串联质谱仪仪器条件。

液相色谱条件：仪器型号 Waters ACQUITY UPLC；色谱柱，ACQUITY UPLC BEH HILIC 1.7 μm，2.1×50 mm；流动相 0~2 min；A 相乙腈 95%→50%，10 mM 乙酸铵 5%→50%；流速 0.4 mL/min；柱温 40 ℃；进样量 1 μL。

质谱条件：仪器型号 Waters Xevo TQ；电离方式电喷雾电离正离子；毛细管电压

2.5 kV；锥孔电压 36 V；锥孔气流速 50 L/Hr；雾化气氮气；雾化气流速 1 000 L/Hr；雾化气温度 400 ℃；雾化气氩气；碰撞气流速 0.17 mL/min；定性离子对（m/z）127>85 127>43　定量离子对（m/z）127>85；碰撞能量 m/z 127>85 22V m/z 127>43 22V。

2.1.2　试剂

三聚氰胺标准物质（生产厂家 Dr. Ehrenstorfer、批号 C14861400、含量≥99.0%）、乙腈（色谱纯）、甲醇（色谱纯）、乙酸铵（色谱纯）、三氯乙酸（分析纯）、氨水（分析纯含氨 25%~28%）。

2.1.3　样品处理

准确称取 1.00 g 试样置于 50 mL 具塞塑料离心管中，加入 8 mL 1%三氯乙酸溶液和 2 mL 乙腈，超声提取 10 min，再振荡提取 10 min 后，以≥4 000 r/min 离心 10 min。上清液经 1%的三氯乙酸溶液润湿的滤纸过滤后，做待净化液。将待净化液转移至固相萃取柱中。依次用 3 mL 水和 3 mL 甲醇洗涤，抽至近干后，用 6 mL 5%的氨化甲醇溶液洗脱。整个固相萃取过程流速≤1 mL/min。洗脱液 50 ℃氮气吹干，残留物（相当于 1 g 试样）用 1 mL 流动相定容，涡旋混合 1 min，过微孔滤膜后，供 HPLC−MS/MS 测定。同步做空白和阳性添加试样。

2.2　结果与分析

2.2.1　标准曲线线性及方法稳定性验证

制备三聚氰胺浓度为 5 μg/L、10 μg/L、20 μg/L、50 μg/L、75 μg/L、100 μg/L 的标准工作曲线，验证其线性及稳定性。测定结果见表 4−1−6。

表 4−1−6　三聚氰胺标准曲线线性及稳定性验证

标液浓度	三聚氰胺（定量离子对 126.968>85.064）仪器测定峰面积值					RSD/%
	平行测定 1	平行测定 2	平行测定 3	平行测定 4	平行测定 5	
5 μg/L	12 872.761	12 893.567	12 911.026	12 869.443	12 841.938	0.2
10 μg/L	19 266.268	19 308.711	19 388.229	19 259.900	19 248.625	0.3
20 μg/L	38 933.691	39 004.168	39 083.255	38 907.054	38 896.363	0.2
50 μg/L	78 105.586	78 209.148	78 324.881	78 099.640	78 087.254	0.1
75 μg/L	109 529.328	109 683.212	109 784.455	109 498.791	109 400.583	0.1
100 μg/L	138 002.453	138 383.468	138 626.110	138 000.266	137 964.627	0.2
R 值	0.998 09	0.998 14	0.998 16	0.998 10	0.998 10	0

分析测定结果，标准曲线线性回归系数 R 值范围在 0.998 09~0.998 16，均≥0.998，平行测定的相对标准偏差均≤1%。该方法在三聚氰胺浓度 5~100 μg/L 范围呈现良好，稳定性好。

2.2.2 准确性及精密度验证

分别制成 3 组添加浓度为 0.1 mg/kg、0.5 mg/kg、1.0 mg/kg 的阳性添加样品，使用 LC-MS/MS 法测定三聚氰胺含量，测定结果见表 4-1-7。

分析测定结果，在添加浓度 0.1~1.0 mg/kg 范围，回收率为 90.0%~97.8%，变异系数为 0.7%~2.4%，该方法准确性、精密度良好。

表 4-1-7 阳性添加样品测定结果

添加量	0.1 mg/kg		0.5 mg/kg		1.0 mg/kg	
样品编号	实测浓度/($mg \cdot L^{-1}$)	回收率/%	实测浓度/($mg \cdot L^{-1}$)	回收率/%	实测浓度/($mg \cdot L^{-1}$)	回收率/%
空白	0.152	—	0.523	—	1.023	—
1	0.148	94.5	0.518	95.2	1.036	97.3
2	0.133	94.8	0.530	96.6	1.038	95.1
3	0.145	95.2	0.578	91.4	1.020	97.8
4	0.150	93.2	0.555	90.0	1.019	93.4
5	0.142	91.8	0.520	91.6	1.015	96.2
平均值	0.145	93.9	0.537	93.0	1.025	96.0

2.3 小结

（1）方法操作简单，准确性、精密度和稳定性良好，符合方法验证的要求。已通过扩项认证，可以用于生鲜乳中三聚氰胺的检测。

（2）此方法相比液相色谱检测法灵敏度更好，且同时实现了目标物定性定量检测，相比气相色谱串联质谱法，检测操作简便，无需衍生化反应，检测结果精密度更好。

（3）此方法需要同步处理空白样品基质配制标准物质，确保目标物定量测定结果的准确性。

第 3 节　生鲜乳污染物检测方法的建立

生鲜乳在生产运输过程中因环境设备、卫生状况、贮存条件、人为等因素可能产生各种内源性和外源性污染，生鲜乳污染物包括但不限于苯甲酸、山梨酸、硝酸盐、亚硝酸盐、黄曲霉毒素 M_1、氯离子、铅、铬、砷、汞等。研发团队围绕扩大检测覆盖面、提升监管水平和提高风险预警能力，开发、优化、验证、建立了生鲜乳中多种元素、苯甲酸和山梨酸、硝酸盐-亚硝酸盐联检法，生鲜乳中黄曲霉毒素 M^1HPLC 测定法，氯离子色谱法测定法，生鲜乳中 11 种兽药残留组分 HPLC-MS/MS 联检法等 8 个方法，25 个参数。

1　生鲜乳中苯甲酸、山梨酸的高效液相色谱测定法的验证建立

苯甲酸、山梨酸是重要的酸性食品防腐剂。在酸性条件下，对霉菌、酵母和细菌均有抑制作用，常作为食品添加剂使用，每日口服剂量 0.5 g 对人体并无毒害，在体内与甘氨酸结合形成马尿酸代谢。尽管苯甲酸属于食品添加剂，但生鲜乳作为原料性乳产品不允许进行任何人为添加。研发团队为适应行业发展的需求，按照《食品安全国家标准　食品中苯甲酸、山梨酸和糖精钠的测定》（GB/T 5009.28—2016）标准，验证建立了生鲜乳中苯甲酸、山梨酸高效液相色谱法。

1.1　材料与方法

1.1.1　仪器和条件

（1）仪器：高效液相色谱仪，配紫外检测器；分析天平，感量 0.001 g 和 0.000 1 g；涡旋振荡器；高速冷冻离心机，转速>8 000 r/min；超声波发生器，配恒温水浴加热功能。

（2）高效液相色谱仪条件：液相色谱柱，C_{18} 柱柱长 250 mm，内径 4.6 mm，填料粒径 5 μm 或等效色谱柱。柱温 35 ℃。流动相，A 相乙酸铵溶液，B 相甲醇。等梯度洗脱 A 95%，B 5%。流速 1.0 mL/min。紫外检测波长 230 nm。进样量 10 μL。

1.1.2　试剂

亚铁氰化钾 K_4Fe（CN）6.3 H_2O；乙酸锌 Zn（CH_3COO）2.2H_2O；冰乙酸

CH_3COOH 99.0%；甲醇 CH_3OH 色谱纯；乙酸铵 CH_3COONH_4 色谱纯；试剂配制；亚铁氰化钾溶液（92 g/L）（称取 106 g 亚铁氰化钾，加入适量水溶解，用水定容至 1 000 mL）。乙酸锌溶液（183 g/L）（称取 220 g 乙酸锌，溶于少量水中，加入冰乙酸 30 mL，用水定容至 1 000 mL）；乙酸铵溶液（20 mmol/L）（称取 1.54 g 乙酸铵，加入适量水溶解，用水定容至 1 000 mL，经 0.22 μm 水相滤膜过滤后备用）。

1.1.3 样品处理

准确称取 2.000 g 试样置于 50 mL 具塞离心管中，加水 25 mL，涡旋混匀，50 ℃水浴超声 20 min，冷却至室温后加亚铁氰化钾溶液 2 mL 和乙酸锌溶液 2 mL，混匀，8 000 r/min 离心 5 min，将水相转移至 50 mL 容量瓶中，在残渣中加水 20 mL，涡旋混匀后超声 5 min，8 000 r/min 离心 5 min，将水相转移至同 1 个 50 mL 容量瓶中，并用水定容至刻度，取适量上清液过 0.22 μm 滤膜，待液相色谱测定。

1.2 结果与分析

1.2.1 标准曲线线性及稳定性实验

色谱条件已达到最佳优化，色谱峰峰形良好，标准曲线图谱在 1~100 mg/L 浓度范围呈良好线性，标准曲线线性方程为 y=3.821 86x+0.201 907，线性相关系数为 0.999 99，呈良好线性，本方法符合要求。

表 4-1-8 苯甲酸和山梨酸标准曲线线性及稳定性验证

曲线 R 值	组分	第一次测定	第二次测定	第三次测定	第四次测定	RSD/%
制备 0~8 h	苯甲酸	0.999 995	0.999 989	0.999 991	0.999 993	0
	山梨酸	0.999 991	0.999 998	0.999 988	0.999 992	0
制备 8~16 h	苯甲酸	0.999 918	0.999 844	0.999 213	0.999 286	0
	山梨酸	0.999 925	0.999 901	0.999 347	0.999 288	0
制备 16~24 h	苯甲酸	0.999 138	0.996 437	0.993 022	0.995 706	0.3
	山梨酸	0.999 209	0.995 568	0.994 498	0.993 217	0.1

分析测定结果，色谱条件已达到最佳优化，色谱峰峰形良好，苯甲酸和山梨酸的混合标准溶液工作曲线在 0.5~100 mg/L 的浓度范围呈良好线性。0~8 h 线性相关系数≥0.999 99、16~24 h 线性相关系数≥0.999、16~24 h 线性相关系数≥0.99，因此苯甲酸和山梨酸混合标准溶液推荐的最优使用时间是配置后 8 h 内，其标准工作曲

线线性≥0.999 99。批间 RSD 范围为 0~0.3%，方法稳定性良好。

1.2.2　准确性及精密度验证

分别进行苯甲酸和山梨酸独立 2 次 3 个浓度（1.0 mg/kg、2.0 mg/kg 和 5.0 mg/kg）的阳性添加回收试验，使用高效液相色谱法对阳性添加试样中的苯甲酸和山梨酸的含量进行测定。结果见表 4–1–9、表 4–1–10。

分析检测结果，1 mg/kg 阳性添加回收率，苯甲酸在 92.9%~95.9%，山梨酸在 92.3%~93.9%。2 mg/kg 阳性添加回收率，苯甲酸在 96.3%~98.2%，山梨酸在 93.8%~95.2%。5 mg/kg 阳性添加回收率，苯甲酸在 97.8%~101.3%，山梨酸在 97.7%~

表 4–1–9　苯甲酸阳性添加样品测定结果

添加量	1 mg/kg		2 mg/kg		5 mg/kg	
样品编号	实测浓度/(mg·L^{-1})	回收率/%	实测浓度/(mg·L^{-1})	回收率/%	实测浓度/(mg·L^{-1})	回收率/%
空白	0.001 5	—	0.001 5	—	0.001 5	—
1	0.039 86	95.9	0.079 18	97.1	0.198 71	98.6
2	0.039 02	93.8	0.078 94	96.8	0.197 08	97.8
3	0.039 14	94.1	0.079 6	97.6	0.199 56	99
4	0.038 66	92.9	0.080 05	98.2	0.199 91	99.2
5	0.039 3	94.5	0.078 54	96.3	0.204 08	101.3
平均值	0.039 2	94.2	0.079 26	97.2	0.199 86	99.2

表 4–1–10　山梨酸阳性添加样品测定结果

添加量	1 mg/kg		2 mg/kg		5 mg/kg	
样品编号	实测浓度/(mg·L^{-1})	回收率/%	实测浓度/(mg·L^{-1})	回收率/%	实测浓度/(mg·L^{-1})	回收率/%
空白	0	—	0	—	0	—
1	0.037 43	93.6	0.076 14	95.2	0.198 22	99.1
2	0.036 91	92.3	0.075 3	94.1	0.195 41	97.7
3	0.037 2	93	0.075 04	93.8	0.196 78	98.4
4	0.037 08	92.7	0.075 6	94.5	0.198 36	99.2
5	0.037 56	93.9	0.076 09	95.1	0.200 61	100.3
平均值	0.037 24	93.1	0.075 63	94.5	0.197 88	98.9

100.3%，苯甲酸回收率在 92.9%~101.3%，RSD≤1.2%，山梨酸回收率在 92.3%~100.3%，RSD≤0.7%，具有良好的准确性和精密度，符合方法要求。

1.3 小结

（1）方法操作简单，准确性、精密度和稳定性良好，符合方法验证的要求。已通过扩项认证，可用于生鲜乳中苯甲酸和山梨酸的测定。

（2）此方法样品处理时如果提取液浑浊，则可将提取液冷却至 4 ℃保存 2 h 以上，可获得更澄清的提取液，消除基质的干扰。

2 生鲜乳中硝酸盐－亚硝酸盐离子色谱联检方法的建立

硝酸盐的一种化工产品，硝酸盐和亚硝酸盐在特定条件下可以相互转化，亚硝酸盐极易引起中毒事件，主要通过竞争血液中的氧使人体缺氧窒息，皮肤黏膜发绀，致死率很高。我国生鲜乳安全指标中规定亚硝酸盐是 0.4 mg/kg，生鲜乳中硝酸盐的来源：一是动物机体生理代谢，二是土壤水质污染引入大量硝酸盐及其产物，三是畜禽饲喂食盐被偷梁换柱的硝酸盐代替。研发团队为适应行业发展的需求，按照《食品安全国家标准　食品中硝酸盐与亚硝酸盐的测定》（GB/T 5009.33—2016）标准，验证建立了生鲜乳中硝酸盐和亚硝酸盐离子色谱法。

2.1 材料与方法

2.1.1 仪器和条件

（1）仪器：Thermo ICS-5000 离子色谱仪、旋涡混匀器（IKA 公司 MS3）、天美 CR15RT 离心机、Sartorius 电子分析天平（感量为 0.000 1 g）、密理博超纯水器。

（2）离子色谱仪条件：色谱柱，DionexIonpac AS11-HC 4×250 mm 分析柱；DionexIonpac AS11-HC 4×50 mm 保护柱；电导检测器；淋洗液，KOH 溶液；淋洗液浓度 0~31 min、7 mmol/L，31.1~41 min、70 mmol/L，41.1~45 min、7 mmol/L；进样体积 100 μL；流速 1.0 mL/min；抑制电流 174 mA；柱温 30 ℃。

2.1.2 试剂

乙腈（CH_3CN），色谱纯；甲醇（CH_3ON），色谱纯；40 mmol/L 氢氧化钾溶液（称取 2.24 g 氢氧化钾用水定容至 1 000 mL）；1 000 μg/mL 氯离子标准储备液（Cl^-，CAS：16887-00-6，纯度≥99%。）；超纯水；0.22 μm 过滤膜；1.0 mL RP 柱

（使用前依次用 5 mL 甲醇和 10 mL 水活化，静置 30 min）。

2.1.3　样品处理

（1）样品处理对比分析。

原方法：取 10.00 mL 生鲜乳样品，置于 100 mL 具塞锥形瓶中，加水 80 mL，摇匀，超声 30 min，加入 3%乙酸溶液 2 mL，4 ℃放置 20 min，取出放置至室温，加水稀释至刻度。溶液经滤纸过滤，滤液备用。取备用滤液 15 mL，经过 0.22 μm 水性针式滤膜、C_{18} 柱、Ag 柱和 Na 柱滤过，待测。

优化方法：取 5 mL 生鲜乳样品，置于 30 mL 离心管中，加乙腈 10 mL 漩涡混匀，静置 10 min 后，10 000 r/min 离心 10 min，取上清液 1 mL 加水至 10 mL（即 10 倍稀释），摇匀，过 RP 柱（使用前依次用 5 mL 乙腈和 10 mL 超纯水活化）和 0.22 μm 水性针式滤膜，弃去前面 3 mL，收集后面滤液至样品管中，待测。

不同提取方法检测结果对比分析：按照不同提取方法进行检测，计算阳性添加回收率，结果见表 4-1-11。

表 4-1-11　不同提取方法检测结果对比分析表

试样编号	原方法			优化方法		
上机浓度	阳性添加回收率/%	平均值/%	RSD/%	阳性添加回收率/%	平均值/%	RSD/%
NO_3^-（0.4 mg/L）	93.1	93.2	2.3	95.2	94.4	1.0
	95.8			95.3		
	92.0			94.8		
	90.4			93.2		
	94.5			93.6		
NO_3^-（1.0 mg/L）	95.6	94.8	1.9	96.7	97.2	0.5
	97.3			97.2		
	92.5			97.4		
	93.8			96.8		
	94.6			97.9		
NO_2^-（0.04 mg/L）	89.0	91.0	1.8	92.1	92.1	0.6
	90.2			91.9		
	93.4			93.0		

续表

试样编号	原方法			优化方法		
上机浓度	阳性添加回收率/%	平均值/%	RSD/%	阳性添加回收率/%	平均值/%	RSD/%
NO_2^- (0.04 mg/L)	91.7	91.0	1.8	91.8	92.1	0.6
	90.7			91.7		
NO_2^- (0.1 mg/L)	93.5	92.9	1.8	93.4	94.0	0.4
	94.8			94.0		
	91.8			94.1		
	90.6			93.9		
	93.7			94.5		

2.2　结果与分析

2.2.1　标准曲线线性

色谱条件已达到最佳优化，色谱峰峰形良好，硝酸盐标准曲线图谱在 0.1~2.0 mg/L 浓度范围呈良好线性，标准曲线线性方程为 y=1.586x−0.007，线性相关系数为 0.999 93，呈良好线性；亚硝酸盐标准曲线图谱在 0.01~0.2 mg/L 浓度范围呈良好线性，标准曲线线性方程为 y=2.453x−0.058，线性相关系数为 0.999 94，呈良好线性，本方法符合要求。

2.2.2　准确度和精密度

在空白生鲜乳中硝酸盐做 0.4 mg/L、1.0 mg/L 2 个浓度阳性添加；亚硝酸盐做 0.04 mg/L、0.1 mg/L 2 个浓度阳性添加，每个浓度做 5 个平行样品，每个样品取 2 针平均值，考察 3 次。硝酸盐、亚硝酸盐的回收率、批内变异系数、批间变异系数见表 4−1−12 至表 4−1−15。

在空白生鲜乳样品中分别添加适量的标准溶液，同时做平行试验，按样品预处理方法处理并检测。结果显示，硝酸盐做浓度 0.4 mg/L 为阳性添加试验回收率在 90.0%~97.8%，变异系数为 1.3%~2.7%；1.0 mg/L 为阳性添加试验回收率在 92.0%~96.3%，变异系数为 0.4%~1.2%。亚硝酸盐 0.04 mg/L 为阳性添加试验回收率在 86.0%~92.5%，变异系数为 1.1%~2.4%；0.1 mg/L 为阳性添加试验回收率在 78.6%~87.6%，变异系数为 1.3%~2.4%。该方法准确度良好，有较好的重现性。

表 4-1-12　硝酸盐 0.4 mg/L 阳性样品结果汇总表

类别		第一批			第二批			第三批		
样品编号		称样量/mL	实测浓度/(mg·L⁻¹)	回收率/%	称样量/mL	实测浓度/(mg·L⁻¹)	回收率/%	称样量/mL	实测浓度/(mg·L⁻¹)	回收率/%
空白		5.00	0.039 7	—	5.00	0.047 0	—	5.00	0.038 9	—
1		5.00	0.417 6	94.5	5.00	0.427 8	95.2	5.00	0.428 2	97.3
2		5.00	0.419 0	94.8	5.00	0.433 2	96.6	5.00	0.419 2	95.1
3		5.00	0.420 5	95.2	5.00	0.412 6	91.4	5.00	0.430 0	97.8
4		5.00	0.412 6	93.2	5.00	0.407 0	90.0	5.00	0.412 4	93.4
5		5.00	0.407 0	91.8	5.00	0.413 3	91.6	5.00	0.423 5	96.2
平均值		—	0.415 3	93.9	—	0.418 8	93.0	—	0.422 7	96.0
变异	批内/%	1.3			2.7			1.7		
	批间/%	0.9								

表 4-1-13　硝酸盐 1.0 mg/L 阳性样品结果汇总表

类别		第一批			第二批			第三批		
样品编号		称样量/mL	实测浓度/(mg·L⁻¹)	回收率/%	称样量/mL	实测浓度/(mg·L⁻¹)	回收率/%	称样量/mL	实测浓度/(mg·L⁻¹)	回收率/%
空白		5.00	0.039 7	—	5.00	0.047 0	—	5.00	0.038 9	—
1		5.00	0.999 4	96.0	5.00	0.995 6	94.9	5.00	0.984 1	94.5
2		5.00	1.002 3	96.3	5.00	0.996 8	95.0	5.00	0.985 2	94.6
3		5.00	0.997 0	95.7	5.00	0.973 6	92.7	5.00	0.962 2	92.3
4		5.00	0.993 0	95.3	5.00	0.970 4	92.3	5.00	0.959 0	92.0
5		5.00	0.995 5	95.6	5.00	0.986 9	94.0	5.00	0.975 4	93.6
平均值		—	0.997 4	95.8	—	0.984 7	93.8	—	0.973 2	93.4
变异	批内/%	0.4			1.2			1.2		
	批间/%	1.2								

2.2.3　重复性

对不同浓度的阳性添加样品室温放置 72 h，每天测定其浓度，考察重复性或者稳定性。结果见表 4-1-16。

表 4-1-14　亚硝酸盐 0.04 mg/L 阳性样品结果汇总表

类别		第一批			第二批			第三批		
样品编号		称样量/mL	实测浓度/(mg·L⁻¹)	回收率/%	称样量/mL	实测浓度/(mg·L⁻¹)	回收率/%	称样量/mL	实测浓度/(mg·L⁻¹)	回收率/%
空白		5.00	0.004 8	—	5.00	0.006 3	—	5.00	0.005 8	—
1		5.00	0.040 6	89.5	5.00	0.043 0	91.8	5.00	0.042 3	91.2
2		5.00	0.041 3	91.3	5.00	0.042 4	90.3	5.00	0.040 6	87.0
3		5.00	0.041 8	92.5	5.00	0.041 3	87.5	5.00	0.042 4	91.5
4		5.00	0.041 3	91.3	5.00	0.041 0	86.8	5.00	0.040 7	87.2
5		5.00	0.041 0	90.5	5.00	0.040 7	86.0	5.00	0.040 4	86.5
平均值		—	0.041 2	91.0	—	0.041 7	88.5	—	0.041 3	88.7
变异	批内/%	1.1			2.3			2.4		
	批间/%	0.6								

表 4-1-15　亚硝酸盐 0.1 mg/L 阳性样品结果汇总表

类别		第一批			第二批			第三批		
样品编号		称样量/mL	实测浓度/(mg·L⁻¹)	回收率/%	称样量/mL	实测浓度/(mg·L⁻¹)	回收率/%	称样量/mL	实测浓度/(mg·L⁻¹)	回收率/%
空白		5.00	0.004 8	—	5.00	0.006 3	—	5.00	0.005 8	—
1		5.00	0.092 4	87.6	5.00	0.091 8	85.5	5.00	0.090 0	84.0
2		5.00	0.091 5	86.7	5.00	0.087 9	81.6	5.00	0.086 2	80.4
3		5.00	0.089 9	85.1	5.00	0.088 4	82.1	5.00	0.086 8	81.0
4		5.00	0.089 6	84.8	5.00	0.086 0	79.7	5.00	0.084 4	78.6
5		5.00	0.091 8	87.0	5.00	0.087 2	80.9	5.00	0.085 6	79.8
平均值		—	0.091 0	86.2	—	0.088 3	82.0	—	0.086 6	80.8
变异	批内/%	1.3			1.5			2.4		
	批间/%	2.5								

表 4-1-16　不同浓度阳性添加样品 72 h 浓度变化情况

名称	浓度 & 时间	第一天	第二天	第三天	RSD/%
硝酸盐	0.4 mg/L	0.377 9	0.376 0	0.376 8	0.3
	1.0 mg/L	0.959 7	0.959 8	0.957 0	0.2
亚硝酸盐	0.04 mg/L	0.035 8	0.035 8	0.034 9	1.5
	0.14 mg/L	0.087 6	0.087 6	0.085 2	1.6

分析结果，硝酸盐和亚硝酸盐在生鲜乳样品中 72 h 内稳定性良好。

2.3　小结

（1）方法操作简单，准确性、精密度和稳定性良好，符合方法验证的要求。已通过扩项认证，可用于生鲜乳中硝酸盐和亚硝酸盐的定量检测。

（2）优化了样品前处理过程，采用乙腈作为样品蛋白沉淀剂和 RP 柱净化的简单快速模式，代替了原有的采用乙酸提取生鲜乳样品和 C_{18}、Ag 柱、Na 柱净化的复杂过程，解决了前处理过程繁杂、耗时长的难题。

3　HPLC-MS/MS 测定生鲜乳 11 种兽药残留组分联检方法的考察研究

林可胺类药物（lincosamides）具有抗革兰氏阳性需氧菌和革兰氏阳性或阴性厌氧菌的活性，兽医临床常用的有林可霉素、克林霉素和吡利霉素。大环内酯类药物（macrolides）具有抗革兰氏阳性菌和抗支原体活性，兽医临床常见的有红霉素、泰乐菌素、螺旋霉素、替米考星、吉他霉素、克拉霉素、阿奇霉素和罗红霉素等 11 种兽药。动物源性食品林可胺类兽用药物残留可引起肾功能障碍和增加革兰氏阳性菌的耐药性，大环内酯类兽用药物残留可引起过敏反应和导致携带耐药因子的菌株扩散。因此，欧盟和我国都对动物源性食品这 2 类兽用药物的最大残留限量做了严格规定。研发团队按照农业部公告，验证建立了 HPLC−MS/MS 法测定生鲜乳中 11 种兽药残留联检方法。

3.1　材料与方法

3.1.1　仪器和条件

（1）仪器：液相色谱串联质谱仪（配置电喷雾离子源）、电子天平（梅特勒·托利多 LD202−L）、超声清洗器（KQ−400KDB）、减压旋转蒸发仪（IKA）、旋涡混匀器（IKA 公司 MS3）、分析天平（梅特勒·托利多 AX−205，精度 0.000 01）、离心机（日本日立 CR22G）。

（2）液相色谱串联质谱仪条件。

液相色谱条件：色谱柱，BEH C18 50×2.1 mm 1.7 μm；流动相，A 为乙腈，B 为 50 mmol/L 乙酸铵水溶液；流动相梯队洗脱条件，A 相 0~3 min 5%~60%，3.1~5 min 保持 60%，5.1~7 min 变化至 5%，保持。

质谱条件：离子源，电喷雾离子源；扫描方式，正离子扫描；检测方式，多反应监测 MRM；电离电压 3.1 kV；离子源温度 180 ℃；雾化温度 350 ℃；锥孔气流速 50 L/h；雾化气流速 650 L/h。

测试药物定性定量离子对及对应的锥孔电压碰撞能量见表 4-1-17。

表 4-1-17　测试药物定性定量离子对及对应的锥孔电压碰撞能量表

测试药物	保留时间/min	定性离子对/$(m \cdot z^{-1})$	定量离子对/$(m \cdot z^{-1})$	锥孔电压/V	碰撞能量/eV
林可霉素	1.78	407.3>359.2 407.3>126.2	407.3>126.2	40	30 20
吡利霉素	1.80	411.2>363.2 411.2>112.1	411.2>112.1	30	28 20
克林霉素	2.36	425.3>377.2 425.3>126.2	425.3>126.2	40	30 20
红霉素	2.07	734.4>57.3 734.4>158.1	734.4>158.1	35	28 20
克拉霉素	2.32	748.4>590.3 748.4>158.1	748.4>158.1	35	30 20
阿奇霉素	1.99	749.7>591.3 749.7>116.1	749.7>116.1	55	40 30
吉他霉素	2.55	772.7>174.1 772.7>109.1	772.7>109.1	40	45 30
罗红霉素	2.36	837.5>679.3 837.5>158.2	837.5>158.2	30	35 20
螺旋霉素	2.27	843.8>540.2 843.8>174.1	843.8>174.1	50	35 30
替米考星	2.12	869.9>696.4 869.9>174.1	869.9>174.1	60	45 45
泰乐菌素	2.30	916.9>772.8 916.9>174.1	916.9>174.1	60	40 30

3.1.2　试剂

乙腈（色谱纯）、甲醇（色谱纯）、无水硫酸钠（分析纯）、正己烷（分析纯）、正丙醇（分析纯）、乙酸铵（色谱纯）。

3.1.3　样品处理

称取 2（±0.02） g 匀质样品，置于 50 mL 离心管内，加乙腈 10 mL，再加无水硫酸钠 2 g，涡旋混匀后，中速振荡 5 min，8 000 r/min 离心 8 min，转移上清液于另 1 个离心管内，再用乙腈 10 mL 重复提取 1 次，合并上清液，作为提取液待净化。

在提取液中加正己烷 10 mL，涡旋混匀后，5 000 r/min 离心 5 min，弃上层有机相；下层溶液中加正丙醇 5 mL，50 ℃水浴中旋转蒸发至干，加正己烷 2 mL，涡旋溶解后再加入 50%甲醇水溶液 2 mL，涡旋后静置分层，取下层溶液 1.0 mL 置于 1.5 mL 塑料离心管内，4 ℃ 15 000 r/min 离心 10 min，取上清液适量。22 μm 滤膜后供液相色谱–串联质谱仪测定。

3.2　结果与分析

本方法在混合标准物质溶液浓度 2.5~100 μg/L 范围呈现良好线性关系，线性相关系数≥0.999，大部分兽药回收率可控制在 70%~120%，准确性好。具体数据见表 4−1−18。

表 4−1−18　测试药物标准曲线线性回归系数及回收率

测试药物	线性范围（R）	回收率范围	批间变异系数	批内变异系数
林可霉素	0.999 819~0.999 932	80%~110%	11	9
吡利霉素	0.999 316~0.999 963	70%~90%	8	4
克林霉素	0.999 845~0.999 928	80%~100	9	5
红霉素	0.999 421~0.999 946	60%~90%	6	8
克拉霉素	0.999 575~0.999 821	80%~100%	5	3
阿奇霉素	0.999 351~0.999 749	90%~110%	7	10
吉他霉素	0.999 109~0.999 975	60%~70%	13	5
罗红霉素	0.999 510~0.999 796	80%~100%	5	6
螺旋霉素	0.999 050~0.999 370	50%~80%	8	11
替米考星	0.999 212~0.999 544	90%~120%	7	7
泰乐菌素	0.999 569~0.999 730	40%~50%	10	9

3.3　小结

（1）方法准确性、精密度和稳定性良好，符合方法验证的要求。已通过扩项认证，可用于生鲜乳中 11 种林可胺类药物的定性定量检测。

（2）在前处理环节需将提取液旋蒸至近干，不可完全蒸发至干，则可获得多个目标物都相对较好的回收率，提高测定结果的准确性。

（3）若想获得更好的标准曲线线性，须使用空白基质配制标准曲线工作液。

4 HPLC 测定生鲜乳中黄曲霉毒素 M_1 残留方法的建立

黄曲霉毒素 M_1 属于真菌毒素，是黄曲霉素 B_1 在动物体内羟基化代谢产物，具有剧毒性和强致癌性。黄曲霉毒素出现在生鲜乳中的原因大概有以下 2 种：内源性黄曲霉毒素 M_1 源于奶牛摄食了霉变的饲料或草料；外源性黄曲霉毒素 M_1 源于生产过程中接触的器具器皿消毒不彻底，出现了霉变有机物混入生鲜乳。黄曲霉毒素一旦产生，无法通过简单煮沸消除，最根本的办法还是要在生鲜环节进行预防。因此准确检测生鲜乳中黄曲霉毒素 M_1 的含量，有助于监测生鲜乳是否存在毒素污染，对生鲜乳质量安全进行预警。研发团队按照《食品安全国家标准 食品中黄曲霉毒素 M 族的测定》（GB/T 5009.24—2016）标准，验证建立了生鲜乳中黄曲霉毒素 M_1 高效液相色谱法。

4.1 材料与方法

4.1.1 仪器和条件

（1）仪器：梅特勒电子分析天平（称量精度 0.000 01 g）、旋涡混匀器、天美 CR15RT 离心机、CNW-16 固相萃取装置（带真空泵）、氮吹仪、Agilent 1260Ⅱ高效液相色谱仪（配置 G1321C FLD 检测器）、免疫亲和柱、Waters 0.22 μm 针式滤膜、Milli-Q Direct8 超纯水系统。

（2）液相色谱仪条件：色谱柱，Agilent ZORBAX Eclipes Plus C18 4.6×250 mm 5-Micron。柱温 40 ℃。流速 1.0 mL/min。进样量 50 μL。

流动相，A 相水：B 相乙腈为 70%：30%，等梯度洗脱。

荧光检测波长：发射波长 360 nm，激发波长 430 nm。

4.1.2 试剂

乙腈（色谱纯）、甲醇（色谱纯）、黄曲霉毒素 M_1 标准溶液。

4.1.3 样品处理

准确称取 4.000 g 混合均匀的试样置于 50 mL 离心管中，加入 10 mL 甲醇，漩涡 3 min。4 ℃ 8 000 r/min 离心 4 min，将上清液转移至烧杯中，加入 40 mL 水稀释，备用。将免疫亲和柱恢复至室温，连接 50 mL 注射器筒和固相萃取装置。将上述样液移至 50 mL 注射器筒中，调节下滴流速为 1~3 mL/min。待样液滴完后，往注射器筒内加入 10 mL 水，以稳定流速淋洗免疫亲和柱。待水滴完后，用真空泵抽干亲和柱。在亲和柱下放置 10 mL 刻度试管，把 50 mL 注射器筒换成 5 mL 注射器筒，分 2 次各加入 2 mL 乙腈洗脱亲和柱，控制 1~3 mL/min 下滴速度，近干时用真空泵抽干亲和柱，收集全部洗脱液至刻度试管中。50 ℃氮气缓缓地将洗脱液吹至近干，用初始流动相定容至 1.0 mL，涡旋 30 s 溶解残留物，过 0.22 μm 滤膜，收集续滤液于进样瓶中待高效液相色谱检测。同步做空白试验和阳性添加试验。

4.2　结果与分析

4.2.1　标准曲线线性

色谱条件已达到最佳优化，色谱峰峰形良好，标准曲线浓度范围 0.05~8.0 μg/L 范围线性良好，曲线线性方程为 y=0.408 9x−0.028 4，线性相关系数为 0.999 13。

4.2.2　准确度和精密度

本实验添加了 2.0 ng/mL 和 4.0 ng/mL 共 2 组阳性加标样品进行回收率考察，考察结果见表 4−1−19 和表 4−1−20。

表 4−1−19　黄曲霉毒素 M_1 2.0 ng/mL 阳性样品结果汇总表

类别		第一批				第二批			
样品编号		实测浓度/($ng \cdot mL^{-1}$)		平均值/($ng \cdot mL^{-1}$)	回收率/%	实测浓度/($ng \cdot mL^{-1}$)		平均值/($ng \cdot mL^{-1}$)	回收率/%
空白		0	0	0	—	0	0	0	—
1		1.978	2.001	1.989 5	99.5	2.074	1.989	2.031 5	101.6
2		1.997	1.960	1.978 5	98.9	1.941	1.830	1.885 5	94.3
3		1.944	2.007	1.975 5	98.8	2.053	2.066	2.059 5	103
4		1.875	1.972	1.923 5	96.2	2.046	2.044	2.045	102.2
5		2.011	1.956	1.98 8	99.4	2.028	2.056	2.042	102.1
平均值				1.971	98.6			2.012 7	100.6
变异	批内/%	0.96				2.53			
	批间/%	1.05							

该方法阳性添加浓度为 2.0 ng/mL 的回收率范围是 96.2%~102.2%，批内变异系数≤1.0%，批间变异系数 1.05%；阳性添加浓度为 4.0 ng/mL 的回收率范围是 97.8%~

表 4-1-20　黄曲霉毒素 M_1 4.0 ng/mL 阳性样品结果汇总表

类别		第三批				第四批			
样品编号		实测浓度/(ng·mL^{-1})		平均值/(ng·mL^{-1})	回收率/%	实测浓度/(ng·mL^{-1})		平均值/(ng·mL^{-1})	回收率/%
空白		0	0	0	—	0	0	0	—
1		3.930	3.968	3.949	98.7	3.963	3.987	3.975	99.4
2		3.959	3.944	3.951 5	98.8	4.034	4.092	4.063	101.6
3		3.951	3.924	3.937 5	98.4	3.933	4.030	3.981 5	99.5
4		3.945	3.931	3.938	98.4	3.985	3.964	3.974 5	99.4
5		3.905	3.917	3.911	97.8	3.984	4.038	4.011	100.3
平均值		—		3.937 4	98.4	—		4.001	100.0
变异	批内/%	0.27				0.72			
	批间/%	0.80							

101.6%，批内变异系数≤1.0%，批间变异系数 0.80%，准确度和精密度符合要求。

4.3　小结

（1）方法准确性、精密度和稳定性良好，符合方法验证的要求，已通过扩项认证，可用于生鲜乳中黄曲霉毒素 M_1 的定量检测。

（2）提取前，对样品进行冷冻离心去除脂层，若乳脂肪含量较高可进行稀释后离心，可以有效提高测定结果的准确性。

5　石墨炉原子吸收法测定生鲜乳中重金属铅、铬方法的建立

重金属中的铅属于强致癌物，会在人体中蓄积，导致严重的铅中毒，引发各种疾病，危害健康。生鲜乳的生产运输环节容易受到各种污染而导致生鲜乳中的铅超过国家标准规定（国家标准规定生鲜乳中铅的含量≤0.05 mg/kg，不得检出），灰尘、工业三废及加工过程接触的金属容器用具都可能造成生鲜乳铅污染。另一种常见的重金属元素铬，包括三价铬和六价铬。三价铬主要来源于岩石风化，是人和动物所必需的一种微量元素，躯体缺铬可引起动脉粥样硬化症；六价铬有毒，常以铬酸根离子大量存在于工业三废中，需要监控其含量。国家标准规定生鲜乳中总铬的含量≤0.1 mg/kg。研发团队按照《食品安全国家标准　食品中铅的测定》（GB/T

5009.12—2017）和《食品安全国家标准　食品中铬的测定》（GB/T 5009.123—2014）标准，验证并建立了生鲜乳中铅和铬原子吸收分光光度法。

5.1　材料和方法

5.1.1　仪器和条件

（1）仪器：梅特勒电子分析天平（称量精度 0.000 1 g）、ZEEnit-700T 耶拿原子吸收分光光度仪（配置石墨炉原子化器、附铅和铬空心阴极灯）、MilliQ-Direct8 超纯水系统、Anton Paar 微波消解仪（配置 48~100 mL 消解盘和 100 mL 高压消解管）、25 位赶酸仪（温度范围 0~200 ℃，适用于 100 mL 微波消解管）。

（2）仪器条件。

① 铅。仪器条件：进样量 10 μL，氩气流速 0.2L/min，空心阴极灯 Pb，扣背景方式自动扣背景，分析波长 283.3 nm，灯电流 10 mA，狭缝宽度 0.2 nm。

石墨炉升温程序：干燥，起始温度 50 ℃，最高干燥温度 110 ℃，总时间 0~90 s。灰化，灰化温度 450 ℃，灰化时间 20 s。原子化，原子化温度 1 700 ℃，原子化时间 5 s。除残，除残温度 2 450 ℃，除残时间最大。

② 铬。仪器条件：进样量 10 μL，氩气流速 0.2 L/min，空心阴极灯 Cr，扣背景方式自动扣背景，分析波长 357.9 nm，灯电流 4 mA，狭缝宽度 0.2 nm。

石墨炉升温程序：干燥，起始温度 50 ℃，最高干燥温度 140 ℃，总时间 0~90 s。灰化，灰化温度 750 ℃，灰化时间 20 s。原子化，原子化温度 2 400 ℃，原子化时间 5 s。除残，除残温度 2 700 ℃，除残时间最大 。

5.1.2　试剂

铅标准溶液、铬标准溶液、硝酸（优级纯或光谱纯）、磷酸二氢胺（优级纯）。

5.1.3　样品处理

准确称取生鲜乳试样 1.000 g，置于微波消解管内管中，加入 6 mL 硝酸，轻轻混匀后套好消解管密封圈，将消解管高压外管套好，盖紧置控制环境温度 20~30 ℃预消解 12~16 h，将消解管放入微波消解仪，按照设定好的消解程序自动消解（表 4-1-21）。消解程序结束后，取出消解管，放入通风柜中冷却至室温，取出消解管内管，拆下消解管密封圈，放入赶酸仪中，设定赶酸温度 140~150 ℃，赶酸至残余溶液体积≤0.5 mL。趁热取下消解管内管，加入少量 2%硝酸溶液溶解残余溶液，剧烈振摇混匀后，将溶液快速转移至 10 mL 玻璃比色管中，再重复用少量 2%硝酸洗涤消解管内管，最少洗涤 3 次，合并所有洗涤液置于同 1 个 10 mL 比色管中，并用 2%硝酸溶液定容至刻度，混匀待石墨炉–原子吸收分光光度仪检测。

同步提取试剂空白和阳性添加试样。

表 4-1-21　微波消解仪微波消解程序

时间/min	0~10	10.1~20	15.1~30	30.1~55	>55
消解仪功率/W	0~700	700	700~1 400	1 400	缓慢下降至 0
温度/℃	—	—	—	—	降温至 55 ℃

5.2　结果与分析

5.2.1　标准曲线线性及稳定性验证

手工单独配制或使用仪器自动稀释功能制备浓度分别为 0~20 μg/L 铅和铬混合标准曲线系列溶液，使用石墨炉–原子吸收分光光度法测定的标准曲线，同时进行是否添加基体改进剂磷酸二氢胺的对比验证，测定结果见表 4-1-22。

分析测定结果，未添加基体改进剂前，2 种不同配制方式的标准曲线线性回归系数只能达到≥0.9，添加了基体改进剂后，2 种不同配制方式的标准曲线线性回归系数均≥0.99；在同样添加基体改进剂的情况下，手工配制的标准曲线线性回归系数可以达到 0.999 甚至 0.999 9，仪器自动稀释配制的标准曲线回归系数最高只能达到 0.999。因此，优先选择手工配制标准曲线溶液，并且测定时添加基体改进剂的方式进行检测可以获得更好的标准曲线线性。标准曲线平行测定线性回归系数 RSD≤5%。

表 4-1-22　手工配制标准曲线溶液和仪器自动稀释标准曲线溶液对比

配制方式	是否添加基体改进剂	R 值		RSD/%
手工配制	否	第一次测定	0.998 152	0.2
		第二次测定	0.996 234	
		第三次测定	0.995 914	
	是	第一次测定	0.999 966	0
		第二次测定	0.999 813	
		第三次测定	0.999 908	

续表

配制方式	是否添加基体改进剂	R 值		RSD/%
仪器自动稀释	否	第一次测定	0.991 563	2.7
		第二次测定	0.984 645	
		第三次测定	0.979 079	
	是	第一次测定	0.999 035	0.1
		第二次测定	0.999 148	
		第三次测定	0.999 101	

5.2.2 准确性及精密度验证

（1）铅：制备铅的添加浓度为 5 μg/kg、10 μg/kg、20 μg/kg 3 组阳性添加试样，使用石墨炉–原子分光光度法对铅的含量进行测定，验证其批内变异系数。测定结果见表 4–1–23。

表 4–1–23 不同浓度铅阳性添加试样的批内测定结果

类别	5 μg/L			10 μg/L			20 μg/L		
样品编号	称样量/mL	实测浓度/(μg·L^{-1})	回收率/%	称样量/mL	实测浓度/(μg·L^{-1})	回收率/%	称样量/mL	实测浓度/(μg·L^{-1})	回收率/%
空白	1.00	−0.004 8	–	1.00	−0.006 3	–	1.00	−0.005 8	–
1	1.00	4.512	90.24	1.00	9.125	91.25	1.00	19.587	97.94
2	1.00	4.529	90.58	1.00	9.153	91.53	1.00	19.633	98.16
3	1.00	4.516	90.32	1.00	9.148	91.48	1.00	19.601	98.00
4	1.00	4.520	90.40	1.00	9.134	91.34	1.00	19.599	98.00
5	1.00	4.533	90.66	1.00	9.126	91.26	1.00	19.527	97.64
平均值	—	4.522	90.44	—	9.137	91.37	—	19.564	97.95
变异系数/%	0.2			0.1			0.2		

分别制备铅的添加浓度均为 15 μg/kg、30 μg/kg 2 组阳性添加试样，使用石墨炉–原子分光光度法对铅的含量进行测定，验证其批件变异系数。测定结果见表 4–1–24 和表 4–1–25。

分析测定结果，该方法在铅的阳性添加浓度 5~30 μg/kg 范围，阳性添加试样回收率为 75%~120%，批内 RSD≤15%，批间 RSD≤10%，准确性和稳定性较好。

表 4-1-24　浓度 15 μg/kg 铅阳性添加试样的批间变异系数测定结果

类别		第一批		第二批		第三批	
样品编号		实测浓度/(mg·L^{-1})	回收率/%	实测浓度/(mg·L^{-1})	回收率/%	实测浓度/(mg·L^{-1})	回收率/%
空白		1.823	—	1.451	—	0.999	—
1		16.787	111.9	16.399	109.3	15.331	102.2
2		14.337	95.6	14.659	97.7	13.441	89.6
3		14.517	96.8	13.989	93.3	13.001	89.7
4		13.037	86.9	13.509	90.1	13.401	89.3
5		13.277	88.5	11.909	79.4	12.761	85.1
平均值		14.391	95.9	14.093	94.0	13.587	91.2
变异	批内/%	7.0		8.2		5.1	
	批间/%	2.1					

表 4-1-25　浓度 30 μg/kg 铅阳性添加试样的批间变异系数测定结果

类别		第一批		第二批		第三批	
样品编号		实测浓度/(mg·L^{-1})	回收率/%	实测浓度/(mg·L^{-1})	回收率/%	实测浓度/(mg·L^{-1})	回收率/%
空白		1.823	—	1.451	—	0.999	—
1		35.237	117.4	27.859	92.9	38.771	119.2
2		29.217	97.4	27.089	90.3	24.661	82.2
3		32.517	108.4	30.289	101.0	27.041	90.1
4		31.557	105.2	30.699	102.3	23.631	78.8
5		32.497	108.3	28.399	94.7	26.821	89.4
平均值		32.205	107.3	28.867	96.2	28.185	93.9
变异	批内/%	4.5		4.5		15.0	
	批间/%	5.5					

（2）铬：制备铬的添加浓度为 5 μg/kg、10 μg/kg、20 μg/kg 3 组阳性添加试样，使用石墨炉-原子分光光度法对铅的含量进行测定，验证其批内变异系数。测定结果见表 4-1-26。

表 4-1-26　不同浓度铬阳性添加试样的批内测定结果

类别	5 μg/L			10 μg/L			20 μg/L		
样品编号	称样量/mL	实测浓度/(μg·L⁻¹)	回收率/%	称样量/mL	实测浓度/(μg·L⁻¹)	回收率/%	称样量/mL	实测浓度/(μg·L⁻¹)	回收率/%
空白	1	−0.004 8	—	1	−0.006 3	—	1	−0.005 8	—
1	1	4.52	90.4	1	9.158	91.58	1	19.126	95.63
2	1	4.632	92.64	1	9.123	91.23	1	19.324	96.62
3	1	4.591	91.82	1	9.16	91.6	1	19.159	95.8
4	1	4.615	92.3	1	9.142	91.42	1	19.124	95.62
5	1	4.678	93.56	1	9.15	91.5	1	19.228	96.14
平均值	—	4.607	92.14	—	9.147	91.47	—	19.192	95.96
变异系数/%	1.2			0.1			0.4		

分析测定结果，铬浓度为 5 μg/L 阳性添加试验回收率在 90.40%~93.56%，变异系数为 1.2%；10 μg/L 阳性添加试验回收率在 91.23%~91.58%，变异系数为 0.1%；20 μg/L 阳性添加试验回收率在 95.62%~96.62%，变异系数为 0.4%。

5.3　小结

（1）方法操作简单，准确性、精密度和稳定性良好，符合方法验证的要求，已通过扩项认证，可用于生鲜乳中铅和铬的定量联检。

（2）选择手工配制标准曲线溶液，在测定时添加适宜基体改进剂，可以提高测定结果的准确性。

（3）前处理时，按照实验室设备和样品性质选择微波消解条件和石墨炉升温程序，可以提高测定结果的灵敏度，降低背景干扰。

6　原子荧光测定生鲜乳中重金属砷－汞联检方法的建立

砷在自然界中主要以元素砷、无机砷、有机砷化合物等多种形式存在，其中无机砷在环境中或生物体内可以形成甲基砷化物。在酸性环境中可被金属催化生成具有强毒性的砷化氢。牛奶中存在的砷一般是机体正常分泌的有机砷，但砷化物自身易被环境影响，可能转化成剧毒的砷化物，所以国家标准规定生鲜乳中总砷的含量必须≤0.1 mg/kg。汞是自然环境中毒性最强的重金属元素之一，各种汞化合物的毒性差别很大，无机汞中的升汞是剧毒物质，有机汞中的苯基汞分解产生的甲基汞进入人体容易导致脑组织中蓄积中毒。研发团队按照《食品安全国家标准 食品中总砷及无机砷的测定》（GB/T 5009.11—2014）和《食品安全国家标准 食品中总汞及有机汞的测定》（GB/T 5009.17—2021）标准，验证并建立了生鲜乳中砷和汞氢化物原子荧光分光光度法。

6.1 材料与方法

6.1.1 仪器和条件

（1）仪器：梅特勒电子分析天平（称量精度 0.000 1 g）、MilliQ-Direct8 超纯水系统、吉天氢化物发生双道原子荧光分光光度仪（配置砷和汞空心阴极灯）、Anton Paar 微波消解仪（配置 48~100 mL 消解盘和 100 mL 高压消解管）、25 位赶酸仪（温度范围 0~200 ℃，适用于 100 mL 微波消解管）。

（2）氢化物发生双道原子荧光分光光度仪条件。

① 砷：砷空心阴极灯电流 70 mA，光电倍增管负高压 270 V，还原剂 1%硼氢化钾-1%氢氧化钾水溶液。

② 汞：汞空心阴极灯电流 30 mA，光电倍增管负高压 270 V，还原剂 1%硼氢化钾-1%氢氧化钾水溶液。（单独检测汞可以使用 0.1%硼氢化钾-1%氢氧化钾水溶液）。

6.1.2 试剂

汞标准溶液、砷标准溶液、硝酸（优级纯或光谱纯）、盐酸（优级纯或光谱纯）、硼氢化钾（优级纯）、氢氧化钾（优级纯）、硫脲（优级纯）、抗坏血酸（优级纯）。

6.1.3 样品处理

准确移取生鲜乳试样 1.000 g，置于微波消解管内管中，加入 6 mL 硝酸，轻轻混匀后套好消解管密封圈，将消解管高压外管套好，盖紧置控制环境温度 20~30 ℃预消解 12~16 h，将消解管放入微波消解仪，按照设定好的消解程序自动消解（表 4-1-27）。消解程序结束后，取出消解管，放入通风柜中冷却至室温，取出消解管内管，拆下消解管密封圈，放入赶酸仪中，设定赶酸温度 110~120 ℃，赶酸至残余溶液体积≤1.0 mL。趁热取下消解管内管，加入少量 3%盐酸溶液溶解残余溶液，剧烈振摇混匀后，将溶液快速转移至 10 mL 玻璃比色管中，再重复用少量 2%盐酸洗涤消解管内管，最少洗涤 3 次，合并所有洗涤液于同 1 个 10 mL 比色管中，加入 1.0 mL 10% 抗坏血酸硫脲溶液，并用 2%盐酸溶液定容至刻度，混匀后室温（20~30 ℃）静置 30 min，立即使用原子荧光分光光度仪检测。

同步提取试剂空白和阳性添加试样。

表 4-1-27　微波消解仪微波消解程序

时间/min	0~10	10.1~20	15.1~30	30.1~55	>55
消解仪功率/W	0~700	700	700~1 400	1 400	缓慢下降至 0
温度/℃	—	—	—	—	降温至 55℃

6.2　结果与分析

6.2.1　标准曲线线性及稳定性验证

分别手工单独配制和使用仪器自动稀释功能检测砷浓度范围 2~20 μg/L 和汞浓度范围 0.2~2.0 μg/L 的混合标准曲线系列溶液，标准曲线线性及偏差测定结果见表 4-1-28。

表 4-1-28　手工配制标准曲线溶液和仪器自动稀释标准曲线溶液对比

配制方式		R 值		RSD/%
砷	手工配制	第一次测定	0.999 6	0
		第二次测定	0.999 7	
		第三次测定	0.999 7	
	仪器自动稀释	第一次测定	0.999 3	0
		第二次测定	0.999 3	
		第三次测定	0.999 2	
汞	手工配制	第一次测定	0.999 9	0
		第二次测定	0.999 9	
		第三次测定	0.999 8	
	仪器自动稀释	第一次测定	0.999 4	0
		第二次测定	0.999 5	
		第三次测定	0.999 5	

分析测定结果，2 种不同配制方式获得的汞-砷标准曲线线性回归系数均≥

0.999，标准曲线平行测定线性相关系 RSD≤5%，测定结果并无显著性差异，2 种方法均可使用。

6.2.2　准确性及精密度验证

（1）砷：制备砷的添加浓度为 2 μg/kg、5 μg/kg、10 μg/kg 3 组阳性添加试样，使用原子荧光光度法对砷的含量进行测定，验证其批内变异系数，测定结果见表 4−1−29。

表 4−1−29　不同浓度砷阳性添加试样的批内测定结果

类别	2 μg/L			5 μg/L			10 μg/L		
样品编号	称样量/mL	实测浓度/(μg·L⁻¹)	回收率/%	称样量/mL	实测浓度/(μg·L⁻¹)	回收率/%	称样量/mL	实测浓度/(μg·L⁻¹)	回收率/%
空白	1.00	−0.002 0	−	1.00	−0.001 3	−	1.00	−0.003 8	−
1	1.00	1.714	85.7	1.00	4.326	86.5	1.00	8.871	88.7
2	1.00	1.726	86.3	1.00	4.265	85.3	1.00	8.745	87.4
3	1.00	1.612	80.6	1.00	4.248	85.0	1.00	8.892	88.9
4	1.00	1.695	84.8	1.00	4.301	86.0	1.00	8.926	89.3
5	1.00	1.624	81.2	1.00	4.159	83.2	1.00	8.814	88.1
平均值		1.632	81.6		4.287	85.7		8.861	88.6
变异系数/%	2.6			1.3			0.7		

分析测定结果，砷阳性添加浓度在 2~10 μg/L 范围的阳性添加试样回收率为 80.6%~89.3%，批内变异系数≤3.0%，方法准确性和稳定性良好。

（2）汞：制备汞的添加浓度为 0.5 μg/kg、1.0 μg/kg、2.0 μg/kg 3 组阳性添加试样，使用原子荧光光度法对汞的含量进行测定，验证其批内变异系数。测定结果见表 4−1−30。

表 4−1−30　不同浓度汞阳性添加试样的批内测定结果

类别	0.5 μg/L			1.0 μg/L			2.0 μg/L		
样品编号	称样量/mL	实测浓度/(μg·L⁻¹)	回收率/%	称样量/mL	实测浓度/(μg·L⁻¹)	回收率/%	称样量/mL	实测浓度/(μg·L⁻¹)	回收率/%
空白	1.00	−0.002 0	—	1.00	−0.001 3	—	1.00	−0.003 8	—
1	1.00	0.401	80.2	1.00	0.814	81.4	1.00	1.756	87.8

续表

类别	0.5 μg/L			1.0 μg/L			2.0 μg/L		
样品编号	称样量/mL	实测浓度/(μg·L^{-1})	回收率/%	称样量/mL	实测浓度/(μg·L^{-1})	回收率/%	称样量/mL	实测浓度/(μg·L^{-1})	回收率/%
2	1.00	0.412	82.4	1.00	0.826	82.6	1.00	1.724	86.2
3	1.00	0.429	85.8	1.00	0.826	82.6	1.00	1.736	86.8
4	1.00	0.462	92.4	1.00	0.845	84.5	1.00	1.745	87.3
5	1.00	0.433	86.6	1.00	0.863	86.3	1.00	1.689	84.5
平均值	—	0.427	85.5	—	0.835	83.5	—	1.730	86.5
变异系数/%	4.7			1.3			1.3		

分析测定结果，汞阳性添加浓度在 0.5~2.0 μg/L 范围的阳性添加试样回收率为 80.2%~92.4%，批内变异系数≤5.0%，方法准确性和稳定性良好。

6.3　小结

（1）方法操作简单，准确性、精密度和稳定性良好，符合方法验证的要求，已通过扩项认证，可用于生鲜乳中重金属砷–汞的定量联检。

（2）选择手工配制标准曲线溶液，可获得更好的标准曲线线性关系，提高了测定结果的准确性。

（3）前处理时，按照实验室设备和样品性质选择微波消解条件，赶酸温度≤125 ℃，可以有效降低背景干扰，提高测定结果的准确性。

7　离子色谱法测定生鲜乳中氯离子方法的建立

正常生鲜乳中含有 0.14%左右的氯化物。外源性的氯化物污染主要来自含氯消毒剂。人如果长期摄入高氯水平的乳制品，容易造成骨质疏松、神经系统异常兴奋和电解质紊乱等健康损害。因此，氯化物含量的检测是牛乳质量控制的一个重要指标。我国尚没有现行有效的测定生鲜牛乳中氯离子的国家及地方标准，测定氯离子含量无据可依。围绕解决生鲜乳氯离子含量检测技术盲点，研发团队通过考察不同色谱柱、淋洗液梯度程度、不同样品取样量和稀释度、不同蛋白质沉淀方式和样品净化过程、方法定量限和检出限、标准曲线线性范围、方法准确度和精密度、不同型号仪器和试剂耗材验证等内容，对检测方法进行综合分析研究，确定最佳试验条件和检测模式，创建了离子色谱法测定生鲜乳中氯离子含量方法。

7.1 材料与方法

7.1.1 仪器和条件

（1）仪器：Thermo ICS−5000 离子色谱仪、超声波清洗器、Sartorius 电子分析天平（感量 0.000 1 g）、密理博超纯水器、海尔冰箱。

（2）仪器条件。

梯度淋洗法：离子色谱柱参数 IonPac AS 16 型阴离子分析柱 4 mm×250 mm（配 IonPac AS 16 型阴离子保护柱 4 mm×50 mm）；流速 1.0 mL/min；进样体积 100 μL；柱温 30.0 ℃；电导池温度 35 ℃；淋洗液，为防止样品中其他离子干扰基质，采用 40 mmol/L 和 70 mmol/L 氢氧化钾梯度淋洗模式，保留时间设为 25 min。梯度淋洗程序和样品色谱图见表 4−1−31。

表 4−1−31　梯度淋洗程序

时间/min	氢氧化钾浓度/（mmol·L^{-1}）
0.0	45.0
13.0	45.0
13.1	70.0
18.0	70.0
18.1	45.0
23.0	45.0

等度淋洗法：仪器条件，离子色谱柱参数 IonPac AS 16 型阴离子分析柱 4 mm×250 mm（配 IonPac AS 16 型阴离子保护柱 4 mm×50 mm）；流速 1.0 mL/min；进样体积 100 μL；柱温 30.0 ℃；电导池温度 35 ℃；淋洗液采用 40 mmol/L 氢氧化钾溶液等度淋洗，保留时间设为 15 min。

7.1.2 试剂

乙腈（CH_3CN），色谱纯；甲醇（CH_3ON），色谱纯；40 mmol/L 氢氧化钾溶液；1 000 μg/mL 氯离子标准储备液（Cl^-，CAS 16887−00−6，纯度≥99%。）；超纯水；0.22 μm 过滤膜；1.0 mL RP 柱（使用前依次用 5 mL 甲醇和 10 mL 水活化，静置 30 min。）

7.1.3　样品处理

（1）样品前处理。

10 倍稀释法：准确称取生鲜乳样品 1 g（精确到 0.01 g）置于容量瓶中，用乙腈定容至 10 mL，移取中间清液 1 mL 置于 10 mL 容量瓶中，用超纯水定容至刻度，混匀。将稀释后的溶液经 RP 柱和 0.22 μm 的水相滤膜，上机分析。

12.5 倍稀释法：准确称取生鲜乳样品 4 g（精确到 0.01 g）置于容量瓶中，用乙腈定容至 10 mL，振摇混匀后，超声提取 10 min。移取中间清液 1 mL 置于 50 mL 容量瓶中，用超纯水定容至刻度，混匀。将稀释后的溶液经 RP 柱和 0.22 μm 的水相滤膜，上机分析。

（2）样品蛋白沉淀。

离心法：样品加入乙腈后，4 ℃ 12 000 r/min 离心 10 min，取清液加水稀释。

4 ℃ 静置法：样品加入乙腈后，放入 4℃冰箱静置沉淀蛋白质，取清液加水稀释。

7.2　结果与分析

7.2.1　仪器条件设定

等度淋洗模式和梯度淋洗模式标准溶液的氯离子出峰时间均为 3.2 min；等度淋洗模式基质较为干净，无其他离子干扰峰，因此选择等度淋洗模式。

7.2.2　样品稀释倍数确定

通过对 10 倍稀释法和 12.5 倍稀释法 2 种方式阳性添加回收率的对比分析，12.5 倍稀释法测定样品 RSD 为 0.5%，较 10 倍稀释法 RSD 为 2.7%，12.5 倍稀释法精密度好，因此选择 12.5 倍稀释法。

7.2.3　样品蛋白沉淀方式确定

通过对离心法和 4 ℃静置法 2 种不同样品蛋白沉淀方式进行对比分析，4 ℃静置法操作简便、耗时短，蛋白沉淀过程仅需 30 min，适宜处理大批量样品。

7.2.4　标准曲线线性

将标准工作溶液按仪器条件进行测定，标准工作溶液的浓度为横坐标 x，峰面积为纵坐标 y，绘制标准工作曲线，得到线性回归方程为 Conc=1.002 5x−0.142 6，R=0.999 7，标准工作曲线在 0.0~20.0 μg/mL 浓度范围呈良好线性。

7.2.5 准确性及精密度验证

分别添加浓度为 3.0 μg/mL、5.0 μg/mL、10.0 μg/mL 3 个浓度，每个浓度做 6 个平行试验，使之成为添加含量为 62.5 mg/kg、125 mg/kg 和 250 mg/kg 的阳性添加样品。测得生鲜乳中氯离子的回收率及变异系数见下表 4−1−32 至表 4−1−34。

表 4−1−32 生鲜乳中氯离子第一批阳性添加结果汇总表

样品编号	3 μg/mL				5 μg/mL				10 μg/mL			
	取样量/g	峰面积	实测浓度/(μg·mL^{-1})	回收率/%	取样量/g	峰面积	实测浓度/(μg·mL^{-1})	回收率/%	取样量/g	峰面积	实测浓度/(μg·mL^{-1})	回收率/%
空白样	4	6.510	6.577 0	—	—	—	—	—	—	—	—	—
1	4	9.328	9.424 8	94.9	4	11.740	11.852 3	105.5	4	16.644 0	16.744 2	101.7
2	4	9.306	9.402 5	94.2	4	11.508	11.620 7	100.9	4	16.439 0	16.539 5	99.6
3	4	9.337	9.433 5	95.2	4	11.570	11.683 0	102.1	4	16.619 5	16.721 1	101.4
4	4	9.305	9.401 2	94.1	4	11.619	11.732 6	103.1	4	16.580 9	16.682 3	101.1
5	4	9.303	9.399 1	94.1	4	11.588	11.701 1	102.5	4	16.607 8	16.709 3	101.3
6	4	9.356	9.452 8	95.9	4	11.651	11.765 6	103.8	4	16.592 3	16.693 7	101.2
平均值		9.323	9.419 0	94.7		11.613	11.725 9	103.0		16.581	16.681 7	101.0
RSD/%	0.23				0.67				0.44			

表 4−1−33 生鲜乳中氯离子第二批阳性添加结果汇总表

样品编号	3 μg/mL				5 μg/mL				10 μg/mL			
	取样量/g	峰面积	实测浓度/(μg·mL^{-1})	回收率/%	取样量/g	峰面积	实测浓度/(μg·mL^{-1})	回收率/%	取样量/g	峰面积	实测浓度/(μg·mL^{-1})	回收率/%
空白样	4	6.685	6.621 1	—	—	—	—	—	—	—	—	—
1	4	9.476	9.504 8	96.1	4	11.797	11.676 1	101.1	4	16.865	16.679 5	100.6
2	4	9.364	9.392 5	92.4	4	11.833	11.712 1	101.8	4	16.938	16.752 6	101.3
3	4	9.445	9.403 5	95.1	4	11.789	11.668 0	100.9	4	16.795	16.611 1	99.9
4	4	9.393	9.421 2	93.3	4	11.723	11.602 6	99.6	4	16.842	16.657 5	100.4
5	4	9.410	9.439 1	93.9	4	11.711	11.591 1	99.4	4	16.786	16.602 3	99.8
6	4	9.364	9.392 8	92.4	4	11.857	11.735 6	102.3	4	16.849	16.663 7	100.4
平均值		9.409	9.437 3	93.9		11.785	11.664 3	100.9		16.846	16.661 1	100.4
RSD/%	0.48				0.50				0.33			

表 4-1-34　生鲜乳中氯离子第二批阳性添加结果汇总表

样品编号		3 μg/mL				5 μg/mL				10 μg/mL			
		取样量/g	峰面积	实测浓度/(μg·mL^{-1})	回收率/%	取样量/g	峰面积	实测浓度/(μg·mL^{-1})	回收率/%	取样量/g	峰面积	实测浓度/(μg·mL^{-1})	回收率/%
空白样		4	6.591	6.528 0	—	—	—	—	—	—	—	—	—
1		4	9.364	9.274 5	91.5	4	11.821	11.708 0	103.6	4	16.652	16.492 8	99.6
2		4	9.452	9.361 7	94.5	4	11.746	11.633 7	102.1	4	16.582	16.423 5	99.0
3		4	9.584	9.492 4	98.8	4	11.789	11.676 3	103.0	4	16.488	16.330 4	98.0
4		4	9.487	9.396 3	95.6	4	11.836	11.722 9	103.9	4	16.49	16.332 4	98.0
5		4	9.368	9.278 5	91.7	4	11.769	11.656 5	102.6	4	16.553	16.394 8	98.7
6		4	9.551	9.459 7	97.7	4	11.832	11.718 9	103.8	4	16.41	16.253 1	97.3
平均值			9.468	9.377 2	95.0		11.799	11.686 1	103.2		16.529	16.371 2	98.4
变异系数	批内/%	0.09				0.04				0.08			
	批间/%	0.27				0.40				0.28			

结果显示，氯离子阳性添加样品，回收率范围为 91.7%~105.5%，变异系数为 0.04%~0.67%，方法准确性、精密度良好。

7.3　小结

（1）仪器条件最终确定为等度淋洗模式。

（2）样品稀释倍数最终确定为 12.5 倍稀释法。

（3）样品蛋白沉淀方式最终确定为 4 ℃静置法。

（4）该方法操作简单，准确性、精密度和稳定性良好，符合方法验证的要求，已通过扩项认证，可用于生鲜乳中氯离子含量的测定。

8　生鲜乳中 4 种重金属 ICP-MS 联检方法的建立

由于环境设备、卫生条件、饲料投入品及兽用药物等因素的影响，奶牛摄入的重金属因生物迁移导致生鲜乳中产生内源性重金属污染，而生鲜乳作为原料乳，在生产贮运环节中也可能被各种外源性重金属污染，因此需要对重金属含量进行严格监控。目前，牛奶中重金属含量检测主要用原子吸收法和原子荧光法，方法具有精密度高、检测限低、分析快速、简便等优点，但是每种元素需要单独分析，需要特定的元素空心阴极灯，不能进行多元素同时测定，基体干扰严重。电感耦合等离子体质谱（ICP-MS）技术具有灵敏度高、分析速度快、样品处理简单，可以同时进行多元素测定，是一种理想的多元素同时分析技术。研发团队按照《食品安全国家标准 食品中多元素的测定》（GB/T 5009.268—2016）标准，验证建立了生鲜乳中4种重金属元素电感耦合等离子体质谱法。

8.1 材料与方法

8.1.1 仪器和条件

（1）仪器：PE公司NexlON350X电感耦合等离子体质谱仪（ICP-MS），密理博超纯水器，Sartorius电子分析天平（感量为0.000 1 g），安东帕PRO微波消解仪（聚四氟乙烯消解内罐）和加热赶酸装置，语瓶Acide 3300全自动酸逆流清洗系统、普兰德PMP材质容量瓶。

（2）电感耦合等离子体质谱仪条件：射频功率1 500 W；氦气流量4~5 mL/min；等离子体气流量15 L/min；载气流量0.80 L/min；辅助气流量0.40 L/min；雾化室温度2 ℃；样品提升时间45 s；样品稳定时间45 s；样品提升速率0.3 rps。

选择各元素干扰最小质量数，同时进行标准模式（STD）和碰撞模式（KED）2种分析模式的测试比较，选择回收率较好、灵敏度高、干扰小、稳定性高的一组作为各元素联检方法条件。详情见表4-1-35。

表4-1-35 不同质量数和分析模式下质控样品测试结果比较分析表

元素	分析模式	质量数	质控样品1			质控样品2			
			测定浓度/(μg·L⁻¹)	Re 187/%	折算回收率/%	测定浓度/(μg·L⁻¹)	Re 187/%	折算回收率/%	RSD/%
Pb	STD模式	Pb 208	5.422	94.0	86.1	5.523	94.9	87.7	0.07
	KED模式	Pb 208	7.440	133.2	118.1	9.632	145.2	152.9	1.6
As	STD模式	As 75	7.313	96.4	79.5	7.595	96.5	82.6	0.2
	KED模式	As 75	13.562	152.3	147.4	15.455	178.3	168.0	1.3
Cr	STD模式	Cr 52	20.265	195.6	204.7	16.845	231.4	170.2	2.4
	KED模式	Cr 52	7.963	93.5	80.4	8.753	95.8	88.4	0.6
Hg	STD模式	Hg 200	1.167	89.1	93.5	1.157	93.3	92.7	0.4
		Hg 202	1.176	89.1	94.2	1.140	93.3	91.3	1.6
	KED模式	Hg 200	1.065	109.0	85.3	1.116	114.6	89.4	2.3
		Hg 202	1.143	109.0	91.6	1.093	114.6	87.6	2.2

根据测试结果确定各元素质量数：Pb（207.977）、As（4.9216）、Hg（201.971）、Cr（51.940 5）。各元素分析模式：Pb、As、Hg 为 STD 模式， Cr 为 KED 模式。仪器方法设定参数见表 4-1-36。

表 4-1-36 种重金属仪器方法设定参数表

元素	质量数	模式	气流量	RP 值
Pb	207.977	STD	0	0
As	74.9216	STD	0	0
Hg	201.971	STD	0	0
Cr	51.9405	KED	2.5	0
Re	186.956	KED	2.5	0

8.1.2 试剂

ICP-MS 专用铅、铬、砷、汞标准贮备溶液（1 000 mg/L），诺尔施 UPS 级浓硝酸（HNO_3）、铼标准贮备溶液（1 000 mg/L）、金标准贮备溶液（1 000 mg/L）、氩气（Ar，≥99.995%）、氦气（He，≥99.995%）

8.1.3 样品处理

精密量取生鲜乳样品 1.00 mL 置于预先酸清洗的微波消解内罐中，加入 6 mL 浓硝酸，加盖放置过夜，按微波消解程序进行消解，见表 4-1-37。冷却后取出放置在赶酸装置上，110℃进行赶酸至 1 mL 以下，定容至 10 mL 容量瓶。消解程序见表 4-1-37。

表 4-1-37 微波消解仪消解程序

步骤	温度/℃	功率/W	时间/min	冷却
功率升高速度	—	700	10	1
保持功率	—	700	10	1
功率升高速度	—	1 400	10	1
保持功率	—	1 400	25	1
冷却	≤55	0	—	3

8.2 结果与分析

8.2.1 标准工作曲线及线性

将 4 种重金属混合标准工作液按仪器方法进行测定，浓度范围 0~20 μg/L，绘制每种元素的标准工作曲线，得出线性回归方程。同时，根据仪器设定将试剂空白溶液连续测定 10 次，计算标准差，根据标准差的 3 倍得出每个元素的检出限。结果见表 4-1-38。

表 4-1-38　种元素测定标准工作曲线线性表

序号	名称	线性回归方程	BEC 背景等效浓度/($\mu g \cdot L^{-1}$)	线性相关系数	DL 检出限/($\mu g \cdot L^{-1}$)
1	Pb	Y=0.007x+0.000	0.092 283	0.999 986	0.015 108
2	Cr	Y=0.002x+0.000	0.508 300	0.999 664	0.077 576
3	As	Y=0.001x+0.000	0.002 314	0.999 993	0.007 060
4	Hg	Y=0.001x+0.000	−0.008 645	0.999 901	0.014 205

所有元素标准曲线线性相关系数 R 均>0.999，各元素在线性范围内标准曲线线性呈现良好，符合试验要求。

8.2.2 准确性及精密度验证

回收率试验选用有证、具有准确标示值的奶粉质控样品，作为此次试验的参考标准物质进行方法学考察。测定 3 次独立试验，每次 6 个质控平行样品，进行 4 种元素同时测定。根据质控样品标示值和测定值，计算回收率。结果统计见表 4-1-39。

表 4-1-39　奶粉质控样品测试结果统计表

元素	标示值/($mg \cdot kg^{-1}$)	平行样品	1				2				3			
			测定浓度/($\mu g \cdot L^{-1}$)	回收率/%	平均回收率/%	RSD/%	测定浓度/($\mu g \cdot L^{-1}$)	回收率/%	平均回收率/%	RSD/%	测定浓度/($\mu g \cdot L^{-1}$)	回收率/%	平均回收率/%	RSD/%
Pb	0.32	1	5.422	86.1	87.4	0.7	7.029	111.6	117.8	3.2	7.040	111.7	115.3	2.2
		2	5.523	87.7			7.311	116.1			7.329	116.3		
		3	5.518	87.6			7.234	114.9			7.412	117.7		
		4	5.504	87.4			7.058	112.1			7.161	113.7		
		5	5.510	87.5			7.145	113.5			7.292	115.7		
		6	5.546	88.0			7.064	112.2			7.364	116.9		

续表

元素	标示值/(mg·kg⁻¹)	平行样品	1				2				3			
			测定浓度/(μg·L⁻¹)	回收率/%	平均回收率/%	RSD/%	测定浓度/(μg·L⁻¹)	回收率/%	平均回收率/%	RSD/%	测定浓度/(μg·L⁻¹)	回收率/%	平均回收率/%	RSD/%
As	0.456	1	7.313	79.5	80.0	1.7	7.785	84.6	83.1	1.1	7.651	83.2	83.7	1.1
		2	7.595	82.6			7.587	82.5			7.669	83.4		
		3	7.325	79.6			7.741	84.1			7.854	85.4		
		4	7.125	77.4			7.596	82.6			7.789	84.7		
		5	7.369	80.1			7.533	81.9			7.620	82.8		
		6	7.452	81.0			7.621	82.8			7.596	82.6		
Cr	0.5	1	7.963	80.4	80.5	0.3	8.753	88.4	86.8	1.0	8.547	86.3	86.3	1.3
		2	7.989	80.7			8.569	86.6			8.632	87.2		
		3	7.952	80.3			8.510	86.0			8.524	86.1		
		4	7.962	80.4			8.632	87.2			8.489	85.7		
		5	7.930	80.1			8.478	85.6			8.348	84.3		
		6	7.998	80.8			8.590	86.8			8.715	88.0		
Hg	0.624	1	1.167	93.5	92.3	2.3	1.176	94.2	92.1	1.3	1.065	85.3	86.9	4.0
		2	1.159	92.9			1.140	91.3			1.098	88.0		
		3	1.157	92.7			1.136	91.0			1.026	82.2		
		4	1.126	90.2			1.159	92.9			1.102	88.3		
		5	1.112	89.1			1.148	92.0			1.048	84.0		
		6	1.190	95.4			1.136	91.0			1.169	93.7		

由表 4-1-37 可知，所有元素质控样品测定值和标示值符合度较高，按照质控样品标识值计算，各元素回收率范围均在 80.1%~117.7%，RSD 值范围在 0.5%~4.0%，试验结果准确性和精密度均良好，符合要求。

8.3　小结

（1）方法操作简单，准确性、精密度和稳定性良好，符合方法验证的要求，已通过扩项认证，可用于生鲜乳中 4 种重金属元素的定量联检。

（2）可快速有效地进行多元素同时测定，具有基体干扰小、检测限低、分析快速和操作简便等优点，有效减少检测工作时间和试剂消耗。

第 4 节　生鲜乳微生物检测方法的建立

生鲜乳微生物监测主要包括菌落总数以及大肠菌群、沙门氏菌、金黄色葡萄球菌等致病菌。为适应行业发展、满足生鲜乳质量安全监测需要，进一步拓宽检测覆盖面，通过检测方法学考察，建立了生鲜乳中肠毒素 ELISA 测定法、生鲜乳中阪崎肠杆菌等 11 种致病微生物的检测方法。

1　生鲜乳中肠毒素 ELISA 测定法的建立

肠毒素是金黄色葡萄球菌在繁殖过程中产生的一种蛋白质，不易被蛋白酶分解和加热灭活，具有高致病性，易导致恶心呕吐等消化道症状，对儿童、老人等易感人群有严重危害。研发团队按照《出入境口岸生物毒素检验规程 第 2 部分　金黄色葡萄球菌肠毒素 B》（SN/T 1763.2—2006）标准，验证并建立了生鲜乳中金黄色葡萄球菌肠毒素 B 的 ELISA 定量测定法。

1.1　*材料与方法*

1.1.1　仪器和条件

DNM−9602 酶标仪；密理博超纯水器；Sartorius 电子分析天平（感量为 0.000 1 g），上海天美 CT15RT 台式高速冷冻离心机；美国 Biostest 金黄色葡萄球菌肠毒素检测试剂盒。

1.1.2　试剂

洗涤缓冲液：将试剂盒自带的浓缩洗液用蒸馏水 20 倍稀释即可。阳性质控液：将试剂盒自带的浓缩阳性质控液用稀释洗涤缓冲液 50 倍稀释即可。

1.1.3　样品处理

取生鲜乳样品 30 mL，置于 50 mL 离心管中，10 000 r/min 冷冻离心 10 min，取无脂层再 10 000 r/min 冷冻离心 10 min 后，取无脂层，用 1 M 的 NaOH 溶液调至 pH 7.0~7.5。取 100 μL 提取液进行检测。试剂盒及样品回温至室温。取所需数量的微孔置微孔架上，阴性对照、阳性对照及样品。加入 100 μL 阴性对照、阳性对照及待测样品液到对应微孔中，室温震荡孵育 30 min。倒掉微孔中液体，用洗涤缓冲液重复洗板 5 次，拍干孔内液体。加入酶标记物 100 μL/孔，室温震荡孵育 30 min。倒掉微孔中溶体，用洗涤缓冲液重复洗板 5 次，拍干孔内液体。加入底物溶液 100 μL/孔，室温震荡孵育 30 min。加入终止液 50 μL/孔，充分混匀。在 450 nm 波长下空气为空白，测量吸光度值。

1.2　结果与分析

1.2.1　验证试验

（1）试剂配制。

阳性质控：设 0.4 X（原液 125 倍稀释）、0.8 X（原液 62.5 倍稀释）、1 X（原液 50 倍稀释、为试剂盒规定阳性质控）3 个稀释浓度。

梯度：每个梯度由阳性添加、空白组成，均为 1 X 稀释洗液稀释而成。

（2）中间阳性质控配制。

1X 阳性质控：取 50X（原液）阳性质控液 0.1 mL，稀释至 5 mL，即得。

2X 阳性质控：取 50X（原液）阳性质控液 0.1 mL，稀释至 2.5 mL，即得。

（3）阳性质控、阳性添加样品、空白样品配制。

0.4X：阳性质控，取 1X 阳性质控液 0.4 mL，稀释至 1 mL。阳性添加，取 1X 阳性质控液 0.6 mL，加到 0.9 mL 生鲜乳中。空白样品，取 1X 稀释洗液 0.6 mL，加到 0.9 mL 生鲜乳中。

0.8X：阳性质控，取 2X 阳性质控液 0.4 mL，稀释至 1 mL。阳性添加，取 2X 阳性质控液 0.6 mL，加到 0.9 mL 生鲜乳中。空白样品，取 1X 稀释洗液 0.6 mL，加到 0.9 mL 生鲜乳中。

1X：阳性质控，取 50X（原液）阳性质控液 0.1 mL，稀释至 5 mL。阳性添加，取 50X（原液）阳性质控液 30 μL，加到 1.47 mL 生鲜乳中。空白样品，取 1X 稀释洗液 30 μL，加到 1.47 mL 生鲜乳中。

1.2.2　重复性和精密度

阳性样品进一步进行验证试验，通过调试酶标仪测试条件，比较测定值变化范围。选择 1 倍、0.4 倍、0.8 倍质控液，判定吸光度阈值，比较吸光度变化趋势，设 3 组质控液（阳性质控、阴性质控、阳性添加），每组测定 5 次，计算误差范围，绘制测定数据变化图势。检测结果中阳性质控以试剂盒规定值判定方法是否成立。不同倍数阳性质控吸光度值梯度见表 4-1-40。

表 4-1-40 不同倍数阳性质控吸光度值梯度变化

吸光度值 \ 批次	第一批	第二批	第三批	RSD/%
吸光度值 0.4X	0.577	0.539	0.531	4.5
吸光度值 0.8X	1.009	0.889	0.877	7.9
吸光度值 1X	1.069	1.009	0.989	4.1

1.3 小结

（1）符合方法验证的要求，已通过扩项认证，可用于生鲜乳中肠毒素的定量检测。

（2）检测前需将 ELISA 试剂盒及试剂完全回复至室温，孵育过程中应严格室温变化，必要时可使用恒温孵育箱。

2 生鲜乳中阪崎肠杆菌等 11 种致病微生物检测方法的建立

2.1 生鲜乳中阪崎肠杆菌检验方法的建立

阪崎肠杆菌能引起严重的新生儿脑膜炎、小肠结肠炎和菌血症，死亡率高达 50%。尚不清楚其污染来源，但许多病例报告表明婴儿配方粉是目前发现的主要感染渠道。研发团队按照《食品安全国家标准 食品微生物学检验 克罗诺杆菌属（阪崎肠杆菌）检验》（GB 4789.40—2016）标准，验证建立了生鲜乳中阪崎肠杆菌的分离鉴定法。

2.1.1 材料与方法

（1）仪器：除微生物实验室常规灭菌及培养设备外，其他设备和材料有恒温培养箱（25±1）℃、（36±1）℃、（44±0.5）℃；冰箱 2~5 ℃；恒温水浴箱（44±0.5）℃；天平感量 0.1 g；均质器；振荡器；无菌吸管 1 mL（具 0.01 mL 刻度）、10 mL（具 0.1 mL 刻度）或微量移液器及吸头；无菌锥形瓶容量 100 mL、200 mL、2 000 mL；无菌培养皿直径 60 mm；pH 计或 pH 比色管或精密 pH 试纸；全自动微生物生化鉴定系统。

（2）试剂：缓冲蛋白胨水（buffer peptone water，BPW）、改良月桂基硫酸盐胰蛋白胨肉汤-万古霉素（modified lauryl sulfate tryptose broth-vancomycin medium，mLST-Vm）、阪崎肠杆菌显色培养基、胰蛋白胨大豆琼脂（trypticase soy agar，TSA）、营养琼脂。

（3）样品处理。

前增菌和增菌：取检样 100 g（mL）加入已预热至 44 ℃装有 900 mL 缓冲蛋白胨水的锥形瓶中，用手缓缓地摇动至充分溶解，（36±1）℃培养（18±2）h。

分离：轻轻混匀 mLST-Vm 肉汤培养物，各取增菌培养物 1 环，分别划线接种于 2 个阪崎肠杆菌显色培养基平板，（36±1）℃培养（24±2）h。

纯化：挑取可疑菌落，划线接种于阪崎肠杆菌显色培养基平板，（36±1）℃培养（24±2）h（见图 4-1-1）。

图 4-1-1　阪崎肠杆菌纯化

鉴定：将纯化后的阪崎杆菌可疑菌落，接种于营养琼脂，（36±1）℃培养（16±2）h。用全自动微生物生化鉴定系统进行鉴定。

2.1.2　小结

（1）符合方法验证的要求，已通过扩项认证，可用于生鲜乳中阪崎肠杆菌的分离鉴定。

（2）实验过程中应严格控制样品稀释的准确性和混匀时间，必要时加大样品稀释液的用量，可以提高检测结果的精密度。

（3）实验过程应避免在阳光直射。

2.2　生鲜乳中蜡样芽孢杆菌检测方法的建立

蜡样芽孢杆菌是典型的菌体细胞，部分菌株能产生肠毒素，会导致呕吐型和腹泻型胃肠炎，严重时会引起食物中毒。研发团队按照《食品安全国家标准　食品微

生物学检验 蜡样芽孢杆菌检验》（GB 4789.14—2014）标准，验证建立了生鲜乳中蜡样芽孢杆菌的分离鉴定法。

2.2.1 材料与方法

（1）仪器：除微生物实验室常规灭菌及培养设备外，其他设备和材料有冰箱 2~5 ℃。恒温培养箱（30±1）℃、（36±1）℃；电子天平感量 0.1 g；无菌锥形瓶 100 mL、500 mL；无菌吸管 1 mL（具 0.01 mL 刻度）、10 mL（具 0.1 mL 刻度）或微量移液器及吸头；无菌平皿直径 60 mm，无菌试管 18 mm×180 mm；显微镜 10~100 倍（油镜）；L 涂布棒。

（2）试剂：磷酸盐缓冲液（PBS）、甘露醇卵黄多黏菌素（MYP）琼脂、胰酪胨大豆多黏菌素肉汤、营养琼脂。

（3）样品处理。

样品制备：冷冻样品应在<45 ℃、≥15 min,或在 2~5 ℃ 18 h 解冻，若不能及时检验，应放于−20~−10 ℃保存。吸取 25 mL 样品至盛有 225 mL PBS 或生理盐水的无菌锥形瓶（瓶内可预置适当数量的无菌玻璃珠）中，振荡混匀，作为 1∶10 样品匀液。

样品的稀释：吸取 1∶10 样品匀液 1 mL 加到装有 9 mL PBS 或生理盐水的稀释管中，充分混匀，制成 1∶100 样品匀液。根据对样品污染状况的估计，按上述操作，依次制成 10 倍递增系列稀释。稀释 1 次，换用 1 支 1 mL 无菌吸管或吸头。

样品接种：根据对样品污染状况的估计，选择 2~3 个适宜稀释度的样品匀液（液体样品可包括原液），以 0.3 mL、0.3 mL、0.4 mL 接种量分别移入 3 块 MYP 琼脂平板，然后用无菌 L 棒涂布整个平板，注意不要触及平板边缘。使用前，若 MYP 琼脂平板表面有水珠，可放在 25~50 ℃ 培养箱里干燥，直到平板表面水珠消失。

分离：通常情况下，涂布后，将平板静置 10 min。如样液不易吸收，可将平板放在培养箱（30±1）℃培养 1 h，等样品匀液吸收后翻转平皿，倒置于培养箱，（30±1）℃培养（24±2）h。如果菌落不典型，可继续培养（24±2）h 再观察。在 MYP 琼脂平板上，典型菌落为微粉红色（表示不发酵甘露醇），周围有白色至淡粉红色沉淀环（表示产卵磷脂酶，见图 4−1−2）。

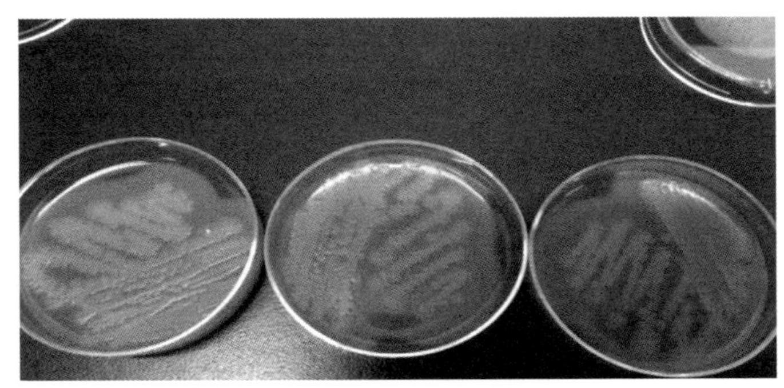

图 4-1-2　蜡样芽孢杆菌典型菌落

纯培养：从每个平板（符合 4.4.1.1 要求的平板）中挑取至少 5 个典型菌落（<5 个全选），分别划线接种于营养琼脂平板做纯培养（30±1）℃培养（24±2）h，进行确证实验。在营养琼脂平板上，典型菌落为灰白色，偶有黄绿色，不透明，表面粗糙似毛玻璃状或融蜡状，边缘常呈扩展状，直径为 4~10 mm。

确定鉴定：染色镜检，挑取纯培养的单个菌落，革兰氏染色镜检。蜡样芽孢杆菌为革兰氏阳性芽孢杆菌，大小为（1~1.3 μm）×（3~5 μm），芽孢呈椭圆形位于菌体中央或偏端，不膨大于菌体，菌体两端较平整，多呈短链或长链状排列。生化鉴定，用全自动微生物生化鉴定系统进行鉴定。

2.2.2　结果与分析

从稀释梯度来看，浓度越低，蜡样芽孢杆菌在（MYP）琼脂平板上表现越明显，因此以后只做 10−1、10−2、10−3，原液不考虑。怀疑可能的原因是蜡样芽孢杆菌脆弱，生存力弱，整个生长周期短。

蜡样芽孢杆菌在 MYP 琼脂平板上表现为粉红色，为不发酵甘露醇所致。继续分离，分离结果（颜色、形态）与标准一致。

2.2.3　小结

（1）符合方法验证的要求，已通过扩项认证，可用于生鲜乳中蜡样芽孢杆菌的分离鉴定。

（2）实验过程中应严格控制样品稀释的准确性和混匀时间，必要时加大样品稀释液的用量，可以提高检测结果的精密度。

（3）实验过程应避免阳光直射。

2.3 生鲜乳中肠球菌检验检测方法的建立

肠球菌属链球菌科，既往认为其属于对人类无害的共栖菌，但近年的研究证实了肠球菌的致菌力，不仅可引起尿路感染、皮肤软组织感染，而且可引起危及生命的腹腔感染、败血症、心内膜炎和脑膜炎等。研发团队按照农医发〔2017〕4号公告中《动物源细菌分离和鉴定方法》的标准，验证并建立了生鲜乳中肠球菌的分离鉴定法。

2.3.1 材料与方法

（1）仪器：除微生物实验室常规灭菌及培养设备外，其他设备和材料有冰箱2~4 ℃和−20 ℃、恒温培养箱（36±1）℃、电子天平感量 0.1 g、显微镜 10×~100×、生物安全柜、采样管、微量加样器1~1 000 μL、吸头（与微量加样器匹配）、运送培养基。

（2）试剂：肠球菌显色培养基、营养琼脂、生化鉴定试剂盒。

（3）样品处理。

采样：用无菌操作取样，置入运送培养基中 0~4 ℃，≤48 h。

肠球菌的分离纯化：拭子接种于肠球菌显色琼脂平板，（36±1）℃培养 18~24 h；挑取红色至紫红色的可疑菌落，接种于肠球菌显色琼脂上纯化（图 4−1−3）。纯化后可疑菌落接种营养琼脂平板纯化，（36±1）℃培养 16~18 h 进行复壮（图 4−1−4）。

肠球菌的鉴定：将已纯化的肠球菌菌落，接种于营养琼脂，（36±1）℃培养（16±2）h。用全自动微生物生化鉴定系统进行鉴定。

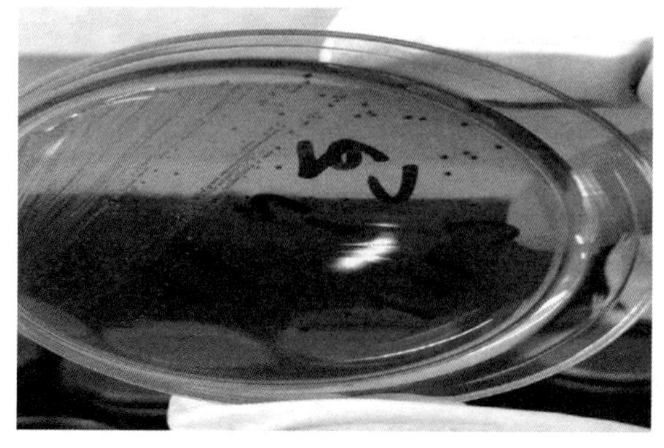

图 4−1−3 肠球菌纯化

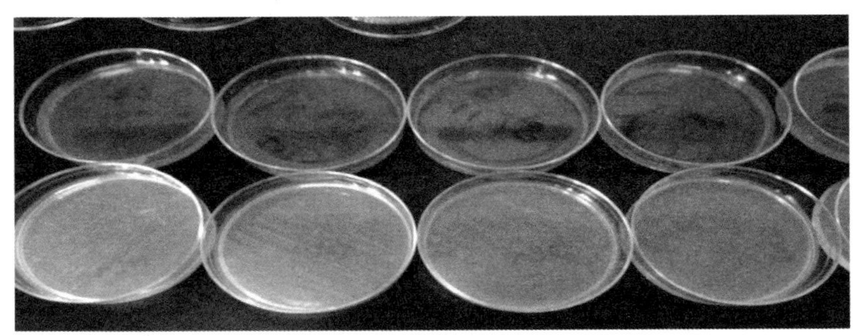

图 4-1-4　肠球菌复壮

2.3.2　小结

（1）符合方法验证的要求，已通过扩项认证，可用于生鲜乳中肠球菌的分离鉴定。

（2）实验过程中应严格控制样品稀释的准确性和混匀时间，必要时加大样品稀释液的用量，可以提高检测结果的精密度。

（3）实验过程应避免在阳光直射。

2.4　生鲜乳中柠檬酸杆菌检验

柠檬酸杆菌是一种条件致病菌，但是该菌与肠道中重要的致病菌沙门氏菌十分相似，故在肠道细菌的分类鉴定中非常重要。研发团队按照《乳及乳制品卫生微生物学检验方法　第 6 部分　柠檬酸杆菌检验》（SN/T 2552.6—2010）标准，验证并建立了生鲜乳中柠檬酸杆菌的分离鉴定法。

2.4.1　材料与方法

（1）仪器：除微生物实验室常规灭菌及培养设备外，其他设备和材料有水浴箱（45±1）℃，培养箱 35~37 ℃，吸管 10 mL、1 mL 和 5 mL，接种环直径 3 mm，天平感量 0.1 g，样品稀释瓶100 mL、250 mL和 2 L 样品稀释瓶，培养皿直径60 mm，VITEK 生化鉴定系 D 或类似设备。

（2）试剂：四硫磺酸盐煌绿增菌肉汤（TTB）、沙门氏菌志贺氏菌分离琼脂（SS）、亚硫酸铋琼脂（BS）、营养琼脂（NA）。

（3）样品处理。

增菌：无菌称取样品 100 g、10 g 和 1 g 各 1 份分别加入 2 000 mL、250 mL 和 100 mL 样品稀释瓶中，加入 9 倍预热到 45 ℃的灭菌蒸馏水（1∶10 稀释），或者将检品直接称量到装有 9 倍预热到 45 ℃的灭菌蒸馏水的样品稀释瓶中，振摇使样品充分混匀，（36±1）℃ 培养 18~24 h。分别移取培养 18~24 h 的悬液各 10 mL 加入到 90 mL 四硫磺酸盐煌绿增菌肉汤（TTB）中，（36±1）℃培养 18~24 h。

分离：轻轻混匀增菌液，每份增菌液用接种环接种沙门氏菌志贺氏菌分离琼脂（SS）平板、亚硫酸铋琼脂（BS）平板。采用三区法或四区法划线，以获得单个菌落。将平板倒置于（36±1）℃，SS 琼脂平板培养 18~24 h，BS 琼脂平板培养 40~48 h。

纯化：从 SS 平板和 BS 平板上分别挑取 3~5 个可疑菌落，在营养琼脂斜面上纯化培养。柠檬酸杆菌在 SS 琼脂平板上的可疑菌落为圆形、粉红色、黑色、无色菌落，或粉红色、黑色中心菌落；在 BS 琼脂平板上的可疑菌落为棕绿色或棕黑色菌落（图 4-1-5）。

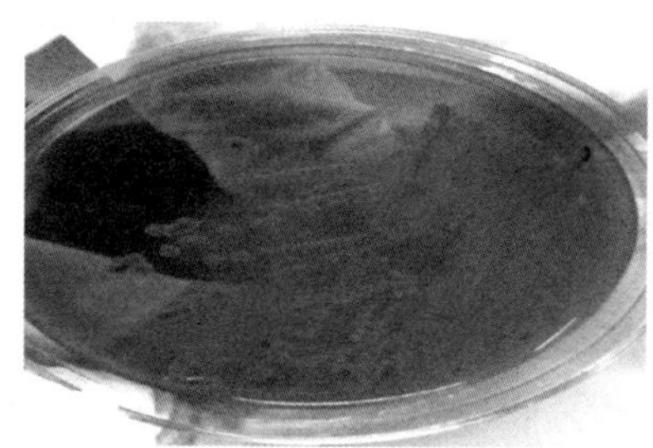

图 4-1-5　柠檬酸杆菌在 SS 和 BS 上纯化

鉴定：将纯化后的柠檬酸杆菌可疑菌落接种于营养琼脂，（36±1）℃培养（16±2）h。用全自动微生物生化鉴定系统进行鉴定。

2.4.2　小结

（1）符合方法验证的要求，已通过扩项认证，可用于生鲜乳中柠檬酸杆菌的分离鉴定。

（2）实验过程中应严格控制样品稀释的准确性和混匀时间，必要时加大样品稀释液的用量，可以提高检测结果的精密度。

（3）实验过程应避免阳光直射。

2.5　生鲜乳中革兰氏阳性菌、革兰氏阴性菌检验检测方法的建立

革兰氏阳性菌和革兰氏阴性菌经革兰氏染色分别呈紫色和红色。2 类细菌的生理构造、致病机制差异很大，因此区分这 2 类病原菌对确定临床感染类型和抗生素合理用药意义重大。研发团队依照《食品安全国家标准　食品微生物学检验　总则》

（GB 4789.1—2016），验证并建立了生鲜乳中革兰氏阳性菌、革兰氏阴性菌的分离鉴定法。

2.5.1　材料与方法

（1）仪器：除微生物实验室常规灭菌及培养设备外，其他设备和材料有冰箱2~4 ℃和−20 ℃、恒温培养箱（36±1）℃、电子天平感量 0.1 g、显微镜10×~100×、生物安全柜、采样管、微量加样器1~1 000 μL、吸头（与微量加样器匹配）、选择格式的运送培养基。

（2）试剂：合适的增菌培养基，合适的分离培养基，营养琼脂，革兰氏阳性菌、革兰氏阴性菌生化鉴定试剂盒。

（3）样品处理。

采样：用无菌操作取样，置入运送培养基中 0~4 ℃保存，≤48 h。

革兰氏阳性菌、革兰氏阴性菌的分离：取样品用接种棒直接接种于分离培养平面，合适的温度培养。

革兰氏阳性菌、革兰氏阴性菌的纯化：挑取可疑菌落，用分离培养基纯化。将纯化后的可疑菌落接种于营养琼脂平面 37 ℃培养 12~24 h。

确定鉴定：染色镜检，挑取纯培养的单个菌落，革兰氏染色镜检。生化鉴定，选取革兰氏阳性菌鉴定卡、革兰氏阴性菌鉴定卡进行生化鉴定。

2.5.2　小结

（1）符合方法验证的要求，已通过扩项认证，可用于生鲜乳中革兰氏阳性菌、革兰氏阴性菌的分离鉴定。

（2）实验过程中应严格控制样品稀释的准确性和混匀时间，必要时加大样品稀释液的用量，可以提高检测结果的精密度。

（3）实验过程应避免阳光直射。

2.6　生鲜乳中酵母、霉菌菌落计数检测方法的建立

霉菌和酵母均为真菌，属于食品中的正常菌，但霉菌和酵母会造成生鲜乳腐败变质，且由于霉菌和酵母能抵抗热、冷冻、抗菌素和辐照等，部分霉菌还会合成有毒代谢产物的霉菌毒素，因此必须控制生鲜乳中的酵母、霉菌含量。研发团队按照《食品安全国家标准食品微生物学检验　霉菌、酵母计数》（GB 4789.15—2016）标

准，验证并建立了生鲜乳中霉菌、酵母的计数法。

2.6.1　材料与方法

（1）仪器：干热灭菌设备（烘箱）和湿热灭菌设备（高压灭菌锅）；培养箱（25±1）℃；无菌培养皿，直径 90 mm；刻度吸管（1±0.01）mL、（10±0.01）mL；水浴锅（45±1）℃；菌落计数设备（可选用），由 1 个带黑暗背景的发光基座、装有放大倍数至少×2 的放大镜和 1 个机械或电子数字计数器组成；pH 计精确到±0.1 pH 单位；培养瓶/烧瓶500 mL，使用合适的塞子盖子；均质器（旋刀式或拍击式）或等效的设备；天平感量 0.1 g；冰箱2~5 ℃。

（2）试剂：稀释液、酵母浸膏、葡萄糖、土霉素、琼脂培养基。酵母浸膏、葡萄糖、氯霉素、琼脂培养基。

（3）样品处理。

灭菌：按照要求，对所有接触检测样品、 稀释剂、稀释样品匀液或培养基的器具进行灭菌。

接种和培养：取 2 个无菌培养皿，用无菌的刻度吸管转移 1 mL 测试样品（液体生鲜乳）或 1 mL 10^{-1} 初始悬浮液至每个培养皿中。再取 2 个无菌培养皿，用另 1 个无菌的刻度吸管转移 1 mL 10^{-1} 稀释物或 1 mL 10^{-2} 稀释液至每个培养皿中。必要时，用更大的 10 倍梯度稀释液重复操作。向每个培养皿倾注 15 mL 含有盐酸土霉素或含有氯霉素的培养基，倾注之前培养基应事先熔化并在水浴锅中保持 45 ℃。小心旋转平板，使接种物和培养基充分混匀。将平板放在凉的水平面上使混合物凝固。取 1 mL（生鲜乳）至酵母浸出物葡萄糖土霉素琼脂培养基上为（原液）2 份，取 10 mL（原液）+90 mL（稀释剂）摇匀为 10^{-1} 稀释液，再取 1 mL 此液至培养基上 2 份，取 10^{-1} 稀释液（10+90）mL（稀释剂）摇匀为 10^{-2} 稀释液，再取 1 mL 此液至培养基上 2 份，取 10^{-2} 稀释液（10+90）mL（稀释剂）摇匀为 10^{-3} 稀释液，再取 1 mL 此液至培养基上 2 份，凝固后倒置制备的平板后，将平板放在培养箱中，（25±1）℃培养 5 d。倒置制备的平板后，将平板放在培养箱中，（25±1）℃培养 5 d。为避免菌落蔓延，应在凝固后的平皿上再覆盖 1 层培养基。

计数：计数每个培养皿的菌落数，排除可能生长的异常细菌菌落。必要时，根据形态学特征区分酵母和霉菌菌落。仅保留菌落数在 10~150 CFU 的培养皿。为避免培养皿平板上的霉菌蔓延长满难以计数，应在 2 d 后开始观察结果。如果部分培养皿的霉菌长满或难以计数分离完好的菌落，则计数下 1 个更高稀释度培养皿中的菌落数，即使这些培养皿中的菌落数可能<10。

2.6.2　结果与分析

为获得满意的结果，选择合适的稀释水平，以从平板上获得的菌落数和稀释水平来计算每克或每毫升生鲜乳中酵母、霉菌菌落形成单位（CFU）。

2.6.3　小结

（1）符合方法验证的要求，已通过扩项认证，可用于生鲜乳中霉菌、酵母的计数。

（2）在实验过程中应严格控制样品稀释的准确性和混匀时间，必要时加大样品稀释液的用量，可以提高检测结果的精密度。

（3）实验过程应避免阳光直射。

2.7　生鲜乳中克雷伯氏菌检验检测方法的建立

克雷伯氏菌主要有肺炎克雷伯氏菌、臭鼻克雷伯氏菌和鼻硬结克雷伯氏菌，均属于强致病菌，会导致包含肺炎在内的多种呼吸道疾病，对人体造成危害。研发团队按照《乳及乳制品卫生微生物学检验方法　第 9 部分　克雷伯氏菌检验》（SN/T 2552.9—2010）标准，验证建立了生鲜乳中克雷伯氏菌的分离鉴定法。

2.7.1　材料与方法

（1）仪器：水浴箱（45±0.2）℃；温度计 1~55 ℃，分刻度 0.1 ℃；培养箱（36±1）℃；吸管 10 mL，分刻度 0.1 mL；试管 15 mm×100 mm；灭菌平皿 15 mm ×150 mm；接种环直径 3 mm；天平，量程 2 kg，感量 0.1 g。灭菌的样品处理器具：取样勺，剪刀，开罐器，样品稀释瓶 125 mL、250 mL 和 2 L。克雷伯氏菌质控菌株 ATCC13883。API20E 肠杆菌和其他革兰氏阴性杆菌鉴定实验盒或类似产品。VITEK 全自动微生物分析系统。

（2）试剂：肠杆菌增菌肉汤（EE 肉汤）、麦康凯肌醇阿东醇羧苄青霉素琼脂（MIAC）、营养琼脂。除另有规定外，所有试剂均为分析纯，水为蒸馏水。

（3）样品处理。

增菌：① 按无菌操作，称量 3 份样 100 g 检样分别置于 3 瓶 2 L 样品稀释瓶中，加入 900 mL 预热到 45 ℃的灭菌蒸馏水中，或者将检品直接称量装到 9 倍预热到 45 ℃灭菌蒸馏水的样品稀释瓶中，振摇，使检品充分混匀。（36±1）℃培养 18~22 h。② 分别移取培养 18~22 h 的悬液各 10 mL 加入 90 mL EE 肉汤中，（36±1）℃培养 18~22 h。

分离：轻轻混匀 EE 增菌液，用直径 3 mm 的接种环按四区法接种于 MIAC 平板，（36±1）℃培养 18~22 h。观察平板上的菌落形态，在 MIAC 平板上，克雷伯氏菌的菌落形态为圆形、突起、湿润、光滑的红色菌落，直径 2~4 mm（图4-1-6）。

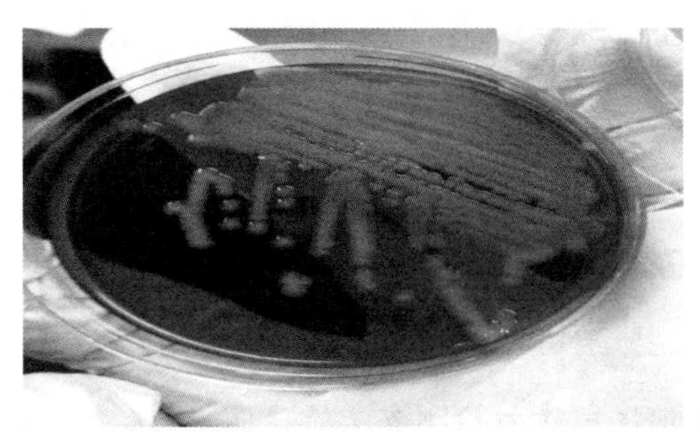

图 4-1-6　克雷伯氏菌分离

纯化：挑取可疑菌落接种于 MIAC 平板上，（36±1）℃培养 18~22 h。

鉴定：将纯化后的克雷伯氏菌可疑菌落接种于营养琼脂，（36±1）℃培养（16±2）h。用全自动微生物生化鉴定系统进行鉴定。

2.7.2　小结

（1）符合方法验证的要求，已通过扩项认证，可用于生鲜乳中克雷伯氏菌的分离鉴定。

（2）在实验过程中应严格控制样品稀释的准确性和混匀时间，必要时加大样品稀释液的用量，可以提高检测结果的精密度。

（3）实验过程应避免阳光直射。

2.8　生鲜乳中嗜冷微生物菌落计数检验检测方法的建立

嗜冷微生物广泛存在牛乳的外部环境中，极易由挤奶、贮运等环节对生鲜乳造成污染，会影响生鲜乳的品质，引起生鲜乳变味、乳清分离、脂肪分离等变质现象。研发团队按照《乳及乳制品卫生微生物学检验方法　第 4 部分　嗜冷微生物菌落计数》（SN/T 2552.4—2010）标准，验证并建立了生鲜乳中嗜冷微生物菌落的计数法。

2.8.1　材料与方法

（1）仪器：干热灭菌设备（烘箱）和湿热灭菌设备（高压灭菌锅）。培养箱，可操作温度为（6.5±0.5）℃，（21±1）℃。塑料制品，直径 90 mm。刻度吸管（1±0.02）mL，（10±0.2）mL。水浴锅，可操作温度为（45±1）℃，另 1 个水浴锅可将水煮开。菌落计数设备（可选用），由 1 个带黑暗背景的发光基座，装有放大倍数至少×2 的放大镜和 1 个机械或电子数字计数器组成。pH 计，精确到±0.1 pH 单位。管，20 mL。三角瓶或培养瓶 500 mL，有合适的塞子。

（2）试剂：嗜冷菌落计数琼脂培养基、稀释剂。

（3）样品处理。

接种和培养：取 2 个无菌平皿，用无菌刻度吸管吸取 1 mL 检测样品至每个平皿上。再取 2 个无菌平皿，用另 1 个无菌刻度吸管吸取 1 mL 10^{-1} 样品匀液至每个平皿中。必要时用更高稀释度的样品匀液重复以上操作。检测培养基温度以确保≤46 ℃，培养基温度>46 ℃，可能会破坏或杀死样品中的嗜冷微生物菌群。为防止可能会产生的危害，也可使用涂布平板方法或采用更低的培养温度。向每个平皿倾注 12~15 mL 嗜冷菌落计数琼脂培养基。如果 15 mL 不能够使微生物均匀分布，可使用 20 mL 嗜冷菌落计数琼脂培养基。旋转平板，小心混匀样品匀液与培养基，可将平板放在凉的水平面上使混合物凝固。制备足够量的对照平板以检测灭菌状况。将平板倒置后放入 6.5 ℃培养箱中，培养 10 d。为避免菌落蔓延，应在凝固后的培养基上再覆盖 1 层培养基。平皿叠放不能超过 6 个，平皿之间，平皿与培养基的壁及顶部不能相互接触。

菌落计数：可选用菌落计数设备计数每个平板上的菌落。在柔和光线下检查平板。重要的是针尖样菌落应计数，但应注意避免培养基中的未溶解颗粒或沉淀物质被误判为菌落。仔细检查可疑目标物，必要时使用更高倍数放大镜区别菌落和其他物质。蔓延菌落应视为单个菌落。如果蔓延生长菌落的面积小于整个平板的 1/4，计数其余未受影响部分的菌落，以此代表整个平板的菌落数。如果平板上>1/4 的面积被蔓延菌落覆盖，则放弃对平板的计数 。

2.8.2　结果与分析

在同一实验室，由同一操作者使用相同设备，按照相同的测试方法，并在短时间内对同一被测对象进行测试。所获得的2个独立单一检测结果的绝对差异，较高结果比较低结果高30%的情况<5%。如果重复性要求不符合5%或>5%，则应调查误差的可能来源。

2.8.3　小结

（1）符合方法验证的要求，已通过扩项认证，可用于生鲜乳中嗜冷微生物菌落的计数。

（2）在实验过程中应严格控制样品稀释的准确性和混匀时间，必要时加大样品稀释液的用量，可以提高检测结果的精密度。

（3）实验过程应避免阳光直射。

2.9　生鲜乳中阴沟肠杆菌检验检测方法的建立

阴沟肠杆菌属于条件致病菌，会引起细菌感染性疾病，常累及多个器官。随着临床头孢菌素的广泛使用，会产生超广谱β−内酰胺酶和Amp C酶耐药的阴沟肠杆菌已成为医院感染的重要病原菌之一。研发团队按照《乳及乳制品卫生微生物学检验方法　第7部分　阴沟肠杆菌检验》（SN/T 2552.7—2010）标准，验证并建立了生鲜乳中阴沟肠杆菌的分离鉴定法。

2.9.1　材料与方法

（1）仪器：水浴箱（45±1）℃；温度计1~55 ℃；培养箱（36±1）℃；吸管1 mL、5 mL和10 mL，分刻度为0.1 mL；涂布棒；接种环；天平，量程2 kg，感量0.1 g；样品稀释瓶100 mL、125 mL和250 mL锥形瓶；15 mm×60 mm灭菌平皿；阴沟肠杆菌直控菌株ATCC3530或类似菌株；VITEK生化鉴定系统或类似设备。

（2）试剂：胰化大豆蛋白琼脂（TSA）、阴沟肠杆菌分离琼脂平板、肠杆菌增菌肉汤（EE肉汤）、营养琼脂。

（3）样品处理：无菌称取样品100 g、10 g和1 g各3份分别加入2 L、250 mL和125 mL的样品稀释瓶中，在各样品稀释瓶中分别加入900 mL、90 mL、9 mL倍预热到45 ℃的灭菌蒸馏水（1∶10稀释），振摇使样品充分混匀，（36±1）℃培养18~22 h。分别移取培养18~22 h的悬液各10 mL加入90 mL肠杆菌增菌肉汤（EE肉汤）中，（36±1）℃培养18~22 h。轻轻混匀增菌液，用下列方法进行平板接种。

直接涂布法：每份增菌液取0.2 mL加到2个阴沟肠杆菌分离琼脂平板（ECIA）

上，每个平板 0.1 mL，用无菌玻璃涂布棒涂布（如果预计奶粉中含有大量的细菌，应使用灭菌的 EE 肉汤将增菌液稀释 10 倍后涂布）。

直接划线法：每份增菌液用 3 mm 接种环 （10 μL）分别接种 2 个阴沟肠杆菌分离琼脂平板，三区分好四区法划线，以得到单个菌落。将平板置（36±1）℃培养 18~22 h。从阴沟肠杆菌分离琼脂平板上挑取可疑菌落，接种于阴沟肠杆菌分离琼脂平板上，纯化。观察平板上阴沟肠杆菌的单个菌落，圆形，凸起，直径 2~3 mm。阴沟肠杆菌分离琼脂平板上挑取可疑菌落，接种于营养琼脂上，用 VITEK 生化鉴定系统进行生化鉴定。

2.9.2　结果与分析

经过生化鉴定后，把不同细菌接种于不同培养养基上，菌落的颜色和形态见图 4-1-7。

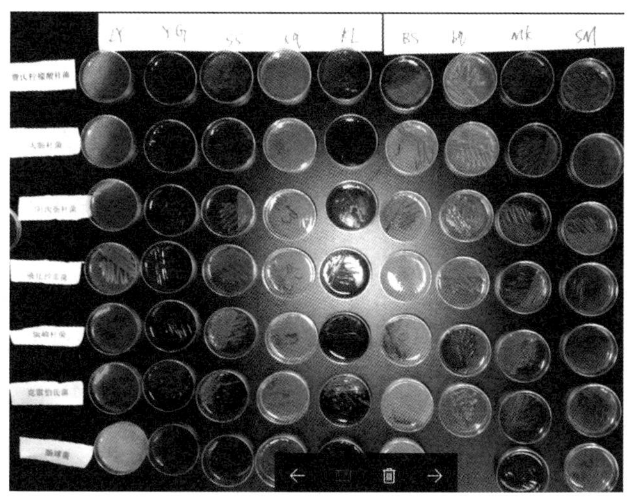

图 4-1-7　不同细菌接种于不同培养基上结果

2.9.3　小结

（1）符合方法验证的要求，已通过扩项认证，可用于生鲜乳中阴沟肠杆菌的分离鉴定。

（2）在实验过程中应严格控制样品稀释的准确性和混匀时间，必要时加大样品稀释液的用量，可以提高检测结果的精密度。

（3）实验过程应避免阳光直射。

第 2 章　生鲜乳品质检测技术的建立

随着乳及乳制品质量安全水平的大幅提升，奶产业正加速转型升级，生鲜乳检测内容逐步向品质评价扩展，深层次研究牛奶品质已成为生鲜乳检测的新方向。项目开始之前，生鲜乳营养指标检测仅局限于蛋白质、脂肪等基础检测，无法满足宁夏畜牧业高质量发展的要求。为此，围绕扩大生鲜乳品质检测覆盖面、深入挖掘品质特性和提升品质评价水平，紧抓宁夏牛奶的营养优势和品质优势，开展了一系列生鲜乳营养与品质检测技术研究。通过方法验证，建立生鲜乳中 37 种脂肪酸气相色谱法、16 种氨基酸全自动分析法、多种矿物元素电感耦合联检方法、创建乳铁蛋白 HPLC 检测法、乳球乳白蛋白高通量联检法，新增检测参数 69 项，构建了 71 项生鲜乳品质评价指标体系，明确了 19 个生鲜乳品质特征指标，系统解析了宁夏生鲜乳营养、风味、加工、安全品质特性，实现了宁夏生鲜乳品质评价由单维向多维量化的转变，检测能力达到国内领先水平，为“宁夏牛奶”品牌创建、精准化养殖提供技术支撑。

第 1 节　生鲜乳脂肪中红外光谱检测方法的建立

牛乳中的脂肪含量在 2%~8%，乳脂肪是乳的固形物主要成分之一，是衡量生鲜乳质量安全和品质的重要指标，我国国家标准规定合格生鲜乳中的乳脂肪含量不得<3.1 g/100 g。目前常规的生鲜乳脂肪含量测定方法有经典方法（索氏抽提法、酸水解法、碱水解法和盖勃法）和中红外光谱检测法（乳品成分分析仪检测法）。由于中红外光谱检测法主要使用乳品成分分析仪进行测定，具有方便、高效的特点，可以同时测定生鲜乳中多项指标。本节通过利用中红外光谱技术测定生鲜乳中脂肪含量的

方法进行研究，同时根据脂肪测定经典方法中的盖勃法对结果进行对比分析，验证建立生鲜乳脂肪中红外光谱检测法，实现了对生鲜乳脂肪含量准确、快速的定量检测。

1　试剂与方法

1.1　仪器与试剂

超纯水仪、盖勃式乳脂离心机、盖勃式乳脂计（最小刻 0.1 g/100 g）、FOSS FT1 乳品成分分析仪、DHI 标准物质（1 组含 12 个不同标示含量的标准样品）、FOSS-FTIR Equalizer 标准化液、FOSS-S6060 调零液、 FOSS-S470 清洗液、硫酸（纯度≥98.0% 分析纯）、异戊醇（分析纯）。

1.2　样品处理

1.2.1　盖勃法

于盖勃氏乳脂计中先加入 10 mL 硫酸，再沿着管壁小心准确加入 10.75 mL 样品，使样品与硫酸不要混合，然后加 1 mL 异戊醇，塞上橡皮塞，使瓶口向下，同时用布包裹以防冲出，用力振摇使呈均匀棕色液体，瓶口向下静置数分钟，置于 65~70 ℃水浴中 5 min，取出后置于乳脂离心机中，以 1 100 r/min 的转速离心 5 min，再置于 65~70 ℃水浴中保温 5 min，注意水浴水面应高于乳脂计脂肪层，取出，立即读数，即为脂肪含量。

1.2.2　中红外光谱法

打开乳品成分分析仪主机，预热 2~4 h 后，打开 MSC_FT1 软件，待仪器自检完成后，依次使用 FOSS-S470 清洗液和 FOSS-S6060 调零液对仪器进行“清洗”和 3 次以上“调零”操作，要求调零结果偏差≤±0.02，满足上述条件后，使用 FOSS-FTIR Equalizer 标准化液对仪器进行“标准化”，使用 DHI 标准物质对仪器进行检测结果准确性检查，绘制标准样品检测结果校正曲线。使用该校正曲线对样品中的脂肪含量进行检测，由仪器直接读取最终检测结果，即为脂肪含量。

2　结果与分析

随机选取 5 组生鲜乳样品，分别使用 2 种检测方法测定其脂肪含量。结果显示，2 种检测方法在重复条件下分别获得的多次独立测定结果相对标准偏差≤5.0%，均可以满足对生鲜乳中脂肪含量进行测定的要求。2种方法测定结果的平均值的绝对差值≤0.05 g/100 g，测定结果无明显差异。中红外光谱法测定结果相对标准偏差范围是0.36%~0.85%，远低于盖勃法的相对标准偏差范围1.47%~2.80%。

3 小结

（1）中红外光谱测定法准确性、重复性好，样品无需前处理，可以连续测定，达到快速、高效检测的目的。同时，不使用剧毒试剂，减少了对检测人员和环境的污染。

（2）中红外光谱测定法与国标方法对比验证，准确度、重复性和精密度均符合要求，通过扩项认证授权后，可以用于生鲜乳样品脂肪含量的测定。

第2节 气相色谱法测定生鲜乳中37种脂肪酸含量方法的建立

脂肪酸是人类食物营养中重要的组成部分，可以氧化提供能量，一些必需脂肪酸还有维持细胞膜功能、合成激素、保持器官和组织的通透性、降低血脂等特殊功效。乳脂肪是一种优质脂肪，不仅风味较好，多为短链和中链脂肪酸，极易被人体吸收，是脂肪酸的天然来源之一，而且脂肪酸的结构合理，对一些肠胃功能紊乱者有极佳的食用价值，既不会导致强烈的肠胃反应，又及时为身体提供了必需的脂肪酸。

为了解和掌握宁夏生鲜乳中脂肪酸的组成和含量，深入挖掘宁夏生鲜乳的特异性品质，研发团队按照《食品安全国家标准 食品中脂肪酸的测定》（GB 5009.168—2016）标准，验证并建立了生鲜乳中37种脂肪酸含量气相色谱测定法。

1 材料与方法

1.1 仪器和条件

安捷伦7890B气相色谱仪、IKA RV 10 digital旋转蒸发仪、电热恒温水浴锅、IKA旋涡仪、电子分析天平（感量为0.000 1 g）。

气相色谱仪色谱柱，CP-Sil 88 for FAMEs，100 m×0.25 mm×0.20 um。进样器温度270 ℃，检测器温度280 ℃，不分流，载气为高纯度氮气，流速1 mL/min，进

样体积 1.0 μL。仪器升温程序见表 4-2-1。

表 4-2-1　气相色谱仪升温程序

温度/℃	保持时间/min	升温速率/(℃·min^{-1})
100	13	—
100~180	6	10
180~200	20	1
200~230	10.5	4

1.2　试剂和材料

正庚烷（色谱纯）；异辛烷（色谱纯）；乙醇（95%）；氨水；焦性没食子酸；沸石；乙醚；石油醚（沸程 30~60 ℃）；氢氧化钾；甲醇；无水硫酸钠；硫酸氢钠。37 种脂肪酸甲酯混合标准溶液（4 mg/mL）；GB/T6682 实验室用超纯水；安捷伦 CP-Sil 88 for FAMEs，100 m×0.25 mm×0.20 um 色谱柱；一次性注射器（10 mL）；安捷伦气相色谱仪进样小瓶。

1.3　样品前处理

称取混匀的生鲜乳试样 5 g 置于 100 mL 鸡心瓶中，加入 100 mg 焦性没食子酸，几粒沸石，再加入 2 mL 95%乙醇和 4 mL 水，混匀。加入氨水 5 mL，混匀，将鸡心瓶放入 70~80 ℃水浴中水解 20 min。每 5 min 振摇一下。水解完成后取出冷却至室温。水解后的试样加入 10 mL 95%乙醇，混匀。加入 15 mL 乙醚-石油醚混合液，盖塞振摇 5 min，静置 10 min，吸取上层醚层至另 1 个鸡心瓶中，重复提取 3 次，收集醚层旋转蒸发至干。加入 4 mL 异辛烷溶解试样，加入 200 μL 氢氧化钾甲醇溶液，盖塞振摇 30 s，加入 1 g 硫酸氢钠，振摇，静置，取上层至上机瓶中测定。同时用脱脂牛奶进行阳性添加回收实验。

2　结果与分析

2.1　37 种脂肪酸标准品

通过气相色谱仪测定 37 种脂肪酸混合标准品，得到很好的分离，峰形良好。用同样的方法检测生鲜乳样品中脂肪酸的组成，并根据标准品脂肪酸的保留时间进行定性。37 种脂肪酸标准品保留时间见表 4-2-2，图谱见图 4-2-1。

表 4-2-2 37 种脂肪酸甲酯标准品的保留时间统计表

脂肪酸	保留时间/min	脂肪酸	保留时间/min	脂肪酸	保留时间/min
C4：0	12.223	C17：0	31.479	C22：0	48.572
C6：0	14.256	C17：1	33.474	C20：3n6	50.113
C8：0	16.754	C18：0	34.145	C22：1n9	51.757
C10：0	19.436	C18：1n9t	35.508	C20：3n3	52.217
C11：0	20.798	C18：1n9c	36.112	C20：4n6	52.975
C12：0	22.197	C18：2n6t	37.782	C23：0	53.871
C13：0	23.673	C18：2n6c	39.234	C22：2	57.387
C14：0	25.289	C20：0	40.450	C24：0	60.105
C14：1	26.883	C18：3n6	41.731	C20：5n3	60.325
C15：0	27.092	C20：1	42.775	C24：1	64.152
C15：1	28.918	C18：3n3	43.210	C22：6n3	72.363
C16：0	29.155	C21：0	44.163		
C16：1	30.901	C20：2	46.760		

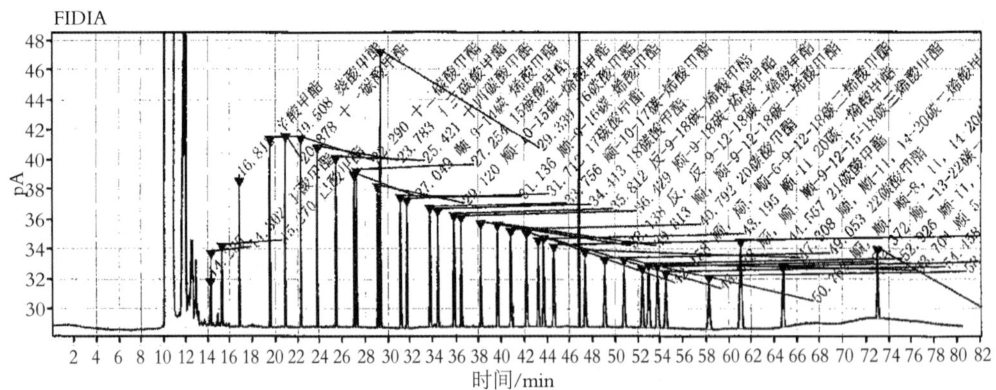

图 4-2-1 37 种脂肪酸甲酯标准品图谱

2.2 准确度和精密度

为减少样品中待测组分造成的基质干扰，选用脱脂牛奶作为空白样品进行阳性添加回收试验。进行 3 次独立试验，每次进行 3 批 500 μg/mL 阳性添加样品测试，考察方法准确度和精密度。结果显示，本次试验浓度为 200 μg/mL 的阳性添加样品中 37 种脂肪酸甲酯回收率在 68.48%~112.36%，RSD 值在 0.5%~3.6%；浓度为 500 μg/mL 的阳性添加样品中 37 种脂肪酸甲酯回收率在 66.17%~118.30%，RSD 值在

0.3%~3.2%；浓度为 1 000 μg/mL 的阳性添加样品中 37 种脂肪酸甲酯回收率在 71.65%~115.36%，RSD 值在 0.5%~3.2%，符合方法学考察中准确度和精密度的要求。

2.3　检测结果

2.3.1　生鲜牛乳中总脂肪酸含量

对宁夏地区的 100 批生鲜牛乳样本 37 种脂肪酸含量进行检测，检测结果见表 4-2-3。

表 4-2-3　生鲜牛乳中 37 种脂肪酸含量检测结果统计表

脂肪酸名称		脂肪酸含量占比/%		
俗称	简称	最大值/%	最小值/%	平均值/%
丁酸	C4：0	3.68	2.11	3.13
己酸	C6：0	2.91	1.94	2.56
辛酸	C8：0	2.00	1.48	1.76
葵酸	C10：0	4.89	3.47	4.12
十一碳酸	C11：0	0.21	0.07	0.12
月桂酸	C12：0	5.40	3.71	4.51
十三碳酸	C13：0	0.41	0.23	0.29
豆蔻酸	C14：0	13.95	10.43	12.65
豆蔻油酸	C14：1	1.17	0.84	1.00
十五碳酸	C15：0	1.64	0.97	1.31
棕榈酸	C16：0	38.00	28.94	33.25
棕榈油酸	C16：1	2.16	1.55	1.83
珠光脂酸	C17：0	1.20	0.54	0.69
十七碳一烯酸	C17：1	0.37	0.03	0.24
硬脂酸	C18：0	9.96	6.16	8.26
反式油酸	C18：1n9t	3.27	0.32	0.83
油酸	C18：1n9c	20.07	14.08	17.32
十八碳二烯酸	C18：2n6t	0.21	0.11	0.16
亚油酸（LA）	C18：2n6c	6.43	3.75	4.99
花生酸	C20：0	0.12	0.02	0.09
γ-亚麻酸（GLA）	C18：3n6	0.05	0.01	0.03

续表

脂肪酸名称		脂肪酸含量占比/%		
俗称	简称	最大值/%	最小值/%	平均值/%
二十碳一烯酸	C20：1	0.70	0.06	0.51
α-亚麻酸（ALA）	C18：3n3	0.25	0.00	0.07
二十一碳酸	C21：0	0.08	0.01	0.03
二十碳二烯酸	C20：2	0.07	0.00	0.02
山嵛酸	C22：0	0.11	0.00	0.05
二十碳三烯酸	C20：3n6	0.13	0.00	0.06
花生四烯酸（ARA）	C20：4n6	0.13	0.09	0.11
神经酸	C24：1	0.02	0.00	0.01

结果显示，本次试验在生鲜牛乳样品中共检出 29 种脂肪酸，主要以豆蔻酸、棕榈酸、硬脂酸、油酸和亚油酸为主，占总脂肪酸含量的 75%以上。

2.3.2　饱和脂肪酸含量

饱和脂肪酸（SFA）指不含不饱和双键的脂肪酸。一类碳链中没有不饱和键（双键）的脂肪酸，是构成脂质的基本成分之一。饱和脂肪酸摄入量过高是导致血胆固醇、三酰甘油、低密度脂蛋白胆固醇（LDL-C）升高的主要原因，继发引起动脉管腔狭窄，形成动脉粥样硬化，增加患冠心病的风险，结果见表4-2-4。

表 4-2-4　生鲜牛乳样品饱和脂肪酸含量统计表

脂肪酸			检测结果			
序号	俗称	简称	最大值/%	最小值/%	平均值/%	占比/%
1	丁酸	C4：0	3.68	2.11	3.13	4.3
2	己酸	C6：0	2.91	1.94	2.56	3.5
3	辛酸	C8：0	2.00	1.48	1.76	2.4
4	癸酸	C10：0	4.89	3.47	4.12	5.7
5	十一碳酸	C11：0	0.21	0.07	0.12	0.2
6	月桂酸	C12：0	5.40	3.71	4.51	6.2
7	十三碳酸	C13：0	0.41	0.23	0.29	0.4
8	豆蔻酸	C14：0	13.95	10.43	12.65	17.4

续表

脂肪酸			检测结果			
序号	俗称	简称	最大值/%	最小值/%	平均值/%	占比/%
9	十五碳酸	C15：0	1.64	0.97	1.31	1.8
10	棕榈酸	C16：0	38.00	28.94	33.25	45.7
11	珠光脂酸	C17：0	1.20	0.54	0.69	1.0
12	硬脂酸	C18：0	9.96	6.16	8.26	11.3
13	花生酸	C20：0	0.12	0.02	0.09	0.1
14	二十一碳酸	C21：0	0.08	0.01	0.03	0.0
15	山嵛酸	C22：0	0.11	0.00	0.05	0.1
总计			72.81			

结果显示，本次试验检出生鲜牛乳中饱和脂肪酸 15 种，占脂肪酸总含量的 72.81%，主要以其豆蔻酸、棕榈酸和硬脂酸为主，分别占脂肪酸总含量的 12.65%、33.25%和 8.26%。

2.3.3　不饱和脂肪酸含量

不饱和脂肪酸是构成体内脂肪的一种脂肪酸，是人体不可缺少的脂肪酸，对人体健康有很大益处。根据双键个数的不同，不饱和脂肪酸分为单不饱和脂肪酸和多不饱和脂肪酸 2 种。

（1）单不饱和脂肪酸含量。

单不饱和脂肪酸（MUFA）作为膳食脂肪酸中的一类，具有特殊的生理功能和独特的物理、化学特性，属于非必需脂肪酸，可以在体内合成，与多不饱和脂肪酸相似，具有降低血胆固醇、甘油三酯和低密度脂蛋白胆固醇的作用，结果见表 4–2–5。

本次试验检测出宁夏地区生鲜牛乳中 7 种单不饱和脂肪酸，包括豆蔻油酸、棕榈油酸、十七碳烯酸、反式油酸、油酸、二十碳烯酸和神经酸，总含量为 21.73%，主要以油酸为主，占总脂肪酸含量的 17.32%。

（2）多不饱和脂肪酸含量。

多不饱和脂肪酸（PUFA）指含有 2 个或 2 个以上双键且碳链长度为 18~22 个碳原子的直链脂肪酸。通常分为 ω–3 和 ω–6，其中 ω–3 同维生素、矿物质一样是人体的必需品，有防止血栓、降血脂、抗癌的作用，也是细胞膜磷脂主要成分，可影响机

表 4-2-5　生鲜牛乳样品单不饱和脂肪酸（MUFA）含量统计表

脂肪酸			检测结果			
序号	俗称	简称	最大值/%	最小值/%	平均值/%	占比/%
1	豆蔻油酸	C14：1	1.17	0.84	1.00	4.59
2	棕榈油酸	C16：1	2.16	1.55	1.83	8.44
3	十七碳烯酸	C17：1	0.37	0.03	0.24	1.10
4	反式油酸	C18：1n9t	3.27	0.32	0.83	3.81
5	油酸	C18：1n9c	20.07	14.08	17.32	79.70
6	二十碳烯酸	C20：1	0.68	0.06	0.51	2.33
7	芥酸	C22：1n9	0.00	0.00	0.00	0.00
8	神经酸	C24：1	0.02	0.00	0.01	0.04
总计			21.73			

体免疫功能，所以乳中多不饱和脂肪酸含量决定牛奶品质优劣，结果见表 4-2-6。

表 4-2-6　生鲜乳样品多不饱和脂肪酸（PUFA）含量统计表

脂肪酸			检测结果			
序号	俗称	简称	最大值/%	最小值/%	平均值/%	占比/%
1	反式亚油酸	C18：2n6t	0.21	0.11	0.16	3.0
2	亚油酸（LA）	C18：2n6c	6.43	3.75	4.99	91.6
3	γ-亚麻酸（GLA）	C18：3n6	0.04	0.01	0.03	0.5
4	α-亚麻酸（ALA）	C18：3n3	0.25	0.00	0.07	1.3
5	二十碳二烯酸	C20：2	0.07	0.00	0.02	0.4
6	DGLA	C20：3n6	0.13	0.00	0.06	1.2
7	花生四烯酸（ARA）	C20：4n6	0.13	0.09	0.11	2.0
总计			5.45			

本次试验检测出宁夏地区生鲜牛乳中 6 种多不饱和脂肪酸，包括反式亚油酸、亚油酸（LA）、γ-亚麻酸（GLA）、α-亚麻酸（ALA）、二十碳二烯酸、DGLA 和花生四烯酸(ARA)，平均含量为 5.45%，主要以亚油酸（LA）为主，占总脂肪酸含量的 4.99%。

（3）必需脂肪酸。必需脂肪酸为人体健康和生命所必需，但人自身又不能产生的脂肪酸，或人自身产生的脂肪酸数量不能满足人体需要，它们都是不饱和脂肪酸。截至目前，营养学指出人体必需的脂肪酸只有 2 类：一类是以 α—亚麻酸为母

体的 ω−3 系列多不饱和脂肪酸；另一类是以亚油酸为母体的 ω−6 系列多不饱和脂肪酸。其生理功能及营养上的重要性越来越被人们重视。必需脂肪酸不仅为营养所必需，而且与儿童生长发育和成长健康有关，更有降血脂、防治冠心病等治疗作用，且与智力发育、记忆等生理功能有一定关系，结果见表 4−2−7。

表 4−2−7　生鲜乳样品必需脂肪酸含量统计表

脂肪酸			检测结果			
序号	俗称	简称	最大值/%	最小值/%	平均值/%	占比/%
1	亚油酸（LA）	C18：2n6c	6.43	3.75	4.99	95.96
2	γ−亚麻酸（GLA）	C18：3n6	0.04	0.01	0.03	0.58
3	α−亚麻酸（ALA）	C18：3n3	0.25	0.00	0.07	1.35
4	花生四烯酸（ARA）	C20：4n6	0.13	0.09	0.11	2.12
总计			5.20			

本次试验检测出宁夏地区生鲜牛乳中 4 种必需脂肪酸，包括亚油酸（LA）、γ−亚麻酸（GLA）、α−亚麻酸（ALA）和花生四烯酸（ARA），平均含量分别为 4.99%、0.03%、0.07%和 0.11%。

（4）挥发性脂肪酸。

挥发性脂肪酸一般是碳原子数 C_4~C_{10} 的游离脂肪酸，包括丁酸、己酸、辛酸、葵酸。与一般脂肪酸相比，乳脂肪的脂肪酸组成中水溶性、挥发性脂肪酸含量高的，这类乳脂风味好而且易于消化。因此，水溶性挥发性脂肪酸的高低可以判定乳脂风味的优劣，结果见表4−2−8。

表 4−2−8　生鲜乳样品挥发性脂肪酸含量统计表

脂肪酸			检测结果			
序号	俗称	简称	最大值/%	最小值/%	平均值/%	占比/%
1	丁酸	C4：0	3.68	2.11	3.13	4.3
2	己酸	C6：0	2.91	1.94	2.56	3.5
3	辛酸	C8：0	2.00	1.48	1.76	2.4
4	癸酸	C10：0	4.89	3.47	4.12	5.7
总计			11.57			

本次试验检测出宁夏地区生鲜牛乳中4种挥发性脂肪酸，包括丁酸、已酸、辛酸和癸酸，含量分别为3.13%、2.56%、1.76%和4.12%。

3 小结

（1）通过方法验证，准确性、精密度、稳定性均符合要求，建立了气相色谱法测定生鲜乳中37种脂肪酸的检测方法。已通过扩项认证，可以用于生鲜乳中37种脂肪酸含量的检测应用。

（2）可以深入挖掘宁夏生鲜乳脂肪酸的特异性品质指标，为“宁夏牛奶”的品牌创建和标准化生产提供技术支撑。

（3）注意事项：样品前处理水解时须多次振摇，保证水解完全；脂肪提取过程须连续剧烈振摇或旋涡，并将醚层完全吸取；阳性添加样品选择脱脂牛奶，否则样本本底值过高，无法进行添加试验。

第3节　全自动氨基酸分析仪测定生鲜乳中16种氨基酸含量方法的建立

氨基酸是组成蛋白质的基本单位，是人体必需的一类重要营养物质，参与几乎所有与蛋白质代谢相关的生理活动，可维持人体正常生理代谢，提高机体的免疫力。为了解和掌握宁夏生鲜乳中氨基酸的组成和占比，深入挖掘宁夏生鲜牛乳中氨基酸特异性指标，研发团队按照《GB 5009.124—2016 食品安全国家标准　食品中氨基酸的测定》标准，验证并建立了氨基酸分析仪测定生鲜乳中氨基酸的方法。

1 材料与方法

1.1 仪器

分析天平、氮吹仪、电热鼓风干燥箱、日立L-8900氨基酸分析仪。

1.2 试剂

盐酸（优级纯）、苯酚、盐酸溶液（6 mol/L）、盐酸溶液（0.02 mol/L）、不同pH和离子强度的洗脱用缓冲溶液、茚三酮溶液、17种氨基酸混合标准溶液。

1.3　样品处理

准确称取生鲜乳样品 0.500 0 g 置于水解管中，加入 10 mL 6 mol/L 的盐酸溶液，加入苯酚溶液 3~4 滴。将水解管接上真空泵，抽真空后充入氮气，拧紧螺丝盖。将密封好的水解管放入（110±1）℃的电热鼓风恒温箱中，水解 22 h 后取出，冷却至室温。将水解液过滤至 50 mL 容量瓶内，用少量水多次冲洗水解管，水洗液移入同 1 个 50 mL 容量瓶内，用水定容至刻度，混匀。

准确吸取 1.0 mL 滤液置于 10 mL 离心管中，用氮吹仪 40 ℃氮气吹干，干燥后残留物用 1 mL 水溶解后，再次氮吹干后，准确移取 0.02 mol/L 盐酸溶液 1.00 mL 置于 10 mL 离心管中，将残余物复溶后，漩涡混匀，过 0.22 μm 滤膜，作为样品待测液，供氨基酸分析仪测定。

2　结果与分析

2.1　17 种氨基酸标准品

通过氨基酸分析仪测定 17 种氨基酸混合标准品，标准溶液色谱峰得到很好的分离。用同样的方法检测生鲜乳样品，根据标准品氨基酸的保留时间进行定性和定量。

2.2　生鲜乳样品检测结果

2.2.1　宁夏地区生鲜牛乳中氨基酸组成分析

采集来自宁夏地区生鲜乳收购站和散养户的 100 批生鲜乳样本进行测定，按照归一化法进行换算，结果见表 4-2-9。

表 4-2-9　生鲜牛乳中氨基酸含量占比结果对比分析表

总氨基酸中占比/%	收购站（样本数 90）			散养户（样本数 10）		
	最大值	最小值	平均值	最大值	最小值	平均值
天冬氨酸 Asp	8.44	8.03	8.16	8.12	8.08	8.10
苏氨酸 Thr	4.82	4.59	4.67	4.61	4.53	4.57
丝氨酸 Ser	6.04	5.79	5.88	5.81	5.61	5.71
谷氨酸 Glu	24.43	23.59	23.89	23.59	22.84	23.22
甘氨酸 Gly	2.08	2.04	2.07	2.06	2.06	2.06
丙氨酸 Ala	3.74	3.47	3.53	3.51	3.49	3.50

续表

总氨基酸中占比/%	收购站（样本数 90）			散养户（样本数 10）		
	最大值	最小值	平均值	最大值	最小值	平均值
半胱氨酸 Cys	0.72	0.63	0.65	0.78	0.71	0.75
缬氨酸 Val	6.87	6.61	6.77	6.88	6.82	6.85
蛋氨酸 Met	2.88	2.44	2.68	2.96	2.63	2.80
异亮氨酸 Ile	6.06	5.39	5.69	6.21	5.75	5.98
亮氨酸 Leu	10.58	10.32	10.43	10.58	10.42	10.50
色氨酸 Tyr	5.14	4.83	4.97	5.11	4.92	5.02
苯丙氨酸 Phe	5.76	4.68	5.21	5.35	5.11	5.23
赖氨酸 Lys	8.99	8.69	8.86	9.11	8.84	8.98
组氨酸 His	3.37	2.57	2.86	3.47	2.64	3.06
精氨酸 Arg	3.82	3.62	3.70	3.71	3.71	3.71

结果显示，不同抽样环节生鲜牛乳中各单氨基酸占比均值分布差异不大，氨基酸组成无明显地域性差别。

2.2.3　样本中含量较高的 8 种单氨基酸与样本蛋白质含量的变化关系

随机选择 10 份样品，对其含量较高的 8 种单氨基酸与样本蛋白质含量进行对比，作变化趋势图，见表 4-2-10、图 4-2-2 和图4-2-3。

表 4-2-10　随机 10 份样本中含量较高的 8 种单氨基酸和蛋白质含量对照表

单氨基酸含量/%	样本 1	样本 2	样本 3	样本 4	样本 5	样本 6	样本 7	样本 8	样本 9	样本 10
天冬氨酸 Asp	0.264 2	0.272 8	0.272 4	0.274 5	0.273 5	0.279 3	0.281 9	0.283 5	0.298 4	0.331 9
丝氨酸 Ser	0.190 3	0.195 7	0.198 5	0.200 5	0.198 6	0.204 4	0.204 7	0.203 4	0.215 1	0.238 9
谷氨酸 Glu	0.763 7	0.801 8	0.791 9	0.818 9	0.825 6	0.823 8	0.857 3	0.834 4	0.873 3	0.971 2
缬氨酸 Val	0.215 7	0.226 7	0.221 4	0.228 0	0.227 8	0.232 9	0.237 4	0.241 6	0.250 3	0.280 7
异亮氨酸 Ile	0.175 1	0.192 9	0.186 8	0.184 0	0.193 9	0.199 1	0.201 8	0.196 0	0.213 0	0.236 9
亮氨酸 Leu	0.339 6	0.347 0	0.353 0	0.350 1	0.349 8	0.357 0	0.362 6	0.368 2	0.383 7	0.429 0
苯丙氨酸 Phe	0.168 7	0.170 1	0.174 0	0.173 2	0.172 0	0.175 4	0.179 8	0.185 5	0.187 9	0.210 8
赖氨酸 Lys	0.287 3	0.292 0	0.294 3	0.297 8	0.293 6	0.300 7	0.305 9	0.315 0	0.324 0	0.363 7
蛋白质含量	3.22	3.34	3.34	3.37	3.38	3.45	3.51	3.52	3.66	4.01

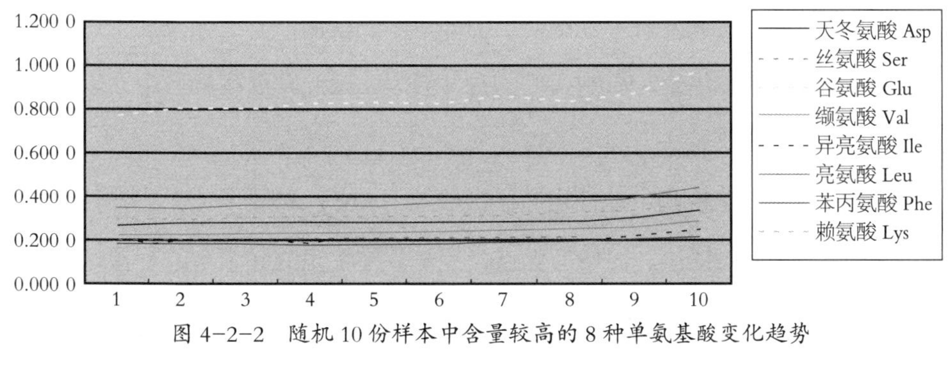

图 4-2-2 随机 10 份样本中含量较高的 8 种单氨基酸变化趋势

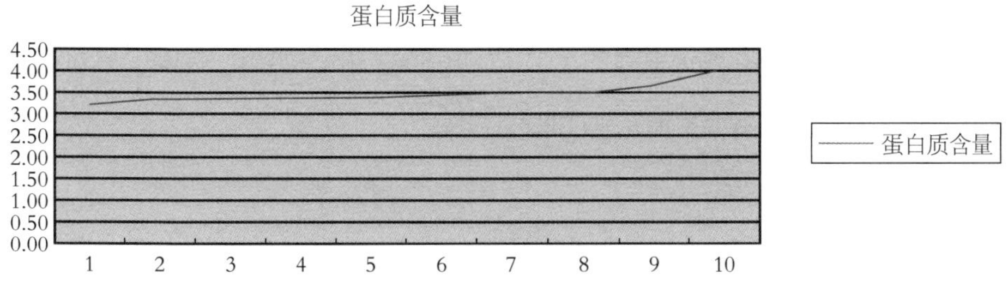

图 4-2-3 随机 10 份样本蛋白质含量变化趋势

通过对宁夏地区 100 批生鲜乳样本的氨基酸含量检测结果进行分析，样本中含量较高的 8 种单氨基酸含量与样本的蛋白质含量总体变化呈正相关。

3 小结

（1）方法操作简单，准确性、精密度和稳定性良好，符合方法验证的要求，已通过扩项认证，可以用于生鲜乳中 16 种氨基酸含量的检测应用。

（2）方法的推广应用有利于深入挖掘宁夏生鲜乳氨基酸的特异性品质指标，为“宁夏牛奶”的品牌创建和标准化生产提供技术支撑。

（3）注意事项：为水解完全，生鲜乳样品取样量不易过大，0.5~1.0 g 最佳；水解时须用氮气充满密封，选用较好的水解管，防止漏气；蒸发干燥时可以将旋蒸仪改为氮吹仪，可以较大程度地提高干燥效率；用 0.02 mol/L 盐酸溶液替代柠檬酸钠缓冲溶液溶解残渣，可得到较好的峰形和基线。

第 4 节 生鲜乳中多元素 ICP-MS 联检法的建立

生鲜乳含有多种微量元素，特别是钙、钾、钠、铁、铜、锌、硒等元素对维持机体正常生命活动、生长发育十分重要。另外，牛奶在生产、运输及加工过程中可能会受到某些重金属的污染，影响人们的身体健康，因此开展生鲜乳中元素的检测非常重要。

生鲜乳中各种元素检测主要使用原子吸收法（AAS）和原子荧光法，具有精密度高、检测限低、分析快速、简便等优点，但是需要特定的元素空心阴极灯，基体干扰严重，1 次只能分析 1 种元素。电感耦合等离子体质谱（ICP-MS）技术灵敏度高、分析速度快、样品处理简单，可以同时进行多元素测定。研发团队按照《食品安全国家标准 食品中多元素的测定》（GB 5009.268—2016）标准，验证并建立了 ICP-MS 测定生鲜乳中 13 种元素的联检方法。

1 试验与方法

1.1 仪器和条件

1.1.1 仪器

PE 公司 NexlON350X 电感耦合等离子体质谱仪（ICP-MS），密理博超纯水器，Sartorius 电子分析天平（感量 0.000 1 g），安东帕 PRO 微波消解仪（聚四氟乙烯消解内罐）和加热赶酸装置，语瓶 Acide 3300 全自动酸逆流清洗系统。

1.1.2 条件

射频功率 1 500 W；氦气流量 4~5 mL/min；等离子体气流量 15 L/min；载气流量 0.80 L/min；辅助气流量 0.40 L/min；雾化室温度 2 ℃；样品提升时间 45 s；样品稳定时间 45 s；样品提升速率 0.3 rps。

1.2 试剂

诺尔施 UPS 级浓硝酸（HNO_3），美国 Inorganic Ventures ICP-MS 专用铅、铬、砷、汞、镉、钙、铁、锌、钾、钠、镁、锰、铜标准贮备溶液（1 000 mg/L），国家有色金属及电子材料分析测试中心铼标准贮备溶液（1 000 mg/L）和金标准贮备溶液（1 000 mg/L）；氩气（Ar，≥99.995%），氦气（He，≥99.995%）；PMP 材质容量瓶。

1.3 样品前处理

精密量取生鲜乳样品 1.00 mL 置于预先酸清洗的微波消解内罐中，加入 6 mL

浓硝酸，加盖放置过夜，按微波消解程序进行消解，见表 4-2-11。冷却后取出放在赶酸装置上，110 ℃进行赶酸至 1 mL 以下，定容至 10 mL 容量瓶。

2　结果与分析

2.1　耗材验证试验

为消除试剂耗材对试验的干扰，购买不同材质的容量瓶和不同厂家的浓硝酸进行试剂耗材验证试验。耗材验证试验见表 4-2-11、表 4-2-12。

玻璃材质铬、铁、锌、锰、镉含量干扰较大，PMP 材质相对较低，试验选择 PMP 材质容量瓶及试剂瓶。

表4-2-11　微波消解仪消解程序

步骤	温度/℃	功率/W	时间/min	冷却
功率升高速度	—	700	10	1
保持功率	—	700	10	1
功率升高速度	—	1 400	10	1
保持功率	—	1 400	25	1
冷却	≤55	0	—	3

表 4-2-12　不同厂家浓硝酸验证试验

元素		试剂耗材验证结果				
序号	名称	超纯水测定值/(μg·L^{-1})	国产优级纯硝酸测定值/(μg·L^{-1})	国产电子纯硝酸测定值/(μg·L^{-1})	进口优级纯硝酸测定值/(μg·L^{-1})	UPS 级硝酸测定值/(μg·L^{-1})
1	Pb	−0.021	0.231	0.030	0.009	−0.010
2	Cr	−1.497	509.922	12.422	9.225	0.019
3	As	0.010	0.011	0.009	0.010	0.022
4	Hg	−0.015	0.025	0.005	0.001	0.001
5	Ca	−30.120	31.556	−1.556	−6.274	−23.224
6	Fe	0.835	23.582	13.380	11.929	1.657
7	Zn	−0.594	2.840	1.040	0.198	−0.110
8	Cd	−0.004	1.856	0.856	0.064	0.023
9	K	−0.010	0.633	0.225	0.101	0.034

续表

元素		试剂耗材验证结果				
序号	名称	超纯水测定值/(μg·L^{-1})	国产优级纯硝酸测定值/(μg·L^{-1})	国产电子纯硝酸测定值/(μg·L^{-1})	进口优级纯硝酸测定值/(μg·L^{-1})	UPS 级硝酸测定值/(μg·L^{-1})
10	Na	−0.024	0.785	0.352	0.089	0.012
11	Mg	−0.245	3.254	1.410	0.536	0.005
12	Mn	−1.030	1.258	0.963	0.144	−0.023
13	Cu	−0.008	5.362	2.521	0.852	−0.050
符合试验要求		√	×	×	×	√

结果显示，优级纯、电子纯浓硝酸均存在一定量的离子干扰，对本试验造成影响，选用 UPS 级浓硝酸进行样品测试离子干扰较小，适合本试验的需要。

2.2 标准曲线

将 13 种元素混合标准工作液按仪器方法进行测定，绘制每种元素的标准工作曲线，得出线性回归方程。同时，根据仪器设定将试剂空白溶液连续测定 10 次，计算标准差，根据标准差的 3 倍得出每个元素的检出限。结果见表 4−2−13。

表 4−2−13　13 种元素测定标准工作曲线线性表

序号	名称	线性回归方程	BEC 背景等效浓度/(μg·L^{-1})	线性相关系数	DL 检出限/(μg·L^{-1})
1	Pb	y=0.007x+0.000	0.013 193	0.999 911	0.003 397
2	Cr	y=0.003x+0.000	0.146 921	0.999 991	0.020 220
3	As	y=0.001x+0.000	0.002 314	0.999 993	0.007 060
4	Hg	y=0.001x+0.000	0.001 375 3	0.999 912	0.003 934
5	Ca	y=0.000x+0.000	−668.221 055	0.999 924	48.046 655
6	Fe	y=0.000x+0.000	20.625 042	0.999 958	2.411 994
7	Zn	y=0.001x+0.000	−0.003 142	0.999 934	0.180 753
8	Cd	y=9 208x+0.000	0.006 009	0.999 962	0.000 188
9	K	y=0.196x+0.000	0.124 191	0.999 115	1.271 932
10	Na	y=646x+0.000	−0.364 067	0.998 136	2.159 208
11	Mg	y=22x+0.000	−1.065 911	0.999 239	3.550 079
12	Mn	y=1 767x+0.000	−0.028 861	0.999 653	0.008 375
13	Cu	y=5 519x+0.000	−0.007 128	0.999 303	0.033 436

所有元素标准曲线线性相关系数 R 均>0.999，各元素在线性范围内标准曲线呈现良好的线性。

2.3　准确度和精密度

参考标准物质选用不同元素奶粉质控样品，分别进行 3 次阳性添加样品试验，每次试验重复测定 3 个平行样品，每种元素共计 9 批次质控样品计算平均回收率。结果见表 4-2-14。

表 4-2-14　奶粉质控样品检测结果统计表

名称	标示值/($mg \cdot kg^{-1}$)	测定平均值/($mg \cdot kg^{-1}$)	平均回收率/%	RSD 值/%	内标平均回收率/%
Pb	0.32	0.32	100.0	1.5	95.1
Cr	0.5	0.42	84.0	4.7	93.2
As	0.456	0.373	81.8	1.9	96.5
Ca	8845.86	8459.07	95.6	2.2	102.4
Fe	16.85	17.31	102.7	1.1	99.8
Zn	27.22	23.11	84.9	1.0	96.3
Hg	0.239	0.238	99.6	1.9	94.4
K	10.53	10.24	97.2	1.7	93.3
Na	12.32	12.05	97.8	2.0	92.0
Mg	0.563	0.541	96.1	2.3	94.6
Mn	15.32	15.10	98.6	1.1	95.3
Cu	20.15	19.02	94.4	1.8	93.3
Cd	0.450	0.421	93.6	2.2	94.9

结果显示，所有元素质控样品测定值和标示值符合度较高，计算样品阳性添加回收率范围 81.8%~102.7%，内标物回收率 92.0%~102.4%，RSD 值范围 1.1%~4.7%。证明样品前处理过程及仪器方法条件正确，试验结果真实可靠，符合方法学考察准确度和精密度的要求。

2.4　检测结果

本实验采集来自宁夏生鲜乳收购站及运输车的 125 批样品进行检测，结果见表 4-2-15。

表 4-2-15　生鲜乳样品多元素检测结果统计表

元素名称	检测结果		
	检测平均值/($mg \cdot L^{-1}$)	标准限值/($mg \cdot L^{-1}$)	内标物回收率/%
Pb	0.003 40~0.003 91	0.05	95.1
Cr	0.058 1~0.262	0.3	93.2
As	0.000 6~0.002 89	0.05	96.5
Hg	ND	0.01	93.3
Ca	922~1 111	/	102.4
Fe	0.270~6.24	/	99.8
Zn	3.18~4.55	/	96.3
Se	0.012 2~0.044 7	/	94.4

结果显示，生鲜乳样本中重金属中铅、砷、汞元素检测结果均低于《食品安全国家标准　食品中污染物限量》（GB 2762—2017）标准规定限值，未出现重金属污染现象。有益元素中钙元素检测范围为 922~1 111 mg/kg，铁元素检测范围为 0.270~6.24 mg/kg，锌元素检测范围为 3.18~4.55 mg/kg，硒元素检测范围为 0.012 2~0.044 7 mg/kg。

3　小结

（1）方法操作简单，准确性、精密度和稳定性良好，符合方法验证的要求。已通过扩项认证，可以用于生鲜乳中多种元素含量的检测应用。

（2）具有精密度高、基体干扰小、检测限低、分析快速和操作简便等优点，解决了其他测定方法各元素逐一测定、耗时耗力、干扰严重和含量差异较大无法同时测定等诸多难题，实现了生鲜乳中重金属和有益元素同时测定。

（3）为深入挖掘宁夏生鲜乳元素特异性品质指标，助力“宁夏牛奶”的品牌创建和标准化生产提供了技术支撑。

（4）注意事项：测定过程中的容器选用 PP 或 PMP 级材质，不能用玻璃容器；测定砷、汞元素时，样品消解温度不易过高，否则会造成目标物损失；在设定仪器条件时，建议将标准模式或碰撞模式相同的元素放在一起进行测定，可以缩短测定时间；在多元素检测时，建议不要同时测定汞元素，会造成仪器污染，影响其他检测，测定时必须加入金标准溶液。

第 5 节　HPLC 测定生鲜乳中乳铁蛋白方法的建立

牛乳蛋白质主要分为酪蛋白和乳清蛋白两大类。乳清蛋白的主要成分包括 β-乳球蛋白、α-乳白蛋白、乳铁蛋白、牛血清白蛋白、免疫球蛋白、乳过氧化物酶等。乳铁蛋白是一种糖蛋白，具有调节机体免疫功能、调节体内铁的平衡、促进细胞的生长、增强机体抗病能力、抑制人体肿瘤细胞等作用。如何保留乳铁蛋白的活性是乳品加工过程应考虑的一个重要指标。

乳铁蛋白的检测方法主要有放射免疫扩散法、酶联免疫法、电泳法、蛋白质印迹法、分光光度法以及高效液相色谱法。目前，生鲜乳中乳铁蛋白的检测还没有国家标准和行业标准，研发团队根据文献，验证并建立了生鲜牛乳中乳铁蛋白含量的高效液相色谱测定法。

1　材料与方法

1.1　仪器和条件

Agilent 1260 高效液相色谱仪、密理博超纯水器、Sartorius 电子分析天平（感量为 0.000 1 g）、台式高速冷冻离心机、固相萃取装置。

色谱柱，Agilent AdvanceBio RP-mAb C4 柱（4.6 mm×250 mm，3.5-Micron）；检测波长 280 nm；流速 1.0 mL/min；柱温 30 ℃；进样量 30 μL；流动相 A 为 0.1% 三氟乙酸溶液，B 为乙腈。流动相洗脱条件见表 4-2-16。

表 4-2-16　流动相梯度洗脱条件

时间/min	A/%	B/%
0	70	30
5	70	30
5.1	45	55
10	45	55
10.1	40	60

续表

时间/min	A/%	B/%
12	40	60
12.1	70	30

1.2 试剂

1.2.1 试剂和材料

三氟乙酸（色谱纯，≥99.5%），Fisher 乙腈（色谱纯），天津市科密欧化学试剂有限公司生产的十二水合磷酸氢二钠（优级纯）、二水合磷酸二氢钠（优级纯）、磷酸二氢钾（优级纯）、氢氧化钠（优级纯）、氯化钠（优级纯）、氯化钾（优级纯）。牛乳铁蛋白标准品（50 mg，≥95%）；肝素亲和柱（3 mL）；GB/T 6682 实验室用超纯水；安捷伦 AdvanceBio RP-mAb C4 色谱柱（4.6 mm×250 mm，3.5-Micron）。

1.2.2 溶液

磷酸盐缓冲液Ⅰ（称取 1.44 g 十二水合磷酸氢二钠、0.24 g 磷酸二氢钾、0.2 g 氯化钾、8 g 氯化钠加入 900 mL 去离子水溶解，定容至 1 000 mL）；磷酸盐缓冲液Ⅱ（称取 1.44 g 十二水合磷酸氢二钠、0.24 g 磷酸二氢钾、0.2 g 氯化钾、8 g 氯化钠加入 900 mL 去离子水溶解，定容至 1 000 mL）；磷酸盐缓冲液Ⅲ（称取 1.44 g 十二水合磷酸氢二钠、0.24 g 磷酸二氢钾、0.2 g 氯化钾、8 g 氯化钠加入 900 mL 去离子水溶解，定容至 1 000 mL）。

1.3 样品前处理

称取生鲜牛乳样本 10 g（精确至 0.01 g），加入磷酸盐缓冲液Ⅰ定容至 50 mL，混匀；4 ℃ 12 000 r/min 离心 10 min，取中间层清液 25 mL 置于新离心管中，再次 4 ℃ 12 000 r/min 离心 10 min，取出 10 mL 中间层清液，备用。肝素亲和柱用 10 mL 磷酸盐缓冲液Ⅱ活化，准确移取 10 mL 样品清液过柱，用 10 mL 磷酸盐缓冲液Ⅱ淋洗，用 5 mL 磷酸盐缓冲液Ⅲ洗脱，过膜上机测定。

2 结果与分析

2.1 标准曲线

按确定的仪器方法进行标准溶液测试实验，绘制标准工作曲线，得到线性回归方程 y=1.829 92x−3.778 93，线性相关系数 R 为 0.999 69，乳铁蛋白标准溶液浓度在 40~300 mg/L 范围工作曲线线性呈现良好，符合本方法试验要求。

2.2　准确性和精密度

在空白生鲜牛乳样品中分别进行 40 mg/L、80 mg/L、160 mg/L 3 个浓度的阳性添加试验，每个浓度做 6 份平行样品，进行 3 次独立试验，得到生鲜牛乳中乳铁蛋白的测定回收率和变异系数，结果见表 4−2−17。

表 4−2−17　生鲜乳中乳铁蛋白阳性添加样品测定结果汇总表

样品编号	40 mg/L			80 mg/L			160 mg/L		
	峰面积	实测浓度/(mg·L^{-1})	回收率/%	峰面积	实测浓度/(mg·L^{-1})	回收率/%	峰面积	实测浓度/(mg·L^{-1})	回收率/%
空白样	209.200	118.725							
1	283.025	160.622	104.7	351.212	199.320	100.7	490.494	278.365	99.8
2	282.383	160.258	94.2	351.327	199.385	100.8	487.499	276.665	98.7
3	283.025	160.622	95.2	351.299	199.369	99.5	486.892	276.321	98.5
4	282.302	160.212	94.1	350.869	199.125	99.2	488.068	276.988	98.9
5	282.979	160.596	94.1	350.744	199.054	100.4	488.639	277.312	99.1
6	282.610	160.387	95.9	351.350	199.398	99.6	489.571	277.841	99.4
平均值	282.721	160.450	104.3	351.133	199.275	100.7	488.526	277.248	99.1
变异系数	0.5			0.2			0.5		

结果显示，阳性添加样品测定回收率范围在 94.1%~104.7%，RSD 值在 0.2%~0.5%，符合方法要求，本实验样品前处理过程及仪器方法条件正确，试验结果真实可靠。

2.3　检测结果

对来自不同地区的 44 批生鲜牛乳样本进行测定，测定值范围在 53.2~195.4 mg/kg，平均值为 111.8 mg/kg。

3　小结

（1）通过方法验证，准确性、精密度、稳定性均符合要求，已通过扩项认证，可以用于生鲜乳中乳铁蛋白含量的检测应用。

（2）可以深入挖掘宁夏生鲜乳乳铁蛋白的特异性品质，为“宁夏牛奶”的品牌创建和标准化生产提供技术支撑。

（3）注意事项：在样品净化过程中使用的肝素亲和柱可以重复循环使用，过柱时须注意不能使用外力挤压增加流速，利用自然重力完成净化过程。

第6节　生鲜乳中β-乳球蛋白和α-乳白蛋白 HPLC 联检方法的建立

β-乳球蛋白是由乳腺上皮细胞合成的乳特有蛋白质，具备最佳的氨基酸比例，支链氨基酸含量极高，有降低胆固醇、抗氧化、易被吸收、促进脂溶性营养素如维生素 A 和维生素 E 的吸收等特点，被认为是多功能蛋白。α-乳白蛋白是乳清蛋白中第二丰富的组分，占牛乳清蛋白的 20%。α-乳白蛋白在乳腺中合成，在乳糖的生物合成上作为辅酶参与作用，控制着乳腺中乳糖的含量，是泌乳阶段的一个重要调节因子，也是必需氨基酸色氨酸和半胱氨酸的良好供体。

β-乳球蛋白和α-乳白蛋白的检测方法主要有凝胶电泳法（SDS-PAGE）、毛细管电泳法（CE）、酶联免疫吸附法（ELISA）等。目前，生鲜乳中β-乳球蛋白和α-乳白蛋白的检测没有国家标准和行业标准，研发团队根据文献，验证并建立了生鲜牛乳中β-乳球蛋白和α-乳白蛋白含量的高效液相色谱测定法。

1　材料和方法

1.1　仪器和条件

Agilent 1260 高效液相色谱仪、密理博超纯水器、Sartorius 电子分析天平（感量为 0.000 1 g）、上海天美 CT15RT 台式高速冷冻离心机。

色谱柱，Agilent AdvanceBio RP-mAb C4 柱（4.6 mm×250 mm，3.5-Micron）；检测波长 210 nm；流速 1.5 mL/min；柱温 60 ℃；进样量 30 μL；流动相 A 为 0.1%三氟乙酸溶液，B 为 0.1%三氟乙酸乙腈溶液。洗脱条件见表 4-2-18。

1.2　试剂和材料

SIGMA 公司生产的β-牛乳球蛋白标准品（250 mg，≥90%）、SIGMA 公司生

表 4-2-18 流动相梯度洗脱条件

时间/min	A/%	B/%
0	95	5
6.5	62	38
10	62	38
22	59	41
22.5	40	60
27.5	40	60
28	95	5
35	95	5

产的 α-牛乳白蛋白标准品（100 mg，≥95%）、GB/T6682 实验室用超纯水、安捷伦 AdvanceBio RP-mAb C4 色谱柱（4.6 mm×250 mm，3.5-Micron）、阿拉丁三氟乙酸（色谱纯，≥99.5%）、Fisher 乙腈（色谱纯）。

1.3 样品前处理

称取生鲜牛乳样本 1 g（精确至 0.01 g）置于 50 mL 刻度离心管中，混匀。加入乙酸调节至 pH 4.6，混匀静置 1 h。4 ℃ 12 000 r/min 离心 15 min，取中间层清液 10 mL 置于新离心管中，再次 4 ℃ 12 000 r/min 离心 10 min，取出 1 mL 中间层清液，上机测定。

2 结果与分析

2.1 标准曲线

按仪器方法上机进行测定，分别绘制 β-牛乳球蛋白 A、β-牛乳球蛋白 B、α-牛乳白蛋白标准工作曲线，见表 4-2-19。

表 4-2-19 标准曲线线性统计表

目标物	线性回归方程	线性相关系数	残留标准误差
β-牛乳球蛋白 A	y=10.504 26x+19.160 96	0.999 64	31.400 65
β-牛乳球蛋白 B	y=4.896 55x−9.204 91	0.999 48	17.618 52
α-牛乳白蛋白	y=16.227 46x+43.824 54	0.999 38	63.843 01

结果显示，β-牛乳球蛋白和α-牛乳白蛋白标准溶液浓度在 20~200 mg/L 范围工作曲线线性呈现良好，符合试验要求。

2.2 准确度和精密度

在空白生鲜乳样品中进行 20 mg/L、40 mg/L、80 mg/L 3 个浓度的阳性添加试验，每个浓度做 6 份平行样品，进行 3 次独立试验，见表4-2-20。

表 4-2-20 生鲜乳中 β-牛乳球蛋白和 α-牛乳白蛋白阳性添加结果汇总表

样品	20 mg/L			40 mg/L			80 mg/L		
	β-牛乳球蛋白 A 回收率/%	β-牛乳球蛋白 B 回收率/%	α-牛乳白蛋白回收率/%	β-牛乳球蛋白 A 回收率/%	β-牛乳球蛋白 B 回收率/%	α-牛乳白蛋白回收率/%	β-牛乳球蛋白 A 回收率/%	β-牛乳球蛋白 B 回收率/%	α-牛乳白蛋白回收率/%
1	92.53	90.26	90.11	95.26	94.62	95.36	102.23	100.04	104.23
2	92.10	91.36	91.53	94.20	95.32	98.52	98.26	101.53	105.62
3	93.25	91.54	91.11	95.20	94.18	94.33	98.36	99.62	100.25
4	93.43	92.36	92.30	94.10	93.79	93.89	97.89	98.36	101.63
5	91.96	91.78	91.41	94.10	94.66	94.11	97.52	100.48	102.54
6	92.56	92.48	90.88	95.90	93.52	95.10	98.69	99.43	102.30
平均值	92.6	91.60	91.2	94.8	94.3	95.2	98.8	99.9	102.8
RSD	0.59	0.80	0.73	0.76	0.65	1.72	1.72	1.07	1.91

结果显示，生鲜乳中 β-牛乳球蛋白 A 阳性添加样品测定回收率范围在 91.96%~98.69%；β-牛乳球蛋白 B 阳性添加样品测定回收率范围在 90.26%~101.53%；α-牛乳白蛋白阳性添加样品测定回收率范围在 90.11%~105.62%。证明样品前处理过程及仪器方法条件正确，试验结果真实可靠，符合方法学考察准确度和精密度的要求。

2.3 检测结果

采集来自宁夏地区的 42 批生鲜牛乳样本进行测定，结果显示生鲜牛乳中 β-乳球蛋白含量测定值范围在 3 192~4 497 mg/kg，平均值为 3 942 mg/kg；α-乳白蛋白含量测定值范围在 1 287~1 448 mg/kg，平均值为 1 357 mg/kg。

3 小结

(1) 通过方法验证，准确性、精密度、稳定性均符合要求，已通过扩项认证，

可以用于生鲜乳中 β-乳球蛋白和 α-乳白蛋白含量的检测应用。

（2）高效液相色谱仪检测方法具有操作简单、快捷、重复性好、准确度高等优点。

（3）可以深入挖掘宁夏生鲜乳 β-乳球蛋白和 α-乳白蛋白特异性品质，为宁夏牛奶的品牌创建和标准化生产提供技术支撑。

第 3 章　强化成果转化应用

研发团队对建立优化的生鲜乳检测方法积极推广应用，部分成果已先后应用于生鲜乳质量安全监测及科研项目中，得到了各级检测分析实验室、市县（区）奶站监管部门和资质认定部门的认可，为摸清宁夏生鲜乳质量安全现状，持续保障生鲜乳质量安全，挖掘品质特性指标提供了方法支撑。在此基础上，研发团队围绕生鲜乳检测新技术及行业检测人员亟须解决的问题难点，强化成果推广应用，组织开展人员培训、检测技术交流，持续为政府监管、企业监控、技术人员检测以及品牌创建提供技术指导，助力宁夏牛奶产业高质量发展。

第 1 节　生鲜乳质量安全监测技术的应用

2018—2022 年，研发团队按照《乳品质量安全监督管理条例》《食品安全国家标准　生乳》（GB 19301—2010）等相关要求，从违禁添加物、理化指标、风险排查三个方面，围绕三聚氰胺、β-内酰胺酶等 6 项违禁添加物，蛋白质、脂肪等 10 项理化指标，黄曲霉毒素 M_1、铅等 6 项污染物共计 21 个参数，对宁夏生鲜乳样品开展质量安全监测，实现宁夏所有生鲜乳收购站、生鲜乳运输车和奶牛散养户抽检全覆盖、现场检查全覆盖、国家指定违禁药物排查全覆盖以及乳品生产企业全覆盖监测，为依法监管和标准化生产提供了技术支撑，有效保障生鲜乳质量安全和牛奶产业的高质量发展。共计监测生鲜乳样品 7 224 批次 40 998 项次，监测结果见表 4-3-1。

表 4-3-1　宁夏生鲜乳质量安全监测统计表

监测种类	检测结果								
	生鲜乳收购站及生鲜乳运输车				奶牛散养户				合计/批
	违禁添加物	理化指标	风险排查	合格率/%	违禁添加物	理化指标	风险排查	合格率/%	
2018 年	622	161	673	100	185	185	185	82.2	2 011
2019 年	423	83	423	100	89	77	89	85.4	1 184
2020 年	290	292	420	100	53	53	53	75.5	1 161
2021 年	263	215	263	100	46	46	46	86.8	879
2022 年	205	178	205	100	29	29	29	96.5	675
合计/批	1 803	929	1 984	—	402	402	402	—	5 910
平均合格率/%	100				85.3				—

从抽样环节来看，生鲜乳收购站和生鲜乳运输车样品 4 716 批次，奶牛散养户 1 206 批次。宁夏规模场生鲜乳生产、储存、运输规范，未发现违禁添加行为，理化指标全部合格，污染物低于国家标准限值，生鲜乳质量安全整体状况达到历史最好水平。不合格生鲜乳样品均为奶牛散养户，生鲜乳蛋白质、脂肪和非脂乳固体指标偏低的主要原因是养殖规模小，饲喂方式简单粗放；冰点不合格的主要原因可能是掺水；菌落总数超标的主要原因是挤奶设施清洗消毒不严格以及贮运冷链体系不完善。

从监测项目来看，开展三聚氰胺、β-内酰胺酶、革皮水解物、碱类物质、硫氰酸钠、苯甲酸 6 项生鲜乳违禁添加物排查，共计 2 316 批次 13 896 项次，检测合格率 100%。开展黄曲霉毒素 M_1、铅、铬、汞、砷、氯离子 6 项生鲜乳风险排查监测，共计 1 940 批次 11 640 项次，检测合格率 100%。开展蛋白质、脂肪、非脂乳固体、酸度、冰点、体细胞、菌落总数、杂质度和相对密度 9 项生鲜乳理化指标监测，共计 1 718 批次 15 462 项次，生鲜乳收购站和生鲜乳运输车检测合格率 100%，奶牛散养户检测合格率为 85.3%。通过对 5 900 余批生鲜乳样品质量安全监测结果进行风险因子排查，确定风险因子 5 项：蛋白质、脂肪、冰点、非脂乳固体和菌落总数，作为生鲜乳质量安全监测重点内容。

规范奶牛散养户生产，基于不合格样品均来自奶牛散养户，研发团队制定并出台了“宁夏奶牛散养户监管十条”和“宁夏奶牛散养户生鲜乳生产技术规程”，针对性地提出解决奶牛散养户生鲜牛乳质量安全隐患的措施，强化对奶牛散养户生产的技术指导和监管，使奶牛散养户生鲜乳生产有规可依。

在生鲜乳质量安全监测工作开展过程中，研发团队积极发挥“传帮带”作用，强化技术推广应用。围绕质量安全智慧监测采样，技术传授和培训各市县生鲜乳监管部门人员150人次。邀请国内知名专家教授、检测领域名家、信息系统研发工程师，以培训宁夏“生鲜乳质量安全检测技术体系”检测方法应用为主线，采取集中授课与现场观摩相结合、课程培训与跟踪服务相结合的方式，培训银川、吴忠、石嘴山、固原、中卫5市乳品生产企业及规模养殖场的质量负责人和检验人员200人次。通过培训，全面提高宁夏生鲜乳行业人员的专业知识水平和技能操作能力，不断优化生鲜乳行业生产、运输及销售人员知识结构，加快构建有文化、懂技术、懂法律、善经营、会管理，支撑生鲜乳行业高质量发展和保障产品质量安全的高素质农民队伍。

第2节　生鲜乳品质特征指标挖掘

2018—2022年，研发团队围绕宁夏生鲜乳品质检测1 930批，开展生鲜乳脂肪酸37项、氨基酸16项、蛋白组分3项、元素13项等69项参数检测，通过对宁夏不同区域生鲜乳样本与其他省区样本及《中国食物成分表（标准版）》中代表值的分析比较，挖掘丁酸、己酸、辛酸、葵酸、豆蔻油酸、二十碳烯酸、亚油酸、赖氨酸、苯丙氨酸、蛋氨酸、苏氨酸、异亮氨酸、亮氨酸、缬氨酸、组氨酸、钙、硒、乳铁蛋白、β-牛乳球蛋白、α-牛乳白蛋白宁夏生鲜乳特征品质指标19项，系统解析宁夏生鲜乳营养、风味、加工、安全四维品质特性，实现宁夏生鲜乳品质评价由单维向多维量化的转变。检测结果见表4-3-2。

表4-3-2　宁夏生鲜乳品质特征指标挖掘统计表

项目	特异性指标	检测结果	《中国食物成分表》（代表值）	研究结果对比
挥发性脂肪酸	丁酸（C4：0）、己酸（C6：0）、辛酸（C8：0）、葵酸（C10：0）	3.13%、2.56%、1.76%、4.12%	2.0%、1.7%、1.1%、2.6%	对奶香味有贡献的辛酸、己酸、丁酸和葵酸等4种挥发性脂肪酸含量显著偏高

续表

项目	特异性指标	检测结果	《中国食物成分表》（代表值）	研究结果对比
单不饱和脂肪酸	豆蔻油酸（C14：1）、二十碳烯酸（C20：1）	1.00%、0.50%、	0.8%、0.1%	单不饱和脂肪酸中豆蔻油酸和二十碳烯酸显著偏高
多不饱和脂肪酸	亚油酸（C18：2 n6c）	4.99%	3.6%	宁夏牛奶多不饱和脂肪酸总量为 5.45%，远高于《中国食物成分表（标准版）》中的代表值 4.1%。特别是被誉为“血管清道夫”的必需脂肪酸亚油酸平均含量为 4.99%，显著偏高
必需氨基酸	赖氨酸、苯丙氨酸、蛋氨酸、苏氨酸、异亮氨酸、亮氨酸、缬氨酸）、组氨酸	0.298%、0.175%、0.091%、0.158%、0.192%、0.351%、0.228%、0.097%	0.214%、0.118%、0.063%、0.127%、0.130%、0.247%、0.158%、0.070%	宁夏牛奶中 8 种必需氨基酸，远高于《中国食物成分表（标准版）》中代表值
有益元素	钙、硒	1 120 mg/L 0.025 2 mg/L	1 040 mg/L、0.019 4 mg/L	宁夏地区的生鲜牛乳中钙和硒元素含量平均值均高于《中国食物成分表（标准版）》中的全国代表值，是补充钙和硒的良好来源
乳蛋白	乳铁蛋白	112 mg/kg		宁夏生鲜乳中乳铁蛋白的平均含量高达 112 mg/kg，显著高于文献中国内 81 mg/kg 的平均水平
	β−牛乳球蛋白、α−牛乳白蛋白	3 942 mg/kg、1 357 mg/kg		宁夏生鲜乳中 β−牛乳球蛋白、α−牛乳白蛋白的平均值显著高于文献中其他地区的平均水平

1　脂肪酸特异性品质指标的挖掘

挥发性脂肪酸：鲜奶中乳脂肪含量及风味脂肪酸的含量高低决定乳品的奶风味优劣，其中挥发性脂肪酸是影响奶香味的主要物质。水溶性、挥发性脂肪酸含量高，乳脂风味好且易于消化，通常为 C_4~C_{10} 水溶性挥发性脂肪酸。研发团队对宁夏地区生鲜乳样本中脂肪酸开展检测 374 批次，筛选出丁酸、己酸、辛酸和葵酸 4 种水溶性挥发性脂肪酸具有显著特异性，含量分别为 3.13%、2.56%、1.76%、4.11%，与

《中国食物成分表（标准版）》全国代表值相比，分别高出 1.13%、0.86%、0.66%、1.52%，分别超出全国代表值的 57%、51%、601%、59%，且高于江苏、呼和浩特地区样本值。确定丁酸、己酸、辛酸和葵酸 4 种水溶性挥发性脂肪酸为宁夏生鲜乳脂肪酸特异性品质指标。

单不饱和脂肪酸：单不饱和脂肪酸（MUFA）作为膳食脂肪酸中的一类，具有特殊的生理功能和独特的物理、化学特性，属于非必须脂肪酸，可以在体内合成，与多不饱和脂肪酸相似，具有降低血胆固醇、甘油三酯和低密度脂蛋白胆固醇的作用。研发团队对宁夏地区生鲜乳样本中脂肪酸开展检测 374 批次，筛选出豆蔻油酸、二十碳烯酸 2 种单不饱和脂肪酸具有显著特异性，含量分别为 1.00%、0.50%，与《中国食物成分表（标准版）》全国代表值相比，分别高出 0.2%、0.4%，分别超出全国代表值的 25%、400%。确定豆蔻油酸、二十碳烯酸 2 种单不饱和脂肪酸为宁夏生鲜乳脂肪酸特异性品质指标。

多不饱和脂肪酸：多不饱和脂肪酸是含有 2 个或 2 个以上双键且碳链长度为 18~22 个碳原子的直链脂肪酸，通常分为 ω−3 和 ω−6，其中 ω−3 同维生素、矿物质一样是人体的必需品。多不饱和脂肪酸（亚油酸、亚麻酸、花生四烯酸、二十碳五烯酸、二十二碳六烯酸等）有防止血栓、降血脂、抗癌的作用，也是细胞膜磷脂主要成分，可影响机体免疫功能，所以乳中多不饱和脂肪酸含量的高低决定了牛奶品质的优劣。研发团队对宁夏地区生鲜乳样本中的脂肪酸开展检测 374 批次，筛选出多不饱和脂肪酸亚油酸具有显著特异性，含量为 4.99%，高出《中国食物成分表（标准版）》全国代表值 1.39%，超出 39%，相比较河北、山东、山西地区样本值，分别高出 1.62%、1.54%、1.31%，分别超出 3 地样本值的 48%、45%、36%。确定多不饱和脂肪酸亚油酸为宁夏生鲜乳脂肪酸特异性品质指标。

2 氨基酸特异性品质指标的挖掘

牛奶与人乳中氨基酸组成相近，含有人体自身不能合成的 8 种必需氨基酸，而且氨基酸组成比例较平衡，合成人体蛋白质生物效价高，氨基酸利用率也很高。蛋白质对动物机体的营养价值评价主要在于对氨基酸组分的含量及比值等的评价。研发团队对宁夏地区生鲜乳样本中脂肪酸开展检测 422 批次，筛选出赖氨酸、苯丙氨酸、蛋氨酸、苏氨酸、异亮氨酸、亮氨酸、缬氨酸、组氨酸 7 种必需氨基酸和 8 种婴幼儿必需氨基酸具有显著特异性，含量分别为 0.298%、0.175%、0.091%、0.158%、0.192%、0.351%、0.228%、0.097%，与《中国食物成分表（标准版）》全国代表值相比，分别高出 0.084%、0.057%、0.028%、0.131%、0.162%、0.104%、0.070%、0.027%，分别超出全国代表值的 39%、48%、44%、485%、540%、42%、44%、39%。确定赖氨酸、苯丙氨酸、蛋氨酸、苏氨酸、异亮氨酸、亮氨酸、缬氨酸、组氨酸为宁夏生鲜乳氨基酸特异性品质指标。

3　矿物质元素特异性品质指标的挖掘

牛奶中不仅含有优质的脂肪、蛋白质、碳水化合物等营养物质，而且含有多种矿物质，对人体生长发育、机体代谢等有重要作用。牛奶中所含的各种营养元素，与人体营养需求模式最为相似，且易于消化吸收，牛奶也成为人们日常不可缺少的营养品之一。随着人们生活水平的提高，对饮食的要求也越来越高，人们不仅关心食物的基本营养成分，而且开始注意其中有益矿物质元素对人体的影响。

研发团队对宁夏地区生鲜乳样本中矿物质元素开展检测 466 批次，筛选出钙、硒 2 种矿物质元素具有显著特异性，钙元素含量为 1 120 mg/L，与《中国食物成分表（标准版）》全国代表值相比，钙元素高出 80 mg/L，超出全国代表值的 8%，较文献中北京、黑龙江地区样本值分别高出 91 mg/L、30 mg/L，超出 2 地样本值的 9%、3%，硒元素含量为 0.025 2 mg/L，与《中国食物成分表（标准版）》全国代表值相比，高出 0.005 8 mg/L，超出全国代表值的 30%，且根据《食品安全地方标准　富硒食品硒含量》要求，液体乳硒含量≥0.02 mg/kg 即为富硒产品，硒元素显著偏高。确定钙、硒为宁夏生鲜乳矿物质元素特异性品质指标。

4　蛋白组分特异性品质指标的挖掘

乳铁蛋白：牛乳蛋白质主要分为酪蛋白和乳清蛋白两大类。牛乳清蛋白主要有提高人体免疫力等活性功能的蛋白组成，含有 α-乳白蛋白、β-乳球蛋白、血清白蛋白、免疫球蛋白和其他蛋白。乳铁蛋白广泛存在于乳汁、唾液、泪液等外分泌液或血浆、中性粒细胞中，具有广谱抗菌、抗病毒感染作用，能调节体内铁的平衡；

调节骨髓细胞的生成，促进细胞的生长；调节机体免疫功能，增强机体抗病能力；抑制人体肿瘤细胞的作用；能同多种抗生素及抗真菌制剂协同作用，更有效地治疗疾病。研发团队对宁夏地区生鲜乳样本中乳铁蛋白开展检测 748 批次，含量为 112 mg/kg，与文献中北京、石家庄地区样本值相比，高出 31 mg/L，超出 38%。确定乳铁蛋白为宁夏生鲜乳特异性品质指标。

β-乳球蛋白和 α-乳白蛋白：乳清蛋白称作蛋白之王，是一种从奶类中提取的高营养、易吸收、内含多种活性成分的蛋白质，是世界公认的人体优质蛋白质补充剂之一。乳清蛋白的主要成分包括 β-乳球蛋白、α-乳白蛋白、乳铁蛋白、牛血清白蛋白、免疫球蛋白、乳过氧化物酶等。这些成分是人体中免疫系统的防御机制的一部分，在抑菌、抗病毒和调节人体免疫循环等方面发挥了积极作用。β-乳球蛋白是由乳腺上皮细胞合成的乳特有蛋白质，具备最佳的氨基酸比例，支链氨基酸含量极高，有降低胆固醇、抗氧化、易被吸收、促进脂溶性营养素如维生素 A 和维生素 E 的吸收等特点，被认为是多功能蛋白。研发团队对宁夏地区生鲜乳样本中 β-乳球蛋白和 α-乳白蛋白开展检测 748 批次，含量分别为 3 942 mg/kg、1 357 mg/kg，与文献中呼和浩特地区样本值相比，分别高出 482 mg/L、37 mg/L，分别超出 14%、3%。确定 β-乳球蛋白和 α-乳白蛋白为宁夏生鲜乳特异性品质指标。

生鲜乳的品质状况不仅影响乳品企业、养殖企业、奶农的切身利益，而且直接关系到“宁夏牛奶”品牌的创建。为加速宁夏特色牛奶产业优化升级，研究团队以乳品加工为重点，组建研究员为组长、业务骨干为组员的技术服务团队，挂牌技术服务，推进项目科研成果，在乳品生产企业推广应用氨基酸、脂肪酸、微量元素及风味物质等特征品质检测技术，不断延伸乳制品加工产业链，提高产品附加值，累计培训共计 90 人次，推广应用新技术 3 项，用数据证实宁夏牛奶的营养价值；与乳品生产企业开展“一对一”精准科技指导服务，帮助企业开展生鲜乳及乳制品质量安全监控、品质评价、校准检测数据、仪器验证等活动 10 次 100 余批样本，推动宁夏畜产品新“三品一标”战略实施，引领宁夏产品向宁夏品牌转变。

第 3 节　宁夏牛奶质量安全总体评价

宁夏是国际公认的“黄金奶源带”，已成为中国奶业优势产区和优质高端乳制品生产原料的重要基地。同时宁夏正在打造产值千亿元奶产业链集群，吸引全国各大乳业龙头企业前来抢占奶源，宁夏牛奶如此受欢迎，研发团队从质量、安全、营养、风味及精深加工等多方面寻找原因。

一是质量安全处于历史最好时期。牛乳的质量安全一直都是消费者关注的焦点，宁夏生鲜乳中三聚氰胺、碱类物质、β - 内酰胺酶等违禁添加物持续保持监测合格率 100%；黄曲霉毒素 M_1、重金属等污染物低于国家标准限值；未发现塑化剂等非法添加行为和污染现象。生鲜乳质量安全状况良好。

二是蛋白质、菌落总数、体细胞达到欧盟标准。监测结果显示，宁夏生鲜乳总体理化指标优于国家现行标准，乳蛋白为 3.30 g/100 g，高出国家标准 17.9%，高于欧盟标准 3.1%；菌落总数为 12 万 CFU/mL，相当于我国标准限值的 1/15，美国标准限值的 1/4，接近欧盟标准（≤10 万 CFU/mL）；体细胞数为 22 万个/mL，相当于欧盟标准限值的 1/2、美国标准限值的 1/3。

三是富含必需的氨基酸、钙和硒。宁夏生鲜乳中的 8 种必需氨基酸的总量为1.897%，其中赖氨酸 0.348%、色氨酸 0.168%、蛋氨酸 0.101%、苏氨酸 0.176%、缬氨酸 0.269%、亮氨酸 0.408%、异亮氨酸 0.224%、苯丙氨酸 0.203%；钙含量为 1 120 mg/kg；硒含量为 0.025 2 mg/kg。必需氨基酸、钙和硒含量均高于《中国食物成分表（标准版）》中的代表值。

四是品质优良、口感醇厚。牛奶是脂肪酸的天然来源之一，极易被人体吸收，尤其是多不饱和脂肪酸，有防止血栓、降血脂、抗癌的作用，可影响机体免疫功能，因此乳中多不饱和脂肪酸含量的高低决定了牛奶品质的优劣。研究结果显示，宁夏牛奶多不饱和脂肪酸总量为 5.56%，特别是被誉为“血管清道夫”的必需脂肪酸亚油酸平均含量为 4.99%，显著高于其他地区。饱和脂肪酸总量为 71.12%，其中对奶香味有贡献的辛酸、己酸、丁酸和葵酸 4 种挥发性脂肪酸含量分别为 1.76%、2.57%、3.13%和 4.13%，显著高于其他地区。宁夏牛奶不仅拥有较高的乳脂率，而且有较高含量的风味脂肪酸，牛奶的口感非常浓郁、香醇。

五是高端市场发展潜力巨大。乳蛋白是牛乳中最有营养价值的部分，特别是乳清蛋白中的β-乳球蛋白、α-乳白蛋白、乳铁蛋白等成分是人体中免疫系统中防御机制的一部分，在抑菌、抗病毒和调节人体免疫循环等方面有积极作用，是生鲜乳精深加工的重要评价指标。监测结果显示，宁夏生鲜乳中乳铁蛋白含量为 112 mg/kg，β-乳球蛋白含量为 3 942 mg/kg，α-乳白蛋白含量为 1 357 mg/kg，整体含量较高。加之宁夏生鲜乳具有较高的乳蛋白率和乳脂率，是高端奶和特殊配方奶粉（如婴儿配方奶粉、老年人配方奶粉）加工的优质原料，同时在奶酪、奶油、乳铁蛋白及乳清蛋白粉等乳制品精深加工领域具有巨大的产品优势和发展潜力。

宁夏兽药饲料畜产品质量安全追溯监管信息平台

高质量的畜产品是产出来的，也是管出来的。畜牧业现代化发展需要与之相匹配的监测监管水平，信息化追溯监管成为努力的方向。信息化追溯平台的关键点和难点有 3 个方面：一是功能性，要满足监测监管对每个环节的数字需求；二是可操作性，既要让用户受益，又要便于操作；三是关联性，要通过相关平台的贯通以实现全程追溯。但目前全国及地区存在监管平台使用性不强；覆盖范围窄，平台只涉及某个环节或某个项目；部分只实现了较为简单的功能，平台不具有成长性；贯通融合性不够，未能进一步开发为开源性平台。基于此，宁夏兽药饲料监察所率先创建了宁夏兽药饲料生鲜乳及鲜禽蛋监测监管、风险预警、兽药饲料畜产品检测实验室管理平台和移动采样终端七大数字化信息平台，研建了七大平台间数据互联互通高效安全管理技术，首创了以兽药饲料畜产品检测实验室管理平台为枢纽，链接贯通兽药、饲料、生鲜乳、鲜禽蛋、风险预警和移动采样终端信息平台，集成全链条闭环式可追溯智慧监测监管与智能预警体系，实现了质量全程追溯、实时动态监管、数据便捷统计、风险及时预警，引领质量安全监控水平全面提升，为政府决策、依法监管和标准化生产提供了强有力的技术支撑。获得软件著作权 12 项，发明专利 5 项，取得技术创新 25 项。该体系在宁夏监管单位和兽药、生鲜乳生产经营使用企业全覆盖应用，部分饲料生鲜乳畜禽产品产销及加工企业试用，后期将全面推广应用。

第 1 章　宁夏兽药信息化监管平台

兽药产品质量关系到养殖业的健康发展和动物产品质量安全，与人民身体健康密切相关。兽药监管是确保兽药质量安全重要的手段，在信息化高速发展的大背景下，推进“互联网+兽药监管”是提升兽药监管智能化、精细化水平的必然趋势。我国在兽药行政许可审批、产品相关信息查询、相关质量标准查询、产品追溯信息查询等方面实现了信息化。但是，从行政审批到使用各个环节的标准化、规范化管理以及各类数据资源的整合、共享等方面的研究和应用还相对滞后，兽药信息化建设的有效性、针对性和可操作性亟需加强。基于未来发展趋势，为解决宁夏兽药监管中存在的组织不统一、基层监管力量不足、监管手段单一、制度建设面临挑战、检验检测作用发挥不足等问题，研发团队从更贴近区域特色，服务于当地兽药监测监管，做好国家兽药追溯化管理延伸工作的角度出发，创建宁夏回族自治区兽药信息化监管平台，推动宁夏兽药质量信息追溯和监管能力提档升级。

宁夏兽药信息化监管平台由生产企业、经营企业、养殖企业、诊疗机构、监管单位 5 个子平台组成，以“兽药二维码”为载体，以电脑客户端、扫码枪、智能手机等为工具，将兽药流通转变为信息数据传递，在全国率先完成兽药生产、经营、使用、监管环节全面覆盖和全程追溯，实现兽药产品来源可查、去向可追、责任可究、重点监督，推动兽药监管痕迹化、智能化、精准化。整个平台实现了以下主要功能：① 整个平台与国家兽药产品追溯系统无缝对接，既可满足国家兽药追溯的要求，又能实现宁夏各级兽药监管部门的信息资源共享；② 为兽药生产、经营、使用企业提供类似“管家婆”的服务软件，帮助企业实现自我信息化管理；③ 建立批准文号库、假劣兽药库、监督抽检库、重点监控库、重点品种库、优秀品种库，可对宁夏地区生产、经营、使用环节流通兽药进行智能评价、提示，提高兽药监管工作效率和智能化监管水平；④ 可针对性地加强使用量大、市场占有率高的兽药品种残留检测，提高检验检测的针对性、时效性；⑤ 根据兽药监督抽检情况，对宁夏境内流通的兽药生产企业和产品进行分级认定，对兽药经营企业和养殖场实施差异化抽检，激励兽药经营企业和养殖场更加注重质量控制；⑥ 统计分析宁夏地区兽药生产企业产品的流通量，提高监管精准性和主动性；⑦ 通过对兽药经营、使用环节等数据实时动态监测，对动物疫情进行预警和研判；⑧ 建立动物源细菌药敏信息数据库，定期在平台内发布细菌耐药性监测结果，指导养殖企业科学合理地使用抗菌药物，协助监管机构强化重点产品监管，为宁夏兽用抗菌药物减量化行动提供数据及技术支撑。

第 1 节　生产企业子平台

生产企业子平台包括厂商库存、生产情况、XML 导入 3 个模块，实现的主要功能：① 建立宁夏地区兽药生产企业基本信息数据库，通过生产企业子平台与监管单位子平台数据互通、信息共享，监管部门对生产企业情况实时掌握，便于动态调整监管措施，开展针对性监管与服务；② 通过 XML 导入企业生产入库、出库数据，自动上传至兽药信息化监管平台和国家兽药产品追溯系统，实现兽药生产环节信息可追溯；③ 兽药企业可对生产过程、产品信息、人员信息进行数据录入和记录，实现兽药生产全过程电子化精准管控。

1　厂商库存

展示兽药生产企业历次兽药入库情况，可根据药品名称和生产批号查询所生产药品的名称、批准文号、生产日期、入库数量、入库日期等兽药基本信息，查询信息以列表形式在界面显示，结果一目了然。

2　生产情况

包含产品信息、企业原辅料采购表、人员信息表 3 个功能块，实现兽药生产全过程电子化记录和精准管控。在产品信息页面输入批准文号、兽药商品名称可实现企业产品信息的查询、录入、统计管理；在企业原辅料采购表页面输入采购发票号、原料名称可实现企业原辅料采购情况信息的查询、录入、统计管理；在人员信息表页面输入人员年龄段可实现企业人员信息的录入、查询、统计功能。

3　信息追溯（XML 导入）

包含上传入库和上传出库，完成批量药品的入库、出库操作和追溯信息查询。上传入库通过导入 XML 格式文件，完成批量药品入库，通过输入药品名称、批准文号、追溯码、上级追溯码、日期的方式查询药品入库的详细情况。上传出库通过导入 XML 格式文件，完成批量药品出库，将出库信息录入数据库内；通过输入追溯码、上级追溯码、日期等关键词可以查询历次出库的信息。

第 2 节　兽药经营企业子平台

经营企业子平台由企业信息管理药品信息、采购业务、库存管理、销售业务、客户管理、追溯信息、数据统计组成，实现的主要功能：① 建立兽药经营企业基本数据库，通过经营企业子平台与监管单位子平台数据互通，实现监管单位对兽药经营企业基本情况、经营状况、追溯管理情况的实时了解掌握，更好地开展监管与服务；② 围绕进、存、销的主线，以二维码扫描或模糊检索方式快速完成兽药采购入库、销售出库信息录入，全面落实国家兽药追溯管理要求；③ 上传兽药信息，自动与批准文号库、假劣兽药库、重点产品库等基础数据进行比对，对每盒兽药进行智能分析评价，提示风险等级，使假劣兽药无处遁形，帮助经营企业把好兽药审查关；④ 建立兽药销售客户群，准确记录客户类型和购买情况，方便企业进行客户管理，开展个性化服务；⑤ 平台汇总兽药流通环节整体数据，智能统计分析，对兽药库存不足、即将到有效期和过期产品进行预警展示，避免企业经济损失；⑥ 具备采购、库存、销售等管理功能，为企业提供“管家婆”式的信息化软件，方便经营者更简便、更高效地开展兽药经营管理活动；⑦ 开发经营企业手机 App，方便从业者随时随地开展兽药经营活动管理，数据上传一个不漏。

1 企业信息管理

建立兽药经营企业账号，录入药店名称、所属行业、GSP 证号等基本信息，登录进入兽药经营企业子平台进行基本信息录入并管理。

2 药品信息管理

实现经营店药品信息的添加、修改、删除、查询等功能，兽药信息添加内容主要包括处方、制法、性状、鉴别、含量测定、功能、主治、作用、用途、用法、用量、注意事项、规格、贮藏、制剂等产品信息。

3 采购业务管理

3.1 入库管理

使用扫描枪自动扫描查询药品信息，输入药品的数量、规格类型、采购日期等信息，完成兽药产品入库信息化管理。信息输入不完全、后期仍需进一步补充内容的药品信息进入待入库管理模块，再次输入相应内容后对药品进行入库管理。

3.2 入库台账

对已入库的药品，可根据通用名、批准文号、记录开始时间至结束时间等关键词查询特定药品、指定批准文号或者指定时间段内的药品信息。

4 兽药库存管理

4.1 库存流水

可根据批准文号、通用名称、时间段、操作类型等关键词查询、导出药品入库的历史信息，包括药品通用名称、批准文号、生产厂商、生产批号、生产日期、有效日期、操作时间等内容。

4.2 库存盘点

实现兽药库存随时盘点，入库、出库全知晓，库存不足早报警。对库存不足药品进行提示报警，并对兽药库存进行统计分析，提示兽药库存是否接近过期时间，可按时间周期进行数据分析。能够随时查询分析库存兽药是否快过期并做出提醒，查询快过期药品库存数量、药品名称、过期时间、供应商等信息。

5　兽药销售业务管理

5.1　药品销售

可通过批注文号查询历次售出兽药的基本情况，包括兽药商品名、通用名、批准文号、生产批号、生产厂商、销售数量、销售单价等信息。

5.2　销售订单

可根据销售单号、时间段查询历次销售生成的订单信息。

5.3　收款单

可根据销售单号、时间段查询历次销售兽药的收款情况，掌握店内收支比例，做到对药品的价格走势心中有数，及时调整药物的供给侧结构，助力企业获利。

6　客户管理

保存客户在本店的购买记录，查看药品的购买具体情况。通过客户名称、联系电话，可查询指定客户的信息。客户管理能够实现客户的新增和删除，让店主时刻掌握自己的客户资源情况。

7　追溯信息上传

可通过通用名、批准文号、兽药类型、上传时间等关键信息查询本店上传的兽药信息追溯情况。

8　数据统计

直观展示店内兽药入库、销售、现有库存、追溯码上传（入库）、追溯码上传（出库）、追溯码上传在当月数据的占比情况，并以柱状图分析、展示库存统计和销售统计，各兽药品种入库情况一目了然；以折线图的形式展示兽药处方药和非处方药的入库趋势，以排序列表的形式对接近有效期的药品及时报警，防止药品存放过期，造成经济损失。

第 3 节　养殖企业子平台

养殖企业子平台由药品信息、兽药采购业务、库存管理、数据统计 4 个模块组成，实现的主要功能：① 建立养殖企业基本信息数据库，通过养殖企业子平台与监管单位子平台数据互通，确保监管单位全面掌握了解养殖企业的基本情况，协助做好兽药使用监管；② 围绕兽药采购、入库、出库，实时扫码录入兽药信息，上传至监管平台和国家兽药产品追溯系统，实现兽药使用信息化、可追溯管理；③ 对库存兽药进行实时盘点，对库存不足、临期兽药、过期兽药及时预警，实现养殖用药风险管理，防止资源浪费和无效、违规用药。

1　药品信息管理

重点完成养殖用药新增和查询管理，记录内容涵盖药品通用名、商品名、规格、厂家、药品类型、药品来源、药品单位、采购单价、商品照片等信息，相当于养殖场兽医的一个便捷记事本。

2　采购业务管理

2.1　药品入库

一是通过扫描箱、盒二维码的方式对采购回来的兽药进行追溯信息自动匹配录入，输入采购业务的关键指标后进行入库；二是输入批准文号完成药品入库；三是通过输入批准文号的形式精准查询药品入库信息。

2.2　药品出库

完成养殖用药出库管理，各养殖企业可以多次扫描盒装二维码进行出库或者单次扫描盒装二维码输入药品数量进行出库登记，登记后出库记录保存在平台的基础数据库内，通过批准文号精准查询出库信息。

2.3　入库台账

实现养殖企业入库兽药信息保存备份和查询，管理者或者使用者可通过批准文号、供货商、时间段查询兽药入库记录信息，信息可以 EXCEL 文件导出。

2.4　出库台账

实现养殖企业购入兽药出库信息记录和查询，企业管理者和操作人员可以通过批准文号、供货商、时间段查询兽药出库记录信息，信息可以 EXCEL 文件导出。

2.5　待入库

保存信息录入不全的待入库兽药信息，可防止入库过程中断造成的重新输入的时间浪费。操作者通过批准文号查询兽药信息即可继续完成入库管理。

3　库存管理

3.1　库存流水

记录兽药库存的流水请况，可按批准文号、兽药类型、时间段查询某种兽药的流水情况，包括通用名、商品名、批准文号、生产批号、生产日期、有效期、数量、操作时间、剩余库存等信息，并可以 EXCEL 文件对信息进行导出。

3.2　有效期预警

对库存兽药有效期进行预警管理，通过批准文号查询，即可知道该药品是否在有效期内，提示养殖场安全用药、及时补货。

3.3　库存预警

对剩余库存数量不足 10 个的药品进行报警，实现兽药库存数量动态掌握，做到兽药合理配置、有备无患。

4　数据统计

对养殖场兽药库存进行预警统计，以柱状图的形式展示当前库存中药品数量信息，按照库存数量少向数量多的顺序从左至右排列，使养殖企业负责人或者管理员能够及时补货。

第 4 节　诊疗机构子平台

诊疗机构子平台由兽医信息管理、药品信息管理、诊疗业务管理、数据管理 4 个模块组成，实现的主要功能：① 建立宁夏地区兽医基本信息数据库，对兽医执业情况实时记录，便于监管单位全面了解兽医行业发展状况；② 兽医用药情况电子记录后上传至平台，实现诊疗用药信息可追溯；③ 处方单电子化录入，数据智能检索匹配录入，方便快捷，实现兽药诊疗活动和兽药使用情况的电子化管理；④ 自动实现兽医使用药品电子化管理，数据备份完整，数据长久保存，为兽药监督执法提供追溯证据。

1 兽医信息管理

兽医基本信息管理主要是对宁夏在册从业的兽医备案登记，实现兽医信息化管理。诊疗机构可以根据姓名、运行状态、执业机构类型查询兽医信息，并可对兽医信息进行编辑。

2 药品信息管理

诊疗机构运用此功能进行兽药信息存档，建立各家的兽药基础信息库，并且兽药信息内容与国家追溯平台保持一致。以列表的形式呈现所有的药品信息，可以通过通用名、批准文号、药品类型进行查询，也可对相应条目的药品进行详情查看、删除等操作。在界面内点击新增链接进行新增药品的编辑，输入批注文号、通用名、生产厂商、用法用量、药品名称、规格、单位等信息后保存即可完成新增药品。

3 业务管理

3.1 电子处方

实现兽医诊疗活动过程信息化管理。兽医输入处方单名称、动物种类、动物年龄阶段、时间段等信息，保存后生成电子处方单，可以查询历史处方单情况，处方可以 EXCEL 文件导出。

3.2 常用模板

保存了兽医经常使用的诊疗处方模板，可以进行处方模板标记，便于下次开具登记信息时调用模板信息。

4 数据管理

对兽药监管平台中心区域行政代码、兽药药品二维码、兽药药品规格等相关数据进行维护。诊疗机构子平台的字典数据模块设有动物阶段、动物类别 2 个内容，主要是将不同种类、不同年龄段的动物信息以目录条的形式存储。设有动物名称、动物年龄阶段、名称简拼等关键词，使用者可以输入动物名称查询相应动物的名称简拼，在检查登记时可以用简拼代替全称，减少操作时间，减少手写差错，提高工作效率。

第 5 节　监管单位子平台

监管单位子平台由企业管理、风险预警、用户管理、基础数据、兽药追溯、数据统计 6 个模块组成，实现的主要功能：① 实现兽药经营企业、养殖企业、生产企业、诊疗机构、监管单位基本信息在线管理，可对用户进行动态增减；② 自治区、市、县三级权限设置，满足不同层级监管的需要，明确监管职责；③ 自动统计各子平台用户兽药追溯信息上传情况，可通过二维码精准查询某一兽药产品的追溯信息，监管单位对兽药追溯情况全面掌握；④ 对宁夏生产、经营、使用环节实时流通的兽药，按照假劣兽药、合格兽药、重点监控企业等内容进行智能评价、提示，提高兽药监管工作效率和智能化监管水平；⑤ 收集汇总辖区内生产、经营、使用环节兽药流通的数据信息，并进行综合统计分析，便于监管单位实时掌握兽药生产、经营、使用状况，提高监管的针对性和时效性；⑥ 动态监管各用户主体兽药库存、有效期管理情况，及时开展预警和提醒，践行监管中服务的工作理念；⑦ 监督抽检结果系统录入，各类样品的风险因子、风险等级、危害情况全面知晓；⑧ 耐药性数据资源共享，指导养殖场科学合理地使用抗菌药，助力落实减量化行动。

1　企业管理

1.1　经营企业管理

建立宁夏兽药经营企业数据库，实现兽药经营企业信息电子化备案。监管人员可通过企业名称、信用代码查询获取兽药经营企业的名称、法人、成立时间、信用代码、所在地、企业证照等基础信息，确保监管人员对辖区内兽药经营企业情况心中有数、全面掌握。

1.2 养殖企业管理

建立宁夏养殖企业数据库，实现养殖企业信息电子化备案。监管人员可通过企业名称、信用代码查询获取养殖企业的名称、法人、成立时间、信用代码、所在地、企业证照等基础信息，实现监管人员全面掌握养殖企业基本信息的目标，便于用药监管。

1.3 生产企业管理

建立宁夏生产企业数据库，实现生产企业信息电子化备案。监管人员可通过企业名称、信用代码查询获取养殖企业的名称、法人、成立时间、信用代码、所在地、企业证照等基础信息，实现监管人员全面掌握辖区内生产企业基本信息的目标，便于兽药生产监管。

1.4 诊疗机构管理

建立诊疗机构数据库，实现诊疗机构信息电子化备案。监管人员可通过企业名称、信用代码查询获取诊疗机构的名称、法人、成立时间、信用代码、所在地、企业证照等基础信息，帮助监管人员了解掌握辖区内诊疗机构经营的活动情况。

1.5 监管单位管理

建立监管单位数据库，实现监管单位信息电子化备案。监管人员可通过企业名称、信用代码查询获取辖区内监管单位的名称、法人、成立时间、信用代码、所在地、联系电话等基础信息，实现各市县兽药监管部门间的信息共享和区级饲料监察部门对各市县监管部门的高效管理。有助于打通各市县兽药监管壁垒，加强各部门间的相互合作，有效提升饲兽药监管工作的效率。

2 风险预警

与畜产品智慧监测和风险预警平台互联互通，实现问题兽药预警提醒。监管人员可通过抽样编号、样品名称、起始日期、截止日期进行精准检索，对抽检的问题兽药的基本信息和所在地情况全面掌握，便于精准执法。

3 用户管理

一是实现各兽药经营企业、养殖企业、生产企业基本情况查询和企业兽药出入库流通数据查询。通过企业名称、法人姓名查询企业，通过通用名称、批准文号、生产批号查询企业内各兽药的入库、出库、库存数量等信息，及时掌握兽药生产、经营、使用流通情况。二是实现监管人员管理，通过姓名、账号、监管单位查询各级兽药监管人员的基本信息、联系方式等，可对监管人员账号进行启用和删除管理。监管人员忘记账号密码可以重置。

4　基础数据

建立批准文号库、本地假劣库、假劣兽药库、监督抽检库、重点监控库、重点品种库、优秀企业库、优秀品种库 9 个基础数据库，对平台内所有流通的兽药数据进行自动分析比对和智能评价，实现兽药监督抽检全记录、假劣兽药精准识别、兽药不合格品种和不合格产品生产企业重点监控，协助监管单位实现智能抽检、风险预警和智慧监管的目标。

5　兽药追溯管理

5.1　药品信息追溯

扫描或者输入兽药追溯二维码即可实现兽药的追溯查询，为兽药监管执法提供证据链条。

5.2　上传追溯

记录宁夏各企业兽药追溯信息上传情况，便于监管单位全面及时掌握兽药生产经营状况和追溯管理情况。

6　动物源细菌耐药性药敏信息数据库

6.1　分离株信息采集

通过导入 EXCEL 文件的形式完成菌种保存检索表、动物源性细菌分离株鉴定结果、动物源性阴性（肠杆菌）、动物源性阴性（沙门）、动物源性阳性（肠球）、动物源性阳性（葡萄球菌）、革兰氏阴性菌板条 B–空肠弯曲菌的信息采集录入。

6.2　分离株药敏信息数据库

建立宁夏生猪源、鸡源、羊源、牛源细菌分离株药敏信息数据库，输入或者选择相应的菌株编号、采集年份、动物类别、生长阶段、样本类型、药敏结果、抗菌药名称、菌株名称等信息，精准查询菌株的所有耐药信息。实现宁夏动物源细菌耐药性数据电子化管理、资源信息化共享，动态展示“兽用抗菌药临床使用分级一览表”，指导养殖场科学合理地使用抗菌药，助力兽用抗菌药减量化行动。

7 数据统计

7.1 库存系列统计

采用报表生成工具生成相关数据，并从兽药使用、兽药库存分析、兽药企业、地区区域等方面开展分析，内容自动对比，并以柱状图、折线图的形式动态展示经营店库存、养殖场库存、经营店兽药品种、养殖场兽药品种、经营店库存预警、养殖场库存预警等情况，数据一目了然。

7.2 销售系列统计

对兽药销售情况进行分析，形成兽药销售量店铺排名、兽药销售种类排名、兽药销售区域分布排名柱状图和兽药销售趋势线形图。

7.3 销售冠军列表

对兽药店销售经营数据统计分析，每周根据上传数据的报表情况，评出本周的销售冠军，汇报销售情况，各地区兽药经营状况可随时掌握。

7.4 兽药来源统计

分析呈现各个生产厂商兽药生产入库和库存情况，按照兽药种类、数量的多少，排序展示各兽药厂家的兽药种类数量、兽药品种名称、剩余库存数量等信息，可全面了解宁夏流通兽药的来源情况。

7.5 兽药信息报表

创建兽药库存报表功能模块，监管人员可对兽药库存情况从区域、时间、品种等方面开展横向、纵向的分析报告，形成报表，监管单位可根据需要进行数据查询比对，方便调整监管工作内容。

第 6 节 应用效果及主要经验做法

宁夏兽药信息化监管平台建设坚持以问题为导向，以用户为根本，围绕兽药生产、经营、使用和监管全程信息可追溯、电子化管理进行开发研究，提高了平台的实用性和便携性。2018 年正式投入使用并不断优化升级。目前该平台在宁夏政务云平台上运行良好，速度流畅而稳定，安全性高。现已在生产企业、经营企业、各级监管单位全面覆盖，部分规模养殖场应用，效果良好，不仅满足了兽药追溯管理的要求，而且为企业提供电子化的免费管理程序。平台现有注册生产企业账号 6 个、经营企业账号 446 个、养殖企业账号 103 个、监管单位账号 30 个、监管人员账号 136 个。获得软件著作权 3 项，发表论文 2 篇。

主要的经验做法如下：

一是建立本地服务器，提高数据传输速率。宁夏兽药信息化监管平台在宁夏本地建设服务器，实现所有数据本地保存，同时通过与国家兽药二维码追溯系统接口互联互通，将所有二维码追溯数据自动上传至国家兽药二维码追溯系统，加快二维码上传速度，缓解国家兽药追溯系统服务器运行压力。

二是开发手机 App，使用便捷性显著提升。宁夏兽药信息化监管平台设计开发移动 App，用户可以随时随地，不受网络和设备限制，只需一个手机就可实现数据录入和上传。

三是实行分级权限设置，确保管理职责分明。宁夏兽药信息化监管平台为所有监管单位分配独立账号，根据自治区、市、县 3 级监管单位的不同职能实行分级管理，职责分明，管理高效。

四是信息全程追溯，数据有效连接。宁夏兽药信息化平台实现生产、经营、使用环节全链条、全程信息可追溯，并且增加数据统计分析、库存和有效期预警功能模块，更加智能，提升了监管水平。

五是用户至上，服务为本。宁夏兽药信息化平台的设计除了满足国家兽药追溯的需求，还充分考虑兽药生产、经营，不同使用用户的特点，操作重难点，管理需求等，有针对性地进行功能模块设计，力求为用户提供一个易于操作、方便快捷的免费管理程序，具备“购、销、存”功能，提高用户使用的积极性和主动性。

六是加强使用培训，故障及时处置。宁夏兽药信息化监管平台投入使用时即对宁夏兽药生产、经营、使用、监管人员开展现场一对一使用培训，针对用户反馈的问题及时进行故障处理，并对系统进行优化升级，确保平台始终满足用户需求。

第 2 章　宁夏饲料质量信息追溯技术

饲料是动物养殖过程中必不可少的投入品，直接影响畜产品的质量安全，保障饲料质量安全对畜牧业高质量发展意义重大。目前，国家在饲料全流程质量安全信息追溯方面的研究尚处于空白。饲料监管工作的矛盾主要集中在饲料日益增长的监管需求与当前监管力量和监管技术不协调不平衡上，不利于饲料产业健康有序发展。因此，本研究将信息化技术与饲料监管紧密结合，创新性地开展具有区域特色和地方特色的信息化系统建设，研建宁夏饲料质量信息追溯平台，推进宁夏饲料质量信息追溯技术成熟落地。

宁夏饲料质量信息追溯技术是实现饲料产品生产责任可追究、运输过程可监控、质量安全可控制的全链条闭环式可追溯智慧监测方式，能够实现宁夏饲料行业自上而下、由内到外的高效监管，是适应当前改革需要的必然途径，能够为饲料行政监察部门精细化管理、科学化决策提供技术支撑，有效保障畜产品质量安全和公共卫生安全，促进畜牧业持续健康发展。

宁夏饲料质量信息追溯平台由饲料生产、经营、养殖、监管 4 个子平台组成，其核心是创新性地通过特定的逻辑加密算法，生成二维码，即产品的唯一质量安全追溯标签，赋予饲料产品“二代身份证”，并将标签加贴在产品包装上，一个包装标签对应一个批次的产品。实现了以下主要功能：① 创建全链条闭环式可追溯智慧监测模式，实现饲料产品来源可查、去向可追、责任可究，具有时效性和针对性；② 建立生产、经营、养殖企业饲料基本信息数据库，实现饲料产品信息化管理、饲料企业无纸化办公，为监管单位全面掌握宁夏饲料情况提供数据基础；③ 创建数据统计分析功能，实现企业生产销售计划智能化调整和监管单位对自治区、市、县

3 级饲料生产流通的可视化管理；④ 创建企业智能评价功能，评价结果可为饲料质量安全监控方向提供指引，可根据重点环节、区域实时智慧监测，实现智慧筛选抽样；⑤ 创建预警提醒功能，实现饲料质量安全风险预警，结合质检报告、平台数据统计分析结果，实现饲料质量安全监管前置，能够及时预警、追溯、召回风险饲料，防止饲料质量安全事件发生；⑥ 创新“互联网+”监管模式，可为下一步无纸化审批奠定基础。

宁夏饲料质量信息追溯平台 2020 年初设计研发，目前已进入试点运行阶段。试点运行企业有银川康地反刍动物营养科技有限公司、宁夏正旺农科产业发展集团有限责任公司、宁夏正旺生物科技股份有限公司等 7 家，平台整体运行情况良好，试点企业反馈结果满意，提升了企业运转效率，创新了政府监管模式，可大规模推广应用。平台共取得计算机软件著作权 3 项。

第 1 节　饲料生产企业子平台

饲料生产是饲料整个流通环节的源头，建立饲料生产企业子平台是实现饲料产品全链条闭环式可追溯的重要基础。饲料生产企业子平台由 5 个模块组成，实现了以下主要功能：① 生产企业录入饲料基本信息，确保饲料产品信息的准确性和真实性，建立饲料基本信息数据库，实现信息化管理和无纸化办公；② 申请生成唯一追溯码，为饲料产品全链条可追溯提供核心技术保障；③ 创建手机 App，提高饲料出入库工作效率，结果与电脑端同步，实现数据共享；④ 创建质检结果上传功能，实现饲料产品质量安全规范化生产。

1　饲料管理

1.1　饲料基本信息

建立饲料基本信息数据库，实现饲料产品信息化管理。实现了以下主要功能：① 饲料基本信息包括名称、种类、生产许可证、生产厂家、原料等，生产企业通过新增、编辑、修改、禁用功能，对本企业饲料产品的信息库进行完善和维护，方便饲料的出入库等操作，确保后续信息追溯的真实性和完整性。② 通过饲料信息搜索查询功能，实时调取饲料产品信息。输入饲料名称和录入时间，可对数据库中的饲料产品进行检索，获取某一特定时间或区间的饲料产品信息，实现饲料产品的批量化管理。

1.2 追溯码管理

实现饲料产品全程可追溯。实现了以下主要功能：① 创建饲料生产企业追溯码申请、管理等功能。饲料企业可在追溯码管理模块申请追溯码，由追溯中台系统自动生成同一批次产品唯一标识的追溯码。追溯码申请日期、数量、审核状态、二维码信息会在产品详情申请记录中体现。利用一物一码进行全程追踪，能够实现安全可预警、源头可追溯、流向可跟踪、信息可查询、责任可认定、产品可召回等功能。② 通过饲料信息搜索查询功能，实时调取饲料追溯码信息。输入饲料名称和录入时间，可对数据库中的饲料产品进行检索，获取某一特定时间或区间的饲料产品追溯码信息，实现饲料产品的批量化管理。

2 业务处理

2.1 扫码入库

借助追溯码，能够快速、便捷、准确地实现饲料产品的入库管理。实现了以下主要功能：① 创建单袋扫码入库、批量扫码入库功能，实现饲料产品入库信息化管理。单袋扫码入库是通过扫描二维码获取单袋饲料信息，同一批次只能入库一种饲料，扫描后点击立即入库，显示入库成功。批量入库是多次扫描饲料二维码获取饲料信息完成饲料入库。② 建立手机 App 平台，实现线上扫码功能。企业除了利用传统扫码枪入库饲料产品外，还可通过下载手机 App，注册完成后进行饲料产品的扫码入库。手机 App 的应用能够极大地减少饲料企业的设备成本，提高工作效率，并与电脑端数据同步，实现数据共享和无纸化、移动化办公。

2.2 扫码出库

借助追溯码，能够快速、便捷、准确地实现饲料产品的出库管理。实现了以下主要功能：① 创建确认客户信息功能，建立客户信息数据库，实现饲料产品生产流通环节可追溯。饲料产品在扫码出库前，需要确认客户信息，填写饲料购买客户的姓名、联系电话、地址等。根据客户信息数据库，可实现客户信息的快速检索，一键导入。② 创建单袋扫码出库、批量扫码出库，实现饲料产品出库信息化管理。单袋扫码出库是通过扫描二维码获取单袋饲料信息，同一批次只能出库一种饲料，扫描后点击立即出库，显示出库成功。批量出库是多次扫描饲料二维码获取饲料信息完成饲料出库。③ 建立手机 App 平台，实现线上扫码功能。企业除了利用传统扫码枪出库饲料产品外，还可通过下载手机 App，注册完成后进行饲料产品的扫码出库。手机 App 的应用能够极大地减少饲料企业的设备成本，提高工作效率，并与电脑端数据同步，实现数据共享和无纸化、移动化办公。

2.3　散装出库

散装饲料是生产企业直接向养殖户零散出售的饲料，一般无包装，以散装的方式出售，无法通过追溯码整袋扫描出库，因此创建散装出库模块。此模块通过输入产品标准编号获取饲料信息，只须填写出售量、饲料种类等信息，满足企业在灵活化销售中的饲料产品追溯需求。

2.4　饲料处理

实现问题饲料、损坏饲料的处理登记，建立饲料处理的信息化台账。对入库、库存等业务的相关信息进行整理汇总管理，对问题饲料、损坏饲料及时处理并登记处理信息，包括饲料名称、处理量、处理原因，处理方式等，有助于规范企业饲料处理行为，减少对动物健康的威胁和对生态环境的污染。

3　库存管理

3.1　入库流水

实现饲料库存快速查询。可通过搜索产品编码、名称、批号等，一键查询、导出饲料产品的入库信息，包括入库日期、饲料名称、产品标准编码、入库数量、生产厂家等，有助于生产企业全面掌握饲料生产情况。

3.2　出库流水

实现饲料出库量和种类快速查询。可通过搜索产品编码、名称、批号等，一键查询、导出饲料产品的出库信息，包括出库日期、饲料名称、出库数量、购买人、联系电话、所属区域等，有助于生产企业全面掌握饲料销售情况和购买者信息，加强客户维护，拓展销售市场。

3.3 库存盘点

实现饲料生产企业库存信息化管理。库存盘点模块可随时查询饲料库存情况，针对目标时间或区间进行饲料的线上盘点。对饲料库存进行统计分析，及时对库存不足的饲料提示报警，生产企业可根据分析结果有计划地开展饲料生产。

3.4 库存查询

实现饲料生产企业库存信息化管理。库存查询可以随时查询、导出饲料库存情况，包括饲料名称、产品标准编号、生产批号、入库时间、入库方式等，有助于生产企业全面掌握饲料库存情况，有效调整饲料生产和销售计划。

3.5 质检上传

实现饲料产品质量安全规范化管理。可将特定饲料产品的质检报告上传至饲料产品详情页中，使质检情况透明化，倒逼饲料生产企业规范生产。对未上传质检报告的能够及时提醒。

3.6 采集数据

实现饲料成分统计分析。该模块是对饲料检验报告数据的采集、上传，主要是不同种类饲料的常规理化指标数据，包括水分、粗蛋白、粗脂肪、维生素和元素等。数据采集指标可根据需要进行调整。

4 数据统计

4.1 出入库统计

用数据统计图表直观地显示出入库情况。实现了以下主要功能：① 创建出入库月趋势图功能。统计生产企业每年度各月份的入库量和出库量，以曲线图的形式显示各月份入库量和出库量的上升与下降。② 创建区域销售统计图功能。统计生产企业在宁夏地区 5 市各区域的销售量，以柱状图的形式显示 5 市销售量的对比情况。③ 创建出、入库量的天趋势图。每天统计入库量和出库量，以曲线图的形式显示每天出、入库量的变化趋势。

4.2 饲料信息统计

实现饲料信息统计分析。按饲料类型统计库存数量，以柱状图的形式显示各种类饲料的数量及差异对比，有助于生产企业按需生产。

5 用户管理

5.1 客户信息管理

建立客户信息数据库，实现客户信息维护。通过查询购买人类型、所在区域，查看特定客户类型和特定区域的购买记录，了解饲料产品销售的具体情况。通过客户名称、联系电话，可查询指定客户信息和订单情况，有助于生产企业全面掌握客户资源和市场需求。

5.2 平台人员管理

实现平台使用人员信息化管理。通过查询姓名，可查看或新增平台使用人员联系电话和使用时间等信息，提高企业员工信息化管理水平，保障平台使用的规范性。

第2节　饲料经营企业子平台

饲料经营是饲料流通的中间环节，为保障饲料产品在流通过程中来源和去向痕迹可追溯，建立了饲料经营企业子平台。饲料经营企业子平台由5个模块组成，实现了以下主要功能：① 建立省外入库、省外销售功能，实现省外饲料产品的信息化管理，为省外饲料在省内流通提供追溯基础；② 建立订单管理功能，经营企业通过查看各订单的支付状态，梳理订单交易情况，记录欠款订单和金额；③ 创建客户信息管理功能，实现下游客户信息维护，全面掌握客户资源和市场需求；④ 建立数据统计功能，实现经营企业购、销、存科学化管理。

1 饲料管理

建立饲料经营企业饲料基本信息数据库，实现销售饲料的信息化管理。通过查询饲料名称，获取不同种类饲料的包装类型、保质期、来源、产品标准编号、生产厂家、厂家电话、录入日期等信息，有助于饲料经营企业有效管理所经营的饲料产品。

2 业务处理

2.1 省内入库

饲料经营企业的省内入库可通过扫描饲料产品外包装上的追溯码完成。实现了以下主要功能：① 通过扫描携带饲料信息的追溯码，实现饲料产品信息高效、准确录入。通过二维码可获取的饲料基本信息有饲料名称、产品标准编号、批次号、生产日期、保质期、入库单价等。② 建立手机 App 平台，实现线上扫码功能。企业除了利用传统扫码枪入库饲料产品外，还可通过下载手机 App，注册完成后进行饲料产品的扫码入库。手机 App 的应用能够极大地减少饲料企业的设备成本，提高工作效率，扫描信息与电脑端数据同步，实现数据共享和无纸化、移动化办公。

2.2　省外入库

实现省外饲料产品信息化管理。省外饲料由于未生成平台的追溯码，须通过查询饲料的产品标准编码获取产品信息，此外还须填写批次号、生产日期、保质期、入库单价、入库数量等信息。省外饲料产品虽未实现追溯码管理，但同样能够获取产品信息，实现产品质量安全可追溯。

2.3　一键入库

实现饲料生产企业直接对销售企业批量入库，能够减少重复扫码工作，降低入库错误率，显著提高工作效率。

2.4　饲料销售

实现销售出库信息化管理。实现了以下主要功能：① 省内饲料可使用扫码枪或手机 App 扫描饲料包装上的追溯码，对饲料产品出库销售，销售情况会上传至平台数据库，包括饲料名称、入库编号、生产日期、销售数量、销售单价等信息，便于对销售量和流水进行统计。② 省外饲料须手动输入产品标准编号，获取产品信息并进行出库销售，输完后点击立即出库，提示出库成功即可。省外饲料销售情况信息获取与省内饲料销售相同，能够实现来去全程可追踪的目的。

2.5　饲料处理

实现问题饲料、损坏饲料处理登记，建立饲料处理信息化台账。对入库，库存等业务的相关信息进行整理汇总管理，及时处理问题饲料、损坏饲料并登记处理信息，包括饲料名称、处理量、处理原因，处理方式等，有助于规范企业饲料处理行为，减少对动物健康的威胁和对生态环境的污染。

3 库存管理

3.1 入库流水

实现饲料库存的快速查询。可通过搜索饲料名称、批次号、入库流水号等获取产品入库的历史信息，包括入库量、生产厂家、生产日期、有效期、入库日期等，有助于经营企业全面掌握饲料购买情况。

3.2 入库记录

实现入库操作痕迹化管理。通过输入入库流水号，即可查询所对应入库饲料的数量、名称、入库时间，并可查看同一批入库流水饲料的出入库信息和饲料处理信息，有助于经营企业规范管理，实现有据可查、责任可追。

3.3 库存查询

实现饲料经营企业库存信息化管理。库存查询可通过饲料名称、生产厂家，随时查询、导出饲料库存情况，包括饲料名称、生产厂家、产品标准编、入库总量、出库总量、现有库存等，有助于饲料企业全面掌握饲料库存情况，有效调整饲料购买和销售计划。

3.4 质检报告

实现饲料产品质量安全规范化管理。可通过查询产品批次号，获取不同批次号产品的基本信息及质检报告上传情况，详情页可查看质检报告。实现饲料质量全程透明化安全管理，帮助经营企业了解饲料产品质检情况，为饲料生产商提供参考。

3.5 订单信息

实现销售订单信息化管理。通过查询订单编号、购买人姓名和订单状态，获取特定的订单信息，包括饲料名称、销售数量、购买日期等。还可查看各订单的应付金额、实付金额和付款状态，帮助经营企业梳理订单交易情况，记录欠款订单和金额，提醒未结款订单。

3.6 欠款订单

实现饲料欠款订单信息化管理。通过查询订单编号、购买人姓名，查看欠款订单的相关信息，包括饲料名称、购买人姓名、应付款、实际付款、未付款和状态等。帮助经营企业梳理、掌握欠款订单交易情况，提醒经营企业及时联系购买方结清应付款。

4 人员管理

4.1 客户信息管理

建立客户信息数据库，实现客户信息维护。通过查询购买人类型、购买人所在区域，查看特定客户类型和特定区域的购买记录，了解饲料产品销售的具体情况。通过客户名称、联系电话，可查询指定客户信息和订单情况，有助于经营企业全面掌握客户资源和市场需求。

4.2 平台人员管理

实现平台使用人员信息化管理。通过查询姓名，可查看或新增平台使用人员的联系电话和使用时间等信息，提高企业员工信息化管理水平，保障平台使用的规范性。

5 数据统计

库存销售统计，建立经营企业库存销售数据库，实现出入库种类和数量统计分析管理。实现了以下主要功能：① 醒目显示当月统计汇总信息。在详情页顶端可看到当月所有信息的统计，包括当月入库总量、销售总量、库存总量、追溯码入库上传量、追溯码出库上传量，有助于经营企业了解当月饲料经营总体情况。② 按饲料类型、饲喂种类分别统计库存数量，以柱状图的形式显示各饲料类型和饲喂种类饲料的库存数量及差异对比，有助于经营企业按需购买，按存量有针对性地销售。③ 按饲料类型统计特定时间和区间的销售数量，以柱状图的形式显示各饲料类型的销售数量及差异对比，有助于经营企业全面掌握销售情况，调整销售计划。

第 3 节　养殖企业子平台

畜禽养殖是饲料流通的终端，为保障饲料作为畜禽养殖投入品在使用过程中信息可追溯，建立养殖企业子平台。饲料养殖企业子平台由 4 个模块组成，实现了以下主要功能：① 创建自配料信息管理功能，通过对自配饲料的线上存档和管理，实现饲料多态化管理模式；② 创建饲料使用功能，实现饲料产品使用情况信息化管理，有助于全面掌握畜禽饲料饲喂情况，按需调整饲喂计划，有效应对应急事件；③ 创建饲料处理功能，建立饲料处理的信息化台账，实现问题饲料、损坏饲料处理登记，有助于规范饲料处理行为，减少对动物健康的威胁和对生态环境的污染。

1　饲料管理

1.1　饲料信息管理

建立养殖企业饲料基本信息数据库，实现入库饲料信息化管理。饲料基本信息包括包装类型、保质期、来源、产品标准编号、生产厂商、厂商电话、录入日期等。省内养殖企业通过查询饲料名称，获取或新增不同种类饲料信息，有助于饲料经营企业在线管理所经营的饲料产品。

1.2　自配料信息管理

建立自配料信息数据库，包括名称、保质期、原料组成、产量等。养殖企业将自配饲料信息录入到平台，实现自配料线上存档和管理。还能利用查询功能，查看新增的自配料信息，包括生产量、使用天数、生产日期等，进一步完善养殖企业饲料投入品管理。

2　业务管理

2.1　省内饲料入库

养殖企业通过扫描饲料产品外包装上的追溯码完成入库。实现了以下主要功能：① 通过扫描携带饲料信息的追溯码，实现饲料产品信息高效、准确录入。通过二维码获取的饲料基本信息有饲料名称、产品标准编号、批次号、生产日期、有效期、净重等。② 建立手机 App 平台，实现线上扫码功能。企业除了利用传统扫码枪入库饲料产品外，还可通过下载手机 App，注册完成后进行扫码入库。手机 App 的应用能够极大地减少饲料企业的设备成本，提高工作效率，扫描信息与电脑端数据同步，实现数据共享和无纸化、移动化办公。

2.2　省外饲料入库

实现养殖企业省外饲料产品信息化管理。省外饲料由于未生成平台的追溯码，须通过查询饲料的产品标准编码获取产品信息，此外还须填写批次号、生产日期、保质期、入库单价、入库数量等。省外饲料产品虽未实现追溯码管理，但同样能够获取产品信息，实现产品质量安全可追溯。

2.3 散装饲料入库

散装饲料是养殖企业向饲料生产企业零散购入的饲料，一般无包装，以散装的方式购入，无法通过追溯码整袋扫码入库，因此创建散装出库模块。此模块通过输入产品标准编号获取饲料信息，只须填写出售量、饲料种类等信息即可，满足企业在灵活化销售中的饲料产品追溯需求。

2.4 一键入库

实现养殖企业向经营企业购买的批量饲料产品快速入库，有效减少重复扫码操作，降低入库错误率，显著提高工作效率。

2.5 饲料使用

实现饲料产品使用情况信息化管理。实现了以下主要功能：① 养殖企业在饲料饲喂时，须根据实际使用情况，新增、上传使用情况信息，包括使用编码、动物种类、动物阶段、畜禽圈舍号、使用饲料、使用日期等，建立饲料使用数据库。② 通过查询功能，可调取不同动物种类、畜禽圈舍号、不同时间或区间的饲料使用情况，有助于养殖企业全面掌握饲料饲喂情况，合理化饲喂模式，有效应对应急事件。

2.6 饲料处理

实现问题饲料、损坏饲料处理登记，建立饲料处理的信息化台账。对入库，库存等业务的相关信息进行整理汇总管理，及时处理问题饲料、损坏饲料并登记处理信息，包括饲料名称、处理量、处理原因，处理方式等，有助于规范企业饲料处理行为，减少对动物健康的威胁和对生态环境的污染。

3 库存管理

3.1 入库管理

实现入库饲料信息化管理。建立入库信息数据库，包括饲料的名称、数量、入库方式和创建时间等，可通过输入入库流水号、饲料名称和入库时间区段，查询所对应饲料的入库信息，有助于养殖企业对饲料产品规范化管理，实现有据可查、责任可追。

3.2　出库管理

实现出库饲料信息化管理。实现了以下主要功能：① 建立出库信息数据库，包括生产批次、生产日期、有效期、净重、生产厂商、出库总量、追溯码等信息，通过输入饲料名称和产品标准编号，即可查询饲料的出库情况。② 通过查看饲料详情页，可获取所选饲料的饲喂使用情况，包括动物种类、动物阶段、畜禽圈舍号、使用日期等信息。出库管理有助于养殖企业掌握各批次饲料的使用对象和消耗情况，有针对性地调整饲喂方案。

3.3　饲料库存

实现养殖企业库存信息化管理。实现了以下主要功能：① 建立饲料库存数据库，包括饲料名称、生产厂家、产品标准编、入库总量、出库总量、现有库存等信息。② 可通过饲料名称、生产厂家，随时查询、导出饲料库存情况，有助于养殖企业全面掌握饲料库存情况，有效调整饲料购买和饲喂计划。

4　数据统计

4.1　饲料统计

实现出入库种类和数量的统计分析管理。实现了以下主要功能：① 显示当月统计汇总信息。在详情页的顶端可看到当月所有信息的统计，包括当月入库总量、库存总量、出库总量、追溯码入库上传量、追溯码出库上传量，有助于养殖企业了解当月饲料购买、使用总体情况。② 按饲料类型、饲喂种类，分别统计库存数量，以柱状图的形式显示各饲料类型和饲喂种类饲料的库存数量及差异对比，有助于养殖企业按需购买。③ 按饲料类型统计特定时间和区间的出库数量，以柱状图的形式显示各饲料类型的出库数量及差异对比，有助于养殖企业全面掌握饲料使用情况。

第 4 节　饲料监管单位子平台

针对宁夏饲料产品流向追溯难、监督执法机制不健全、监管手段单一、检验检测作用发挥不足等问题，建立饲料监管单位子平台。饲料监管单位子平台由 8 个模块组成，实现以了以下主要功能：① 监管单位分省级、市级、县级 3 个级别，根据不同级别设置保密功能和使用权限，有效保障宁夏饲料监管信息的安全性，满足相应级别监管单位的职责需求，实现对辖区内饲料的线上监管；② 创建企业管理功能，实现对宁夏饲料生产、经营、养殖企业和各级监管单位的监督管理；③ 创建智能评价功能，实现对企业库存的数据统计与分级评定，根据企业质检上传率模块和品种质检上传率，实现对饲料企业和饲料品种的质检评价智能等级评估，评价结果可为饲料质量安全监控提供指引，可根据重点环节、区域实时智慧监测，实现智慧筛选抽样；④ 创建宁夏区内外饲料追溯功能，实现饲料产品安全可预警、源头可追溯、流向可跟踪、信息可查询、责任可认定、产品可召回；⑤ 创建企业数据统计功能，通过条件复合统计分析，实现宁夏区、市、县 3 级饲料流通可视化；⑥ 创建预警提醒功能，实现饲料质量安全风险预警，将质检报告、平台数据统计分析结果与国家饲料质量安全风险因子数据相结合，可将饲料质量安全监管前置，及时预警、追溯、召回风险饲料，防止饲料质量安全事件发生；⑦ 开发追溯码生成中台系统，预留省外系统接口，为未来全国各系统互通做好准备。

1　企业管理

1.1　生产企业

建立宁夏生产企业数据库，实现生产企业信息化管理。数据库信息包括生产企业的法人姓名、电话、营业执照编号、经营范围、所在地址等。监管单位通过查询企业名称获取相应信息。该模块有助于监管单位全面掌握辖区内饲料生产企业信息，持续加强饲料质量安全的日常监管。

1.2　经营企业

建立宁夏经营企业数据库，实现经营企业信息化管理。数据库信息包括经营企业的法人姓名、电话、营业执照编号、经营范围、所在地址等。监管单位通过查询企业名称获取相应。该模块有助于监管单位全面掌握辖区内饲料经营企业信息，加强饲料质量安全的日常监管。

1.3　养殖企业

建立宁夏养殖企业数据库，实现养殖企业信息化管理。数据库信息包括养殖企业的法人姓名、电话、营业执照编号、经营范围、所在地址等。监管单位通过查询企业名称获取相应信息。该模块有助于监管单位全面掌握辖区养殖企业信息，通过加强饲料投入品管理保障畜产品质量安全。

1.4　监管单位

建立监管单位数据库，实现监管单位信息化管理。数据库信息包括监管单位负责人姓名、电话、所在地址等。通过查询监管单位名称获取相应信息，实现各市县饲料监管部门间的信息共享和区级饲料监察部门对各市县监管部门的高效管理。有助于打通各市县饲料监管壁垒，加强各部门间的相互合作，有效提升饲料监管工作效率。

2　基础数据

2.1　饲料基本信息库

实现饲料生产、经营、养殖企业信息互联互通。监管单位可通过查询企业名称或所在地区，获取企业基本信息和饲料出入库信息，包括企业法人、联系电话、详细地址、饲料种类，生产厂家名称、电话和产品标准编号等，有助于监管单位对宁夏饲料进行管理，为饲料全链条可追溯体系建设提供重要基础。

2.2　追溯码信息库

实现宁夏饲料生产企业追溯码统计管理。追溯码信息库模块首页由高到低显示各企业追溯码申请数量的统计排名，通过查询企业名称或所在区域，获取特定饲料生产企业的详细信息和饲料追溯码申请总量。通过查询详情可查看特定企业生产的不同饲料类型的追溯码申请量等信息。该模块有助于监管单位掌握宁夏饲料追溯码申请情况，做好饲料追溯码推广应用工作。

2.3　质检报告数据采集管理

实现宁夏饲料产品质检报告数据统计和信息化管理。通过查询企业名称，获取特定企业的基本信息和饲料产品质检报告采集总数，可查看数据采集情况，有助于监管单位对本地区饲料产品营养成分进行分析统计和对质量风险分析研判。

3 智能评价

3.1 企业质检上传率

实现对企业质检评价的等级评估。实现了以下主要功能：① 该模块会对宁夏生产企业的质检上传情况进行统计分析，以上传率为判断依据对生产企业进行等级评价，质检上传率≥80%以上为优秀、60%~80%为一般、30%~60%为合格、<30%为重点监控。② 统计分析结果以表格的形式呈现，通过查询评价结果，可查看各评价等级企业的整体信息，包括企业名称、出入库总量、库存、批次数量、上传质检量、追溯码申请量、追溯码使用量、上传质检比例、所在区域等，全面掌握各企业的真实情况。③ 等级评价结果可实现对重点监控企业的预警功能，有助于监管部门重点关注重点监控企业，切实提高整体质检上传率。

3.2 品种质检上传率

实现对饲料品种质检评价的等级评估。实现了以下主要功能：① 该模块会对宁夏不同饲料产品的质检上传情况进行统计分析，以上传率为判断依据对饲料品种进行等级评价，质检上传达成率≥80%为优秀、60%~80%为一般、30%~60%为合格、<30%为重点监控。② 统计分析结果以表格的形式呈现，通过查询评价结果，可查看各评价等级饲料产品的整体信息，包括饲料名称、产品标准编号、饲料类型、畜种类型、动物阶段、出入库总量、库存、批次数量、上传质检量、上传质检比例等，全面掌握各饲料产品质量安全的真实情况。③ 等级评价结果可实现对重点监控饲料产品的预警功能，有助于监管部门关注重点监控的饲料品种，为饲料质量安全监控提供指引。

4 饲料追溯

4.1 宁夏饲料流向

实现宁夏饲料产品流向可追溯。监管单位通过扫描追溯码，可获取该饲料的基本信息及追溯流向信息，包括生产环节、仓储环节、销售环节、使用环节的全程流向追踪，实现安全可预警、源头可追溯、流向可跟踪、信息可查询、责任可认定、产品可召回功能。

4.2 外省饲料流向

实现外省饲料产品在宁夏的流向追踪。监管单位通过查询产品称、客户手机号、时间段，获取不同生产厂商、经营店饲料产品的流向信息，实现分段饲料流向查询功能。

5　报表管理

5.1　生产企业情况报表

实现对宁夏生产企业综合信息的统计分析功能。实现了以下主要功能：① 统计了宁夏 5 市各区域范围饲料整体库存信息和不同饲料的类型、品种、适用畜种等相关信息，包括出入库量、库存、批次数量、上传质检量、区内外饲料入库量等，以表格的形式呈现，清晰明了，具有对省、市饲料全面摸底和监控的作用。② 创建了多条件统计功能，可根据分析需要筛选不同统计条件，对宁夏各区域和不同畜种、饲料类型、饲料品种进行多条件复合统计分析，统计信息包括出入库量、库存、区内外入库量和销售量等。

5.2　经营企业情况报表

实现对宁夏经营企业综合信息的统计分析功能。实现了以下主要功能：① 统计了宁夏 5 市各区域范围饲料经营企业整体库存信息和不同饲料的类型、品种、适用畜种等相关信息，包括出入库量、库存、批次数量、上传质检量、区内外饲料出入库量等，以表格的形式呈现，清晰明了，具有对省、市饲料全面摸底和监控的作用。② 创建了多条件统计功能，可根据分析需要筛选不同统计条件，对宁夏各区域和不同畜种、饲料类型、饲料品种进行多条件复合统计分析，统计信息包括出入库量、库存、区内外入库量和销售量等。

5.3　养殖企业情况报表

实现对宁夏养殖企业综合信息的统计分析功能。实现了以下主要功能：① 统计了宁夏 5 市各区域范围养殖企业整体库存信息和不同饲料的类型、品种、适用畜种等相关信息，包括出入库量、库存、区内外饲料入库量和使用量等，以表格的形式呈现，清晰明了，具有对省、市饲料使用情况的全面摸底和监控的作用。② 创建了多条件统计功能，可根据分析需要筛选不同统计条件，对宁夏各区域和不同畜种、饲料类型、饲料品种进行多条件复合统计分析，统计信息包括出入库量、库存、区内外出入库量和使用量等。

6 数据统计

6.1 饲料生产企业统计

实现宁夏区、市、县 3 级饲料生产企业监管。实现了以下主要功能：① 以柱状图的形式显示各饲料生产企业相关信息的统计结果，包括出入库数量、生产饲料品种数、二维码申请量等信息。② 以柱状图的形式显示各饲料类型、适用畜种的统计分析结果，包括出入库数量、库存量、省内外的出入库数量和库存量等信息。③ 在区域筛选中增加县一级选项，将数据统计范围扩展到县级，获取信息更细化、更全面，有助于实现区、市、县 3 级联动的饲料监督监管。④创建了多条件统计功能，可根据分析需要筛选不同统计条件，对全区各区域和不同畜种、饲料类型、饲料品种进行多条件复合统计分析，统计信息包括出入库量、库存、区内外出入库量等。

6.2 饲料经营企业统计

实现宁夏区、市、县 3 级饲料经营企业监管。实现了以下主要功能：① 以柱状图的形式显示各饲料经营企业相关信息的统计结果，包括出入库数量、生产饲料品种数等信息。② 以柱状图的形式显示各饲料类型、适用畜种的统计分析结果，包括出入库数量、库存量、省内外的出入库数量和库存量等信息。③ 在区域筛选中增加县一级选项，将数据统计范围扩展到县级，获取信息更细化、更全面，有助于实现区、市、县 3 级联动的饲料监督监管。④ 创建了多条件统计功能，可根据分析需要筛选不同统计条件，对宁夏各区域和不同畜种、饲料类型、饲料品种进行多条件复合统计分析，统计信息包括出入库量、库存、区内外出入库量等。

6.3 养殖企业统计

实现宁夏区、市、县 3 级养殖企业饲料监管。实现了以下主要功能：① 以柱状图的形式显示各养殖企业相关信息的统计结果，包括出入库数量、生产饲料品种数等信息。② 以柱状图的形式显示各饲料类型、适用畜种的统计分析结果，包括出入库数量、库存量、省内外的出入库数量和库存量等信息。③ 在区域筛选中增加县一级选项，将数据统计范围扩展到县级，获取信息更细化、更全面，有助于实现区、市、县 3 级联动的饲料监督监管。④ 创建了多条件统计功能，可根据分析需要筛选不同统计条件，对宁夏各区域和不同畜种、饲料类型、饲料品种进行多条件复合统计分析，统计信息包括出入库量、库存、区内外入库量和使用量等。

6.4　宁夏数据统计

实现宁夏饲料行业统计分析可视化。实现了以下主要功能：① 以饼状图的模式，分别统计了宁夏 5 市饲料入库、出库、库存的占比，使监管单位能够清晰看出 5 市饲料产业发展现状。② 可对宁夏数据进行筛选，分别查看 5 市生产、经营、养殖企业的饲料入库、出库、库存占比，使宁夏饲料行业数据统计落实到各个环节，数据分析更细化。② 以饼状图的形式，分析统计了宁夏入库饲料类型占比，数据统计可选择至县一级，有助于市级、县级监管单位全面掌握本辖区内饲料入库类型。

6.5　智能评价统计

实现宁夏饲料企业智能评价分级。实现了以下主要功能：① 根据企业质检上传统计结果对宁夏饲料生产企业评价分级，分别为优秀、一般、合格、重点监控，分级结果以柱状图显示，并标注各等级企业的占比，点击柱状图可查看对应等级下的企业信息。② 根据各品种质检上传统计结果对宁夏饲料品种评价分级，分别为优秀、一般、合格、重点监护，分级结果以柱状图显示，并标注各等级品种饲料的占比，点击柱状图可查看对应等级下的饲料品种信息。有助于监管单位对重点监控企业和饲料品种加强质量安全监管，及时制定订风险预警方案。

6.6　生产企业/养殖企业分布

实现饲料生产、养殖企业定位查询功能。利用 GPS 定位形成宁夏饲料生产、养殖企业的分布地图，可清晰地看出各地区企业分布情况。通过标记搜索各企业地理位置，可以快速找到特定企业的所属范围及企业信息，生产企业显示的信息有公司名称、生产许可证号、到期日期、产品、地址等，养殖企业显示的信息有公司名称、养殖畜种、设计存栏规模、设计年出栏规模、地址等。

7　数据字典

7.1　畜种种类

实现对不同畜种饲料基础信息的数据维护管理，可对所选饲料信息进行新增、修改、删除等操作，有助于动态管理饲料产品，对饲料的生产和使用起指导作用。

7.2　动物阶段

实现对不同动物阶段饲料基础信息的数据维护管理，可对所选饲料信息进行新增、修改、删除等操作，有助于动态管理饲料产品，对饲料的生产和使用起指导作用。

8 风险预警

预警提醒。实现饲料质量安全风险预警功能。通过查询抽样编号、样品名称，可获取特定饲料产品的抽检结果信息，并对风险因子和风险等级进行预警，有助于监管单位对风险饲料追溯、召回和处置。

第 5 节 应用效果和主要做法

研发团队聚焦宁夏饲料行业发展趋势和饲料监管瓶颈，将现代信息技术手段与饲料监管相结合，开创性地探索“互联网+监管”模式，集成宁夏饲料质量信息追溯技术，建立线上监管平台，构建区、市、县 3 级联动的全链条闭环式可追溯智慧监测体系，加快技术转化步伐，实地试点运行，应用前景广阔。

1 关注企业管理痛点、政府监管难点，科学设计平台功能

为全面了解宁夏饲料企业运行状况，研发团队多次深入各市、县开展饲料企业全面调研，根据生产实际汇总饲料企业管理痛点，梳理饲料质量信息管理关键内容，发掘饲料信息化监管核心。结合查阅，收集饲料监管部门官方数据和工作报告方式，全面掌握宁夏饲料行业发展现状。以加快饲料企业运转效率、提高政府监管水平、实现饲料产品全程可追溯为抓手，科学设计平台方案。

2 创新饲料追溯监管模式，填补国内研究空白

宁夏饲料质量信息追溯技术是针对饲料产品流向追溯难、监管手段单一等问题开展的饲料全链条闭环式可追溯智慧监测方式的有益探索，处于国内领先地位，对提升宁夏饲料质量信息追溯监管水平、保障畜产品质量安全提供重要的技术支撑。

3　加快实地试点推广，建立有效反馈机制

平台建成后立即在宁夏 7 家饲料企业试点运行，在试点过程中，研发团队以开展培训和线上交流的方式，多次进行技术培训和指导。及时收集企业反馈信息，持续维护、更新平台功能，完善宁夏饲料质量信息追溯系统。目前，饲料产品入库量582 395 kg，追溯码申请量 19 384 个，平台运行状况良好，可进一步大规模示范应用。

4　追踪饲料行业发展需要，持续完善、扩展平台功能

持续关注国家和宁夏关于饲料行业的发展需要，动态管理饲料质量信息追溯功能。初步设想将饲料质量信息追溯链条延伸至原料端，从饲料源头上把控饲料质量安全，倒逼饲料原料生产企业规范生产经营行为。此外，连接畜产品风险预警系统，实现饲料质量安全及时预警，为政府决策、日常监管和标准化生产提供技术支撑。

第 3 章　宁夏生鲜乳质量追溯平台

2019 年国务院办公厅出台《关于推进奶业振兴保障乳品质量安全的意见》，明确指出要加快构建现代奶业产业体系、生产体系、经营体系和质量安全体系，建立健全养殖、加工、流通等全过程乳品质量安全追溯体系，为推进奶业振兴，保障乳品质量安全，提振国产乳制品信心作出战略规划。为适应现代畜牧业发展需求和"互联网+"新发展模式，实现生鲜乳"生产-运输-加工-评价-监管-追溯"全链条大数据管理目的，进一步提高监管效率和信息化水平，以提质增效为核心，聚焦规模化、标准化、效益化、信息化，做大做强牛奶产业为目标，为生鲜乳质量安全提供数据支撑和技术保障，助力宁夏牛奶产业高质量发展。

宁夏生鲜乳质量追溯平台下设生鲜乳收购站、乳品企业和监管部门 3 个子平台，建设目的是借助高效的信息化手段对生鲜乳生产、运输进行追溯性监管。通过生鲜乳电子交接单，实现以下主要功能：① 收购站-运输车-乳品企业的生鲜乳全程追踪；② 实时查询统计每日/时间阶段内生鲜乳生产、废弃处理、加工和外运量以及质量信息；③ 对生鲜乳运输车进行实时追踪和历史轨迹查询，统计查询每日/时间阶段内宁夏生鲜乳区内外运输量、运输目的地，实现生鲜乳流向追踪；④ 查询废弃生鲜乳的原因、处理方式（去向），及时向监管部门发送短信提示；⑤ 根据研发团队对生鲜乳质量安全的抽检结果，对不合格批次及时进行风险预警和监管提示；⑥ 按时段统计分析养殖场/收购站以及加工企业生鲜乳数量、质量数据，为生产加工企业的内部管理提供数据支撑；⑦ 经过长期积累，逐渐形成宁夏生鲜乳大数据库，平台可以前延至养殖场生产管理平台，后续至加工企业管理平台，全面提升牛奶产业监管水平。平台为乳品质量安全提供精细化管理，为监管单位提供科学化决策，实现宁夏生鲜乳质量安全全链条高效率追溯能力，切实提高生鲜乳质量安全水平，最终达到“质量全程追溯、在线动态监管、数据便捷统计、风险及时预警”目的，为确保畜牧业持续健康发展、畜产品质量安全和公共卫生安全提供有力支撑。平台取得计算机软件著作权 3 项，申报专利 1 项。

第 1 节　生鲜乳质量安全监管单位子平台

生鲜乳质量安全监管子平台由基础信息、数据地图、数据采集、业务管理、数据统计和预警提醒 6 个模块组成，主要功能如下：① 可查询宁夏生鲜乳收购站、乳品企业、生鲜乳运输车辆、各层级监管单位、行业标准、散养户和奶牛的各类信息；② 可视化展示生鲜乳收购站和乳品企业地理位置，实时显示生鲜乳运输车辆位置、状态等信息；③ 实时查询生鲜乳收购站每日生鲜乳产品、运奶量和废弃量；④ 可对每批生鲜乳电子交接单和退回生鲜乳进行查询；⑤ 可对每日上传的各类信息进行数据统计和实时查询；⑥ 对抽检有问题的生鲜乳以及未及时上传填报生鲜乳运量等信息的收购站和乳企预警提醒。通过以上功能，实现各级生鲜乳质量安全监管单位对辖区内生鲜乳生产、贮存、运输全链条监管。

1　基础信息

1.1　收购站、乳品企业、散养户基础信息管理

通过生鲜乳收购站、乳品企业、散养户 3 个信息管理模块，可分别实现对宁夏在册的生鲜乳收购站、乳品企业、散养户名称、所属市区、所属县区、开办类型、运营状态等信息分类查询，精准筛选查询对应的生鲜乳收购站、乳品企业、散养户数据；通过新增功能，可以实现新增的生鲜乳收购站、乳品企业、散养户基础信息实时更新，保证信息准确、有效；通过详情、编辑和注销功能，可以查看、编辑或注销该收购站、乳品企业或散养户的名称、法人信息、联系方式、开办日期、上传营业执照、存栏量、生鲜乳收购许可证编号、发证日期、许可证有效期等基础信息。

1.2　运输车辆信息管理

通过运输车辆信息管理模块，可实现对生鲜乳运输车辆车牌号、企业名称、发

证机关、区域类型、所属市区、所属县区、运营状态的分类查询，精准筛选查询对应生鲜乳运输车辆数据；通过填写车牌号，选择区域和归属类型，实时添加新的生鲜乳运输车辆；通过详情、编辑和注销功能，可以查看、编辑或注销具体生鲜乳运输车辆车牌号、车架号、挂车车牌号、车辆归属企业、最大运载量、GPS 设备号、生鲜乳运输范围、生鲜乳准运证编号、上传生鲜乳准运证、司机姓名、手机号等信息。

1.3 监管单位信息管理

通过监管单位信息管理模块，可实现对生鲜乳质量安全监管单位名称、所属市区、所属县区的分类查询；可实时维护更新各级监管单位名称、统一信用代码、所属地区、详细地址、成立日期、监管级别等基础信息。

1.4 行业标准信息管理

收录了《食品安全国家标准　生乳》（GB 19301—2010）和宁夏《优质生鲜乳质量等级评定技术规范》（T/NAASS 034—2022），可以对标准进行查询和维护。通过行业标准信息管理模块，可依据标准库内的标准值对每批（次）生鲜乳质量数据进行比对评级。

1.5 奶牛信息管理

包含具有生鲜乳收购资格的奶牛养殖场存栏量、各年龄阶段奶牛数量等信息。此数据每月初由生鲜乳收购站上报更新。通过奶牛信息管理模块，可根据收购站名称、属地、时间节点对以上数据信息进行分类查询。

2 数据地图

通过收购站、乳品企业、生鲜乳运输车数据地图 3 个模块，可实现生鲜乳收购站、乳品企业具体地理位置可视化；可查看具体生鲜乳收购站或乳品企业的当日送（收）奶量、全年送（收）奶量；通过生鲜乳运输车辆 GPS 系统，可对运输车运输状态、当前车速、地理位置实时查看。

3 数据采集

3.1 收购站每日数据上报

通过生鲜乳收购站每日数据上报模块，可查看具体生鲜乳收购站当前总产量

（吨）、总运奶量（吨）、总废弃量（吨）、总收奶（转运）量（吨）数据；可进行 3 级详细模块查询操作，查询具体生鲜乳收购站不同运输日期内的产量和运输量信息，可根据具体运输日期或阶段时间内生鲜乳运输车辆信息、运奶量、运往企业、区域类型、状态等信息进行分类查询。

3.2　乳企每日数据上报

通过乳品企业每日数据上报模块，可筛选查看不同属地乳企具体日期或时间阶段内所收购生鲜乳质量，并显示不同等级的生鲜乳批次量；可进行 3 级详细模块查询操作，可根据乳企收购生鲜乳的批次编号、所属质量等级、生鲜乳收购站名称、收奶量、车牌号、运输日期、在不同标准框架下所属等级、运输轨迹以及具体质量检测数据进行分类查询。

4　业务管理

业务管理包括交接单信息管理和生鲜乳退回处理 2 个模块，实现生鲜乳质量全程追溯查询。交接单信息管理可对生鲜乳收购站待接单、运输中和已抵达信息进行查询；可进行 2 级详细模块查询操作，查询具体运输时间或时间阶段内运奶量、司机姓名、运输车车牌号、运往地、运输状态、运输轨迹等信息；可查看电子交接单信息、操作记录等实时或历史数据。生鲜乳退回模块可根据生鲜乳收购站名称、乳企名称、属地、运输车车牌号、退回类型等信息进行分类查询，可查看退奶量和具体退回原因。

5　数据统计

通过基础信息、收购站送奶、乳品企业收奶、国家标准和地方标准 5 个统计模块，可实现实时筛选查询不同属地生鲜乳收购站数量、存栏量、运输车数量、乳企数量、各生鲜乳收购站区内外运输量、各乳品企业收奶量和退回奶量等的数据统计，并依据国家标准或地方标准对生鲜乳各类指标检测值进行统计；对以上查询结果以柱状图、折线图等形式展示，也可生成报表并导出，方便监管机构对数据进行进一步分析和使用；根据生鲜乳质量检测结果、产量、运输量等数据形成的数据库，可全面提升宁夏生鲜乳生产、加工和监管水平。

6 预警提醒

6.1 风险预警提醒

通过风险预警提醒模块，可以根据生鲜乳质量抽检的检验报告，将不合格批次风险预警提醒以短信的形式直接发送到所属辖区监管单位联系人的手机上，提示监管机构需要对该批次生鲜乳来源去向进行追溯，确保不合格生鲜乳不进入食用环节。

6.2 收购站、乳品企业填报预警

通过收购站、乳品企业填报预警 2 个模块，可以查看生鲜乳收购站和乳品企业是否及时创建电子交接单、上报每日采集数据。如果有相关预警提醒，可以根据平台提供的联系方式，提醒督促相关企业按时创建与上报。

第 2 节　生鲜乳收购站子平台

生鲜乳收购站由取得工商登记的乳制品生产企业、奶畜养殖场、奶农专业生产合作社开办。生鲜乳收购站子平台由基础信息、数据采集、业务管理、数据统计和生鲜乳电子交接单微信小程序 5 个模块构成，主要实现生鲜乳收购站自我资质管理、运输车辆管理、电子交接单创建、生鲜乳产量运量废弃量统计等功能，可进一步加强生鲜乳收购站标准化、数字化管理。

1 基础信息

包括收购站基础信息管理、运输车信息管理和奶牛信息管理 3 个模块。通过生鲜乳收购站管理模块，可查看更新该生鲜乳收购站资质信息、开办单位类型、存栏量、许可证有效日期、发证机关、运营状态等信息。通过运输车辆管理模块，可管理编辑归属本生鲜乳收购站的生鲜乳运输车辆信息，包括生鲜乳运输车归属类型、归属企业名称、鲜乳准运证有效期、发证机关、司机姓名联系方式等信息。针对奶畜养殖场类型的生鲜乳收购站，可通过奶牛信息管理模块，每月更新奶牛存栏数量，各类型、各年龄阶段奶牛数量信息。

2　数据采集

生鲜乳收购站通过每日数据上报模块，对当天已完成的生鲜乳运输量进行上报，内容包括当日生鲜乳合计产量、合计总运输量、收奶（转运）量和运输日期；为保障平台数据真实有效，运输日期只可选择当日和前一日，过期将不能补报；总收奶（转运）量可通过与当日创建的交接单绑定，由系统自动算出当日运量；在本模块内，还可根据状态和时间阶段，查询历史生鲜乳运输信息。

3　业务管理

包括交接单信息管理、车辆临时借调管理和生鲜乳退回处理 3 个模块。通过交接单信息管理模块，可及时创建新的生鲜乳电子交接单，包括运往地（乳品企业/收购站）、运奶量、派单日期、运往乳企（区内/区外）、运输车辆和司机信息；可查看已建交接单状态（已抵达/运输中/已完成）、运输车轨迹、操作记录等信息。通过车辆临时借调管理模块，可实现平台内已有车辆的借调操作。通过生鲜乳退回处理模块，确认接受运往乳企因质量指标不合格原因导致的拒收生鲜乳，并填写废弃乳处理方式。

4　数据统计

包括收购站送奶统计、国家标准统计和地方标准统计 3 个模块，可对该生鲜乳收购站运输量、生鲜乳质量进行查询统计。对于奶畜养殖场类型的生鲜乳收购站，可结合运往乳企的生鲜乳质量监测数据，及时反馈给奶牛养殖部门，在饲养环节提高生鲜乳产量和质量。

5　生鲜乳电子交接单微信小程序

生鲜乳电子交接单微信小程序包括生鲜乳收购站和运输车司机 2 个登录口。通过电子交接单，连接生鲜乳收购站、生鲜乳运输车和乳品企业，实现生鲜乳收购站派单，运输车司机通过小程序接单运输，抵达后确认，全程电子化交接功能。

5.1　生鲜乳运输司机端口

包括微信小程序交接单管理和个人中心 2 个模块。交接单管理具有出发、运输、抵达和撤回4个功能。生鲜乳运输车司机可以选择自己可使用的生鲜乳运输车所接到的生鲜乳派单，点击“出发”按钮，填写出发时奶温。抵达乳企后，点击“抵达”按钮，获取当前定位信息，填写乳企收奶人姓名，提交后完成本单运输，交接单详情内会显示运输状态（运输中/已送达）、奶温、押运员等信息。个人中心模块可更改密码和更换车辆，一个司机可以绑定多辆车，如果需要更换车辆，可以点击个人信息里面的更换车辆按钮，重新选择车辆。

5.2 生鲜乳收购站端口

生鲜乳收购端口包括交接单管理、每日上报、车辆管理、个人中心4个模块。交接单管理包括出发、运输、抵达和撤回4个功能，可根据以上功能查看运输状态、出发温度、司机姓名、运输量、抵达时间、抵达温度、收奶人、确认时方位和总耗时等信息。每日上报模块包括未填报和已填报2个部分，可编辑、生成当日上报数据，根据交接单数量显示运输量、运往企业、所属地区、交接单状态、生鲜乳质量信息等，并生成可上报的统计数据。可通过编辑功能勾选废弃奶处理方式，填报数据生成提交后可直接更新到平台数据库内。车辆管理模块可查看、编辑该生鲜乳收购站名下管理的生鲜乳运输车辆信息，包括车牌号、挂车车牌、核载重量、准运证编号、到期日期等。个人中心模块可以修改账号密码，编辑本生鲜乳收购站基本信息，更新生鲜乳收购站定位。

第3节　乳品企业子平台

乳品企业子平台由基础信息、数据采集、业务管理和数据统计4个模块组成，实现所收购生鲜乳来源、轨迹、数量、状态实时查询，历史订单筛选查询，直观地筛选查看生鲜乳指标监测结果统计等功能。

1　基础信息

包括乳品企业信息管理和运输车辆信息管理2个模块。通过乳品企业信息管理模块，可维护更新本乳品企业资质信息，包括生产许可证编号、所属地区、详细地址、法人信息、成立日期等基础信息。通过运输车辆管理模块，可管理编辑归属本乳品企业的生鲜乳运输车辆信息，包括生鲜乳运输车归属类型、归属企业名称、鲜乳准运证有效期、发证机关、司机姓名联系方式等。

2　数据采集

通过乳品企业每日数据上报模块，可下载近 5 日的数据模板。模板含有选择日当天的生鲜乳运输基本信息，包括奶源地名称、收奶单位、奶量（吨）、运输车辆信息，乳品企业检测该批次生鲜乳质量指标，在模板内对应位置填写检测结果。如果有因质量检测不合格导致退回的生鲜乳批次，在“是否退回”栏填写“是”，并填写退回原因，最后整体上传表格完成乳企数据上报。该模块可分时段查询历史运单的来源收购站信息、批次编号、收奶量、运输轨迹、生鲜乳质量等级和详细检测结果信息。

3　业务管理

包括交接单信息管理和生鲜乳退回处理 2 个模块。通过交接单信息管理模块，可实时查询生鲜乳电子交接单状态（待接单/已抵达/已完成）、收购站名称、运输日期、运奶量、运输车辆和司机等信息，可查看运输车轨迹、操作记录、运输车辆、奶站送奶等信息。通过生鲜乳退回处理模块，可查看退奶量、退回类型、退回日期以及收购站退回处理方式，进一步实现生鲜乳质量全程追溯。

4　数据统计

包括乳品企业收奶统计、国家标准统计和地方标准统计 3 个模块，可对本乳品企业收奶量、生鲜乳质量检测结果进行查询统计，全面掌握购入生鲜乳数量、质量数据，可根据不同生鲜乳品质等级，决定该批次生鲜乳加工方式，提高优质生鲜乳利用率，同时也可作为是否与各生鲜乳收购站继续合作的参考。

第 4 节　应用效果和主要做法

宁夏生鲜乳质量追溯平台实现了对宁夏 20 家乳品加工企业、296 家生鲜乳收购站、843 辆生鲜乳运输车和 23 家区、市、县 3 级奶站监管单位的全覆盖应用，是全国第一个投运的生鲜乳质量追溯智慧化平台，进一步从提高监管水平和指导标准化生产 2 个方面助推宁夏牛奶产业高质量发展。

一是多方调研讨论，确定平台建设目标。研发团队前期通过和区、市、县生鲜乳监管部门、乳品企业代表等相关从业人员的多次调研讨论，从宁夏奶产业发展及产业延伸角度出发，以平台的适用性和可行性为目标，确定建设一个能实现生鲜乳生产、运输、交售、评价、统计、在线监管、质量追溯全闭环数据管理平台。

二是通过试运行，优化平台服务企业。选择宁夏塞尚乳业有限公司及其生鲜乳收购站和运输车辆进行试运行，不断优化生鲜乳收购站、乳品企业和各级监管单位子平台模块，实现随时查阅、统计分析生鲜乳产量、运量、质量，可视化追溯生鲜乳运输车轨迹等功能，由此开创宁夏生鲜乳质量安全智慧监管、数字监管新模式。

三是积极争取专项资金，助力平台推广应用。借助宁夏被农业农村部列为“生鲜乳收购站和运输车电子交接单”应用试点省机遇，研发团队积极申请专项资金，宁夏农业农村厅高度重视，拨付“生鲜乳质量安全追溯体系建设项目”资金 210 万元，为宁夏生鲜乳质量平台推广应用提供了经费保障。

四是加强人员培训，保障上报数据真实、及时、有效。通过点对点与集中培训相结合、线上线下相结合的方式，对宁夏 4 个市级辖区内 294 家生鲜乳收购站、20 家乳品企业、18 家生鲜乳监管单位的 340 名工作人员和 688 名生鲜乳运输车司机系统培训，确保所有操作人员可熟练使用生鲜乳质量追溯平台进行生鲜乳电子交接单派收、数据上传等操作，为生鲜乳质量追溯平台有效运转提供坚实基础。

五是多部门联动，确保平台高效使用。宁夏农业农村厅组织召开启动会和推进会，建立区、市、县监管部门联动机制，制定下发《生鲜乳质量安全追溯体系建设项目实施方案》，企业积极配合，结合平台管理办法和平台内未填报信息预警提示，多角度、多手段保障生鲜乳收购站、乳品企业、生鲜乳运输车司机对每日数据及时上报，确保平台高效运转，切实保障宁夏生鲜乳质量全程追溯。

第 4 章　宁夏畜产品质量安全风险预警信息平台

畜产品质量安全是食品安全的重要组成部分，质量安全程度受到消费者高度关注，与人民群众的消费信心和幸福指数密切相关。随着经济的不断发展，人民对畜产品质量安全的要求逐渐提高。按照国际惯例，我国在对动物疫病、动物兽药残留进行实时监测和防控的同时，要构筑畜产品质量安全管理体系，并且应采用风险分析方法进行畜产品安全性评价与预警，有针对性地提出管理措施，保障畜产品安全。但目前我国尚未建立系统的畜产品风险分析与预警体系，如何加强动物养殖安全，提高风险预警技术，减少药物残留、耐药菌等对人体的危害，从根本上保证人们食用畜产品安全，已成为当前亟待解决的问题。以畜产品质量安全为突破口，发挥信息化技术在现代化农业建设中重要的技术支撑作用，努力尝试建立健全符合我国国情的食物质量安全风险预警体系和管理模式，是畜产品高质量发展的必然趋势。

过去我国只关注动物疫病的风险控制，近年来逐渐向影响动物产品整个产业的因素扩展。风险预警是一种提供有关有害事件信息的分析过程，而动物疫病和兽药残留风险预警是食品安全应急预警系统的重要组成部分。搞好畜产品质量安全，风险管理与风险预警尤为重要，它可使畜产品保障工作得到消费者乃至全社会的认可。为此，研发团队基于创建的风险分析与预警技术体系、风险因子数据库，通过搭建风险因子、风险评估、风险分析、重点监测、智能预警 5 个功能模块，首创畜产品风险预警信息平台，实现畜产品兽药残留质量安全风险分析预警理论与“互联网+”技术相结合的智能化应用目标，为全方位保障畜产品质量安全提供重要的技术支撑。

风险预警平台是集检测数据自动调取、风险自动评估、预警信息实时发布等功能于一体的畜产品兽药残留质量安全风险评估与预警系统。主要功能如下：① 兽药残留检测数据自动调取。平台能够自动实时调取实验室管理系统中的宁夏畜禽产品兽药残留检测数据，为后续风险分析提供数据基础。② 风险自动识别、分析与评估。基于检测数据对宁夏畜禽产品质量安全风险因子的自动识别，实现畜产品整体综合风险指数量化评估，能够从兽药残留种类、药物个数和超标程度多角度反映宁夏畜禽产品质量安全风险。③ 风险因子自动排查。基于风险因子数据库，对 14 大类 298 种风险因子实现在线风险因子自动识别、风险来源智能追溯和防范措施自动决策。④ 风险智能预警。智能化展示不同地区的风险等级与主要风险因子，筛选出需要重点抽检监控的风险企业，实现预警信息实时发布与短信自动提醒，便于执法人员精准监管。⑤ 检验报告在线调取。监管部门可以在线调取风险产品检验报告随时查阅，提升监管工作效率。

2022 年，通过线下推广，信息平台已在宁夏 5 市 22 个县区畜产品监管部门上线运行，并定期进行畜产品质量安全风险评估与预警，对宁夏畜产品兽药残留监控数据与风险因子进行全面分析。项目团队将畜禽产品风险分析与预警模型搬上“云端”，实现畜禽产品质量安全风险实时、准确、智能预警，为监管部门精准执法起到助推作用。

第 1 节　风险因子数据库

为全面掌握宁夏养殖投入品及畜产品质量安全风险因子，研发团队不断加强对兽药、饲料和畜产品质量安全监测技术的创新与突破，建立完善系统的宁夏养殖投入品和畜产品质量安全监测体系。从畜产品投入品（兽药、饲料）质量安全风险和生产环节直接摄入风险 2 个层面对畜禽产品质量安全风险因子实施监测与分析，对威胁畜产品的质量安全风险因子进行分类，并根据其危害程度评定相应的风险等级，建立兽药、饲料、生鲜乳、畜产品兽药残留质量安全风险因子数据库 4 个，包含不同等级、不同种类的 298 个风险因子，以及其风险产生的来源、主要危害、防范措施等数据资源，为后续畜产品质量安全风险分析与评估预警模型提供重要的数据分析基础。

1　养殖投入品 - 兽药质量安全风险因子

通过兽药质量安全监测体系对宁夏地区兽药质量安全的持续监控及风险隐患排

查，发现兽药质量安全风险因子主要集中在兽药有效成分含量、有效成分鉴别、pH以及非法添加 4 个方面。兽药作为畜牧业发展中的主要投入品，其质量安全直接影响动物疾病防控效果，不仅会导致耐药性和药物残留问题发生，而且药物非法添加会增加动物发生不良反应的风险，不利于畜禽养殖业健康发展。通过排查梳理，将兽药质量安全风险因子分为高、中、低 3 个等级，建立完成兽药质量安全风险因子数据库 1 个，包含不同等级、不同种类的兽药风险因子，以及其风险产生的来源、主要危害、防范措施等数据资源。

2　养殖投入品－饲料质量安全风险因子

通过饲料质量安全监测体系监测分析和国家对饲料质量安全的相关规定，发现饲料质量安全风险因子主要集中在饲料原料中农药超标、霉菌毒素超标、非法添加违禁物质、重金属超标、有机污染物超标、滥用肉骨粉等动物源性等方面。饲料作为畜牧业重要的投入品，其质量安全风险对动物产品质量安全起着关键作用。通过排查梳理，将饲料质量安全风险因子分为高、中、低 3 个危害等级，建立完成饲料质量安全风险因子数据库 1 个，包含不同等级、不同种类的饲料风险因子以及其风险产生的来源、主要危害、防范措施等数据资源。主要包括铜、锌、铅、镉、铬、克仑特罗、莱克多巴胺、沙丁胺醇、苏丹红、呋喃唑酮、地西泮、己烯雌酚、孔雀石绿、三聚氰胺等，共 10 类 115 种风险因子。

3　生鲜乳质量安全风险因子

生鲜乳质量安全不仅关系着宁夏畜产品的质量安全和人民群众的身体健康，而且关乎宁夏奶产业的健康发展。通过生鲜乳质量安全监测体系分析和国家对生鲜乳质量安全的相关规定，发现生鲜乳质量安全的风险因子主要集中在非法添加物、营养指标超标、卫生指标超标 4 个方面。通过排查梳理，将生鲜乳质量安全风险因子分为极高、高、中、低 4 个危害等级，建立完成生鲜乳质量安全风险因子数据库1个，包含不同等级、不同种类的生鲜乳质量安全风险因子，以及其风险产生的来源、主要危害、防范措施等数据资源。主要包括三聚氰胺、黄曲霉毒素 M1 类物质、β–内酰胺酶、革皮水解物（L–羟脯氨酸）、硫氰酸钠、冰点和体细胞数超标等，共

4 类 20 种风险因子。

4 畜产品兽药残留风险因子

兽药是一把“双刃剑”，动物养殖在防治动物疾病的同时，对动物安全、环境生态安全、动物性食品安全以及公共卫生安全等都会构成复杂而深刻的影响。兽药不规范使用不可避免地在动物体内造成不同程度的残存，这些残存的兽药或兽药代谢物，相当一部分还保留有一定的生物活性，如果通过食物链进入人体并蓄积，即可对人体正常生理机能造成影响，甚至引起直接的毒害作用。通过畜产品兽药残留监测体系和国家对兽药残留的相关规定，确定兽药残留风险因子主要集中农业农村部公告和《国家食品安全标准 食品中最大残留限量》（GB 31650）中规定的在养殖环节禁止使用药物，产蛋期、泌乳期、流蜜期等特殊时期禁止使用的药物，有最大残留限量的药物等方面，通过排查梳理，将畜产品质量安全风险因子分为极高、高、中、低 4 个危害等级，建立完成畜产品兽药残留质量安全风险因子数据库 1 个，包含不同等级、不同种类的兽药残留风险因子，以及其风险产生的来源、主要危害、防范措施等数据资源。主要包括安眠酮、孔雀石绿、万古霉素、氟喹诺酮类、氟苯尼考、糖皮质激素类、酰胺醇类等，共 43 类 147 种风险因子。

第 2 节 风险评估

为全面分析畜禽产品兽药残留质量安全风险，摸清畜产品质量安全中存在的主要风险因子，助推监管部门实现靶向风险管理，研发团队将畜产品质量安全风险分析与预警模型核心技术嵌入信息平台，通过数据自动调取、外部数据导入、风险评估、风险等级评定等模块，实现从残留的药物种类、药物个数、药物超标程度 3 个模块对畜产品兽药残留风险进行综合量化分析与评判。

1 数据自动调取

风险预警平台的分析源是畜产品兽药残留监测数据，为实现数据分析的便捷性和智能化，研发团队通过数据端口接入内含畜产品兽药残留监测详细数据的实验室信息管理平台。实验室信息管理平台中包含宁夏近年来畜产品兽药残留检测的详细实验数据，能够作为风险预警平台的有效数据来源，是进行风险分析与预警的重要数据基础，包括每份样品的来源、检测项目、残留情况等详细信息。在风险预警平台与实验室信息管理平台之间设计了数据端口，接入信号是畜产品在实验室管理平台经过收样、检样、报告上传、校核、报告出具流程之后，以每份样品的实验报告结果为信号，畜产品一旦在实验室信息管理平台上检测完毕，完成检验报告出具环节，样品详细数据会自动传入风险预警平台进行风险分析，实现无人操作的智能化数据自动调取。

2　外部数据自动导入

为更全面地分析和防范风险，研发团队设计了外部数据便捷导入模块，以实现对国家和其他省份畜产品质量风险的便捷分析和有效防范。该模块设计了外接数据端口，能够进入国家或其他省份畜产品质量安全监测数据对外发布平台，使用者可以通过此模块便捷地查看国家或其他省份发布的畜产品质量安全监测信息，包括畜产品兽药残留检出情况，及时掌握畜产品区外风险隐患，做到对本地区的风险及时预警和防范。同时，该模块还可便捷地导入外部数据，用于后续风险分析模型的分析与运算，这样平台的分析数据可以不拘泥于实验室管理平台，可以按照平台给出的表格模板进行数据上传，上传后的数据可直接进入后续的风险分析与预警模块，实现将风险分析的范围由地区扩展至全国的功能，为后续扩大平台的分析功能做好技术储备。此模块的设计是由小集大的过程，平台可以根据研发者的需求实现对宁夏地区畜产品的风险分析，同时也可以通过此模块将数据分析扩展至全国，数据库的大小、层次能够决定风险分析与预警的范围、广度和深度，为后续平台的广泛应用打下基础。

3　风险自动评估

风险自动评估模块是平台的技术核心，此模块凝集了设计者的研究理念和思维精华，内含研发的重要技术和风险分析与预警模型。此模型是团队提出的具有突破性意义的畜产品风险评估理论模型，内含风险赋分表、风险指数分类、分级赋分算法等核心技术。为最大化地发挥模型的分析作用，团队将模型内嵌进大数据信息平台，平台能够根据核心算法实现对畜产品监测数据的快速、自动评估。使用者可以清晰明了地看到畜产品的风险指数，而且数据运算非常灵活，可以从不同动物组织、不同流通环节、不同品种 3 个层面分析畜产品质量安全风险指数。这一模块聚集了计算机技术运算快速、精准、大数据分析的优势。使用者进入风险评估模块后，可以看到动物类别综合指数、动物组织综合指数和流通环节综合指数 3 个分区模块，在动物类别综合指数中可以看到总体的综合指数以及牛肉、羊肉、猪肉、鸡肉、鸡蛋、牛奶不同种类畜产品的综合风险指数和风险等级；在动物组织综合指数分区模块，可以看到总体的综合指数和风险等级，同时可以看到鸡肉、肝脏、肾脏、脂肪、蛋、奶的风险指数和风险等级；在流通环节综合指数分区模块，可以看到总体综合风险指数与经营企业、屠宰场、农贸市场风险指数。风险分析与预警模型的线上运行，大大缩短了人工计算的时间，实现了大数据的快速分析与存储功能，展现了理论模型与“互联网+”技术碰撞后在畜产品质量安全风险分析中的巨大优势。

4　风险等级自动评定

畜产品质量安全风险自动评估之后，团队按照“分数越大，风险越高”原则，对畜产品质量安全风险进行等级划分，根据专家论证和多年来国家及宁夏地区畜产品质量安全监测数据的验证考量，分为极低风险、低风险、中风险、高风险、极高风险 5 个级别，构建了“五等级”评估体系。等级评定原则嵌入平台内部，系统对产品进行自动评估后即可根据计算出的风险指数和等级评定原则自动进行匹配与等级评定，可以从不同动物组织、不同流通环节、不同品种、不同地区多个层面自动确定产品的风险等级。等级自动评定功能同时为不同等级设计了不同颜色，极低风险为绿色，低风险为黄色，中风险为橙色，高风险为红色，极高风险为紫色，可以让使用者对风险有更清晰的判断。在对宁夏不同地区进行等级评定后，可以在数据地区中通过风险等级的不同颜色展示不同地区的风险等级。此模块是风险分析数据的结果展示，是大量监测数据经过风险分析模型复杂的运算分析所得结果的清晰化呈现，为使用者提供直观的数据分析。

第3节　风险分析

风险分析是对畜产品综合风险指数的进一步细化分析，此模块通过内置的风险分析核心算法，对风险评估后畜产品的风险来源、风险因子进行大数据运算与分析，实现对畜产品风险因子自动排查、风险来源的智能追溯和风险数据的灵活分析，自动锁定风险因子的种类和风险来源企业，助力检测部门靶向排查和监管部门精准执法。

1　风险因子自动排查

系统对不同种类、不同组织、不同流通环节、不同地区产品进行分类分析评估后，可以通过对数据中风险因子的挖掘与大量分析自动排查出每一类型产品的主要风险因子，并调取风险因子数据库中的风险因子数据资源，对风险因子进行危害和来源分析，为使用者自动给出重要的风险防范措施建议。风险因子数据库包括风险因子、风险等级、危害暴露、风险防范措施。例如，β-兴奋剂类风险因子，危害等级为极高，国家规定的禁用药物，危害是会导致心悸、心律失常、高血压、面部潮红、头痛、眩晕、耳鸣、疲倦、皮疹、恶心或胃部不适，也可能引起排尿困难，这类药物在过量使用时会产生蛋白同化激素的作用，因而还可产生与使用蛋白同化激素类似的副作用，风险防范措施为监管单位要加强对经营单位兽用处方药及非处方药规范销售的监管，加强对生产企业违规用药的惩处力度，加强对生产企业违规采购违禁药采购渠道的查处与监管，加强对生产企业合理规范使用兽药相关法律法规的培训。生产企业应选择正规渠道采购兽药，严禁对出售动物使用违禁药物，应加强对动物的科学饲养管理，提高动物群体抗病力，应加强对国家兽药规范使用法律法规的学习。

2　风险来源智能追溯

风险来源的确定与追溯是风险分析的重要目标，平台对风险进行大数据分析与等级评定后，设计了对风险因子的排查与来源追溯功能，结合团队研发的实验室管理信息平台、移动采样终端App数据，通过平台之间的数据连接，能够快速追溯产品生产企业，对风险产品的源头进行快速的信息追溯，实现对风险来源的自动锁定和风险企业、风险源头信息的靶向追溯，助力监管部门有效追溯、快速执法。

3　数据灵活分析

信息平台的重要作用就是能够实现大数据智能分析，在畜产品风险分析与预警模型的设计基础上，团队结合计算机大数据计算优势，设计了灵活的数据算法，能够实现对国家、地区、不同时间节点、不同种类动物产品、不同动物组织、不同流通环节畜产品风险指数的快速运算和风险的实时分析、评估与等级评定。在风险分析与预警模型的理论和算法基础上，有效发挥互联网计算的应用优势，实现对畜产品质量安全风险隐患的智能化数据分析。

第4节　重点监测

风险分析的最终目的是对风险更清晰地排查与梳理。通过重点监测模块，系统可自动为检测单位筛选需要追踪调查的风险产品，为监管单位筛选需要重点抽检监控的风险品种、风险企业和风险地区实现畜产品兽药残留风险智慧监控。

1　风险产品

系统会根据风险评估结果快速识别归类风险因子对应的风险产品，为使用者展示所有排查出的风险产品，提示监管单位和检测单位加强对出现风险产品企业的追踪检测和监督。

2　风险企业

系统会根据风险评估结果快速识别风险因子并追踪溯源到抽检企业，为使用者提供重点抽检企业列表，提示监管单位和检测单位加强对风险企业的追踪检测和监督。

3　智能推荐

此模块会显示风险产品的主要信息，包括企业名称、联系人信息、所在地区、风险等级、预警时间等，系统可以根据使用者需要的关键词进行智能检索与抽样推荐，通过企业名称、预警地区、预警时间等关键词，快速检索所需要的重点抽检地区。这些功能的设计便于检验人员实时查看风险产品与风险企业分布，在抽样时进行靶向追踪分析，对监管效果进行进一步验证判定，便于监管单位工作人员快速查看宁夏以及本地区风险产品的主要产地来源，开展有针对性的监管工作。

第 5 节　风险预警

畜产品质量安全风险分析与评估是实现风险智能预警的基础，风险分析与评估模块是对畜产品质量安全风险因子的信息化分析，而风险预警模块实现了集检验报告在线调取、预警信息实时发布与短信自动提醒等功能于一体的风险智能预警功能。

1　预警信息实时发布

智能预警是风险预警平台的最终目的。此模块对前期分析数据进行整合展示。在整体风险评估的基础上，对宁夏 22 个市县的风险进行灵活的风险分析、评估与等级评定，并设计智能预警通知功能，实现对各市县风险的实时预警。平台对一个阶段的风险进行分析之后，预警模块能够向各市县监管人员发出短信预警，给出风险等级和识别出的风险因子，市县监管人员可登录平台详细查看风险评估内容，根据风险评估结果加强对风险产品、风险企业的重点监控，对可能出现的风险进行有效防范。此模块包括风险综合指数、风险因子数、风险因子预测列表、风险等级地图、产品预警信息汇总、重点检测风险企业数、智能预警推荐抽检企业和智能信息通知 8 个功能区。风险综合指数分别对动物种类综合指数、动物组织综合指数、流通环节综合指数和预警风险因子数进行统计；风险因子数分别展示兽药、饲料、生鲜乳和畜产品 4 个数据库的风险因子总数；风险因子预测列表滚动展示本年度风险产品的样品信息、风险因子、预警信息和预警地区；风险等级地图是将宁夏 22 个县区的风险指数进行分别运算后对风险自动评级，并通过地图以等级颜色的形式展示各地的风险等级情况；产品预警信息汇总显示检验结果总数、风险预警总数、抽样合格总数、预警通知总数、未读通知总数等信息；重点检测企业数是对产品各等级风险产品的归类汇总；智慧预警推荐抽检企业是根据风险评估结果给出需要重点关注的企业。

2　短信自动提醒

管理人员设置后，智能信息通知模块可分阶段向各市监管部门发布短信预警信息，可向各监管单位实时发布各地区的畜产品风险等级、主要风险因子等预警信息。短信提醒是对风险预警平台功能的总结性展示，汇集了风险预警管理平台各模块的总结性数据，直观地反映宁夏地区畜产品质量安全风险数据，为监管部门提供高效的分析数据。

3　检验报告在线调取

监管人员在收到预警信息后可登录平台查看详细的预警信息以及风险产品的检验报告，在检验报告模块快速获取不合格产品的检验报告。检验报告是纸质报告的PDF 版本，并且加盖了检验检测机构的检验专用章，具有法律效益，能够作为执法部门的执法依据，大大节约了纸质检验报告在部门之间流转的时间，监管部门可根据风险评估结果与检验报告靶向执法与监管。

第 6 节　经验与展望

1　突破传统思维禁锢，创新畜产品质量安全评价模式

畜产品兽药残留风险评估工作一直止步于难以实现体系化的风险分析。团队针对兽药残留问题的评价模式，与行业专家探讨、摸索，提出了“不以合格率论安全”的畜产品质量安全评价新模式，通过理念创新引领技术创新，更直观、更精准地反映畜产品中存在的风险隐患，积极与国际畜产品质量安全保障工作接轨，有效提升畜产品质量安全水平，提升畜产品品牌竞争力。

2　多领域联合创新，突破畜产品质量安全风险预警技术瓶颈

宁夏畜产品安全风险预警平台凝聚了风险评估模型的理论基础和大数据运算的“互联网+”技术，是中国兽医药品监察所兽药残留分析权威专家、北方民族大学数学专业博士、宁夏畜产品监管部门专家、兽药残留检验检测技术人员、计算机专业人员以及畜产品养殖企业技术人员共同创新的结晶。平台将畜产品质量安全风险评估技术与信息化技术进行有效融合，实现了畜产品兽药残留质量安全风险大数据运算评估与智能预警。

3　汇集多方意见，推进平台持续上线运行

平台以试运行模式收集行业、产业、监管部门多方意见与建议，推进平台各模块与功能的优化，不断进行平台模块的改进与应用适应性调整，保证平台各项功能能够方便使用者，有效提升平台使用者的满意度，加强平台线上活跃度，杜绝出现僵尸平台。将平台推广至 5 市 22 个县区上线运行，保障畜产品风险预警平台的产业化应用。

第 5 章　宁夏鲜禽蛋追溯系统

随着我国消费者物质生活水平的显著提升和产业结构的不断变化，肉蛋奶产量和消费结构也随之发生改变，鸡肉和鸡蛋在人民群众中的饮食消费占比不断增加，而且消费需求也从数量转向了营养和健康，对蛋鸡养殖产业提出了全新要求。为了满足消费者对高品质鸡蛋的需求，生产绿色安全、可溯源的鸡蛋是未来蛋鸡养殖产业发展的主要趋势。近年来，鲜禽蛋兽药残留问题较为突出，但禽蛋产品存在溯源追踪难、养殖户主体责任难落实的问题，建立鲜禽蛋质量安全追溯体系成为落实养殖户主体责任、保障产品质量安全的重要手段。为此，研发团队从鲜禽蛋生产、经营及监管 3 个环节入手，开发了禽蛋投入品管理、产品二维码管理、出入库管理、库存管理、质检报告统计、智能评价、大数据统计等模块，建立了鲜禽蛋生产企业子平台、监管单位子平台以及经营企业手机 App，创建了宁夏鲜禽蛋质量追溯系统，实现了以下主要功能：① 生成鲜禽蛋产品唯一质量安全追溯标签，赋予禽蛋产品“一蛋一码”，产品生产、企业推介以及流通情况一码展现，实现禽蛋产品全链条闭环式可追溯智慧监测；② 建立生产、经营企业基本信息数据库，实现鲜禽蛋产品信息化管理、企业无纸化办公，为监管单位全面掌握宁夏禽蛋生产经营情况提供数据基础；③ 通过大数据统计分析，实现企业生产销售数字化统筹管理，监管单位对宁夏区、市、县 3 级鲜禽蛋库存与流通可视化管理；④ 通过企业智能评价，根据重点环节、区域实时统计结果，突出需要重点监测的企业和品种，实现鲜禽蛋质量安全靶向监管；⑤ 通过企业质检和品种质检上传结果与预警提醒，结合质检报告、平台数据统计分析结果，将鲜禽蛋质量安全监管前置，实现鲜禽蛋产品质量安全及时预警与研判、问题产品快速召回。

第 1 节　鲜禽蛋生产企业子平台

生产企业是鲜禽蛋质量安全的源头，投入品质量安全把控是保障禽蛋产品质量安全的重要途径，建立生产企业子平台是推进鲜禽蛋产品全链条追溯的第一环。鲜禽蛋生产企业子平台由产品管理和投入品管理 2 个模块组成，主要创建投入品与产品信息库，进行产品合格证基础信息线上管理；产品追溯二维码在线申请，配合生产线打印实现产品“一蛋一码”，为鲜禽蛋产品全链条可追溯提供流通信息码；投入品与产品出入库电子化、客户信息实时存储、订单信息化管理、质检报告数字化统计，实现对产品销售数据的数字化管理，融合二维码追溯信息，实现鲜禽蛋生产投入信息可溯源，为企业信息化管理提供平台。

1　企业推介

企业推介模块的主要设计理念是对企业基本信息的存储与展示，便于企业通过二维码追溯信息向消费者展示企业形象，扩大企业品牌影响力。企业可以在此模块创建基础信息库，包括企业名称、许可证、生产地址、联系方式等基础信息，生产企业可以通过新增、编辑、修改、禁用等功能对本企业的信息库进行完善和维护。

2　投入品管理

2.1　投入品信息管理

创建禽蛋产品投入品基本信息模块。企业可以在此模块创建不同类型投入品的基础信息库，包括每一类产品的名称、类型、规格、保质期等基础信息，生产企业通过新增、编辑、修改、禁用等功能对本企业投入品信息库进行完善和维护，方便禽蛋产品投入品后期的便捷统计录入以及出入库管理，为禽蛋产品质量安全可溯源奠定基础。

2.2　投入品出入库管理

在投入品出入库模块，企业可以通过投入品信息库中的基础信息，利用数据字典和关键词录入实现快速、便捷、自动化地出入库管理，减少产品信息的重复录入，只需要通过关键词输入即可实现快速录入，并可在线打印出入库电子单，实现投入品便捷、高效管理。

2.3 投入品库存管理

投入品库存管理由投入品库存流水和库存盘点 2 个模块组成。库存流水功能可实现投入品库存的快速查询。可通过搜索投入品名称、分类、规格、供应商、供货人等信息，一键查询投入品出入库情况，便于企业全面掌握投入品投入情况。库存盘点模块有助于企业实现投入品盈亏的电子化管理，便于企业及时掌握投入和盈利情况，实现信息化的统计与管理。

2.4 信息预警

信息预警由有效期预警和库存预警 2 个模块组成。通过对投入品有效期和库存及时预警，加强禽蛋产品生产环节投入品质量的全程把控，通过信息化，对投入品的质量安全进行高效管理，防止问题产品出现，有效保障禽蛋产品质量安全。

3 产品管理

3.1 产品信息管理

创建禽蛋产品基本信息模块。企业可以在此模块创建不同类型产品的基础信息库，包括每一类产品的名称、许可证、等级、保质期、储存条件、生产地址、联系方式以及注意事项 8 类产品基础信息，生产企业可通过新增、编辑、修改、禁用等功能对本企业禽蛋产品的信息库进行完善和维护，方便禽蛋产品基础信息维护，确保后续信息追溯的真实性和完整性。产品合格证以及可追溯二维码基础信息，为实现产品信息可追溯的源头。

3.2 二维码管理

创建二维码管理模块。生产企业可进行二维码申请、管理等操作，通过二维码实现生产信息的记录与可追溯。企业可在二维码管理模块申请追溯码，由二维码中台系统自动生成每一批次产品的唯一标识二维码，企业流水线末端加装喷码机，在产品包装上喷涂申请的该批次二维码。二维码申请日期、数量、审核状态等二维码信息会在产品详情中的申请记录里体现。利用“一蛋一码”进行全程追踪，实现禽蛋产品质量安全产地可溯源、流向轨迹可查询、经营企业可追踪等功能。设计二维码搜索查询功能，便捷查询二维码信息。输入禽蛋产品种类名称和录入时间，可对数据库中的禽蛋产品出码情况进行检索，获取某一特定时间或区间的禽蛋产品追溯码信息，实现禽蛋产品的批量查询与追溯。

3.3　产品入库管理

企业可以通过二维码实现快速、便捷、自动化的入库管理。企业用户可通过手机终端App扫描产品包装上的二维码，通过二维码识别可将该批次的基础信息自动填写至出库或者入库表单，用户只需输入数量，提交后即可直接完成入库管理，有效缩短了企业手动记录入库的时间，提升了企业无纸化入库管理和数据快速存储，有效提升了管理人员入库管理的工作效率，实现了产品生产管理数据的高效存储和灵活调取。

3.4　产品出库管理

出库管理模块是通过二维码识别实现禽蛋产品快速、便捷的出库登记。企业管理人员可通过手机终端App实现线上扫码功能，通过扫码识别每一批蛋品的信息，填写数量后可便捷出库，同时登记销售地点。突破以往只能通过扫码枪识别二维码的技术局限，实现随时随地二维码识别出库登记，实时记录禽蛋产品出库与销售渠道，实现禽蛋产品流向可追溯，库存在线便捷管理。

3.5　数据统计

数据统计由客户信息、订单管理、入库流水、出库流水、库存管理模块组成，实现了企业数据的便捷统计与数据的信息化管理分析，提高了企业的生产管理水平。在客户信息模块，企业可建立客户信息数据库，实现禽蛋产品生产流通环节可追溯。禽蛋产品在扫码出库前，可以通过关键字输入选择销售客户信息，填写禽蛋购买客户的姓名、联系电话、地址等。根据客户信息数据库，实现客户信息的快速检索，一键导入；在订单管理模块，企业可通过客户类型、客户名称、订单详情等关键字对企业销售订单进行便捷查询与统计；在入库流水模块，可实现禽蛋产品库存的快速查询，通过搜索产品名称、入库单号、入库时间等，一键查询、导出禽蛋产品的入库信息，包括入库日期、产品名称、区域等基础信息，有助于生产企业快速掌握阶段性生产情况；在出库流水模块，可实现禽蛋产品出库量和销售信息的快速查询，通过搜索产品名称、销售单号等，一键查询、导出禽蛋产品的出库信息，包括出库单号、产品名称、出库日期、所属区域等，帮助生产企业全面掌握禽蛋产品销售情况和销售商信息，助力客户信息维护和销售数据统计；在库存管理模块，可实现禽蛋生产企业库存信息化管理，可随时查询禽蛋产品库存信息，针对产品种类、等级、生产时间等进行区间线上盘点，对禽蛋产品库存进行快速统计分析，及时进行库存预警。

3.6 质检统计

质检统计模块可实现禽蛋产品质量安全规范化管理，能够进行不同种类禽蛋产品质检报告上传与存储，加强产品规范、安全生产，通过质检上传与二维码信息展示，能够增强消费者对禽蛋产品质量安全的信任，将质检情况透明化，促进企业规范化生产。

第 2 节 禽蛋产品经营企业子平台

经营企业是禽蛋产品流通的中间环节，为保障禽蛋产品在流通过程中来源和去向痕迹可追溯，为经营企业开发了畜禽产品监测手机终端 App，通过扫码入库、扫码出库、出入库管理与库存管理模块，实现产品“一蛋一码”快速出入库管理，有效解决常规禽蛋产品管理经营环节信息缺失的问题，实现鲜禽蛋产品产销追溯信息一体化管理。

1 扫码出入库

通过手机 App 扫码功能，实现随时随地扫码识别产品批号，快速出入库管理，极大地减少了经营企业的设备成本、人工录入时间成本，提高工作效率，填补禽蛋销售经营企业与生产企业信息链缺失，实现禽蛋产品生产、销售信息全程可追溯管理。

2 出入库管理

出入库管理模块可使经营企业利用手机 App 实时查看产品库存情况，经营单位不需要繁琐的库存盘点即可利用系统线上统计功能实现库存的在线盘点，为经营企业提供信息化技术福利，提升经营企业对鲜禽蛋追溯系统的青睐度，增强手机 App 客户使用满意度，增强平台的活跃指数，有利于平台的快速推广与应用。

3　数据统计

建立库存销售统计模块，实现鲜禽蛋出入库种类和数量的统计分析管理。包括鲜禽蛋产品出入库库存管理，实时展示当月入库总量、销售总量、库存总量等统计信息，便于经营主体对鲜禽蛋数字化管理，为使用者创造更加便利的信息环境，提升使用者对平台的青睐度。帮助经营企业全面掌握鲜禽蛋销售情况，提高自身经营和管理水平。

第 3 节　禽蛋产品监管单位子平台

针对宁夏禽蛋产品流向追溯难、养殖主体责任难落实等问题，建立禽蛋产品监管单位子平台。主要由企业管理与数据统计 2 个模块组成。通过企业管理模块，实现对宁夏鲜禽蛋生产、经营和各级监管单位的监督管理。通过智能评价模块，根据企业质检上传率模块和品种质检上传率，实现对鲜禽蛋生产企业产品的质检评价和等级智能评估。通过企业数据统计功能，经过不同条件统计分析，实现宁夏 5 市鲜禽蛋生产企业、经营企业信息的多样化管理与实时分析。通过投入品信息管理模块，实现对宁夏地区鲜禽蛋投入品使用情况的盘点与数据分析，实时掌握鲜禽蛋生产企业主要投入品信息与质量安全状况，有利于监管部门靶向监管。通过监管子平台，能够实时查询鲜禽蛋生产中投入品的使用及质量安全情况，掌握禽蛋产品流通去向，实现禽蛋产品质量全程可追溯。

1　企业管理

1.1　生产企业

建立宁夏鲜禽蛋生产企业数据库，实现鲜禽蛋生产企业信息化管理。监管单位通过查询企业名称，可获得生产企业的法人姓名、电话、营业执照编号、经营范围、所在地址等信息。有助于监管单位全面掌握辖区内鲜禽蛋生产企业基本信息，开展日常化监督管理。

1.2　经营企业

建立宁夏鲜禽蛋经营企业数据库，实现经营企业信息化管理。监管单位通过查询企业名称，可获得经营企业的法人姓名、电话、营业执照编号、经营范围、所在地址等信息。有助于监管单位全面掌握辖区内鲜禽蛋经营企业信息，加强对经营环节禽蛋产品质量安全的日常监管。

1.3 监管单位

建立鲜禽蛋监管单位数据库，实现监管单位信息化管理。通过查询监管单位名称，可获得单位负责人姓名、电话、所在地址等信息，有助于监管部门相互高效地交流与沟通，提升鲜禽蛋产品监管工作效率。

2 数据统计

2.1 鲜禽蛋数据统计

主要包括鲜禽蛋生产企业与经营企业数据统计。以柱状图的形式显示各鲜禽蛋生产企业与经营企业相关信息的统计结果，包括出入库数量、生产鲜禽蛋品种数、二维码申请量等信息；实时在线统计 5 市鲜禽蛋产品出入库数量、生产鲜禽蛋品种数、二维码申请量等信息。从宁夏总体情况以及各市情况进行鲜禽蛋出入库、库存及品种数据的统计与分析，实现实时、在线、便捷的鲜禽蛋产品数字化分析。

2.2 投入品数据统计

主要包括养殖企业统计、养殖企业投入品统计、经营企业统计以及经营企业投入品统计 4 个模块。养殖企业统计与经营企业统计模块以柱形图的形式展示养殖企业和经营企业鲜禽蛋产品入库、库存、出库数据统计情况，同时对投入品类型与数量进行统计分析，实现监管单位对鲜禽蛋年度产量和投入品数据的综合分析与有效规划；养殖企业投入品统计和经营企业投入品统计模块主要针对投入品进行数据统计，展示各县区不同时间段鲜禽蛋生产中投入品总体的库存、品种、类别等数据，实现监管部门对宁夏鲜禽蛋生产投入产出情况实时分析。

2.3 企业产品信息

企业产品信息包括生产企业和经营企业产品信息，建立基本信息库，实现鲜禽蛋生产、经营企业信息的统计分析。监管单位可通过企业名称、所属省份、市区关键字搜索，获得需要查找企业的详细信息，包括企业法人、联系电话、详细地址产品种类等。有助于监管单位对宁夏鲜禽蛋生产企业进行管理，为鲜禽蛋产品全链条可追溯体系建设提供重要基础。

2.4　企业二维码信息

企业二维码信息库模块实现对宁夏鲜禽蛋生产企业禽蛋产品二维码信息的统计管理。二维码信息库模块首页由高到低显示各企业追溯码申请数量的统计排名，通过查询企业名称或所在区域，获得特定鲜禽蛋生产企业的详细信息和鲜禽蛋二维码申请总量；查询详情可查看特定企业生产的不同类型产品的二维码申请量等信息。该模块有助于监管单位掌握宁夏鲜禽蛋二维码申请情况，做好鲜禽蛋二维码普及与应用推广工作。

2.5　企业出入库管理

企业出入库管理模块，实现对宁夏鲜禽蛋生产和经营企业出入库综合信息的统计分析功能。能够统计宁夏 5 市各区域范围鲜禽蛋整体库存信息和不同类型产品的相关信息，包括出入库量、库存、批次数量等，实时掌握宁夏鲜禽蛋产品的底数；通过多条件统计功能，可根据分析需要筛选不同统计条件，对宁夏各区域和不同鲜禽蛋产品进行多条件复合统计分析，统计信息包括出入库量、库存、区内外入库量和销售量等。

2.6　智能评价

智能评价包括企业质检上传率和品种质检上传率模块。实现了以下主要功能：① 通过企业质检上传率模块，可实现对企业质检上传情况以及企业活跃度的等级评估。该模块会对宁夏生产企业的质检上传情况进行统计分析，以上传率为判断依据对生产企业进行等级评价，质检上传达成率≥80%为优秀、60%~80%为一般、30%~60%为合格、<30%为重点监控。统计分析结果以表格的形式呈现，通过查询评价结果，可查看各评价等级企业的整体信息，包括企业名称、出入库总量、库存、批次数量、上传质检量、上传质检比例、所在区域等，全面掌握各企业的真实情况。等级评价结果可实现对重点监控企业的预警功能，有助于监管部门重点关注、重点监控企业，切实提高整体质检上传率。② 通过品种质检上传率模块，实现对鲜禽蛋产品品种质检评价的等级评估。该模块会对宁夏不同种类鲜禽蛋产品的质检上传情况进行统计分析，以上传率为判断依据对鲜禽蛋产品进行等级评价，质检上传达成率≥80%为优秀、60%~80%为一般、30%~60%为合格、<30%为重点监控。统计分析结果以表格的形式呈现，通过查询评价结果，可查看各评价等级鲜禽蛋产品的整体信息，包括产品名称、产品类型、产品等级、出入库总量、上传质检量、上传质检

比例等，全面掌握各类鲜禽蛋产品质量安全的真实情况。等级评价结果可实现对重点监控鲜禽蛋产品的预警功能，有助于监管部门快速锁定问题产品，为鲜禽蛋产品质量安全监控提供方向。

第4节　展望

创建鲜禽蛋质量追溯平台是为了解决鲜禽蛋产品溯源追踪难、养殖户主体责任难落实等问题。目前此平台已经在宁夏顺宝现代农业股份有限公司上线试运行，首次实现了鲜禽蛋产业链质量安全全程可追溯，扩大了品牌影响力。以规模化企业上线运行带动小企业不断上线推广应用的模式，不断发挥平台追溯功能为企业带来的品牌效益以及对鲜禽蛋整个产业的质量安全追溯。平台上线运行能够实现鲜禽蛋全产业链追踪溯源，但平台的推广应用还须不断努力，下一步将从以下几个方面不断推广平台的应用。

一是规模化辐射带动，以品牌效益提升促推广。通过在规模化蛋鸡养殖场的上线使用，实现鲜禽蛋生产、经营环节流向可视、质量安全可溯源，以产品二维码企业推介功能增强消费者对企业产品、品牌的认可度和青睐度，以此不断提升品牌效益，带动其他规模场以及小企业对平台的上线需求，扩大平台向蛋鸡养殖企业和经营企业的推广范围。

二是增加项目资金支持，以政策支持促推广。鲜禽蛋质量追溯平台需要蛋鸡养殖企业在生产流水线配置二维码打印机，需要相应的资金支持才能扩大平台的使用覆盖面。后续将继续申请项目资金，寻求更多政策支持，不断完善鲜禽蛋追溯系统建设推广，通过政策的支持，不断推进和扩大在各大规模企业的上线运行，有力推动宁夏鲜禽蛋产业追溯系统建设，保障宁夏蛋品质量安全。

三是汇集多方意见，以行业需求促推广。凝集行业、产业、监管部门多方意见，不断优化平台功能，有效发挥平台为企业带来的增益效应，不断提升行业对鲜禽蛋追溯平台的自我需求。质量追溯不只是为监管而建，更是为提升企业品牌形象和客户对产品的认可度而建。后期将以行业需求和监管目标为主，继续对平台功能进行优化，加大平台推广力度，推动宁夏鲜禽蛋产业高质量发展。

第 6 章　宁夏兽药饲料畜产品检测实验室管理平台

宁夏兽药饲料监察所是宁夏承担兽药、饲料、畜产品质量安全指令性检测任务的唯一质检机构，业务量大，样品种类多，检测数据复杂。科学化的实验室质量管理是保证质量检验结果准确、可靠的前提。为了更好地贯彻执行宁夏兽药饲料监察所质量方针，建立有效运行的质量管理体系，保证质量目标实现，提高管理水平和工作效率，维护检验工作的科学性、公正性，确保检验数据准确，针对兽药、饲料、生鲜乳和畜产品检验工作特点，围绕抽样、样品登记分发接收检验、检验结果上传校核审核、报告编制校对逐级审批签发等流程，从抽样管理、样品管理、业务受理、资源管理等 7 大模块，构建了兽药饲料畜产品检测实验室管理平台（LIMS）。实现了以下主要功能：① 利用自编程序，链接兽药饲料生鲜乳畜产品数据端口，与各平台融会贯通，实现资源利用共享化；② 针对抽样单手动填写过程繁杂易错等问题，建立移动采样终端手机 App，实现现场灵活快速抽样；③ 通过权限控制、设定，实现检验用户分级管理，保证数据的准确性和公正性；④ 利用各类数据库的建立、超链接等技术的应用，实现数据信息自动采集、检验项目方法任务的快速匹配分发等；⑤ 利用 VBasic 语言，实现检验报告的自动批量上传、打印；⑥ 利用嵌入式 linux 文件服务器，实现检验原始图谱安全转移及内外网无纸交换；⑦ 通过电子签名，保证检验结果的可追溯性；⑧ 利用系统数据资源统计功能，实现检验数据个性化分析。

2018 年，平台在宁夏兽药饲料监察所全面运行，不断完善改进升级，规范了检验检测工作流程，提高了实验室管理水平和工作效率，保证了检验数据的安全性、可靠性和可溯源性。获得软件著作权 1 项，发明专利 1 项。

第1节　抽样管理

针对手动录入繁琐、出错率高，检验项目分配程序复杂等，设置了抽检管理模块。该模块包括样品登记、分配抽样项目、检验方法，形成抽检单、查看样品状态、检验报告状态6个子模块。实现了以下主要功能：① 通过样品编号、样品名称、受检企业、抽样时间等关键字精准查询想查看的抽检单信息及检验状态，也可查看详情；② 通过顶部操作按钮对所有样品进行新增、修改、复制、批量上传、批量修改和导出等操作。

1　抽样信息全，可快速匹配抽样项目和检验方法

建立了样品基本信息、抽检单位、检验项目等多个数据库，包含不同检测对象、不同检验方法、不同检测项目、不同样品来源等所有信息。在样品登记时，可通过分配抽样项目、检验方法快速地与登记样品匹配。

2　抽样录入快

在建立的各类数据库基础上，在兽药抽样样品登记子模块录入样品时，设置查询、新增、复制、批量上传、批量修改、批量召回、导出数据等功能，可实现输入样品名称，其他基本信息自动链接获取，改变以往基本信息录入慢、录入易出错和效率低等难点。

3　抽检流程规范化

通过抽样管理模块，业务人员可进行饲料、生鲜乳、畜产品、兽药抽样样品登记、分配抽样项目、检验方法，形成抽检单、查看样品状态、检验报告状态、进行样品批量召回和禁用等管理，对样品抽检流程进行规范化管理。

第 2 节　样品管理

样品管理包括留样管理、样品处理、产品确认通知书、兽药结果通知书 4 个子模块。该模块可实现对样品接收、处置、存储、流转、清理或返回等过程的控制和记录。

1　及时核对样品信息

通过样品处理子模块，样品从接收开始做唯一性标识和样品流转卡，流转信息包括样品群组的细分和样品在检验室内外的传递。业务人员接受样品，对其适用性和产品信息进行检查，记录异常情况。当样品状态与所提供说明不符时，通过产品确认书模块，及时向受检单位发送产品确认通知书，予以确认后再进行检验检测活动。检出不合格样品后及时出具检验报告，通过兽药结果通知书子模块向受检单位发送结果确认书。

2　实时监控和精准查询样品状态

在样品处理模块，可实现样品在流转时保持、监控和记录环境条件，以防在传递过程中发生退化、污染、丢失和损坏；可通过样品编号、样品名称等样品信息输入，实现对样品留样、处理等状态的精准查询。

3　自动提醒

在留样管理模块，通过样品抽样登记，对得到的留样信息进行管理维护，进而达到对抽检样品的留样样品存放精准查询。留样到期时，系统会自动提醒，可及时对样品进行处理。

第 3 节　业务受理

业务受理模块是实验室日常运行最为核心的模块，为样品检测任务分配、检测结果分析评价提供支持，包括样品分配、领样确认、任务管理、分配任务、接受任务、检验结果登记、校核检验结果、审核检验结果、接收检验结果 9 个子模块。该模块实现了以下主要功能：① 管理者可在系统任务进度模块查看检测任务，掌握任务执行情况，跟踪样品检验进度，查看检验结果，浏览其他实验人员的操作痕迹，以便按时完成实验室检验任务；② 此模块可对样品进行全过程监控，同时记录检验过程，以便后期实验操作失误时问题追溯管理。

1 任务精准分配和管理

通过样品分配子模块，将检验项目快速、批量、自动分配到对应的检测科室。再利用领样确认子模块与上一级样品分配进行衔接，检验科室主任通过领样确认、任务管理、分配任务、接受任务子模块，对分配的检验项目进行确认后进行批量任务接收，再将本科室样品下分给科室检验人员。

2 在线查看检验状况

通过检验结果登记、校核检验结果、审核检验结果、接收检验结果等子模块的浏览，检验人员可查看哪些样品已检，哪些样品未检。管理者可查看检测任务，掌握任务执行情况，跟踪样品检验进度，查看检验结果，浏览其他实验人员的操作痕迹，是否按时完成实验室检验任务。该模块可对样品进行全过程监控，同时记录检验过程，以便后期实验操作失误时问题追溯管理。

3 检验结果上传快，工作效率高

待样品检验结束后，检验员可登录系统进入检验结果登记子模块，录入检验数据，包括原始数据和原始图谱上传。该模块的功能特点主要是可批量上传图谱附件，自动抓取上传原始记录表格中的温湿度、检验时间、检验仪器等关键性检验参数，自动进行结果登记，减少检验人员多次录入的时间，有效提升检验报告的时效性。

4 逐级审核检验结果，提高准确性安全性

结果登记完成后进入检验报告审核阶段，通过权限设置对报告进行三级审核确

认，在检验结果登记子模块先由检验人员上传检验结果和图谱，确认无误，进行提交；再由校核人员进入校核检验结果子模块对提交的检验结果进行核对，有问题返回检验人员，无误提交；提交后再由科室主任进入审核检验结果子模块进行审核，审核无误提交办公室；办公室人员进入接收结果子模块，对各科室上传的结果进行接收并核对。整个过程可查看操作痕迹。

第 4 节　检验报告

检验报告主要分为检验报告管理、编辑检验报告、校验检验报告、审批检验报告、已归档检验报告 5 个子模块。实现了以下主要功能：① 进行报告的编制和逐级审批以及归档；② 支持自动生成检验报告，包括智能加载样品信息、检验结果、检验依据、评价标准值，支持获取报告编制人的电子签名；③ 可批量打印报告；④ 能够记录和报告数据同步审核；⑤ 校验和审核检验报告模块可通过预览的方式审核流入本环节的检验报告，审核后自动签名，未通过的报告可退回处理；⑥ 报告审批流程结束后进入出具报告和报告归档流程，实现检验报告的信息化和可追溯管理。

1　检验报告的自动生成

检验报告进行在线三级审核确认后，通过检验报告管理模块，选择出具报告类型，可实现自动生成检验报告，包括智能加载样品信息、检验结果、检验依据、评价标准值等项目。办公室利用已归档检验报告子模块可快速对审核完的报告进行归档。

2　实现电子签名

在编辑检验报告、校验检验报告、审批检验报告子模块，支持获取检验人员、校核人员、审核人员、报告编制人员、核对人员、审核人员及审批人员的电子签名。

3　出具检验报告快速化

在校验和审核检验报告子模块，可通过预览的方式审核进入本环节的检验报告，审核后自动签名，未通过的报告可退回处理。报告审批流程结束后进入出具报告和报告归档流程，在审核环节上为出具报告节省了时间，实现检验报告的信息化、快速化以及可追溯管理。

第 5 节 仓储管理

仓储管理主要包括供应商管理、物资管理、入库管理、退货管理、库存盘点、仓库管理、计量单位管理 7 个子模块。该模块实现供应商、各类检验用试剂信息、试剂出入库、标准物质出入库、试剂批号、库存余量等信息化管理和可追溯查询。

该模块是整个检验工作能够运转的根本保障，通过对供应商管理、物资管理、入库管理、退货管理、库存盘点、仓库管理、计量单位管理 7 个子模块对应数据库的建立，可进行供应商、各类检验用试剂信息（包括试剂批号、出入库、库存余量等）、标准物质出入库等信息化管理维护和可追溯查询，按照标准化实验室管理规范，建立符合实验室业务流程的质量体系，实现实验室试剂、标准物质、试剂耗材等规范化管理和可追溯，满足检验检测机构资质认定复评审对实验室管理的要求。

第 6 节 资源管理

本模块主要分为企业管理、运输车、生产厂家、设备管理、检验方法、检验项目、产品标准、兽药标准、生成项目、文档管理、快递管理、印章管理、抽样单位 13 个子模块，主要针对这些资源信息进行维护管理并随时更新。该模块与检测流程有机结合，实现对测试过程的全面跟踪，并严格遵循标准化实验室管理规范 ISO/IEC17025，保证实验室管理符合实验室质量体系要求。

1 资源管理合理化

资源管理模块对实验室数据的完整性、合法性以及可追朔性提供了有力支撑。其中的企业管理、运输车管理、生产厂家管理、设备管理、检验方法、检验项目、产品标准子模块以列表的形式展示，方便对每个企业、运输车、生产厂家、设备、检验方法、检验项目、产品标准等基本信息的详情查看、编辑、新增和删除等操作，通过名称、地址、车牌号、准运证号、联系方式和联系人等关键字快速精准地查询指定的相关信息。兽药标准、生成项目、文档管理、快递管理、印章管理、抽样单位管理子模块可以实现对这些信息的管理维护，方便对每个兽药标准、项目、文档、快递和印章信息的新增、编辑和删除等操作，通过名称关键字快速精准地查询指定的兽药标准、项目、文档、快递和印章信息。

2　数据信息采集自动化

通过建立企业、厂家、设备、检验方法、标准等各类数据库，并对数据库信息进行及时维护和更新，解决了检验检测过程中的信息获取、存储、调用、查询及统计分析问题，减轻了检验检测机构各岗位人员的工作量，方便获得准确、动态的信息，避免人为因素造成的失误，做出更合理的资源配置，有效缩短录入周期，降低成本和风险，提高工作效率。

第 7 节　基础数据

该模块主要分为数据字典、地区管理、动物类别、动物阶段、样品类型、检验结论模板、企业类型、计量单位 8 个子模块。实现系统基础数据信息增添、删除、维护等管理，保证其他子模块能顺利调取各数据。

1　保障数据的安全性

基础数据模块对数据进行统一管理，所有数据的输入、贮存、处理和分发全部在一个数据库中进行，避免数据丢失和多次复制。其安全机制保证了只有经授权的人员才能输入、读取、处理和分发数据，杜绝非法复制、修改数据现象的发生。

2　检验数据统计分析

数据集中管理还为迅速查询和形成报告提供了最为快捷方便的手段，可将各类统计分析数据转换为相应的统计图并进行分析，也可将统计图以图片的形式保存传输，根据检测系统的实际需求，可精确反映业务人员的工作量等数据统计，并通过相关的统计手段及趋势图加强产品质量控制，具有纸张保存无法比拟的优势。

第8节　应用

兽药饲料畜产品检测实验室管理平台在宁夏兽药饲料监察所全面运行。该平台集成检验方法1 377个，检验参数533项、标准618个，监管部门53家，被抽检单位2 839家，累计登记、流转、上传兽药、饲料、生鲜乳、肉、蛋、奶、肝、尿等34 241批样品并出具相应检验报告，为兽药饲料畜产品全链条闭环式可追溯智慧监测监管与智能预警提供保障。主要做法如下：

一是征集不同业务科室的需求，确保平台功能完善。针对兽药、饲料、生鲜乳和畜产品科室所抽样品信息、检测项目、参照标准、执行方法、报告类型均不同的特点，设计了平台模块组成；各个科室将抽检样品所涉项目、不同样品检测参数、按照什么方法检测、执行什么判定标准、每个样品检测报告用什么原始模板等，全部进行梳理统计，为平台各数据库的建立奠定了良好的基础，确保平台检测对象内容全覆盖；积极征求每个科室对平台的功能需求，如统计方面需要统计哪些参数、以什么样的图形展示；针对有效期或生产日期等具体项目设置自动提醒或追踪功能等，确保平台功能完善。

二是开展平台培训，提高操作和使用水平。采取边讲解、边操作的方式，对部分关键模块录入流程及档案规范、登记上传维护等日常录入工作进行多次培训。要求各科室技术人员熟悉掌握平台的操作步骤，做到独立操作，尤其对不合格样品录入必须做到认真仔细。针对平台使用，专设AB岗，确保平台运行不缺岗、不脱岗。

三是遵循实验室标准化管理，确保平台运行科学有效。平台以ISO/IEC 17025《检验和校准实验室认可准则》为设计基础，根据RBT-214-2017标准的要求，加强对检验人员、仪器设备、实验物料、检测方法、检测环境等质量要素的管理，强化检验过程质量控制；做到原始记录详细、准确、完整，保证检验结果准确、检验过程可追溯。从“人机料环法”做到实验室全程监控，促使数据的可追溯性增强、资源管理规范、体系管理完善，原始记录、报告等符合标准要求。此外，平台能够覆盖新版 ISO 17025 体系，让实验室完全按照规范体系运行。

四是积极提升平台贯通性，确保六大信息平台融合。兽药饲料畜产品检测实验室管理平台涉及兽药饲料畜产品检验“人机料环法”全程管控，基于 SY-DRUID 连接池技术，以此平台为枢纽，调取兽药饲料生鲜乳信息化三大监管平台实时动态监测结果；利用移动采样终端系统对重点企业、重点品种、重点环节进行靶向抽样，信息自动传入实验室信息管理平台进行分配、流传、检验、结果登记；由畜产品风险预警管理平台对样品风险因子快速识别、风险来源准确溯源、风险级别综合评定，给出风险提示。平台使 6 个信息平台互联互通，实现了从投入品到畜产品闭环式“质量全程追溯、实时动态监管、数据便捷统计、风险及时预警”目标，为政府决策、依法监管和标准化生产提供了强有力的技术支撑。

五是坚持问题导向，平台不断升级改造。针对平台各环节存在的难点、堵点，以能解决问题为着力点，及时完善平台功能和管理制度；加大资金投入力度，常态跟踪各科室对平台使用的意见建议，科学设计应用模块，优化流程，精简环节，不断完善平台功能，让界面更友好、呈现更简洁，打造检测技术人员“会用爱用、好用管用”的平台。

实验室开展检验检测活动，从接收检测委托单、样品流转、检测活动开展到出具报告，严格控制各个流程，包括各种环境条件、人员技术能力、仪器设备误差等因素，才能保证出具结果的科学性、准确性、公正性和有效性。

第 7 章 宁夏移动采样终端

抽样是检测工作的重要组成部分，为保障样品的代表性、真实性和可追溯性，抽样记录至关重要。常用的抽样记录包括现场手写、计算机记录、便携打印等方式。手写存在书写量大，个人书写习惯引起字迹无法识别或识别错误、准确性低等问题。计算机记录和便携打印方式信息化程度较低，工作效率并没有显著提高。为了高效准确地记录抽样信息，长期有效地保存数据，实现兽药、饲料、畜产品抽样灵活、高效、快捷和电子化，研发移动采样终端 App，建立抽检管理、检验报告、风险因子、个人中心四大模块。实现了以下主要功能：① 实现抽检电子化登记、信息化管理，提高了采样人员工作效率；② 实现抽检登记信息自动匹配，确保兽药、饲料、生鲜乳、畜产品监督抽样检测数据的客观、准确和公正；③ 实现兽药、饲料、畜产品和生鲜乳检验报告在线展示和查询，为饲料质量、畜产品质量、兽药质量在安全评估管理提供有效手段；④ 建立兽药、饲料、畜产品和生鲜乳风险因子数据库，抽检样品风险等级自动分析，智能评价，避免重复抽样检测，减少资源浪费。获得软件著作权 1 项，申报专利1 项。

第 1 节 功能介绍

移动采样终端包括抽检管理、检验报告、风险因子、个人中心 4 个模块，可实现对兽药、饲料、生鲜乳、畜产品便携、快捷、准确、高效的现场抽样信息登记与传送。

1　抽检管理

1.1　生鲜乳抽检

实现生鲜乳抽检电子化管理。抽检单列表展示采样人员抽检生鲜乳时填写的抽检单信息；可完成对散户、运输车、收购站等不同来源抽检样品的信息登记，包括抽检类型、抽检单号、样品名称、抽样日期、抽样量、抽样人、生鲜乳用途、日产奶量、样品类型、感官状态、受检单位信息、抽检单位信息。

1.2　饲料抽检

实现饲料抽检信息电子化管理。抽检单列表展示采样人员抽检饲料时填写的抽检单信息；完成监督抽检、委托抽检不同采样对象的样品信息登记，包括抽检类型、抽样单号、产品名称、规格型号、感官、生产日期、生产批号、保质期、抽样数量、抽样基数、抽样日期、抽样地点、抽样环节、抽样人、受检企业信息、生产企业信息抽检单位。

1.3　畜产品抽检

实现畜产品抽检信息电子化管理。抽检单列表展示采样人员抽检畜产品时填写的抽检单信息；完成监督抽检、例行抽检不同采样对象的样品信息登记，包括抽检类型、抽样单号、样品名称、动物类别、感官、抽样数量、抽样基数、抽样人、生产批号、样品包装、抽样日期、抽样场所、运输情况、受检企业信息、生产企业信息、抽样单位。

1.4　兽药抽检

实现兽药抽检信息电子化管理。抽检单列表展示采样人员抽检兽药时填写的抽检单信息；完成监督、委托、复核等不同抽检方式来源的兽药信息登记，包括抽检类型、抽样单号、兽药名称、批准文号、生产批号、药品规格、有效期、生产企业名称、二维码追溯情况、抽样数量、生产或购进数量、销售和使用数量、库存数量、抽样日期、抽样场所、抽样人、供货单位、供货人、供货人联系电话、进货时间、购买方式、进货人、进货人联系电话、受检企业信息、抽样单位。

2　检验报告

实现兽药、饲料、畜产品和生鲜乳检验报告在线查询，随时随地掌握抽检样品各项指标情况，对样品检验结果直接展示，进行风险赋分后综合评定，点击详情即可看到报告原件。

3 风险因子

实现兽药、饲料、畜产品和生鲜乳风险因子在线查询，风险等级立即知晓，危害知识全面知道，指导抽检人员对风险高的产品重点关注，提高抽样检验的针对性，提升检验工作效率。

4 个人中心

4.1 个人基本信息管理

实现个人账号信息、密码、消息管理。

4.2 蓝牙连接

创建蓝牙设备功能模块，自动搜索蓝牙设备，匹配连接后即可进行抽样单现场打印，实现电子化与纸质办公的灵活转换。

第 2 节　应用

移动采样终端已在兽药抽检过程中应用，后期将在生鲜乳抽检、饲料抽检、畜产品抽检工作中全面推广应用，有效提高录入效率。

一是采样中全面推广应用。移动采样终端现已完成兽药、饲料、畜产品、生鲜乳所有采样抽检模块的设计并进行了优化，可满足记录的需要，下一步拟在采样过程中全面推广应用，提高采样记录的电子化水平。

二是各功能模块的初步应用和优化。检验报告和风险因子模块建设完成，为使功能更加实用和便捷，应加强该模块的应用，不断优化升级。

三是与其他 6 个平台的数据互联互通。与 LIMS 实验室管理系统、风险预警平台数据互通，实现检验报告和风险因子的数据查询；与兽药信息化监管平台、饲料质量追溯平台、生鲜乳质量追溯平台互联互通，实现兽药、饲料、生鲜乳的智能识别与智慧抽检。

四是系统兼容性优化。目前移动采样终端仅支持安卓系统，下一步将对系统进行优化，提高兼容性，使其可在任何系统中安装使用。